工业机器人维修从入门到精通

（FANUC和安川）

龚仲华　编著

化学工业出版社

·北京·

内 容 简 介

本书以工业机器人应用为主旨，全面阐述了 FANUC、安川工业机器人的安装、调试、维修技术，内容涵盖工业机器人维修基础及系统掌握 FANUC、安川工业机器人维修技术所需的知识。

主要内容包括：工业机器人基本概念，工业机器人的机械结构原理、电气控制系统、安装调整方法等基础知识；FANUC 和安川工业机器人的控制系统组成、控制部件功能、电路原理、连接要求、控制系统设定、工作状态监控、故障诊断与维修技术等。

本书内容全面、知识实用、选材典型，可供工业机器人调试、维修人员及高等学校师生参考。

图书在版编目（CIP）数据

工业机器人维修从入门到精通：FANUC 和安川/龚仲华编著. —北京：化学工业出版社，2023.12
ISBN 978-7-122-44188-1

Ⅰ.①工…　Ⅱ.①龚…　Ⅲ.①工业机器人-维修　Ⅳ.①TP242.2

中国国家版本馆 CIP 数据核字（2023）第 176227 号

责任编辑：毛振威　张兴辉　　　　　　　文字编辑：郑云海
责任校对：田睿涵　　　　　　　　　　　装帧设计：刘丽华

出版发行：化学工业出版社（北京市东城区青年湖南街 13 号　邮政编码 100011）
印　　刷：北京云浩印刷有限责任公司
装　　订：三河市振勇印装有限公司
787mm×1092mm　1/16　印张 29½　字数 802 千字　2024 年 2 月北京第 1 版第 1 次印刷

购书咨询：010-64518888　　　　　　　售后服务：010-64518899
网　　址：http://www.cip.com.cn
凡购买本书，如有缺损质量问题，本社销售中心负责调换。

定　　价：139.00 元

前言

工业机器人是集机械、电子、控制、计算机、传感器、人工智能等多学科先进技术于一体的机电一体化产品，是制造业自动化、智能化的基础设备。随着社会进步和劳动力成本的增加，工业机器人在我国的应用日趋广泛。

本书针对 FANUC、安川工业机器人，详细介绍了工业机器人维修的相关基础知识和各自的维修技术，全书分 3 篇，具体内容如下。

基础篇：第 1～3 章。对机器人产生、发展、分类应用情况，以及工业机器人的组成与结构、常用工业机器人产品与性能进行了介绍，对工业机器人的机械结构原理、安装维护方法，以及电气控制系统组成结构、安装使用要求进行了详细阐述。

FANUC 篇：第 4～6 章。对 FANUC 机器人控制系统的组成、电路原理、控制部件功能、系统连接要求进行了深入阐述，对机器人基本操作、机器人与系统设定、机器人校准与限位调整、系统数据保存与恢复的方法进行了系统介绍，对 FANUC 控制系统的状态监控、一般故障处理、系统报警处理、控制部件更换等维修技术进行了详尽说明。

安川篇：第 7～9 章。对安川机器人控制系统的组成、电路原理、控制部件功能、系统连接要求进行了深入阐述，对机器人基本操作、机器人设定、控制系统设置、系统数据保存与恢复的方法与步骤进行了系统介绍，对安川控制系统的操作条件检查与工作状态监控、一般故障处理、系统报警处理等维修技术进行了详尽说明。

本书编写参阅了 FANUC、安川公司的技术资料，并得到了 FANUC、安川公司技术人员的大力支持与帮助，在此表示衷心的感谢！

由于编著者水平有限，书中难免存在疏漏，殷切期望广大读者批评、指正，以便进一步提高本书的质量。

编著者

目录

基础篇

FANUC篇

基础篇

第 **1** 章

工业机器人概述

1.1 机器人概况

1.1.1 机器人产生与发展

(1) 机器人的产生

机器人（Robot）的概念来自科幻小说，它最早出现于 1921 年捷克剧作家 Karel Čapek（卡雷尔·恰佩克）创作的剧本 *Rossumovi Univerzální Roboti*（简称 R. U. R）。由于剧中的人造机器名为 Robota（捷克语，即奴隶、苦力），因此，英文 Robot 一词开始代表机器人。1942 年，美国科幻小说家 Isaac Asimov（艾萨克·阿西莫夫）在 *I , Robot* 的第 4 个短篇 *Runaround* 中，首次提出了"机器人学三原则"，这也是"机器人学（Robotics）"这个名词在人类历史上的首度亮相。

"机器人学三原则"的主要内容如下。

原则 1：机器人不能伤害人类，或因其不作为而使人类受到伤害。

原则 2：机器人必须执行人类的命令，除非这些命令与原则 1 相抵触。

原则 3：在不违背原则 1、原则 2 的前提下，机器人应保护自身不受伤害。

到了 1985 年，Isaac Asimov 在其机器人系列最后的作品 *Robots and Empire* 中，又补充了凌驾于"机器人学三原则"之上的"原则 0"。

原则 0：机器人必须保护人类的整体利益不受伤害，其他 3 条原则都必须在这一前提下才能成立。

现代机器人的研究起源于 20 世纪中叶的美国，从工业机器人的研究开始。

第二次世界大战期间，由于军事、核工业的发展需要，在核能实验室的恶劣环境下，需要有操作机械来代替人类进行放射性物质的处理。为此，美国的 Argonne National Laboratory（阿贡国家实验室）开发了一种遥控机械手（Teleoperator）。接着，1947 年，该实验室又开发出了一种伺服控制的主-从机械手（Master-Slave Manipulator），这些都是工业机器人的雏形。

工业机器人的概念由美国发明家 George Devol（乔治·德沃尔）最早提出，并在 1954 年申请了专利，1961 年获得授权。1958 年，美国著名机器人专家 Joseph F. Engelberger（约瑟夫·恩盖尔柏格）成立了Unimation公司，并利用George Devol的专利，在1959年研制出了图1.1所示的世界第一台真正意义上的工业机器人——Unimate，从而开创了机器人发展的新纪元。

图1.1　Unimate工业机器人

从1968年起，Unimation公司先后将机器人的制造技术转让给了日本KAWASAKI（川崎）和英国GKN公司，机器人开始在日本和欧洲得到快速发展。

机器人自问世以来，由于它能够协助、代替人类完成那些重复、频繁、单调、长时间的工作，或进行危险、恶劣环境下的作业，因此发展较迅速。随着人们对机器人研究的不断深入，机器人学这一新兴的综合性学科已逐步形成，曾有人将机器人技术与数控技术、PLC技术并称为工业自动化的三大支撑技术。

（2）机器人的发展

机器人最早用于工业领域，主要用来协助人类完成重复、频繁、单调、长时间的工作，或进行高温、粉尘、有毒、辐射、易燃、易爆等恶劣、危险环境下的作业。但是，随着社会进步、科学技术发展和智能化技术研究的深入，各式各样具有感知、决策、行动和交互能力，可适应不同领域特殊要求的智能机器人相继被研发，机器人已开始进入人们生产、生活的各个领域，并在某些方面逐步取代人类独立从事相关作业。

根据机器人现有的技术水平，一般将机器人分为如下三代。

① 第一代机器人。第一代机器人一般是指能通过离线编程或示教操作生成程序，并再现动作的机器人。第一代机器人所使用的技术和数控机床十分相似，它既可通过离线编制的程序控制机器人的运动，也可通过手动示教操作（数控机床称为Teach in操作），记录运动过程并生成程序，并再现运行。

第一代机器人的全部行为完全由人控制，它没有分析和推理能力，不能改变程序动作，无智能性，其控制以示教、再现为主，故又称为示教再现机器人。第一代机器人现已实用和普及，图1.2所示的大多数工业机器人都属于第一代机器人。

② 第二代机器人。第二代机器人装备有一定数量的传感器，它能获取作业环境、操作对象等简单信息，并通过计算机的分析与处理，作出简单的推理，并适当调整自身的动作和行为。

例如，在图1.3（a）所示的探测机器人上，可通过所安装的摄像头及视觉传感系统，识别图像、判断和规划探测车的运动轨迹，它对外部环境具有了一定的适应能力。在图1.3（b）所示的协作机器人上，安装有触觉传感系统，以防止人体碰撞，它

图1.2　第一代机器人

可取消第一代机器人作业区间的安全栅栏，实现安全的人机协同作业。

第二代机器人已具备一定的感知和推理等能力，有一定程度智能，故又称感知机器人或低级智能机器人，当前大多数服务机器人或多或少都已经具备第二代机器人的特征。

(a) 探测机器人   (b) 协作机器人

图 1.3 第二代机器人

③ 第三代机器人。第三代机器人应用了当代人工智能技术，有多种感知机能和高度的自适应能力，可通过复杂的推理，作出判断和决策，自主决定机器人的行为，具有相当程度的智能，故称为智能机器人。

第三代机器人目前主要用于家庭、个人服务及军事、航天等行业。图 1.4（a）为日本 HONDA（本田）公司研发的 Asimo 机器人，不仅能实现跑步、爬楼梯、跳舞等动作，还能进行踢球、倒饮料、打手语等简单的智能动作；图 1.4（b）为日本理化学研究所研发的 Robear 护理机器人，其肩部、关节等部位都安装有测力感应系统，可模拟人的怀抱感，它能够像人一样，柔和地将卧床者从床上扶起，或将坐着的人抱起。

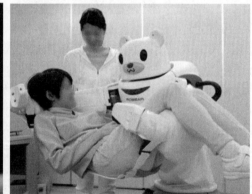

(a) Asimo机器人   (b) Robear机器人

图 1.4 第三代机器人

1.1.2 机器人分类与应用

(1) 机器人分类

机器人的分类方法很多，由于人们观察问题的角度有所不同，直到今天，还没有一种分类方法能够对机器人进行世所公认的分类。

应用分类是根据机器人的应用环境（用途）进行分类的大众分类方法，其定义通俗，易为公众所接受，本书参照国际机器人联合会（IFR）的相关定义，将其分为图 1.5 所示的工业机器人和服务机器人两大类：工业机器人用于环境已知的工业领域，服务机器人用于环境未知的其他领域。

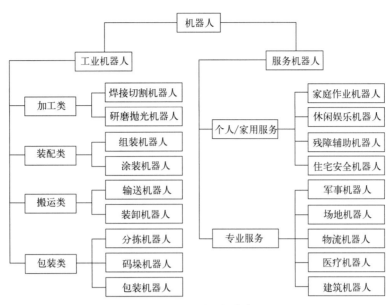

图 1.5 机器人的分类

工业机器人（Industrial Robot，IR）是指在工业环境下应用的机器人，它是一种可编程的多用途自动化设备，主要有加工、装配、搬运、包装四类。当前，实用化的工业机器人以第一代示教再现机器人居多，但部分工业机器人（如焊接、装配等）已采用图像识别等智能技术，对外部环境具有一定的适应能力，初步具备了第二代机器人的一些功能。

服务机器人（Personal Robot，PR）是服务于人类非生产性活动的机器人总称，它是一种半自主或全自主工作的机械设备，能完成有益于人类的服务工作，但不直接从事工业品的生产。

服务机器人的涵盖范围非常广，简言之，除工业生产用的机器人外，其他所有的机器人均属于服务机器人的范畴，它在机器人中的比例高达 95％以上。根据用途不同，可分为个人/家用服务机器人（Personal/Domestic Robot）和专业服务机器人（Professional Service Robot）两类。

(2) 工业机器人应用

工业机器人（IR）是用于工业生产环境的机器人总称，主要用于工业产品的加工、装配、搬运、包装作业。

① 加工机器人。加工机器人是直接用于工业产品加工作业的工业机器人，常用的金属材料加工工艺有焊接、切割、折弯、冲压、研磨、抛光等；此外，也有部分用于建筑、木材、石材、玻璃等行业的非金属材料切割、研磨、雕刻、抛光等加工作业。

焊接、切割、研磨、雕刻、抛光加工的环境通常较恶劣，加工时所产生的强弧光、高温、烟尘、飞溅、电磁干扰等都对人体健康有害。这些行业采用机器人自动作业，不仅可改善工作环境，避免人体伤害，而且还可自动连续工作，提高工作效率，改善加工质量。

焊接机器人（Welding Robot）是目前工业机器人中产量最大、应用最广的产品，被广泛用于汽车、铁路、航空航天、军工、冶金、电器等行业。自 1969 年美国 GM（通用汽车）公司在美国 Lordstown 汽车组装生产线上装备首台汽车点焊机器人以来，机器人焊接技术已日臻成熟，通过机器人的自动化焊接作业，可提高生产率、确保焊接质量、改善劳动环境，是当前工业机器人应用的重要方向之一。

材料切割是工业生产不可缺少的加工方式，从传统的金属材料火焰切割、等离子切割，到可用于多种材料的激光切割加工，都可通过机器人来完成。目前，薄板类材料的切割大多采用数控火焰切割机、数控等离子切割机和数控激光切割机等数控机床加工；但异形、大型材料或船舶、车辆等大型废旧设备的切割已开始逐步使用工业机器人。

研磨、雕刻、抛光机器人主要用于汽车、摩托车、工程机械、家具建材、电子电气、陶瓷卫浴等行业的表面处理。使用研磨、雕刻、抛光机器人，不仅能使操作者远离高温、粉尘、有毒、易燃、易爆的工作环境，而且能够提高加工质量和生产效率。

② 装配机器人。装配机器人（Assembly Robot）是将不同的零件或材料组合成组件或成品的工业机器人，常用的有组装和涂装两大类。

计算机（Computer）、通信（Communication）和消费性电子（Consumer Electronic）行业（简称 3C 行业）是目前组装机器人最大的应用市场。3C 行业是典型的劳动密集型产业，采用人工装配，不仅需要大量的员工，而且操作工人的工作高度重复、频繁，劳动强度极大，常常使人难以承受；此外，随着电子产品不断向轻薄化、精细化方向发展，产品对零部件装配精细程度的要求日益提高，部分作业已是人工无法完成的。

涂装机器人用于部件或成品的油漆、喷涂等表面处理，这类处理通常含有影响人体健康的有害、有毒气体。采用机器人自动作业后，不仅可改善工作环境，避免有害、有毒气体的危害，而且还可自动连续工作，提高工作效率，改善加工质量。

③ 搬运机器人。搬运机器人（Transfer Robot）是从事物体移动作业的工业机器人的总称，常用的主要有输送机器人和装卸机器人两类。

工业生产中的输送机器人以无人搬运车（Automated Guided Vehicle，AGV）为主。AGV 具有计算机控制系统和路径识别传感器，能够自动行走和定位停止，可广泛应用于机械、电子、纺织、卷烟、医疗、食品、造纸等行业的物品搬运和输送。在机械加工行业，AGV 大多用于无人化工厂、柔性制造系统（Flexible Manufacturing System，FMS）的工件、刀具的搬运和输送，它通常需要与自动化仓库、刀具中心及数控加工设备、柔性加工单元（Flexible Manufacturing Cell，FMC）的控制系统互连，以构成无人化工厂、柔性制造系统的自动化物流系统。

装卸机器人多用于机械加工设备的工件装卸（上下料），它通常和数控机床等自动化加工设备组合，构成柔性加工单元（FMC），成为无人化工厂、柔性制造系统（FMS）的一部分。装卸机器人还经常用于冲剪、锻压、铸造等设备的上下料，以替代人工完成高风险、高温等恶劣环境下的危险作业或繁重作业。

④ 包装机器人。包装机器人（Packaging Robot）是用于物品分类、成品包装、码垛的工业机器人，常用的主要有分拣、包装和码垛三类。

计算机、通信和消费性电子行业（3C 行业）以及化工、食品、饮料、药品工业是包装机器人的主要应用领域。3C 行业的产品产量大、周转速度快，成品包装任务繁重，化工、食品、饮料、药品包装由于行业的特殊性，人工作业涉及安全、卫生、清洁、防水、防菌等方面的问题，因此都需要利用装配机器人来完成物品的分拣、包装和码垛作业。

工业机器人的主要生产企业有日本的 FANUC（发那科）、YASKAWA（安川）、KAWASAKI（川崎），欧洲的 ABB、KUKA（库卡，现已被美的集团收购）等。日本的工业机器人产量约占全球的 50%，为世界第一；中国的工业机器人年销量约占全球总产量的 1/3，年使用量位居世界第一。

工业机器人的应用行业分布情况大致如图 1.6 所示。汽车及汽车零部件制造业历来是工业机器人用量最大的行业，使用量约占总量的 40%；电子电气（包括计算机、通信、家电、仪

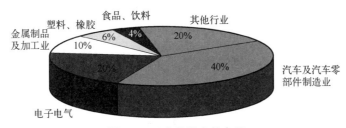

图1.6 工业机器人的应用

器仪表等）是工业机器人应用的另一主要行业，其使用量也约占工业机器人总量的20%；金属制品及加工业的机器人用量大致在工业机器人总量的10%；橡胶、塑料以及食品、饮料、药品等其他行业的使用量都在10%以下。

（3）服务机器人应用

服务机器人是服务于人类非生产性活动的机器人总称，它与工业机器人的本质区别在于：工业机器人所处的工作环境在大多数情况下是已知的，因此，利用第一代机器人技术已可满足其要求；然而，服务机器人的工作环境在绝大多数场合中是未知的，故都需要使用第二代、第三代机器人技术。

从行为方式上看，服务机器人一般没有固定的活动范围和规定的动作行为，它需要有良好的自主感知、自主规划、自主行动和自主协同等方面的能力，因此，服务机器人较多地采用仿人或生物、车辆等结构形态。

服务机器人的出现虽然晚于工业机器人，但由于它与人类进步、社会发展、公共安全等诸多重大问题息息相关，应用领域众多，市场广阔，因此发展非常迅速、潜力巨大。有人预测，在不久的将来，服务机器人产业可能成为继汽车、计算机后的另一新兴产业。

服务机器人的涵盖面极广。人们一般根据用途将其分为个人/家用服务机器人（Personal/Domestic Robot）和专业服务机器人（Professional Service Robot）两类。个人/家用服务机器人为大众化、低价位产品，其市场最大；专业服务机器人则以涉及公共安全的军事机器人（Military Robot）、场地机器人（Field Robot）、医疗机器人产品居多。

① 个人/家用服务机器人。个人/家用服务机器人泛指为人们日常生活服务的机器人，包括家庭作业、娱乐休闲、障碍辅助、住宅安全等，它是被人们普遍看好的未来最具发展潜力的新兴产业之一。

在个人/家用服务机器人中，以家庭作业和娱乐休闲机器人的产量为最大，两者占个人/家用服务机器人总量的90%以上；障碍辅助、住宅安全机器人的普及率目前还较低，但市场前景被人们普遍看好。

家用清洁机器人是家庭作业机器人中最早被实用化和最成熟的产品之一。早在20世纪80年代，美国就已经开始进行吸尘机器人的研究。iRobot等公司是目前家用服务机器人行业公认的领先企业。德国的Karcher公司也是著名的家庭作业机器人生产商，它在2006年研发的Rc3000家用清洁机器人是世界上第一台能够自行完成所有家庭地面清洁工作的家用清洁机器人。在我国，个人/家用服务机器人也在逐渐普及。

② 专业服务机器人。专业服务机器人（Professional Service Robot）的应用非常广泛，简言之，除工业生产用的工业机器人和为人们日常生活服务的个人/家用机器人外，其他所有机器人均属于专业服务机器人的范畴，其中，军事、场地和医疗机器人是目前应用最广的专业服务机器人。

a. 军事机器人。军事机器人（Military Robot）是为了军事目的而研制的自主、半自主式或遥控的智能化装备，它可用来帮助或替代军人完成特定的战术或战略任务。军事机器人具备全方位、全天候的作战能力和极强的战场生存能力，可在超过人类承受能力的恶劣环境中，或在遭到毒气、冲击波、热辐射等袭击时，继续进行工作；加上军事机器人不存在人类的恐惧心理，可严格地服从命令、听从指挥，有利于指挥者对战局的掌控；在未来战争中，机器人战士完全可能成为军事行动中的主力军。

军事机器人的研发早在 20 世纪 60 年代就已经开始，产品已从第一代的遥控操作器发展到了现在的第三代智能机器人。目前，世界各国的军用机器人已有上百个品种，其应用涵盖侦察、排雷、防化、进攻、防御及后勤保障等各个方面。用于监视、勘查、获取危险领域信息的无人驾驶飞行器（UAV）和地面车（UGV）、具有强大运输功能和精密侦查设备的机器人武装战车（ARV）、在战斗中担任补充作战物资的多功能后勤保障机器人（MULE）是当前军事机器人的主要产品。

美国的军事机器人无论是在基础技术研究、系统开发、生产配套方面，还是在技术转化、实战应用方面等都较为领先，其产品已涵盖陆、海、空等诸多兵种，产品包括无人驾驶飞行器、无人地面车、机器人武装战车及多功能后勤保障机器人、机器人战士等多种。

Boston Dynamics（波士顿动力）、Lockheed Martin（洛克希德·马丁）等公司均为世界闻名的军事机器人研发制造企业。

b. 场地机器人。场地机器人（Field Robot）是除军事机器人外，其他可进行大范围作业的服务机器人的总称。场地机器人多用于科学研究和公共事业服务，如太空探测、水下作业、危险作业、消防救援、园林作业等。

美国的场地机器人研究始于 20 世纪 60 年代，其产品已遍及空间、陆地和水下，从 1967 年的"海盗"号火星探测器，到 2003 年的"勇气"号和"机遇"号火星探测器、2011 年的"好奇"号核动力驱动的火星探测器，都代表了当时空间机器人研究的前沿水平。我国在探月、水下机器人方面的研究也取得了较大的进展。

c. 医疗机器人。医疗机器人是今后专业服务机器人的重点发展领域之一。医疗机器人主要用于伤病员的手术、救援、转运和康复，包括诊断机器人、外科手术或手术辅助机器人、康复机器人等。例如，医生可利用外科手术机器人的精准性和微创性，大面积减小手术伤口，帮助病人迅速恢复正常生活等。据统计，目前全世界已有数十个国家、上千家医院成功开展了数十万例机器人手术，手术种类涵盖诸多学科。

医疗机器人的研发与应用大部分都集中于美国、欧洲、日本等国家和地区，发展中国家的普及率还很低。Intuitive Surgical（直觉外科）公司是全球领先的医疗机器人研发、制造企业，该公司研发的达·芬奇机器人是目前世界上最先进的手术机器人系统，可模仿外科医生的手部动作进行微创手术，目前已经成功用于多种手术。

1.2 工业机器人组成与结构

1.2.1 工业机器人组成

(1) 工业机器人系统组成

工业机器人是一种功能完整、可独立运行的典型机电一体化设备，它有自身的控制器、驱动系统和操作界面，可对其进行手动、自动操作及编程，它能依靠自身的控制能力来实现所需要的功能。广义上的工业机器人是由如图 1.7 所示的机器人及相关附加设备组成的完整系统，总体可分为机械部件和电气控制系统两大部分。

工业机器人（以下简称机器人）系统的机械部件包括机器人本体、末端执行器、变位器等；控制系统主要包括控制器、驱动器、操作单元、上级控制器等。其中，机器人本体、末端执行器以及控制器、驱动器、操作单元是机器人必需的基本组成部件，所有机器人都必须配备。末端执行器又称工具，是机器人的作业机构，与作业对象和要求有关，其种类繁多，一般需要由机器人制造厂和用户共同设计、制造与集成。变位器

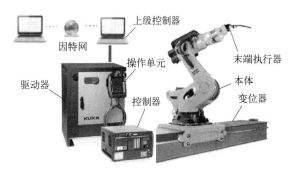

图1.7　工业机器人系统的组成

是用于机器人或工件的整体移动或进行系统协同作业的附加装置，可根据需要选配。

在控制系统中，上级控制器是用于机器人系统协同控制、管理的附加设备，既可用于机器人与机器人、机器人与变位器的协同作业控制，也可用于机器人和数控机床、机器人和自动生产线其他机电一体化设备的集中控制，此外，还可用于机器人的操作、编程与调试。上级控制器同样可根据实际系统的需要选配，在柔性加工单元（FMC）、自动生产线等自动化设备上，上级控制器的功能也可直接由数控机床所配套的数控系统（CNC）、生产线控制用的PLC等承担。

（2）机器人本体和执行器

机器人本体又称操作机，它是用来完成各种作业的执行机构，包括机械部件及安装在机械部件上的驱动电机、传感器等。

机器人本体的形态各异，但绝大多数都是由若干关节（Joint）和连杆（Link）连接而成。以常用的6轴垂直串联型（Vertical Articulated）工业机器人为例，其运动主要包括整体回转（腰关节）、下臂摆动（肩关节）、上臂摆动（肘关节）、腕回转和弯曲（腕关节）等，本体的典型结构如图1.8所示，其主要组成部件包括手部、腕部、上臂、下臂、腰部、基座等。

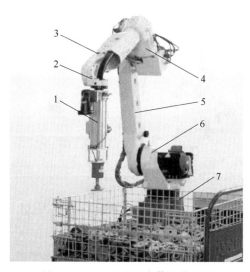

图1.8　工业机器人本体和执行器
1—末端执行器；2—手部；3—腕部；4—上臂；
5—下臂；6—腰部；7—基座

机器人的手部用来安装末端执行器，它既可以安装类似人类的手爪，也可以安装吸盘或其他各种作业工具；腕部用来连接手部和手臂，起到支承手部的作用；上臂用来连接腕部和下臂。上臂可回绕下臂摆动，实现手腕大范围的上下（俯仰）运动；下臂用来连接上臂和腰部，并可回绕腰部摆动，以实现手腕大范围的前后运动；腰部用来连接下臂和基座，它可以在基座上回转，以改变整个机器人的作业方向；基座是整个机器人的支持部分。机器人的基座、腰、下臂、上臂通称机身；机器人的腕部和手部通称手腕。

机器人的末端执行器又称工具，它是安装在机器人手腕上的作业机构。末端执行器与机器人的作业要求、作业对象密切相关，一般需要由机器人制造厂和用户共同设计与制造。例如，用于装配、搬运、包装的机器人需要配置吸盘、手爪等用来抓取零件、物品的夹持器；而加工类机器人则需要配置用于焊接、切割、打磨等加工的焊枪、割枪、铣头、磨头等各种工具或刀具等。

(3) 变位器

变位器是工业机器人的主要配套附件，其作用和功能如图1.9所示。通过变位器，可增加机器人的自由度、扩大作业空间、提高作业效率，实现作业对象或多机器人的协同运动，提升机器人系统的整体性能和自动化程度。

从用途上说，工业机器人的变位器主要有工件变位器、机器人变位器两大类。

工件变位器如图1.10所示，它主要用于工件的作业面调整与工件的交换，以减少工件装夹次数，缩短工件装卸等辅助时间，提高机器人的作业效率。

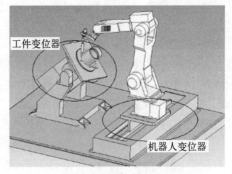

图1.9 变位器的作用与功能

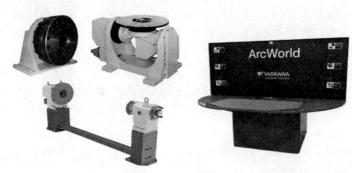

图1.10 工件变位器

在结构上，工件变位器以回转变位器居多。通过工件的回转，可在机器人位置保持不变的情况下，改变工件的作业面，以完成工件的多面作业，避免多次装夹。此外，还可通过工装的180°整体回转运动，实现作业区与装卸区的工件自动交换，使得工件的装卸和作业可同时进行，从而大大缩短工件装卸时间。

机器人变位器通常采用图1.11所示的轨道式、摇臂式、横梁式、龙门式等结构。

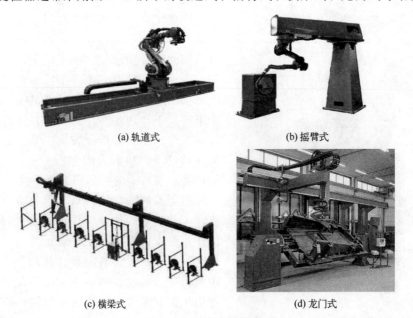

(a) 轨道式   (b) 摇臂式

(c) 横梁式   (d) 龙门式

图1.11 机器人变位器

轨道式变位器通常采用可接长的齿轮/齿条驱动，其行程一般不受限制；摇臂式、横梁式、龙门式变位器主要用于倒置式机器人的平面（摇臂式）、直线（横梁式）、空间（龙门式）变位。利用变位器可实现机器人整体的大范围运动，扩大机器人的作业范围，实现大型工件、多工件的作业；或者通过机器人的运动，实现作业区与装卸区的交换，以缩短工件装卸时间，提高机器人的作业效率。

工件变位器、机器人变位器既可选配机器人生产厂家的标准部件，也可供用户根据需要设计、制作。简单机器人系统的变位器一般由机器人控制器直接控制，多机器人复杂系统的变位器需要由上级控制器进行集中控制。

（4）电气控制系统

在机器人电气控制系统中，上级控制器仅用于复杂系统各种机电一体化设备的协同控制、运行管理和调试编程，它通常以网络通信的形式与机器人控制器进行信息交换，因此，实际上属于机器人电气控制系统的外部设备；而机器人控制器、操作单元、伺服驱动器及辅助控制电路，则是机器人控制必不可少的系统部件。

工业机器人的电气控制目前还没有专业生产的标准型系统，因此，需要机器人生产厂家配套提供，控制系统的结构一般有图1.12所示的控制箱型（紧凑型）和控制柜型（标准型）两种。

机器人控制系统一般由机器人控制器、示教器、伺服驱动器、辅助控制电路等部件组成，组成部件的主要功能如下。

① 机器人控制器。工业机器人控制器简称 IR 控制器，它是用于机器人关节轴位置、运动轨迹控制的装置，功能与数控装置（CNC）非常类似，控制器的常用结构有工业 PC 机型和数控装置（CNC）派生的 CNC

(a)控制箱型　　　　(b)控制柜型

图 1.12　电气控制系统结构

型（如 FANUC）两种，CNC 型控制器有时采用模块式 PLC 结构（如安川），故又称 PLC 型。

工业计算机（又称工业 PC 机）型机器人控制器的主机和通用计算机并无本质上的区别，但机器人控制器需要增加电源管理、网络通信、输入/输出连接等硬件模块。这种控制器的软件兼容性好、软件安装方便、网络通信容易，但系统启动时需要安装用户操作系统，开机时间较长、系统软件故障率也相对较高。

CNC 型控制器是以专用 CPU 为中央处理器控制机器人关节轴运动，通过输入/输出模块连接 I/O 信号的机器人控制器，控制器的系统软件固化，系统启动速度快、可靠性高，通常不会发生死机等系统软件问题，但软件兼容性较弱。

② 操作单元。工业机器人的现场编程一般通过示教操作实现，它对操作单元的移动性能和手动性能的要求较高，但其显示功能一般不及数控系统，因此，机器人的操作单元以手持式为主，习惯上称之为示教器。传统的示教器由显示器和按键组成，操作者可通过按键直接输入命令和进行所需的操作；示教器一般采用菜单式操作，操作者可通过操作菜单选择需要的操作。先进的示教器使用了与目前智能手机类似的触摸屏和图标界面，有的还通过 Wi-Fi 连接控制器和网络，其使用更灵活、方便。

③ 驱动器。驱动器实际上是用于控制器的插补脉冲功率放大，实现驱动电机位置、速度、

转矩控制的装置，通常安装在控制柜内。工业机器人的驱动器以交流伺服驱动器为主，有集成式、模块式两种基本结构形式。集成式驱动器的全部驱动模块集成一体，电源模块可以独立或集成，这种驱动器的结构紧凑、生产成本低，是目前使用较为广泛的结构形式。模块式驱动器由电源模块、伺服模块组成，电源模块为所有轴公用，驱动模块有单轴、双轴、三轴等常见结构，模块式驱动器的安装使用灵活、通用性好，调试、维修和更换较方便。

④ 辅助控制电路。辅助电路主要用于控制器、驱动器电源的通断控制和输入/输出信号的连接、转换。由于工业机器人的控制要求类似，接口信号的类型基本统一，为了缩小体积、降低成本、方便安装，辅助控制电路常被制成标准的控制模块。

1.2.2 工业机器人结构

从运动学原理上来说，绝大多数机器人的本体都是由若干关节（Joint）和连杆（Link）组成的运动链。根据关节间的连接形式，多关节工业机器人的典型结构主要有垂直串联、水平串联（或 SCARA）和并联三大类。

（1）垂直串联机器人

垂直串联（Vertical Articulated）是工业机器人最常见的结构形式，机器人的本体部分一般由 5～7 个关节在垂直方向依次串联而成，它可以模拟人类从腰部到手腕的运动，用于加工、搬运、装配、包装等各种场合。

图 1.13（a）所示的 6 轴串联是垂直串联机器人的典型结构。机器人的 6 个运动轴分别为腰部回转轴 S（Swing）、下臂摆动轴 L（Lower Arm Wiggle）、上臂摆动轴 U（Upper Arm Wiggle）、腕回转轴 R（Wrist Rotation）、腕弯曲轴 B（Wrist Bending）、手回转轴 T（Turning）；其中，用实线表示的 S、R、T 轴可在 4 象限回转，称为回转轴（Roll）；用虚线表示的 L、U、B 轴一般只能在 3 象限内回转，称为摆动轴（Bend）。

6 轴垂直串联结构机器人的末端执行器作业点的运动，由手臂和手腕、手的运动合成；其中，腰、下臂、上臂 3 个关节可用来改变手腕基准点的位置，称为定位机构。手腕部分的腕回转、弯曲和手回转 3 个关节可用来改变末端执行器的姿态，称为定向机构。这种机器人较好地实现了三维空间内的任意位置和姿态控制，对于各种作业都有良好的适应性，故可用于加工、搬运、装配、包装等各种场合。但是，由于结构所限，6 轴垂直串联结构机器人存在运动干涉区域，在上部或正面运动受限时，进行下部、反向作业非常困难。为此，在先进的工业机器人中，有时也采用图 1.13（b）所示的 7 轴垂直串联结构。

7 轴机器人在 6 轴机器人的基础上增加了下臂回转轴 LR（Lower Arm Rotation），使定位机构扩大到腰回转、下臂摆动、下臂回转、上臂摆动 4 个关节，手腕基准点（参考点）的定位更加灵活。当机器人运动受到限制时，它仍能通过下臂的回转，避让干涉区，完成图 1.14 所示的上部避让与反向作业。机器人末端执行器的姿态与作业要求有关，在部分作业场合，有

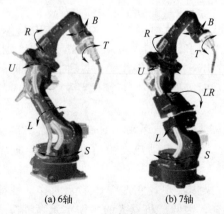

(a) 6轴　　　　　(b) 7轴

图 1.13　垂直串联结构

时可省略 1～2 个运动轴，简化为 4～5 轴垂直串联结构的机器人。例如，对于以水平面作业为主的搬运、包装机器人，可省略腕回转轴 R，以简化结构、增加刚性等。

为了减轻 6 轴垂直串联典型结构的机器人的上部重量，降低机器人重心，提高运动稳定性和承载能力，大型、重载的搬运、码垛机器人也经常采用平行四边形连杆驱动机构来实现上臂

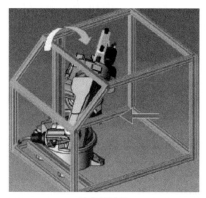
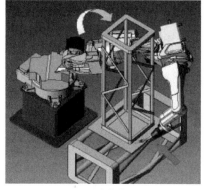

(a) 上部避让　　　　　　　　　　(b) 反向作业

图 1.14　7 轴机器人的应用

和腕弯曲的摆动运动。采用平行四边形连杆机构驱动，不仅可加长力臂、放大电机驱动力矩、提高负载能力，而且还可将驱动机构的安装位置移至腰部，以降低机器人的重心，增加运动稳定性。平行四边形连杆机构驱动的机器人结构刚性高、负载能力强，是大型、重载搬运机器人的常用结构形式。

(2) 水平串联机器人

水平串联（Horizontal Articulated）结构是日本山梨大学在 1978 年发明的一种建立在圆柱坐标上的特殊机器人结构形式，又称为 SCARA（Selective Compliance Assembly Robot Arm，选择顺应性装配机器手臂）结构。

SCARA 机器人的基本结构如图 1.15（a）所示。这种机器人的手臂由 2～3 个轴线相互平行的水平旋转关节 C1、C2、C3 串联而成，以实现平面定位；整个手臂可通过垂直方向的直线移动轴 Z 进行升降运动。

采用 SCARA 基本结构的机器人结构紧凑、动作灵巧，但水平旋转关节 C1、C2、C3 的驱动电机均需要安装在基座侧，其传动链长，传动系统结构较为复杂；此外，垂直轴 Z 需要控制 3 个手臂的整体升降，其运动部件质量较大，升降行程通常较小，承载能力较低，因此，实际使用时经常采用执行器升降、双臂大型等变形结构。

执行器升降结构的 SCARA 机器人如图 1.15（b）所示。这种机器人不但可扩大 Z 轴的升降行程、减轻升降部件的重量、提高手臂刚性和负载能力，同时还可将 C2、C3 轴的驱动电机安装位置前移，以缩短传动链、简化传动系统结构。但是，这种结构的机器人回转臂的体积大，结构不及基本型紧凑，因此，多用于垂直方向运动不受限制的平面搬运和部件装配作业。

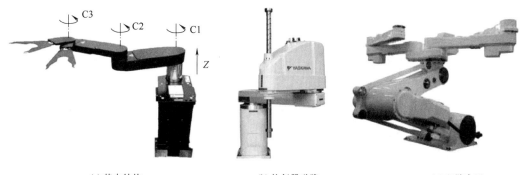

(a) 基本结构　　　　　　(b) 执行器升降　　　　　　(c) 双臂大型

图 1.15　SCARA 机器人结构示意图

双臂大型 SCARA 机器人如图 1.15 (c) 所示。这种机器人有 1 个升降轴 U、2 个对称手臂回转轴（L、R）、1 个整体回转轴 S；升降 U 轴用来控制上、下臂的同步运动，S 轴用来控制 2 个手臂的整体回转；回转轴 L、R 用于 2 个对称手臂的水平方向伸缩。双臂大型 SCARA 机器人的结构刚性好、承载能力强、作业范围大，故可用于太阳能电池板安装、清洗房物品升降等大型平面搬运和部件装配作业。

SCARA 机器人结构简单、外形轻巧、定位精度高、运动速度快，特别适合于平面定位、垂直方向装卸的搬运和装配作业，故首先被用于 3C 行业完成印制电路板的器件装配和搬运作业，随后在光伏行业的 LED、太阳能电池安装，以及塑料、汽车、药品、食品等行业的平面装配和搬运领域得到了较为广泛的应用。SCARA 结构机器人的工作半径通常为 100～1000mm，承载能力一般为 1～200kg。

(3) 并联机器人

并联机器人（Parallel Robot）的结构设计源自 1965 年英国科学家 Stewart 在 *A Platform with Six Degrees of Freedom* 文中提出的 6 自由度飞行模拟器，即 Stewart 平台结构。

Stewart 平台的标准结构如图 1.16 所示。Stewart 运动平台通过空间均布的 6 根并联连杆支承，控制 6 根连杆伸缩运动，便可实现平台在三维空间的前后、左右、升降及倾斜、回转、偏摆等运动。Stewart 平台具有 6 个自由度，可满足机器人的控制要求，1978 年，它被澳大利亚学者 Hunt 首次引入到机器人的运动控制。Stewart 平台的运动需要通过 6 根连杆轴的同步控制实现，其结构较为复杂、控制难度很大，目前只有 FANUC 公司将其以机器人、工件变位器的形式提供。

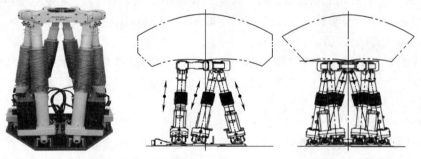

图 1.16　Stewart 平台

为了方便控制，1985 年，瑞士洛桑联邦理工学院的 Clavel 博士发明了一种图 1.17 所示的简化结构，它采用悬挂式布置，可通过 3 根并联连杆轴的摆动，实现三维空间的平移运动，故称之为 Delta 结构。Delta 结构可通过在运动平台上安装图 1.18 所示的回转轴，增加回转自由度，方便地实现 4、5、6 自由度的控制，以满足不同机器人的控制要求。采用了 Delta 结构的机器人称为 Delta 机器人或 Delta 机械手。

Delta 机器人具有结构简单、控制容易、运动快捷、安装方便等优点，因而成为了目前并

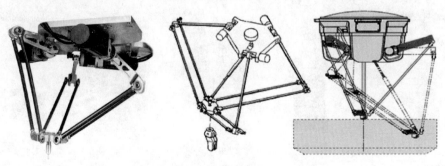

图 1.17　Delta 结构

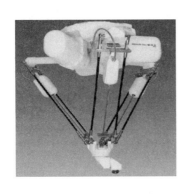
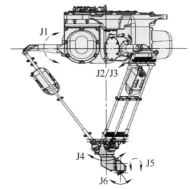

图 1.18　6 自由度 Delta 机器人

联机器人的基本结构，被广泛用于食品、药品、电子等行业的物品分拣、装配、搬运作业，它是高速、轻载并联机器人最为常用的结构形式。

1.3　工业机器人产品与性能

1.3.1　工业机器人常用产品

当前，工业机器人的生产厂家主要集中于日本和欧洲，日本 FANUC（发那科）和 YASKAWA（安川）、欧洲 ABB 和 KUKA 是目前全球最常用的代表性产品，简介如下。

（1）FANUC（发那科）

FANUC 工业机器人产品主要有图 1.19 所示的垂直串联、Delta 结构机器人及多轴运动平台和变位器等（详见第 4 章）。

(a) 垂直串联　　　　　　(b) Delta结构　　　　　(c) 多轴运动平台和变位器

图 1.19　FANUC 工业机器人产品

图 1.20 所示的 CR（Collaborative Robot）系列协作型机器人是 FANUC 的较新产品，属于第二代智能工业机器人。

CR 系列协作型机器人为 6 轴垂直串联标准结构，并带有触觉传感器等智能检测器件，可感知人体接触并安全停止，因此，可取消防护栅栏等安全保护措施，实现人机协同作业。

协作机器人的智能性主要体现在碰撞检测上，但不

图 1.20　CR 系列协作型机器人

能预防焊接、切割、喷涂等作业本身存在的风险，因此，目前只能用于需要人机协同的装配、搬运、包装类作业。

（2）YASKAWA（安川）

YASKAWA 工业机器人产品主要有图 1.21 所示的垂直串联、Delta、SCARA 结构机器人和变位器等（详见第 7 章）。

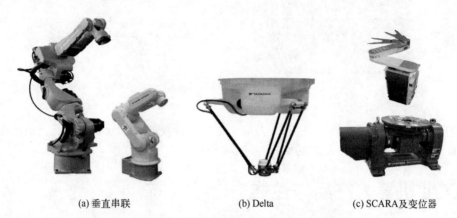

(a) 垂直串联　　　　　　(b) Delta　　　　　　(c) SCARA及变位器

图 1.21　YASKAWA 工业机器人产品

图 1.22 所示的手臂型机器人（Arm Robot）是 YASKAWA 近年研发的第二代智能工业机器人产品。手臂型机器人同样带有触觉传感器等智能检测器件，可感知人体接触并安全停止，实现人机协同安全作业。

安川手臂型机器人采用的是 7 轴垂直串联、类人手臂结构，其运动灵活、几乎不存在作业死区。手臂型机器人目前有 SIA 系列 7 轴单臂（Single-arm）、SDA 系列 15 轴（2×7 单臂＋基座回转）双臂（Dual-arm）两类，机器人可用于 3C、食品、药品等行业的人机协同作业。

图 1.22　安川手臂型机器人

（3）ABB

ABB 工业机器人产品主要有图 1.23 所示的垂直串联、Delta、SCARA 结构机器人和变位器等。

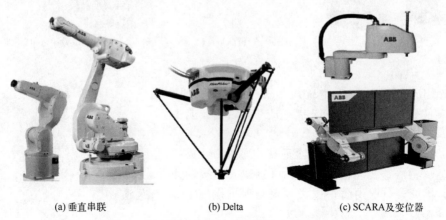

(a) 垂直串联　　　　　　(b) Delta　　　　　　(c) SCARA及变位器

图 1.23　ABB 工业机器人产品

ABB 公司第二代智能工业机器人的代表性产品为图 1.24 所示的 YuMi 协作型机器人。YuMi 协作型机器人的结构和安川手臂型机器人基本相同，机器人同样有 7 轴单臂和 15 轴双臂两种，机器人带有触觉传感器等智能检测器件，可感知人体接触并安全停止，实现人机协同安全作业。

图 1.24　YuMi 协作机器人

（4）KUKA

KUKA 公司工业机器人产品主要有图 1.25 所示的垂直串联、Delta、SCARA 结构机器人和变位器等。

(a) 垂直串联　　　　　　　　(b) Delta、SCARA　　　　　　　(c) 变位器

图 1.25　KUKA 工业机器人产品

图 1.26 所示的 LBR 协作型机器人是 KUKA 第二代智能工业机器人代表性产品。LBR 协作型机器人带有触觉传感器，可感知人体接触并安全停止，实现人机协同作业。LBR 机器人目前有 LBR iiwa、LBR Med 两类，LBR iiwa 称为智能制造助手（Intelligent Industrial Work Assistants），用于一般工业生产场合；LBR Med 为医用（Medical）机器人，产品符合 IEC 60601-1 医疗设备安全标准。LBR 机器人采用单臂、7 轴垂直串联结构，机器人运动灵活、结构紧

图 1.26　LBR 协作机器人

凑、作业死区小、安全性好，可用于 3C、食品、药品等行业的人机协同作业。

1.3.2　工业机器人性能

工业机器人的主要技术参数有控制轴数（自由度）、承载能力、工作范围（作业空间）、运动速度、位置精度等。不同用途机器人的常见结构及主要技术指标见表 1.1。

表 1.1　各类机器人的主要技术指标要求

类别		常见形态	控制轴数	承载能力/kg	重复定位精度/mm
加工类	弧焊、切割	垂直串联	6～7	3～20	0.05～0.1
	点焊	垂直串联	6～7	50～350	0.2～0.3

续表

类别		常见形态	控制轴数	承载能力/kg	重复定位精度/mm
装配类	通用装配	垂直串联	4～6	2～20	0.05～0.1
	电子装配	SCARA	4～5	1～5	0.05～0.1
	涂装	垂直串联	6～7	5～30	0.2～0.5
搬运类	装卸	垂直串联	4～6	5～200	0.1～0.3
	输送	AGV	—	5～6500	0.2～0.5
包装类	分拣、包装	垂直串联、并联	4～6	2～20	0.05～0.1
	码垛	垂直串联	4～6	50～1500	0.5～1

(1) 工作范围

工作范围（Working Range）又称为作业空间，它是指机器人在未安装末端执行器时，手腕中心点（Wrist Center Point，简称 WCP）能到达的空间；工作范围需要剔除机器人运动过程中可能产生碰撞、干涉的区域和奇点。

工业机器人的工作范围与机器人结构形态有关，典型结构机器人的作业空间如图 1.27 所示。

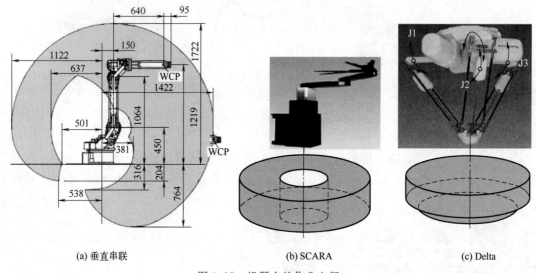

(a) 垂直串联　　　　　　(b) SCARA　　　　　　(c) Delta

图 1.27　机器人的作业空间

垂直串联机器人的作业空间是中空不规则球体，为此，产品样本一般需要提供图 1.27（a）所示的手腕中心点（WCP）运动范围图；SCARA 机器人的作业空间为图 1.27（b）所示的中空圆柱体；Delta 机器人的作业空间为图 1.27（c）所示的锥底圆柱体。

为了便于说明，在日常使用时，一般将机器人手臂水平伸展至极限位置时的 WCP 到安装底面中心线的距离，称为机器人作业半径；将 WCP 在垂直方向可到达的最低点与最高点间的距离，称为机器人作业高度。例如，对于图 1.27（a）所示的垂直串联机器人，其作业半径为 1442mm、作业高度为 2486（＝1722＋764）mm 等。考虑到零件加工及装配误差，样本中提供的作业半径和高度通常忽略 mm 位，即作业半径 1.44m、作业高度 2.48m 等。

(2) 承载能力

承载能力（Payload）是指机器人在作业空间内所能承受的最大负载，一般用质量、力、转矩等技术参数来表示。

搬运、装配、包装类机器人的承载能力是指机器人能抓取的物品质量，样本所提供的承载能力是不考虑末端执行器质量并假设负载重心位于工具参考点（Tool Reference Point，简称

TRP）时，机器人高速运动可承载的物品质量。焊接、切割等加工机器人的负载就是作业工具，因此，承载能力就是机器人可安装的末端执行器最大质量。切削加工类机器人需要承担切削力，承载能力通常以最大切削进给力衡量。

为了能够准确反映承载能力与负载重心的关系，机器人承载能力一般需要通过手腕负载图表示，例如，图1.28为承载能力6kg的安川公司MH6机器人和ABB公司IRB140T机器人所提供的手腕负载图。

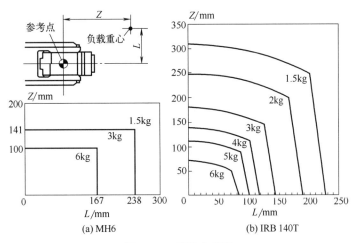

图 1.28　手腕负载图

（3）自由度

自由度（Degree of Freedom）是衡量机器人动作灵活性的重要指标。所谓自由度，就是整个机器人运动链所能够产生的独立运动数，包括直线、回转、摆动运动，但不包括执行器本身的运动（如刀具旋转等）。工业机器人的每一个自由度原则上都需要有一个伺服轴进行驱动，因此，在产品样本和说明书中，通常以控制轴数（Number of Axes）来表示。

由伺服轴驱动的执行器主动运动称为主动自由度；主动自由度一般有平移、回转、绕水平轴线的垂直摆动、绕垂直轴线的水平摆动4种，在结构示意图中，它们分别用图1.29所示的符号表示。例如，6轴垂直串联和3轴水平串联机器人的自由度的表示方法如图1.30所示，其他结构形态机器人的自由度表示方法类似。

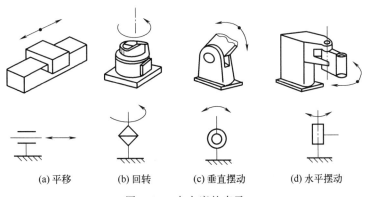

(a) 平移　　(b) 回转　　(c) 垂直摆动　　(d) 水平摆动

图 1.29　自由度的表示

机器人的自由度与作业要求有关。自由度越多，执行器的动作就越灵活；如机器人具有X、Y、Z方向直线运动和绕X、Y、Z轴回转运动的6个自由度，执行器就可在三维空间上

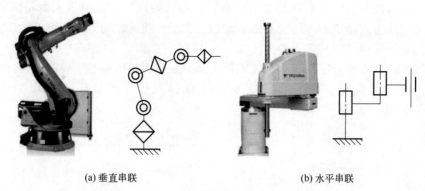

(a) 垂直串联　　　　　　　　　　　(b) 水平串联

图 1.30　多关节串联的自由度表示

任意改变位置和工具姿态，实现完全控制。超过 6 个的多余自由度称为冗余自由度（Redundant Degree of Freedom），冗余自由度一般用来回避障碍物。

(4) 运动速度

运动速度决定了机器人的工作效率。机器人样本和说明书中所提供的运动速度，一般是指机器人在空载、稳态运动时所能够达到的最大运动速度（Maximum Speed）。

机器人的运动速度用参考点在单位时间内能够移动的距离（mm/s）、转过的角度（°/s）或弧度（rad/s）表示，按运动轴分别标注。当机器人进行多轴同时运动时，参考点的空间运动速度将是所有参与运动轴所合成的速度。

机器人的运动速度与结构刚性、运动部件质量和惯量、驱动电机功率等因素有关。对于多关节串联的机器人，越靠近末端执行器，运动部件质量、惯量就越小，因此，其运动速度和加速度也越大。

(5) 定位精度

工业机器人的定位精度是指机器人定位时，执行器实际到达的位置和目标位置间的误差值。由于绝大多数机器人的定位需要通过关节回转、摆动实现，其空间位置的控制和检测远比以直线运动为主的数控机床困难得多，因此，两者的位置测量方法和精度计算标准有较大的不同。

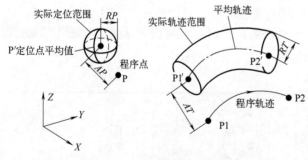

图 1.31　工业机器人定位精度

目前，工业机器人的位置精度检测和计算标准有 ISO 9283：1998《操纵型工业机器人　性能规范和试验方法》和日本 JIS B8432 标准等。ISO 9283：1998 标准规定的工业机器人定位精度指标的含义如图 1.31 所示，参数的含义如下。

P：程序点（Programmed Position），即定位目标位置。

P'：程序点重复定位的实际位置平均值（Mean Position at Program Execution）。

AP：实际位置平均值与程序点的偏差（Mean Distance from Programmed Position）。

RP：程序点重复定位的姿态偏差范围（Tolerance of Position P' at Repeated Positioning）。

P1→P2：编程轨迹（Programmed Path）。

P1′→P2′：机器人沿原轨迹重复移动时的实际轨迹平均值（Average Path at Program Execution）。

AT：实际轨迹平均值与编程轨迹的最大偏离（Max Deviation from Programmed Path to Average Path）。

RT：重复移动的轨迹偏差范围（Tolerance of Path at Repeated Program Execution）。

一般情况下，机器人样本、说明书中所提供的重复定位精度（Pose Repeatability）就是 ISO 9283:1998 标准的程序点重复定位姿态偏差范围 RP；轨迹重复精度（Path Repeatability）就是 ISO 9283:1998 标准的重复移动轨迹偏差范围 RT。由于 RP、RT 不包括实际位置平均值与程序点的偏差 AP、实际轨迹平均值与编程轨迹的最大偏离 AT，因此，机器人样本、说明书中所提供的重复定位精度 RP、轨迹重复精度 RT，实际上并不是机器人实际定位点与程序点、实际轨迹与编程轨迹的误差值；这一点与数控机床普遍使用 ISO 230-2 等精度测量标准有很大的不同。

例如，ABB 公司的 IR1600-6/1.45 机器人，样本中提供的机器人重复定位精度 RP 为 0.02mm、轨迹重复精度 RT 为 0.19mm；但是，在额定负载下，机器人以 1.6m/s 速度 6 轴同时运动定位、插补时，按 ISO 9283:1998 标准测量得到的 AP 值为 0.04mm，直线插补轨迹的 AT 值为 1.03mm，因此，机器人实际定位点与程序点的误差可能达到 0.06mm、实际轨迹与编程轨迹的误差可能达到 1.22mm。

由此可见，工业机器人的定位精度与数控机床、三坐标测量机等精密加工、检测设备相比存在较大的差距，故只能用作生产辅助设备或位置精度要求不高的粗加工设备。

第**2**章

工业机器人机械结构与维修

2.1 机器人及基本传动部件

2.1.1 垂直串联基本结构

垂直串联是工业机器人最常见的形态，被广泛用于加工、搬运、装配、包装等场合。垂直串联机器人的结构与承载能力有关，机器人本体常见结构形式有以下几种。

（1）电机内置前驱结构

小规格、轻量级 6 轴垂直串联机器人经常采用图 2.1 所示的电机内置前驱基本结构。这种机器人的外形简洁、防护性能好，传动系统结构简单、传动链短、传动精度高，是小型机器人常用的结构。

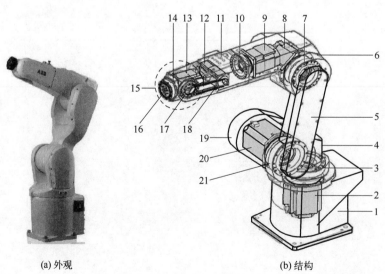

(a) 外观   (b) 结构

图 2.1　电机内置前驱结构

1—基座；4—腰；5—下臂；6—肘；11—上臂；15—腕；16—工具安装法兰；18—同步带；19—肩；

2,8,9,12,13,20—伺服电机；3,7,10,14,17,21—减速器

6 轴垂直串联机器人的运动主要包括腰回转轴 S（J1）、下臂摆动轴 L（J2）、上臂摆动轴 U（J3）及手腕回转轴 R（J4）、腕摆动轴 B（J5）、手回转轴 T（J6）；每一运动轴都需要由相应的电机驱动。由于机器人关节回转和摆动的负载惯量大、回转速度低（通常为 25～100r/min），加减速时的最大转矩需要达到数百甚至数万 Nm，而交流伺服电机的额定输出转矩通常在 30Nm 以下，最高转速一般为 3000～6000r/min，为此，机器人的所有回转轴，原则上都需要配套结构紧凑、承载能力强、传动精度高的大比例减速器，以降低转速、提高输出转矩。RV 减速器、谐波减速器是目前工业机器人最常用的两种减速器，它是工业机器人最为关键的机械核心部件，本书后面的内容中，将对其进行详细阐述。

在图 2.1 所示的基本结构中，机器人的所有驱动电机均布置在机器人罩壳内部，故称为电机内置结构；而手腕回转、腕摆动、手回转的驱动电机均安装在手臂前端，故称为前驱结构。

（2）电机外置前驱结构

采用电机内置结构的机器人具有结构紧凑、外观整洁、运动灵活等特点，但驱动电机的安装空间受限、散热条件差、维修维护不便。此外，由于手回转轴的驱动电机直接安装在腕摆动体上，传动直接、结构简单，但它会增加手腕部件的体积和质量、影响手运动灵活性。因此，通常只用于 6kg 以下小规格、轻量级机器人。

机器人的腰回转、上下臂摆动及手腕回转轴的惯量大、负载重，对驱动电机的输出转矩要求高，需要大规格电机驱动。为了保证驱动电机有足够的安装、散热空间，方便维修维护，承载能力大于 6kg 的中小型机器人，通常需要采用图 2.2 所示的电机外置前驱结构。

电机外置前驱结构机器人的腰回转、上下臂摆动及手腕回转轴驱动电机均安装在机身外部，其安装、散热空间不受限制，故可提高机器人的承载能力，方便维修维护。

图 2.2　电机外置前驱结构

电机外置前驱结构的腕摆动轴 B（J5）、手回转轴 T（J6）的驱动电机同样安装在手腕前端（前驱），但是，其手回转轴 T（J6）的驱动电机也被移至上臂内腔，电机通过同步带、锥齿轮等传动部件，将驱动力矩传送至手回转减速器上，从而减小了手腕部件的体积和质量。因此，它是中小型垂直串联机器人应用最广的基本结构，内部结构详见本章后述。

（3）手腕后驱结构

大中型工业机器人对作业范围、承载能力有较高的要求，其上臂的长度、结构刚度、体积和质量均大于小型机器人，如采用腕摆动、手回转轴驱动电机安装在手腕前端的前驱结构，不仅限制了驱动电机的安装散热空间，而且手臂前端的质量将大幅扩大，上臂摆动轴的重心将远离摆动中心，导致机器人重心偏高、运动稳定较差。为此，大中型垂直串联工业机器人通常采用图 2.3 所示的腕摆动、手回转轴驱动电机后置的后驱结构。

后驱结构机器人的手腕回转轴 R（J4）、弯曲轴 B（J5）及手回转轴 T（J6）的驱动电机 8、9、10 并列布置在上臂后端，它不仅可增加驱动电机的安装和散热空间、便于大规格电机安装，而且还可大幅度降低上臂体积和前端质量，使上臂重心后移，从而起到平衡上臂重力、降低机器人重心、提高机器人运动稳定性的作用。

后驱机器人的腰回转、上下臂摆动轴结构与电机外置前驱机器人类似，大型机器人下臂通常需要增加动力平衡系统（见后述）。由于驱动电机均安装在机身外部，因此，这是一种驱动电机完全外置的垂直串联机器人典型结构，在大中型工业机器人上应用广泛。

在图 2.3 所示的机器人上，腰回转轴 S（J1）的驱动电机采用的是侧置结构，电机通过同步带与减速器连接，这种结构可增加腰回转轴的减速比、提高驱动转矩，并方便内部管线布置。为了简化腰回转轴传动系统结构，实际机器人也经常采用驱动电机和腰回转同轴布置、直接传动的结构形式，有关内容见后述。

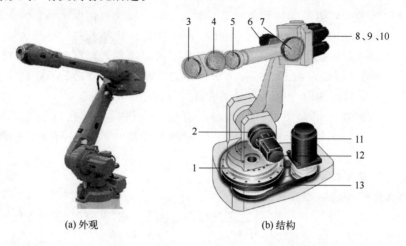

(a) 外观　　　　　(b) 结构

图 2.3　后驱结构

1～5、7—减速器；6、8～12—电机；13—同步带

后驱机器人需要通过上臂内部的传动轴，将腕弯曲、手回转轴的驱动力传递到手腕前端，其传动系统复杂、传动链较长、传动精度相对较低，机器人内部结构详见本章后述。

（4）连杆驱动结构

大型、重型工业机器人多用于大宗物品的搬运、码垛等平面作业，其手腕通常无须回转，但对机器人承载能力、结构刚度的要求非常高，如果采用通常的电机与减速器直接驱动结构，就需要使用大型驱动电机和减速器，从而大大增加机器人的上部质量，机器人重心高、运动稳定性差。为此，需要采用图 2.4 所示的平行四边形连杆驱动结构。

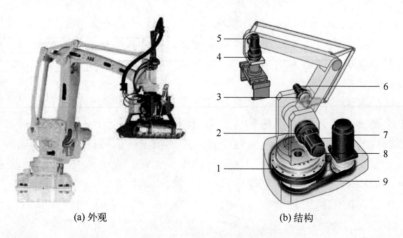

(a) 外观　　　　　(b) 结构

图 2.4　连杆驱动结构

1～4—减速器；5～8—电机；9—同步带

采用连杆驱动结构的机器人腰回转驱动电机以侧置的居多，电机和减速器间采用同步带连接；机器人的下臂摆动轴驱动一般采用与中小型机器人相同的直接驱动结构，但上臂摆动轴 U（J3）、手腕弯曲轴 B（J5）的驱动电机及减速器，均安装在机器人腰身上；然后，通过两对平

行四边形连杆机构，驱动上臂摆动、手腕弯曲运动。

采用平行四边形连杆驱动的机器人，不仅可加长上臂摆动、手腕弯曲轴的驱动力臂，放大驱动电机转矩、提高负载能力，而且还可将上臂摆动、手腕弯曲轴的驱动电机、减速器的安装位置下移至腰部，从而大幅度减轻机器人上部质量、降低重心、增加运动稳定性。但是，由于结构限制，在上臂摆动、手腕弯曲轴同时采用平行四边形连杆驱动的机器人，其手腕的回转运动（R 轴回转）将无法实现，因此，通常只能采用无手腕回转的 5 轴垂直串联结构；部分大型、重型搬运、码垛作业的机器人，甚至同时取消手腕回转轴 R（J4）、手回转轴 T（J6），成为只有腰回转和上下臂、手腕摆动的 4 轴结构。

采用 4 轴、5 轴简化结构的机器人，其作业灵活性必然受到影响。为此，对于需要有 6 轴运动的大型、重型机器人，有时也采用图 2.5 所示的、仅上臂摆动采用平行四边形连杆驱动的单连杆驱动结构。

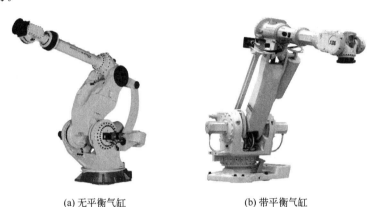

(a) 无平衡气缸　　　　　　　　　　(b) 带平衡气缸

图 2.5　单连杆驱动结构

仅上臂摆动采用平行四边形连杆驱动的机器人，具有通常 6 轴垂直串联机器人同样的运动灵活性。但是，由于大型、重型工业机器人的负载质量大，为了平衡上臂负载，平行四边形连杆机构需要有较长的力臂，从而导致下臂、连杆所占的空间较大，影响机器人的作业范围和运动灵活性。为此，大型、重型机器人有时也采用图 2.5（b）所示的带重力平衡气缸的连杆驱动结构，以减小下臂、连杆的安装空间，增加作业范围和运动灵活性。

2.1.2　垂直串联手腕结构

(1) 手腕基本形式

工业机器人的手腕主要用来改变末端执行器的姿态（Working Pose），进行工具作业点的定位，它是决定机器人作业灵活性的关键部件。

垂直串联机器人的手腕一般由腕部和手部组成。腕部用来连接上臂和手部；手部用来安装执行器（作业工具）。由于手腕的回转部件通常如图 2.6 所示，与上臂同轴安装、同时摆动，因此，它也可视为上臂的延伸部件。

为了能对末端执行器的姿态进行 6 自由度的完全控制，机器人的手腕通常需要有 3 个回转（Roll）或摆动（Bend）自由度。具有回转（Roll）自由度的关节，能在 4 象限进行接近 360°或大于等于 360°回转，称 R 型轴；具有摆动（Bend）自由度的关节，一般只能在 3 象限以下进行小于 270°的回转，称 B 型轴。这 3 个自由度可根据机器人不同的作业要求，进行图 2.7 所示的组合。

图 2.6　手腕外观与安装

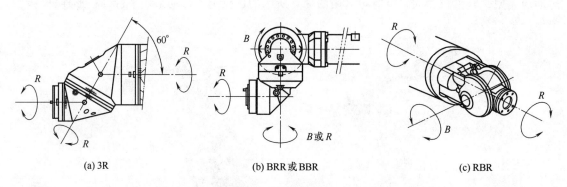

(a) 3R　　　　　　　　(b) BRR 或 BBR　　　　　　　(c) RBR

图 2.7　手腕的结构形式

图 2.7（a）是由 3 个回转关节组成的手腕，称为 3R（RRR）结构。3R 结构的手腕一般采用锥齿轮传动，3 个回转轴的回转范围通常不受限制，这种手腕的结构紧凑、动作灵活、密封性好，但由于手腕上 3 个回转轴的中心线相互不垂直，其控制难度较大，因此，多用于油漆、喷涂等恶劣环境作业，对密封、防护性能有特殊要求的中小型涂装机器人；通用型工业机器人较少使用。

图 2.7（b）为"摆动＋回转＋回转"或"摆动＋摆动＋回转"关节组成的手腕，称为 BRR 或 BBR 结构。BRR 和 BBR 结构的手腕回转中心线相互垂直，并和三维空间的坐标轴一一对应，其操作简单、控制容易，而且密封、防护容易，因此，多用于大中型涂装机器人、重载的工业机器人。BRR 和 BBR 结构手腕的外形较大、结构相对松散，在机器人作业要求固定时，也可被简化为 BR 结构的 2 自由度手腕。

图 2.7（c）为"回转＋摆动＋回转"关节组成的手腕，称为 RBR 结构。RBR 结构的手腕回转中心线同样相互垂直，并和三维空间的坐标轴一一对应，其操作简单、控制容易，且结构紧凑、动作灵活，是目前工业机器人最为常用的手腕结构形式。

RBR 结构的手腕回转驱动电机均可安装在上臂后侧，但手腕弯曲和手回转的电机可以置于上臂内腔（前驱），或者后置于上臂摆动关节部位（后驱）。前驱结构外形简洁、传动链短、传动精度高，但上臂重心离回转中心距离远、驱动电机安装及散热空间小，故多用于中小规格机器人；后驱结构的机器人结构稳定，驱动电机安装及散热空间大，但传动链长、传动精度相对较低，故多用于中大规格机器人。

（2）前驱 RBR 手腕

小型垂直串联机器人的手腕承载要求低、驱动电机的体积小、重量轻，为了缩短传动链、简化结构、便于控制，通常采用图 2.8 所示的前驱 RBR 结构。

前驱 RBR 结构手腕有手腕回转轴 R（J4）、腕摆动轴 B（J5）和手回转轴 T（J6）3 个运

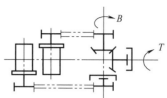

图 2.8　前驱手腕结构

1—上臂；2—B/T 轴电机安装；3—摆动体；4—下臂

动轴。其中，R 轴通常利用上臂延伸段的回转实现，其驱动电机和主要传动部件均安装在上臂后端；B 轴、T 轴驱动电机直接布置于上臂前端内腔，驱动电机和手腕间通过同步带连接，3 轴传动系统都有大比例的减速器进行减速。

（3）后驱 RBR 手腕

大中型工业机器人需要有较大的输出转矩和承载能力，B（J5）、T（J6）轴驱动电机的体积人、重量重。为保证电机有足够的安装空间和良好的散热，同时，能减小上臂的体积和重量、平衡重力、提高运动稳定性，机器人通常采用图 2.9 所示的后驱 RBR 结构，将手腕 R、B、T 轴的驱动电机均布置在上臂后端。然后，通过上臂内腔的传动轴，将动力传递到前端的手腕单元上，通过手腕单元实现 R、B、T 轴回转与摆动。

后驱结构不仅可解决前驱结构存在的 B、T 轴驱动电机安装空间小、散热差，检测、维修困难等问题，而且还可使上臂结构紧凑、重心后移，提高机器人的作业灵活性和重力平衡性。由于后驱结构 R 轴的回转关节后，已无其他电气线缆，理论上 R 轴可无限回转。

后驱机器人的手腕驱动轴 R/B/T 电机均安装在上臂后部，因此，需要通过上臂内腔的传动轴，将动力传递至前端的手腕单元；手腕单元则需要将传动轴的输出转成 B、T 轴回转驱动力，其机械传动系统结构较复杂、传动链较长，B、T 轴传动精度不及前驱手腕。

后驱结构机器人的上臂结构通常采用图 2.10 所示的中空圆柱结构，臂内腔用来安装 R、B、T 传动轴。

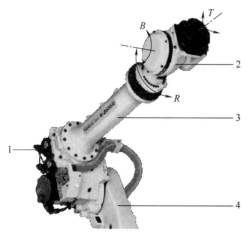
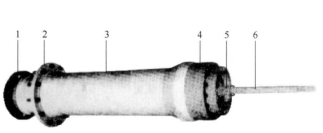

图 2.9　后驱手腕结构

1—R/B/T 电机；2—手腕单元；
3—上臂；4—下臂

图 2.10　上臂结构

1—同步带轮；2—安装法兰；3—上臂体；
4—R 轴减速器；5—B 轴；6—T 轴

上臂的后端为 R、B、T 轴同步带轮输入组件 1，前端安装手腕回转的 R 轴减速器 4，上臂体 3 可通过安装法兰 2 与上臂摆动体连接。R 轴减速器应为中空结构，减速器壳体固定在上臂体 3 上，输出轴用来连接手腕单元，B 轴 5 和 T 轴 6 布置在 R 轴减速器的中空内腔。

后驱机器人手腕一般采用单元结构，常见的形式有如图 2.11 所示的两种。

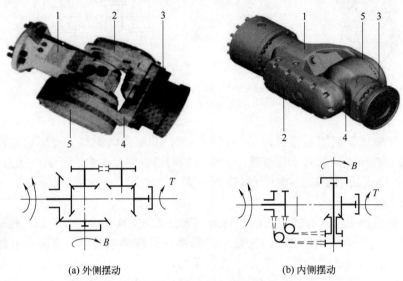

(a) 外侧摆动   (b) 内侧摆动

图 2.11　手腕单元组成

1—连接体；2—换向组件；3—T 轴减速；4—摆动体；5—B 轴减速

图 2.11（a）所示的手腕单元摆动体位于外侧，B 轴通过 1 对锥齿轮换向驱动减速器；T 轴通过同步带连接的两对锥齿轮换向驱动减速器。这种结构的 B 轴传动系统结构简单、传动链短，但锥齿轮传动存在间隙，且对安装调整要求较高，因此，B、T 轴传动精度一般较低；此外，B 轴摆动体的体积、质量也较大，B 轴驱动电机的规格也相对较大。

图 2.11（b）所示的手腕单元摆动体位于内侧，B 轴通过同步带换向驱动减速器；T 轴通过同步带换向后，再利用 1 对锥齿轮实现两次换向、驱动减速器。这种结构的 B 轴传动系统相对复杂、传动链较长，但同步带的安装调整方便，并可实现无间隙传动，因此，B、T 轴的传动精度较高；此外，B 轴摆动体的体积、质量也相对较小，B 轴驱动电机的规格可适当减小。

2.1.3　SCARA、Delta 结构

(1) SCARA 结构

SCARA（Selective Compliance Assembly Robot Arm，选择顺应性装配机器手臂）结构是日本山梨大学在 1978 年发明的、一种建立在圆柱坐标上的特殊机器人结构形式。

SCARA 机器人通过 2～3 个水平回转关节实现平面定位，结构类似于水平放置的垂直串联机器人，手臂为沿水平方向串联延伸、轴线相互平行的回转关节；驱动转臂回转的伺服电机可前置在关节部位（前驱），也可统一后置在基座部位（后驱）。

SCARA 机器人的结构简单、外形轻巧、定位精度高、运动速度快，特别适合于平面定位、垂直方向装卸的搬运和装配作业，故首先被用于 3C 行业印制电路板的器件装配和搬运作业；随后在光伏行业的 LED、太阳能电池安装，以及塑料、汽车、药品、食品等行业的平面装配和搬运领域得到了较广泛的应用。

前驱 SCARA 机器人的典型结构如图 2.12 所示，机器人机身主要由基座 1、后臂 11、前

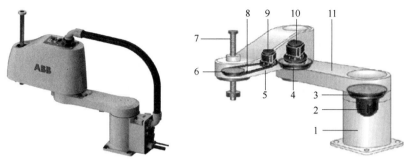

图 2.12　前驱 SCARA 结构

1—基座；2—C1 轴电机；3—C1 轴减速器；4—C2 减速器；5—前臂；6—升降减速器；

7—升降丝杠；8—同步带；9—升降电机；10—C2 轴电机；11—后臂

臂 5、升降丝杠 7 等部件组成。后臂 11 安装在基座 1 上，它可在 C1 轴驱动电机 2、减速器 3 的驱动下水平回转。前臂 5 安装在后臂 11 的前端，它可在 C2 轴驱动电机 10、减速器 4 的驱动下水平回转。

前驱 SCARA 机器人的执行器垂直升降通过滚珠丝杠 7 实现，丝杠安装在前臂的前端，它可在升降电机 9 的驱动下进行垂直上下运动；机器人使用的滚珠丝杠导程通常较大，而驱动电机的转速较高，因此，升降系统一般也需要使用减速器 6 进行减速。此外，为了减轻前臂前端的质量和体积、提高运动稳定性、降低前臂驱动转矩，执行器升降电机 9 通常安装在前臂回转关节部位，电机和升降减速器 6 通过同步带 8 连接。

前驱 SCARA 机器人的机械传动系统结构简单、层次清晰、装配方便、维修容易，通常用于上部作业空间不受限制的平面装配、搬运和电气焊接等作业，但其转臂外形、体积、质量等均较大，结构相对松散；加上转臂的悬伸负载较重，对臂的结构刚性有一定的要求，因此，在多数情况下只有两个水平回转轴。

后驱 SCARA 机器人的结构如图 2.13 所示。这种机器人的悬伸转臂均为平板状薄壁，其结构非常紧凑。

后驱 SCARA 机器人前后转臂及工具回转的驱动电机均安装在升降套 5 上；升降套 5 可通过基座 1 内的滚珠丝杠（或气动、液压）升降机构升降。转臂回转减速的减速器均安装在回转关节上；安装在升降套 5 上的驱动电机，可通过转臂内的同步带连接减速器，以驱动前后转臂及工具的回转。

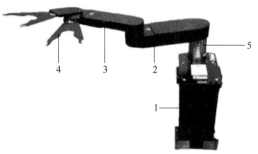

图 2.13　后驱 SCARA 结构

1—基座；2—后臂；3—前臂；4—工具；5—升降套

由于后驱 SCARA 机器人的结构非常紧凑，负载很轻、运动速度很快，为此，回转关节多采用结构简单、厚度小、重量轻的超薄型减速器进行减速。

后驱 SCARA 机器人结构轻巧、定位精度高、运动速度快，它除了作业区域外，几乎不需要额外的安装空间，故可在上部空间受限的情况下，进行平面装配、搬运和电气焊接等作业，因此，其多用于 3C 行业的印制电路板器件装配和搬运。

(2) Delta 结构

并联机器人是机器人研究的热点之一，它有多种不同的结构形式；但是，由于并联机器人大都属于多参数耦合的非线性系统，其控制十分困难，正向求解等理论问题尚未完全解决，加上机器人通常只能倒置式安装、作业空间较小等原因，绝大多数并联机构都还处于理论或实验研究阶段，尚不能在实际工业生产中应用和推广。

目前，实际产品中所使用的并联机器人结构以 Clavel 发明的 Delta 机器人为主。Delta 结构克服了其他并联机构的诸多缺点，具有承载能力强、运动耦合弱、力控制容易、驱动简单等优点，因而，在 3C、食品、药品等行业的装配、包装、搬运等场合，得到了较广泛的应用。

从机械结构上说，当前实用型的 Delta 机器人，总体可分为图 2.14 所示的回转驱动型（Rotary Actuated Delta）和直线驱动型（Linear Actuated Delta）两类。

(a) 回转驱动型　　　　　　　　　　　　　　(b) 直线驱动型

图 2.14　Delta 机器人的结构

图 2.14（a）所示的回转驱动 Delta 机器人，其手腕安装平台的运动通过主动臂的摆动驱动，控制 3 个主动臂的摆动角度，就能使手腕安装平台在一定范围内运动与定位。旋转型 Delta 机器人的控制容易、动态特性好，但其作业空间较小、承载能力较低，故多用于高速、轻载的场合。

图 2.14（b）所示的直线驱动 Delta 机器人，其手腕安装平台的运动通过主动臂的伸缩或悬挂点的水平、倾斜、垂直移动等直线运动驱动，控制 3（或 4）个主动臂的伸缩距离，同样可使手腕安装平台在一定范围内定位。与旋转型 Delta 机器人比较，直线驱动型 Delta 机器人具有作业空间大、承载能力强等特点，但其操作和控制性能、运动速度等不及旋转型 Delta 机器人，故多用于并联数控机床等场合。

Delta 机器人的机械传动系统结构非常简单。例如，回转驱动型机器人的传动系统是 3 组完全相同的摆动臂，摆动臂可由驱动电机经减速器减速后驱动，无须其他中间传动部件，故只需要采用类似前述垂直串联机器人机身、前驱 SCARA 机器人转臂等减速摆动机构便可实现；如果选配齿轮箱型谐波减速器，则只需进行谐波减速箱的安装和输出连接，无须其他任何传动部件。对于直线驱动型机器人，则只需要 3 组结构完全相同的直线运动伸缩臂，伸缩臂可直接采用传统的滚珠丝杠驱动，其传动系统结构与数控机床进给轴类似。本书不再对其进行介绍。

2.1.4　变位器结构

变位器是用于垂直串联机器人本体或工件移动的附加部件，有通用型和专用型两类。专用型变位器一般由用户根据实际使用要求专门设计、制造，结构各异，难以尽述。通用型变位器通常由机器人生产厂家作为附件生产，用户可直接选用。

通用型变位器的软硬件由机器人生产厂家连同机器人提供，变位器使用伺服电机驱动，直接由机器人控制系统的附加轴控制功能进行控制。变位器的运动速度和定位位置可像机器人本体轴一样，在机器人作业程序中编程与控制，因此，可视作机器人的附加部件。

通用型变位器结构类似，产品主要有回转变位器和直线变位器两类；每类产品又可分单轴、双轴、3轴、多轴复合多种。由于工业机器人对定位精度的要求低于数控机床等高精度加工设备，因此，在结构上与数控机床的直线轴、回转轴有所区别，简介如下。

（1）回转变位器

通用型回转变位器类似于数控机床的回转工作台，变位器有单轴、双轴、3轴及多轴复合等结构。

① 单轴回转变位器。单轴回转变位器的常用产品有图2.15所示的立式、卧式和L形3种，配置单轴变位器后，机器人系统可以增加1个自由度。

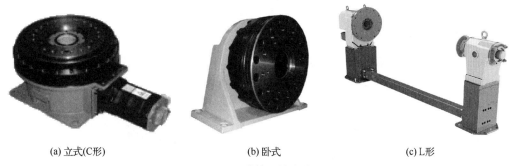

(a) 立式(C形)　　　　　　　　(b) 卧式　　　　　　　　(c) L形

图 2.15　单轴回转变位器

回转轴线垂直于水平面、台面可进行水平回转的变位器称为立式变位器，在工业机器人上常称之为C形变位器。立式回转变位器通常用于工件180°交换或360°回转变位。

回转轴线平行水平面、台面可进行垂直偏摆（或回转）的变位器称为卧式变位器。卧式变位器一般用于工件的回转或摆动变位，变位器通常需要与尾架、框架设计成一体，这样的变位器在工业机器人上称为L形变位器。

② 双轴回转变位器。双轴回转变位器同样多用于工件的回转变位，配置双轴变位器后，机器人系统可以增加2个自由度。

双轴回转变位器的常见结构如图2.16所示，变位器一般采用立式回转、卧式摆动（翻转）的立卧复合结构，台面可进行360°水平回转和垂直方向的偏摆，变位器的回转轴、翻转轴及框架设计成一体，并称之为A形结构。

图 2.16　双轴 A 形变位器

③ 3轴回转变位器。3轴回转变位器多用于焊接机器人的工件交换与变位。配置3轴变位器后，机器人系统可以增加3个自由度。

工业机器人的3轴回转变位器有图2.17所示的K形和R形两种常见结构。K形变位器由1个卧式主回转轴、2个卧式副回转轴及框架组成，副回转轴通常采用L形结构。R形变位器由1个立式主回转轴、2个卧式副回转轴及框架组成，卧式副回转轴同样通常采用L形结构。

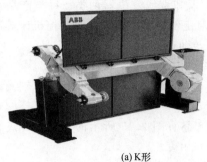
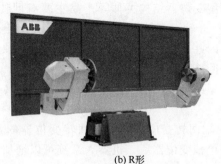

(a) K形   (b) R形

图 2.17   3 轴回转变位器

K 形、R 形变位器可用于回转类工件的多方位焊接及工件的自动交换。

④ 多轴复合回转变位器。多轴复合变位器一般具有工件变位与工件交换功能双重功能，其常见结构有图 2.18 所示的 B 形和 D 形两种。

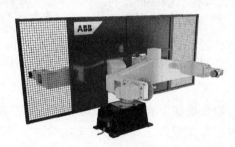

(a) B形   (b) D形

图 2.18   多轴复合回转变位器

B 形变位器由 1 个立式主回转轴（C 形变位器）、2 个 A 形变位器及框架等部件组成；立式主回转轴通常用于工件的 180°回转交换，A 形变位器用于工件的变位，因此，它实际上是一种带有工件自动交换功能的 A 形变位器。

D 形变位器由 1 个立式主回转轴（C 形变位器）、2 个 L 形变位器及框架等部件组成。式主回转轴通常用于工件的 180°回转交换，L 形变位器用于工件变位，因此，它实际上是一种带有工件自动交换功能的 L 形变位器。

工业机器人对位置精度要求较低，通常只需要达到弧分级（arc min，$1' \approx 2.9 \times 10^{-4} rad$），远低于数控机床等高速、高精度加工设备的弧秒级（arc sec，$1'' \approx 4.85 \times 10^{-6} rad$）要求；但对回转速度的要求较高。为了简化结构，工业机器人的回转变位器有时使用图 2.19 所示的减速器直接驱动结构，以代替精密蜗轮蜗杆减速装置。

（2）直线变位器

通用型直线变位器多用于机器人的直线移动，变位器通常有单轴、3 轴两种基本结构。

① 单轴变位器。单轴直线变位

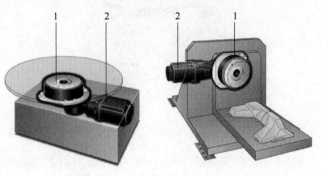

(a) 立式   (b) 卧式

图 2.19   减速器直接驱动变位器
1—减速器；2—驱动电机

器通常有图 2.20 所示的轨道式、横梁式两种结构形式。

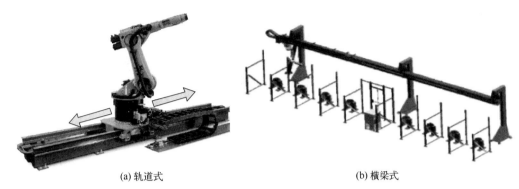

(a) 轨道式　　　　　　　　　　(b) 横梁式

图 2.20　单轴直线变位器

图 2.20（a）所示的单轴轨道式变位器可用于机器人的大范围直线运动，机器人规格不限。轨道式变位器一般采用的是齿轮/齿条传动，齿条可根据需要接长，机器人运动行程理论上不受限制。图 2.20（b）所示的单轴横梁式变位器一般用于悬挂安装的中小型机器人的空间直线运动，变位器同样采用齿轮/齿条传动，横梁的最大长度一般为 30m 左右。

② 3 轴变位器。3 轴直线变位器多用于悬挂安装的中小型机器人空间变位，变位器一般采用图 2.21 所示的龙门式结构。如果需要，还可通过横梁的辅助升降运动，进一步扩大机器人垂直方向的运动行程。

直线变位器类似于数控机床的移动工作台，但其运动速度快（通常为 120m/min）、而精度要求较低，因此，小型、短距离运动的直线变位器多采用图 2.22 所示的大导程滚珠丝杠驱动结构，电机和滚珠丝杠间有时安装有减速器、同步带等部件。

图 2.21　龙门式 3 轴直线变位器

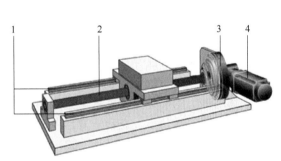

图 2.22　丝杠驱动的直线变位器

1—直线导轨；2—滚珠丝杠；3—减速器；4—电机

大规格、长距离运动的直线变位器，则多采用图 2.23 所示的齿轮齿条驱动。齿轮齿条驱动的变位器齿条可以任意接长，机器人的运动行程理论上不受限制。

（3）混合式变位器

混合式变位器多用于中小型垂直串联机器人的倒置式安装与平面变位，变位器多采用图 2.24 所示的摇臂结构，机器人可在摇臂上进行直线运动（直线变位），摇臂可在立柱上进行回转运动（回转变位）。

混合式变位器的机器人直线运动范围通常为 2～3m、摇臂的回转范围一般为 −180°～180°。与顶面安装的 Delta 结构机器人相比，使用混合式变位器的垂直串联机器人承载能力更强、作业范围更大。

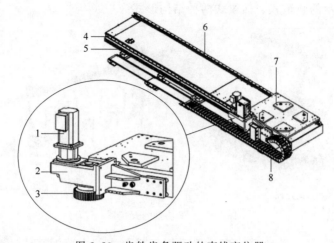

图 2.23　齿轮齿条驱动的直线变位器

1—电机；2—减速器；3—齿轮；4,6—直线导轨；5—齿条；7—机器人安装座；8—拖链

图 2.24　混合式变位器

2.1.5　基本传动部件安装维护

(1) 机器人机械部件

工业机器人的机械部件包括基础构件和传动部件两类。基础构件包括基座、腰体、手臂体、手腕体等，它们是用来支承、连接机器人的简单构件，在使用时不存在运动和磨损，因此，损坏的可能性较小，通常需要维护和修理。机器人传动部件包括减速器、轴承、同步带等，它们都属于运动部件，因此，其性能与机器人运动速度、定位精度、承载能力等技术指标密切相关，安装维护有规定的要求。

在机械传动部件中，减速器是工业机器人的核心机械部件，机器人对减速器的减速比要求很高，常用的齿轮减速器、行星减速器、摆线针轮减速器等，都不能满足工业机器人高精度、大比例减速要求，因此，通常需要使用谐波减速器（Harmonic Speed Reducer）和 RV 减速器（Rotary Vector Speed Reducer）减速。

轴承、同步带是工业机器人最常用的基本传动部件。轴承用来支承机械旋转运动，工业机器人关节轴的旋转速度通常较低（150r/min 或 900°/s 以下），但对刚性和载荷的要求很高，因此，一般需要使用刚性高、承载能力强、安装简单、间隙调整和预载方便，且能承受径向和双向轴向载荷的交叉滚子轴承（Cross Roller Bearing）。同步带具有传动速比恒定（无滑差）、传动平稳、吸振性好、噪声小、安装调整方便、无须润滑等诸多优点，因此，是工业机器人常用的传动部件。

谐波减速器、RV 减速器的变速原理、产品结构及安装维护要求详见本章后述，CRB 轴承、同步带的结构和安装维护要求简要介绍如下。

（2）CRB 轴承及安装维护

CRB 是交叉滚子轴承英文 Cross Roller Bearing 的缩写，为了便于阅读和理解，本书将其称为 CRB 轴承。

CRB 轴承是一种特殊结构的滚子轴承（Roller Bearing），其滚子是 90°交叉排列的圆柱体，轴承内圈或外圈可分割。对于低速传动，CRB 轴承与普通滚子轴承相比，具有体积小、精度高、刚性好、可同时承受径向和双向轴向载荷等诸多优点，而且安装简单、调整方便，因此，在工业机器人本体及减速器中得到了广泛使用。

图 2.25 为 CRB 轴承与传统的球轴承（Ball Bearing）、普通滚子轴承（Roller Bearing）的结构原理比较图。

从轴承的结构原理可见，图 2.25（a）、图 2.25（b）所示的深沟球轴承、圆柱滚子轴承等向心轴承只能承受径向载荷；角接触球轴承、圆锥滚子轴承等推力轴承可承受径向载荷和单方向的轴向载荷，因此，在承受双向轴向载荷的场合需要配对使用。

图 2.25（c）所示的 CRB 轴承的滚子以间隔交叉、成直角方式排列，故可以同时承受径向和双向轴向载荷，同时，由于 CRB 轴承的滚子与滚道表面为线接触、弹性变形很小，其刚性和承载能力比球轴承、滚子轴承更高。此外，由于 CRB 轴承的内圈或外圈采用了分割构造，滚柱和保持器装入后，可直接通过轴环固定，其安装简单，间隙调整和预载均非常方便，内外圈结构简单、加工容易。CRB 轴承还可以与谐波减速器刚轮（见后述）设计成一体，以谐波减速单元的形式提供，从而大大简化机械传动系统结构，方便安装使用。

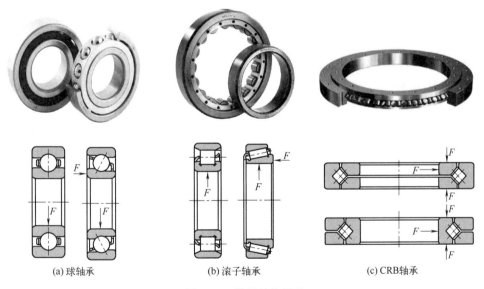

(a) 球轴承　　　　　　(b) 滚子轴承　　　　　　(c) CRB轴承

图 2.25　轴承结构原理

CRB 轴承有图 2.26 所示压圈固定、螺钉固定等安装方式；轴承的间隙可通过分割内圈或外圈上的调整垫、压圈调整。

CRB 轴承一般采用油脂润滑，产品设计时需要根据轴承的轴承结构与使用要求，加工图 2.27 所示的润滑脂充填孔。

CRB 轴承的一般安装要求如下。

① CRB 轴承属于小型薄壁零件，安装时要保证内外圈均等受力，以防止轴承变形而影响

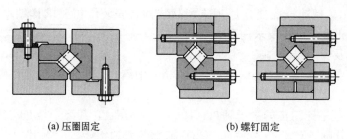

(a) 压圈固定 (b) 螺钉固定

图 2.26 CRB 轴承安装

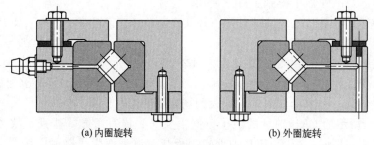

(a) 内圈旋转 (b) 外圈旋转

图 2.27 润滑油孔加工

性能。安装轴承时，应对轴承座、压圈或其他安装零件进行清洗、去毛刺等处理；安装时应防止轴承倾斜、保证接触面配合良好。

② 为了防止产生预压，CRB 轴承安装应避免过硬配合，在工业机器人的关节及旋转部位，一般建议采用 H7/g5 配合。

③ 为保证轴承的安装精度和稳定性，CRB 轴承的固定螺钉规格和数量有具体的要求，安装时必须根据轴承的出厂规定，并按图 2.28 所示的顺序，安装固定螺钉。

CRB 轴承安装螺钉必须固定可靠，当轴承座、压圈使用常用的中硬度钢材时，常用固定螺钉的拧紧转矩推荐值如表 2.1 所示。

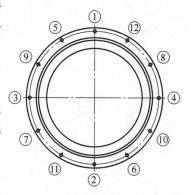

图 2.28 螺钉安装顺序

表 2.1 固定螺钉的拧紧转矩参考表

螺钉规格	M3	M4	M5	M6	M8	M10	M12	M14	M16	M20
拧紧转矩/Nm	2	4.5	9	15.3	37	74	128	205	319	493

CRB 轴承正常使用时的维护工作主要是润滑脂的补充和更换。CRB 轴承一般采用脂润滑，轴承出厂时已按照规定填充了润滑脂，轴承到货后一般可直接使用；但是，由于 CRB 轴承内部的空间很小，且滚动润滑的要求较高，故必须按照轴承或减速器、机器人的使用维护要求，及时加注润滑脂。

CRB 轴承需要更换时，最好使用同厂家、同型号的产品；如购买困难，在安装尺寸一致、规格性能相同的情况下，也可用同规格的其他产品进行替换。由于不同国家的标准不同，更换轴承时，需要保证轴承的精度等级一致，表 2.2 是常用进口轴承和国产轴承的精度等级比较表，可供选配时参考。轴承精度等级以 ISO 492 的 0 级（旧国标的 G 级）为最低，然后，从 6 到 2 级依次增高，2 级（旧国标的 B 级）为最高；高精度等级的轴承一般可替代低等级的轴承，但反之不允许。

表 2.2　轴承精度等级对照表

标准号	精度等级对照				
国际 ISO 492	0	6	5	4	2
德国 DIN 620/2	P0	P6	P5	P4	P2
日本 JIS B1514	JIS0	JIS6	JIS5	JIS4	JIS2
美国 ANSI B3.14	ABEC1	ABEC3	ABEC5	ABEC7	ABEC9
中国 GB/T 307	0(G)	6(E)	5(D)	4(C)	2(B)

(3) 同步带及安装维护

同步带传动系统是通过带齿与轮的齿槽的啮合来传递动力的一种带传动系统，它综合了普通带传动、链传动和齿轮传动的优点，具有速比恒定、传动比大、传动平稳、吸振性好、噪声小、安装调整方便、无须润滑、不产生污染等诸多特点，传动系统允许线速度可达 50～80m/s、传递功率可达 300kW、传动速比可达 1∶10 以上、传动效率可达 98%～99.5%，因此是工业机器人常用的基础部件。

同步带传动系统由图 2.29 所示的内周表面有等间距齿形的环形带和具有相应啮合齿形的带轮所组成。

同步带的构成如图 2.30 所示，它由强力层和基体组成，基体又包括带齿和带背两部分。强力层是同步带的抗拉元件，多采用伸长率小、疲劳强度高的钢丝绳或玻璃纤维绳，沿着同步带的节

(a) 环形带　　　　(b) 带轮

图 2.29　同步带传动系统组成

线绕成螺旋线形状布置，由于受力后基本不产生变形，故能保持同步带的齿距不变。带齿用来啮合带轮的轮齿，由于圆弧齿的齿高、齿根厚和齿根圆角半径比梯形齿大，应力的分布均匀，承载能力强；因此，工业机器人多使用圆弧齿带。带背用来粘接，包覆强力层；基体通常采用强度高、弹性好、耐磨损及抗老化性能好的聚氨酯或氯丁橡胶制造；带的内表面一般有尖角的凹槽，以增加挠性，改善弯曲疲劳强度。

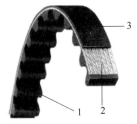
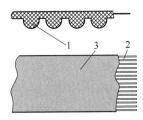

图 2.30　同步带的构成
1—同步齿；2—强力层；3—带背

同步带传动系统的带轮两侧通常有凸出轮齿的轮缘，为了减小惯量，同步带轮一般采用密度较小的铝合金材料制造；带轮通常直接安装在驱动电机和传动轴上，以避免中间环节增加系统的附加惯量；支承带轮的传动轴、机架，需要有足够的刚度，以免带轮在高速运转时造成轴线的不平行。

同步带传动系统的安装调整较方便，安装时的一般注意事项如下。

① 安装同步带时，不能用螺丝刀等工具强制剥离同步带，以防止折断强力层；如带轮的心距不能调整，安装时最好将同步带随同带轮同时安装到相应的传动轴上。

② 同步带传动系统对带轮轴线的平行度要求较高，轴线不平行不但会引起同步带受力不均匀、带齿过早磨损，而且可能使同步带工作时产生偏移，甚至脱离带轮。

③ 为了消除间隙，同步带需要通过张力调整预紧。张力调整的方法有改变中心距、使用张紧轮等。同步带的张紧力应调整适当，张紧力过小可能发生打滑、增加带磨损；张紧力过大，会增加传动轴载荷、产生变形，缩短同步带使用寿命。

④ 为避免强力层折断，同步带在使用、安装时最好不要扭结、大幅度折曲带。通常而言，

同步带允许弯曲的最小直径如表 2.3 所示。

表 2.3　圆弧同步带的最小弯曲直径

节距代号	3M	5M	8M	14M
最小弯曲直径/mm	15	25	40	80

同步带传动系统使用不当或长期使用可能产生疲劳断裂、带齿剪断和压溃、带侧及带齿磨损或包布剥离、承载层伸长或节距增大、带出现裂纹或变软、运行噪声过大等常见问题。因此，在日常维护时需要注意以下几点。

① 保持同步带清洁，防止油脂等脏物污染，以免破坏同步带材料的内部结构。同步带清洗时，不能通过清洁剂浸泡、清洁剂刷洗、砂纸擦、刀刮的方式去除脏物。如果设备长时间不使用，一般应将同步带取下后保存，防止同步带变形、影响使用寿命。

② 同步带抗拉层的允许伸长量极小，使用时应防止硬体轧入齿槽，以避免同步带运行时断裂。

③ 安装完成后，应检查同步带是否有异常发热、振动和噪声，防止同步带张紧过紧或过松，避免传动部件因润滑不良等原因引起的负荷过大。

④ 同步带的张紧力较大，在通过移动中心距调整张力的传动系统上检修时应经常检查电机的紧固情况，防止同步带松脱；同步带出现磨损、裂纹、包布剥离时，应检查原因并及时予以更换。

2.2　谐波减速器及安装维护

2.2.1　谐波齿轮变速原理

(1) 基本结构

谐波减速器是谐波齿轮传动装置（Harmonic Gear Drive）的俗称。谐波齿轮传动装置实际上既可用于减速，也可用于增速，但由于其传动比很大（通常为 30～320），因此，在工业机器人、数控机床等机电产品上应用时，多用于减速，故习惯上称为谐波减速器。

谐波齿轮传动装置是美国发明家 C. W. Musser（马瑟，1909—1998）在 1955 年发明的一种特殊齿轮传动装置，日本 Harmonic Drive System（哈默纳科）是全球最早研发生产、产量最大、产品最著名的谐波减速器生产企业，因此，本节将以该公司产品为例，对谐波减速器的结构形式、安装维护要求进行相关介绍。

谐波减速器的基本结构如图 2.31 所示。减速器主要由刚轮（Circular Spline）、柔轮

图 2.31　谐波减速器的基本结构
1—谐波发生器；2—柔轮；3—刚轮

(Flex Spline)、谐波发生器（Wave Generator）3 个基本部件构成。刚轮、柔轮、谐波发生器可任意固定其中 1 个，其余 2 个部件一个连接输入（主动），另一个即可作为输出（从动），以实现减速或增速。

① 刚轮。刚轮是一个加工有连接孔的刚性内齿圈，其齿数比柔轮略多（一般多 2 或 4 齿）。刚轮通常用于减速器安装和固定，在超薄型或微型减速器上，刚轮一般与交叉滚子轴承（Cross Roller Bearing，简称 CRB）设计成一体，构成减速器单元。

② 柔轮。柔轮是一个可产生较大变形的薄壁金属弹性体，弹性体与刚轮啮合的部位为薄壁外齿圈，它通常用来连接输出轴。柔轮有水杯形、礼帽形、薄饼形等形状。

③ 谐波发生器。谐波发生器又称波发生器，其内侧是一个椭圆形的凸轮，凸轮外圆套有一个能弹性变形的柔性滚动轴承（Flexible Rolling Bearing），轴承外圈与柔轮外齿圈的内侧接触。凸轮装入轴承内圈后，轴承、柔轮均将变成椭圆形，并使椭圆长轴附近的柔轮齿与刚轮齿完全啮合，短轴附近的柔轮齿与刚轮齿完全脱开。凸轮通常与输入轴连接，它旋转时可使柔轮齿与刚轮齿的啮合位置不断改变。

（2）变速原理

谐波减速器的变速原理如图 2.32 所示。

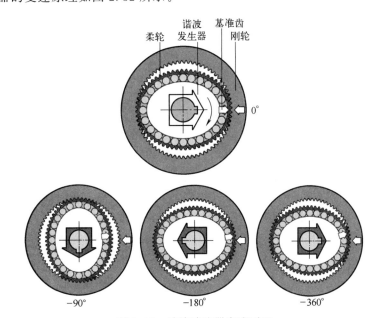

图 2.32　谐波减速器变速原理

假设减速器的刚轮固定、谐波发生器凸轮连接输入轴、柔轮连接输出轴；图 2.32 所示的谐波发生器椭圆凸轮长轴位于 0°的位置为起始位置。当谐波发生器顺时针旋转时，柔轮的齿形和刚轮相同，但齿数少于刚轮（如 2 齿），因此，当椭圆长轴到达刚轮−90°位置时，柔轮所转过的齿数必须与刚轮相同，故转过的角度将大于 90°。例如，对于齿差为 2 的减速器，柔轮转过的角度将为"90°＋0.5 齿"，即柔轮基准齿逆时针偏离刚轮 0°位置 0.5 个齿。

进而，当谐波发生器椭圆长轴到达刚轮−180°位置时，柔轮转过的角度将为"180°＋1 齿"，即柔轮基准齿将逆时针偏离刚轮 0°位置 1 个齿。如椭圆长轴绕刚轮回转一周，柔轮转过的角度将为"360°＋2 齿"，柔轮的基准齿将逆时针偏离刚轮 0°位置一个齿差（2 个齿）。

因此，当刚轮固定、谐波发生器凸轮连接输入轴、柔轮连接输出轴时，输入轴顺时针旋转 1 转（−360°），输出轴将相对于固定的刚轮逆时针转过一个齿差（2 个齿）。假设柔轮齿数为

Z_f、刚轮齿数为 Z_c，输出/输入的转速比为：

$$i_1 = \frac{Z_c - Z_f}{Z_f}$$

对应的传动比（输入/输出转速比，即减速比）为 $Z_f/(Z_c - Z_f)$。

同样，如谐波减速器柔轮固定、刚轮旋转，当输入轴顺时针旋转 1 转（−360°）时，将使刚轮的基准齿顺时针偏离柔轮一个齿差，其偏移的角度为：

$$\theta = \frac{Z_c - Z_f}{Z_c} \times 360°$$

其输出/输入的转速比为：

$$i_2 = \frac{Z_c - Z_f}{Z_c}$$

对应的传动比（输入/输出转速比，即减速比）为 $Z_c/(Z_c - Z_f)$。

这就是谐波齿轮传动装置的减速原理。

反之，如谐波减速器的刚轮固定、柔轮连接输入轴、谐波发生器凸轮连接输出轴，则柔轮旋转时，将迫使谐波发生器快速回转，起到增速的作用；减速器柔轮固定、刚轮连接输入轴、谐波发生器凸轮连接输出轴的情况类似。这就是谐波齿轮传动装置的增速原理。工业机器人的谐波齿轮传动装置用于减速，以下直接称为谐波减速器。

(3) 技术特点

谐波减速器主要有以下特点。

① 承载能力强、传动精度高。谐波减速器可 180°对称方向两个部位、多个齿同时啮合，单位面积载荷小，齿距误差和累积齿距误差可得到较好的均化，减速器承载能力强、传动精度高。

以 Harmonic Drive System（哈默纳科）产品为例，减速器同时啮合的齿数可达 30％以上，最大转矩（Peak Torque）可达 4470Nm，最高输入转速可达 14000r/min，角传动精度（Angle Transmission Accuracy）可达 1.5×10^{-4}rad，滞后误差（Hysteresis Loss）可达 2.9×10^{-4}rad。这些指标基本上代表了当今世界谐波减速器的最高水准。

② 传动比大、传动效率较高。在传统的单级传动装置上，普通齿轮传动的推荐传动比一般是 8～10，传动效率为 0.9～0.98；行星齿轮传动的推荐传动比 2.8～12.5，齿差为 1 的行星齿轮传动效率为 0.85～0.9；蜗轮蜗杆传动装置的推荐传动比为 8～80，传动效率为 0.4～0.95；摆线针轮传动的推荐传动比 11～87，传动效率为 0.9～0.95。而谐波齿轮传动的推荐传动比为 50～160，可选择 30～320；正常传动效率为 0.65～0.96（与减速比、负载、温度等有关），高于传动比相似的蜗轮蜗杆减速。

③ 结构简单，体积小，重量轻，使用寿命长。谐波减速器只有 3 个基本部件，与达到同样传动比的普通齿轮减速箱比较，零件数可减少 50％左右，体积、重量大约只有 1/3。此外，由于谐波减速器的柔轮齿进行的是均匀径向移动，齿间相对滑移速度一般只有普通渐开线齿轮传动的百分之一；加上同时啮合的齿数多、轮齿单位面积的载荷小、运动无冲击，因此，齿的磨损较小，传动装置使用寿命可长达 7000～10000h。

④ 传动平稳，无冲击，噪声小，安装调整方便。谐波减速器可通过特殊的齿形设计，使得柔轮和刚轮的啮合、退出过程实现连续渐进、渐出，啮合时的齿面滑移速度小，且无突变，因此，其传动平稳，啮合无冲击，运行噪声小。

谐波减速器的刚轮、柔轮、谐波发生器三个基本构件为同轴安装，刚轮、柔轮、谐波发生器可以部件的形式提供（称部件型谐波减速器），由用户自由选择变速方式和安装方式，其安装十分灵活、方便；此外，谐波减速器的柔轮和刚轮啮合间隙，可通过微量改变谐波发生器的外径调整，甚至可做到无侧隙啮合，其传动间隙通常非常小。

(4) 变速比

谐波减速器的输出/输入速比与减速器的安装方式有关，如用正、负号代表转向，并定义谐波传动装置的基本减速比 R 为：

$$R = \frac{Z_f}{Z_c - Z_f}$$

这样，通过不同形式的安装，谐波齿轮传动装置将有表 2.4 所示的 6 种不同用途和不同输出/输入速比；速比为负值时，代表输出轴转向和输入轴相反。

表 2.4　谐波齿轮传动装置的安装形式与速比

序号	安装形式	安装示意图	用途	输出/输入速比
1	刚轮固定,谐波发生器输入、柔轮输出	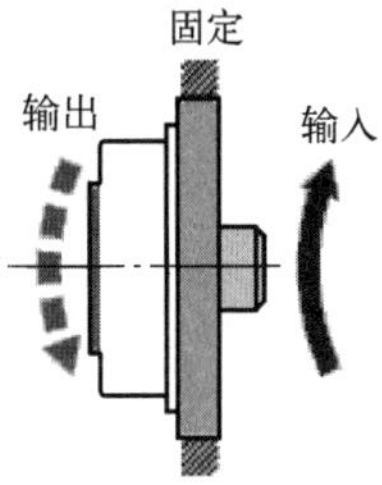	减速,输入、输出轴转向相反	$-\dfrac{1}{R}$
2	柔轮固定,谐波发生器输入、刚轮输出	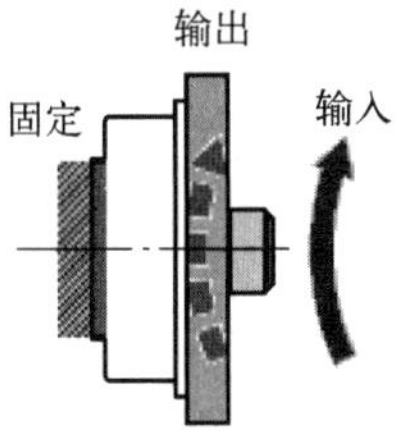	减速,输入、输出轴转向相同	$\dfrac{1}{R+1}$
3	谐波发生器固定,柔轮输入、刚轮输出	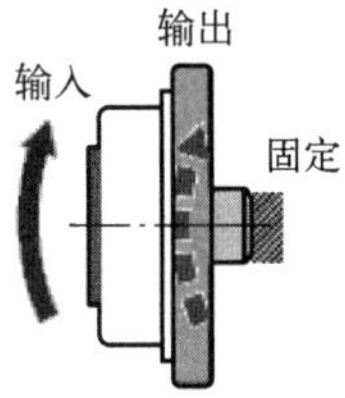	减速,输入、输出轴转向相同	$\dfrac{R}{R+1}$
4	谐波发生器固定,刚轮输入、柔轮输出	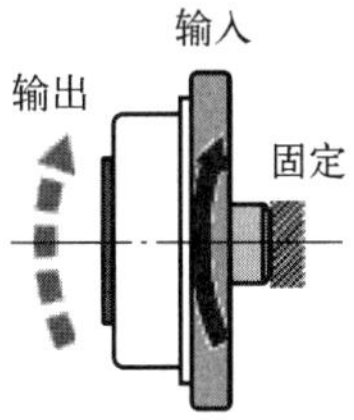	增速,输入、输出轴转向相同	$\dfrac{R+1}{R}$
5	刚轮固定,柔轮输入、谐波发生器输出	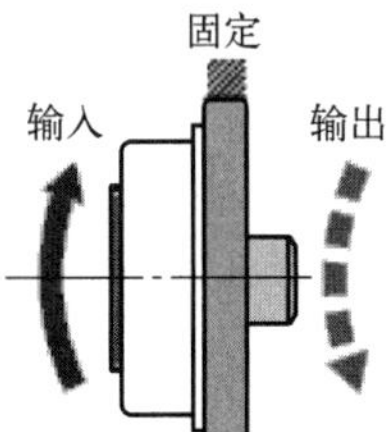	增速,输入、输出轴转向相反	$-R$

续表

序号	安装形式	安装示意图	用途	输出/输入速比
6	柔轮固定,刚轮输入、谐波发生器输出		增速,输入、输出轴转向相同	$R+1$

2.2.2　谐波减速器结构

Harmonic Drive System（哈默纳科）谐波减速器的结构型式有部件型（Component Type）、单元型（Unit Type）、简易单元型（Simple Unit Type）、齿轮箱型（Gear Head Type）、微型/超微型（Mini Type/Supermini Type）5 类，部件型、单元型、简易单元型是工业机器人最为常用的谐波减速器产品。

(1) 部件型减速器

部件型（Component Type）谐波减速器只提供刚轮、柔轮、谐波发生器 3 个基本部件；用户可根据自己的要求，自由选择变速方式和安装方式。哈默纳科部件型减速器的规格齐全、产品的使用灵活、安装方便、价格低，它是目前工业机器人广泛使用的产品。

根据柔轮形状，部件型谐波减速器又分为图 2.33 所示的水杯形（Cup Type）、礼帽形（Silk Hat Type）、薄饼形（Pancake）3 大类，并有通用、高转矩、超薄等不同系列。

　　(a) 水杯形　　　　　　　　(b) 礼帽形　　　　　　　　(c) 薄饼形

图 2.33　部件型谐波减速器

部件型谐波减速器采用的是刚轮、柔轮、谐波发生器分离型结构，无论是工业机器人生产厂家的产品制造，还是机器人使用厂家维修，都需要进行谐波减速器和传动零件的分离和安装，其装配调试的要求较高。

(2) 单元型减速器

单元型（Unit Type）谐波减速器又称谐波减速单元，它带有外壳和 CRB 输出轴承，减速器的刚轮、柔轮、谐波发生器、壳体、CRB 轴承被整体设计成统一的单元；减速器带有输入/输出连接法兰或连接轴，输出采用高刚性、精密 CRB 轴承支承，可直接驱动负载。

哈默纳科单元型谐波减速器有图 2.34 所示的标准型、中空轴、轴输入三种基本结构形式，其柔轮形状有水杯形和礼帽形两类，并有轻量、密封等系列。

谐波减速单元虽然价格高于部件型，但是，由于减速器的安装在生产厂家已完成，产品的使用简单、安装方便、传动精度高、使用寿命长，无论工业机器人生产厂家的产品制造还是机器人使用厂家的维修更换，都无需分离谐波减速器和传动部件，因此，它同样是目前工业机器

(a) 标准型　　　　　　　　(b) 中空轴　　　　　　　　(c) 轴输入

图 2.34　谐波减速单元

人常用的产品之一。

（3）简易单元型减速器

简易单元型（Simple Unit Type）谐波减速器是单元型谐波减速器的简化结构，它将谐波减速器的刚轮、柔轮、谐波发生器 3 个基本部件和 CRB 轴承整体设计成统一的单元，但无壳体和输入/输出连接法兰或轴。

哈默纳科简易谐波减速单元的基本结构有图 2.35 所示的标准型、中空轴两类，柔轮形状均为礼帽形。简易单元型减速器的结构紧凑、使用方便，性能和价格介于部件型和单元型之间，它经常用于机器人手腕、SCARA 结构机器人。

(a) 标准型　　　　　　　　(b) 中空轴　　　　　　　　(c) 超薄中空轴

图 2.35　简易谐波减速单元

（4）齿轮箱型减速器

齿轮箱型（Gear Head Type）谐波减速器又称谐波减速箱，它可像齿轮减速箱一样，直接安装驱动电机，以实现减速器和驱动电机的结构整体化。

哈默纳科谐波减速箱的基本结构有图 2.36 所示的连接法兰输出和连接轴输出 2 类；其谐波减速器的柔轮形状均为水杯形，并有通用系列、高转矩系列产品。齿轮箱型减速器特别适合于电机的轴向安装尺寸不受限制的 Delta 结构机器人。

(a) 法兰输出　　　　　　　　(b) 轴输出

图 2.36　谐波减速箱

（5）微型和超微型

微型（Mini Type）和超微型（Supermini Type）谐波减速器是专门用于小型、轻量工业机器人的特殊产品，它实际上就是微型化的单元型、齿轮箱型谐波减速器，常用于 3C 行业电子产品、食品、药品等小规格搬运、装配、包装工业机器人。

哈默纳科微型减速器有图 2.37 所示的单元型（微型谐波减速单元）、齿轮箱型（微型谐波减速箱）两种基本结构，微型谐波减速箱也有连接法兰输出和连接轴输出两类。超微型减速器

(a) 减速单元　　　　(b) 法兰输出减速箱　　　　(c) 轴输出减速箱

图 2.37　微型谐波减速器

实际上只是对微型系列产品的补充，其结构、安装使用要求均和微型相同。

2.2.3　主要技术参数

(1) 规格代号

谐波减速器规格代号以柔轮节圆直径（单位：0.1 英寸❶）表示，常用规格代号与柔轮节圆直径的对照如表 2.5 所示。

表 2.5　规格代号与柔轮节圆直径对照表

规格代号	8	11	14	17	20	25	32	40	45	50	58	65
节圆直径/mm	20.32	27.94	35.56	43.18	50.80	63.5	81.28	101.6	114.3	127	147.32	165.1

(2) 输出转矩

谐波减速器的输出转矩主要有额定转矩、启制动峰值转矩、瞬间最大转矩等，额定输出转矩的启制动峰值转矩、瞬间最大转矩含义如图 2.38 所示。

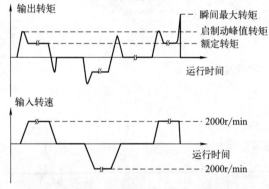

图 2.38　输出转矩、启制动峰值转矩与瞬间最大转矩

额定转矩（Rated Torque）：谐波减速器在输入转速为 2000r/min 情况下连续工作时，减速器输出侧允许的最大负载转矩。

启制动峰值转矩（Peak Torque for Start and Stop）：谐波减速器在正常启制动时，短时间允许的最大负载转矩。

瞬间最大转矩（Maximum Momentary Torque）：谐波减速器工作出现异常时（如机器人冲击、碰撞），为保证减速器不损坏，瞬间允许的负载转矩极限值。

最大平均转矩和最高平均转速：最大平均转矩（Permissible Max Value of Average Load Torque）和最高平均转速（Permissible Average Input Rotational Speed）是谐波减速器连续工作时所允许的最大等效负载转矩和最高等效输入转速的理论计算值。

启动转矩（Starting Torque）：又称启动开始转矩（On Starting Torque），它是在空载、环境温度为 20℃ 的条件下，谐波减速器用于减速时，输出侧开始运动的瞬间，所测得的输入侧需要施加的最大转矩值。

增速启动转矩（On Overdrive Starting Torque）：在空载、环境温度为 20℃ 的条件下，谐波减速器用于增速时，在输出侧（谐波发生器输入轴）开始运动的瞬间，所测得的输入侧（柔

---

❶　英寸（in），1in＝25.4mm。

轮）需要施加的最大转矩值。

空载运行转矩（On No-load Running Torque）：谐波减速器用于减速时，在工作温度为 20℃、规定的润滑条件下，以 2000r/min 的输入转速空载运行 2h 后，所测得的输入转矩值。空载运行转矩与输入转速、减速比、环境温度等有关，输入转速越低、减速比越大、温度越高，空载运行转矩就越小，设计、计算时可根据减速器生产厂家提供的修整曲线修整。

(3) 使用寿命

额定寿命（Rated Life）：谐波减速器在正常使用时，出现 10% 产品损坏的理论使用时间（h）。

平均寿命（Average Life）：谐波减速器在正常使用时，出现 50% 产品损坏的理论使用时间（h）。谐波减速器的使用寿命与工作时的负载转矩、输入转速有关。

(4) 其他参数

① 强度。强度（Intensity）以负载冲击次数衡量，减速器的等效负载冲击次数不能超过减速器允许的最大冲击次数（一般为 10000 次）。

② 刚度。谐波减速器刚度（Rigidity）是指减速器的扭转刚度（Torsional Stiffness），常用滞后量（Hysteresis Loss）、弹性系数（Spring Constants）衡量。

滞后量（Hysteresis Loss）：减速器本身摩擦转矩产生的弹性变形误差 θ，与减速器规格和减速比有关，结构型式相同的谐波减速器规格和减速比越大，滞后量就减小。

弹性系数（Spring Constants）：以负载转矩 T 与弹性变形误差 θ 的比值衡量。弹性系数越大，同样负载转矩下谐波减速器所产生的弹性变形误差 θ 就越小，刚度就越高。谐波减速器弹性系数与减速器结构、规格、基本减速比有关；结构相同时，减速器规格和基本减速比越大，弹性系数也越大。

③ 最大背隙。最大背隙（Max Backlash Quantity）是减速器在空载、环境温度为 20℃ 的条件下，输出侧开始运动瞬间，所测得的输入侧最大角位移。哈默纳科谐波减速器刚轮与柔轮的齿间啮合间隙几乎为 0，背隙主要由谐波发生器输入组件上的奥尔德姆联轴器（Oldman's Coupling）产生，因此，输入为刚性连接的减速器，可以认为无背隙。

④ 传动精度。谐波减速器传动精度又称角传动精度（Angle Transmission Accuracy），它是谐波减速器用于减速时，在任意 360° 输出范围内，其实际输出转角 θ_2 和理论输出转角 θ_1/R 间的最大差值 θ_{er} 衡量，θ_{er} 值越小，传动精度就越高。谐波减速器的传动精度与减速器结构、规格、减速比等有关；结构相同时，减速器规格和减速比越大，传动精度越高。

⑤ 传动效率。谐波减速器的传动效率与减速比、输入转速、负载转矩、工作温度、润滑条件等诸多因素有关。减速器生产厂家出品样本中所提供的传动效率 η_r，一般是指输入转速 2000r/min、输出转矩为额定值、工作温度为 20℃、使用规定润滑方式下，所测得的效率值；设计、计算时需要根据生产厂家提供的转速、温度修整曲线进行修整；谐波减速器传动效率还受实际输出转矩的影响，输出转矩低于额定值时，需要根据负载转矩比，按生产厂家提供的修整系数曲线，修整传动效率。

根据技术性能，哈默纳科谐波减速器可分为标准型、高转矩型和超薄型 3 大类，其他产品都是在此基础上派生的。3 类谐波减速器的基本性能比较如图 2.39 所示。

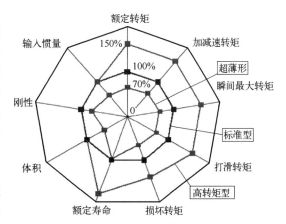

图 2.39　谐波减速器基本性能比较

大致而言，同规格标准型和高转矩型减速器结构、外形相同，但输出转矩可比标准型提高30%以上，使用寿命从 7000h 提高到 10000h。超薄型减速器采用了紧凑型结构设计，其轴向长度只有通用型的 60% 左右，但减速器的额定转矩、加减速转矩、刚性等指标也将比标准型减速器有所下降。

2.2.4 部件型减速器

哈默纳科部件型谐波减速器产品系列、基本结构如表 2.6 所示，FB/FR 系列薄饼形谐波减速器通常较少使用，其他产品的结构与主要技术参数如下。

表 2.6　哈默纳科部件型谐波减速器产品系列与结构

系列	结构型式(轴向长度)	柔轮形状	输入连接	其他特征
CSF	标准	水杯形	标准轴孔、联轴器柔性连接	无
CSG	标准	水杯形	标准轴孔、联轴器柔性连接	高转矩
CSD	超薄	水杯形	法兰刚性连接	无
SHF	标准	礼帽形	标准轴孔、联轴器柔性连接	无
SHG	标准	礼帽形	标准轴孔、联轴器柔性连接	高转矩
FB	标准	薄饼形	轴孔刚性连接	无
FR	标准	薄饼形	轴孔刚性连接	高转矩

(1) CSF/CSG/CSD 系列

哈默纳科采用水杯形柔轮的部件型谐波减速器，有标准型 CSF、高转矩型 CSG 和超薄型 CSD 三系列产品。

标准型、高转矩型减速器的结构相同、安装尺寸一致，减速器由图 2.40 所示的输入连接件 1、谐波发生器 4、柔轮 2、刚轮 3 组成；柔轮 2 的形状为水杯形，输入采用标准轴孔、联轴器柔性连接，具有轴心自动调整功能。

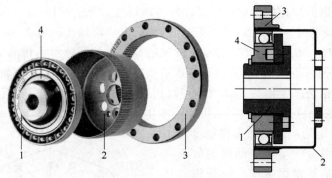

图 2.40　CSF/CSG 减速器结构
1—输入连接件；2—柔轮；3—刚轮；4—谐波发生器

CSF 系列谐波减速器规格齐全。减速器的基本减速比可选择 30/50/80/100/120/160，额定输出转矩为 $0.9\sim3550\text{Nm}$，同规格产品的额定输出转矩大致为国产 CS 系列的 1.5 倍，润滑脂润滑时的最高输入转速为 $8500\sim3000\text{r/min}$、平均输入转速为 $3500\sim1200\text{r/min}$。普通型产品的传动精度、滞后量为 $2.9\sim5.8\times10^{-4}\text{rad}$，最大背隙为 $1.0\sim17.5\times10^{-5}\text{rad}$，高精度产品的传动精度可提高至 $1.5\sim2.9\times10^{-4}\text{rad}$。

CSG 系列高转矩型谐波减速器是 CSF 的改进型产品，两系列产品的结构、安装尺寸完全一致。CSG 系列谐波减速器的基本减速比可选择 30/50/80/100/120/160；额定输出转矩为

$7\sim1236$Nm，同规格产品的额定输出转矩大致为国产 CS 系列的 2 倍，润滑脂润滑时的最高输入转速为 $8500\sim2800$r/min、平均输入转速为 $3500\sim1800$r/min。普通型产品的传动精度、滞后量为 $2.9\sim4.4\times10^{-4}$rad，最大背隙为 $1.0\sim17.5\times10^{-5}$rad，高精度产品的传动精度可提高至 $1.5\sim2.9\times10^{-4}$rad。

CSD 系列超薄型减速器的结构如图 2.41 所示，减速输入法兰为刚性连接，谐波发生器凸轮与输入连接法兰设计成一体，减速器轴向长度只有 CSF/CSG 系列减速器的 2/3 左右。CSD 系列减速器的输入无轴心自动调整功能，对输入轴和减速器的安装同轴度要求较高。

CSD 系列谐波减速器的基本减速比可选择 50/100/160；额定输出转矩为 $3.7\sim370$Nm，同规格产品的额定输出转矩大致为国产 CD 系列的 1.3 倍，润滑脂润滑时的允许最高输入转速为 $8500\sim3500$r/min、平均输入转速为 $3500\sim2500$r/min。减速器的传动精度、滞后量为 $2.9\sim4.4\times10^{-4}$rad；

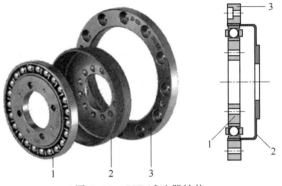

图 2.41　CSD 减速器结构
1—谐波发生器组件；2—柔轮；3—刚轮

由于输入采用法兰刚性连接，减速器的背隙可以忽略不计。

（2）SHF/SHG 系列

哈默纳科采用礼帽形柔轮的部件型谐波减速器，有标准型 SHF、高转矩型 SHG 两系列产品，两者结构相同，减速器由图 2.42 所示的谐波发生器及输入组件、柔轮、刚轮等部分组成；柔轮为大直径、中空开口的结构，内部可安装其他传动部件；输入为标准轴孔、联轴器柔性连接，具有轴心自动调整功能。

SHF 系列谐波减速器的基本减速比可选择 30/50/80/100/120/160；额定输出转矩为 $4\sim745$Nm，润滑脂润滑时的最高输入转速为 $8500\sim3000$r/min、平均输入转速为 $3500\sim2200$r/min。普通型产品的传动精度、滞后量为 $2.9\sim5.8\times10^{-4}$rad，

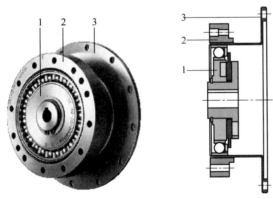

图 2.42　礼帽形减速器结构
1—谐波发生器及输入组件；2—柔轮；3—刚轮

最大背隙为 $1.0\sim17.5\times10^{-5}$rad；高精度产品传动精度可提高至 $1.5\sim2.9\times10^{-4}$rad。

哈默纳科 SHG 系列高转矩谐波减速器是 SHF 的改进型产品，两系列产品的结构、安装尺寸完全一致。SHG 系列谐波减速器的基本减速比可选择 30/50/80/100/120/160；额定输出转矩为 $7\sim1236$Nm，润滑脂润滑时的最高输入转速为 $8500\sim2800$r/min、平均输入转速为 $3500\sim1900$r/min。普通型产品的传动精度、滞后量为 $2.9\sim5.8\times10^{-4}$rad，最大背隙为 $1.0\sim17.5\times10^{-5}$rad；高精度产品传动精度可提高至 $1.5\sim2.9\times10^{-4}$rad。

2.2.5　单元型减速器

哈默纳科单元型谐波减速器的产品种类较多，不同类别的减速器结构如表 2.7 所示，产品结构与主要技术参数如下。

表 2.7　哈默纳科单元型谐波减速器产品系列与结构

系列	结构型式（轴向长度）	柔轮形状	输入连接	其他特征
CSF-2UH	标准	水杯形	标准轴孔、联轴器柔性连接	无
CSG-2UH	标准	水杯形	标准轴孔、联轴器柔性连接	高转矩
CSD-2UH	超薄	水杯形	法兰刚性连接	无
CSD-2UF	超薄	水杯形	法兰刚性连接	中空
SHF-2UH	标准	礼帽形	中空轴、法兰刚性连接	中空
SHG-2UH	标准	礼帽形	中空轴、法兰刚性连接	中空、高转矩
SHD-2UH	超薄	礼帽形	中空轴、法兰刚性连接	中空
SHF-2UJ	标准	礼帽形	标准轴、刚性连接	无
SHG-2UJ	标准	礼帽形	标准轴、刚性连接	高转矩

(1) CSF/CSG-2UH 系列

哈默纳科 CSF/CSG-2UH 标准/高转矩系列谐波减速单元采用的是水杯形柔轮、带键槽标准轴孔输入，两者结构、安装尺寸完全相同。减速单元组成及结构如图 2.43 所示。

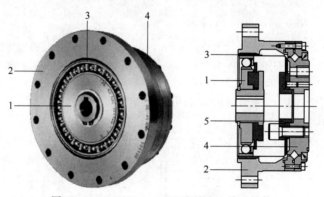

图 2.43　CSF/CSG-2UH 系列减速单元结构
1—谐波发生器组件；2—刚轮与壳体；3—柔轮；4—CRB 轴承；5—连接板

CSF/CSG-2UH 减速单元的谐波发生器、柔轮结构与 CSF/CSG 部件型谐波减速器相同，但它增加了壳体 2 及连接刚轮、柔轮的 CRB 轴承 4 等部件，使之成为一个可直接安装和连接输出负载的完整单元，其使用简单、安装维护方便。

CSF 系列谐波减速单元的额定输出转矩为 $4 \sim 951 \mathrm{Nm}$，CSG 高转矩系列谐波减速单元的额定输出转矩为 $7 \sim 1236 \mathrm{Nm}$。两系列产品的基本减速比均可选择 30/50/80/100/120/160、允许最高输入转速均为 $8500 \sim 2800 \mathrm{r/min}$、平均输入转速均为 $3500 \sim 1900 \mathrm{r/min}$；普通型产品的传动精度、滞后量为 $2.9 \sim 5.8 \times 10^{-4} \mathrm{rad}$，减速器最大背隙为 $1.0 \sim 17.5 \times 10^{-5} \mathrm{rad}$；高精度产品传动精度可提高至 $1.5 \sim 2.9 \times 10^{-4} \mathrm{rad}$。

(2) CSD-2UH/2UF 系列

哈默纳科 CSD-2UH/2UF 系列超薄减速单元是在 CSD 超薄型减速器的基础上单元化的产品，CSD-2UH 采用超薄型标准结构、CSD-2UF 为超薄型中空结构，两系列产品的组成及结构如图 2.44 所示。

CSD-2UH/2UF 超薄减速单元的谐波发生器、柔轮结构与 CSD 超薄部件型减速器相同，但它增加了壳体 1 及连接刚轮、柔轮的 CRB 轴承 4 等部件，使之成为一个可直接安装和连接输出负载的完整单元，其使用简单、安装维护方便。CSD-2UF 系列减速单元的柔轮连接板、CRB 轴承 4 内圈为中空结构，内部可布置管线或传动轴等部件。

CSD-2UH/2UF 减速单元的输入采用法兰刚性连接，谐波发生器凸轮与输入法兰设计成一体，减速器轴向长度只有 CSF/CSG-2UH 系列的 2/3 左右，但减速单元的输入无轴心自动

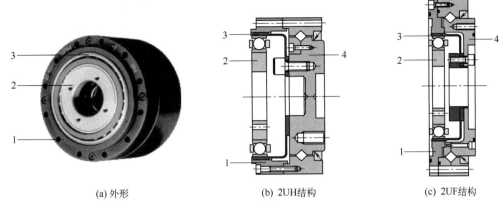

(a) 外形　　(b) 2UH结构　　(c) 2UF结构

图 2.44　CSD-2UH/2UF 系列减速单元结构

1—刚轮（壳体）；2—谐波发生器；3—柔轮；4—CRB 轴承

调整功能，对输入轴和减速器的安装同轴度要求较高。

CSD-2UH 系列减速单元的额定输出转矩为 3.7～370Nm，最高输入转速为 8500～3500r/min、平均输入转速为 3500～2500r/min。CSD-2UF 系列减速单元的额定输出转矩为 3.7～206Nm，最高输入转速为 8500～4000r/min、平均输入转速为 3500～3000r/min。两系列产品的基本减速比均可选择 50/100/160、传动精度与滞后量均为 $2.9～4.4×10^{-4}$rad；减速单元采用法兰刚性连接，背隙可忽略不计。

(3) SHF/SHG/SHD-2UH 系列

哈默纳科 SHF/SHG/SHD-2UH 中空轴谐波减速单元的组成及结构如图 2.45 所示，它是一个带有中空连接轴和壳体、输出连接法兰，可整体安装并直接连接负载的完整单元；减速单元内部可布置管线、传动轴等部件，其使用简单、安装方便、结构刚性好。

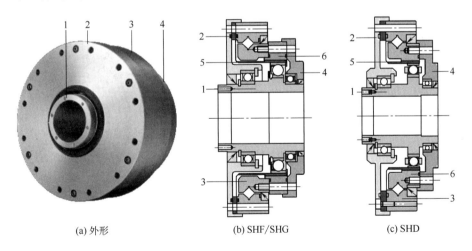

(a) 外形　　(b) SHF/SHG　　(c) SHD

图 2.45　SHF/SHG/SHD-2UH 系列减速单元结构

1—中空轴；2—前端盖；3—CRB 轴承；4—后端盖；5—柔轮；6—刚轮

SHF/SHG-2UH 系列减速单元的刚轮、柔轮与部件型 SHF/SHG 减速器相同，但它在刚轮 6 和柔轮 5 间增加了 CRB 轴承 3，CRB 轴承的内圈与刚轮 6 连接，外圈与柔轮 5 连接，使得刚轮和柔轮间能够承受径向/轴向载荷、直接连接负载。减速单元的谐波发生器输入轴是一个贯通整个减速单元的中空轴，输入轴的前端面可通过法兰连接输入轴，中间部分直接加工成谐波发生器的椭圆凸轮；轴前后端安装有支承轴承及端盖，前端盖 2 与柔轮 5、CRB 轴承 3 的外圈连接成一体后，作为减速单元前端外壳；后端盖 4 和刚轮 6、CRB 轴承 3 的内圈连接成一体后，作为减速单元内芯。

SHF-2UH 系列减速单元的基本减速比可选择 30/50/80/100/120/160、额定输出转矩为 3.7～745Nm，最高输入转速为 8500～3000r/min、平均输入转速为 3500～2200r/min。SHG-2UH 系列减速单元的基本减速比可选择 50/80/100/120/160、额定输出转矩为 7～1236Nm，最高输入转速为 8500～2800r/min，平均输入转速为 3500～1900r/min。两系列普通型产品的传动精度、滞后量均为 $2.9～5.8×10^{-4}$rad，高精度产品传动精度可提高至 $1.5～2.9×10^{-4}$rad；减速单元最大背隙为 $1.0～17.5×10^{-5}$rad。

SHD-2UH 系列减速单元采用了刚轮和 CRB 轴承一体化设计，刚轮齿直接加工在 CRB 轴承内圈 6 上，使轴向尺寸比同规格的 SHF/SHG-2UH 系列缩短约 15%；中空直径也大于同规格的 SHF/SHG-2UH 系列减速单元。SHD-2UH 系列超薄型减速单元基本减速比可选择 50/100//160、额定输出转矩为 3.7～206Nm，最高输入转速为 8500～4000r/min、平均输入转速为 3500～3000r/min；减速单元传动精度为 $2.9～4.4×10^{-4}$rad，滞后量为 $2.9～5.8×10^{-4}$rad；最大背隙可忽略不计。

(4) SHF/SHG-2UJ 系列

哈默纳科 SHF/SHG-2UJ 系列轴输入谐波减速单元的结构相同、安装尺寸一致，减速单元的组成及内部结构如图 2.46 所示，它是一个带有标准输入轴、输出连接法兰，可整体安装与直接连接负载的完整单元。

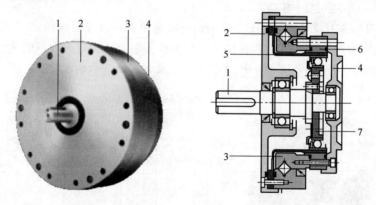

图 2.46　SHF/SHG-2UJ 系列减速单元结构
1—输入轴；2—前端盖；3—CRB 轴承；4—后端盖；5—柔轮；6—刚轮；7—谐波发生器

SHF/SHG-2UJ 系列减速单元的刚轮、柔轮和 CRB 轴承结构与 SHF/SHG-2UH 中空轴谐波减速单元相同，但其谐波发生器输入为带键标准轴，可直接安装同步带轮或齿轮等传动部件，其使用非常简单、安装方便。SHF/SHG-2UJ 系列谐波减速单元的主要技术参数与 SHF/SHG-2UH 系列谐波减速单元相同。

2.2.6　简易单元型减速器

哈默纳科简易单元型（Simple Unit Type）谐波减速器是单元型谐波减速器的简化结构，它保留了单元型谐波减速器的刚轮、柔轮、谐波发生器和 CRB 轴承 4 个核心部件，取消了壳体和部分输入、输出连接部件；提高了产品性价比。哈默纳科简易单元型谐波减速器的基本结构如表 2.8 所示，产品结构与主要技术参数如下。

表2.8 哈默纳科简易单元型谐波减速器产品系列与结构

系列	结构型式(轴向长度)	柔轮形状	输入连接	其他特征
SHF-2SO	标准	礼帽形	标准轴孔、联轴器柔性连接	无
SHG-2SO	标准	礼帽形	标准轴孔、联轴器柔性连接	高转矩
SHD-2SH	超薄	礼帽形	中空法兰刚性连接	中空
SHF-2SH	标准	礼帽形	中空轴、法兰刚性连接	中空
SHG-2SH	标准	礼帽形	中空轴、法兰刚性连接	中空、高转矩

(1) SHF/SHG-2SO 系列

哈默纳科 SHF/SHG-2SO 系列标准型简易减速单元的结构相同、安装尺寸一致，其组成及结构如图 2.47 所示。

SHF/SHG-2SO 系列简易减速单元是在 SHF/SHG 系列部件型减速器的基础上发展起来的产品，其柔轮、刚轮、谐波发生器输入组件的结构相同。SHF/SHG-2SO 系列简易减速单元增加了连接柔轮 2 和刚轮 3 的 CRB 轴承 4，CRB 轴承内圈与刚轮连接、外圈与柔轮连接，减速器的柔轮、刚轮和 CRB 轴承构成了一个可直接连接输入及负载的整体。

SHF/SHG-2SO 系列简易谐波减速单元的主要技术参数与 SHF/SHG-2UH 系列谐波减速单元相同。

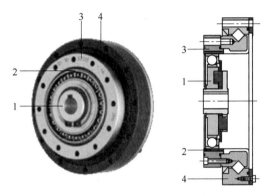

图 2.47 SHF/SHG-2SO 系列
简易减速单元结构
1—谐波发生器输入组件；2—柔轮；
3—刚轮；4—CRB 轴承

(2) SHD-2SH 系列

哈默纳科 SHD-2SH 系列超薄型简易谐波减速单元的组成及结构如图 2.48 所示。SHD-2SH 系列超薄型简易谐波减速单元的柔轮为礼帽形，谐波发生器输入为法兰刚性连接，谐波发生器凸轮与输入法兰设计成一体，刚轮齿直接加工在 CRB 轴承 4 内圈上；柔轮与 CRB 轴承外圈连接。由于减速单元采用了最简设计，它是目前哈默纳科轴向尺寸最小的减速器。

SHD-2SH 系列简易谐波减速单元的主要技术参数与 SHD-2UH 系列谐波减速单元相同。

(3) SHF/SHG-2SH 系列

哈默纳科 SHF/SHG-2SH 系列中空轴简易单元型谐波减速器的结构相同、安装尺寸一致，其组成及结构如图 2.49 所示。

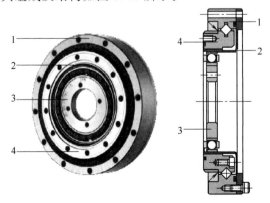

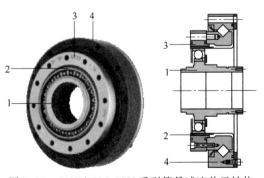

图 2.48 SHD-2SH 系列减速器结构
1—CRB 轴承（外圈）；2—柔轮；3—谐波发生器；
4—刚轮（CRB 轴承内圈）

图 2.49 SHF/SHG-2SH 系列简易减速单元结构
1—输入组件；2—柔轮；3—刚轮；4—CRB 轴承

　　SHF/SHG-2SH 系列中空轴简易单元型谐波减速器是在 SHF/SHG-2UH 系列中空轴单元型谐波减速器基础上派生的产品，它保留了谐波减速单元的柔轮、刚轮、CRB 轴承和谐波发生器的中空输入轴等核心部件；取消了前后端盖、支承轴承及相关连接件。减速单元柔轮、刚轮、CRB 轴承设计成统一整体；但谐波发生器中空输入轴的支承部件，需要用户自行设计。

　　SHF/SHG-2SO 系列简易谐波减速单元的主要技术参数与 SHF/SHG-2UH 系列谐波减速单元相同。

2.2.7　减速器安装与维护

(1) 部件型减速器

部件型谐波减速器对安装、支承面的公差要求如图 2.50、表 2.9 所示。

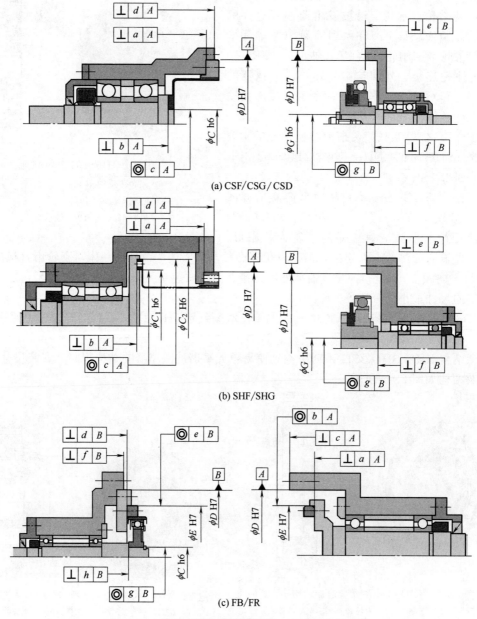

图 2.50　部件型谐波减速器安装、支承面公差要求

表 2.9　部件型谐波减速器的安装公差参考表

参数代号	CSF/CSG	CSD	SHF/SHG	FB/FR
a	0.010～0.027	0.011～0.018	0.011～0.023	0.013～0.057
b	0.006～0.040	0.008～0.030	0.016～0.067	0.015～0.038
c	0.008～0.043	0.015～0.030	0.015～0.035	0.016～0.068
d	0.010～0.043	0.011～0.028	0.011～0.034	0.013～0.057
e	0.010～0.043	0.011～0.028	0.011～0.034	0.015～0.038
f	0.012～0.036	0.008～0.015	0.017～0.032	0.016～0.068
g	0.015～0.090	0.016～0.030	0.030～0.070	0.011～0.035
h	—	—	—	0.007～0.015

谐波减速器对安装、支承面的公差要求与减速器规格有关，规格越小、公差要求越高。例如，对于公差参数 a，小规格的 CSF/CSG-11 减速器应取最小值 0.010，而大规格的 CSF/CSG-80 减速器则可取最大值 0.027 等。

柔轮水杯形的减速器安装完成后，可参照图 2.51（a），通过手动或伺服电机点动操作，缓慢旋转输入轴、测量柔轮跳动，检查减速器安装。如谐波减速器安装良好，柔轮外圆的跳动将呈图 2.51（b）所示的正弦曲线均匀变化；否则，跳动变化不规律。

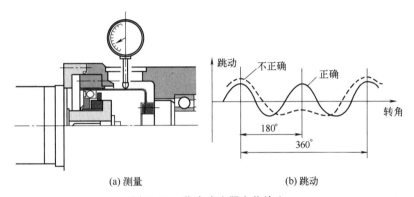

(a) 测量　　　　　　　　(b) 跳动
图 2.51　谐波减速器安装检查

对于柔轮跳动测量困难的减速器，如使用礼帽形、薄饼形柔轮的减速器，可在机器人空载的情况下，通过手动操作机器人、缓慢旋转伺服电机，利用测量电机输出电流（转矩）的方法间接检查，如谐波减速器安装不良，电机空载电流将显著增大，并达到正常值的 2～3 倍。

部件型谐波加速器的组装，需要在工业机器人的制造、维修现场进行，减速器组装时需要注意以下问题。

① 水杯形减速器的柔轮必须按图 2.52 所示的要求进行。为防止柔轮连续变形引起的连接孔损坏，柔轮和输出轴连接时，必须使用专门的固定圈、利用紧固螺钉压紧输出轴和柔轮结合面，而不能通过独立的螺钉、垫圈连接柔轮和输出轴。

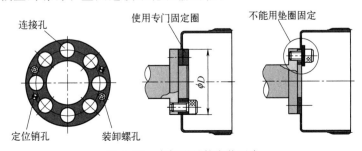

图 2.52　水杯形柔轮安装要求

② 礼帽形减速器的柔轮安装与连接要求如图 2.53 所示，柔轮固定螺钉不得使用垫圈，也不能反向安装固定螺钉；柔轮需要从与刚轮啮合的齿圈侧安装，不能从柔轮固定侧安装谐波发生器，简易单元型减速器同样需要遵守这一原则。

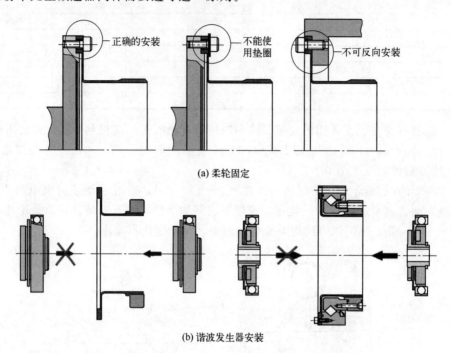

(a) 柔轮固定

(b) 谐波发生器安装

图 2.53   礼帽形柔轮的安装

工业机器人用的谐波减速器一般都采用脂润滑，部件型减速器的润滑脂需要由机器人生产厂家自行充填。使用不同形状柔轮的减速器，其润滑脂的填充要求如图 2.54 所示。

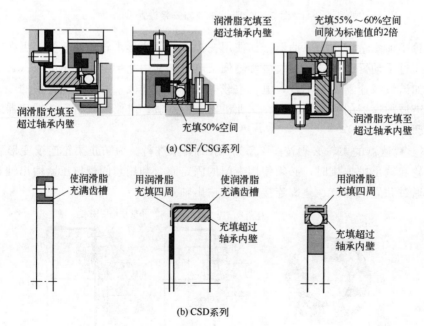

(a) CSF/CSG系列

(b) CSD系列

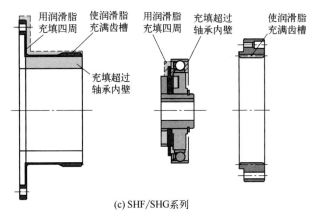

(c) SHF/SHG系列

图 2.54 部件型减速器的润滑

润滑脂的补充和更换时间与减速器的实际工作转速、环境温度等因素有关，实际工作转速和环境温度越高，补充和更换润滑脂的周期越短。润滑脂型号、注入量、补充时间，在减速器、机器人使用维护手册上，一般都有具体的要求；用户使用时，应可按照生产厂的要求进行。

(2) 单元型谐波减速器

单元型谐波减速器带有外壳和 CRB 输出轴承，减速器的刚轮、柔轮、谐波发生器、壳体、CRB 轴承被整体设计成统一的单元；减速器输出有高刚性、精密 CRB 轴承支承，可直接连接负载。单元型谐波减速对壳体安装、支承面的公差要求如图 2.55、表 2.10 所示。

表 2.10 单元型谐波减速器壳体安装公差参考表

参数代号	CSF/CSG-2UH	CSD-2UH	CSD-2UF	SHF/SHG/SHD-2UH	SHF/SHG-2UJ
a	0.010~0.018	0.010~0.018	0.010~0.015	0.033~0.067	0.033~0.067
b	0.010~0.017	0.010~0.015	0.010~0.013	0.035~0.063	0.035~0.063
c	0.024~0.085	0.007	0.010~0.013	0.053~0.131	0.053~0.131
d	0.010~0.015	0.010~0.015	0.010~0.013	0.053~0.089	0.053~0.089
e	0.038~0.075	0.025~0.040	0.031~0.047	0.039~0.082	0.039~0.082
f	—	—	—	0.038~0.072	0.038~0.072

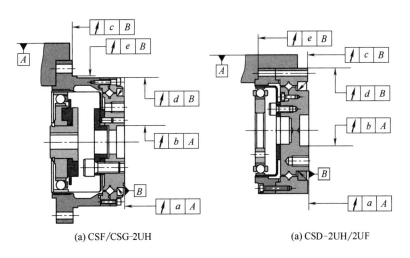

(a) CSF/CSG-2UH

(a) CSD-2UH/2UF

图 2.55

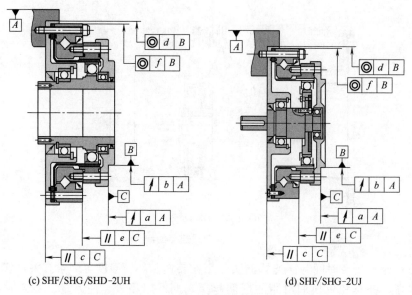

(c) SHF/SHG/SHD-2UH   (d) SHF/SHG-2UJ

图 2.55　单元型减速器壳体安装公差

　　CSF/CSG-2UH 标准轴孔输入、CSD-2UH/2UF 刚性法兰输入的单元型谐波减速器，对输入轴安装、支承面的公差要求如图 2.56、表 2.11 所示。

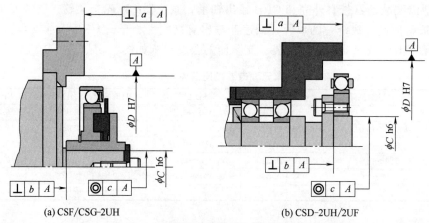

(a) CSF/CSG-2UH   (b) CSD-2UH/2UF

图 2.56　单元型减速器输入轴安装公差

表 2.11　单元型谐波减速器输入轴安装公差参考表

参数代号	CSF/CSG-2UH	CSD-2UH	CSD-2UF
a	0.011～0.034	0.011～0.028	0.011～0.026
b	0.017～0.032	0.008～0.015	0.008～0.012
c	0.030～0.070	0.016～0.030	0.016～0.024

　　SHF/SHG/SHD-2UH 中空轴输入、SHF/SHG-2UJ 轴输入的单元型谐波减速器，对输出轴安装、支承面的公差要求如图 2.57、表 2.12 所示。

表 2.12　单元型谐波减速器输出轴安装公差参考表

参数代号	SHF/SHG/SHD-2UH	SHF/SHG-2UJ
a	0.027～0.076	0.027～0.076
b	0.031～0.054	0.031～0.054
c	0.053～0.131	0.053～0.131
d	0.053～0.089	0.053～0.089

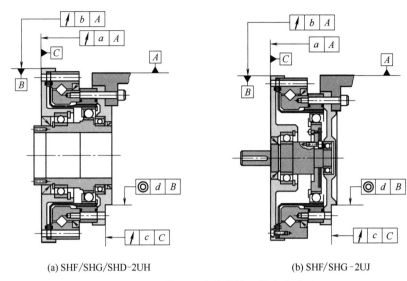

(a) SHF/SHG/SHD-2UH   (b) SHF/SHG-2UJ

图 2.57 单元型减速器输入轴安装公差

单元型谐波减速为整体结构，产品出厂时已充填润滑脂，用户首次使用时无须充填润滑脂。减速器长期使用时，可根据减速器生产厂家的要求，定期补充润滑脂，润滑脂的型号、注入量、补充时间，应按照生产厂的要求进行。

（3）简易单元型谐波减速器

简易单元型谐波减速器只有刚轮、柔轮、谐波发生器、CRB 轴承 4 个核心部件，无外壳及中空轴支承部件；减速器输出有高刚性、精密 CRB 轴承支承，可直接连接负载。

标准轴孔输入的 SHF/SHG-2SO 系列、中空轴输入的 SHF/SHG-2SH 系列减速器的安装公差要求相同，减速器对安装支承面、连接轴的公差要求如图 2.58、表 2.13 所示。

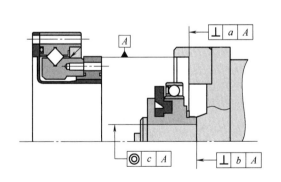

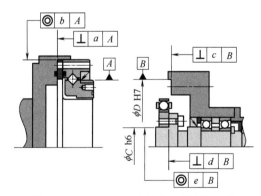

图 2.58 SHF/SHG-2SO/2SH 系列减速器安装公差   图 2.59 SHD-2SH 系列减速器安装公差

表 2.13 SHF/SHG-2SO/2SH 系列减速单元安装公差要求

参数代号	14	17	20	25	32	40	45	50	58
a	0.011	0.015	0.017	0.024	0.026	0.026	0.027	0.028	0.031
b	0.017	0.020	0.020	0.024	0.024	0.024	0.032	0.032	0.032
c	0.030	0.034	0.044	0.047	0.047	0.050	0.063	0.066	0.068

输入采用法兰刚性连接的 SHD-2SH 系列中空轴、超薄型简易谐波减速单元对安装支承面、连接轴的公差要求如图 2.59、表 2.14 所示。

表 2.14 SHD-2SH 系列减速单元安装公差要求

参数代号	14	17	20	25	32	40
a	0.016	0.021	0.027	0.035	0.042	0.048
b	0.015	0.018	0.019	0.022	0.022	0.024
c	0.011	0.012	0.013	0.014	0.016	0.016
d	0.008	0.010	0.012	0.012	0.012	0.012
e	0.016	0.018	0.019	0.022	0.022	0.024

简易单元型谐波减速器的润滑脂需要由机器人生产厂家自行充填，减速单元的润滑脂充填要求可参照同类型的部件型减速器。

2.3 RV 减速器及安装维护

2.3.1 RV 齿轮变速原理

(1) 基本结构

RV 减速器是旋转矢量（Rotary Vector）减速器的简称，它是在传统摆线针轮、行星齿轮传动装置的基础上发展出来的一种新型传动装置。与谐波减速器一样，RV 减速器实际上既可用于减速，也可用于增速，但由于传动比很大（通常为 30～260），因此，在工业机器人上都用于减速，故习惯上称 RV 减速器。

RV 减速器是由日本 Nabtesco Corporation（纳博特斯克公司）的前身——日本的帝人制机（Teijin Seiki）公司于 1985 年研发的产品，其基本结构如图 2.60 所示。RV 减速器由芯轴、

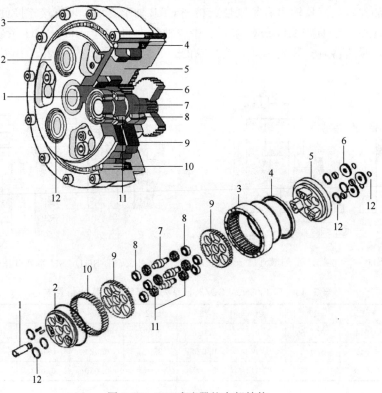

图 2.60 RV 减速器的内部结构

1—芯轴；2—端盖；3—针轮；4—密封圈；5—输出法兰；6—行星齿轮；7—曲轴；
8—圆锥滚柱轴承；9—RV 齿轮；10—针齿销；11—滚针；12—卡簧

端盖、针轮、输出法兰、行星齿轮、曲轴组件、RV 齿轮等部件构成，由外向内可分为针轮层、RV 齿轮层（包括端盖 2、输出法兰 5 和曲轴组件 7）、芯轴层 3 层，每一层均可旋转。

① 针轮层。减速器外层的针轮 3 是一个内侧加工有针齿的内齿圈，外侧加工有法兰和安装孔，可用于减速器固定或输出连接。针轮 3 和 RV 齿轮 9 间一般安装有针齿销 10，当 RV 齿轮 9 摆动时，针齿销可迫使针轮与输出法兰 5 产生相对回转。为了简化结构、减少部件，针轮也可加工成与 RV 齿轮直接啮合的内齿圈、省略针齿销。

② RV 齿轮层。RV 齿轮层由 RV 齿轮 9、端盖 2、输出法兰 5 和曲轴组件 7 等组成，RV 齿轮、端盖、输出法兰为中空结构，内孔用来安装芯轴。曲轴组件 7 数量与减速器规格有关，小规格减速器一般布置 2 组，中大规格减速器布置 3 组。

输出法兰 5 的内侧有 2～3 个连接脚，用来固定安装曲轴前支承轴承的端盖 2。端盖 2 和法兰的中间位置安装有 2 片可摆动的 RV 齿轮 9，它们可在曲轴的驱动下作对称摆动，故又称摆线轮。

曲轴组件由曲轴 7、前后支承轴承 8、滚针 11 等部件组成，通常有 2～3 组，它们对称分布在圆周上，用来驱动 RV 齿轮摆动。

曲轴 7 安装在输出法兰 5 连接脚的缺口位置，前后端分别通过端盖 2、输出法兰 5 上的圆锥滚柱轴承支承；曲轴的后端是一段用来套接行星齿轮 6 的花键轴，曲轴可在行星齿轮 6 的驱动下旋转。曲轴的中间部位为 2 段偏心轴，偏心轴外圆上安装有多个驱动 RV 齿轮 9 摆动的滚针 11；当曲轴旋转时，2 段偏心轴上的滚针可分别驱动 2 片 RV 齿轮 9 进行 180°对称摆动。

③ 芯轴层。芯轴 1 安装在 RV 齿轮、端盖、输出法兰的中空内腔，芯轴可为齿轮轴或用来安装齿轮的花键轴。芯轴上的齿轮称太阳轮，它和套在曲轴上的行星齿轮 6 啮合，当芯轴旋转时，可驱动 2～3 组曲轴同步旋转，带动 RV 齿轮摆动。用于减速的 RV 减速器，芯轴通常用来连接输入，故又称输入轴。

因此，RV 减速器具有 2 级变速：芯轴上的太阳轮和套在曲轴上的行星齿轮间的变速是 RV 减速器的第 1 级变速，称直齿轮变速；通过 RV 齿轮 9 的摆动，利用针齿销 10 推动针轮 3 的旋转，是 RV 减速器的第 2 级变速，称差动齿轮变速。

(2) 变速原理

RV 减速器的变速原理如图 2.61 所示。

① 直齿轮变速。直齿轮变速原理如图 2.61（a）所示，它是由行星齿轮和太阳轮实现的齿轮变速。如太阳轮的齿数为 Z_1、行星齿轮的齿数为 Z_2，则行星齿轮输出/芯轴输入的速比为 Z_1/Z_2，且转向相反。

② 差动齿轮变速。当曲轴在行星齿轮驱动下回转时，其偏心段将驱动 RV 齿轮作图 2.61（b）所示的摆动，由于曲轴上的 2 段偏心轴为对称布置，故 2 片 RV 齿轮可在对称方向同步摆动。

图 2.61（c）为其中的 1 片 RV 齿轮的摆动情况；另一片 RV 齿轮的摆动过程相同，但相位相差 180°。由于 RV 齿轮和针轮间安装有针齿销，当 RV 齿轮摆动时，针齿销将迫使针轮与输出法兰产生相对回转。

如 RV 减速器的 RV 齿轮齿数为 Z_3，针轮齿数为 Z_4（齿差为 1 时，$Z_4-Z_3=1$），减速器以输出法兰固定、芯轴连接输入、针轮连接负载输出轴的形式安装，并假设在图 2.61（c）所示的曲轴 0°起始点上，RV 齿轮的最高点位于输出法兰-90°位置、其针齿完全啮合，而 90°位置的基准齿则完全脱开。

当曲轴顺时针旋动 180°时，RV 齿轮最高点也将顺时针转过 180°；由于 RV 齿轮的齿数少于针轮 1 个齿，且输出法兰（曲轴）被固定，因此，针轮将相对于安装曲轴的输出法兰产生

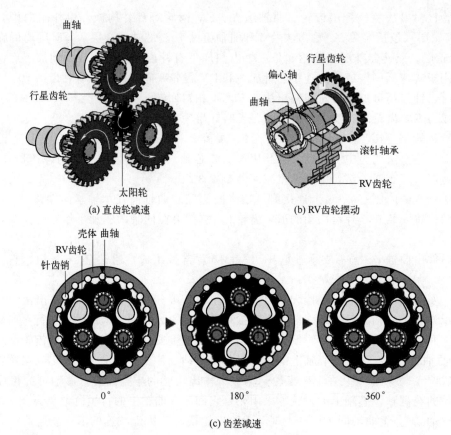

(a) 直齿轮减速

(b) RV齿轮摆动

0°   180°   360°

(c) 齿差减速

图 2.61　RV 减速器变速原理

图 2.61（c）所示的半个齿顺时针偏转。

　　进而，当曲轴顺时针旋动 360°时，RV 齿轮最高点也将顺时针转过 360°，针轮将相对于安装曲轴的输出法兰产生图 2.61（c）所示的 1 个齿顺时针偏转。因此，针轮相对于曲轴的偏转角度为：

$$\theta = \frac{1}{Z_4} \times 360°$$

　　即：针轮和曲轴的速比为 $i = 1/Z_4$，考虑到曲轴行星齿轮和芯轴输入的速比为 Z_1/Z_2，故可得到减速器的针轮输出和芯轴输入间的总速比为：

$$i = \frac{Z_1}{Z_2} \times \frac{1}{Z_4}$$

式中　i——针轮输出/芯轴输入转速比；

　　　Z_1——太阳轮齿数；

　　　Z_2——行星齿轮齿数；

　　　Z_3——RV 齿轮齿数；

　　　Z_4——针轮齿数。

　　由于驱动曲轴旋转的行星齿轮和芯轴上的太阳轮转向相反，因此，针轮输出和芯轴输入的转向相反。

　　当减速器的针轮固定、芯轴连接输入、法兰连接输出时的情况有所不同。一方面，通过芯轴的 $(Z_2/Z_1) \times 360°$逆时针回转，可驱动曲轴产生 360°的顺时针回转，使得 RV 齿轮（输出法兰）相对于固定针轮产生 1 个齿的逆时针偏移，RV 齿轮（输出法兰）相对于固定针轮的回转角度为：

$$\theta_{o} = \frac{1}{Z_4} \times 360°$$

同时，由于 RV 齿轮套装在曲轴上，因此，它的偏转也将使曲轴逆时针偏转 θ_{o}；因此，相对于固定的针轮，芯轴实际需要回转的角度为：

$$\theta_{i} = \left(\frac{Z_2}{Z_1} + \frac{1}{Z_4} \right) \times 360°$$

所以，输出法兰与芯轴输入的转向相同，速比为：

$$i = \frac{\theta_{o}}{\theta_{i}} = \frac{1}{1 + \frac{Z_2}{Z_1} \times Z_4}$$

以上就是 RV 减速器的差动齿轮减速原理。

相反，如减速器的针轮被固定，RV 齿轮（输出法兰）连接输入轴、芯轴连接输出轴，则 RV 齿轮旋转时，将通过曲轴迫使芯轴快速回转，起到增速的作用。同样，当减速器的 RV 齿轮（输出法兰）被固定，针轮连接输入轴、芯轴连接输出轴时，针轮的回转也可迫使芯轴快速回转，起到增速的作用。这就是 RV 减速器的增速原理。

（3）传动比

RV 减速器采用针轮固定、芯轴输入、法兰输出安装时的传动比（输入转速与输出转速之比），称为基本减速比 R，其值为：

$$R = 1 + \frac{Z_2}{Z_1} \times Z_4$$

这样，通过不同形式的安装，RV 减速器将有表 2.15 所示的 6 种不同用途和不同速比。速比 i 为负值时，代表输入轴和输出轴的转向相反。

表 2.15 RV 减速器的安装形式与速比

序号	安装形式	安装示意图	用途	输出/输入速比 i
1	针轮固定,芯轴输入、法兰输出		减速,输入、输出轴转向相同	$\frac{1}{R}$
2	法兰固定,芯轴输入、针轮输出		减速,输入、输出轴转向相反	$-\frac{1}{R-1}$
3	芯轴固定,针轮输入、法兰输出		减速,输入、输出轴转向相同	$\frac{R-1}{R}$

续表

序号	安装形式	安装示意图	用途	输出/输入速比 i
4	针轮固定,法兰输入、芯轴输出	固定 输出 输入	增速,输入、输出轴转向相同	R
5	法兰固定,针轮输入、芯轴输出	固定 输出 输入	增速,输入、输出轴转向相反	$-(R-1)$
6	芯轴固定,法兰输入、针轮输出	输出 固定 输入	增速,输入、输出轴转向相同	$\dfrac{R}{R-1}$

(4) 主要特点

由 RV 减速器的结构和原理可见,它与其他传动装置相比,主要有以下特点。

① 传动比大。RV 减速器设计直正齿轮、差动齿轮 2 级变速,其传动比可达到甚至超过谐波齿轮传动装置,实现传统的普通齿轮、行星齿轮传动、蜗轮蜗杆、摆线针轮传动装置难以达到的大比例减速。

② 结构刚性好。减速器的针轮和 RV 齿轮间通过直径较大的针齿销传动,曲轴采用的是圆锥滚柱轴承支承;减速器的结构刚性好、使用寿命长。

③ 输出转矩高。RV 减速器的直齿轮变速一般有 2～3 对行星齿轮;差动变速采用的是硬齿面多齿销同时啮合,且其齿差固定为 1 齿,因此,在相同体积下,其齿形可比谐波减速器做得更大、输出转矩更高。

表 2.16 为基本减速比相同、外形尺寸相近的哈默纳科谐波减速器和纳博特斯克 RV 减速器的性能比较表。

表 2.16 谐波减速器和 RV 减速器性能比较表

主要参数	谐波减速器	RV 减速器
型号与规格(单元型)	哈默纳科 CSG-50-100-2UH	纳博特斯克 RV-80E-101
外形尺寸/mm×mm	$\phi190×90$	$\phi190×84$(长度不包括芯轴)
基本减速比	100	101
额定输出转矩/N·m	611	784
最高输入转速/(r/min)	3500	7000
传动精度/$×10^{-4}$rad	1.5	2.4
空程/$×10^{-4}$rad	2.9	2.9
间隙/$×10^{-4}$rad	0.58	2.9
弹性系数/($×10^{4}$Nm/rad)	40	67.6
传动效率	70%～85%	80%～95%
额定寿命/h	10000	6000
质量/kg	8.9	13.1
惯量/($×10^{-4}$kgm^2)	12.5	0.482

由表可见，与同等规格（外形尺寸相近）的谐波减速器相比，RV减速器具有额定输出转矩大、输入转速高、刚性好（弹性系数大）、传动效率高、惯量小等优点；但是，RV减速器的结构复杂、部件多、质量大，且有直齿轮、差动齿轮2级变速，齿轮间隙大、传动链长，因此，减速器的传动间隙、传动精度等精度指标低于谐波减速器。

RV减速器的结构复杂、部件多，生产制造成本相对较高，减速器的安装、维修也不及谐波减速器方便。因此，在工业机器人上，RV减速器多用于中小规格机器人机身的腰、上臂、下臂等大惯量、高转矩输出关节的回转减速以及大型、重型机器人上，有时也用于手腕减速。

2.3.2 RV减速器结构

日本的Nabtesco Corporation（纳博特斯克公司）既是RV减速器的发明者，又是目前全球最大、技术最领先的RV减速器生产企业，其产品占据了全球60%以上的工业机器人RV减速器市场。

纳博特斯克RV减速器的基本结构型式有部件型（Component Type）、单元型（Unit Type）、齿轮箱型（Gear Head Type）3大类。

(1) 部件型

部件型（Component Type）减速器采用的是图2.60所示的RV减速器基本结构，故又称基本型（Original）。基本型RV减速器无外壳和输出轴承，减速器的针轮、输入轴、输出法兰的安装、连接需要机器人生产厂家实现；针轮和输出法兰间的支承轴承等部件需要用户自行设计。

部件型RV减速器的芯轴、太阳轮等输入部件可以分离安装，但减速器端盖、针轮、输出法兰、行星齿轮、曲轴组件、RV齿轮等部件，原则上不能由用户进行分离和组装。纳博特斯克部件型RV减速器目前只有RV系列产品。

(2) 单元型

单元型（Unit Type）减速器简称RV减速单元，它设计有安装固定的壳体和输出连接法兰；输出法兰和壳体间安装有可同时承受径向及轴向载荷的高刚性、角接触球轴承，减速器输出法兰可直接连接与驱动负载。纳博特斯克单元型RV减速器主要有图2.62所示的RV E标准型、RV N紧凑型、RV C中空型3大类产品。RV E型减速单元采用单元型RV减速器的标准结构，减速单元带有外壳、输出轴承和安装固定法兰、输入轴、输出法兰；输出法兰可直接连接和驱动负载。

(a) RV E   (b) RV N   (c) RV C

图2.62 常用的RV减速单元

RV N紧凑型减速单元是在RV E标准型减速单元的基础上派生的轻量级、紧凑型产品。同规格的紧凑型RV N减速单元的体积和重量，分别比RV E标准型减少了8%～20%和

16%~36%。紧凑型 RV N 减速单元是纳博特斯克当前推荐的新产品。

RV C 中空型减速单元采用了大直径、中空结构，减速器内部可布置管线或传动轴。中空型减速单元的输入轴和太阳轮，一般需要选配或直接由用户自行设计、制造和安装。

（3）齿轮箱型

齿轮箱型（Gear Head Type）RV 减速器设计有驱动电机的安装法兰和电机轴连接部件，可像齿轮减速箱一样，直接安装和连接和驱动电机，实现减速器和驱动电机的结构整体化。纳博特斯克 RV 减速箱目前有 RD2 标准型、GH 高速型、RS 扁平型 3 类常用产品。

RD2 标准型减速器是纳博特斯克早期 RD 系列减速箱的改进型产品，产品有图 2.63 所示的轴向输入（RDS 系列）、径向输入（RDR 系列）和轴输入（RDP 系列）3 类；每类产品又分实心芯轴（图上部）和中空芯轴（图下部）两大系列。采用实心芯轴的 RV 减速箱使用的是 RV E 标准型减速器；采用空心芯轴的 RV 减速箱使用的是 RV C 中空轴型减速器。

(a) RDS   (b) RDR   (c) RDP

图 2.63　RD2 系列减速箱

纳博特斯克 GH 高速型 RV 减速箱（简称高速减速箱）如图 2.64 所示。

RV 减速箱的减速比较小、输出转速较高，RV 减速器的第 1 级直齿轮基本不起减速作用，因此，其太阳轮直径较大，故多采用芯轴和太阳轮分离型结构，两者通过花键进行连接。GH 系列高速减速箱的芯轴输入一般为标准轴孔连接；输出可选择法兰、输出轴两种连接方式。GH 减速器的减速比一般只有 10~30，其额定输出转速为标准型的 2.3 倍，过载能力为标准型的 1.4 倍，故常用于转速相对较高的工业机器人上臂、手腕等关节驱动。

纳博特斯克 RS 扁平型减速箱（简称扁平减速箱）如图 2.65 所示，它是该公司近年开发的新产品。为了减小厚度，扁平减速箱的驱动电机统一采用径向安装，芯轴为中空。RS 系列扁平减速箱的额定输出转矩高（可达 8820Nm）、额定转速低（一般为 10r/min）、承载能力强（载重可达 9000kg），故可用于大规格搬运、装卸、码垛工业机器人的机身、中型机器人的腰关节驱动，或直接作为回转变位器使用。

图 2.64　GH 高速减速箱   图 2.65　RS 扁平减速箱

2.3.3　主要技术参数

(1) 基本参数

RV 减速器的基本参数用于减速器选型，参数如下。

① 额定转速（Rated Rotational Speed）：用来计算 RV 减速器额定转矩、使用寿命等参数的理论输出转速，大多数 RV 减速器选取 15r/min；个别小规格、高速 RV 减速器选取 30r/min 或 50r/min。

需要注意的是：RV 减速器额定转速的定义方法与电动机等产品有所不同，它并不是减速器长时间连续运行时允许输出的最高转速。一般而言，中小规格 RV 减速器的额定转速，通常低于减速器长时间连续运行的最高输出转速；大规格 RV 减速器的额定转速，可能高于减速器长时间连续运行的最高输出转速，但必须低于减速器以 40%工作制、断续工作时的最高输出转速。

例如，纳博特斯克中规格 RV-100N 减速器的额定转速为 15r/min，低于减速器长时间连续运行的最高输出转速（35r/min）；而大规格 RV-500 减速器的额定转速同样为 15r/min，但其长时间连续运行的最高输出转速只能达到 11r/min，而 40%工作制、断续工作时的最高输出转速为 25r/min 等。

② 额定转矩（Rated Torque）：额定转矩是假设 RV 减速器以额定输出转速连续工作时的最大输出转矩值。纳博特斯克 RV 减速器的规格代号，通常以额定输出转矩近似值（单位 kgf❶·m）表示。例如，纳博特斯克 RV-100 减速器的额定输出转矩约为 1000Nm 等。

RV 减速器的额定转矩应大于减速器实际工作时的负载平均转矩（Average Load Torque），负载平均转矩是减速器的等效负载转矩，需要根据减速器的实际运行状态计算得到。

③ 额定输入功率（Rated Input Power）：RV 减速器的额定功率又称额定输入容量（Rated Input Capacity），它是根据减速器额定输出转矩、额定输出转速、理论传动效率计算得到的减速器输入功率理论值。

④ 最大输出转速（Permissible Max Value of Output Rotational Speed）：最大输出转速又称允许（或容许）输出转速，它是减速器在空载状态下，长时间连续运行所允许的最高输出转速值。RV 减速器的最大输出转速主要受温升限制，如减速器断续运行，实际输出转速值可大于最大输出转速，为此，某些产品提供了连续（100%工作制）、断续（40%工作制）两种典型工作状态的最大输出转速值。

⑤ 空载运行转矩（On No-Load Running Torque）：RV 减速器的基本空载运行转矩是在环境温度为 30℃、使用规定润滑的条件下，减速器采用标准安装、减速运行时，所测得的输入转矩折算到输出侧的输出转矩值。RV 减速器实际工作时的空载运行转矩与输出转速、环境温度、减速器减速比有关，输出转速越高、环境温度越低、减速比越小，空载运行转矩就越大，实际使用时需要按减速器生产厂家提供的低温工作修整曲线修整。

⑥ 增速启动转矩（On Overdrive Starting Torque）：在环境温度为 30℃、采用规定润滑的条件下，RV 减速器用于空载、增速运行时，在输出侧（如芯轴）开始运动的瞬间，所测得的输入侧（如输出法兰）需要施加的最大转矩值。

⑦ 传动精度（Angle Transmission Accuracy）：传动精度是指 RV 减速器采用针轮固定、芯轴输入、输出法兰连接负载标准减速安装方式时，在任意 360°输出范围内的实际输出转角和理论输出转角间的最大误差值。传动精度与传动系统设计、负载条件、环境温度、润滑等诸

---

❶　1kgf＝9.80665N。

多因素有关，说明书、手册提供的传动精度通常只是 RV 减速器在特定条件下运行的参考值。

⑧ 传动效率：RV 减速器的传动效率与输出转速、负载转矩、工作温度、润滑条件等诸多因素有关。通常而言，在同样的工作温度和润滑条件下，输出转速越低、输出转矩越大，减速器的效率就越高。RV 减速器生产厂家通常只提供环境温度 30℃、使用规定润滑时，减速器在特定输出转速（如 10、30、60r/min）下的基本传动效率曲线。

⑨ 额定寿命（Rated Life）：额定寿命是指 RV 减速器在正常使用时，出现 10％产品损坏的理论使用时间。纳博特斯克 RV 减速器的理论使用寿命一般为 6000h。RV 减速器实际使用寿命与实际工作时的负载转矩、输出转速有关，需要根据减速器的实际运行状态计算得到。

(2) 其他参数

除了基本参数外，RV 减速器生产厂家一般还可以提供以下减速器的性能参数，供用户选型计算和校验。

① 启制动峰值转矩（Peak Torque for Start and Stop）：RV 减速器加减速时，短时间内允许的最大负载转矩。纳博特斯克 RV 减速器的启制动峰值转矩，一般按额定输出转矩的 2.5 倍设计，个别小规格减速器为 2 倍；故启制动峰值转矩也可直接由额定转矩计算得到。

② 瞬间最大转矩（Maximum Momentary Torque）：RV 减速器工作出现异常（如负载出现碰撞、冲击）时，保证减速器不损坏的瞬间极限转矩。纳博特斯克 RV 减速器的瞬间最大转矩，通常按启制动峰值转矩的 2 倍设计，故也可直接由启制动峰值转矩计算得到，或按减速器额定输出转矩的 5 倍计算得到，个别小规格减速器为额定输出转矩的 4 倍。

额定输出转矩、启制动峰值转矩、瞬间最大转矩的含义如图 2.66 所示。

③ 强度（Intensity）：强度是指 RV 减速器柔轮的耐冲击能力，以 RV 减速器保证额定寿命的最大允许冲击次数表示。RV 减速器运行时如果存在超过启制动峰值转矩的负载冲击（如急停等），将使部件的疲劳加剧、使用寿命缩短；冲击负载不能超过减速器的瞬间最大转矩，否则将直接导致减速器损坏。RV 减速器的疲劳与冲击次数、冲击转矩、冲击负载持续时间及减速器针轮齿数有关，需要根据减速器的实际运行状态计算得到。

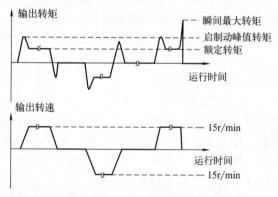

图 2.66 RV 减速器输出转矩

④ 间隙（Backlash）：RV 减速器间隙是传动齿轮间隙，以及减速器空载时（负载转矩 $T=0$）由本身摩擦转矩所产生的弹性变形误差之和。

⑤ 空程（Lost Motion）：RV 减速器空程是在负载转矩为 3％、额定输出转矩 T_0 时，减速器所产生的弹性变形误差。

⑥ 弹性系数（Spring Constants）：RV 减速器输出转矩与弹性变形误差的比值。RV 减速器在摩擦转矩和负载转矩的作用下，针轮、针齿销、齿轮等都将产生弹性变形，导致实际输出转角与理论转角间存在误差；弹性变形误差将随着负载转矩的增加而增大，工程计算时可以用弹性系数近似等效。RV 减速器的弹性系数受减速比的影响较小，它原则上只和减速器规格有关，规格越大，弹性系数越高、刚性越好。

⑦ 力矩刚度（Moment Rigidity）：RV 减速器负载力矩与弯曲变形误差的比值。力矩刚度是衡量 RV 减速器抗弯曲变形能力的参数，单元型、齿轮箱型 RV 减速器的输出法兰和针轮间安装有输出轴承，减速器生产厂家需要提供允许最大轴向、负载力矩等力矩刚度参数。基本型

减速器无输出轴承，减速器允许的最大轴向、负载力矩等力矩刚度参数，取决于用户传动系统设计及输出轴承选择。

单元型、齿轮箱型 RV 减速器的径向载荷、轴向载荷受减速器部件结构的限制，减速器正常使用时的轴向载荷、负载力矩均不得超出生产厂家提供的轴向载荷/负载力矩曲线的范围；瞬间最大负载力矩一般不得超过正常使用最大负载力矩的 2 倍。

2.3.4 典型产品及特点

(1) 基本型减速器

纳博特斯克 RV 系列基本型（Original）减速器是早期工业机器人的常用产品，减速器采用图 2.67 所示的部件型 RV 减速器基本结构，其组成部件及说明可参见前述。

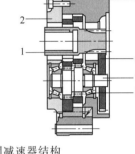

基本型 RV 减速器的针轮 3 和输出法兰 6 间无输出轴承，因此，减速器使用时，需要用户自行设计、安装输出轴承（如 CRB 轴承）。

RV 系列基本型减速器的产品规格较多，行星齿轮和芯轴结构有所区别。

增加行星齿轮数量，可减小轮齿单位面积承载、均化误差，但受结构尺寸的限制。纳博特斯克 RV 系列减速器的行星齿轮数量与减速器规格有

图 2.67 RV 系列减速器结构
1—芯轴；2—端盖；3—针轮；4—针齿销；5—RV 齿轮；
6—输出法兰；7—行星齿轮；8—曲轴

关，RV-30 及以下规格，为图 2.68（a）所示的 2 对行星齿轮；RV-60 及以上规格，为图 2.68（b）所示的 3 对行星齿轮。

RV 减速器的芯轴结构与减速比有关。为了简化结构设计，提高零部件的通用化程度，同规格的 RV 减速器传动比一般通过第 1 级直齿轮速比调整。

纳博特斯克减速比 $R \geqslant 70$ 的 RV 减速器，直齿轮速比大、太阳轮齿数少，减速器采用图 2.69（a）所示的结构，太阳轮直接加工在芯轴上，芯轴（太阳轮）可从输入侧安装。减速比 $R < 70$ 的纳博特斯克 RV 减速器，其直齿轮速比小、太阳轮齿数多，减速器采用图 2.69（b）所示的、芯轴和太阳轮分离型结构，芯轴和太阳轮通过花键轴连接，并需要在输出侧安装

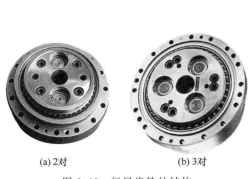

(a) 2 对   (b) 3 对

图 2.68 行星齿轮的结构

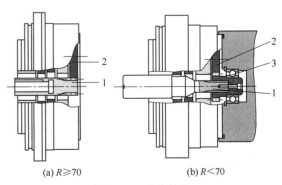

(a) $R \geqslant 70$ (b) $R < 70$

图 2.69 芯轴结构
1—芯轴；2—行星齿轮；3—太阳轮

芯轴和太阳轮支承的轴承。

纳博特斯克 RV 系列基本型减速器有 RV-15、30、60、160、320、450 几种产品，基本减速比为 57～192.4，额定输出转速为 15r/min，额定输出转矩为 137～5390Nm，空程与间隙为 2.9×10^{-4} rad，传动精度为 $2.4 \sim 3.4 \times 10^{-4}$ rad。

(2) 标准单元型减速器

纳博特斯克 RV E 系列标准单元型减速器的结构如图 2.70 所示。减速器的输出法兰 6 和壳体（针轮）4 间，安装有一对高精度、高刚性的角接触球轴承 3，使得输出法兰 6 可以同时承受径向和双向轴向载荷、能够直接连接负载。RV E 减速器其他部件的结构与 RV 基本减速器相同，减速器的行星齿轮数量与规格有关，40E 及以下规格为 2 对行星齿轮；80E 及以上规格为 3 对行星齿轮。RV E 减速器的芯轴结构取决于减速比，减速比 $R \geqslant 70$ 的减速器，太阳轮直接加工在输入芯轴上；减速比 $R < 70$ 的减速器，采用输入芯轴和太阳轮分离型结构，芯轴和太阳轮通过花键连接，并需要在输出侧安装太阳轮的支承轴承。

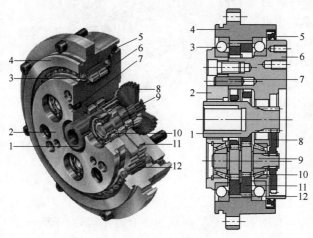

图 2.70　RV E 标准单元型减速器结构

1—芯轴；2—端盖；3—输出轴承；4—壳体（针轮）；5—密封圈；6—输出法兰（输出轴）；
7—定位销；8—行星齿轮；9—曲轴组件；10—滚针轴承；11—RV 齿轮；12—针齿销

标准单元型减速器有 RV-6E、20E、40E、80E、110E、160E、320E、450E 共 8 种产品，其中，RV-6E 的基本减速比为 31～103，额定输出转速为 30r/min，额定输出转矩为 58Nm，空程与间隙为 4.4×10^{-4} rad，传动精度为 5.1×10^{-4} rad；其他产品的基本减速比为 57～192.4，额定输出转速为 15r/min，额 定 输 出 转 矩 为 167～4410Nm，空程与间隙为 2.9×10^{-4} rad，传动精度为 $2.4 \sim 3.4 \times 10^{-4}$ rad。

(3) 紧凑单元型减速器

纳博特斯克 RV N 系列紧凑单元型减速器是在 RV E 系列标准型减速器的基础上发展起来的轻量级、紧凑型产品，减速器的结构如图 2.71 所示。

RV N 系列紧凑单元型减速器的行星

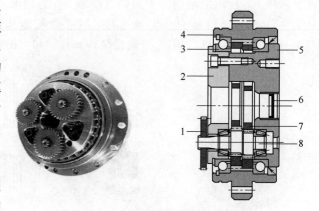

图 2.71　RV N 紧凑单元型减速器结构

1—行星齿轮；2—端盖；3—输出轴承；4—壳体
（针轮）；5—输出法兰（输出轴）；
6—密封盖；7—RV 齿轮；8—曲轴

齿轮采用敞开式安装，芯轴可直接从行星齿轮侧输入、不穿越减速器，加上减速器输出法兰轴向长度较短，因此，减速器体积、重量与同规格的标准型减速器相比，分别减少了8%～20%、16%～36%。RV N减速器的行星齿轮数量均为3对，标准产品仅提供配套的芯轴半成品，用户可根据输入轴的形状、尺寸补充加工轴孔及齿轮。RV N系列紧凑单元型减速器的芯轴安装调整方便、维护容易，使用灵活，目前已逐步替代标准单元型减速器，在工业机器人上得到越来越多的应用。

纳博特斯克RV N系列紧凑单元型减速器有RV-25N、42N、60N、80N、100N、125N、160N、380N、500N、700N共10种产品，基本减速比为41～203.52，额定输出转速为15r/min，额定输出转矩为245～7000Nm，空程与间隙为2.9×10^{-4}rad，传动精度为2.4～3.4×10^{-4}rad。

（4）中空单元型减速器

纳博特斯克RV C系列中空单元型减速器是标准单元型减速器的变形产品，减速器的结构如图2.72所示。

RV C系列中空单元型减速器的RV齿轮、端盖、输出法兰均采用大直径中空结构，行星齿轮采用敞开式安装，芯轴可直接从行星齿轮侧输入。RV C减速器的行星齿轮数量与规格有关，RV-50C及以下规格为2对行星齿轮；RV-100C及以上规格为3对行星齿轮。

中空单元型减速器的内部，通常需要布置管线或其他传动轴，因此，行星齿轮一般采用图2.72所示的中空双联太阳轮3输入，输入轴1与减速器为偏心安装。减速器的端盖4、输出法兰7内侧，均加工有安装双联太阳轮支承、输出轴连接的安

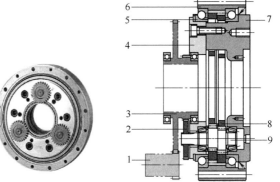

图2.72　RV C中空单元型减速器结构
1—输入轴；2—行星齿轮；3—双联太阳轮；
4—端盖；5—输出轴承；6—壳体（针轮）；
7—输出法兰（输出轴）；8—RV齿轮；9—曲轴

装定位面、螺孔；双联太阳轮及其支承部件，通常由用户自行设计制造。

中空单元型减速器的输入轴和行星齿轮间有2级齿轮传动。由于中空双联太阳轮的直径较大，因此，双联太阳轮和行星齿轮间通常为增速；而输入轴和双联太阳轮则为大比例减速。减速器的双联太阳轮和行星齿轮、输入轴和双联太阳轮的速比需要用户根据实际传动系统结构自行设计，因此，减速器生产厂家只提供基本RV齿轮减速比及传动精度等参数，减速器的最终减速比、传动精度，取决于用户的输入轴和双联太阳轮结构设计和制造精度。

纳博特斯克RV C系列中空单元型减速器有RV-10C、27C、50C、100C、200C、320C、500C共7种产品，基本减速比为27～37.34，额定输出转速为15r/min，额定输出转矩为98～4900Nm，空程与间隙为2.9×10^{-4}rad，传动精度为1.2～2.9×10^{-4}rad。

2.3.5　芯轴连接与减速器固定

RV减速器的安装连接主要包括芯轴（输入轴）连接、减速器（壳体）安装、负载（输出轴）连接等内容。减速器安装、负载连接的要求与减速器结构型式有关，有关内容参见后述；RV减速器芯轴的安装、连接及减速器的固定，是基本型、单元型RV减速器安装的基本要求，统一说明如下。

(1) 芯轴连接

在绝大多数情况下，RV 减速器的芯轴都和电机轴连接，两者的连接形式与驱动电机输出轴的形状有关，常用的连接形式有平轴连接、锥轴连接两种。

① 平轴连接。中大规格伺服电机的输出轴通常为平轴，且有带键或不带键、带中心孔或无中心孔等形式。由于工业机器人的负载惯量、输出转矩很大，因此，电机轴通常应选配平轴带键结构。

芯轴的加工公差要求如图 2.73（a）所示，轴孔和外圆的同轴度要求为 $a \leqslant 0.050$mm，太阳轮对轴孔的跳动要求为 $b \leqslant 0.040$mm。此外，为了防止芯轴的轴向窜动、避免运行过程中的脱落，芯轴应通过图 2.73（b）所示的键固定螺钉或电机轴的中心孔螺钉，进行轴向定位与固定。

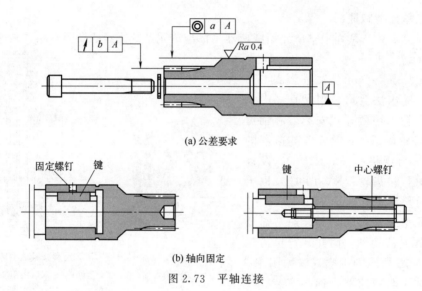

图 2.73 平轴连接

② 锥轴连接。小规格伺服电机的输出轴通常为带键锥轴。由于 RV 减速器的芯轴通常较长，它一般不能用电机轴的前端螺母紧固，为此，需要通过图 2.74 所示的螺杆或转换套，加长电机轴，并对芯轴进行轴向定位、固定。

图 2.74（a）为通过螺杆加长电机轴的方法。螺杆的一端通过内螺纹孔与电机轴连接；另一端可通过外螺纹及螺母 6、弹簧垫圈 5，轴向定位、固定芯轴。图 2.74（b）为通过转换套加长电机轴的方法。转换套的一端通过内螺纹孔与电机轴连接；另一端可通过内螺纹孔及中心螺钉 1，轴向定位、固定芯轴。锥孔芯轴的太阳轮对锥孔跳动要求为 $d \leqslant 0.040$mm；螺杆、转换套的安装间隙要求为 $a \geqslant 0.25$mm、$b \geqslant 1$mm、$c \geqslant 0.25$mm。

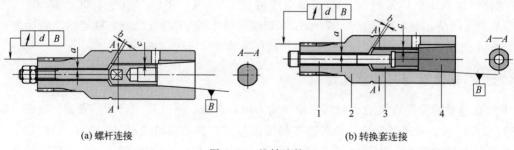

图 2.74 锥轴连接
1—螺钉；2—芯轴；3—转换套；4—电机轴

③ 芯轴安装。RV 减速器的芯轴一般需要连同电机装入减速器，安装时必须保证太阳轮和行星轮间的啮合良好。特别对于只有 2 对行星齿轮的小规格 RV 减速器，由于太阳轮无法利用行星齿轮进行定位，如芯轴装入时出现偏移或歪斜，就可能导致出现图 2.75（b）所示的错误啮合，从而损坏减速器。

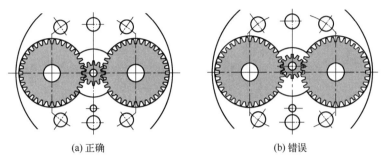

(a) 正确　　　　　　　　　　　　　(b) 错误

图 2.75　行星齿轮啮合要求

（2）减速器固定

为了保证连接螺钉可靠固定，安装 RV 减速器时，应使用拧紧转矩可调的扭力扳手拧紧连接螺钉。不同规格的减速器安装螺钉，其拧紧转矩要求如表 2.17 所示，表中的转矩适用于 RV 减速器的所有安装螺钉。

表 2.17　RV 减速器安装螺钉的拧紧转矩表

螺钉规格	M5×0.8	M6×1	M8×1.25	M10×1.5	M12×1.75	M14×2	M16×2	M18×2.5	M20×2.5
转矩/Nm	9	15.6	37.2	73.5	128	205	319	441	493
锁紧力/N	9310	13180	23960	38080	55100	75860	103410	126720	132155

为了保证连接螺钉的可靠，除非特殊规定，RV 减速器的固定螺钉一般都应选择图 2.76 所示的碟形弹簧垫圈，垫圈的公称尺寸应符合表 2.18 的要求。

表 2.18　碟形弹簧垫圈的公称尺寸　　　　mm

螺钉	M5	M6	M8	M10	M12	M14	M16	M20
d	5.25	6.4	8.4	10.6	12.6	14.6	16.9	20.9
D	8.5	10	13	16	18	21	24	30
t	0.6	1.0	1.2	1.5	1.8	2.0	2.3	2.8
H	0.85	1.25	1.55	1.9	2.2	2.5	2.8	3.55

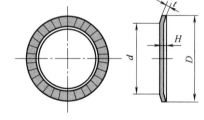

图 2.76　碟形弹簧垫圈

2.3.6　基本型减速器安装维护

（1）减速器安装

基本型 RV 减速器的安装公差要求如图 2.77、表 2.19 所示。

RV 减速器安装或更换时，通常应先连接输出负载，再依次进行芯轴、电机座、电机等部件的安装。减速器安装前必须清洁零部件、去除部件定位面的杂物、灰尘、油污和毛刺；然后，使用规定的螺栓、碟形弹簧垫圈，按照表 2.20 所示的步骤，依次完成 RV 减速器的安装。

表 2.19　RV 系列减速器的安装公差要求　　　　mm

参数代号	15	30	60	160	320	450	550
a	0.020	0.020	0.050	0.050	0.050	0.050	0.050
b	0.020	0.020	0.030	0.030	0.030	0.030	0.030
c	0.020	0.020	0.030	0.030	0.050	0.050	0.050
d	0.050	0.050	0.050	0.050	0.050	0.050	0.050

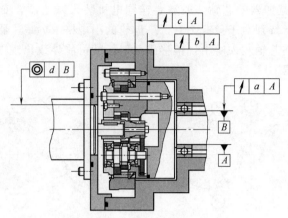

图 2.77   RV 系列减速器安装公差

表 2.20   RV 减速器的安装步骤

序号	安装示意	安装说明
1	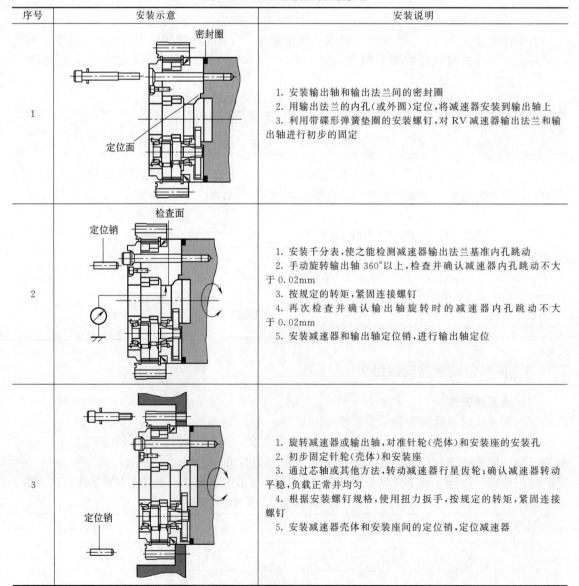密封圈 定位面	1. 安装输出轴和输出法兰间的密封圈 2. 用输出法兰的内孔(或外圆)定位,将减速器安装到输出轴上 3. 利用带碟形弹簧垫圈的安装螺钉,对 RV 减速器输出法兰和输出轴进行初步的固定
2	检查面 定位销	1. 安装千分表,使之能检测减速器输出法兰基准内孔跳动 2. 手动旋转输出轴 360°以上,检查并确认减速器内孔跳动不大于 0.02mm 3. 按规定的转矩,紧固连接螺钉 4. 再次检查并确认输出轴旋转时的减速器内孔跳动不大于 0.02mm 5. 安装减速器和输出轴定位销,进行输出轴定位
3	定位销	1. 旋转减速器或输出轴,对准针轮(壳体)和安装座的安装孔 2. 初步固定针轮(壳体)和安装座 3. 通过芯轴或其他方法,转动减速器行星齿轮;确认减速器转动平稳,负载正常并均匀 4. 根据安装螺钉规格,使用扭力扳手,按规定的转矩,紧固连接螺钉 5. 安装减速器壳体和安装座间的定位销,定位减速器

序号	安装示意	安装说明
4	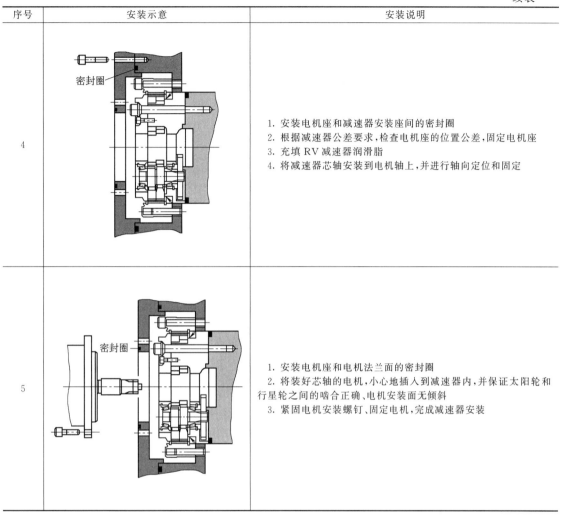	1. 安装电机座和减速器安装座间的密封圈 2. 根据减速器公差要求,检查电机座的位置公差,固定电机座 3. 充填 RV 减速器润滑脂 4. 将减速器芯轴安装到电机轴上,并进行轴向定位和固定
5		1. 安装电机座和电机法兰面的密封圈 2. 将装好芯轴的电机,小心地插入到减速器内,并保证太阳轮和行星轮之间的啮合正确、电机安装面无倾斜 3. 紧固电机安装螺钉、固定电机,完成减速器安装

(2) 减速器润滑

良好的润滑是保证 RV 减速器正常使用的重要条件。为了方便使用、减少污染,工业机器人用的 RV 减速器一般采用润滑脂润滑。为了保证润滑良好,纳博特斯克 RV 减速器原则上应使用 Vigo Grease Re0 品牌 RV 减速器专业润滑脂。

RV 减速器的润滑脂充填要求如图 2.78 所示。水平安装的 RV 减速器应按图 2.78 (a) 充填润滑脂,润滑脂的充填高度应超过输出法兰直径的 3/4,以保证输出轴承、行星齿轮、曲轴、RV 齿轮、输入轴等旋转部件都能得到充分的润滑。垂直向下安装的 RV 减速器应按图 2.78 (b) 充填润滑脂,充填高度应超过减速器的上端面;垂直向上安装的 RV 减速器应按图 2.78 (c) 充填润滑脂,充填高度应超过减速器的输出法兰面。由于润滑脂受热后将出现膨胀,因此,在保证减速器良好润滑的同时,还需要合理设计安装部件,保证有 10% 左右的润滑脂膨胀空间。

润滑脂的补充和更换时间与减速器的工作转速、环境温度有关,转速和环境温度越高,补充和更换润滑脂的周期就越短。对于正常使用情况,润滑脂更换周期为 20000h,但如果环境温度高于 40℃,或工作转速较高、污染严重时,应缩短更换周期。润滑脂的注入量和补充时间,在机器人说明书上均有明确的规定,用户可按照生产厂的要求进行。

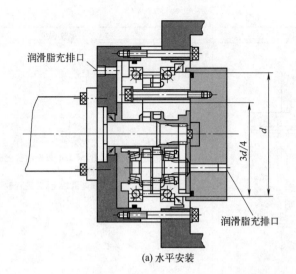

(a) 水平安装

(b) 垂直向下安装   (c) 垂直向上安装

图 2.78 RV 减速器润滑脂充填要求

2.3.7 单元型减速器安装维护

(1) RV E 标准单元型

纳博特斯克 RV E 系列标准单元型减速器的安装可参照 RV 系列基本型减速器进行，减速器的安装公差要求如图 2.79 所示，RV-6/20/40/80/110E 的允差（a/b）为 0.03mm，RV-160/320/450E 的允差为 0.05mm。

RV E 系列标准单元型减速器的润滑脂充填、更换等要求，均与基本型减速器相同，纳博特斯克减速器原则上应使用 Vigo Grease Re0 专业润滑脂，正常使用时的润滑脂更换周期为 20000h。润滑脂的注入量和补充时间，可参照机器人使用说明书进行。

(2) RV N 紧凑单元型

RV N 系列紧凑型单元型减速器的传动系统可参照 RV E 标准单元型减速器设计。纳博特斯克 RV N

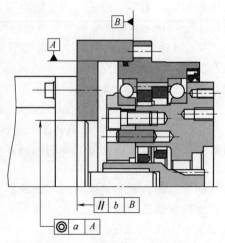

图 2.79 RV E 安装公差要求

系列减速器的安装公差要求如图 2.80 所示，RV-25/42/60/80/100/125/160N 的允差（a/b）为 0.03mm，RV-380/500/700N 的允差为 0.05mm。

RV N 系列紧凑型单元型减速器的润滑脂充填，需要在减速器安装完成后进行，润滑脂的充填要求如图 2.81 所示。减速器水平安装或垂直向下安装时，润滑脂需要填满行星齿轮至输出法兰端面的全部空间；芯轴周围部分可适当充填，但一般不能超过总空间的 90%。减速器垂直向上安装时，润滑脂需要充填至输出法兰端面，同时需要在输出轴上预留膨胀空间，膨胀空间不小于润滑脂充填区域的 10%。

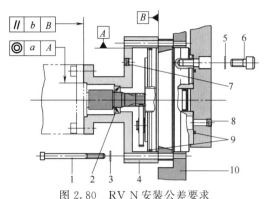

图 2.80　RV N 安装公差要求

1,6—螺钉；2,9—密封圈；3,5—碟型弹簧垫圈；4—电机座；7,8—润滑脂充填口；10—安装座

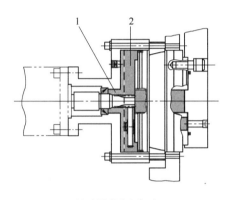

(a) 水平或垂直向下

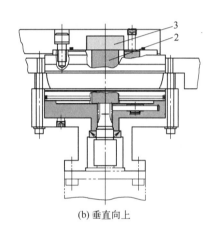

(b) 垂直向上

图 2.81　RV N 系列减速单元的润滑要求

1—可充填区；2—必须充填区；3—预留膨胀区

RV N 系列紧凑单元型减速器的润滑脂充填、更换等要求，均与基本型减速器相同，正常使用时的更换周期为 20000h，注入量和补充时间可参照机器人使用说明书进行。

(3) RV C 中空单元型

中空单元型减速器的传动系统需要用户根据机器人结构要求设计，纳博特斯克 RV C 系列减速器的安装公差要求如图 2.82 所示，全系列产品的安装允差（a/b）均为 0.03mm。

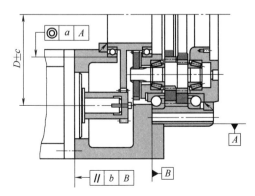

图 2.82　RV C 安装公差要求

中空单元型减速器的芯轴、双联太阳轮需要用户安装，减速器安装时，需要保证双联太阳轮的轴承支承面和壳体的同轴度、减速器和电机轴的中心距要求，防止双联太阳轮啮合间隙过大或过小。

RV C 系列中空单元型减速器的润滑脂充填，需要在减速器安装完成后进行，润滑脂的充填要求如图 2.83 所示。

当减速器采用图 2.83（a）所示的水平安装时，润滑脂的充填高度应保证填没输出轴承和部分双联太阳轮驱动齿轮。

当减速器采用图 2.83（b）所示的垂直安装时，垂直向下安装的减速器润滑脂的充填高度应保证填没双联太阳轮驱动齿轮，垂直向上安装的减速器润滑脂的充填高度应保证填没减速器的输出轴承。同样，安装部件设计、润滑脂充填时，应保证有不小于润滑脂充填区域 10％的润滑脂膨胀空间。

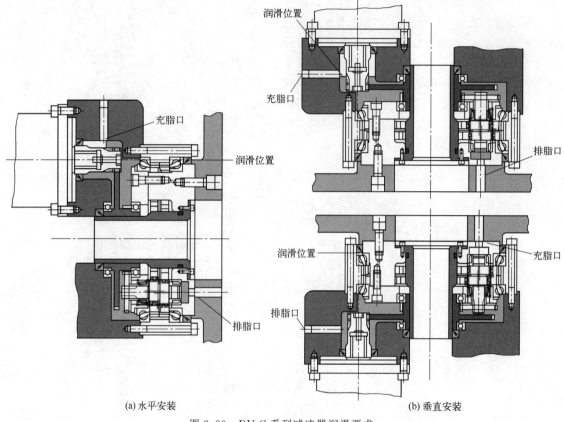

(a) 水平安装　　　　　　　　　　　　　(b) 垂直安装

图 2.83　RV C 系列减速器润滑要求

RV C 系列中空单元型减速器的润滑脂充填、更换等要求，均与基本型减速器相同，纳博特斯克减速器原则上应使用 Vigo Grease Re0 专业润滑脂，正常使用时的润滑脂更换周期为20000h。润滑脂的注入量和补充时间，可参照机器人使用说明书进行。

2.4　垂直串联机器人结构实例

2.4.1　小型机器人结构实例

6 轴垂直串联是工业机器人使用最广、最典型的结构形式。承载能力 20kg 以下的小规格、轻量垂直串联机器人通常采用腕摆动轴 B（J5）、手回转轴 T（J6）驱动电机安装在手腕前端的前驱手腕结构，以安川小型机器人为例，其结构如下。

（1）基座与腰

基座用于机器人的安装、固定，也是机器人的线缆、管路的输入部位。垂直串联机器人基座的典型结构如图 2.84 所示。

基座的底部为机器人安装固定板，固定板可通过地脚螺栓固定于地面，或者，通过固定螺栓进行悬挂、倾斜安装。

基座内侧设计有安装 RV 减速器的凸台，凸台上方用来固定腰回转 S（J1）轴的 RV 减速器壳体（针轮）；减速器输出轴连接腰体。基座的后侧设计有机器人线缆、管路连接用的管线盒，管线盒正面布置有电线电缆插座、气管油管接头。

机器人的腰回转轴对减速器输出转矩、刚性的要求较高，因此，大多采用 RV 减速器减速。腰回转 RV 减速器一般采用针轮（壳体）固定、输出轴回转的安装方式，由于驱动电机安装在输出轴上，电机将随同腰体回转。

腰是机器人本体的关键部件，其结构刚性、回转范围、定位精度等都直接决定了机器人的技术性能。机器人腰部的典型结构如图 2.85 所示。

腰回转驱动电机 1 的输出轴与 RV 减速器的芯轴 2（输入）连接。电机座 4 和腰体 6 安装在 RV 减速器的

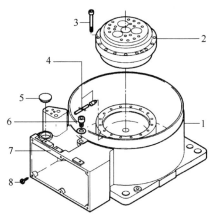

图 2.84　基座结构

1—基座体；2—RV 减速器；3,6,8—螺钉；
4—润滑管；5—盖；7—管线盒

输出轴上，当电机旋转时，减速器输出轴将带动腰体、电机在基座上回转。腰体 6 的上部有一个突耳 5，其左右两侧用来安装下臂及其驱动电机。

(2) 上/下臂

机器人下臂是连接腰部和上臂的中间体，需要在腰上进行摆动运动；上臂是连接下臂和手腕的中间体，它可连同手腕摆动。机器人上下臂的重心离回转中心的距离远、回转转矩大，同样对减速器输出转矩、刚性有较高的要求，因此，通常也需要采用 RV 减速器减速。

下臂的典型结构如图 2.86 所示。

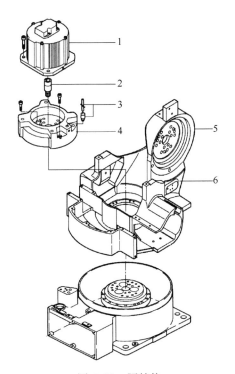

图 2.85　腰结构

1—驱动电机；2—减速器芯轴；3—润滑管；
4—电机座；5—突耳；6—腰体

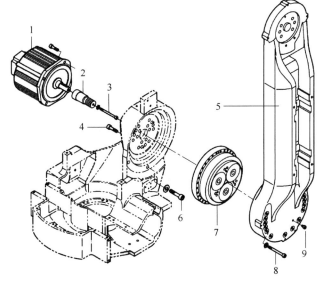

图 2.86　下臂结构

1—驱动电机；2—减速器芯轴；3,4,6,8,9—螺钉；
5—下臂体；7—RV 减速器

下臂体 5 和驱动电机 1 分别安装在腰体上部突耳的两侧；伺服电机 1、RV 减速器 7 安装在腰体上，伺服电机经 RV 减速器减速后，可驱动下臂进行摆动。

下臂摆动的 RV 减速器一般采用输出轴固定、针轮（壳体）回转的安装方式。驱动电机 1 安装在腰体突耳的左侧，电机轴与 RV 减速器 7 的芯轴 2 连接；RV 减速器输出轴通过螺钉 4 固定在腰体上，针轮（壳体）通过螺钉 8 连接下臂体 5；电机旋转时，针轮将带动下臂在腰体上摆动。

上臂的典型结构如图 2.87 所示。

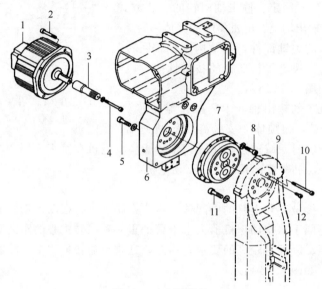

图 2.87　上臂结构

1—驱动电机；3—RV 减速器芯轴；2,4,5,8,10~12—螺钉；6—上臂；7—减速器；9—下臂

上臂 6 的后上方设计成箱体，内腔用来安装手腕回转轴 R 的驱动电机及减速器。上臂回转轴 U 的驱动电机 1 安装在臂左下方、随同上臂运动，电机轴与 RV 减速器 7 的芯轴 3 连接。RV 减速器 7 安装在上臂右下侧，减速器针轮（壳体）利用连接螺钉 5（或 8）连接上臂；输出轴通过螺钉 10 连接下臂 9；电机旋转时，上臂将连同驱动电机绕下臂摆动。

(3) R 轴

小规格、轻量垂直串联机器人的手腕结构紧凑，对减速器的传动精度要求较高，因此，一般采用谐波减速器减速。为了降低生产成本，批量生产的机器人专业生产厂家一般直接使用部件型谐波减速器。

小规格、轻量机器人的上臂固定部分通常较短，而手腕回转体作为长臂的一部分，一般延伸较长，因此，R（J4）轴亦可视作上臂回转轴。

前驱结构机器人的腕摆动轴 B（J5）、手回转轴 T（J6）的驱动电机安装在上臂前端，R（J4）轴传动系统通常采用图 2.88 所示的独立传动结构，R 轴驱动电机、减速器、过渡轴等传动部件均安装在上臂的内腔；手腕回转体安装在上臂的前端；减速器输出和手腕回转体之间，通过过渡轴连接。

R 轴谐波减速器 3 通常采用刚轮固定、柔轮回转的安装方式，刚轮和电机座 2 固定在上臂内壁，R 轴驱动电机 1 的输出轴和减速器的谐波发生器连接；谐波减速器的柔轮作为输出，用来带动手腕回转体 8 回转。

过渡轴 5 是连接谐波减速器和手腕回转体 8 的中间轴，它安装在上臂内部，可在上臂 6 的

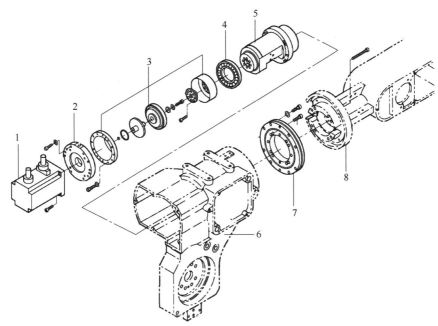

图 2.88　*R* 轴传动系统结构

1—电机；2—电机座；3—减速器；4—轴承；5—过渡轴；

6—上臂；7—CRB 轴承；8—手腕回转体

内侧回转。过渡轴 5 的前端面安装有可同时承受径向和轴向载荷的交叉滚子轴承（CRB）7；后端面与谐波减速器柔轮连接。过渡轴的后支承为径向轴承 4，轴承外圈安装于上臂内侧；内圈与过渡轴 5、手腕回转体 8 连接，它们可在减速器柔轮的驱动下回转。

（4）*B* 轴

前驱结构机器人的腕摆动轴 *B*（J5）的典型传动系统如图 2.89 所示。手腕回转体 17 前端

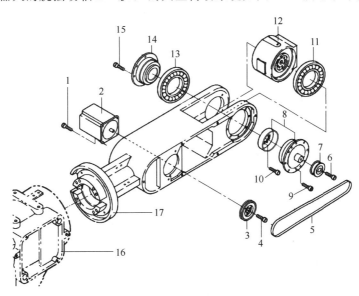

图 2.89　*B* 轴传动系统结构

1,4,6,9,10,15—螺钉；2—驱动电机；3,7—同步带轮；5—同步带；8—谐波减速器；

11,13—轴承；12—摆动体；14—支承座；16—上臂；17—手腕回转体

一般设计成 U 形叉结构，U 形叉的一侧用来安装 B 轴减速器，另一侧用来安装 T 轴中间传动部件；腕摆动 B 轴的摆动体安装在 U 形叉的内侧。B 轴驱动电机 2 一般安装在手腕回转体 17 的中部，伺服电机通过同步带 5 与手腕前端的谐波减速器 8 的输入轴连接。

B 轴减速器通常采用刚轮固定、柔轮输出的安装方式；减速器刚轮和安装于手腕回转体 17 左前侧的支承座 14 是摆动体 12 的回转支承；柔轮作为输出连接摆动体 12；当驱动电机 2 旋转时，可通过同步带 5 带动减速器谐波发生器旋转，柔轮将带动摆动体 12，在 U 形叉内侧摆动。

(5) T 轴

前驱机器人的手回转 T (J6) 轴驱动电机一般安装在手腕体前侧，为了使动力从手腕体跨越摆动体传递到摆动体的前端输出面，T 轴传动系统需要利用锥齿轮进行 90°换向，因此，传动系统通常由中间传动部件和回转减速部件两部分组成。

① T 轴中间传动部件。其典型结构如图 2.90 所示，T 轴中间传动部件的作用是将驱动电机的动力传递到摆动体内侧，传动部件安装在手腕回转体 3 的 U 形叉上。

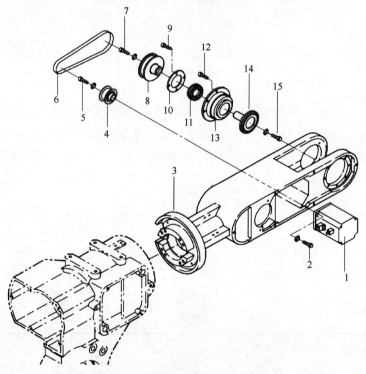

图 2.90　T 轴中间传动系统结构
1—驱动电机；2,5,7,9,12,15—螺钉；3—手腕体；4,8—同步带轮；6—同步带；
10—端盖；11—轴承；13—支承座；14—锥齿轮

T 轴驱动电机 1 安装在手腕体 3 的前侧，电机通过同步带将动力传递至手腕回转体左前侧。安装在手腕回转体左前侧的支承座 13 为中空结构，其外圈作为腕弯曲摆动轴 B 的辅助支承，内部安装有手回转轴 T 的中间传动轴。中间传动轴外侧安装有与电机连接的同步带轮 8，内侧安装有 45°锥齿轮 14。锥齿轮 14 和摆动体上的 45°锥齿轮啮合，实现传动方向变换、将动力传递到手腕摆动体。

② T 轴回转减速部件。机器人手回转轴 T 的回转减速部件用于 T 轴减速输出，其机械传动系统典型结构如图 2.91 所示。

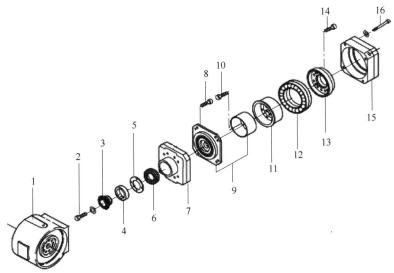

图 2.91 T 轴回转减速传动系统结构

1—摆动体；2,8,10,14,16—螺钉；3—锥齿轮；4—锁紧螺母；5—垫片；6,12—轴承；
7—壳体；9—谐波减速器；11—轴套；13—安装法兰；15—密封端盖

T 轴同样采用部件型谐波减速器，主要传动部件安装在由壳体 7 和密封端盖 15 组成的封闭空间内；壳体 7 安装在摆动体 1 上。T 轴谐波减速器 9 的谐波发生器通过锥齿轮 3 与中间传动轴上的锥齿轮啮合；柔轮通过轴套 11，连接 CRB 轴承 12 内圈及工具安装法兰 13；刚轮、CRB 轴承外圈固定在壳体 7 上。谐波减速器、轴套、CRB 轴承、工具安装法兰的外部通过密封端盖 15 封闭，和摆动体 1 连为一体。

2.4.2 中型机器人结构实例

承载能力 20～100kg 的中型垂直串联机器人通常采用腕摆动轴、手回转轴驱动电机后端安装的后驱手腕结构。以图 2.92 所示的 KUKA 中型机器人为例，其结构如下。关节轴 J1～J6 在 KUKA 机器人上称为 A1～A6 轴，为了与实物统一，本节将使用 KUKA 关节轴名。

(1) 基座与腰

基座用于机器人的安装、固定，也是机器人的线缆、管路的输入部位；中型机器人的基座结构与小型机器人类似，基座一般为带机器人安装固定板的空心圆柱体，外部安装有图 2.93 所示的电气接线板、分线盒、线缆管及腰回转的机械限位装置；内侧为安装 RV 减速器的凸台。

图 2.92 KUKA 中型机器人

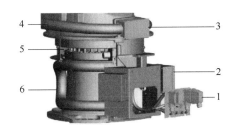

图 2.93 基座外观

1—电气接线板；2,3—分线盒；4,6—线缆管；5—机械限位腰回转轴 A1 的安装与连接如图 2.94、图 2.95 所示。

图 2.94　A1 轴减速器安装

1—基座；2—机械限位；3—接线盒；
4—RV 减速器；5—固定螺栓

图 2.95　腰体安装与连接

1,5—螺栓；2—RV 减速器；
3—腰体；4—A1 轴电机

KUKA 机器人腰回转轴 A1 的 RV 减速器通常采用图 2.94 所示输出轴固定、针轮连接腰体回转的安装方式，减速器的输出轴固定在基座凸台上方；针轮与图 2.95 中的腰体连接；驱动电机固定安装在腰体内侧。

(2) 下臂

中型机器人的下臂结构与小型机器人类似，下臂传动系统主要包括图 2.96 所示的下臂体、RV 减速器、A2 轴驱动电机 3 大部件。下臂体和驱动电机分别安装在腰体上部突耳的两侧，伺服电机、RV 减速器固定在腰体上。

KUKA 机器人下臂摆动轴 A2 的 RV 减速器安装和部件连接如图 2.97、图 2.98 所示。RV 减速器一般采用针轮（壳体）固定、输出轴回转的安装方式；针轮固定在腰体突耳的一侧，输出轴与下臂体连接，电机固定在腰体突耳的另一侧；电机旋转时，减速器输出轴将带动下臂在腰体上摆动。

图 2.96　下臂组成

1—下臂体；2—RV 减速器；3—腰体；4—A2 轴电机

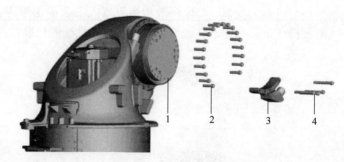

图 2.97　下臂减速器安装

1—RV 减速器；2,4—螺栓；3—机械限位

(3) 上臂

KUKA 机器人上臂（A3 轴）传动系统结构及部件安装连接如图 2.99～图 2.101 所示。

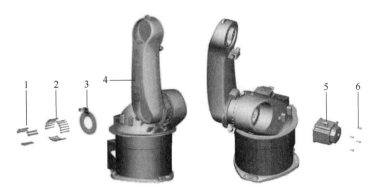

图 2.98　下臂安装与连接

1,2,6—螺栓；3—压板；4—下臂体；5—A2 轴电机

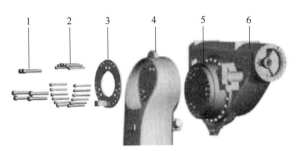

图 2.99　上臂减速器安装

1,2—下臂；3—压板；4—下臂体；5—RV 减速器；6—上臂

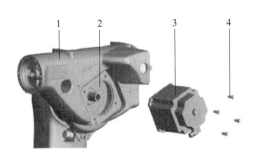

图 2.100　上臂驱动电机安装

1—上臂体；2—RV 减速器；3—A3 电机；4—螺栓

上臂摆动轴 A3 的 RV 减速器一般采用如图 2.99 所示的输出轴固定、针轮（壳体）回转的安装方式；针轮固定在上臂体上、随上臂摆动；输出轴固定在下臂体上。

上臂摆动轴 A3 的驱动电机固定在如图 2.100 所示的上臂体另一侧；电机旋转时，减速器针轮将带动上臂和电机在下臂上摆动。

中型机器人的手腕负载较重，腕弯曲轴 A5、手回转轴 A6 驱动电机的规格均较大，因此，大多采用驱动电机后置的后驱结构，A5、A6 轴及手腕回转轴 A4 的驱动电机均安装在图 2.101 所示的上臂后部，动力通过同步带、3 层回转传动轴传递到手腕前端。传动轴的内芯为手回转轴 A6 的传动轴，中间层为腕摆动轴 A5 的传动轴套，最外层为手腕回转轴 A4 的传动轴套。

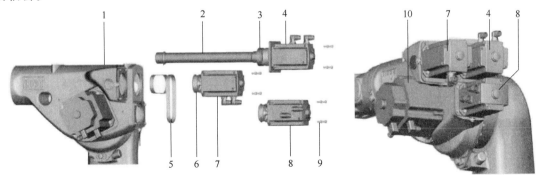

图 2.101　手腕驱动电机安装

1—上臂体；2—传动轴；3,6—同步带轮；4—A6 轴电机；5—同步带；7—A4 轴电机；
8—A5 轴电机及同步带轮；9—固定螺栓；10—A3 轴电机

(4) 手腕单元

大中型垂直串联工业机器人的手腕一般采用单元式设计，手腕回转轴、腕摆动轴、手回转轴统一设计成独立的单元，这样的机器人只需要改变手腕和上臂间的加长臂及传动轴的长度，便可方便地改变机器人的上臂长度、扩大机器人作业范围。

KUKA 机器人的手腕传动系统结构及部件安装连接如图 2.102 所示，图中的加长臂可根据需要选择不同长度或不使用。

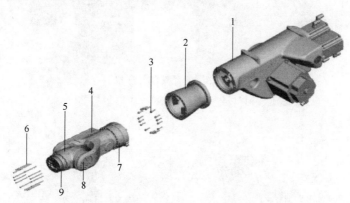

图 2.102　手腕安装与连接

1—上臂；2—加长臂；3,6—螺栓；4—手腕体；5—摆动体；7—A4 减速器；8—A5 减速器；9—A6 减速器

后驱手腕的腕摆动轴（A5）、手回转轴（A6）的传动轴需要穿越手腕回转轴（A4），因此，手腕回转轴（A4）一般需要使用中空结构的谐波减速器减速，减速器柔轮固定在加长臂（或上臂）上，减速器刚轮作为输出，带动手腕单元整体回转。

后驱手腕的腕摆动轴（A5）需要带动摆动体回转，传动系统需要进行 90° 换向，将来自传动轴的动力转换到上臂中心线正交方向；而手回转轴（A6）则需要穿越 A5 轴，带动安装在摆动体前端的工具安装法兰回转，因此，传动系统首先需要进行 90° 换向，将来自传动轴的动力转换到上臂中心线正交的腕摆动中心线方向，然后，再穿越腕摆动轴（A5），在摆动体内部将动力变换到手回转中心线方向。

手回转轴（A6）在摆动体内部的 2 次换向一般都通过锥齿轮实现；而腕摆动轴（A5）换向和手回转轴（A6）的 1 次换向有锥齿轮和同步带 2 种换向方式，KUKA 机器人通常使用后者，手腕单元的 A5、A6 轴换向部件结构如图 2.103 所示。

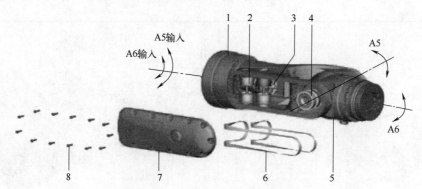

图 2.103　A5、A6 轴换向部件结构

1—手腕体；2—转向轮；3—输入带轮；4—正交带轮；5—摆动体；6—同步带；7—盖；8—螺钉

在手腕单元后内侧，A5、A6 传动轴的前端安装有 1 对同轴转动的输入带轮 3，在腕摆动轴的轴线上安装有 1 对同轴转动的正交带轮 4，两对带轮利用同步带 6 连接；同步带可利用 2

对转向轮 2，实现 90°转向。

在手腕单元前侧，A5 轴正交带轮与 A5 轴减速器输入连接，减速器输出连接摆动体，实现 A5 轴摆动运动；A6 正交带轮需要通过摆动体内部的 1 对锥齿轮，将正交带轮的输入动力转换到手回转中心线方向，然后，与 A5 轴减速器输入连接，实现 A6 轴回转运动。

出于结构设计、安装调整及传动精度等方面的考虑，中型机器人的手腕单元通常使用谐波减速器减速。

2.4.3　大型机器人结构实例

承载能力 100～300kg 的大型垂直串联机器人手腕同样需要采用腕摆动轴、手回转轴驱动电机后端安装的后驱手腕结构，但在手腕内部的传动轴结构可以与中型机器人不同；此外，由于下臂的偏转转矩大，通常需要使用动力平衡系统。以图 2.104 所示的 KUKA 大型机器人为例，其结构如下。

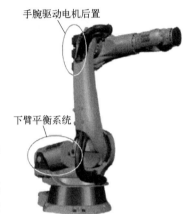

图 2.104　KUKA 大型机器人

(1) 基座和腰

大型机器人的基座结构和功能与中小型机器人类似。KUKA 机器人基座一般为带机器人安装固定板的空心圆台，外部安装有电气接线板、分线盒、线缆管及腰回转的机械限位装置等部件，顶面用来安装 RV 减速器。

KUKA 大型机器人腰回转轴 A1 的 RV 减速器安装与连接如图 2.105 所示。RV 减速器通常采用输出轴固定、针轮连接腰体回转的安装方式；减速器的输出轴固定在基座圆台顶面、针轮与腰体连接、驱动电机固定安装在腰体内侧。RV 减速器安装时，需要先连接针轮和腰体，然后从基座下方安装输出轴固定螺栓、从腰体上方安装驱动电机。

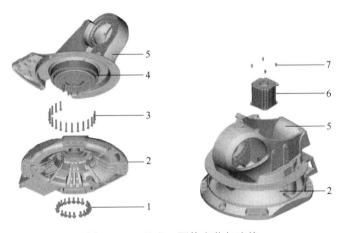

图 2.105　基座、腰体安装与连接
1,3,7—螺栓；2—基座；4—RV 减速器；5—腰体；6—A1 轴电机

(2) 下臂

大型机器人的下臂负载重、偏转转矩大，通常需要使用动力平衡系统平衡负载。工业机器人一般不具备液压、气压系统，动力平衡通常使用机械式弹簧平衡缸。

KUKA 机器人的下臂平衡缸安装如图 2.106 所示，平衡缸可随下臂的回转在腰体上偏摆，自动改变平衡转矩方向。

下臂传动系统的部件安装与连接如图 2.107 所示，下臂体和驱动电机分别安装在腰体上部突耳的两侧。KUKA 大型机器人的下臂使用 RV 减速器减速，减速器一般采用输出轴固定、针轮（壳体）回转的安装方式；输出轴和驱动电机固定在腰体上、针轮与下臂体连接，电机旋转时，减速器输出轴将带动下臂在腰体上摆动。

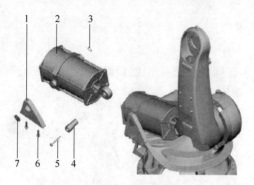 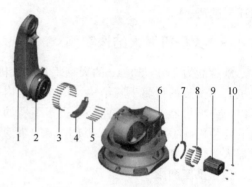

图 2.106　下臂平衡缸安装与连接

1—轴承座；2—平衡缸；3—挡圈；

4—连接销；5~7—螺栓

图 2.107　下臂安装与连接

1—下臂体；2—RV 减速器；3,5,8,10—螺栓；

4—机械限位；6—腰体；7—压板；9—A2 轴电机

(3) 上臂

KUKA 大型机器人上臂（A3 轴）传动系统结构及部件安装连接如图 2.108 所示。上臂摆动轴 A3 的 RV 减速器一般采用输出轴固定、针轮（壳体）回转的安装方式；针轮固定在上臂体上，随上臂摆动；输出轴固定在下臂体上。A3 轴驱动电机固定在上臂体的另一侧，电机旋转时，减速器针轮将带动上臂和电机在下臂上摆动。

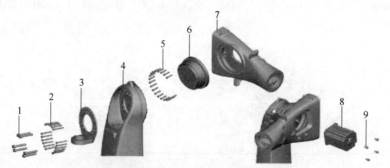

图 2.108　上臂安装与连接

1,2,5,9—螺栓；3—压板；4—下臂；6—腰体；7—上臂；8—A3 轴电机

大型机器人的手腕驱动电机后置安装在图 2.109 所示的上臂后部。由于手腕负载重、上臂外径大，同时，为了便于与中空型 RV 减速器连接，KUKA 机器人的 A4、A5、A6 轴动力通过独立的万向传动轴传递到手腕前端。

(4) 手腕单元

KUKA 大型垂直串联工业机器人的手腕为单元式设计，手腕传动系统结构及部件安装连接如图 2.110 所示，图中的加长臂可根据需要选择不同长度或不使用。手腕单元结构如图 2.111 所示。

大型机器人的手腕负载重，手腕回转轴（A4）一般需要使用中空结构的 RV 减速器减速，RV 减速器的中空太阳轮与 A4 传动轴的前端齿轮连接，减速器针轮固定在加长臂（或上臂）

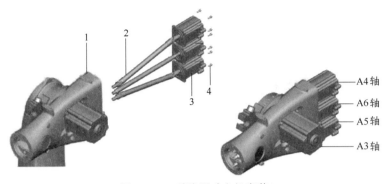

图2.109　手腕驱动电机安装

1—上臂；2—传动轴；3—A4/A5/A6轴驱动电机；4—螺栓

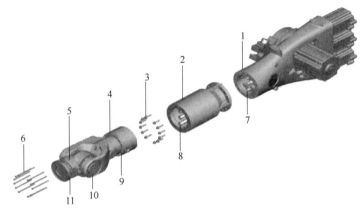

图2.110　手腕安装与连接

1—上臂；2—加长臂；3,6—螺栓；4—手腕体；5—A5轴摆动体；7—传动轴；8—加长轴；
9—A4轴减速器；10—A5轴减速器；11—A6轴减速器

上，输出轴可带动手腕单元整体回转。

后驱手腕的腕摆动轴（A5）、手回转轴（A6）的传动轴需要穿越手腕回转轴（A4），因此，在手腕单元后端需要通过传动齿轮，将A5传动轴转换成与A6传动轴同轴的轴套转动，然后在手腕内侧安装A5、A6轴的输入同步带轮。

KUKA大型机器人的手腕单元结构与中型机器人相同。在手腕单元上，A5、A6轴首先通过同步带换向组件，利用同步带的90°转向，将来自输入带轮的动力，转换到腕摆动轴轴线的正交带轮上。A5轴正交带轮与A5轴减速器输入连接，减速器输出连接摆动体，实现A5轴摆动运动；A6正交带轮需要通过摆动体内部的1对锥齿轮，将正交带轮的输入动力转换到手回转中心线方向，然后，与A5轴减速器输入连接，实现A6轴回转运动。在摆动体内部，再通过锥齿轮，将手回转轴（A6）的动力转换到手

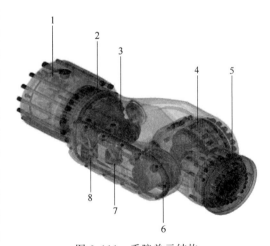

图2.111　手腕单元结构

1—传动齿轮；2—A4轴减速器；3—输入带轮；
4—A5轴减速器；5—A6轴减速器；6—正交带轮；
7,8—同步带换向轮

回转中心线方向。

大型机器人的 A5、A6 轴减速器可根据机器人的实际需要，使用 RV 减速器或谐波减速器减速。

2.5 机器人安装与维护

2.5.1 安全使用标识

为了保证机器人的使用安全，生产厂家一般会在机器人的相关部位粘贴安全使用标识，机器人运输、安装、使用时，必须根据这些标识进行，确保使用安全。工业机器人常用的产品安全使用标识主要有产品标识、搬运标识、使用标识几种。

(1) 产品标识

机器人的产品标识主要有铭牌和作业范围两种，以 FANUC Robot R-1000i 机器人为例，产品标识如图 2.112 所示。

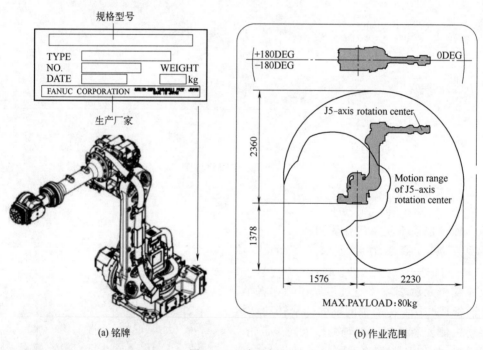

(a) 铭牌　　　　　　　　　　　(b) 作业范围

图 2.112　产品标识

铭牌是产品的识别标记，垂直串联机器人铭牌的一般安装位置如图 2.112（a）所示。铭牌上的产品数据主要有机器人规格型号（如 FANUC Robot R-1000iA/80F 等）、订货号 TYPE（如 A05B-1130-B201 等）、出厂编号 NO.、生产日期 DATE、本体质量 WEIGHT（不含控制系统）及生产厂家等。

机器人作业范围是 CE 认证的要求，垂直串联机器人的作业范围标识一般如图 2.112（b）所示。作业范围标识上标明了机器人 WCP（手腕中心点）的前后、上下运动范围及机器人承载能力数据。

(2) 使用标识

使用标识是机器人使用、维护要求，使用标识通常分警示标记、维护标识两类。

机器人是一种机电一体化产品，部分构件的结构刚性不强、承载能力有限；机器人内部还可能安装有伺服电机、阻焊变压器等大功率器件，运行时表面可能产生高温。对于这些部位，产品一般安装有图 2.113 所示的禁止踩踏、注意高温等警示标记，在安装有集成电路的控制装置、模块上，还可能安装有预防静电标记。

(a) 禁止踩踏

(b) 注意高温

(c) 预防静电

图 2.113　使用警示标记

安装有禁止踩踏标记的部位，部件的结构刚性较差，或存在作业人员踩空、跌落的危险，使用和维修时不能踩踏。安装有注意高温标记的部位，机器人运行时可能产生高温，必须触摸时需要戴耐热手套等防护用具。

机器人机械传动部件（如减速器等）需要有润滑措施。一般而言，为了保证作业环境的清洁，工业机器人大多使用润滑脂润滑。润滑脂需要定期更换，其更换方法通常以维护标识的形式，在机器人的相应部位标记。润滑标识一般有图 2.114 所示的操作标记、文字说明两种。

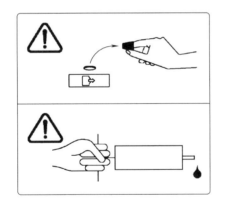

(a) 操作标识

(b) 文字说明

图 2.114　润滑标识

操作标记以图形的形式标明了润滑脂充填要求；文字说明是对操作标记的文字说明，如"Open the grease outlet at greasing（润滑时必须打开排脂口）"等。

（3）搬运标识

搬运标识是机器人的安装运输要求，标识通常包括搬运要求标识、警示标记两类。垂直串联机器人常用的搬运标识、警示标记如图 2.115 所示。

搬运要求标识上标明了机器人对运输工具承载能力、机器人固定以及起吊设备、钢丝绳、吊环的承载能力的要求，机器人的运输、起吊设备必须保证标识规定的要求。

搬运警示标记上标明了不能侧拉、撞击、受力的部位，机器人搬运时必须避免警示标记所禁止的操作。

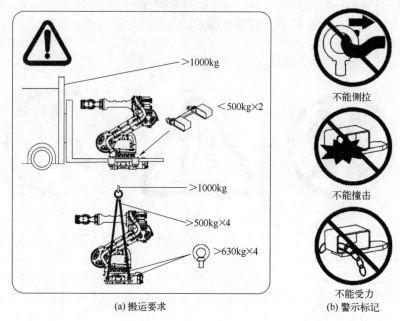

(a) 搬运要求   (b) 警示标记

图 2.115 搬运标识

2.5.2 机器人搬运与安装

(1) 机器人搬运

机器人的安装运输可利用起重机、行车吊运或叉车搬运等方法进行，不同结构形式、不同生产厂家生产的机器人搬运要求有所不同。SCARA、Delta 结构机器人的规格通常较小，其搬运和安装比较容易，可直接参见产品生产厂家提供的产品使用说明书进行。

垂直串联机器人的起重机、叉车吊运要求如图 2.116 所示。

机器人的重心较高、底座安装面积较小，吊运时必须注意重心位置、严防倾覆。大中型机器人吊运时，应按照图 2.116 (a) 所示，在机器人上方增加支架，使得机器人重心位于吊索之内，或者，增加底托和支承，扩大吊索固定距离。机器人吊运时，需要在图 2.116 (b) 的机器人基座或底托上安装 4 只吊环螺栓，并使用承载能力符合搬运标识或产品使用说明书规定的钢丝绳、起吊设备吊运机器人。机器人吊运时，应避免吊索损坏电机、连接器、电缆等部件，吊索应尽量避免与机器人接触，无法避免时，应在接触部位加木板、毛毯等衬垫，以免划伤机器人表面。机器人吊运时原则上应拆除作业工具，在不可避免的情况下，应按照图 2.116 (c) 所示，增加底托和支承，将作业工具固定稳固。作业工具的安装将使得机器人重心发生变化，因此，机器人吊运时一般不能再利用基座吊环安装吊索，而是应将吊索安装在底托上。

垂直串联机器人的叉车搬运要求如图 2.117 所示。垂直串联机器人的基座面积小、重心高，利用叉车搬运时，必须安装图 2.117 所示的叉车搬运支架或底托，扩大叉钳距离、增加稳定性。机器人安装有作业工具时，叉车搬运时，同样必须安装图 2.116 (c) 所示的底托和支承，将作业工具固定稳固。

(2) 机器人安装

机器人的安装方式有地面、框架上置、壁挂侧置、悬挂倒置等几种，框架上置、壁挂侧置、悬挂倒置对机器人的结构有特殊要求，产品订货时必须予以说明。

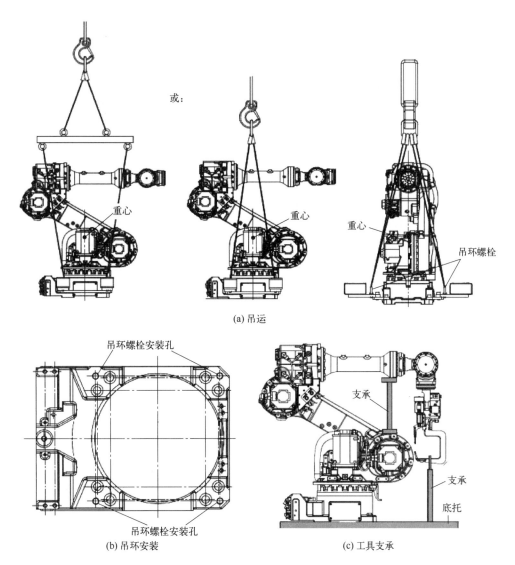

或：

重心

重心

重心

吊环螺栓

(a) 吊运

吊环螺栓安装孔

吊环螺栓安装孔

(b) 吊环安装

支承

支承

底托

(c) 工具支承

图 2.116　机器人吊运

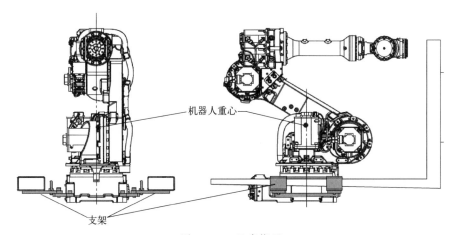

机器人重心

支架

图 2.117　叉车搬运

垂直串联机器人安装的一般要求如图 2.118 所示，框架上置安装时，可参照地面安装要求固定机器人，壁挂侧置安装时，可参照悬挂倒置安装要求固定机器人。

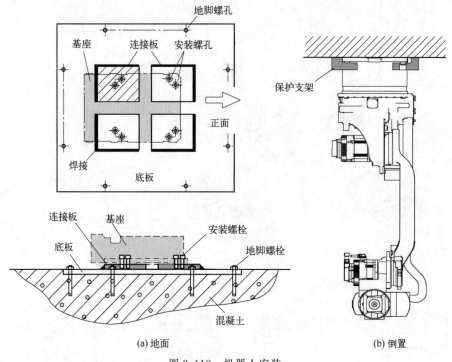

图 2.118　机器人安装

机器人地面固定安装时，必须按产品使用说明书要求，安装 2.118（a）所示的底板，底板应通过符合规定的地脚螺栓与混凝土地基连为一体。如果机器人安装高度不需要调整，基座可以直接通过安装螺栓固定在底板上；否则，应在底板上安装图 2.118（a）所示的连接板，连接板必须与底板焊接成一体。

壁挂侧置、悬挂倒置的垂直串联机器人，不仅需要按照规定固定机器人，而且还必须安装图 2.118（b）所示的保护支架；保护支架的强度应足以承载机器人及作业工具的全部重力，有效预防机器人跌落。

垂直串联工业机器人各关节轴的负载中心往往远离驱动电机，负载惯性较大，因此，机器人紧急停止时，将产生很大的冲击力和冲击转矩，此外，关节轴位置也将因控制系统动作延迟、运动部件惯性而发生偏移，机器人安装、固定时必须予以注意。

（3）安全栅栏

第一代示教机器人不具备人机协同作业的智能性和安全性，因此，作业区必须增设图 2.119 所示的安全栅栏，以防止机器人自动运行时操作人员进入，引发安全事故。

安全栅栏不仅应包含机器人的作业范围，而且还应包含机器人实

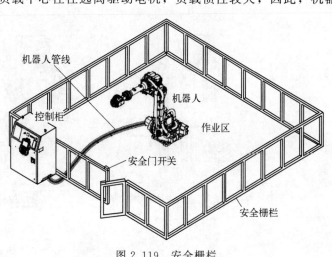

图 2.119　安全栅栏

际作业时可能产生的工具、工件最大运动区域；机器人控制柜、示教器等操作部件应安装在安全栅栏的外部；机器人连接管线最好增加保护措施。

安全栅栏的防护门上必须安装安全门开关，确保机器人自动运行时，只要防护门打开，机器人便可紧急停止；安全门开关应使用 CE 认证标准规定的双触点冗余控制方式（见第 4 章）。

（4）控制柜安装

控制柜安装一般应符合 IEC 60204-1 标准规定。机器人的控制柜必须安装在机器人作业范围之外、同时又便于操作和维修的位置；在使用安全栅栏的机器人上，控制柜一般应安装在安全栅栏之外、靠近安全门的位置。

控制柜原则上应在敞开空间安装，如果控制柜安装区存在壁、墙、柜、顶板等影响控制柜通风、散热的装置，控制柜四周至少应保证如图 2.120 所示的安装距离（单位：mm）。

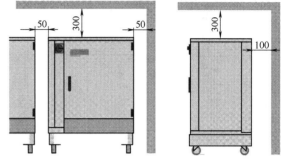

图 2.120　控制柜散热空间

2.5.3　工具及控制部件安装

机器人的作业工具（末端执行器）安装在手腕上，垂直串联机器人还允许在上臂的指定部位安装部分控制部件，如点焊机器人的阻焊变压器、搬运机器人的电磁阀等，不同规格的机器人对工具及控制部件的质量有规定的要求。

（1）作业工具安装

垂直串联机器人的作业工具（末端执行器）安装在机器人手腕的前端，工具安装基准一般按照 ISO 标准设计，因此，机器人手腕上的作业工具安装法兰同样应按 ISO 标准设计，与工具配合。

机器人的工具安装法兰通常有 ISO 标准法兰与附加绝缘垫的 ISO 绝缘法兰两种，两者的安装、定位要求有所不同。以 FANUC R-1000i 中型机器人为例，ISO 标准法兰、ISO 绝缘法兰的工具安装、定位尺寸如图 2.121 所示。

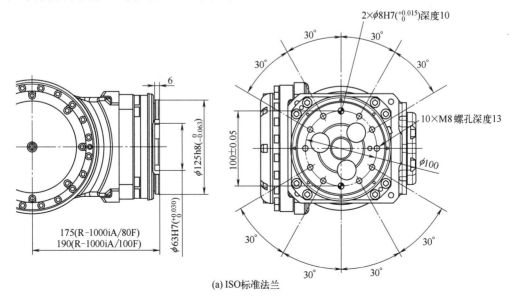

(a) ISO标准法兰

图 2.121

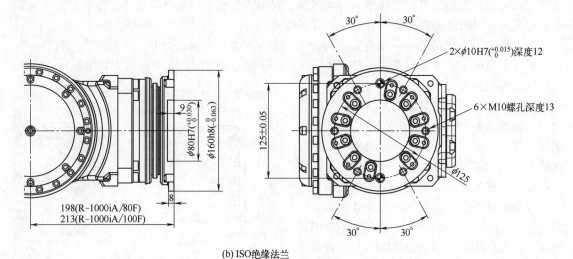

(b) ISO绝缘法兰

图 2.121 工具安装法兰

ISO 标准法兰的工具安装、定位尺寸如图 2.121（a）所示，作业工具可直接通过法兰的 $\phi125h8$ 外圆或 $\phi63H7$ 内圆、$2\times\phi8H7$ 定位销孔进行定位，然后，利用 $\phi100$ 圆周上的 $10\times M8$ 螺栓进行固定。

ISO 绝缘法兰的工具安装、定位尺寸如图 2.121（b）所示，作业工具需要通过绝缘垫上的 $\phi160h8$ 外圆或 $\phi80H7$ 内圆、$2\times\phi10H7$ 定位销孔进行定位，然后，利用 $6\times M10$ 螺栓进行固定。使用 ISO 绝缘法兰时，法兰端面到机器人手腕中心点（WCP）的距离（以下简称手腕长度）也将加大，如 FANUC R-1000i 机器人增加 23mm，从而对工具重心位置与允许质量产生一定影响。

机器人实际可安装的工具质量与机器人承载能力、手腕长度、法兰类别、工具重心位置等因素有关。

例如，对于承载能力 100kg 的 FANUC R-1000i/100F 中型机器人，ISO 标准法兰的手腕长度为 190mm，机器人承载能力如图 2.122（a）所示，当工具重心位于法兰面垂直距离 514mm、手回转中心线 $\phi265mm$ 范围内，作业工具的允许质量为 100kg；但在法兰面垂直距离 514~567mm、手回转中心线 $\phi265$~289mm 范围内，作业工具的允许质量只能在 100~90kg 之间。ISO 绝缘法兰的手腕长度增加了 23mm（实际为 213mm），因此，工具重心与法兰面的垂直距离应相应减小 23mm。

（2）控制部件安装

垂直串联机器人的本体上一般允许安装少量控制部件（附加负载），如点焊机器人的阻焊变压器、搬运机器人的电磁阀等，控制部件的安装位置、最大质量、重心位置有规定的要求，具体应参照机器人使用说明书。附加负载的安装将改变关节轴的负载特性，因此，通常需要按机器人生产厂家的规定，对附加负载的质量、重心位置、惯量等负载参数进行设定。

一般而言，FANUC、安川等日本生产的机器人，其上臂（随 J3 轴摆动）允许安装少量的附加负载；ABB、KUKA 等欧洲生产的机器人，则允许在腰体（随 J1 轴回转）、下臂（随 J2 轴摆动）、上臂（随 J3 轴摆动）等部位安装少量附加负载。在部分机器人上，当上臂安装附加负载后，作业工具的安装质量可能需要相应降低。

例如，承载能力为 80kg 的 FANUC R-1000i/80F 中型机器人，允许的附加负载安装区域如图 2.123（a）所示，附加负载质量不能超过 15kg，附加负载和作业工具的总质量不能超过

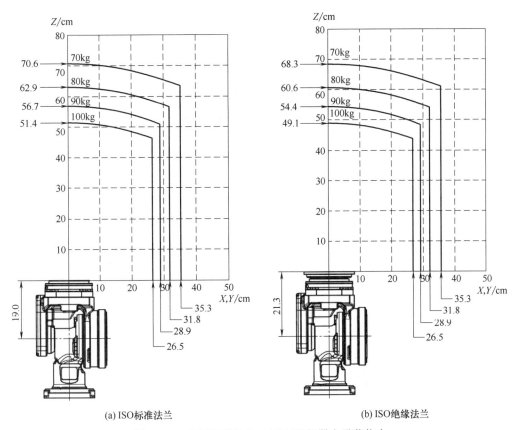

(a) ISO标准法兰　　　　　　　　　　　(b) ISO绝缘法兰

图 2.122　FANUC R-1000i/100F 机器人承载能力

80kg。承载能力为 100kg 的 FANUC R-1000i/100F 中型机器人，允许的附加负载安装区域如图 2.123（b）所示，附加负载质量不能超过 20kg，附加负载和作业工具的总质量可达 120kg。

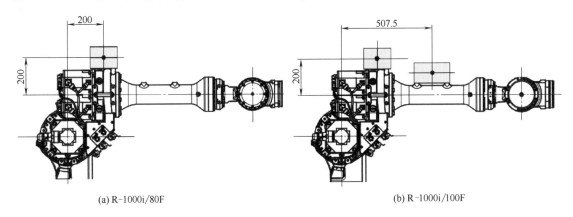

(a) R-1000i/80F　　　　　　　　　　　(b) R-1000i/100F

图 2.123　FANUC R-1000i 机器人附加负载安装要求

2.5.4　常见机械问题与处理

工业机器人的机械结构比较简单，除了减速器、CRB 轴承、同步带等传动部件需要按规定要求进行定期检查、维护外，其他机械故障大多属于机器人运动状态不良。机械问题的一般处理方法如下。

(1) 常见运动问题

工业机器人的运动问题大多因安装调试不当引起，由于机器人运动速度较快，本体结构刚性和运动稳定性相对较差，因此，如安装调试不当，在运动过程中容易出现振动、晃动、定位不准以及停止冲击、断电时手臂自落等现象。

工业机器人常见的运动问题、可能的原因及一般处理方法如表 2.21 所示。

表 2.21 机器人常见运动问题与处理

现象	部位或状态	可能原因	故障处理
运行时振动、发出异常声音	底板、连接板、机器人基座	1. 底板、地脚螺栓松动； 2. 连接板和底板焊接不良、焊缝脱落； 3. 基座和连接板(或底板)连接螺栓松动； 4. 底板或连接板、基座的安装面不平整、存在异物； 5. 底板、连接板厚度、刚性不足	1. 紧固连接螺栓； 2. 检查焊缝，必要时重新焊接； 3. 检查安装面是否存在异物，必要时对安装面进行重新加工； 4. 按说明书要求，保证底板、连接板厚度和刚性
	腰回转时	1. J1 轴与基座连接螺栓松动； 2. 基座与腰的安装面不平整、存在异物； 3. J1 轴支承轴承间隙过大	1. 紧固连接螺栓； 2. 检查安装面是否存在异物，必要时对安装面进行重新处理； 3. 重新调整轴承间隙
	特定姿态或加减速时	1. 负载过大； 2. 速度、加速度过大	1. 减轻负载； 2. 降低速度、加速度
	碰撞后或长期使用	1. 机械传动部件损坏、磨损； 2. 机械传动部件存在异物； 3. 润滑污染或不足	1. 确定不良部位，更换零件； 2. 清理机械传动部件、更换润滑脂
	驱动电机	1. 驱动系统安装、连接不良； 2. 驱动系统参数设定、调整不当； 3. 电枢、编码器电缆断线、连接不良或连接错误； 4. 电机、编码器或驱动器不良	1. 检查安装、连接； 2. 重新调整驱动系统参数； 3. 检查驱动器、电机、编码器连接； 4. 更换驱动器、电机或编码器
	低速运行时	1. 更换的润滑脂规格不正确； 2. 机器人长期不使用，更换润滑脂后的开始阶段	1. 使用规定的润滑脂； 2. 机器人运行 1～2 天后，可能自动消失
本体晃动	工作时	机械部件安装、连接不良	检查机器人安装、固定部件连接
	急停时	急停导致的冲击(见后述)	冲击过大时(见后述)，应检查机器人安装与固定部件连接
电机过热	长时间工作后	1. 环境温度过高； 2. 电机散热不良； 3. 负载过重或加减速过于频繁； 4. 驱动器参数调整不当； 5. 机械传动系统不良	1. 改善工作环境、电机散热条件； 2. 减轻负载，减少加减速次数； 3. 重新调整驱动器参数； 4. 检查机械传动系统
	开机时	1. 制动器故障或连接不良； 2. 电源输入缺相或电压过低； 3. 电枢、编码器电缆断线、连接不良或连接错误； 4. 电机、编码器或驱动器不良	1. 检查制动器安装、连接； 2. 检查输入电源； 3. 检查驱动器、电机安装、连接； 4. 更换驱动器、电机或编码器
手臂自落	断电时	1. 制动器无法完全断开； 2. 制动器有润滑脂、油渗入； 3. 制动器磨损、老化	1. 检查、更换制动器松开继电器； 2. 更换制动器

续表

现象	部位或状态	可能原因	故障处理
定位不准	运行时	1. 机械传动系统间隙过大,机械传动部件连接不良或损坏; 2. 减速器磨损或损坏; 3. 机器人零点位置不正确; 4. 编码器、电机连接不良; 5. 编码器不良	1. 检查、调整机械传动系统,更换不良部件; 2. 更换减速器; 3. 校准机器人零点; 4. 检查编码器、电机连接; 5. 更换编码器
	急停时	控制系统延迟、运动部件惯性引起的制动偏移	偏移过大时(见后述),应检查机器人安装与固定部件连接
润滑溢出	运行时	1. 密封件老化; 2. 机械部件破损; 3. 密封螺栓松动; 4. 冲脂口破损或密封不良	1. 更换密封件; 2. 更换破损机械部件; 3. 紧固密封螺栓; 4. 检查冲脂口及密封

(2) 急停冲击

机器人运动时出现急停、断电等情况时,伺服驱动系统的主电源将被直接分断,伺服电机将以最大电流紧急制动,关节轴运动迅速停止。

垂直串联工业机器人各关节轴的负载中心往往远离驱动电机,负载惯性较大,因此,机器人紧急停止时,机器人可能产生冲击和晃动,同时,关节轴位置将因控制系统动作延迟、运动部件惯性而发生偏移。

机器人的冲击和偏移是控制系统急停时必然发生的正常现象,如果机器人安装可靠、不发生碰撞,并且所产生的冲击和偏移都在说明书规定的范围之内,就无须进行处理。

机器人急停时的冲击力、冲击转矩以及由于控制系统延迟、运动惯性引起的关节轴位置偏移,与机器人结构、规格及急停时的负载质量、关节轴运动速度、机器人和工具姿态等诸多因素有关。

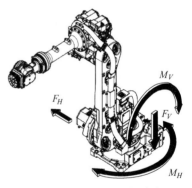

例如,对于 FANUC R-1000iA/80F 机器人,在手腕安装最大负载、关节轴以最大速度运动的极限情况急停时,将在图 2.124 所示方向,产生如下冲击力和冲击转矩。

水平冲击力 F_H:21.56×10^3 N。

垂直冲击力 F_V:21.56×10^3 N。

水平冲击转矩 M_H:14.7×10^3 Nm。

图 2.124 机器人急停冲击

垂直冲击转矩 M_V:38.22×10^3 Nm。

因控制系统延迟所产生的 J1、J2、J3 轴最大位置偏移如下。

J1 轴:系统延时 0.362s,最大偏移角度 29.4°。

J2 轴:系统延时 0.231s,最大偏移角度 15°。

J3 轴:系统延时 0.164s,最大偏移角度 14.4°。

因运动部件惯性所产生的 J1、J2、J3 轴最大位置偏移如下。

J1 轴:制动时间 0.698s,最大偏移角度 62.3°。

J2 轴:制动时间 0.756s,最大偏移角度 50.9°。

J3 轴:制动时间 0.652s,最大偏移角度 59°。

如果机器人所产生的冲击和偏移在上述范围之内,一般无须进行维修处理。

2.5.5 机器人检修与维护

机器人日常检修和定期检修是保证机器人长时间稳定运行的重要工作。利用日常检修，可保证机器人具有良好的使用条件，及时发现、解决可能影响机器人正常运行的各种因素，预防故障发生。通过定期检修，可以使机器人长期保持良好的工作状态，保证产品性能、延长零部件的使用寿命。机器人日常检修与定期检修的基本要求如下。

(1) 日常检修

日常检修包括开机前检修与开机检修 2 个方面，基本内容如下。

① 开机前检修。接通控制系统电源前需要对机器人的基本工作条件进行如下检查，对发现的问题予以及时解决：

——供电电源正常，周边的其他电气设备能够正常运行；

——连接系统电源的断路器、控制柜内部的保护断路器均处于正常工作位置；

——机器人处于可正常运行位置；

——作业工具安装正确、可靠等。

使用辅助控制设备的搬运、弧焊等机器人时，需要检查辅助设备的工作状态，保证设备正常工作，例如：

——弧焊机器人应保证保护气体压力、焊丝安装正确；焊接电源、送丝设备处于工作正常状态；

——使用气动抓手的搬运机器人，应检查压缩空气压力正确、管路无泄漏，气动部件的过滤器水位、油雾润滑油位及油量正确等。

② 开机检修。控制系统电源接通后，需要对机器人的基本工作状态进行如下检查，对发现的问题予以及时解决：

——机器人是否有振动、异常声音，驱动电机是否有异常发热；

——伺服启动、制动器松开后，手臂是否出现不正常的偏离；

——机器人的停止位置是否与上次停机时的位置一致；

——作业工具、辅助控制部件是否有异常动作等。

(2) 首次月检与季度检查

对于第 1 次使用机器人的用户，机器人使用 1 个月（大致 320h）后，应对机器人及辅助设备的工作情况进行一次例行检查，对发现的问题予以及时解决。在今后的使用过程中，月检内容可每季度进行一次。机器人首次月检及后续季度检查的内容如下：

——机器人安装稳固、基座连接部件无松动；

——控制系统器件安装稳固，表面无灰尘及异物；

——控制柜、驱动器等部件的冷却风机的过滤网无堵塞、积尘；

——辅助控制设备工作正常，管路无泄漏；

——机器人运行顺畅，无润滑脂泄漏等。

(3) 首季度检查与年检

对于第 1 次使用机器人的用户，机器人使用 3 个月（大致 960h）后，应对机器人及辅助设备的工作情况进行一次例行检查，对发现的问题予以及时解决。在今后的使用过程中，首季度检查内容可每年进行一次。机器人首季度检查及后续年度检查的内容如下：

——机器人本体及作业工具的连接电缆、气管无破损、扭曲；

——示教器、控制柜的连接电缆无破损、扭曲；

——驱动电机安装、连接可靠，连接螺栓、电缆连接器无松动；

——机器人部件、作业工具连接可靠，固定螺栓无松动；

——机械限位挡块正常可靠，挡块无变形、安装牢固；

——减速器无润滑脂渗漏等。

同时，需要对控制系统器件的表面灰尘、冷却风机滤网，以及机器人本体的灰尘、飞溅物进行清理。

（4）机器人定期维护

工业机器人的绝对编码器数据保持电池、减速器的润滑脂有规定的使用期限，使用期到达时应及时予以更换，以免发生故障，影响产品性能和零部件使用寿命。机器人定期维护的基本要求如表 2.22 所示。

表 2.22　机器人定期维护的基本要求

序号	时间	内容	说明
1	6000h（连续使用 1.5 年）左右	更换编码器电池	维护期内如出现电池报警，应立即更换；电池更换必须在控制系统通电时进行，更换方法见后述
2	12000h（连续使用 3 年）左右	更换润滑脂	环境温度高于 40℃ 或工作转速较高、环境污染严重时，应缩短更换周期；更换方法见后述
3	20000h（连续使用 5 年）左右	更换内部电缆	根据情况而定，发现破损、出现断线时，应立即更换

（5）润滑脂更换要求

不同机器人减速器的润滑脂型号、充填量、注油枪压力以及充脂时的机器人姿态，都有规定的要求，更换润滑时需要按机器人使用说明书进行。

润滑脂充填要求、位置与机器人及减速器结构有关。一般而言，前驱结构的小型机器人机身通常使用密封减速器，润滑脂可正常使用 32000h（连续使用 8 年）以上，故只需要在大修时更换；手腕减速器的润滑脂需要 12000h（3 年）更换一次。

润滑脂充填位置在不同机器人上有所不同，以 FANUC 小型垂直串联前驱机器人为例，润滑脂充填位置通常如图 2.125 所示、各轴独立供脂。

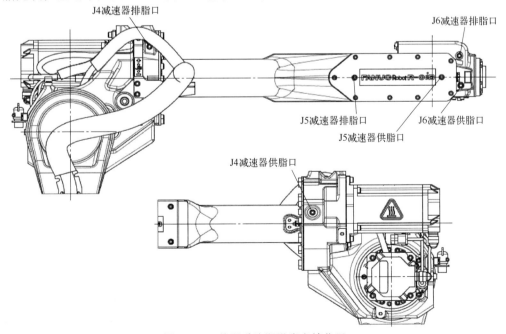

图 2.125　前驱手腕润滑脂充填位置

后驱手腕的 FANUC 大中型机器人，使用 12000h（连续使用 3 年）后需要对所有轴充填润滑脂。例如，FANUC R-1000i/80F 垂直串联机器人的润滑脂型号、充填量、注油压力及充脂时的机器人姿态要求如表 2.23 所示。

表 2.23　FANUC R-1000i/80F 润滑脂充填要求

序号	充填部位	充填量/(g/mL)	机器人姿态	润滑脂型号	注油压力
1	J1 轴减速器	3500/3900	任意		
2	J2 轴减速器	1600/1800	J2＝0°，其他轴任意		
3	J3 轴减速器	1100/1300	J2、J3＝0°，其他轴任意	Vigo Grease Re0	≤0.15MPa
4	J4/J5/J6 轴齿轮箱	2000/2300	J3＝0°，其他轴任意		
5	J4/J5 轴减速器	1300/1500	J3～J6＝0°，J1/J2 轴任意		
6	J6 轴减速器与齿轮	350/400			

机器人机身（J1、J2、J3 轴）减速器的润滑脂独立供脂，充填位置如图 2.126 所示。

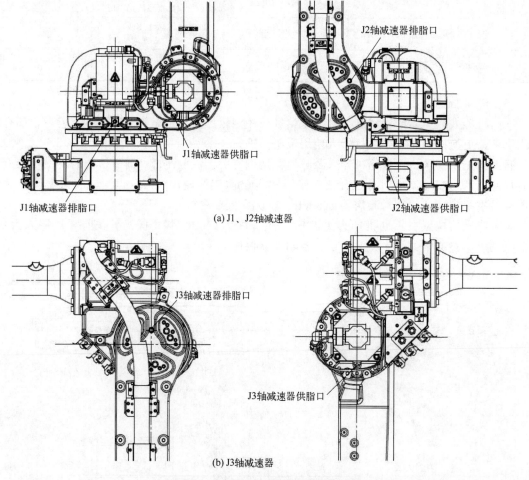

(a) J1、J2轴减速器

(b) J3轴减速器

图 2.126　J1/J2/J3 轴润滑脂充填位置

后驱手腕的 J4/J5/J6 轴驱动电机均安装在上臂后端外侧，电机需要通过齿轮箱与上臂内部的传动轴连接前端手腕单元，因此，手腕润滑包括上臂后端齿轮箱和手腕单元两部分。

手腕单元的 J4 轴减速器、J5/J6 轴传动系统通常采用整体密封结构，J4/J5/J6 轴一般采用图 2.127 所示的手腕单元供脂口集中供脂，然后，通过 J4/J5 轴减速器排脂口、J6 轴减速器排脂口分离排脂。

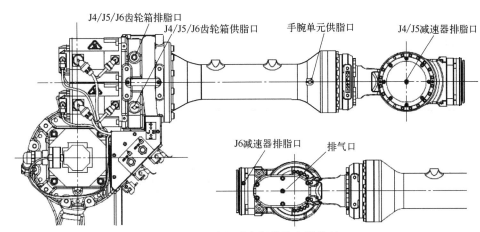

图 2.127 后驱手腕润滑脂充填位置

(6) 润滑脂充填

独立供脂的机身、手腕、齿轮箱的润滑脂充填步骤一般如下：

① 手动移动机器人到冲脂要求的位置后，断开控制系统电源。

② 取下排脂口、供脂口密封螺栓。

③ 通过手动泵，从供脂口注入润滑脂，直至新脂从排脂口排出。

④ 接通机器人电源，按后述的释放残压操作要求，释放残压。

⑤ 安装排脂口、供脂口密封螺栓。

集中供脂的后驱机器人手腕的润滑脂充填步骤如下：

① 手动移动机器人到冲脂要求的位置后，断开控制系统电源。

② 取下 J4/J5 轴减速器排脂口、供脂口密封螺栓。

③ 通过手动泵，从供脂口注入润滑脂，直至新脂从 J4/J5 轴减速器排脂口排出。

④ 安装 J4/J5 轴减速器排脂口密封螺栓，取下 J6 轴减速器排脂口密封螺栓。

⑤ 继续通过手动泵，从供脂口注入润滑脂，直至新脂从 J6 轴减速器排脂口排出。

⑥ 接通机器人电源，按后述的释放残压操作要求，释放残压。

⑦ 安装排脂口、供脂口密封螺栓。

机器人冲脂完成后，需要按机器人使用说明书规定进行释放残压操作，以避免机器人运行时由于润滑脂压力的上升损坏密封部件，导致漏脂。例如，采用后驱手腕的 FANUC R-1000i/80F 垂直串联机器人的润滑脂残压释放操作步骤如下：

① 手动移动机器人到冲脂要求的位置，断开控制系统电源，完成冲脂操作。

② 在供脂口、排脂口安装润滑脂回收袋，避免润滑脂飞溅。

③ 接通机器人电源，进行表 2.24 所示的释放残压操作；如果关节轴运动距离不能达到规定的要求，则应按比例延长运行时间。

④ 安装排脂口、供脂口密封螺栓。

表 2.24 FANUC R-1000i/80F 释放残压要求

序号	充填部位	关节运动距离	关节运动速度	运行时间/min	开启部位
1	J1 轴减速器	≥80°			
2	J2 轴减速器	≥90°	50%最大速度	20	供脂口、排脂口
3	J3 轴减速器	≥70°			
4	J4/J5/J6 轴齿轮箱	J4、J6≥60°，J5≥120°	最大速度	20	排脂口
5	手腕单元	J4、J6≥60°，J5≥120°	最大速度	10	供脂口、排脂口、排气孔

机器人的检修、维护要求在不同产品上有所不同，生产厂家提供的使用说明书上通常都有具体说明，实际使用时应参照说明书进行。

第**3**章

工业机器人电气控制与系统

3.1 机器人位置与控制

3.1.1 机器人运动控制模型

(1) 运动控制要求

工业机器人是一种功能完整、可独立运行的自动化设备，机器人系统的运动控制主要包括本体运动、工件（工装）运动、工具运动等。

搬运、装配、包装类机器人的工具运动一般比较简单，通常可直接利用电磁元件通断控制工具动作，因此，通常可利用控制系统的开关量输入/输出（DI/DO）信号和逻辑处理指令进行控制，焊接机器人需要对焊接电压、电流等参数进行控制，不仅需要配套焊机，有时还需要控制系统配套专门的焊接控制板，有关内容详见后述。

机器人本体及工件的移动是工业机器人作业必需的基本运动，所有运动轴都需要有位置、速度、转矩控制功能，其性质与数控系统的坐标轴相同，因此，一般采用伺服驱动系统控制。利用伺服驱动的运动轴称"关节轴"，但仅通过气动或液压控制定点定位的运动部件，不能称为机器人运动轴。

工业机器人的作业需要通过作业工具和工件的相对运动实现，因此，机器人的控制目标通常就是工具的作业部位，该位置称为工具控制点（Tool Control Point）或工具中心点（Tool Center Point），简称TCP。由于TCP一般不是工具的几何中心，为避免歧义，本书中统一将其称为工具控制点。

为了便于操作和编程，机器人TCP在三维空间的位置、运动轨迹通常需要用笛卡儿直角坐标系（以下简称笛卡儿坐标系）描述。然而，在垂直串联、水平串联、并联等结构的机器人上，实际上并不存在可直接实现笛卡儿坐标系 X、Y、Z 轴运动的坐标轴，TCP的定位和移动，需要通过多个关节轴回转、摆动合成。因此，在机器人控制系统上，必须建立运动控制模型，确定TCP笛卡儿坐标系位置和机器人关节轴位置的数学关系，然后再通过逆运动学，将笛卡儿坐标系的位置换算成关节轴的回转角度。通过逆运动学将笛卡儿坐标系运动转换为关节轴运动时，实际上存在多种实现的可能性。为了保证运动可控，当机器人位置以笛卡儿坐标形式指定时，必须对机器人的状态（称为姿态）进行规定。

6 轴垂直串联机器人的运动轴包括腰回转（J1 轴）、上臂摆动（J2 轴）、下臂摆动（J3 轴）以及手腕回转（J4 轴）、腕摆动（J5 轴）、手回转（J6 轴）轴；其中，J1、J2、J3 轴的状态决定了机器人机身的方向和位置（称本体姿态或机器人姿态）；J4、J5、J6 轴主要用来控制作业工具方向和位置（称工具姿态）。

机器人和工具的姿态需要通过机器人的基准点、基准线进行定义，垂直串联机器人的基准点、基准线通常规定如下。

（2）机器人基准点

垂直串联机器人的运动控制基准点一般有图 3.1 所示的手腕中心点（WCP）、工具参考点（TRP）、工具控制点（TCP）3 点。

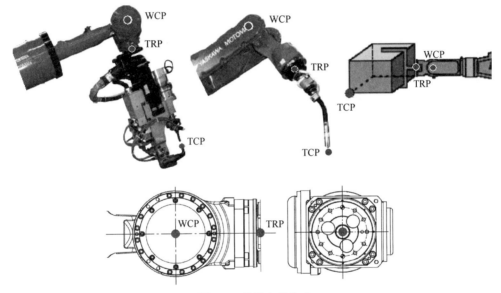

图 3.1　机器人基准点

① 手腕中心点 WCP。机器人的手腕中心点（Wrist Center Point，简称 WCP）是确定机器人姿态、判别机器人奇点（Singularity）、确定机器人作业范围的基准位置。垂直串联机器人的 WCP 一般为手腕摆动轴 J5 和手回转轴 J6 的回转中心线交点。

② 工具参考点 TRP。机器人的工具参考点（Tool Reference Point，简称 TRP）是机器人运动控制模型中的笛卡儿坐标系运动控制目标点，也是作业工具（或工件）安装的基准位置，垂直串联机器人的 TRP 通常位于手腕工具法兰的中心。

TRP 也是机器人手腕基准坐标系（Wrist Reference Coordinates）的原点，作业工具或工件的 TCP 位置、方向及工具（或工件）的质量、重心、惯量等参数，都需要通过手腕基准坐标系定义。如果机器人不安装工具（或工件）、未设定工具坐标系，系统将自动以 TRP 替代工具控制点 TCP，作为笛卡儿坐标系的运动控制目标点。

③ 工具控制点 TCP。工具控制点（Tool Control Point）亦称工具中心点（Tool Center Point），简称 TCP。TCP 是机器人作业时笛卡儿坐标系运动控制的目标点，当机器人手腕安装工具时，TCP 就是工具（末端执行器）的实际作业部位，如果机器人安装（抓取）的是工件，TCP 就是工件的作业基准点。

TCP 位置与手腕安装的作业工具（或工件）有关，例如，弧焊、喷涂机器人的 TCP 点通常为焊枪、喷枪的枪尖；点焊机器人的 TCP 点一般为焊钳的电极端点；如果手腕安装的是工件，TCP 则为工件的作业基准点等。

工具控制点 TCP 与工具参考点 TRP 的数学关系可由用户通过工具坐标系的设定建立，如果不设定工具坐标系，系统将默认 TCP 和 TRP 重合。

（3）机器人基准线

机器人基准线主要用来定义机器人结构参数、确定机器人姿态、判别机器人奇点。垂直串联机器人的基准线通常有图 3.2 所示的机器人回转中心线、下臂中心线、上臂中心线、手回转中心线 4 条；为了便于控制，机器人回转中心线、上臂中心线、手回转中心线通常设计在与机器人安装底面垂直的同一平面（下称中心线平面）上，基准线定义如下。

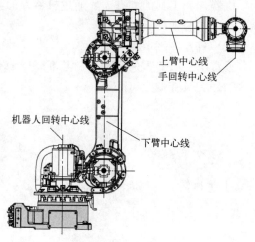

机器人回转中心线：腰回转轴 J1 回转中心线。

下臂中心线：平行中心线平面、与下臂摆动轴 J2 和上臂摆动轴 J3 的回转中心线垂直相交的直线。

上臂中心线：J4 轴回转中心线。

手回转中心线：J6 回转中心线。

图 3.2　机器人基准线

（4）运动控制模型

运动控制模型用来建立机器人关节轴位置与机器人基座坐标系工具参考点 TRP 位置间的数学关系。

6 轴垂直串联机器人的运动控制模型通常如图 3.3 所示，它需要由机器人生产厂家在控制系统中定义如下结构参数。

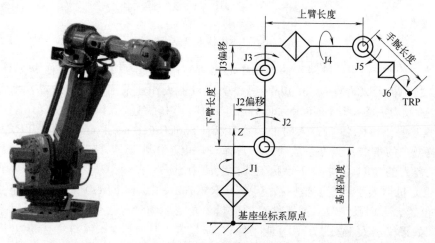

图 3.3　机器人控制模型与结构参数

基座高度（Height of Foot）：下臂摆动中心到机器人基座坐标系 XY 平面的距离。

下臂（J2）偏移（Offset of Joint 2）：下臂摆动中心线到机器人回转中心线（基座坐标系 Z 轴）的距离。

下臂长度（Length of Lower Arm）：上臂摆动中心线到下臂摆动中心线的距离。

上臂（J3）偏移（Offset of Joint 3）：上臂中心线到上臂摆动中心线的距离。

上臂长度（Length of Upper Arm）：上臂中心线与下臂中心线垂直时，手腕摆动（J5 轴）中心线到下臂中心线的距离。

手腕长度（Length of Wrist）：工具参考点 TRP 到手腕摆动（J5 轴）中心线的距离。

运动控制模型一旦建立，控制系统便可根据关节轴的位置，计算出 TRP 在机器人基座坐标系上的位置（笛卡儿坐标系位置）；或者，利用 TRP 位置逆向求解关节轴位置。

当机器人需要进行实际作业时，控制系统可通过工具坐标系参数，将运动控制目标点由 TRP 变换到 TCP 上，并利用用户、工件坐标系参数，确定基座坐标系原点和实际作业点的位置关系；对于使用变位器的移动机器人或倾斜、倒置安装的机器人，还可进一步利用大地坐标系，确定基座坐标系原点相对于地面固定点的位置。

3.1.2 关节轴、运动组与坐标系

(1) 关节轴与运动组

机器人作业需要通过工具控制点 TCP 和工件的相对运动实现，其运动方式很多。

例如，在图 3.4 所示的、带有机器人变位器、工件变位器等辅助运动部件的多机器人复杂系统上，机器人 1、机器人 2 不仅可通过本体的关节运动，改变 TCP1、TCP2 和工件的相对位置，而且还可以通过工件变位器的运动，同时改变 TCP1、TCP2 和工件的相对位置；或者，通过机器人变位器的运动，改变 TCP1 和工件的相对位置。

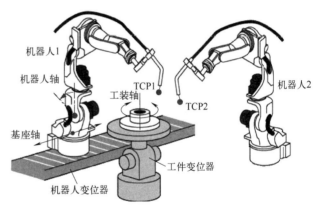

图 3.4　多机器人复杂作业系统

在工业机器人上，由控制系统控制位置/速度/转矩并利用伺服驱动的运动轴（伺服轴）称为关节轴（Joint Axis）。为了区分运动轴功能，习惯上将控制机器人变位器、工件变位器运动的伺服轴称为外部关节轴（Ext Joint Axis），简称"外部轴（Ext Axis）"或"外部关节（Ext Joint）"；而用来控制机器人本体运动的伺服轴直接称为关节轴（Joint Axis）。

由于工业机器人系统的运动轴众多、结构多样，为了便于操作和控制，在控制系统中通常需要根据运动轴的功能，将其划分为若干运动单元，进行分组管理。例如，图 3.4 所示的机器人系统，可将运动轴划分为机器人 1、机器人 2、机器人 1 基座、工件变位器 4 个运动单元等。

运动单元的名称在不同机器人上有所不同。例如，FANUC 机器人称为"运动群组（Motion Group）"、安川机器人称为"控制轴组（Control Axis Group）"、ABB 机器人称为"机械单元（Mechanical Unit）"、KUKA 称"运动系统组（Motion System Group）"等。

工业机器人系统的运动单元一般分为如下 3 类。

机器人单元：由控制同一机器人本体运动的伺服轴组成，多机器人作业系统的每一机器人都是一个相对独立的运动单元。机器人单元可直接控制目标点的运动。

基座单元：由控制同一机器人基座运动的伺服轴组成，多机器人作业系统的每一个机器人变位器都是一个相对独立的运动单元。基座单元可用于机器人的整体运动。

工装单元：由控制同一工件运动的伺服轴组成。工装单元可控制工件运动，改变机器人控制目标点与工件的相对位置。

由于基座单元、工装单元安装在机器人外部，因此，在机器人控制系统中统称外部轴

（Ext Axis）或外部关节（Ext Joint）；如果作业工具（如伺服焊钳等）含有系统控制的伺服轴，它也属于外部轴的范畴。

机器人运动单元可利用系统控制指令生效或撤销。运动单元生效时，该单元的全部运动轴都处于位置控制状态，随时可利用手动操作或移动指令运动；运动单元撤销时，该单元的全部运动轴都将处于相对静止的"伺服锁定"状态，伺服电机位置可通过伺服驱动系统的闭环调节功能保持不变。

（2）机器人坐标系

工业机器人控制目标点的运动需要利用坐标系进行描述。机器人的坐标系众多，按类型有关节坐标系、笛卡儿直角坐标系两类；按功能与用途，可分基本坐标系、作业坐标系两类。

① 基本坐标系。机器人基本坐标系是任何机器人运动控制必需的坐标系，它需要由机器人生产厂家定义，用户不能改变。

垂直串联机器人的基本坐标系主要有关节坐标系、机器人基座坐标系（笛卡儿坐标系）、手腕基准坐标系（笛卡儿坐标系）3个，三者间的数学关系直接由控制系统的运动控制模型建立，用户不能改变其原点位置和方向。

② 作业坐标系。机器人作业坐标系是为了方便操作编程而建立的虚拟坐标系，用户可以根据实际作业要求设定。

垂直串联机器人的作业坐标系都为笛卡儿直角坐标系。根据坐标系用途，作业坐标系可分为工具坐标系、用户坐标系、工件坐标系、大地坐标系等几种；其中，大地坐标系在任何机器人系统中只能设定一个，其他作业坐标系均可设定多个。

由于工业机器人目前还没有统一的标准，加上中文翻译等原因，不同机器人的坐标系名称、定义方法不统一，另外，由于控制系统规格、软件版本、功能的区别，坐标系的数量也有所不同，常用机器人的坐标系名称、定义方法可参见后述。

在机器人坐标系中，关节坐标系是真正用于运动轴控制的坐标系。

（3）关节坐标系定义

用来描述机器人关节轴运动的坐标系称为关节坐标系（Joint Coordinates）。关节轴是机器人实际存在、真正用于机器人运动控制的伺服轴，因此，所有机器人都必须定义唯一的关节坐标系。

关节轴与控制系统的伺服驱动轴（机器人轴和外部轴）一一对应，其位置、速度、转矩均可由伺服驱动系统进行精确控制，因此，机器人的实际作业范围、运动速度等主要技术参数，通常都以关节轴的形式定义；机器人使用时，如果用关节坐标系定义机器人位置，无须考虑机器人姿态、奇点（见后述）。

6轴垂直串联机器人本体的关节轴都是回转（摆动）轴；但用于机器人变位器、工件变位器运动的外部轴，可能是回转轴或直线轴。

垂直串联机器人本体关节轴的定义如图3.5所示，关节轴的名称、方向、零点必须由机器人生产厂家定义；对于不同公司生产的机器人，关节轴名称、位置数据格式以及运动方向、零点位置均有较大的区别。

在常用的机器人中，FANUC、安川、KUKA机器人的关节坐标系位置以1阶多元数

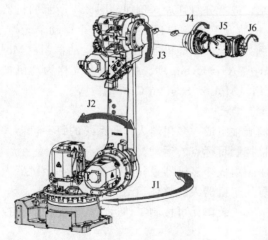

图3.5 机器人本体关节轴

值型（num 型）数组表示，ABB 机器人的关节坐标系位置则以 2 阶多元数值型（num 型）数组表示；数组所含的数据元数量，就是控制系统实际运动轴的数量。此外，关节轴的方向、零点定义也有较大区别（详见后述）。

FANUC、安川、ABB、KUKA 机器人的关节轴名称、位置数据格式如下。

FANUC 机器人：机器人本体轴名称为 J1、J2、…、J6，外部轴名称为 E1、E2、…；关节坐标系位置数据格式为（J1，J2，…，J6，E1，E2，…）。

安川机器人：机器人本体轴名称为 S、L、U、R、B、T，外部轴名称为 E1、E2、…；关节坐标系位置数据格式为（S，L，U，R，B，T，E1，E2，…）。

ABB 机器人：机器人本体轴名称为 j1、j2、…、j6，外部轴名称为 e1、e2、…；关节坐标系位置数据格式为 [[j1，j2，…，j6]，[e1，e2，…]]。

KUKA 机器人：机器人本体轴名称为 A1、A2、…、A6，外部轴名称为 E1、E2、…；关节坐标系位置数据格式为（A1，A2，…，A6，E1，E2，…）。

3.1.3 机器人基准坐标系

垂直串联机器人实际上不存在物理意义上的笛卡儿坐标系运动轴，因此，所有笛卡儿坐标系都是为了便于操作编程而虚拟的坐标系。

机器人的笛卡儿坐标系众多，其中，机器人基座坐标系是运动控制模型中用来计算工具参考点 TRP 三维空间位置的基准坐标系；机器人手腕基准坐标系是用来实现控制目标点变换（TRP/TCP 转换）的基准坐标系，它们是任何机器人都必备的基本笛卡儿坐标系，需要由机器人生产厂家定义。

常用工业机器人的基本笛卡儿坐标系定义如下。

(1) 机器人基座坐标系

机器人基座坐标系（Robot Base Coordinates）是用来描述机器人工具参考点（TRP）相对于机器人基座运动的基本笛卡儿坐标系，它也是工件坐标系、用户坐标系、大地坐标系等作业坐标系的定义基准。基座坐标系与关节坐标系的数学关系直接由控制系统的运动控制模型确定，用户不能改变其原点位置和坐标轴方向。

6 轴垂直串联机器人的基座坐标系如图 3.6 所示。机器人基座坐标系的原点、方向在不同公司生产的机器人中基本统一，规定如下。

Z 轴：机器人回转（J1 轴）中心线为基座坐标系的 *Z* 轴，垂直机器人安装面向上方向为 +*Z* 方向。

X 轴：与机器人回转（J1 轴）中心线相交并垂直机器人基座前侧面的直线为 *X* 轴，向外的方向为 +*X* 方向。

Y 轴：右手定则决定。

原点：基座坐标系的原点位置在不同机器人上稍有不同。为了便于机器人安装使用，基座、腰一体化设计的中小型机器人，其基座坐标系原点（*Z* 轴零点）一般定义于机器人安装底平面；基座、腰分离设计或需要框架安装的大中型机器人，基座坐标系原点（*Z* 轴零点）有时定义在通过 J2 轴

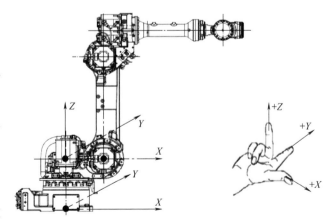

图 3.6 机器人基座坐标系

回转中心、平行于安装底平面的平面上。

机器人基座坐标系的名称在不同公司生产的机器人上有所不同。例如，安川称为机器人坐标系（Robot Coordinates），ABB 称为基坐标系（Base Coordinates），KUKA 机器人称为机器人根坐标系（Robot Root Coordinates）。由于机器人出厂时，控制系统默认机器人为地面固定安装、大地坐标系与机器人基座坐标系重合，因此，FANUC 机器人直接称之为大地坐标系（World Coordinates），中文说明书译作"全局坐标系"。

地面固定安装的机器人通常不使用大地坐标系，控制系统默认大地坐标系与机器人基座坐标系重合，因此，机器人基座坐标系就是用户坐标系、工件坐标系的定义基准；如果机器人倾斜、倒置安装，或者机器人可通过变位器移动，一般需要通过大地坐标系定义机器人基座坐标系的位置和方向。

（2）手腕基准坐标系

机器人的手腕基准坐标系（Wrist Reference Coordinates）是用来确定工具控制点（TCP）与工具参考点（TRP）相对关系的笛卡儿坐标系，也是工具质量、重心、惯量等参数的定义基准，手腕基准坐标系的原点位置与方向同样需要由机器人生产厂家定义。

手腕基准坐标系原点就是机器人的工具参考点 TRP，TRP 在机器人基座坐标系的空间位置可直接通过控制系统的运动控制模型确定。坐标系的方向用来确定工具的作业中心线方向（工具安装方向），手腕基准坐标系在机器人出厂时已定义，用户不能改变。

常用 6 轴垂直串联机器人的手腕基准坐标系定义如图 3.7 所示，坐标系的原点、Z 轴方向在不同公司生产的机器人中统一，但 X、Y 轴方向与机器人手腕弯曲轴的运动方向有关，在不同机器人上有所不同。手腕基准坐标系一般按以下原则定义。

Z 轴：机器人手回转（J6 轴）中心线为手腕基准坐标系的 Z 轴，垂直工具安装法兰面向外的方向为 $+Z$ 方向（统一）。

X 轴：位于机器人中心线平面、与手回转（J6 轴）中心线垂直相交的直线为 X 轴；J4、J6 = 0°时，J5 轴正向回转的切线方向为 $+X$ 方向。

Y 轴：随 X 轴改变，右手定则决定。

原点：手回转中心线与手腕工具安装法兰面的交点。

在不同公司生产的机器人上，机器人手腕弯曲轴 J5 的回转方向有所不同，因此，手腕基准坐标系的 X、Y 方向也有所不同。例如，FANUC、安川等日本产品通常以手腕向上（向外）回转的方向为 J5 轴正向，手腕基准坐标系的 $+X$ 方向如图 3.7（a）所示；ABB、KUKA 等欧洲产品通常以手腕向下（向内）回转的方向为 J5 轴正向，手腕基准坐标系的 $+X$ 方向如图 3.7（b）所示。

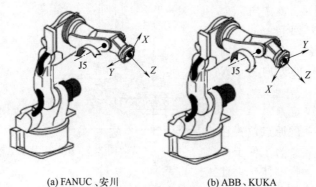

(a) FANUC、安川   (b) ABB、KUKA

图 3.7　手腕基准坐标系

手腕基准坐标系的名称在不同公司生产的机器人上有所不同。例如，安川、ABB 称为手腕法兰坐标系（Wrist Flange Coordinates）；KUKA 称为法兰坐标系（Flange Coordinates）；FANUC 称为工具安装坐标系（Tool Installation Coordinates，说明书译作"机械接口坐标系"）等。

3.1.4　机器人作业坐标系

（1）机器人作业坐标系

机器人作业坐标系是为了方便操作编程而建立的虚拟坐标系，从机器人控制系统参数设定的角度，工业机器人常用的作业坐标系图 3.8 所示，有工具坐标系、用户坐标系、工件坐标系、大地坐标系几类，其作用如下。

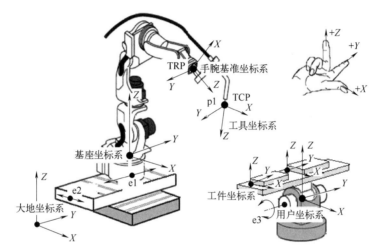

图 3.8　机器人作业坐标系

① 工具坐标系。在工业机器人控制系统上，用来定义机器人手腕上所安装的工具或所夹持的物品（工件）的运动控制目标点位置和方向的坐标系，称为工具坐标系（Tool Coordinates）。工具坐标系原点就是作业工具的工具控制点 TCP 或手腕夹持物品（工件）的基准点；工具坐标系的方向就是作业工具或手腕夹持物品（工件）的安装方向。

通过工具坐标系，控制系统才能将运动控制模型中的运动控制目标点，由 TRP 变换到实际作业工具的 TCP 上，因此，它是机器人实际作业必须设定的基本作业坐标系。机器人工具需要修磨、调整、更换时，只需要改变工具坐标系参数，便可利用同样的作业程序，进行新工具作业。

工具坐标系可通过手腕基准坐标系平移、旋转的方法定义，如果不使用工具坐标系，控制系统将默认工具坐标系和手腕基准坐标系重合。

② 用户坐标系和工件坐标系。机器人控制系统的用户坐标系（User Coordinates）和工件坐标系（Work Coordinates）都是用来确定工具 TCP 与工件相对位置的笛卡儿坐标系，在机器人作业程序中，控制目标点的位置一般以笛卡儿坐标系位置的形式指定，利用用户、工件坐标系就可直接定义控制目标点相对于作业基准的位置。

在同时使用用户坐标系和工件坐标系的机器人上（如 ABB），两者的关系如图 3.9 所示。用户坐标系一般用来定义机器人作业区的位置和方向，例如，当工件安装在图 3.8 所示的工件变位器上，或者，需要在图 3.9 所示的不同作业区进行多工件作业时，可通过用户坐标系来确定工件变位器、作业区的位置和方向。工件坐标系通常用来描述作业对象（工件）基准点位置

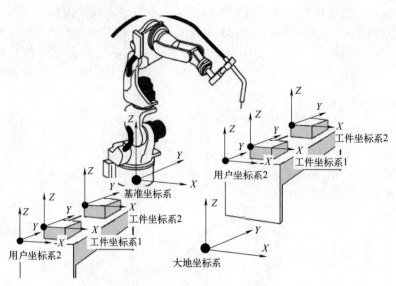

图 3.9　工件坐标系与用户坐标系

和安装方向，故又称对象坐标系（Object Coordinates，如 ABB）或基本坐标系（Base Coordinates，如 KUKA）。

在机器人作业程序中，如果用用户、工件坐标系描述机器人 TCP 运动，程序中的位置数据就可与工件图纸上的尺寸统一，操作编程就简单、容易；此外，当机器人需要进行多工件相同作业时，只需要改变工件坐标系，便可利用同样的作业程序，完成不同工件的作业。

由于用户坐标系和工件坐标系的作用类似，且均可通过程序指令进行平移、旋转等变换，因此，FANUC、安川等机器人只使用用户坐标系；KUKA 机器人则只使用工件坐标系（KUKA 称为基本坐标系 Base Coordinates）。

用户坐标系、工件坐标系需要通过机器人基座坐标系（或大地坐标系）的平移、旋转定义。如果不定义，控制系统将默认用户坐标系、工件坐标系和机器人基座坐标系（或大地坐标系）重合。

③ 大地坐标系。机器人控制系统的大地坐标系（World Coordinates）用来确定机器人基座坐标系、用户坐标系、工件坐标系的位置关系，对于配置机器人变位器、工件变位器等外部轴的作业系统，或者机器人需要倾斜、倒置安装时，利用大地坐标系可使机器人和作业对象的位置描述更加清晰。

大地坐标系的设定只能唯一。大地坐标系一经设定，将取代机器人基座坐标系，成为用户坐标系、工件坐标系的设定基准。如果不使用大地坐标系，控制系统将默认大地坐标系和机器人基座坐标系重合。

大地坐标系（World Coordinates）的名称在不同机器人上有所不同，ABB 说明书译作"大地坐标系"，FANUC 说明书译作"全局坐标系"，安川机器人译作"基座坐标系"，KUKA 说明书译作"世界坐标系"。

需要注意的是：在部分机器人上（如 KUKA），工具、工件、用户坐标系可能只是机器人控制系统的参数名称，参数的真实用途与机器人作业形式有关；在这种情况下，工件外部安装、机器人移动工具作业（简称工具移动作业）和工具外部安装、机器人移动工件作业（简称工件移动作业）时，工具、工件坐标系参数的实际作用有如下区别。

（2）工具移动作业坐标系定义

工具移动作业是机器人最常见的作业形式，搬运、码垛、弧焊、涂装等机器人的抓手、焊枪、喷枪大多安装在机器人手腕上，因此，需要采用如图 3.10 所示的工件外部安装、机器人移动工具作业系统。

机器人移动工具作业时，工件被安装（安放）在机器人外部（地面或工装上），作业工具安装在机器人手腕上，机器人的运动可直接改变工具控制点（TCP）的位置。在这种作业系统上，控制系统的工具坐标系参数被用来定义作业工具的 TCP 位置和安装方向，工件坐标系、用户坐标系被用来定义工件的基准点位置和安装方向。

机器人需要使用不同工具、进行多工件

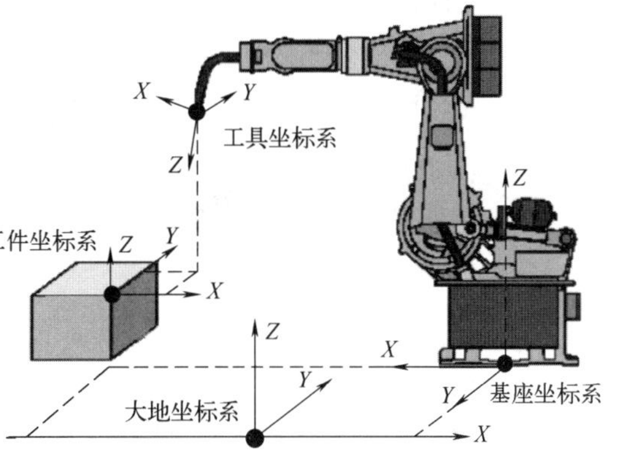

图 3.10　工具移动作业系统

作业时，工具、工件坐标系可设定多个。如果工件固定安装且作业面与机器人安装面（地面）平行，此时，工件基准点在机器人基座坐标系上的位置很容易确定，也可不使用工件坐标系、直接通过基座坐标系描述 TCP 运动。

在配置有机器人、工件变位器等外部轴的系统上，机器人基座坐标系、工件坐标系将成为运动坐标系，此时，如果设定大地坐标系，可更加清晰地描述机器人、工件运动。

(3) 工件移动作业坐标系定义

工具外部安装、机器人移动工件作业系统如图 3.11 所示。工件移动作业通常用于小型、轻质零件在固定工具上的作业，例如，进行小型零件的点焊、冲压加工时，为了减轻机器人载荷，可采用工具移动作业，将焊钳、冲模等质量、体积较大的作业工具固定安装在地面或工装上。

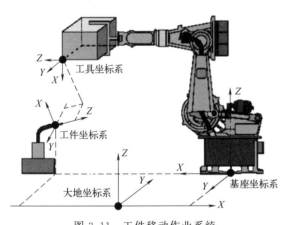

图 3.11　工件移动作业系统

机器人移动工件作业时，作业工具被安装在机器人外部（地面或工装上），工件夹持在机器人手腕上，机器人的运动将改变工件的基准点位置和方向。在这种作业系统上，控制系统的工具坐标系参数被用来定义工件的基准点位置和安装方向，而工件、用户坐标系参数则被用来定义工具的 TCP 位置和安装方向；因此，工件移动作业系统必须定义控制系统的工件、用户坐标系参数。

同样，当机器人需要使用不同工具进行多工件作业时，工具、工件坐标系同样可设定多个；如果系统配置有机器人变位器、工具移动部件等外部轴，设定大地坐标系可更加清晰地描述机器人、工件运动。

3.1.5　坐标系方向及定义

(1) 坐标系方向的定义方法

在工业机器人上，机器人关节坐标系、基座坐标系、手腕基准坐标系的原点、方向已由机器人生产厂家在机器人出厂时设定，其他所有作业坐标系都需要用户自行设定。

工业机器人是一种多自由度控制的自动化设备，如果机器人的位置以虚拟笛卡儿坐标系的形式指定，不仅需要确定控制目标点（TCP）的位置，而且还需要确定作业方向，因此，工具、工件、用户等作业坐标系需要定义原点位置，且还需要定义方向。

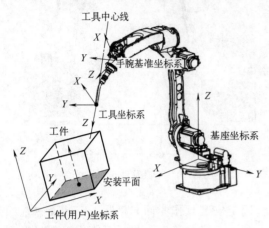

图 3.12 坐标系方向定义示例

工具、用户坐标系方向与工具类型、结构和机器人作业方式有关，且在不同厂家生产的机器人上有所不同（详见后述）。例如，在图 3.12 所示的安川点焊机器人上，工具坐标系的＋Z 方向被定义为工具沿作业中心线（以下简称工具中心线）接近工件的方向；工件（用户）坐标系的＋Z 方向被定义为工件安装平面的法线方向等。

三维空间的坐标系方向又称坐标系姿态，它需要通过基准坐标旋转的方法设定。在数学上，用来描述三维空间坐标旋转的常用方法有姿态角（Attitude Angle，又称旋转角、固定角）、欧拉角（Euler Angles）、四元数（Qua-ternion）、旋转矩阵（Rotation Matrix）等；旋转矩阵通常用于系统控制软件设计，不提供机器人用户设定。

工具、工件的方向规定、定义方法在不同机器人上有所不同。在常用机器人中，FANUC、安川一般采用姿态角定义法，ABB 机器人采用四元数定义法，KUKA 机器人采用欧拉角定义；坐标系方向规定可参见后述。姿态角、欧拉角、四元数的含义如下。

（2）姿态角定义

工业机器人的姿态角名称、定义方法与航空飞行器稍有不同。在垂直串联机器人手腕上，为了使坐标系旋转角度的名称与机器人动作统一，通常将旋转坐标系绕基准坐标系 X 轴的转动称为偏摆（Yaw），转角以 W、Rx 表示；将旋转坐标系绕基准坐标系 Y 轴的转动称为俯仰（Pitch），转角以 P、Ry 表示；而将旋转坐标系绕基准坐标系 Z 轴的转动（如腰、手）称为回转（Roll），转角以 R、Rz 表示。

用转角表示坐标系旋转时，所得到的旋转坐标系方向（姿态）与旋转的基准轴、旋转次序有关。如果旋转的基准轴规定为基准坐标系的原始轴（方向固定轴）、旋转次序规定为 $X\to Y\to Z$，这样得到的转角称为"姿态角"。

为了方便理解，FANUC、安川等机器人的坐标系旋转参数 $W/P/R$、$Rx/Ry/Rz$，都可认为是旋转坐标系依次绕基准坐标系原始轴 X、Y、Z 旋转的角度（姿态角）。

例如，机器人手腕安装作业工具时，工具坐标系的旋转基准为手腕基准坐标系，如果需要设定如图 3.13（a）所示的工具坐标系方向，其姿态角将为 $Rx(W)=0°$、$Ry(P)=90°$、Rz

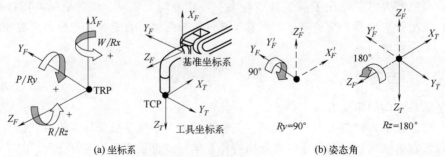

(a) 坐标系   (b) 姿态角

图 3.13 姿态角定义法

$(R)=180°$；即工具坐标系按图 3.13（b）所示，首先绕手腕基准坐标系的 Y_F 轴旋转 $90°$，使得旋转后的坐标系 X'_F 轴与需要设定的工具坐标系 X_T 轴方向一致；接着，再将工具坐标系绕手腕基准坐标系的 Z_F 轴旋转 $180°$，使得 2 次旋转后的坐标系 Y'_F、Z'_F 轴与工具坐标系 Y_T、Z_T 轴方向一致。

按 $X{\rightarrow}Y{\rightarrow}Z$ 旋转次序定义的姿态角 $W/P/R$、$Rx/Ry/Rz$，实际上和下述按 $Z{\rightarrow}Y{\rightarrow}X$ 旋转次序所定义的欧拉角 $A/B/C$ 具有相同的数值，即 $Rx=C$、$Ry=B$、$Rz=A$，因此，在定义坐标轴方向时，也可将姿态角 $Rx/Ry/Rz$ 视作欧拉角 $C/B/A$，但基准坐标系旋转的次序必须更改为 $Z{\rightarrow}Y{\rightarrow}X$。

（3）欧拉角定义

欧拉角（Euler Angles）是另一种以转角定义旋转坐标系方向的方法。欧拉角和姿态角的区别在于：姿态角是旋转坐标系绕方向固定的基准坐标系原始轴旋转的角度，而欧拉角则是绕旋转后的新坐标系坐标轴回转的角度。

以欧拉角表示坐标旋转时，得到的坐标系方向（姿态）同样与旋转的次序有关。工业机器人的旋转次序一般规定为 $Z{\rightarrow}Y{\rightarrow}X$。因此，KUKA 等机器人的欧拉角 $A/B/C$ 的含义是：旋转坐标系首先绕基准坐标系的 Z 轴旋转 A，然后再绕旋转后的新坐标系 Y 轴旋转 B，接着，再绕 2 次旋转后的新坐标系 X 轴旋转 C。

例如，同样对于图 3.13 所示的工具姿态，如果采用欧拉角定义法，对应的欧拉角为如图 3.14 所示的 $A=180°$、$B=90°$、$C=0°$；即工具坐标系首先绕基准坐标系原始的 Z_F 轴旋转 $180°$，使得旋转后的坐标系 Y'_F 与工具坐标系 Y_T 轴方向一致，然后再绕旋转后的新坐标系 Y'_F 轴旋转 $90°$，使得 2 次旋转后的坐标系 X'_F、Z'_F 轴与工具坐标系 X_T、Z_T 轴的方向一致。

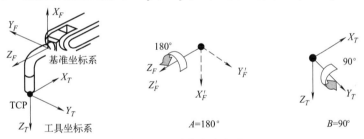

图 3.14　欧拉角定义法

由此可见，按 $Z{\rightarrow}Y{\rightarrow}X$ 旋转次序定义的欧拉角 $A/B/C$，与按 $X{\rightarrow}Y{\rightarrow}Z$ 旋转次序定义的姿态角 $Rx/Ry/Rz$（或 $W/P/R$）具有相同的数值，即 $A=Rz$、$B=Ry$、$C=Rx$。因此，也可将定义旋转坐标系的欧拉角 $A/B/C$ 视作姿态角 $Rz/Ry/Rx$，但基准坐标系的旋转次序必须更改为 $X{\rightarrow}Y{\rightarrow}Z$。

（4）四元数定义

ABB 机器人的旋转坐标系方向利用四元数（Quaternion）定义，数据格式为 $[q_1, q_2, q_3, q_4]$。q_1、q_2、q_3、q_4 为表示坐标旋转的四元素，它们是带符号的常数，其数值和符号需要按照以下方法确定。

① 数值。四元数 q_1、q_2、q_3、q_4 的数值，可按以下公式计算后确定：

$$q_1^2+q_2^2+q_3^2+q_4^2=1$$

$$q_1=\frac{\sqrt{x_1+y_2+z_3+1}}{2}$$

$$q_2=\frac{\sqrt{x_1-y_2-z_3+1}}{2}$$

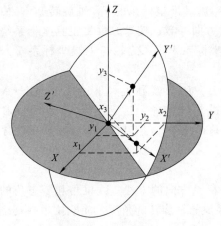

图 3.15　四元数数值计算

$$q_3 = \frac{\sqrt{y_2 - x_1 - z_3 + 1}}{2}$$

$$q_4 = \frac{\sqrt{z_3 - x_1 - y_2 + 1}}{2}$$

式中的 (x_1, x_2, x_3)、(y_1, y_2, y_3)、(z_1, z_2, z_3) 分别为图 3.15 所示的旋转坐标系 X'、Y'、Z' 轴单位向量在基准坐标系 X、Y、Z 轴上的投影。

② 符号。四元数 q_1、q_2、q_3、q_4 的符号按下述方法确定。

q_1：符号总是为正；

q_2：符号由计算式 $y_3 - z_2$ 确定，$y_3 - z_2 \geqslant 0$ 为"+"，否则为"-"；

q_3：符号由计算式 $z_1 - x_3$ 确定，$z_1 - x_3 \geqslant 0$ 为"+"，否则为"-"；

q_4：符号由计算式 $x_2 - y_1$ 确定，$x_2 - y_1 \geqslant 0$ 为"+"，否则为"-"。

例如，对于图 3.16 所示的工具坐标系，在 FANUC、安川机器人上用姿态角表示时，为 $Rx(W)=0°$，$Ry(P)=90°$，$Rz(R)=180°$；在 KUKA 机器人上用欧拉角表示时，为 $A=180°$，$B=90°$，$C=0°$；在 ABB 机器人上，用四元数表示时，因旋转坐标系 X'、Y'、Z' 轴（即工具坐标系 X_T、Y_T、Z_T 轴）单位向量在基准坐标系 X、Y、Z 轴（即手腕基准坐标系 X_F、Y_F、Z_F 轴）上的投影分别为：

$$(x_1, x_2, x_3) = (0, 0, -1)$$
$$(y_1, y_2, y_3) = (0, -1, 0)$$
$$(z_1, z_2, z_3) = (-1, 0, 0)$$

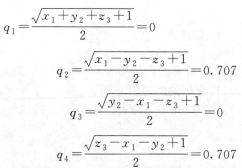

图 3.16　工具坐标系

由此可得：

$$q_1 = \frac{\sqrt{x_1 + y_2 + z_3 + 1}}{2} = 0$$

$$q_2 = \frac{\sqrt{x_1 - y_2 - z_3 + 1}}{2} = 0.707$$

$$q_3 = \frac{\sqrt{y_2 - x_1 - z_3 + 1}}{2} = 0$$

$$q_4 = \frac{\sqrt{z_3 - x_1 - y_2 + 1}}{2} = 0.707$$

q_1、q_3 为"0"，符号为"+"；计算式 $y_3 - z_2 = 0$，q_2 为"+"；计算式 $x_2 - y_1 = 0$，q_4 为"+"；因此，工具坐标系的旋转四元数为 $[0, 0.707, 0, 0.707]$。

3.2　机器人姿态与控制

3.2.1　机器人与工具姿态

(1) 机器人位置与机器人姿态

工业机器人的位置可利用关节坐标系、笛卡儿直角坐标系两种方式指定。

① 关节位置。利用关节坐标系定义的机器人位置称为关节位置，它是控制系统真正能够实际控制的位置，定位准确，机器人的状态唯一，也不涉及机器人姿态的概念。

关节位置与伺服电机所转过的绝对角度对应，一般利用伺服电机内置的脉冲编码器进行检测，位置值通过编码器输出的脉冲计数来计算、确定，故又称"脉冲位置"。工业机器人伺服电机所采用的编码器通常都具有断电保持功能（称绝对编码器），其计数基准（零点）一旦设定，在任何时刻，电机所转过的脉冲数都是一个确定值。因此，机器人的关节位置是与机器人、作业工具无关的唯一位置，也不存在奇点（Singularity，见下述）。

机器人的关节位置通常只能利用机器人示教操作确定，操作人员基本无法将三维空间的笛卡儿坐标系位置转换为机器人关节位置。

② TCP 位置与机器人姿态。TCP 位置是利用虚拟笛卡儿直角坐标系定义的工具控制点位置，故又称"XYZ 位置"。工业机器人是一种多自由度运动的自动化设备，利用笛卡儿直角坐标系定义 TCP 位置时，机器人关节轴有多种实现的可能性。

例如，对于图 3.17 所示的 TCP 位置 p1，即便不考虑手腕回转轴 J4、手回转轴 J6 的位置，也可通过图 3.17（a）所示的机器人直立向前、图 3.17（b）所示的机器人前俯后仰、图 3-17（c）所示的后转上仰等状态实现 p1 点定位。

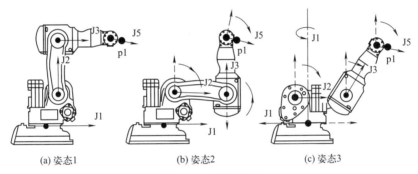

(a) 姿态1　　　　　　　(b) 姿态2　　　　　　　(c) 姿态3

图 3.17　机器人姿态

因此，利用笛卡儿直角坐标系指定机器人 TCP 位置时，不仅需要规定 XYZ 坐标值，而且还必须明确机器人关节轴的状态。

机器人的关节轴状态称为机器人姿态，又称机器人配置（Robot Configuration）、关节配置（Joint Placement），在机器人上可通过机身前/后、正肘/反肘、手腕俯/仰及 J1、J4、J6 的区间表示，但不同公司的机器人的定义参数及格式有所不同，常用机器人的姿态定义方法可参见后述。

(2) 工具姿态及定义

以笛卡儿直角坐标系定义 TCP 位置，不仅需要确定 X、Y、Z 坐标值和机器人姿态，而且还需要定义规定作业工具的中心线方向。

例如，对于图 3.18（a）所示的点焊作业，作业部位的 X、Y、Z 坐标值相同，但焊钳中心线方向不同；对于 3.18（b）所示的弧焊作业，则需要在焊枪行进过程中调整中心线方向、规避障碍等。

机器人的工具中心线方向称为工具姿态。工具姿态实际上就是工具坐标系在当前坐标系（X、Y、Z 所对应的坐标系）上的方向，因此，它同样可通过坐标系旋转的姿态角或欧拉角、四元素定义。由于坐标旋转定义方法不同，不同机器人的 TCP 位置表示方法（数据格式）也有所不同，常用机器人的 TCP 位置数据格式如下。

FANUC、安川机器人以 (x, y, z, a, b, c) 表示 TCP 位置，(x, y, z) 为坐标值，

（a，b，c）为工具姿态；a、b、c 依次为工具坐标系按 $X{\rightarrow}Y{\rightarrow}Z$ 旋转次序、绕当前坐标系回转的姿态角 $W/P/R$（或 $Rx/Ry/Rz$）。

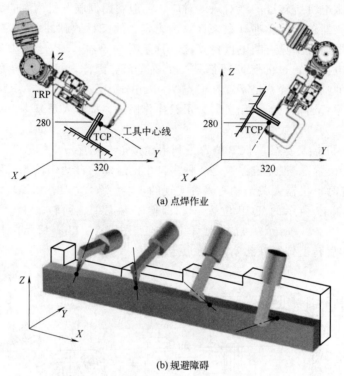

(a) 点焊作业

(b) 规避障碍

图 3.18　工具中心线方向与控制

ABB 机器人：以 $[\,[\,x，y，z\,]，[\,q_1，q_2，q_3，q_4\,]\,]$ 表示 TCP 位置，（x，y，z）为坐标值，$[\,q_1，q_2，q_3，q_4\,]$ 为工具姿态；q_1、q_2、q_3、q_4 为工具坐标系在当前坐标系上的旋转四元数。

KUKA 机器人：以（x，y，z，a，b，c）表示 TCP 位置，（x，y，z）为坐标值，（a，b，c）为工具姿态；a、b、c 依次为工具坐标系按 $Z{\rightarrow}Y{\rightarrow}X$ 旋转次序、绕当前坐标系回转的欧拉角 $A/B/C$。

3.2.2　机器人姿态及定义

机器人姿态以机身前/后、手臂正肘/反肘、手腕俯/仰以及 J1/J4/J6 轴区间表示，姿态的基本定义方法如下。

(1) 机身前/后

机身前（Front）/后（Back）用来定义机器人手腕的基本位置，它以垂直于机器人中心线平面的平面为基准，用手腕中心点（WCP）在基准面上的位置表示，WCP 位于基准面前侧为"前（Front）"、位于基准面后侧为"后（Back）"；如 WCP 处于基准面，机身前/后位置将无法确定，称为"臂奇点"。

需要注意的是，机器人运动时，用来定义机身前/后位置的基准面（机器人中心线平面），实际上是一个随 J1 轴回转的平面，因此，机身前/后相对于地面的位置，也将随 J1 轴的回转变化。

例如，当 J1 轴处于图 3.19（a）所示的 0° 位置时，基准面与机器人基座坐标系的 YZ 平面重合，此时，如 WCP 位于机器人基座坐标系的 $+X$ 方向是机身前位（T）、位于 $-X$ 方向是机身后位（B）；但是，如果J1轴处于图 3.19（b）所示的 180°位置，则 WCP 位于基座坐标系的＋X 方向为机身后位、位于－X 方向为机身前位。

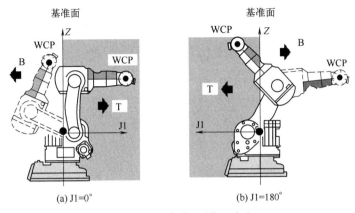

图 3.19 机身前/后位置定义

(2) 正/反肘

正/反肘（Up/Down）用来定义机器人上下臂的状态，定义方法如图 3.20 所示。

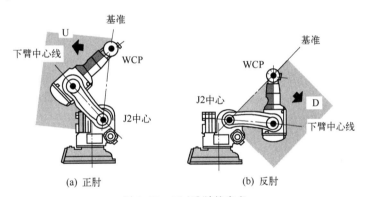

图 3.20 正/反肘的定义

正/反肘以机器人下臂摆动轴 J2、腕弯曲轴 J2 的中心线平面为基准，用上臂摆动轴 J3 的中心线位置表示，J3 轴中心线位于基准面上方为"正肘（Up）"，位于基准面下方为"反肘（Down）"；如 J3 轴中心线处于基准面，正/反肘状态将无法确定，称为"肘奇点"。

(3) 手腕俯/仰

手腕俯（No flip）/仰（Flip）用来定义机器人手腕弯曲的状态，定义方法如图 3.21 所示。

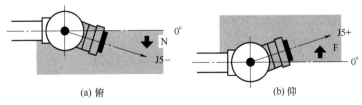

图 3.21 手腕俯/仰的定义

手腕俯/仰以上臂中心线和 J5 轴回转中心线所在平面为基准，用手回转中心线的位置表示；J4＝0°，基准水平面时，上臂中心线与基准面的夹角为正是"仰（Flip）"，夹角为负是"俯（No flip）"；如夹角为 0，手腕俯/仰状态将无法确定，称为"腕奇点"。

（4）J1/J4/J6 区间

J1/J4/J6 区间用来规避机器人奇点。奇点（Singularity）又称奇异点，从数学意义上说，奇点是不满足整体性质的个别点。在工业机器人上，按 RIA 标准定义，奇点是"由两个或多个机器人轴共线对准所引起的、机器人运动状态和速度不可预测的点"。

6 轴垂直串联机器人的奇点有图 3.22 所示的臂奇点、肘奇点、腕奇点 3 种。

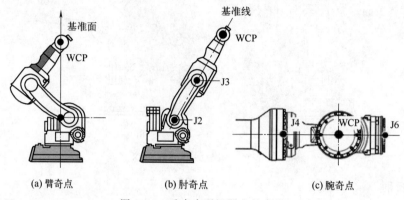

(a) 臂奇点　　　　　(b) 肘奇点　　　　　(c) 腕奇点

图 3.22　垂直串联机器人的奇点

臂奇点如图 3.22（a）所示，它是机器人手腕中心点 WCP 正好处于机身前/后定义基准面上的所有情况。在臂奇点上，由于机身前/后位置无法确定，J1、J4 轴存在瞬间旋转 $180°$ 的危险。

肘奇点如图 3.22（b）所示，它是 J3 轴中心线正好处于正/反肘定义基准面上的所有情况。在肘奇点上，由于正/反肘状态无法确定，并且手臂伸长已到达极限，因此，TCP 线速度的微量变化，也可能导致 J2、J3 轴的高速运动而产生危险。

腕奇点如图 3.22（c）所示，它是手回转中心线与手腕俯/仰定义基准面夹角为 0 的所有情况。在腕奇点上，由于手腕俯/仰状态无法确定，J4、J6 轴存在无数位置组合，因此，存在 J4、J6 轴瞬间旋转 $180°$ 的危险。

为了防止机器人在奇点位置出现不可预见的运动，机器人姿态定义时，需要通过 J1/J4/J6 区间来规避机器人奇点。

3.2.3　常用机器人的姿态定义

机器人姿态在 TCP 位置数据中用姿态参数（Configuration Data）表示，但数据格式在不同机器人上有所不同，常用机器人的姿态参数格式如下。

（1）FANUC 机器人

FANUC 机器人的姿态通过图 3.23 所示 TCP 位置数据中的 CONF 参数定义。

CONF 参数的前 3 位为字符，含义如下。

首字符：表示手腕俯/仰（No flip/Flip）状态，设定值为 N（俯）或 F（仰）。

第 2 字符：表示正/反肘（Up/Down），设定值为 U（正肘）或 D（反肘）。

第 3 字符：表示机身前/后（Front/Back），设定值为 T（前）或 B（后）。

CONF 参数的后 3 位为数字，依次表示 J1/J4/J6 的区间，含义如下。

−1：表示 J1/J4/J6 的角度 θ 为 $-540°<\theta\leqslant-180°$。

0：表示 J1/J4/J6 的角度 θ 为 $-180°<\theta<+180°$。

1：表示 J1/J4/J6 的角度 θ 为 $180°\leqslant\theta<540°$。

(2) 安川机器人

安川机器人的姿态通过图3.24所示程序点位置数据中的<姿态>参数定义。<姿态>参数的含义如下。

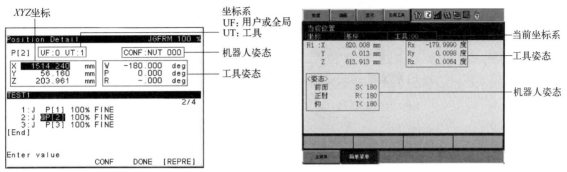

图3.23 FANUC机器人位置显示   图3.24 安川机器人位置显示

前面/后面：机身前/后。

正肘/反肘：表示正/反肘。

俯/仰：表示手腕俯/仰。

J1/J4/J6区间：用"S（R、T）<180""S（R、T）≥180"表示。S（R、T）<180代表J1（J4、J6）轴的角度为 $-180°\leqslant\theta<180°$；"S（R、T）≥180"表示J1（J4、J6）轴的角度为 $\theta\geqslant 180°$ 或 $\theta<-180°$。

(3) ABB机器人

ABB机器人的姿态可通过TCP位置（Robtarget，亦称程序点）数据中的"配置数据（Confdata）"定义。Robtarget数据的格式如下。

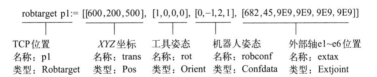

Robtarget数据中的"XYZ坐标（Pos）"和"工具姿态（Orient）"用来表示程序点在当前坐标系中的空间位置（坐标值）和工具方向（四元数），"外部轴位置（Extjioint）"是以关节坐标系表示的外部轴位置。

机器人姿态（Confdata）以四元数 ［cf1，cf4，cf6，cfx］ 表示，其中，cf1、cf4、cf6分别为J1、J4、J6的区间代号，数值-4～3用来表示象限，含义如图3.25所示；cfx为机器人姿态代号，数值0～7的含义如表3.1所示。

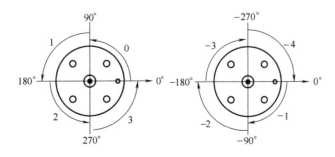

图3.25 ABB机器人J1、J4、J6轴区间代号

表 3.1　ABB 机器人姿态参数 cfx 设定表

cfx 设定	0	1	2	3	4	5	6	7
机身状态	前	前	前	前	后	后	后	后
肘状态	正	正	反	反	正	正	反	反
手腕状态	仰	俯	仰	俯	仰	俯	仰	俯

（4）KUKA 机器人姿态

KUKA 机器人的姿态通过 TCP 位置（POS）数据中的数据项 S（Status，状态）、T（Turn，转角）定义。POS 数据的格式如下：

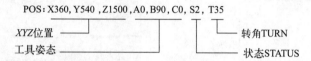

POS 数据中的 $X/Y/Z$、$A/B/C$ 值为程序点在当前坐标系中的位置和工具方向（欧拉角），状态 S、转角 T 的定义方法如下。

① 状态 S。状态数据 S 的有效位为 5 位（bit0～bit4），其中，bit0～bit2 用来定义机器人姿态，有效数据位的作用如下。

bit 0：定义机身前后，"0" 为前、"1" 为后。

bit 1：定义正/反肘，"0" 为反肘、"1" 为正肘。

bit 2：定义手腕俯仰，"0" 为仰、"1" 为俯。

bit 3：未使用。

bit 4：示教状态（仅显示），"0" 表示程序点未示教，"1" 表示程序点已示教。

② 转角 T。转角数据 T 的有效位为 6 位，bit0～bit5 依次为 A1～A6 轴角度，"0" 代表 A1～A6≥0°，"1" 代表 A1～A6<0°；定义 KUKA 机器人转角 T 时，需要注意 A2、A3 轴的 0°位置和 FANUC、安川、ABB 等机器人的区别。

3.3　机器人作业与控制

3.3.1　焊接机器人分类

（1）焊接的基本方法

焊接是以高温、高压方式接合金属或其他热塑性材料的制造工艺与技术，是制造业的重要生产方式之一。焊接加工环境恶劣，加工时产生的强弧光、高温、烟尘、飞溅、电磁干扰不仅有害于人体健康，甚至可能给人体带来烧伤、触电、视力损害、有毒气体吸入、紫外线过度照射等伤害。焊接加工对位置精度的要求远低于金属切削加工，因此，它是最适合使用工业机器人的领域之一。据统计，焊接机器人在工业机器人中的占比高达 50%，其中，金属焊接在工业领域使用最为广泛。

目前，金属焊接方法主要有钎焊、熔焊和压焊 3 类。

① 钎焊。钎焊是以熔点低于工件（母材）、焊件的金属材料作填充料（钎料），将钎料加热至熔化但低于工件、焊件熔点的温度后，利用液态钎料填充间隙，使钎料与工件、焊件相互扩散、实现焊接的方法。例如，电子元器件焊接就是典型的钎焊，其焊接方法有烙铁焊、波峰焊及表面贴装（SMT）等。钎焊一般较少直接使用机器人焊接。

② 压焊。压焊是在加压条件下，使工件和焊件在固态下实现原子间结合的焊接方法。压

焊的加热时间短、温度低，热影响小，作业简单、安全、卫生，同样在工业领域得到了广泛应用，其中，电阻焊是最常用的压焊工艺，工业机器人的压焊一般都采用电阻焊。

③ 熔焊。熔焊是通过加热，使工件（母材）、焊件及熔填物（焊丝焊条等）局部熔化、形成熔池，冷却凝固后接合为一体的焊接方法。熔焊不需要对焊接部位施加压力，熔化金属材料的方法可采用电弧、气体火焰、等离子、激光等，其中，电弧熔化焊接（Arc Welding，简称弧焊）是金属熔焊中使用最广的方法。

(2) 点焊机器人

用于压焊的工业机器人称为点焊机器人，它是焊接机器人中研发最早的产品，主要用于如图3.26所示的点焊（Spot Welding）和滚焊（Roll Welding，又称缝焊）作业。

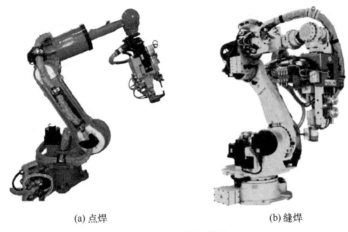

(a) 点焊　　　　　　　　　　　　(b) 缝焊

图 3.26　点焊机器人

点焊机器人一般采用电阻压焊工艺，其作业工具为焊钳。焊钳需要有电极张开、闭合、加压等动作，因此，需要有相应的控制设备。机器人目前使用的焊钳主要有图3.27所示的气动焊钳和伺服焊钳两种。

(a) 气动　　　　　　　　　　　　(b) 伺服

图 3.27　点焊焊钳

气动焊钳是传统的自动焊接工具，其开/合位置、开/合速度、压力由气缸进行控制。气动焊钳结构简单、控制容易。气动焊钳的开/合位置、速度、压力需要通过气缸调节，参数一旦调定，就不能在作业过程中改变，其灵活性较差。

伺服焊钳是目前先进的自动焊接工具，其开/合位置、开/合速度、压力均可由伺服电机进行控制，其动作快速、运动平稳，作业效率高。伺服焊钳参数可根据作业需要随时改变，因此，其适应性强、焊接质量好，是目前点焊机器人广泛使用的作业工具。

焊钳及控制部件（阻焊变压器等）的体积较大，质量大致为30～100kg，而且对作业灵活性的要求较高，因此，点焊机器人通常以中、大型垂直串联机器人为主。

（3）弧焊机器人

用于熔焊的机器人称为弧焊机器人。弧焊机器人需要进行焊缝的连续焊接作业，对运动灵活性、速度平稳性和定位精度有一定的要求；但作业工具（焊枪）的质量较小，对机器人承载能力要求不高；因此，通常以 20kg 以下的小型、6 轴或 7 轴垂直串联机器人为主，机器人的重复定位精度通常应为 0.1～0.2mm。

弧焊机器人的作业工具为焊枪，机器人的焊枪安装形式主要有如图 3.28 所示的内置式、外置式两类。

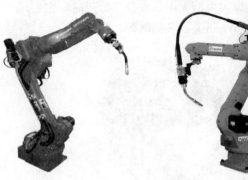

(a) 内置焊枪　　　(b) 外置焊枪

图 3.28　弧焊机器人

内置焊枪所使用的气管、电缆、焊丝直接从机器人手腕、手臂的内部引入焊枪，焊枪直接安装在机器人手腕上。内置焊枪的结构紧凑、外形简洁，手腕运动灵活，但其安装、维护较为困难，因此，通常用于作业空间受限制的设备内部焊接作业。

外置焊枪所使用的气管、电缆、焊丝等均从机器人手腕的外部引入焊枪，焊枪通过支架安装在机器人手腕上。外置焊枪的安装简单、维护容易，但其结构松散、外形较大，气管、电缆、焊丝等部件对手腕运动会产生一定的干涉，因此，通常用于作业面敞开的零件或设备外部焊接作业。

3.3.2　点焊机器人作业控制

（1）电阻焊原理

电阻焊（Resistance Welding）属于压焊的一种，常用的有点焊和滚焊两种，其原理如图 3.29 所示。

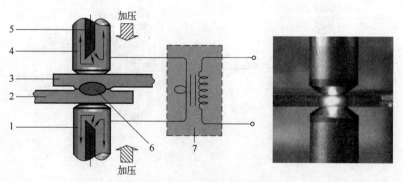

图 3.29　电阻焊原理

1,4—电极；2—工件；3—焊件；5—冷却水；6—焊核；7—阻焊变压器

电阻焊的工件和焊件都必须是导电材料，需要焊接的工件和焊件的焊接部位一般被加工成相互搭接的接头，焊接时，工件和焊件可通过电极压紧。工件和焊件被电极压紧后，由于接触面的接触电阻大大超过导电材料本身电阻，因此，当电极上施加大电流时，接触面的温度将急剧升高并迅速达到塑性状态；工件和焊件便可在电极轴向压力的作用下形成焊核，焊核冷却后，两者便可连为一体。

如果电极与工件、焊件为定点接触，电阻焊所产生的焊核为"点"状，这样的焊接称为点焊（Spot Welding）；如电极在工件和焊件上连续滚动，所形成的焊核便成为一条连续的焊缝，称为滚焊（Roll Welding）或缝焊。

电阻焊所产生的热量与接触面电阻、通电时间、电流平方成正比。为了使焊接部位迅速升温，电极必须通入足够大的电流，为此，需要通过变压器，将高电压、小电流电源，变换成低电压、大电流的焊接电源，这一变压器称为阻焊变压器。

阻焊变压器可安装在机器人机身上，也可直接安装在焊钳上，前者称分离型焊钳，后者称一体型焊钳。阻焊变压器输出侧用来连接电极的导线需要承载数千甚至数万安培的大电流，其截面积很大，并需要水冷却；如导线过长，不仅损耗大，而且拉伸和扭转也较困难，因此，点焊机器人一般宜采用一体型焊钳。

(2) 系统组成

机器人点焊系统的一般组成如图 3.30 所示，点焊作业部件的作用如下。

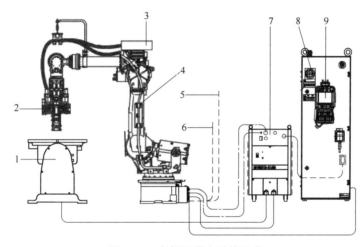

图 3.30　点焊机器人系统组成

1—变位器；2—焊钳；3—控制部件；4—机器人；5,6—水管、气管；7—焊机；8—控制柜；9—示教器

① 焊机。电阻点焊的焊机简称阻焊机，其外观如图 3.31 所示，它主要用于焊接电流、焊接时间等焊接参数及焊机冷却等的自动控制与调整。

图 3.31　电阻点焊机

阻焊机主要有单相工频焊机、三相整流焊机、中频逆变焊机、交流变频焊机几类，机器人使用的焊机多为中频逆变焊机、交流变频焊机。

中频逆变焊机、交流变频焊机的原理类似，它们通常采用的是图 3.32 所示的"交—直—交—直"逆变电路，首先将来自电网的交流电源转换为脉宽可调的 1000～3000Hz 中频、高压脉冲；然后，再利用阻焊变压器变换为低压、大电流信号后，再整流成直流焊接电流、加入电极。

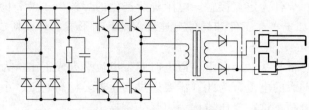

图 3.32　交流逆变电路

② 焊钳。焊钳是点焊作业的基本工具，伺服焊钳的开合位置、速度、压力等均可利用伺服电机进行控制，故通常作为机器人的辅助轴（工装轴），由机器人控制系统直接控制。

③ 附件。点焊系统的常用附件有变位器、电极修磨器、焊钳自动更换装置等，附件可根据系统的实际需要选配。电极修磨器用来修磨电极表面的氧化层，以改善焊接效果、提高焊接质量；焊钳自动更换装置用于焊钳的自动更换。

(3) 作业控制

点焊机器人常用的作业形式有焊接（单点或多点连续）和空打两种，其动作过程与控制要求在不同机器人上稍有不同，以安川机器人为例，点焊作业过程及控制要求如下。

1）单点焊接

单点焊接是对工件指定位置所进行的焊接操作，其作业过程如图 3.33 所示，作业动作及控制要求如下。

① 机器人移动，将焊钳作业中心线定位到焊接点法线上。

② 机器人移动，使焊钳的固定电极与工件下方接触，完成焊接定位。

③ 焊接启动，焊钳的移动电极伸出、使工件和焊件的焊接部位接触并夹紧。

④ 电极通电，焊点加热。

⑤ 加压，移动电极继续伸出，对焊接部位加压；加压次数、压力一般可根据需要设定。

⑥ 焊接结束，断开电极电源、移动电极退回。

⑦ 机器人移动，使焊钳的固定电极与工件下方脱离。

⑧ 机器人移动，使焊钳退出工件。

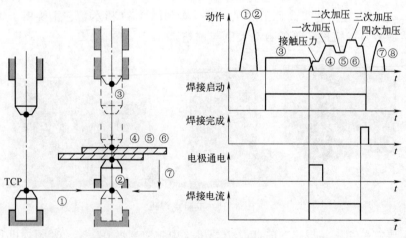

图 3.33　单点焊接作业过程

2）多点连续焊接

多点连续焊接通常用于板材的多点焊接，其作业过程如图 3.34 所示。

多点连续焊接时，焊钳姿态、焊钳与工件的相对位置（A、B）、工件厚度（C）等均应为

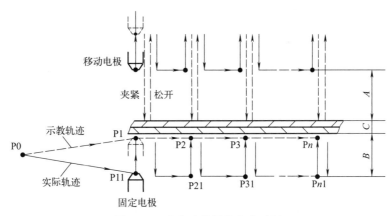

图 3.34　多点连续焊接作业过程

固定值，焊钳可以在焊接点之间自由移动；在这种情况下，只需要指定（示教）焊接点的位置，机器人便可在第 1 个焊接点焊接完成。固定电极退出后，直接将焊钳定位到第 2 个焊接点，重复同样的焊接作业，接着再继续进行后续所有点的焊接作业。

3）空打

"空打"是点焊机器人的特殊作业形式，主要用于电极的磨损检测、锻压整形、修磨等操作；空打作业时，焊钳的基本动作与焊接相同，但电极不通焊接电流，因此，也可将焊钳作为夹具使用，用于轻型、薄板类工件的搬运。

3.3.3　弧焊机器人作业控制

(1) 气体保护焊原理

电弧熔化焊接简称弧焊（Arc Welding），是熔焊的一种，它是通过电极和焊接件间的电弧产生高温，使工件（母材）、焊件及熔填物局部熔化、形成熔池，冷却凝固后接合为一体的焊接方法。

由于大气存在氧、氮、水蒸气，高温熔池如果与大气直接接触，金属或合金就会氧化或产生气孔、夹渣、裂纹等缺陷，因此，通常需要用图 3.35 所示的方法，通过焊枪的导电嘴将氩、氦气、二氧化碳或混合气体连续喷到焊接区来隔绝大气、保护熔池，这种焊接方式称为气体保护电弧焊。

弧焊的熔填物既可如图 3.35（a）所示直接将熔填物作为电极并熔化，也可如图 3.35（b）所示由熔点极高的电极（一般为钨）加热后，与工件、焊件一起熔化；前者称为"熔化极气体

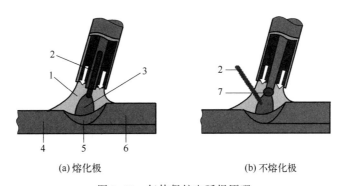

(a) 熔化极　　　　　　　　(b) 不熔化极

图 3.35　气体保护电弧焊原理

1—保护气体；2—焊丝；3—电弧；4—工件；5—熔池；6—焊件；7—钨极

保护电弧焊"，后者称为"不熔化极气体保护电弧焊"，两种焊接方式的电极极性相反。

熔化极气体保护电弧焊需要以连续送进的可熔焊丝为电极，产生电弧，熔化焊丝、工件及焊件，实现金属熔合。根据保护气体种类，主要分 MIG 焊、MAG 焊、CO_2 焊 3 种。

① MIG 焊。MIG 焊是惰性气体保护电弧焊（Metal Inert-gas Welding）的简称，保护气体为氩气（Ar）、氦气（He）等惰性气体，使用氩气的 MIG 焊俗称"氩弧焊"。MIG 焊几乎可用于所有金属的焊接，对铝及合金、铜及合金、不锈钢等材料尤为适合。

② MAG 焊。MAG 焊是活性气体保护电弧焊（Metal Active-gas Welding）的简称，保护气体为惰性和氧化性气体的混合物，如在氩气（Ar）中加入氧气（O_2）、二氧化碳（CO_2）或两者的混合物，由于混合气体以氩气为主，故又称"富氩混合气体保护电弧焊"。MAG 焊主要适用于碳钢、合金钢和不锈钢等黑色金属的焊接，在不锈钢焊接中应用十分广泛。

③ CO_2 焊。CO_2 焊是二氧化碳（CO_2）气体保护电弧焊的简称，保护气体为二氧化碳（CO_2）或二氧化碳（CO_2）、氩气（Ar）混合气体。二氧化碳的价格低廉、焊缝成形良好，它是目前碳钢、合金钢等黑色金属材料最主要的焊接方法之一。

不熔化极气体保护电弧焊主要有 TIG 焊、原子氢焊及等离子弧焊（Plasma）等。TIG 焊是最常用的方法。

TIG 焊是钨极惰性气体保护电弧焊（Tungsten Inert-gas Welding）的简称。TIG 焊以钨为电极产生电弧，熔化工件、焊件和焊丝，实现金属熔合，保护气体一般为惰性气体氩气（Ar）、氦气（He）或氩氦混合气体。用氩气（Ar）作保护气体的 TIG 焊称为"钨极氩弧焊"，用氦气（He）作保护气体的 TIG 焊称为"钨极氦弧焊"，由于氦气价格贵，目前工业上以钨极氩弧焊为主。钨极氩弧焊多用于铝、镁、钛、铜等有色金属及不锈钢、耐热钢等材料的薄板焊接，对铅、锡、锌等低熔点、易蒸发金属的焊接较困难。

(2) 系统组成

机器人弧焊系统的组成如图 3.36 所示，除了机器人基本部件外，系统一般还需要配置图 3.37 所示的弧焊焊接设备。

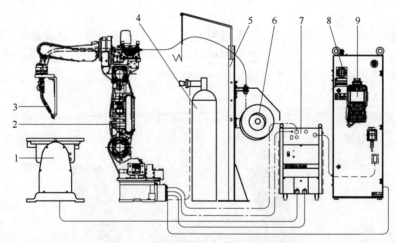

图 3.36 弧焊机器人系统组成

1—变位器；2—机器人；3—焊枪；4—气体；5—焊丝架；6—焊丝盘；7—焊机；8—控制柜；9—示教器

弧焊焊接设备主要有焊枪（内置或外置，见前述）、焊机、送丝机构、保护气体及输送管路等。MIG 焊、MAG 焊、CO_2 焊以焊丝作为填充料，在焊接过程中焊丝将不断熔化，故需要有焊丝盘、送丝机构来保证焊丝的连续输送；保护气体一般通过气瓶、气管，向导电嘴连续提供。

(a) 焊机　　　　　　　　(b) 清洗站　　　　　(c) 焊枪交换装置

图 3.37　弧焊设备

弧焊机是用于焊接电压、电流等焊接参数自动控制与调整的电源设备，常用的有交流弧焊机和逆变弧焊机两类。交流弧焊机是一种把电网电压转换为弧焊低压、大电流的特殊变压器，故又称弧焊变压器；交流弧焊机结构简单、制造成本低、维修容易、空载损耗小，但焊接电流为正弦波，电弧稳定性较差、功率因数低，一般用于简单的手动弧焊设备。

逆变弧焊机采用脉宽调制（Pulse Width Modulated，简称 PWM）逆变技术，是工业机器人广泛使用的焊接设备。在逆变弧焊机上，电网输入的工频 50Hz 交流电首先经过整流、滤波转换为直流电，然后再逆变成 10～500kHz 的中频交流电；最后通过变压、二次整流和滤波，得到焊接所需的低电压、大电流直流焊接电流或脉冲电流。逆变弧焊机体积小、重量轻，功率因数高、空载损耗小，而且焊接电流、升降过程均可控制，故可获得理想的电弧特性。

除以上基本设备外，高效、自动化弧焊工作站、生产线一般还配套有焊枪清洗装置、自动交换装置等辅助设备。焊枪经过长时间焊接，会产生电极磨损、导电嘴焊渣残留等问题，焊枪自动清洗装置可对焊枪进行导电嘴清洗、防溅喷涂、剪丝等处理，以保证气体畅通、减少残渣附着、保证焊丝干伸长度不变。焊枪自动交换装置用来实现焊枪的自动更换，以改变焊接工艺、提高机器人作业柔性和作业效率。

（3）作业控制

机器人弧焊除了普通的移动焊接外，还可进行"摆焊"作业；焊接过程中不仅需要有引弧、熄弧、送气、送丝等基本焊接动作，而且还需要有再引弧功能。弧焊机器人作业动作在不同机器人上有所区别，以安川机器人为例，弧焊控制的一般要求如下。

① 焊接。弧焊机器人的一般焊接动作和控制要求如图 3.38 所示。焊接时首先需要将焊枪移动到焊接开始点，接通保护气体和焊接电流、产生电弧（引弧）；然后，控制焊枪沿焊接轨迹移动并连续送入焊丝；当焊枪到达焊接结束点后，关闭保护气体和焊接电流（熄弧）、退出焊枪；如果焊接过程中发生引弧失败、焊接中断、结束时粘丝等故障，还需要通过"再引弧"动作（见后述），重新启动焊接、解除粘丝。

② 摆焊。摆焊（Swing Welding）是一种焊枪行进时可进行横向有规律摆动的焊接工艺。

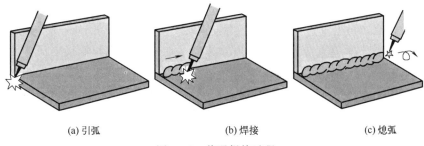

(a) 引弧　　　　　　　(b) 焊接　　　　　　　(c) 熄弧

图 3.38　普通焊接过程

摆焊不仅能增加焊缝宽度、提高强度，且还能改善根部透度和结晶性能，形成均匀美观的焊缝，提高焊接质量，因此，经常用于不锈钢材料的角连接焊接等场合。

机器人摆焊的实现形式有图 3.39 所示的工件移动摆焊和焊枪移动摆焊两种。

采用工件移动摆焊作业时，焊枪的行进利用工件移动实现，焊枪只需要在固定位置进行起点与终点重合的摆动运动，故称为"定点摆焊"。定点摆焊需要有工件移动的辅助轴（工具移动作业系统）或者控制焊枪摆动的辅助轴（工件移动作业系统），在焊接机器人上使用相对较少。

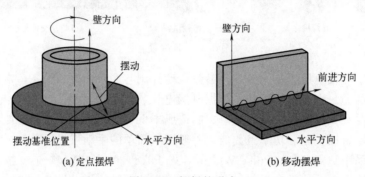

(a) 定点摆焊　　　　　　　　　　　(b) 移动摆焊

图 3.39　摆焊的形式

焊枪移动摆焊是利用机器人同时控制焊枪行进、摆动的作业方式，焊枪摆动方式一般有图 3.40 所示单摆、三角形摆、L形摆 3 种；三种摆动方式的倾斜平面角度、摆动幅度和频率等参数均可通过作业命令编程和改变。

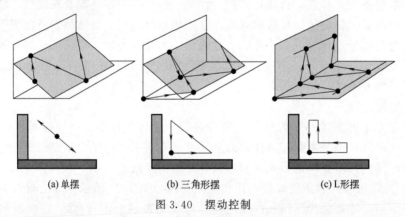

(a) 单摆　　　　　　　　(b) 三角形摆　　　　　　　(c) L形摆

图 3.40　摆动控制

单摆焊接的焊枪运动如图 3.40（a）所示，焊枪沿编程轨迹行进时，可在指定的倾斜平面内横向摆动，焊枪运动轨迹为摆动平面上的三角波。三角形摆焊接的焊枪运动如图 3.40（b）所示，焊枪沿编程轨迹行进时，首先进行水平（或垂直）方向移动，接着在指定的倾斜平面内运动，然后再沿垂直（或水平）方向回到编程轨迹，焊枪运动轨迹为三角形螺旋线。L形摆焊接的焊枪运动如图 3.40（c）所示，焊枪沿编程轨迹行进时，首先沿水平（或垂直）方向运动，回到编程轨迹后，再沿垂直（或水平）方向摆动；焊枪运动轨迹为L形三角波。

③ 再引弧。再引弧是在焊枪电弧中断时，重新接通保护气体和焊接电流，使得焊枪再次产生电弧的功能。

例如，如果引弧部位或焊接部位存在锈斑、油污、氧化皮等污物，或者，在引弧和焊接时发生断气、断丝、断弧等现象，就可能导致引弧失败或焊接过程中的熄弧；此外，如果焊接参数选择不当，在焊接结束时也可能发生焊丝粘连的"粘丝"现象；在这种情况下，机器人就需要进行图 3.41 所示的"再引弧"操作，重新接通保护气体和焊接电流，继续进行或完成焊接作业。

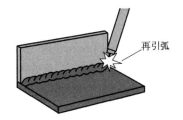

图 3.41 再引弧

3.3.4 搬运及通用作业控制

(1) 搬运机器人

搬运机器人（Transfer Robot）是从事物体移载作业的工业机器人的总称，主要用于物体的输送和装卸。从功能上说，装配、分拣、码垛等机器人，实际也属于物体移载的范畴，其作业程序与搬运机器人并无区别，因此，可使用相同的作业命令编程。

搬运机器人的用途广泛，其应用涵盖机械、电子、化工、饮料、食品、药品及仓储、物流等行业，因此，各种结构形态、各种规格的机器人都有应用。一般而言，承载能力 20kg 以下、作业空间在 2m 以内的小型搬运机器人，可采用垂直串联、SCARA、Delta 等结构；承载能力 20～100kg 的中型搬运机器人以垂直串联为主，但液晶屏、太阳能电池板安装等平面搬运作业场合，也有采用中型 SCARA 机器人的情况；承载能力大于 100kg 的大型、重型搬运机器人，则基本采用垂直串联结构。

搬运机器人用来抓取物品的工具统称夹持器。夹持器的结构形式与作业对象有关，吸盘、手爪、夹钳是机器人常用的作业工具。

① 吸盘。工业机器人所使用的吸盘主要有真空吸盘和电磁吸盘 2 类。

真空吸盘利用吸盘内部和大气间的压力差吸持物品，吸盘形状通常有图 3.42 所示的平板形、爪形 2 种；吸盘的真空可利用伯努利（Bernoulli）原理产生或直接抽真空产生。

(a) 平板形　　　　　　　　　　　(b) 爪形

图 3.42 真空吸盘

真空吸盘对所夹持的材料无要求，其适用范围广、无污染，但是，它要求物品具有光滑、平整、不透气的吸持面，而且其最大吸持力不能超过大气压力，因此，通常用于玻璃、塑料、金属、木材等轻量、具有光滑吸持面的平板类物品或者密封包装的轻量物品的吸持。

电磁吸盘利用电磁吸力吸持物品，吸盘可根据需要制成各种形状。电磁吸盘结构简单、控制方便，吸持力大、对吸持面的要求不高，因此是金属材料搬运机器人常用的作业工具。但是，电磁吸盘只能用于导磁材料制作物品的吸持，物品被吸持后容易留下剩磁，因此，多用于原材料、集装箱搬运等场合。

② 手爪。手爪是利用机械锁紧或摩擦力夹持物品的夹持器。手爪可根据物品外形，设计

成各种形状、夹持力可根据要求设计和调整，其夹持可靠、使用方便，但要求物品具有抵抗夹紧变形的刚性。

机器人常用的手爪有图 3.43 所示的指形、手形、三爪 3 类。

指形手爪一般利用牵引丝或凸轮带动的关节运动控制指状夹持器的开合，其动作灵活、适用面广，但手爪结构较为复杂、夹持力较小，故多用于机械、电子、食品、药品等行业的小型物品装卸、分拣等作业。

手形、三爪通常利用气缸、电磁铁控制开合，不但夹持力大，而且还具有自动定心的功能，因此，广泛用于机械加工行业的棒料、圆盘类物品搬运作业。

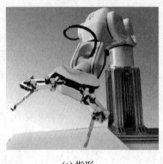  

(a) 指形　　　　　　　　　　(b) 手形　　　　　　　　　　(c) 三爪

图 3.43　手爪

③ 夹钳。夹钳通常用于大宗物品夹持，多采用气缸控制开合，夹钳动作简单、对物品的外形要求不高，故多用于仓储、物流等行业的搬运、码垛机器人作业。

常用的夹钳有图 3.44 所示的铲形、夹板形 2 种结构。铲形夹钳大多用于大宗袋状物品的抓取，夹板形夹钳则用于箱体形物品夹持。

(a) 铲形　　　　　　　　　　　　(b) 夹板形

图 3.44　夹钳

(2) 通用机器人

通用机器人（Universal Robot）可用于切割、雕刻、研磨、抛光等作业，通常以垂直串联结构为主。由于机器人的结构刚性、加工精度、定位精度、切削能力低于数控机床等高精度加工设备，因此，通常只用于图 3.45 所示的木材、塑料、石材等装饰、家居制品的切割、雕刻、修磨、抛光等简单粗加工作业。

通用机器人的作业工具种类复杂，雕刻、切割机器人需要使用图 3.46（a）所示的刀具，涂装类机器人则需要使用图 3.46（b）所示的喷枪等。

搬运机器人的夹持器通常只需要进行开合控制；切割、雕刻机器人的刀具一般只需要进行启动、停止控制；研磨、抛光、涂装机器人除了工具启动、停止外，有时需要进行摆动控制。

由于以上机器人的作业控制要求简单，产品批量较小，因此，一般不对作业命令进行细分，

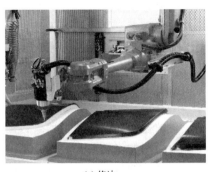

(a) 修边   (b) 雕刻

图 3.45 加工机器人的应用

(a) 刀具   (b) 喷枪

图 3.46 通用机器人工具

在机器人控制系统中，可以统一使用工具 ON/OFF 及与摆焊同样的摆动命令控制机器人作业。

3.4 机器人电气控制系统

3.4.1 控制系统组成与结构

(1) 电气控制部件与安装

工业机器人电气控制系统的一般要求和基本部件安装如图 3.47 所示，系统需要具备机器人运动控制、安全防护、作业工具控制 3 大基本功能。

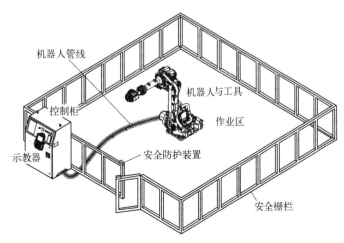

图 3.47 电气控制部件与安装

机器人运动主要通过机器人关节轴、外部轴的伺服电机运动实现，电气控制系统一般包括示教器、控制柜、安全防护装置、工具控制装置等部件。示教器是用于机器人操作、控制的基本部件，为了方便作业，机器人的示教器一般都采用手持式结构。控制柜用来安装机器人控制器、驱动器、I/O 信号连接接口、辅助控制电路等基本控制器件。示教器、控制柜是所有工业机器人运动控制必需的基本部件，它们需要由机器人生产厂家在机器人出厂时配套提供。

工业机器人是一种自动化设备，其作业区敞开，为了防止发生危及人身、设备安全的事故，大中型垂直串联机器人的作业区一般需要设置安全防护栅栏，以防止机器人自动运行时人员进入。安全防护栅栏需要安装防护门打开、关闭控制与检测的安全防护装置，防护门一旦打开，机器人的自动运行将立即停止，机器人只能以手动、低速的方式运动。机器人的安全防护装置一般由用户根据实际需要设置，在多机器人作业系统上，安全防护栅栏、安全装置可以为多机器人共用。

作业工具的控制要求与机器人用途、工具类型有关。例如，用于物品搬运的机器人，一般只需要进行抓手松夹等简单控制，电磁阀、吸盘等工具控制部件可直接安装在机器人机身上；焊接机器人则需要配备焊机、焊枪清洗（弧焊）、电极修磨（点焊）等辅助设备，工具控制设备需要独立安装。搬运机器人的抓手控制动作简单，通常只需要利用控制系统的输入/输出信号，进行简单的通断控制，工具控制部件一般可由用户自行选配；焊接、喷涂作业工具的控制设备通常比较复杂，而且还与机器人程序、系统控制有关，因此，焊接、喷涂控制设备大多由机器人生产厂家配套提供。

工业机器人的电气控制系统目前还没有专业化生产，系统组成、结构在不同公司生产的机器人有所不同。但是，由于机器人的结构形态、运动控制要求类似，因此，尽管系统部件的结构、外观存在不同，其原理和功能类似。

工业机器人电气控制系统的基本组成如图 3.48 所示，控制系统一般包括电源控制、电源模块（单元）、机器人控制器（IR 控制器）、伺服（SV）驱动器、I/O 接口、安全接口、示教器等基本组件。

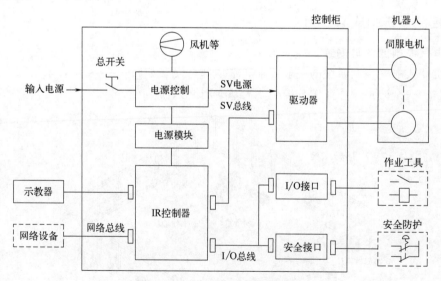

图 3.48　电气控制系统基本组成

示教器是手持式独立操作部件，需要通过可拉伸电缆和控制柜（IR 控制器）连接。机器人超程开关、伺服电机、工具控制部件等检测、执行器件一般安装在机器人本体或工具控制设备上，它们可通过机器人动力电缆和信号电缆与控制柜连接。机器人的安全保护信号通常来自安全防护栅栏，它们一般通过独立的连接电缆与控制柜连接；系统的其他控制部件一般都统一安装在系统控制柜内。

工业机器人控制系统的示教器、控制柜的基本结构如下，其他部件详见后述。

（2）控制柜结构

控制柜用来安装 IR 控制器、伺服驱动器及系统其他控制部件。不同规格机器人的关节轴伺服驱动电机功率、驱动器体积相差较大，因此，控制柜的常见结构有图 3.49 所示的紧凑型（控制箱型）和标准型（控制柜型）两种。

小型、轻量机器人的关节轴伺服驱动电机功率、驱动器体积较小，通常采用图 3.49（a）所示的台式安装紧凑型（控制箱型）结构；大中型机器人的关节轴伺服驱动电机功率、伺服驱动器体积大，需要使用图 3.49（b）所示的标准型（控制柜型）结构。

（3）示教器结构

示教器用于机器人现场操作、示教编程和信息显示，主要有按键式和触摸式两种。

按键式示教器的基本结构如图 3.50 所示。按键式示教器采用的是传统按键与显示器结构和菜单式操作/显示控制软件，操作者可通过按键、操作菜单选择需要的操作。按键式示教器的操作简单实用、方便可靠，但其体积较大、显示屏尺寸相对较小，FANUC、安川等日本生产的 CNC 型机器人控制系统，目前多采用按键式结构。

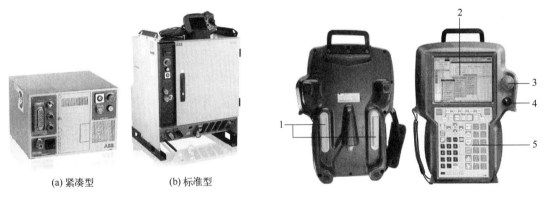

(a) 紧凑型　　　(b) 标准型

图 3.49　机器人控制柜结构

图 3.50　按键式示教器（FANUC）
1—手握开关；2—显示屏；3—急停按钮；
4—操作开关；5—键盘

触摸式示教器的基本结构如图 3.51 所示。示教器类似工业平板（PAD），操作者可触摸示教器的图标，直接选择需要的操作。触摸式示教器的体积小、重量轻、使用灵活、显示屏尺

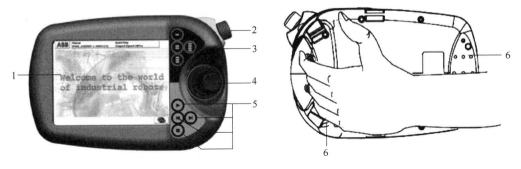

图 3.51　触摸式示教器（ABB）
1—触摸屏；2—急停按钮；3,5—操作键；4—操作杆；6—手握开关

寸大，但操作不及按键式直观方便，ABB、KUKA 等欧洲生产的工业 PC 机型控制系统，目前多采用触摸式结构。

3.4.2 伺服驱动器原理与结构

（1）伺服控制原理

伺服驱动器是用于工业机器人关节轴、外部轴驱动的关键部件。机器人伺服驱动器目前都采用的"交—直—交"PWM 变频的交流伺服驱动，原理如图 3.52 所示。

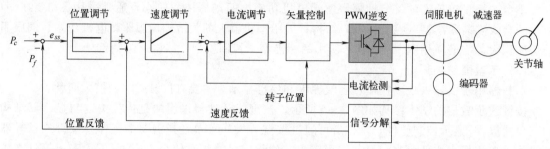

图 3.52　伺服控制原理

交流伺服驱动通常采用内外环的 3 闭环结构，由外向内依次为位置、速度、电流（转矩）环，内环可以单独使用。伺服驱动系统的位置调节大多采用比例调节器（P 调节器），速度、电流（转矩）调节采用比例-积分-微分调节器（PID 调节器），因此系统稳态运行（关节轴正常移动）时，速度、电流（转矩）为无误差（无静差）控制，但实际位置总是滞后于指令位置，两者间存在位置跟随误差 e_{ss}。然而，由于位置环存在积分环节，因此，当轴停止运动、位置指令输入为 0 时，驱动器仍然可通过积分作用，使位置跟随误差趋近于零。

位置、速度、电流（转矩）内外 3 环结构的伺服驱动器可根据机器人的实际控制需要，选择位置控制、速度控制、电流控制 3 种控制模式。

① 位置控制。位置控制是关节轴的基本控制模式。驱动器用于位置控制时，关节轴的实际位置可利用伺服电机内置编码器输出的反馈脉冲 P_f 检测，关节轴需要运动时，IR 控制器通过插补运算生成关节轴位置指令脉冲 P_c，指令脉冲 P_c 与反馈脉冲 P_f 经过比较器运算，可产生位置跟随误差 e_{ss}；位置跟随误差 e_{ss} 经位置调节器放大后可输出速度指令、控制关节轴按规定的速度运动。关节轴运动到位后，指令脉冲 P_c 输入为 0，关节轴进入闭环位置自动调节状态、保持定位点不变；此时，如关节轴受到外力作用偏离了定位点，反馈脉冲 P_f 将产生负向跟随误差 e_{ss}，使关节轴恢复到跟随误差为 0 的定位点。

② 速度控制。速度控制是位置控制的内环，当驱动器处于位置控制模式时，位置调节器的输出为关节轴的速度指令输入，电机的实际转速（速度）可通过编码器反馈脉冲的频率/速度变换（f/v 变换）得到，速度指令与速度反馈经过比较器运算可产生速度误差，速度误差经速度调节器放大后可输出电流（转矩）指令。驱动器的速度控制模式可单独使用，此时，编码器的位置反馈脉冲 P_f 仅用于位置显示；速度指令直接由外部（IR 控制器）输入。

驱动器的速度控制模式多用于工件变位器的连续回转，系统执行伺服轴连续回转控制命令时，IR 控制器可直接输出速度控制指令，控制伺服轴以规定的速度连续回转。

③ 电流控制。电流控制是速度控制的内环，电流反馈信号可通过驱动器的电流检测电路得到。当驱动器处于位置、速度控制模式时，转矩（电流）指令的输入来自速度调节器输出，电流指令与电流反馈经过比较器运算可产生电流（转矩）误差；电流（转矩）误差经电流调节器放大、矢量变换后，可产生 PWM 逆变控制信号、控制伺服电机转矩。驱动器的电流控制模

式也可以单独使用，此时，编码器的位置反馈脉冲 P_f 及频率/速度变换结果仅用于位置、速度显示；电流（转矩）指令直接由外部（IR 控制器）输入。

在机器人控制系统中，驱动器的电流控制模式称为"软伺服（Soft Servo）""伺服浮动"控制功能，可用于大型机器人的关节轴双电机驱动、作业工具的接触式定位控制。双电机驱动的大型、重型机器人关节轴利用主、从驱动电机同时驱动，主驱动电机以位置控制模式运行、控制关节轴位置和速度，从驱动电机以电流控制模式跟随主电机运动或定位，提供固定不变的驱动转矩。在作业工具接触式定位控制场合，伺服电机将以固定的输出转矩向定位点运动，直到工具与工件的接触、电机输出转矩到达指令值时停止运动，从而得到准确、可靠的定位。

（2）驱动器结构

工业机器人伺服驱动器大多采用"交—直—交"PWM 逆变控制技术，驱动器首先将交流输入（主电源）转换为 PWM 逆变主回路的直流母线电压，再通过 PWM 逆变转换为幅值、频率、相位可变的三相电压/电流，控制伺服电机转速/转矩。因此，从电路功能上，驱动器可分为整流、调压、逆变及伺服控制 4 部分。

工业机器人的伺服驱动器常用结构有集成式、模块式两种。

① 集成式。中小型机器人所使用的伺服电机功率通常较小、各关节轴的控制要求相同，为了减小体积、节约成本，控制系统通常都采用图 3.53 所示的多轴（6～8 轴）驱动器集成一体的紧凑型模块或单元结构，包括用于整流和调压的电源模块、驱动器伺服控制板及所有轴的逆变模块。

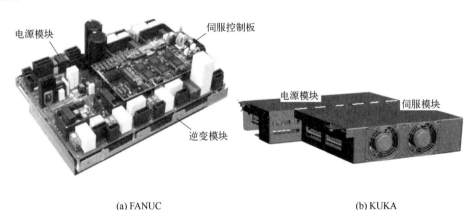

(a) FANUC　　　　　　　　　　　　　(b) KUKA

图 3.53　集成伺服驱动器结构

集成式驱动器的结构紧凑、体积小、成本低，但由于伺服控制板为多轴共用，因此，维修时需要整体更换。

② 模块式。大型、重型机器人的驱动器需要驱动大功率伺服电机，用于整流、调压、逆变的电子电力器件体积大，散热要求高，驱动器一般采用图 3.54 所示的模块式结构。

模块式结构驱动器的电源模块（整流、调压电路）、伺服模块（伺服控制、逆变电路）分离安装，驱动器一般由 1 个电源模块和若干伺服模块组成；电源模块为所有轴公用，伺服模块可根据电机功率选择单轴、双轴、3 轴等结构；电源模块有时也可集成 1～2 轴伺服模块，以缩小驱动器体积、减少模块数量。

模块式驱动器的电源模块、伺服模块均可根据机器人的实际控制要求选配，驱动器通用性好，安装方便，模块更换、维修容易，是目前大型、重型机器人广泛采用的结构形式。

（3）驱动器组成

机器人伺服驱动器一般由图 3.55 所示的电源模块、制动电阻、逆变模块、伺服控制板组

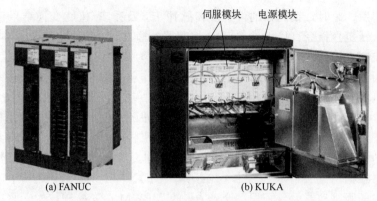

图 3.54　模块式驱动器结构

成，部件的基本功能如下。

① 电源模块和制动电阻。电源模块主要用来产生驱动器"交—直—交"PWM 逆变的直流母线电压，电源模块通常为所有轴共用。为了保证 PWM 逆变主回路能够得到稳定的直流母线电压，防止电网波动或电机制动能量回馈引起的直流母线电压变化，整流得到的直流电压需要通过调压回路控制在规定的范围。

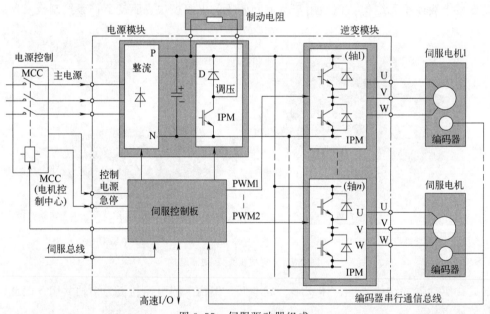

图 3.55　伺服驱动器组成

工业机器人的驱动器容量通常较小，电源模块大多直接使用二极管整流电路，但有的驱动器（如 KUKA）有时也采用图 3.56 所示的混合整流电路，正半周整流使用晶闸管，负半周整流使用二极管，使整流电路同时具备主电源通断和预充电控制功能。

二极管整流、混合整流电路不能实现电网回馈控制，因此，通常都采用大功率开关器件［一般为 IPM（智能功率模块）］控制制

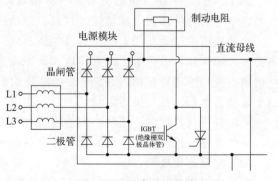

图 3.56　混合整流电路

动电阻通断的能耗调压方式，利用制动电阻调节母线电压、消耗电机制动能量。制动电阻功率、产生的热量较大，一般单独安装在散热容易、冷却方便的控制柜背板上，且配套有温度传感器防止电阻过热。

②逆变模块。"交—直—交"PWM逆变是利用 PWM 技术，通过对大功率开关器件（一般为 IPM）的控制，将直流母线电压转换为幅值、频率、相位可变的 SPWM（正弦脉宽调制）波的电路。集成驱动器的直流母线电压由电源模块统一提供，每一关节轴伺服电机都有独立的逆变模块。

③伺服控制板。伺服控制板集成有驱动器的 CPU、整流与逆变控制电路、串行编码器接口电路、高速输入/输出信号接口电路等器件，控制板可以通过伺服总线和 IR 控制器连接，并按 IR 控制器的命令控制驱动器工作。

3.4.3　CNC 型 IR 控制器

工业机器人控制系统的结构形式主要有 CNC 型和工业 PC 机型两种，两者的主要区别是 IR 控制器的软硬件结构有所不同。

CNC 型系统的 IR 控制器是在专用型数控装置（CNC）的基础上研发、派生的，其软硬件结构与 CNC 基本相同，IR 控制器可直接通过伺服总线、I/O 总线连接驱动器、I/O 模块等系统控制部件。

工业 PC 机型系统的 IR 控制器是在工业计算机的基础上研发的，主机和通用 PC 机并无本质的区别。工业 PC 机不能直接连接伺服驱动器、I/O 模块等系统控制部件，因此，需要通过专门的通信软件、网卡和接口模块（单元），连接伺服驱动器、I/O 模块等系统控制部件。

FANUC、安川是著名的数控系统、伺服驱动器生产厂家，IR 控制器沿袭了专用型数控装置（CNC）结构形式；而 ABB、KUKA 机器人的 IR 控制器则在工业 PC 机的基础上研发，采用的是工业 PC 机型 IR 控制器。

CNC 型机器人控制系统的组成与基本结构如下，工业 PC 机型机器人控制系统的组成与结构详见后述。

(1) 系统组成

CNC 型控制系统的组成如图 3.57 所示，控制系统由示教器及安装在控制柜内的电源控制电路、电源模块（单元）、IR 控制器、安全信号连接接口、I/O 信号连接接口、伺服驱动器及总开关、风机等器件组成。

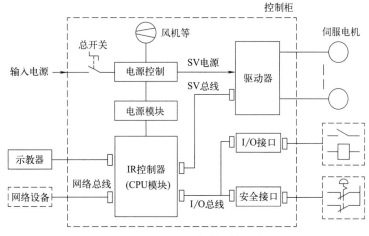

图 3.57　CNC 型控制系统组成

CNC 型控制系统的示教器同样是在数控系统手动数据输入/显示装置的基础上研发的手持式操作设备，故多采用按键式结构；示教器不但可以作为机器人控制系统的操作设备，而且还可作为数控系统的手持式操作盒使用。

CNC 型控制系统的伺服驱动器同样有多轴集成和模块式两种。多轴集成驱动器是专门用于小型机器人 6～8 轴驱动的紧凑型驱动器，由于驱动电机数量多、功率小，数控系统一般不能使用。用于大型机器人的驱动器为网络控制模块式结构，驱动器结构、功能与数控系统配套驱动器相同，两者可通用，有关伺服驱动器的原理与结构可参见前述。

IR 控制器的功能及常见结构如下，电源控制电路、电源模块、安全模块、I/O 模块的功能与结构在不同系统上有所不同（见后述）。

(2) IR 控制器功能

CNC 型控制系统的 IR 控制器是用于机器人 TCP 位置及运动轨迹控制、I/O 信号处理的核心装置，功能与数控装置（CNC）相同。机器人 TCP 位置及运动轨迹控制是 IR 控制器最主要的功能，它可根据示教器操作和机器人程序的要求，通过插补软件计算，将机器人位置、运动速度、TCP 轨迹转换为控制关节轴伺服电机的回转角度、回转速度的指令脉冲，指令脉冲通过驱动器的功率放大，控制伺服电机按要求运动。

CNC 型 IR 控制器的控制器具有多网络连接功能，但控制器的通用接口（如 USB 接口）的数量一般较少。CNC 型 IR 控制器可以通过伺服总线（SV 总线）连接伺服驱动器，通过输入/输出总线（I/O 总线）连接 I/O 模块、电源控制模块；如果需要，还可通过工业以太网接口连接上级控制器或其他扩展设备。在工业自动化系统中，IR 控制器既可以作为网络主站连接其他网络控制设备，也可作为网络从站，由 CNC、PLC 等上级控制器控制运行。

CNC 型机器人控制系统的 IR 控制器本身具备示教器、伺服驱动器、I/O 信号的连接和控制功能，CPU 模块可直接与示教器、伺服驱动器、I/O 接口模块（或单元）等控制部件连接，无须另行增加机器人连接接口。

CNC 型 IR 控制器采用 DRAM（动态随机存储器）、SRAM（静态 RAM）、Flash ROM（闪存，FROM）、SD 卡等固态存储器，操作系统软件通常被固化，因此，系统启动速度快、可靠性高，通常不会发生死机等软件出错故障，但系统的软、硬件专用，应用软件的兼容性较差。

(3) IR 控制器结构

CNC 型机器人控制系统的 IR 控制器结构在不同公司、不同时期生产的机器人上有所不同，常见结构有紧凑型和模块式 2 种。

① 紧凑型 IR 控制器。紧凑型 IR 控制器由数控装置/操作显示一体型数控单元（CNC/MDI/LCD 单元）派生。例如，FANUC R-30iB 系统的 IR 控制器采用的是 FANUC-31i 数控系统的 CNC/MDI/LCD 单元，控制器结构如图 3.58（a）所示，主板（CPU 模块）、FSSB（FANUC 串行伺服总线）接口、I/O 总线接口、标准 I/O 接口模块集成一体，操作面板接口、安全信号接口和急停单元集成一体；电源模块、急停单元、扩展 I/O 模块（选配）等部件均安装在控制柜内。

② 模块式 IR 控制器。模块式 IR 控制器由手动数据输入/显示（MDI/LCD）和数控装置分离型 CNC 派生，如 FANUC R-30iA 机器人控制系统的 IR 控制器是 FANUC-31i 分离型 CNC 派生等。FANUC R-30iA 系统的电源模块、CPU 模块（含伺服总线接口）、标准 I/O 接口模块统一安装在图 3.58（b）所示的基架（底板）上，基架的扩展插槽还可安装其他附加控制模块；系统的安全信号连接接口与控制柜操作面板接口集成一体，安装在控制柜操作面板背面。

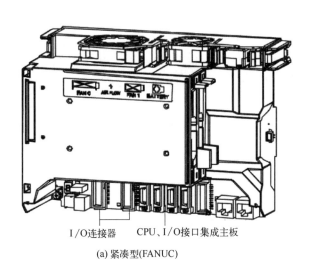

I/O连接器　　CPU、I/O接口集成主板

(a) 紧凑型(FANUC)

扩展插槽　I/O模块 CPU模块　电源模块

(b) 模块式(FANUC)

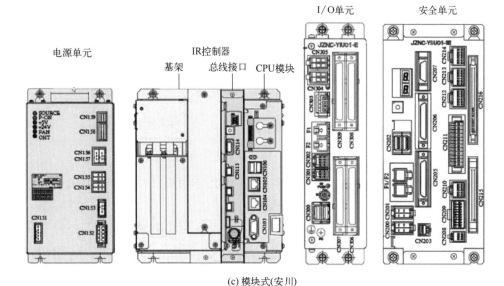

(c) 模块式(安川)

图 3.58　CNC 型 IR 控制器结构

　　安川 DX100、DX200 机器人控制系统的 IR 控制器采用的是图 3.58（c）所示、类似 PLC 的模块式结构，CPU 模块、伺服总线和 I/O 总线接口模块安装在基架上，电源模块（单元）、安全模块（单元）、I/O 模块（单元）以单元的形式独立安装。

3.4.4　PC 机型系统与 IR 控制器

(1) 系统组成

　　工业 PC 机型系统的 IR 控制器是在工业计算机的基础上研发的，控制计算机（主机）和通用 PC 机并无本质的区别。由于工业 PC 机不能直接连接伺服驱动器、I/O 模块等系统控制部件，因此，PC 机需要安装机器人操作系统和专用通信软件，通过网卡和专门设计的机器人接口模块（单元），实现伺服驱动器、安全模块、I/O 模块等系统控制部件的连接。从这一意义上说，工业 PC 机型机器人控制系统的 IR 控制器实际上由工业 PC 机和专用机器人接口模块

（单元）2部分组成。机器人接口的名称在不同的机器人控制系统上有所不同，例如，ABB称之为"处理器接口板（Process Interface Board，简称 PIB）"，KUKA称之为"机柜接口板（Cabinet Interface Board，简称 CIB）"。

工业 PC 机型机器人控制系统的组成部件如图 3.59 所示，控制系统由示教器及安装在控制柜内的电源控制电路、电源模块（单元）、IR 控制器（工业 PC 机和机器人接口）、安全信号连接接口、I/O 信号连接接口、伺服驱动器及总开关、风机等器件组成。

工业 PC 机型系统和 CNC 型控制系统的区别只是 IR 控制器的不同。在工业 PC 机型系统上，控制系统的数据输入/输出、显示及机器人 TCP 位置、运动轨迹控制、I/O 信号处理等功能需要由工业 PC 机实现；工业 PC 机与示教器、伺服驱动器、安全模块、I/O 模块等系统控制部件的网络通信与控制通过机器人接口模块（单元）实现。

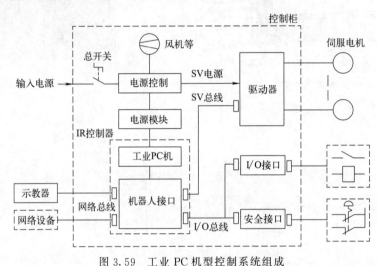

图 3.59　工业 PC 机型控制系统组成

工业 PC 型控制系统的示教器是在工业平板（PAD）的基础上研发的手持式操作设备，操作者可触摸示教器的图标，直接选择需要的操作。

工业 PC 型控制系统的伺服驱动器与 CNC 型控制系统的伺服驱动器相同，驱动器同样有多轴集成和模块式 2 种。多轴集成驱动器是专门用于小型机器人 6～8 轴驱动的紧凑型驱动器，大型机器人驱动器为网络控制的模块式结构，有关伺服驱动器的原理与结构可参见前述。

工业 PC 型机器人控制系统的结构在不同公司、不同时期生产的机器人上同样有所不同，机器人接口由机器人生产厂家自行开发、设计，无统一的结构形式，系统的电源控制电路、电源模块、安全模块、I/O 模块的结构也有所不同（见后述）。

（2）工业 PC 机功能与结构

工业 PC 型控制系统的 PC 机是用于控制系统的数据输入/输出、显示及机器人 TCP 位置、运动轨迹控制、I/O 信号处理的核心装置，它需要通过安装在工业 PC 机上的机器人专用操作系统和通信控制软件实现。工业 PC 机可取代 CNC，将来自示教器和程序的机器人运动指令，转换为控制关节轴伺服电机的回转角度、回转速度的指令脉冲，指令脉冲通过驱动器的功率放大，控制伺服电机按要求运动。

工业 PC 机的软、硬件兼容性好，网络通信功能强，但是 PC 机不能直接与示教器、伺服驱动器、安全接口、I/O 接口等控制部件连接，因此，需要通过专门设计的机器人接口连接控制系统的其他控制部件；此外，系统启动时需要进行用户操作系统安装等操作，开机时间较长、软件故障率较高。

工业 PC 型控制系统的 PC 机基本结构有嵌入式（Embedded）、台式（Desktop）2 种。

① 嵌入式 PC 机。在常用的机器人控制系统中，ABB 机器人的 IRC5 控制系统采用的是图 3.60 所示的嵌入式工业 PC 机 IR 控制器，其 USB 接口、网络接口与主板集成一体，PC 机带有 1 个或 2 个 PCI 插槽（可选择），用于安装安全模块、DeviceNet 或 PROFIBUS 总线、主从 PCI 卡（Master/Slave PCI Express）等选件；如需要，还可附加 RS232C 扩展卡以及 PROFINET/PROFIBUS/Ethernet IP/DeviceNet 从站适配卡等扩展功能。

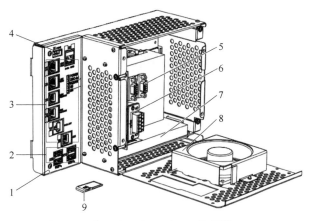

图 3.60　嵌入式工业 PC 机 IR 控制器（ABB）
1—主板；2—USB 接口；3—网络接口；4—电源；
5—RS232C 扩展卡；6—从站扩展卡；
7—PCI 插槽；8—风机；9—SD 卡

嵌入式工业 PC 机采用无电源主板、风机外置的紧凑结构，体积小、可靠性高，系统可兼容 MS-DOS 等通用软件、升级方便；嵌入式工业 PC 机以 DRAM、SRAM、Flash ROM、SD 卡等固态存储器代替了台式 PC 机的 RAM、ROM、硬盘，支持软件固化运行，系统可在无人干预的情况下，自动恢复系统运行。但是，PCI 插槽一般较少，系统的通用性、扩展性、通信能力和软件资源等方面不及台式工业 PC 机。

② 台式工业 PC 机。KUKA 工业机器人控制系统采用的台式工业 PC 机 IR 控制器，其结构如图 3.61 所示。

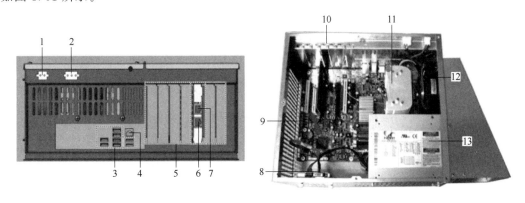

图 3.61　台式工业 PC 机 IR 控制器（KUKA）
1—主机电源；2—风机电源；3—USB 接口；4—集成网口；5—PCI 插槽；6,7—KUKA 双网卡；
8—硬盘；9—主板；10—连接板；11—CPU；12—风机；13—电源

台式工业 PC 机与台式通用 PC 机并无太大的区别，PC 机由带电源主板、硬盘、风机等部件组成，电源接口、USB 接口、集成网口安装在连接板上，用于 KUKA 控制总线和网络总线连接的双端口局域网适配器（Dual NIC，简称双网卡）安装在 PCI 插槽上。

台式 PC 机的 PCI 插槽多，通用性、扩展性好，通信能力强，软件资源更丰富，但是，与嵌入型 PC 机相比，台式 PC 机一般使用有源主板、垂直布置 PCI 插槽、内置风机冷却，因此，对输入电源和环境的要求高，体积大，力学性能一般不及嵌入式 PC 机。此外，台式 PC 机一般以 RAM、ROM、硬盘作为存储器件，系统启动、关机时需要进行操作系统安装、数据保存等操作，系统启动速度慢，外部断电、总开关意外断开时，需要有大容量后备电池支持正常、完整的系统数据保存、关机过程，为此，PC 机一般需要采用 DC24V 电源供电。

3.4.5 系统其他控制部件

工业机器人的控制系统一般由机器人生产厂家成套提供，因此，除 IR 控制器、驱动器外，控制柜还安装有电源控制电路、直流控制电源、I/O 信号连接电路及总开关、变压器、接触器、风机等系统控制器件。

控制系统的总开关、变压器、接触器、风机等器件均为通用低压电器件。由于工业机器人的控制系统结构简单、控制要求类似，为了缩小体积、降低成本、简化连接、方便安装，系统的电源控制电路、直流控制电源、I/O 信号连接电路等通常被设计成标准的功能模块（或单元），以功能部件的形式安装在控制柜内。

控制系统功能部件的结构、外形在不同机器人上有所不同，但部件功能类似，部件的功能及常见结构如下。

(1) 电源控制电路

电源控制电路用于系统控制部件的电源通断，使得各控制部件能按规定的次序接通、断开电源。工业机器人控制系统的电源控制要求类似、器件数量少、功率小，因此，电源控制电路通常以标准模块或单元形式统一设计、安装。

作为工业自动化设备，工业机器人运动停止时，关节轴的伺服驱动电机需要按 IEC 60204-1 标准规定，以紧急制动（IEC 60204-1 停止类别 0）或正常关机（IEC 60204-1 停止类别 1）、运动停止（IEC 60204-1 停止类别 2）等方式停止，伺服驱动器的主电源、控制电源、电机制动器必须有序通断，因此，电源控制电路在 FANUC 机器人上称为"急停模块（E-STOP 模块）"，在安川机器人上称为"ON/OFF 模块"（图 3.62）等。

电源控制电路的主要功能如下。

当机器人发生重大故障或出现关节轴超程、急停或机器人自动运行时安全防护门被打开等影响设备、人身安全的危险情况时，电源控制电路应立即断开驱动器主电源、切断电机动力、制动电机制动器，并使电机以驱动器允许的极限电流紧急制动、机器人以最快速度停止（IEC 60204-1 停止类别 0）。

图 3.62 ON/OFF 模块

如果机器人需要正常停止、关机或暂停运动时，电源控制电路需要在主电源、控制电源接通的前提下，通过逐步降低驱动器输出频率，使伺服电机以规定的加速度减速、停止。当机器人运动完全停止后，可根据实际需要，断开驱动器主电源、制动电机制动器、切断机器人动力（正常关机，IEC 60204-1 停止类别 1）；或者，保留驱动器主电源，电机制动器保持松开，驱动电机进入闭环位置调节状态，保持机器人位置不变（运动停止，IEC 60204-1 停止类别 2）。

CNC 型机器人控制系统、嵌入式工业 PC 机型控制系统的 IR 控制器以 DRAM、SRAM、Flash ROM 等固态存储器作为数据存储设备，操作系统软件被固化，无须在电源通断、外部断电等情况下进行操作系统软件安装、数据保存等操作。因此，电源控制电路通常只需要具备上述基本功能。台式工业 PC 机的机器人控制系统一般以 RAM、ROM、硬盘作为存储器件，系统启动、关机时需要进行操作系统软件安装、数据保存等操作，因此，当出现外部断电、总开关意外断开等情况时，需要接通大容量后备电池，支持 PC 及完成系统数据保存、关机过程。

(2) 电源模块（单元）

电源模块用来提供控制系统的直流控制电源。为了缩小体积、方便控制、提高可靠性，工业机器人系统的 IR 控制器、I/O 接口模块、安全模块、伺服驱动器控制板以及伺服电机制动器等部件，一般都统一采用 DC24V 电源集中供电。

工业机器人控制系统的控制电源有图 3.63 所示的模块式和单元式 2 种结构。工业 PC 机型系统的控制电源都需要以单元的形式独立安装；CNC 型控制系统的直流控制电源可能是模块式或单元式。通常而言，当 IR 控制器采用模块式结构时，电源模块一般直接安装在 IR 控制器的基架上，以 IR 控制器模块的形式安装；紧凑型 IR 控制器的电源模块一般以单元的形式独立安装。

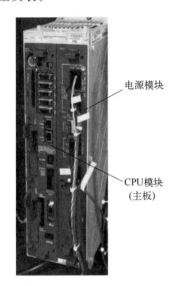
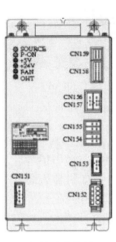

(a) 模块式(FANUC)　　　　　(b) 单元式(安川)　　　　　(c) 单元式(ABB)

图 3.63　控制电源结构

(3) I/O 接口电路

I/O 接口电路用于外部输入/输出器件的连接和信号转换，它可以将来自机器人或其他控制装置的输入/输出信号转换为系统 I/O 总线通信信号，由 IR 控制器的逻辑处理指令进行控制，接口电路功能与 PLC 的 I/O 模块相同。

用来连接机器人操作模式选择、程序运行的启动/停止以及搬运机器人的作业工具抓手开合、电磁吸盘通断等普通 I/O 信号的接口电路，一般只需要具备光电隔离、信号转换等功能，接口电路结构、原理、功能与 PLC 的 I/O 模块相同，故又称 I/O 模块或 I/O 单元。

工业机器人控制系统的 I/O 接口电路有集成式、模块式、单元式 3 种基本结构。集成式 I/O 接口多用于紧凑型 IR 控制器，如 FANUC R-30iB（参见图 3.58）等，机器人 I/O 信号可通过 IR 控制器主板集成的 I/O 接口电路直接连接。模块式 I/O 接口电路如图 3.64（a）所示，I/O 接口电路以模块的形式，安装在 IR 控制器（如 FANUC R-30iA 等）的基架上。单元式 I/O 接口结构如图 3.64（b）、(c) 所示，I/O 接口电路被设计成可独立安装的控制单元（I/O 单元），I/O 单元和 IR 控制器之间可通过系统的 I/O 总线连接。

由于大多数机器人控制系统的结构较为简单，需要控制的 I/O 点数较少，因此，系统出厂配置的集成 I/O 接口、I/O 模块、I/O 单元只能连接规定点数的 I/O 信号；如果机器人需要控制复杂辅助设备，需要通过 I/O 总线、I/O 扩展模块增加 I/O 信号连接数量。

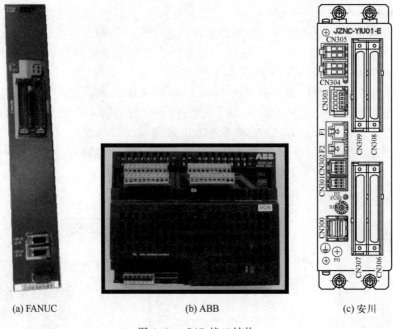

(a) FANUC　　　　　　(b) ABB　　　　　　(c) 安川

图 3.64　I/O 接口结构

(4) 安全接口电路

安全接口电路用来连接系统的安全输入/输出信号。安全输入/输出信号是与操作者人身安全、设备安全有关的特殊输入/输出信号，如机器人急停、安全防护门打开等。

根据机电设备安全标准规定，机电设备的安全信号必须采用双通道冗余输入、输出控制，并对信号动作的时序有严格的要求，因此，机器人急停按钮、安全防护门开关、驱动器主接触器控制等安全输入、输出信号，需要使用图 3.65 所示的双通道冗余连接，安全接口电路必须符合安全标准。

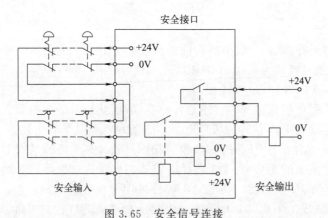

图 3.65　安全信号连接

工业机器人的安全信号连接接口同样有集成式、模块式、单元式等结构。在常用的机器人控制系统中，FANUC 系统一般将安全信号接口电路与控制柜操作面板接口模块、电源控制电路（急停单元）集成于一体（见第 4 章），安川系统则以图 3.66（a）所示安全单元的形式独立安装；ABB 机器人以扩展模块的形式安装在图 3.66（b）所示的 IR 控制器 PCI 插槽中；KUKA 控制系统则以图 3.66（c）所示的安全模块形式安装等。

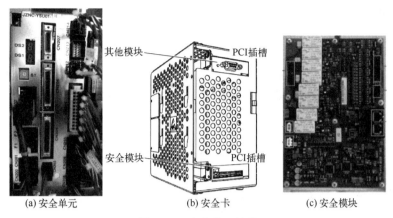

(a) 安全单元　　　　　　(b) 安全卡　　　　　　(c) 安全模块

图 3.66　安全接口结构

3.4.6　控制系统安装与使用

(1) 系统安装

工业机器人控制系统通常由机器人生产厂家以控制柜的形式整体提供，用于工业生产现场的机器人控制柜安装一般应符合 IEC 60204-1 标准规定。控制柜安装的要求如图 3.67 所示，要点如下。

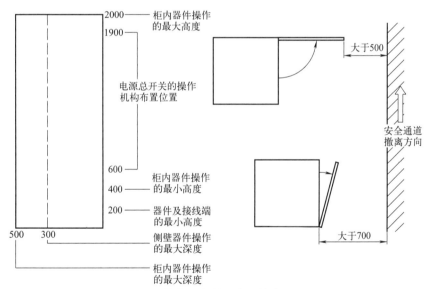

图 3.67　控制柜安装要求（单位：mm）

① 电源总开关应容易接近，操作高度应在 0.6~1.9m 之间，以 0.8~1.5m 为佳。需要进行手动操作的控制器件高度一般不应低于 0.6m，操作者操作时应不会处于危险位置，并使意外操作的可能性减至最小。控制部件的安装高度应在 0.4~2m 范围内，电气接线引脚的高度应在 0.2m 以上。

② 安装在机械上的控制器件应保证维修时易于接近，并使因操作设备或其他设备移动引起损坏的可能性减至最小。更换器件时不应拆卸除门、罩外的其他部件；与电气设备无直接联系的非电气部件不应安装在电气柜内。

③ 安装在单向通行走道边的电气柜，电气柜距离障碍物的距离、电气柜之间的距离应在 700mm 以上；安装在双向通行走道边的电气柜，电气柜距离障碍物的距离、电气柜之间的距

离应在 900mm 以上。

④ 对于关门方向与安全通道撤离方向一致的电气柜，其安装位置距离安全通道至少应达到 700mm；当电气柜门上安装有操作器件，或电柜内安装有需要打开的抽屉、键盘等部件时，应保证电气柜的操作器件或打开的抽屉、键盘距离安全通道不小于 600mm。对于关门方向与安全通道撤离方向相反的电气柜，其安装位置需要保证门打开时，门的边缘距离安全通道不小于 500mm。

(2) 使用环境

机器人控制系统一般不能在有易燃、易爆及腐蚀性气体或者存在大量灰尘、粉尘、油烟、水雾或者高温高湿的环境下使用；控制柜、示教器、机器人应避免太阳光直射；控制系统周围不能有大容量的电噪声源及高辐射的设备。

机器人控制系统对工作环境的具体要求如下。

正常使用环境温度：$0\sim45℃$。

运输、储存温度：$-10\sim60℃$。

相对湿度：长期使用 75%RH 以下、不结露。

短期工作相对湿度：95%RH 以下（不超过 1 个月）。

振动和冲击：小于 $0.5g$（$4.9m/s^2$）。

海拔：不超过 1000m。

当环境温度超过 40℃、海拔超过 1000m 时，部件的额定工作电流、电压通常应作图 3.68 所示的修正。

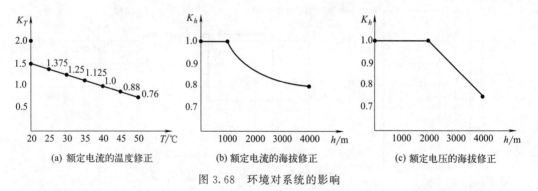

(a) 额定电流的温度修正　　　　(b) 额定电流的海拔修正　　　　(c) 额定电压的海拔修正

图 3.68　环境对系统的影响

(3) 输入电源

工业机器人控制系统的输入电源一般应符合 IEC 60034 的 B 类供电标准，系统对输入电源的基本要求如下。

输入电压：单相或三相 AC200～230V（200V 等级）或三相 AC380～440V（400V 等级），允许变化范围为 +10%～-15%。

机器人控制系统的输入电源电压要求与系统型号、机器人规格有关。小规格机器人控制系统通常采用单相 AC200～230V 输入；FANUC、安川等日本生产的中大规格机器人控制系统一般采用三相 AC200～230V（200V 等级）输入，部分控制系统配有电源变压器、可连接三相 AC380～440V（400V 等级）电源输入；ABB、KUKA 等欧洲生产的中大规格机器人控制系统一般采用三相 AC380～440V（400V 等级）输入。

电源频率：50Hz 或 60Hz，允许变化范围为 ±2%。

电源容量：与机器人型号、规格有关，具体应参见机器人控制系统铭牌。

机器人控制系统存在高频泄漏电流，一般不应使用带漏电保护功能的断路器，在必须使用的场合，应选择动作电流大于 30mA 的漏电保护断路器。

FANUC篇

第4章

FANUC系统与连接

4.1 机器人产品与性能

4.1.1 通用垂直串联机器人

通用型垂直串联机器人均为6轴标准结构,机器人可安装不同工具,以进行加工、装配、搬运、包装等各类作业。根据机器人承载能力,通用型机器人一般分为小型(Small,3~10kg)、轻量(Low Payload,10~30kg)、中型(Medium Payload,30~100kg)、大型(High Payload,100~300kg)、重型(Heavy Payload,300~1300kg)5大类,FANUC工业机器人所对应的产品如下。

(1)小型、轻量通用机器人

目前常用的FANUC-i系列小型、轻量通用工业机器人,主要有图4.1所示的LR Mate 200i、M-10/20i等产品。

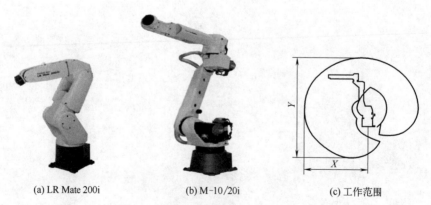

(a) LR Mate 200i　　　　(b) M-10/20i　　　　(c) 工作范围

图4.1　FANUC小型通用工业机器人

LR Mate 200i系列通用工业机器人采用了图4.1(a)所示的驱动电机,内置式6轴垂直串联结构,其外形简洁、防护性能好。机器人的承载能力有4kg、7kg两种规格;产品作业半径在1m以内,作业高度在1.7m以下,重复定位精度可达±0.02mm。

M-10i 系列产品采用的是 6 轴垂直串联电机外置式标准结构，其承载能力为 7～12kg，产品作业半径为 1.4～2m，作业高度为 2.5～4m，重复定位精度为 ±0.08mm。

M-20i 系列产品的承载能力为 12～35kg。其中，承载能力为 25kg 的 M-20iB 采用驱动电机内置式标准结构，产品作业半径为 1.8m，作业高度为 3.3m，重复定位精度为 ±0.06mm；其他规格产品均采用 6 轴垂直串联电机外置式标准结构，产品作业半径为 1.8～2m，作业高度为 3.3～3.6m，重复定位精度为 ±0.08mm。

以上产品的主要技术参数如表 4.1 所示，表中工作范围参数 X、Y 的含义如图 4.1（c）所示（下同）。

表 4.1　FANUC 小型通用机器人主要技术参数表

产品系列		LR Mate 200i			M-10i					M-20i			M-20iB
参考型号		/4S	—	/7L	/7L	/8L	/10M	/12	/12L	/20M	/35M		/25
承载能力/kg		4	7	7	7	8	10	12	12	20	35		25
工作范围	X/mm	550	717	911	1632	2028	1422	1420	2009	1813	1813		1853
	Y/mm	970	1274	1643	2930	3709	2508	2504	3672	3287	3287		3345
重复定位精度/mm		±0.02	±0.02	±0.03	±0.08	±0.08	±0.08	±0.08	±0.08	±0.08	±0.08		±0.06
控制轴数		6			6				6				6
控制系统		R-30i Mate			R-30i Mate/ R-30i								

（2）中型工业机器人

目前常用的 FANUC-i 系列中型通用工业机器人，主要有图 4.2 所示的 M-710i 和 R-1000i 两系列产品；机器人均采用 6 轴垂直串联后驱标准结构。

M-710i 系列通用工业机器人有标准型、紧凑型、加长型 3 种不同的结构。标准型产品的承载能力为 45～70kg，作业半径为 2～2.6m，作业高度为 3.5～4.5m，重复定位

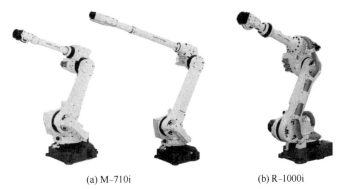

(a) M-710i　　　　(b) R-1000i

图 4.2　FANUC 中型通用工业机器人

精度为 ±0.07～0.1mm；紧凑型产品承载能力为 50kg，作业半径为 1.4m，作业高度为 2m，重复定位精度为 ±0.07mm；加长型的承载能力为 12～20kg，作业半径可达 3.1m，作业高度可达 5.6m，重复定位精度为 ±0.15mm。

R-1000i 系列通用工业机器人的承载能力有 80kg、100kg 两种规格，作业半径为 2.2m，作业高度为 3.7m，重复定位精度为 ±0.2mm。

M-710i、R-1000i 系列通用工业机器人的主要技术参数如表 4.2 所示。

表 4.2　FANUC 中型通用机器人主要技术参数表

产品系列		M-710i						R-1000i	
结构形式		标准			紧凑	加长		标准	
参考型号		/45M	/50	/70	/70S	/12L	/20L	/80F	/100F
承载能力/kg		45	50	70	50	12	20	80	100
工作范围	X/mm	2606	2050	2050	1359	3123	3110	2230	2230
	Y/mm	4575	3545	3545	2043	5609	5583	3738	3738
重复定位精度/mm		±0.1	±0.07	±0.07	±0.07	±0.15	±0.15	±0.2	±0.2
控制轴数		6			6		6	6	
控制系统		R-30i Mate/R-30i							

（3）大型工业机器人

目前常用的 FANUC-i 系列大型通用工业机器人，主要为图 4.3 所示的 R-2000i 系列产品；机器人采用 6 轴垂直串联后驱标准结构，可根据需要选择地面、框架、上置安装，产品的规格较多。

R-2000i 系列承载能力为 125～250kg，作业半径为 1.5～3.1m，作业高度为 2.2～4.3m，重复定位精度为 ±(0.15～0.3)mm；产品规格及主要技术参数如表 4.3 所示。

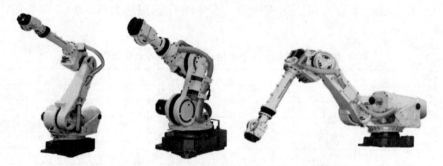

图 4.3　FANUC 大型通用工业机器人

表 4.3　FANUC 大型通用机器人主要技术参数表

产品系列		R-2000i							
参考型号		/125L	/165F	/170CF	/175L	/185L	/210F	/210FS	/250F
承载能力/kg		125	165	170	175	185	210	210	250
工作范围	X/mm	3100	2655	1520	2852	3060	2655	2605	2655
	Y/mm	4304	3414	2279	3809	4225	3414	3316	3414
重复定位精度/mm		±0.2	±0.2	±0.15	±0.3	±0.3	±0.2	±0.3	±0.3
控制轴数		6							
控制系统		R-30i							

（4）重型工业机器人

目前常用的 FANUC-i 系列重型通用工业机器人，主要有图 4.4 所示的 M-900i、M-2000i 两个系列产品。

M-900i、M-2000i 系列重型通用工业机器人采用 6 轴垂直串联、平行四边形连杆驱动结构。M-900i 系列的承载能力为 280～700kg，作业半径为 2.6～3.7m，作业高度为 3.3～4.2m，重复定位精度为 ±(0.3～0.4)mm；M-2000i 系列的承载能力为 900～2300kg，作业半径为 3.7～4.7m，作业高度为 4.6～6.2m，重复定位精度为 ±(0.3～0.5)mm。

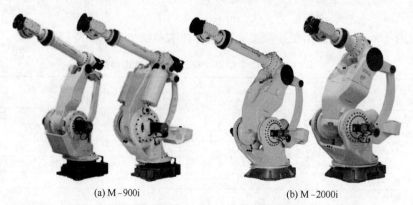

(a) M-900i　　　　　　　　　　(b) M-2000i

图 4.4　FANUC 重型通用工业机器人

M-900i、M-2000i 系列通用工业机器人的主要技术参数如表 4.4 所示。

表 4.4 FANUC 重型通用机器人主要技术参数表

产品系列		M-900i					M-2000i			
参考型号		/280	/280L	/360	/400L	/700	/900L	/1200	/1700L	/2300
承载能力/kg		280	280	360	400	700	900	1200	1700	2300
工作范围	X/mm	2655	3103	2655	3704	2832	4683	3734	4683	3734
	Y/mm	3308	4200	3308	4621	3288	6209	4683	6209	4683
重复定位精度/mm		±0.3	±0.3	±0.3	±0.5	±0.3	±0.5	±0.3	±0.5	±0.3
控制轴数		6					6			
控制系统		R-30i					R-30i			

4.1.2 专用垂直串联机器人

专用型工业机器人为特定的作业需要设计，FANUC-i 系列工业机器人主要有弧焊、搬运及涂装等产品，其常用规格及主要技术性能如下。

(1) 弧焊机器人

弧焊（Arc Welding）机器人是工业机器人中用量最大的产品之一，机器人对作业空间和运动灵活性的要求较高，但焊枪质量相对较轻，因此，一般采用小型 6 轴垂直串联结构。

在机器人本体结构上，为了获得更大的作业范围，机器人下臂（J3 或 A3）及手腕（J5 或 A5）的摆动范围比同规格的通用机器人更大。此外，为了安装焊枪连接电缆、保护气体管线，机器人手腕通常设计成中空结构。

FANUC 目前常用的 i 系列弧焊机器人，主要有图 4.5 所示的 ARC Mate 0i、ARC Mate 50i、ARC Mate 100i、ARC Mate 120i 四种型号。

ARC Mate 0i、ARC Mate 50i 弧焊机器人需要配套外置式焊枪。ARC Mate 0i 承载能力为 3kg，作业半径为 1.4m，作业高度为 2.5m，重复定位精度为 ±0.08mm；ARC Mate 50i 承载能力为 6kg，作业半径为 0.7~0.9m，作业高度为 1.2~1.6m，重复定位精度为 ±(0.02~0.03)mm。

ARC Mate 100i、ARC Mate 120i 弧焊机器人可配套内置式焊枪。ARC Mate 100i 的承载能力为 7~12kg，作业半径为 1.8~3.7m，作业高度为 2.5m，重复定位精度为 ±(0.05~0.08)mm；ARC Mate 120i 的承载能力为 12~20kg，作业半径为 1.8~2m，作业高度为 3.2~3.6m，重复定位精度为 ±0.08mm。

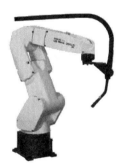

(a) ARC Mate 0i   (b) ARC Mate 50i   (c) ARC Mate 100i/120i

图 4.5 FANUC 弧焊机器人

ARC Mate 0i、ARC Mate 50i、ARC Mate 100i、ARC Mate 120i 系列弧焊机器人的主要技术参数如表 4.5 所示。

表 4.5　FANUC 弧焊机器人主要技术参数表

产品系列 ARC Mate		0iB	50iD		100iC				120iC	
参考型号		—	—	/7L	/7L	/8L	/12S	/12	/12L	—
承载能力/kg		3	6	6	7	8	12	12	12	20
工作范围	X/mm	1437	717	911	1632	2028	1098	1420	2009	1811
	Y/mm	2537	1274	1643	2930	3709	1872	2504	3672	3275
重复定位精度/mm		±0.08	±0.02	±0.03	±0.08	±0.08	±0.05	±0.08	±0.08	±0.08
控制轴数		6	6		6				6	
控制系统		R-30i Mate								

(2) 搬运机器人

搬运机器人是专门用于物品移载的中大型、重型机器人，产品一般采用 6 轴垂直串联标准结构或平行四边形连杆驱动的 4 轴、5 轴变形结构。

目前常用的 FANUC-i 系列搬运专用机器人，主要有图 4.6 所示的 R-1000i、R-2000i、M-900i、M-410i 等系列产品。

R-1000i 系列中型搬运机器人采用地面安装、5 轴垂直串联变形结构（无手回转轴 J6），其承载能力为 80kg，作业半径约 2.2m，作业高度约 3.5m，重复定位精度为 ±0.2mm。

R-2000i 系列中型搬运机器人有 6 轴垂直串联框架安装 R-2000i/100P、地面安装垂直串联 5 轴变形（无手回转轴 J6）R-2000i/100H 两种结构形式，其承载能力均为 100kg。R-2000i/100P 的作业半径约 3.5m，作业高度约 5.5m，重复定位精度为 ±0.3mm；R-2000i/100H 的作业半径约 2.7m，作业高度约 3.4m，重复定位精度为 ±0.2mm。

M-900i 系列大型搬运机器人采用 6 轴垂直串联框架安装结构，其承载能力为 150～200kg。作业半径约 3.5m，作业高度约 3.9m，重复定位精度为 ±0.3mm。

M-410i 系列大型、重型搬运机器人采用平行四边形连杆驱动 4 轴垂直串联变形结构，机器人无手腕回转轴 J4、摆动轴 J5；机器人的承载能力为 140～700kg。作业半径为 2.8～3.1m，作业高度为 3～3.5m，重复定位精度为 ±(0.2～0.5)mm。

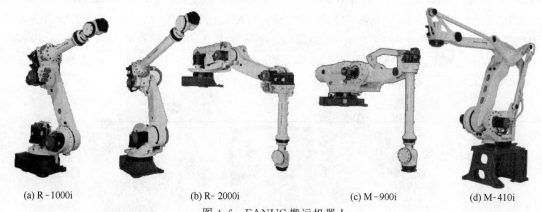

(a) R-1000i　　　　(b) R-2000i　　　　(c) M-900i　　　　(d) M-410i

图 4.6　FANUC 搬运机器人

FANUC-i 系列搬运专用机器人的主要技术参数如表 4.6 所示。

表 4.6　FANUC 搬运机器人主要技术参数表

产品系列		R-1000i	R-2000i		M-900i		M-410i				
参考型号		/80H	/100P	/100H	/150P	/200P	/140H	/185	/315	/500	/700
承载能力/kg		80	100	100	150	200	140	185	315	500	700
工作范围	X/mm	2230	3500	2655	3507	3507	2850	3143			
	Y/mm	3465	5459	3414	3876	3876	3546	2958			

续表

产品系列	R-1000i	R-2000i		M-900i			M-410i
重复定位精度/mm	±0.2	±0.3	±0.2	±0.3	±0.3	±0.2	±0.5
控制轴数	5	6	5	6	6		4
安装方式	地面	框架	地面	框架			地面
控制系统	R-30i						

（3）特殊用途机器人

食品、药品对作业机械的安全、卫生、防护有特殊要求，机器人的外露件通常需要使用不锈钢等材料，可能与物品接触的手腕等部位需要采用密封、无润滑结构。用于油漆、喷涂的涂装类机器人，由于作业现场存在易燃易爆或腐蚀性气体，对机器人的密封和防爆性能要求很高。因此，以上特殊机器人一般都需要采用图4.7（a）所示的3R（3回转轴）或2R（2回转轴）中空密封结构，将管线布置在手腕内腔。

FANUC-i系列目前主要有图4.7（b）所示的食品、药品行业用M-430i系列，以及图4.7（c）所示的油漆、喷涂用P-250i两类产品。

食品、药品机器人的物品质量较轻，作业范围通常较小，产品以小型为主。FANUC食品、药品用机器人（M-430i系列）有6轴垂直串联3R手腕和5轴垂直串联2R手腕两种结构，产品承载能力为2～4kg，作业半径为0.7～0.9m，作业高度为1.2～1.6m，重复定位精度为±0.5mm。

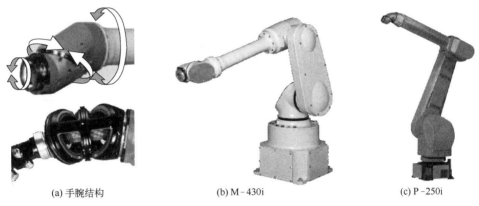

(a) 手腕结构　　　　(b) M-430i　　　　(c) P-250i

图4.7　FANUC特殊用途机器人

油漆、喷涂工业机器人的作业范围较大、工具质量较重，产品以中小型为主，FANUC公司目前有P-50i、P-250i、P-350i、P-500i、P-700i、P-1000i等不同产品，其中，P-350i的承载能力可达45kg，其他产品的承载能力均为15kg，但安装方式、作业范围有所区别。FANUC涂装工业机器人以P-250i为常用，产品承载能力为15kg，作业半径为2.8m，作业高度约5.3m，重复定位精度为±0.2mm。

FANUC-i系列食品、药品、油漆、喷涂机器人的主要技术参数如表4.7所示。

表4.7　FANUC特殊用途机器人主要技术参数表

产品系列		M-430i				P-250i
参考型号		/2F、/2FH	/4FH	/2P	/2PH	—
承载能力/kg		2	4	2	2	15
工作范围	X/mm	900	900	700	900	2800
	Y/mm	1598	1598	1251	1598	5272
重复定位精度/mm		±0.5	±0.5	±0.5	±0.5	±0.2
控制轴数		5		6		6
控制系统		R-30i				

4.1.3 其他结构机器人

(1) 并联 Delta 机器人

并联 Delta 结构的工业机器人多用于输送线物品的拾取与移动（分拣），它在食品、药品、3C 行业的使用较为广泛。

3C 部件、食品、药品的质量较轻，运动以空间三维直线移动为主，但物品在输送线上的运动速度较快，因此，它对机器人承载能力、工作范围、动作灵活性的要求相对较低，但对快速性的要求较高。此外，由于输送线多为敞开式结构，故而，采用顶挂式安装的并联 Delta 结构机器人是较为理想的选择。

FANUC 目前常用的 FANUC-i 系列并联结构分拣机器人，主要有图 4.8 所示的 M-1i/2i/3i 三系列产品，产品承载能力为 $0.5 \sim 12$kg，作业直径为 $0.8 \sim 1.35$m，作业高度约 $0.1 \sim 0.5$m，重复定位精度为 $\pm(0.02 \sim 0.1)$mm。产品主要技术参数如表 4.8 所示，工作范围参数 X、Y 的含义见图 4.8（c）。

(a) M-1i   (b) M-2i/3i   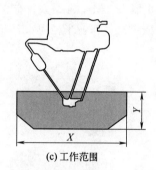 (c) 工作范围

图 4.8　FANUC 并联机器人

表 4.8　FANUC 并联机器人主要技术参数表

产品系列		M-1i					
参考型号		/0.5A	/0.5S	/1H	/0.5AL	/0.5SL	/1HL
承载能力/kg		0.5	0.5	1	0.5	0.5	1
工作范围	X/mm	ϕ280			ϕ420		
	Y/mm	100			150		
重复定位精度/mm		±0.02			±0.03		
控制轴数		6	4	3	6	4	3
控制系统		R-30i Mate					
产品系列		M-2i					M-3i	
参考型号		/3A	/3S	/3H	/3AL	/3SL	/3HL	/6A	/6S	/12H
承载能力/kg		3	3	6	3	3	6	6	6	12
工作范围	X/mm	ϕ800			ϕ1130			ϕ1350		
	Y/mm	300			400			500		
重复定位精度/mm		±0.1			±0.1			±0.1		
控制轴数		6	4	3	6	4	3	6	4	3
控制系统		R-30i Mate/R-30i								

(2) 协作型机器人

协作型机器人（Collaborative Robot）可用于人机协同安全作业，属于第二代工业机器人产品。

协作型机器人和第一代普通工业机器人的主要区别在于作业安全性。普通工业机器人无触觉传感器，作业时如果与操作人员发生碰撞，机器人不能自动停止，因此，其作业场所需要设置图 4.9（a）所示的防护栅栏等安全保护措施。协作工业机器人带有触觉传感器，它可感知人体接触并安全停止，因此，可实现图 4.9（b）所示的人机协同作业。

图 4.10 所示的 CR 系列协作型机器人是 FANUC 近期推出的最新产品，机器人采用 6 轴垂直串联标准结构，可用于装配、搬运、包装类作业，但不能用于焊接（点焊和弧焊）、切割等加工作业。

CR 系列协作型机器人目前只有承载能力为 4～35kg 的中小型产品，其主要技术参数如表 4.9 所示，表中工作范围参数 X、Y 的含义如图 4.10（c）所示。

| (a) 普通型 | (b) 协作型 |

图 4.9　协作型工业机器人

| (a) CR-4i/7i | (b) CR-35i | (c) 工作范围 |

图 4.10　FANUC 协作机器人

表 4.9　FANUC 协作机器人主要技术参数表

产品系列		CR-4i	CR-7i		CR-35i
参考型号		—	—	/7L	—
承载能力/kg		4	7	7	35
工作范围	X/mm	550	717	911	1813
	Y/mm	818	1061	1395	2931
重复定位精度/mm		±0.02	±0.02	±0.03	±0.08
控制轴数		6	6	6	6
控制系统		R-30i Mate			R-30i

4.1.4　运动平台及变位器

(1) 多轴运动平台

运动平台用于大型工件的夹紧、升降或回转、移动，FANUC-i 系列多轴运动平台有图 4.11 所示的 F100i、F200i 两个系列产品。

F100i 运动平台一般需要多个组合使用，可用于大型工件的夹紧、升降或回转、移动。运动平台的控制轴数可为 4 轴或 5 轴，J1 轴平移行程有 250mm、500mm 两种规格，J3 轴升降行程为 250mm，平台承载能力为 158kg，重复定位精度可达 0.07mm。

F200i 采用 6 轴 Stewart 平台标准结构，可采用地面或倒置式吊装安装，平台既可用来安装作业工具，也可用于工件运动。F200i 的运动范围为不规则形状，作业范围大致为 ϕ1000mm×450mm，承载能力为 100kg，重复定位精度可达±0.1mm。

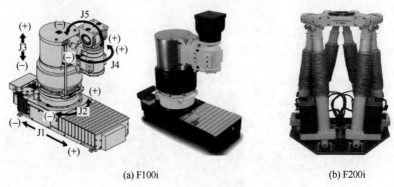

(a) F100i   (b) F200i

图 4.11　FANUC 多轴运动平台

(2) 变位器

FANUC-i 系列工业机器人有图 4.12 所示的工件变位器、机器人变位器两类，两类变位器均采用伺服电机驱动，并可通过机器人控制器直接控制。

(a) 工件变位器

(b) 机器人变位器

图 4.12　FANUC 变位器

工件变位器通常用于焊接机器人的工件回转变位，常用的有 300kg、500kg、1000kg、1500kg 单轴型和 500kg 双轴型 5 种规格。

机器人变位器用于机器人的回转或直线移动，回转变位器可用于机器人的 360° 回转；常用规格的承载能力为 4000kg、9000kg 等；直线变位器可用于 1～3 台机器人的直线移动，常用规格的最大行程为 7m、8m、9.5m 等。

4.1.5　机器人坐标系

(1) 基本说明

FANUC 机器人控制系统的坐标系有关节、机器人基座、手腕基准、大地、工具、用户 6

类坐标系，但坐标系名称、使用方法与其他机器人有较大的不同。

手腕基准坐标系在 FANUC 机器人上称为工具安装坐标系（Tool Installation Coordinates），中文说明书译作"机械接口坐标系"。手腕基准坐标系是通过运动控制模型建立、由 FANUC 定义的控制坐标系，通常只用于控制系统的工具坐标系参数设定，用户既不能改变其设定，也不能在该坐标系上进行其他操作，因此，机器人使用说明书一般不对其进行介绍；其他坐标系均可供用户操作、编程使用。

FANUC 机器人的坐标系在示教器上以英文缩写"JOINT""JGFRM""WORLD""TOOL""USER"的形式显示，其中，JGFRM 只能用于机器人手动操作。坐标系代号 JOINT、TOOL、USER 分别为关节、工具、用户坐标系，其含义明确；JGFRM、WORLD 坐标系的功能如下。

JGFRM：JGFRM 是机器人手动（JOG）操作坐标系 JOG Frame 的代号，简称 JOG 坐标系。JOG 坐标系是 FANUC 公司为了方便机器人在基座坐标系手动操作而专门设置的特殊坐标系，其使用比机器人基座坐标系更方便（见后述）。机器人出厂时，控制系统默认 JOG 坐标系与机器人基座坐标系重合，因此，如不进行 JOG 坐标系设定操作，JOG 坐标系就可视作机器人基座坐标系。

WORLD：WORLD 实际上是大地坐标系（World Coordinates）的简称，中文说明书被译作"全局坐标系"。大地坐标系是 FANUC 机器人基座坐标系、用户坐标系的设定基准，用户不能改变。由于绝大多数机器人采用的是地面固定安装，机器人出厂时默认大地坐标系与机器人基座坐标系重合，因此，FANUC 机器人操作编程时，通常直接使用大地坐标系代替机器人基座坐标系。如果机器人需要利用变位器移动（附加功能），机器人基座坐标系在大地坐标系的位置，可通过控制系统的机器人变位器配置参数、由控制系统自动计算与确定。

为了与 FANUC 说明书统一，本书后述的内容中，也将 FANUC 机器人的 WORLD 坐标系称为全局坐标系，将手腕基准坐标系称为工具安装坐标系。

FANUC 机器人的坐标系定义如下。

（2）机器人基本坐标系

关节、全局、机械接口坐标系是 FANUC 机器人的基本坐标系，必须由 FANUC 公司定义，用户不得改变。关节、全局、机械接口坐标系的原点位置、方向规定如下。

① 关节坐标系。FANUC 6 轴垂直串联机器人的腰回转、下臂摆动、上臂摆动、手腕回转、腕弯曲、手回转关节轴名称依次为 J1～J6；轴运动方向、零点定义如图 4.13 所示。机器人所有关节轴位于零点（J1～J6＝0）时，机器人中心线平面与基座前侧面垂直（J1＝0°），下臂中心线与基座安装底面垂直（J2＝0°），上臂中心线和手回转中心线与基座安装底面平

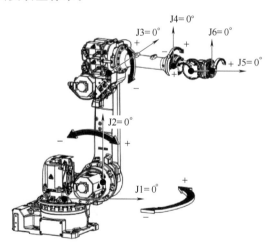

图 4.13　机器人关节坐标系

行（J3、J5＝0°），手腕和手的基准线垂直基座安装底面向上（J4、J6＝0°）。

② 全局、机械接口坐标系。FANUC 机器人的全局坐标系、机械接口坐标系原点和方向定义如图 4.14 所示。全局坐标系原点通常位于通过 J2 轴回转中心、平行于安装底平面的平面上；机械接口坐标系的 $+Z$ 方向为垂直手腕工具安装法兰面向外，$+X$ 方向为 J4 ＝ 0°时的手腕向上（或向外）弯曲切线方向。

（3）工具、用户、JOG坐标系

① 工具、用户坐标系。工具、用户坐标系是 FANUC 机器人的基本作业坐标系，用户坐标系可通过程序指令进行平移、旋转等变换，作为工件坐标系使用。工具、用户坐标系可由用户自由设定，其数量与控制系统型号规格功能有关，常用的机器人一般最大可设定 10 个工具坐标系、9 个用户坐标系。

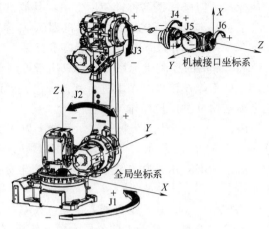

图 4.14　基本笛卡儿坐标系

FANUC 机器人控制系统的工具坐标系参数需要以机械接口坐标系为基准设定，如不设定工具坐标系，系统默认工具坐标系和机械接口坐标系重合；控制系统的用户坐标系参数需要以全局坐标系为基准设定，如不设定用户坐标系，系统默认用户坐标系和全局坐标系重合。工具、用户坐标系方向以基准坐标系按 $X \to Y \to Z$ 次序旋转的姿态角 $W/P/R$ 表示。

② JOG 坐标系。JOG 坐标系是 FANUC 为方便机器人在基座坐标系手动操作而专门设置的特殊坐标系，不能用于机器人程序。

JOG 坐标系的零点、方向可由用户设定，且可同时设定多个（通常为 5 个），因此，使用起来比机器人基座坐标系更方便。

例如，当机器人需要进行如图 4.15 所示的手动码垛时，可利用 JOG 坐标系的设定，方便、快捷地将物品从码垛区的指定位置取出等。

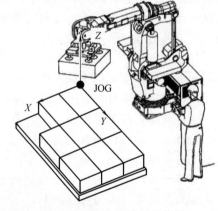

图 4.15　JOG 坐标系的作用

FANUC 机器人控制系统的 JOG 坐标系参数需要以全局坐标系为基准设定，如不设定 JOG 坐标系，系统默认两者重合，此时，JOG 坐标系即可视为机器人手动操作时的机器人基座坐标系。

（4）常用工具的坐标系定义

工具、用户坐标系的方向与工具类型、结构以及机器人实际作业方式有关，在 FANUC 机器人上，常用工具以及工件的坐标系方向一般如下。

① 工具方向。工具移动作业系统的工具方向利用控制系统的工具坐标系定义。常用工具在 FANUC 机器人上的坐标系方向一般按图 4.16 所示、定义如下。

弧焊机器人焊枪：枪膛中心线向上方向为工具（或用户）坐标系的 $+Z$ 向，$+X$ 向通常与基准坐标系的 $+X$ 方向相同，$+Y$ 方向用右手定则决定。

点焊机器人焊钳：焊钳进入工件方向为工具（或用户）坐标系 $+Z$ 向，焊钳加压时的移动电极运动方向为 $+X$ 向，$+Y$ 方向用右手定则决定。

抓手：抓手一般只用于物品搬运、码垛等工具移动作业系统，工具坐标系的 $+Z$ 方向一般与手腕基准坐标系相反（垂直手腕法兰向内）；$+X$ 向与手腕基准坐标系的 $+X$ 方向相同；$+Y$ 方向用右手定则决定。

② 工件方向。工具移动作业系统的工件安装在地面或工装上，工件方向需要利用控制系统的用户坐标系参数定义，用户坐标系的 $+Z$ 方向一般为工件安装平面的法线方向；$+X$ 向通常与全局坐标系的 $+X$ 方向相反；$+Y$ 方向用右手定则决定。

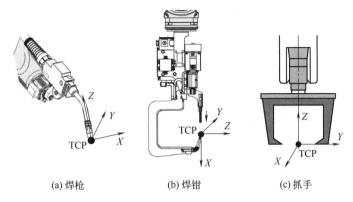

(a) 焊枪　　　　　　　(b) 焊钳　　　　　　　(c) 抓手

图 4.16　FANUC 机器人的常用工具方向

工件移动作业系统的工件夹持在机器人手腕上，工件方向需要利用控制系统的工具坐标系参数定义，工具坐标系的 $+Z$ 向一般与机械接口坐标系的 $+Z$ 方向相反（垂直手腕法兰向内）；$+X$ 向与机械接口坐标系的 $+X$ 方向相同；$+Y$ 方向用右手定则决定。

4.2　系统结构与信号连接

4.2.1　R-30iA 系统组成与结构

FANUC 工业机器人常用的控制系统主要有 FANUC R-30iA 和 FANUC R-30iB 两个系列产品，R-30iA 多用于前期 FANUC 机器人，当前产品以配套 FANUC R-30iB 系统为主，两个系列产品的功能相同，但结构有所区别，为了便于机器人维修，现将两种系统的基本结构及使用要求简要介绍如下。

(1) 部件安装与连接

FANUC R-30iA 机器人控制系统（简称 R-30iA 系统）采用的是如图 4.17 所示的柜式安装，电源总开关、控制面板安装在控制柜正面，示教器悬挂在控制面板下方，变压器、制动电阻安装在控制柜背面，系统其他部件安装在控制柜内部。

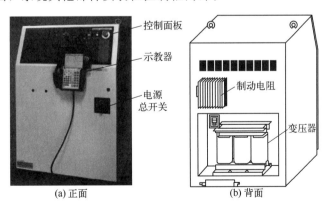

(a) 正面　　　　　　　　　　(b) 背面

图 4.17　R-30iA 系统控制柜

R-30iA 系统控制柜内部的器件安装如图 4.18 所示。控制柜前门内侧安装有连接控制面板和安全信号的面板连接模块及热交换器、总开关操作柄；电气安装板的上方为伺服驱动器，下方为 IR 控制器、I/O 扩展单元（选配）、急停单元，部件的连接如图 4.19 所示。

面板连接模块

热交换器

总开关操作柄

伺服驱动器

I/O扩展单元

总开关

急停单元

IR控制器

图 4.18　R-30iA 控制柜器件安装

三相 AC400V（380～440V）输入电源经过变压器转换为系统标准的 AC200 电源输入后，作为伺服驱动器的三相 AC200V 主电源及伺服驱动器、电源模块的 AC200V 输入，驱动器的主电源通断通过急停单元进行控制。伺服驱动器和 IR 控制器之间利用 FSSB（光缆）连接；机器人的伺服电机电枢、制动器通过动力电缆与驱动器连接，串行编码器通过信号电缆连接。

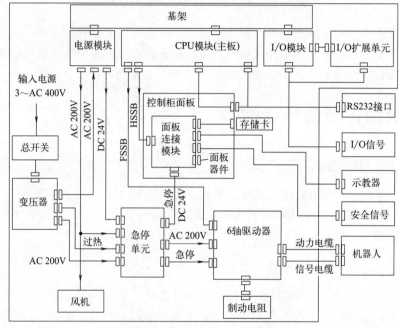

图 4.19　R-30iA 系统部件连接

R-30iA 系统的面板连接模块安装在控制柜操作面板背面，模块与 IR 控制器间通过 HSSB（高速串行总线 ，High Speed Serial Bus）连接。R-30iA 系统的面板连接模块不仅可用于控制面板操作器件的连接，而且还集成有安全信号连接、示教器连接及存储卡、USB 等接口；控制系统的其他 I/O 信号可通过 IR 控制器的 I/O 模块或 I/O 扩展模块（选配）进行连接。

（2）部件结构与功能

R-30iA 系统主要由总开关、电源变压器、风机以及急停单元、面板连接模块、伺服驱动器、IR 控制器及 I/O 扩展模块等控制部件组成。总开关、电源变压器、风机为通用低压电气件，其功能和要求与其他机电控制系统相同，急停单元、操作面板及连接模块、IR 控制器及 I/O 扩展模块、伺服驱动器的结构与功能如下。

① 急停单元。急停单元（E-Stop Unit）主要用于伺服驱动器的主电源 ON/OFF 控制，控制系统正常启动/关机时，可对驱动器的整流、逆变主回路进行预充电及正常通、断控制；机器人出现紧急情况时，能够直接分断驱动器主电源，使机器人紧急停止。

② 操作面板及连接模块。R-30iA 系统的操作面板（Operator's Panel）安装在控制柜的正面，面板安装有系统急停、故障复位、循环启动按钮，操作模式选择开关，电源接通与系统

报警指示灯，存储卡、RS232C 通信接口等部件。面板连接模块（Panel Board）用来连接面板操作器件、示教器以及来自外部操作部件（如安全栅栏）的急停、伺服 ON/OFF 等安全输入/输出信号；面板连接模块与 IR 控制器间通过 FANUC HSSB 连接。

③ IR 控制器及 I/O 扩展单元。R-30iA 系统的 IR 控制器如图 4.20 所示。

扩展插槽　I/O 模块　CPU 模块　电源模块

(a) IR 控制器　　　　　　　　　　(b) I/O 扩展单元

图 4.20　R-30iA 控制器及 I/O 扩展单元

R-30iA 系统由 FANUC-31i 面板（MDI/LCD）与 CNC 分离型数控系统派生，采用的是模块式结构，系统的电源模块、CPU 模块（含伺服总线接口）、标准 I/O 接口模块统一安装在基架（底板）上，基架的扩展插槽可安装其他附加模块。

IR 控制器的电源模块（Power Supply Unit，简称 PSU）用来产生控制系统所需的 DC24V、DC5V 等控制电源。CPU 模块（主板，Main Board）是控制系统的核心部件，机器人的位置、运动轨迹、伺服进给、数据输入输出、程序存储与运行、网络通信等都需要由 CPU 模块（主板）进行控制。标准 I/O 接口模块用来连接控制系统的基本 I/O 信号，如需要，接口模块还可连接 I/O 扩展单元，连接更多的 I/O 点。安装基板（Back Plane）用来固定 IR 控制器和连接控制器的电源模块、CPU 模块及系统扩展模块。

④ 伺服驱动器。伺服驱动器（Servo Amplifier）用于伺服驱动电机的位置、速度、转矩控制，驱动器和 IR 控制器通过 FANUC 串行伺服总线（FANUC Serial Servo Bus，简称 FSSB）连接。工业机器人的伺服电机容量一般较小，因此，伺服驱动器大多采用多轴集成一体结构；驱动器直流母线电压调节及电机制动时的回馈能量吸收利用制动电阻进行控制。

4.2.2　R-30iB 系统组成与结构

(1) 部件安装与连接

FANUC R-30iB 机器人控制系统（简称 R-30iB 系统）一般为图 4.21 所示的箱式安装，电源总开关、控制面板安装在控制柜正面，示教器悬挂在左侧，滤波器、制动电阻安装在控制箱背面，系统其他部件安装在控制柜内部。

R-30iB 系统由 FANUC-31i 手动数据输入/显示面板/CNC（MDI/LCD/CNC）一体型数控系统派生，IR 控制器采用的是紧凑型结构，IR 控制器安装在前门背面；安全信号连接接口和电源控制电路集成在急停单元上；电源单元、扩展 I/O 模块（选配）安装在控制柜内。

常用的 R-30iB 系统控制柜有图 4.22 所示的小型与大中型 2 种，两者的外形尺寸及部分控

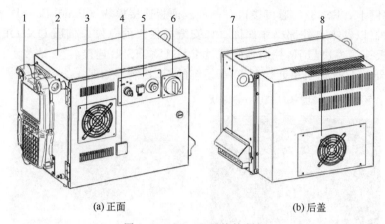

(a) 正面　　　　(b) 后盖

图 4.21　R-30iB 系统控制柜

1—示教器；2—控制箱；3,8—热交换器；4—USB 接口；5—控制面板；6—总开关；7—连接板

制部件结构和安装位置有所不同。小型 R-30iB 系统控制部件安装如图 4.22（a）所示，系统的主接触器 8 安装在急停控制板 9 的侧面；制动电阻 12 安装在电气安装板背面，后盖无风机。大中型 R-30iB 系统的控制部件安装如图 4.22（b）所示，系统的主接触器 8 安装在急停控制板 9 的下方；制动电阻 12 安装在后盖板上，电抗器安装在电气安装板背面，后盖安装驱动器、制动电阻散热风机。R-30iB 系统部件的连接如图 4.23 所示。

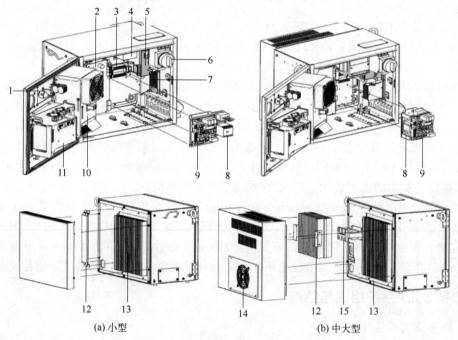

(a) 小型　　　　(b) 中大型

图 4.22　R-30iB 系统控制部件安装

1—控制面板；2—伺服驱动器；3—引脚转换器；4—EMC 滤波器；5—电源单元；6—总开关；
7—扩展 I/O 单元；8—主接触器；9—急停控制板；10—热交换器；11—IR 控制器；
12—制动电阻；13—驱动器散热器；14—风机；15—电抗器

R-30iB 系统采用三相（大中型）或单相 AC200V（小型）输入，无电源变压器。AC200V输入电源经过总开关、滤波器输入到急停单元，并由急停单元转换为伺服驱动器、电源模块、控制柜风机的输入电源，伺服驱动器主电源的通断由急停单元进行控制。

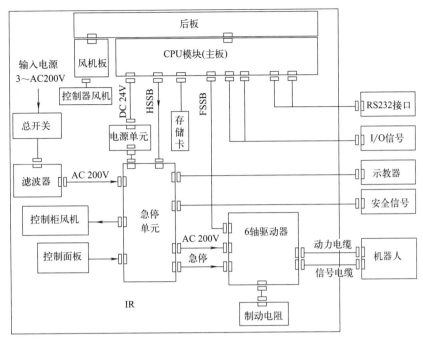

图 4.23　R-30iB 控制部件连接图

R-30iB 系统的示教器、驱动器控制信号需要通过急停单元的 HSSB 与 IR 控制器连接；伺服驱动器和 IR 控制器之间利用 FSSB（光缆）连接；机器人的伺服电机电枢、制动器通过动力电缆与驱动器连接，串行编码器通过信号电缆连接。

R-30iB 系统的面板、安全输入/输出、标准 DI/DO 信号可通过急停单元的连接电路，直接连接到 IR 控制器上，控制系统的其他 I/O 信号可通过 IR 控制器的 I/O 扩展模块（选配）进行连接。

(2) 部件结构与功能

R-30iB 系统主要由总开关、滤波器、风机以及急停单元、电源单元、IR 控制器及 I/O 扩展模块、伺服驱动器等控制部件组成。总开关、滤波器、风机为通用低压电气件，其功能与其他机电控制系统相同，急停单元、电源单元、IR 控制器及 I/O 扩展模块、伺服驱动器的结构与功能如下，控制系统的电路原理及连接要求详见后述。

① 急停单元。急停单元（E-Stop Unit）主要用于伺服驱动器主电源 ON/OFF 控制，系统正常启动/关机时，可对驱动器的整流、逆变主回路进行预充电及正常通/断控制；机器人出现紧急情况时，能够直接分断驱动器主电源、使机器人紧急停止。R-30iB 系统还集成有安全信号连接、转换电路和示教器连接接口，可用于安全信号和示教器连接。

② 电源单元。用来产生系统 DC24V 控制电源。R-30iB 系统的 IR 控制器、急停单元控制板（急停控制板）、伺服驱动器控制板（伺服控制板）的控制电源均为 DC24V，由 AC200V/DC24V 电源单元统一供电。

③ IR 控制器及 I/O 扩展模块。R-30iB 系统的 IR 控制器由 FANUC-31i 手动数据输入/显示面板/CNC（MDI/LCD/CNC）一体型数控系统派生，主板（CPU 模块）、FSSB 接口、I/O 总线接口以及控制面板、安全输入/输出信号、基本 DI/DO 信号的接口电路集成在 IR 控制器主板上。如需要，IR 控制器还可连接 I/O 扩展单元，连接更多的 I/O 点。

④ 伺服驱动器。伺服驱动器（Servo Amplifier）用于伺服驱动电机的位置、速度、转矩控制，驱动器和 IR 控制器通过 FSSB 连接。工业机器人的伺服电机容量一般较小，因此，伺

服驱动器大多采用多轴集成一体结构；驱动器的整流、直流母线电压调节主电路及伺服控制电路为多轴共用，逆变回路独立。

4.2.3 输入/输出信号连接要求

FANUC 机器人控制系统的输入/输出信号分为安全信号、DI/DO 信号、高速 DI 信号 3 类，信号连接要求如下。

(1) 安全信号连接

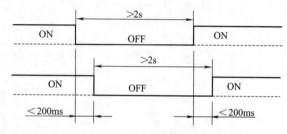

R-30iA、R-30iB 系统的急停、防护门关闭输入及急停输出为双通道冗余控制安全信号，安全电路控制电源为 DC24V，安全电路允许使用系统内部电源（INT24V）或独立的外部电源（24EXT）供电，电路原理可参见后述，R-30iB 系统的安全信号连接要求如下。

图 4.24 安全信号输入要求

① 安全输入。系统急停、防护门关闭等安全输入信号必须为常闭型双通道冗余输入触点信号，输入触点的驱动能力应大于 DC24V/100mA，动作时间应符合图 4.24 的规定。

② 安全输出。控制系统的急停信号可通过急停单元输出，安全输出信号为双通道冗余触点输出，输出触点可驱动的最大负载为 DC30V/5A（电阻负载），最小负载为 DC5V/10mA。

③ 外部电源。安全电路采用外部电源（24EXT）供电时，对外部电源的要求如下。

输入电压：DC24V，允许变化范围为±10%（含纹波）。

输入容量：大于 300mA。

(2) DI/DO 信号连接

R-30iA、R-30iB 系统的开关量输入/输出（DI/DO）信号的连接要求如下。

① DI 信号。R-30iA、R-30iB 系统的 DI 输入接口电路采用的是双向光耦器件，DI 信号可采用图 4.25 所示的 DC24V "源输入（Source Input）" 或 "汇点输入（Sink Input，亦称漏型输入）" 2 种连接方式，输入连接方式可通过改变触点公共端、DI 输入接口公共端 SDICOM（IR 控制器）或 ICOM 转换开关（驱动器）转换。

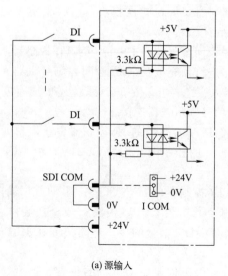

(a) 源输入

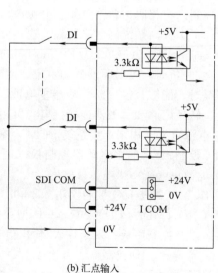

(b) 汇点输入

图 4.25 DI 输入连接

系统对 DI 输入信号的基本要求如下。

触点驱动能力：$\geqslant$DC24V/100mA。

ON/OFF 信号宽度：$\geqslant$200ms。

触点 ON/OFF 电阻：$\leqslant$100Ω/$\geqslant$100kΩ。

输入 ON/OFF 电平：DC20～28V/0～4V。

② DO 信号。系统的 DO 信号采用图 4.26 所示的 PNP 晶体管集电极开路输出，负载驱动电源需要外部提供，负载两侧需要并联过电压抑制二极管。

系统 DO 输出驱动能力如下。

允许负载电压：DC24V$\pm$20％。

输出 ON 时最大负载电流：$\leqslant$200mA。

输出 ON 时晶体管饱和压降：$\leqslant$1V。

输出 OFF 时最大漏电流：$\leqslant$0.1mA。

负载驱动电源电压：DC24V$\pm$10％。

过电压抑制二极管容量：$\geqslant$100V/1A。

（3）高速 DI 信号连接

在选配高速输入功能的系统上，IR 控制器可以通过高速输入接口 CRL3（见后述），连接 2 点高速 DI 信号。IR 控制器的 HDI 信号接口采用图 4.27 所示的 DC12V 线驱动接收器，外部信号原则上应为线驱动发送器输出信号。

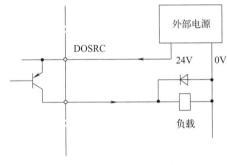

图 4.26　DO 输出连接

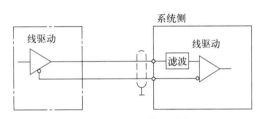

图 4.27　HDI 输入连接

HDI 信号的输入要求如下。

信号 ON 电平/电流：3.6～11.6V/2～11mA。

信号 OFF 电平/电流：$\leqslant$1V/1.5mA。

信号宽度：$\geqslant$20μs。

4.3　R-30iB 系统电路原理

4.3.1　电源电路原理

机器人控制系统的电路可分为系统内部电路和外部电路两部分。内部电路由系统（机器人生产厂家）设计、连接，并整体提供。型号和功能相同的系统，内部电路完全相同。外部电路是由机器人使用厂家根据各自的使用要求设计、连接的电路，在不同机器人上各不相同，难以一一说明。

FANUC R-30iB 机器人控制系统采用的是 FANUC-31i 手动数据输入/显示面板/CNC

（MDI/LCD/CNC）一体型数控系统的紧凑型结构，系统由总开关、滤波器、风机以及急停单元、电源单元、IR 控制器及 I/O 扩展模块、伺服驱动器等部件组成。从电路原理上，R-30iB 系统内部实际上包含主回路及电源电路、控制电路、网络连接电路 3 部分。其中，主回路及电源电路可分为 AC200V 主回路、DC24V 电源电路、驱动器控制电源电路 3 部分，电路原理分别如下。控制电路、网络连接电路的原理详见后述。

(1) AC200V 主回路

三相 AC200V 输入的 R-30iB 系统主回路原理如图 4.28 所示。小型单相 AC200V 输入的系统无须连接 L3，图中的 L1、L2 输入应为 L、N，其余电路相同。

系统的 AC200V 电源输入 L1/L2/L3 经过控制柜电源总开关 QF1、滤波电抗器 NE1，分别与急停单元的主接触器 KM2、急停控制板的预充电连接器 CNMC6、控制柜 AC200V 风机输入连接器 CP1 及 AC200V/DC24V 电源单元连接。

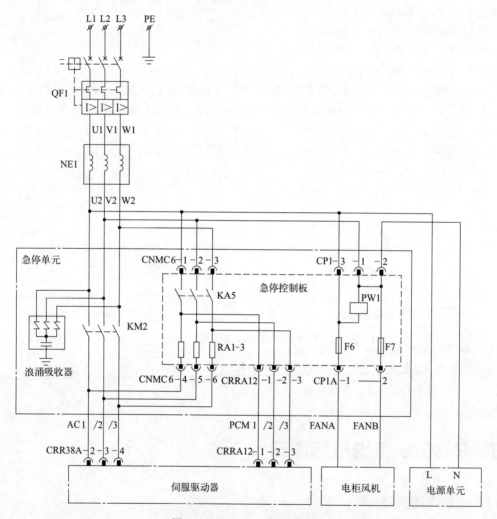

图 4.28　AC200V 主回路原理

急停控制板的预充电由继电器 KA5 控制，伺服驱动器启动时，系统首先接通 KA5，使伺服驱动器加入经电阻 RA 降压后的主电源，以降低整流输出电压，防止因直流母线平波电容器充电引起的启动过载。预充电完成后，主接触器 KM2 接通、预充电继电器 KA5 断开，整流输出电压上升到额定值。驱动器的预充电继电器 KA5 的输出连接到伺服驱动器的输入连接器

CRRA12，作为驱动器预充电监控电源。

AC200V 控制柜风机输入（CP1）可通过急停控制板的熔断器 F6/F7（3.2A），连接到控制柜的前门、后盖（中大型系统）的风机上；电源加入后，继电器 PW1 将直接接通，向 IR 控制器输入电源 ON 信号（见下述）。

（2）DC24V 电源电路

R-30iB 系统的 DC24V 控制电源由电源单元统一提供，并在急停控制板上分为多组，电源电路原理如图 4.29 所示，各组电源的作用如下。

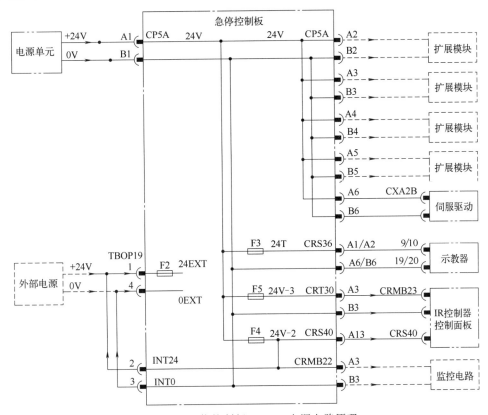

图 4.29　急停控制板 DC24V 电源电路原理

① 24V：DC24V 电源，用于伺服驱动器、扩展 I/O 单元、扩展以太网模块等带有电源输入保护熔断器的控制部件供电。24V 电源连接器 CP5A 有 6 组并联连接的相同连接端 A1/B1、A2/B2…A6/B6，其中的任意一组均可作为 DC24V 输入连接端或伺服驱动器、扩展单元的输出连接端；除系统标准配置的电源单元 DC24V 输入、伺服驱动器控制电源外，连接器 CP5A 最大可连接 4 个扩展单元。

② 24T：示教器 DC24V 电源，通过示教器电缆连接器 CRS36 连接，电源由急停控制板的熔断器 F3（1A）进行短路保护。

③ 24V-2：急停控制板电源，由熔断器 F4（2A）进行短路保护。24V-2 与 TBOP19 的急停电路外部电源输入端 24EXT、0EXT 短接（标准设定）时，可同时用于急停电路供电；24V-2 可通过急停控制板连接器 CRMB22 输出，用于系统外部安全监控电路供电。

④ 24V-3：IR 控制器 DC24V 电源，由急停控制板的熔断器 F5（5A）进行短路保护。24V-3 在 IR 控制器上分为多组，电路原理详见 4.5 节。

⑤ 24EXT：急停电路电源，由急停控制板的熔断器 F2（1A）进行短路保护。作为出厂标

准设定，急停电路电源 24EXT 直接与急停控制板电源 24V-2 短接；如果要求急停电路在系统断电时仍能工作，24EXT 可由外部提供。急停电路由外部电源供电时，需要断开急停控制板连接端 TBOP19 的 INT24/24EXT、INT0/0EXT 短接端，将 TBOP19 的 24EXT、0EXT 与外部 DC24V 电源连接。

(3) 驱动器控制电源电路

伺服驱动器的 DC24V 控制电源一般从急停单元的 DC24V 连接器 CP5A 引出（任意一组，如 A6/B6），并由伺服控制板转换为驱动器不同控制电路的 DC24V 电源。伺服控制板的 DC24V 电源电路如图 4.30 所示，DC24V 电源在控制板上分为以下 3 组。

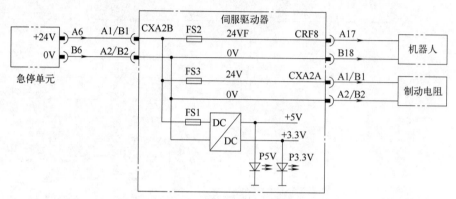

图 4.30　伺服驱动器 DC24V 电源电路原理

① 24VF：机器人输入/输出（RI/RO）、关节轴超程（ROT）、手爪断裂（HBK）等外部输入/输出信号用 DC24V 电源，由伺服控制板的熔断器 FS2（3.2A）进行短路保护。24VF 可通过机器人连接电缆连接到机器人上，作为 RI/RO 及 ROT、HBK 的 DC24V 电源（详见 4.4 节）。

② 24V：驱动器控制电路、制动电阻单元及附加轴驱动器 DC24V 电源，由伺服控制板的熔断器 FS3（3.2A）进行短路保护。

③ 伺服控制电源，由伺服控制板的熔断器 FS1（3.2A）进行短路保护。伺服驱动器的 DC24V 控制电源可通过内部 DC/DC 电源电路，转换为伺服驱动器内部电子电路、数据存储器的 DC5V、DC3.3V 电源；DC5V、DC3.3V 的状态，可通过伺服控制板的指示灯 P5V、P3.3V 指示。

4.3.2　控制电路原理

根据电路功能，R-30iB 系统的控制电路可分为安全电路、IR 控制器输入/输出电路、驱动器输入/输出电路 3 部分，电路原理分别如下。

(1) 安全电路

工业机器人的安全电路用于驱动器主电源的紧急分断。根据 ISO 13849《机械安全　控制系统有关安全部件》标准规定，机电设备的安全电路必须使用安全冗余设计；用于紧急分断的按钮、行程开关等器件必须满足强制释放条件，动作力必须来自手动、电磁或机械操作；紧急分断后，操作器件必须能够保持在分断位置，它只能通过手或工具的直接作用才能解除分断。

R-30iB 系统的安全电路设计在急停控制板上，安全电路由急停电路和驱动器 ON/OFF 电路 2 部分组成，电路原理如图 4.31 所示。

① 急停电路。R-30iB 系统的急停电路是由示教器、控制面板急停按钮双触点冗余控制的安全继电器电路，其中，安全继电器 KA6/KA7 触点与系统外部急停按钮的双通道冗余输入触点串联，作为 IR 控制器的急停输入；安全继电器 KA21/KA22 为急停电路的双触点冗余输出，如果需要，可用于系统其他设备的急停控制。

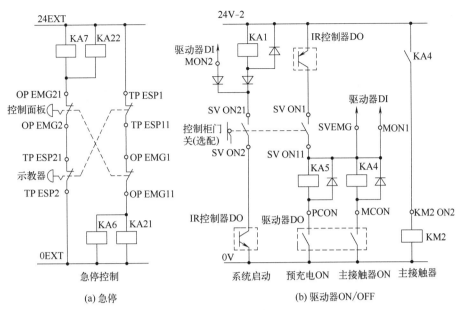

图 4.31 安全电路原理

急停电路由 24EXT 电源独立供电，当 24EXT 电源使用外部电源供电时，即使机器人电源总开关断开，急停电路仍能正常工作，因此，在多设备控制的复杂系统上，即便断开机器人总电源，也能够利用示教器、控制面板急停按钮与安全继电器 KA21/KA22 的触点输出，紧急分断其他设备。

② 驱动器 ON/OFF 电路。驱动器 ON/OFF 电路用于驱动器主电源的 ON/OFF 控制。图中的伺服启动信号 SV ON1/SV ON2 来自 IR 控制器的安全输出，输出晶体管在无外部急停输入、安全防护门关闭的情况下饱和导通。控制柜门开关为系统选配件，可用来实现控制柜开门时的驱动器主电源紧急断开；不使用控制柜门开关时，连接端 SV ON2/SV ON21、SV ON1/SV ON11 短接（标准设置）。当 IR 控制器的安全输出、控制柜门开关接通时，可向驱动器输出 MON1/2、SVEMG 信号，解除驱动器急停状态。

图 4.31 中的 PCON、MCON 是来自驱动器的主电源正常启动控制信号。驱动器急停解除、需要正常启动时，首先输出预充电信号 PCON、接通预充电继电器 KA5，进行直流母线预充电；预充电完成后，驱动器将开放逆变功率管，并输出主接触器 ON 信号 MCON、撤销预充电信号 PCON，以接通继电器 KA4 和主接触器 KM2、断开预充电继电器 KA5，将驱动器主电源切换至正常输入，完成驱动器启动操作。

当示教器急停、控制面板急停、外部急停触点断开或安全防护打开时，可通过 IR 控制器安全输出 SV ON1/SV ON2，立即断开继电器 KA4、主接触器 KM2 及驱动器急停输入信号 MON1/2、SVEMG，使驱动器进入紧急停止状态。

(2) IR 控制器输入/输出电路

R-30iB 系统的 IR 控制器输入/输出电路包括驱动器 ON/OFF 控制和操作信号输入/输出两部分，控制电路原理分别如下。

① 驱动器 ON/OFF 电路。驱动器 ON/OFF 的输入/输出连接电路原理如图 4.32 所示，输入信号包括外部急停（EES1/EES2）、防护门关闭（EAS1/EAS2）双通道冗余安全信号输入及驱动器状态检测信号输入两部分。

图 4.32 中的 KA6、KA7 为来自急停电路的示教器、控制面板急停控制信号（见图 4.31）；

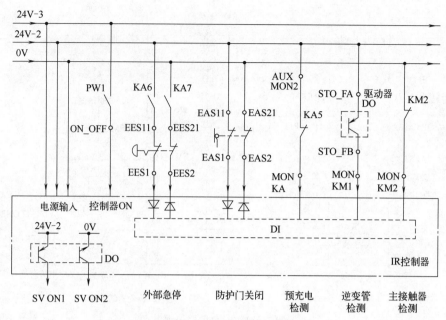

图 4.32　驱动器 ON/OFF 输入/输出电路原理

外部急停按钮、防护门开关可通过急停控制板的连接端 TBOP20 连接，不使用外部急停、安全防护门信号时可直接短接（标准配置）。KA5、KM2 为急停控制板的驱动器预充电继电器、主接触器触点，STO_FA/FB 为来自伺服驱动器的逆变管 ON/OFF 状态输出。

　　IR 控制器的输出信号 SV ON1/SV ON2 用于驱动器急停控制，信号在示教器、控制面板、外部急停（选配）按钮动作，或者机器人手动操作模式的示教器手握开关急停（完全握下）、自动操作模式的安全防护门打开时，将立即断开。

　　② 操作信号输入/输出。IR 控制器的操作信号输入/输出连接电路原理如图 4.33 所示，信号来自控制柜面板和示教器。

　　R-30iB 系统的控制柜面板安装有急停按钮、操作模式选择开关（MODE）、循环启动

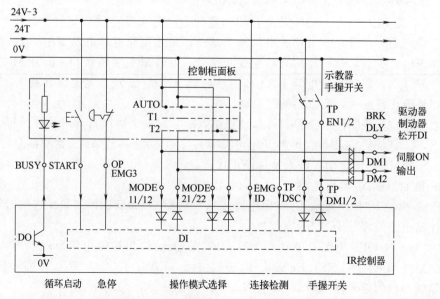

图 4.33　操作信号输入/输出连接电路原理

（CYCLE START）按钮（带指示灯）等。3 位操作模式选择开关采用双通道冗余输入连接，其自动（AUTO）状态同时作为驱动器的制动器松开（DI 输入 BRK DLY）信号；急停辅助触点、循环启动按钮与指示灯为 IR 控制器的 DI /DO 信号；示教器手握开关用于机器人手动、示教操作时的驱动器 ON/OFF 与急停控制，开关采用双通道冗余输入。

手握开关 ON 与自动模式选择信号 DM1/DM2 可通过急停控制板的连接器输出，用于附加轴的伺服 ON 控制。

连接检测输入信号 EMG ID、TP DSC 用于 IR 控制器与急停单元、示教器的连接检测；EMG ID 与 IR 控制器电源 24V-3 连接，TP DSC 与示教器的 0V 连接。

（3）驱动器输入/输出电路

R-30iB 系统的驱动器输入/输出电路原理如图 4.34 所示，系统使用 6 轴集成驱动器，驱动器的启动/停止由驱动控制板上的逻辑电路进行控制。

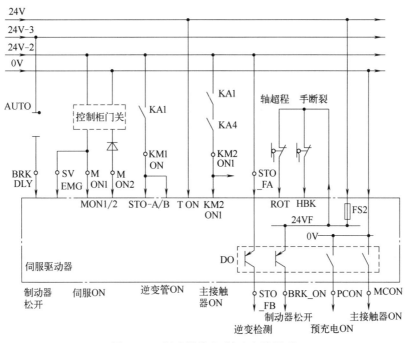

图 4.34　驱动器输入/输出电路原理

驱动器输入信号包括制动器松开 BRK DLY、驱动器急停 SVEMG、伺服启动 MON1/2、主接触器接通 KM2 ON1、逆变管开放 STO-A/B 和 T ON、关节轴超程 ROT、手断裂 HBK（抓手断裂或其他工具损坏信号）等；输入信号用于驱动器 ON/OFF 与急停控制。

驱动器输出信号包括预充电 ON（PCON）、主接触器 ON（MCON）、逆变检测 STO_FA/FB、制动器松开 BRK_ON（一般不使用）等；预充电 ON、主接触器 ON 信号用于急停控制板的驱动器启动/停止控制，逆变状态检测为 IR 控制器的 DI 信号。

4.4　R-30iB 控制部件连接

4.4.1　R-30iB 连接总图

R-30iB 系统的电气连接总图如图 4.35 所示，用于大中型机器人控制的 R-30iB 系统使用三相 AC200V 电源输入，用于小型机器人控制的 R-30iB 系统使用单相 AC200V 电源输入。

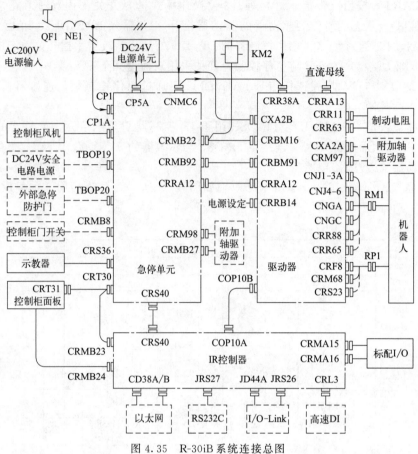

图 4.35　R-30iB 系统连接总图

　　在控制柜内部，AC200V 输入电源分别与伺服驱动器主回路（三相或单相）、DC24V 电源单元（单相）、急停单元电源输入连接，并通过急停单元转换为驱动器预充电主电源、控制柜风机电源。电路原理可参见 4.3 节。

　　R-30iB 系统的示教器、控制面板及外部急停按钮、安全防护门开关等部件都需要与急停单元连接，并通过急停控制板的急停电路、IR 控制器输入/输出电路、驱动器输入/输出电路，转换为安全控制信号、IR 控制器输入/输出、驱动器输入/输出信号，相关电路的原理可参见 4.3 节。

　　安装在机器人上的伺服电机（包括内置编码器、制动器）、关节轴超程开关（ROT）、手断裂检测开关（HBK）以及机器人的其他输入/输出（RI/RO）器件，需要通过控制柜的机器人动力电缆 RM1、控制电缆 RP1 与伺服驱动器连接。驱动器的伺服启动、逆变管 ON/OFF 等控制信号，通过控制柜内部连接电缆与急停单元连接，相关电路的原理可参见 4.3 节。伺服驱动器和 IR 控制器之间通过 FSSB 光缆进行网络连接。

　　R-30iB 系统的 IR 控制器集成有工业以太网、RS232C、I/O-Link 等通用网络接口，可根据需要连接相应的网络设备。控制柜面板的循环启动按钮/指示灯及操作模式选择开关信号、标准配置的通用 DI/DO 信号直接连接到 IR 控制器上。IR 控制器的连接电路将在 4.5 节具体介绍，系统其他控制部件及机器人的连接要求如下。

4.4.2　急停单元连接

(1) 器件与功能

R-30iB 系统的急停单元（E-STOP Unit）是用于系统电源控制和安全信号连接的集成单

元，单元由主接触器与急停控制板组成。

主接触器是用于伺服驱动器主电源通断控制的通用低压电气件，其安装位置如图 4.36 所示，小型系统的主接触器安装在急停控制板右侧，大中型系统的主接触器安装在急停控制板下方。急停控制板是用于系统电源通断控制的印制电路板，小型和大中型系统的控制板结构、功能相同。急停控制板的控制器件安装如图 4.37 所示。

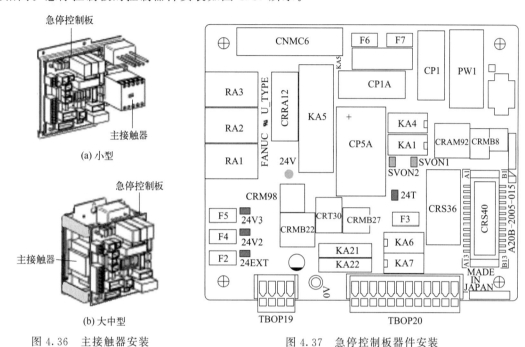

图 4.36　主接触器安装　　　　　　图 4.37　急停控制板器件安装

急停控制板由熔断器、连接器等器件组成，器件的功能如表 4.10 所示。

表 4.10　急停控制板器件功能

类别	代号	功　　能	规格	印制板标记
熔断器	F2	急停电路 DC24V 电源（24EXT）保护	1A	FUSE2
	F3	示教器 DC24V 电源（24T）保护	1A	FUSE3
	F4	急停控制板 DC24V 电源（24V-2）保护	2A	FUSE4
	F5	IR 控制器 DC24V 电源（24V-3）保护	5A	FUSE5
	F6/F7	控制柜风机 AC200V 电源保护	3.2A	FUSE6/7
指示灯	24V	DC24V 电源输入	—	24V
	SVON1/2	IR 控制器 SVON1/2 信号输入指示	绿色	SVON1/2
	24T	DC24V 电源 24T 熔断器熔断指示	红色	24T
	24EXT	DC24V 电源 24EXT 熔断器熔断指示	红色	24EXT
	24V2	DC24V 电源 24V-2 熔断器熔断指示	红色	24V2
	24V3	IDC24V 电源 24V-3 熔断器熔断指示	红色	24V3
连接器	CNMC6	三相 AC200V 伺服主电源输入/预充电输出连接器	—	CNMC6
	CRRA12	三相 AC200V 预充电控制电源输出连接器	—	CRRA12
	CP1	AC200V 控制柜风机电源（输入）连接器	—	CP1
	CP1A	AC200V 控制柜风机电源（输出）连接器	—	CP1A
	CP5A	DC24 电源输入/输出连接器	—	CP5A
	CRT30	IR 控制器电源、控制柜面板急停连接器	—	CRT30
	CRS36	示教器连接器	—	CRS36
	CRS40	IR 控制器连接器	—	CRS40
	CRMA92	驱动器输入/输出连接器	—	CRMA92

续表

类别	代号	功 能	规格	印制板标记
连接器	CRMB8	电柜门开关连接器	—	CRMB8
	CRMB22	驱动器主回路控制信号连接器	—	CRMB22
	CRMB27	附加轴驱动器控制信号连接器	—	CRMB27
	CRM98	伺服 ON 信号输出连接器	—	CRM98
接线端	TBOP19	急停电路外部 DC24V 电源输入连接器	—	TBOP19
	TBOP20	外部急停、防护门开关输入及急停信号输出连接器	—	TBOP20

（2）电源连接

R-30iB 系统的急停单元电源电路原理及连接要求可参见原理图 4.28～图 4.30，急停控制板连接器 CNMC6、CRRA12、CP1、CP1A 用于 AC200V 连接，连接器 CP5A 用于 DC24V 电源连接，连接端 TBOP19 用于急停电路 DC24V 外部电源连接。电源连接器的连接端名称及功能如表 4.11 所示。

表 4.11　急停单元电源连接端名称与功能表

连接器	连接端	名　称	功　能	连接说明
CNMC6	1/2/3	U2/V2/W2	预充电主电源输入	来自滤波器输出
	4/5/6	AC1/AC2/AC3	预充电主电源输出	连接伺服驱动器输入
CRRA12	1/2/3	PCM1/PCM2/PCM3	预充电电源监控电源输入	连接伺服驱动器输出
CP1	1	V2-IN	AC200V 控制电源输入	来自滤波器输出
	2	V2-OUT	AC200V 控制电源输出	连接电源单元输入
	3	U2	AC200V 输入	来自滤波器输出
CP1A	1/2	FAN A/FANB	控制柜 AC200V 风机电源	风机电源
	3	—		
CP5A	A1	+24V	DC24V 电源单元输入	电源单元 DC24V
	B1	0V		
	A2/3/4/5/6	+24V	DC24V 电源连接端	伺服驱动器、扩展模块 DC24V 电源连接
	B2/3/4/5/6	0V		
TBOP19	1	EXT24V	急停电路外部 DC24V 输入	急停电路电源，不使用外部电源时短接 INT24V/EXT24V、INT0V/EXT0V
	2	INT24V	急停控制板电源 24V-2 输出	
	3	INT0V	急停控制板 0V 输出	
	4	EXT0V	急停电路外部 0V 输入	

（3）控制柜器件连接

R-30iB 系统的控制柜器件主要用于驱动器 ON/OFF 控制，控制器件与急停单元（控制板）的连接如图 4.38 所示，电路原理可参见原理图 4.31～图 4.34。

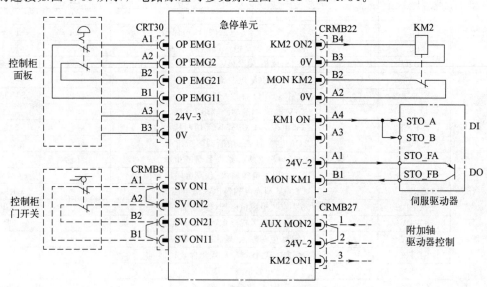

图 4.38　控制柜器件连接

急停控制板的连接器 CRT30、CRMB8、CRMB22 用于 IR 控制器电源和控制柜面板急停按钮、控制柜门开关（选配）、主接触器、驱动器主回路通断控制信号等电路的连接，连接器 CRMB27 用于附加轴驱动器（选配）主回路控制信号连接；连接器的连接端名称、功能如表 4.12 所示。

表 4.12　控制柜器件连接端名称与功能表

连接器	连接端	名　称	功　能	连接说明
CRT30	A1/B1	OP EMG1/EMG11	控制柜面板急停输入通道 1	连接控制柜面板 CRT31、IR 控制器 CRMB23
	A2/B2	OP EMG2/EMG21	控制柜面板急停输入通道 2	
	A3/B3	24V-3/0V	IR 控制器 DC24V 电源	
CRMB8	A1	SV ON1	控制柜门开关输入通道 1	选配件，不使用时 A1/B1、A2/B2 短接
	B1	SV ON11		
	A2	SV ON2	控制柜门开关输入通道 1	
	B2	SV ON21		
CRMB22	A1	24V-2	逆变管状态输入	伺服驱动器 DO 信号
	B1	MON KM1		
	A2	0V	主接触器状态输入	主接触器触点输入
	B2	MON KM2		
	A3	—		
	B3	0V	主接触器线圈 0V 端	主接触器控制输出
	A4	KM1 ON	逆变管 ON/OFF 输出	驱动器逆变管 ON/OFF 控制
	B4	KM2 ON2	主接触器线圈控制端	主接触器控制输出
CRMB27	1	AUX MON2	附加驱动器预充电检测	连接附加轴驱动器
	2	24V-2		
	3	KM2 ON1	附加驱动器启动输出	连接附加轴驱动器

（4）外部器件及驱动器连接

R-30iB 系统急停单元与外部控制器件、驱动器连接如图 4.39 所示，电路原理可参见原理图 4.31～图 4.34。

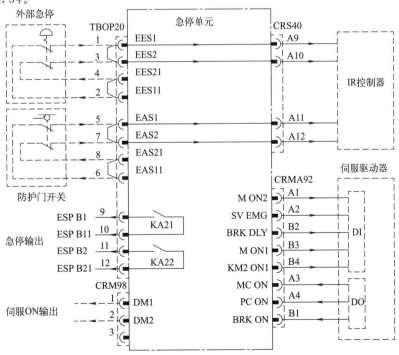

图 4.39　外部器件及驱动器连接

连接端 TBOP20 用于双通道冗余控制外部急停按钮、安全防护门开关连接及急停电路继电器触点输出。如果不使用外部急停按钮、安全防护门开关，其输入连接端应短接（标准配置）；系统急停输出可用于其他设备的急停控制。连接器 CRM98 为伺服 ON 信号输出，可用于附加轴驱动器的伺服 ON 控制。连接器 CRMA92 用于驱动器 DI/DO 信号连接。

外部器件及驱动器连接器的连接端名称、功能如表 4.13 所示。

表 4.13　外部器件及驱动器连接端名称与功能表

连接器	连接端	名称	功　　能	连接说明
TBOP20	1	EES1	外部急停输入通道 1	连接 IR 控制器输入，不使用时短接 1/2、3/4
	2	EES11		
	3	EES2	外部急停输入通道 2	
	4	EES21		
	5	EAS1	防护门开关输入通道 1	连接 IR 控制器输入，不使用时短接 5/6、7/8
	6	EAS11		
	7	EAS2	防护门开关输入通道 2	
	8	EAS21		
	9	ESP B1	急停触点输出通道 1	用于其他设备急停
	10	ESP B11		
	11	ESP B2	急停触点输出通道 2	
	12	ESP B21		
CRM98	1	DM1	伺服 ON 输出通道 1	用于附加轴驱动器伺服 ON 控制
	2	DM2	伺服 ON 输出通道 2	
	3	—	—	
CRMA92	A1	M ON2	逆变管 ON 通道 2	驱动器输入
	A2	SV EMG	驱动器急停	
	A3	MC ON	主接触器 ON	驱动器输出
	A4	PC ON	预充电 ON	
	B1	BRK ON	制动器松开	
	B2	BRK DLY	制动器松开	
	B3	M ON1	逆变管 ON 通道 1	驱动器输入
	B4	KM2 ON1	主接触器 ON	

4.4.3　面板与示教器连接

（1）控制柜面板连接

R-30iB 系统的控制柜面板安装在控制柜前门上方，面板通常安装有图 4.40 所示的 3 个操作、指示器件。

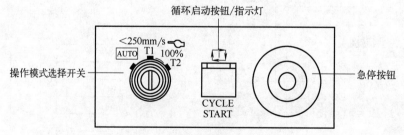

图 4.40　控制柜面板外形与结构

控制柜面板的操作模式选择开关为 3 位双通道输出编码开关，可选择自动（AUTO）、手动低速（T1）、手动高速（T2）3 种操作模式。循环启动（CYCLE START）按钮用于机器人自动运行模式的程序启动，按钮带有指示灯（BUSY）。

急停按钮用于驱动器急停，按钮带有 3 对常闭触点，其中 2 对用于急停单元的安全电路双通道冗余控制，1 对用作 IR 控制器的 DI 输入。

R-30iB 系统控制柜面板连接如图 4.41 所示，电路原理可参见原理图 4.32。

面板急停按钮与急停单元连接器 CRT30 连接，2 对冗余控制触点在急停单元上与示教器急停按钮串联，作为系统内部的急停信号，用于急停电路控制；另 1 对触点与循环启动按钮/指示灯信号一起，直接与 IR 控制器的 DI/DO 连接器 CRMB23 连接，作为 IR 控制器的 DI 输入。

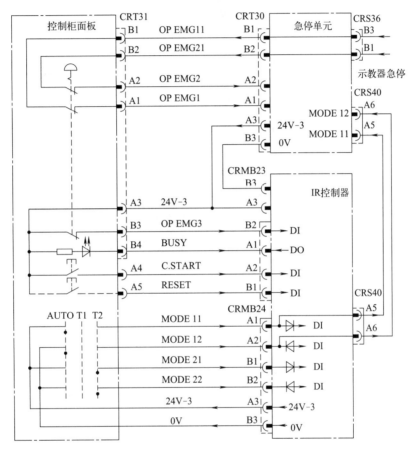

图 4.41 控制柜面板连接

机器人操作模式选择开关信号以双通道冗余输入的形式与 IR 控制器的连接器 CRMB24 连接。其中，操作模式输入信号 1（AUTO 模式）可通过 IR 控制器输入电路、连接器 CRS40 连接到急停单元，作为驱动器的制动器松开（BRK DLY）、附加轴驱动器伺服 ON（DM1/DM3）控制信号。

控制柜面板的急停、循环启动按钮/指示灯信号，通过连接器 CRT31 与急停单元、IR 控制器连接，操作模式选择开关直接连接到 IR 控制器上，信号名称、功能如表 4.14 所示。

表 4.14 控制柜面板信号名称与功能表

连接器	连接端	名称	功能	连接说明
CRT31	A1	OP EMG1	急停按钮通道 1	连接急停单元连接器 CRT30
	B1	OP EMG11		
	A2	OP EMG2	急停按钮通道 2	
	B2	OP EMG21		

续表

连接器	连接端	名称	功 能	连接说明
CRT31	A3	24V-3	IR控制器电源	连接IR控制器连接器CRMB23
	B3	OP EMG3	IR控制器急停输入(DI)	
	A4	CYCLE START	循环启动按钮输入(DI)	
	B4	BUSY	循环启动指示灯输出(DO)	
	A5	RESET	复位输入(DI),R-30iB不使用	
	B5/A6/B6	—	—	—
—	—	MODE 11	操作模式1、通道1	连接IR控制器连接器CRMB24
	—	MODE 12	操作模式1、通道2	
	—	MODE 21	操作模式2、通道1	
	—	MODE 22	操作模式2、通道2	
	—	24V-3	操作模式通道1电源	
	—	0V	操作模式通道2电源	

(2) 示教器连接

R-30iB系统的示教器目前以按键式为主，外形与结构在不同时期的产品上有所不同，但基本功能和操作部件一致，彩色显示的示教器如图4.42所示。

示教器除了显示器、键盘外，还安装有系统急停按钮和示教器生效/撤销(TP ON/OFF)开关，背面为用于手动操作模式驱动器停止、启动、急停控制的3位手握开关。急停按钮、手握开关与驱动器的启动/停止有关，需要与急停控制板的急停电路、IR控制器的伺服ON/OFF电路连接；按键、显示器、TP ON/OFF开关信号，通过系统的I/O-Link总线和IR控制器进行网络连接。

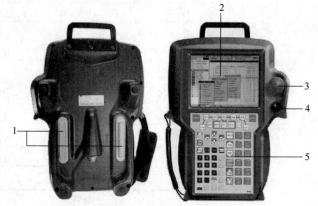

图4.42 示教器外形与结构
1—手握开关；2—显示屏；3—急停按钮；4—操作开关；5—键盘

R-30iB系统的示教器通过示教器连接器与急停控制板的连接器CRS36连接，连接电路如图4.43所示。示教器的急停按钮需要与控制面板的急停按钮串联，相关电路原理可参见图4.31、图4.33；示教器的I/O总线数据发送端TX_TP/＊TX_TP、数据接收端RX_TP/＊RX_TP，需要与IR控制器的数据接收端RX_TP/＊RX_TP、数据发送端TX_TP/＊TX_TP交叉连接，有关内容详见4.5节。

示教器信号的名称、功能如表4.15所示。

表4.15 示教器信号名称与功能表

示教器连接器	名称	功 能	急停单元CRS36	连接说明
1/2/3/4/5	—	—		不使用
6/7	TX_TP/＊TX_TP	I/O总线	B10/B9	连接急停单元I/O总线
8/14	RX_TP/＊RX_TP		B8/B7	
9/10	24T	示教器电源	A1/A2	连接急停单元DC24V电源(24T)
19/20	0V		A6/B6	
11/18	TP_EN1/EN2	手握开关伺服ON	A3/A4	连接急停单元输入/输出电路
12	TP ESP1	急停按钮通道1	B4	连接急停单元安全电路
13	TP ESP11		B3	
15	TP ESP2	急停按钮通道2	B2	
16	TP ESP21		B1	
17	TP DSC	示教器连接检测	A5	连接急停单元0V

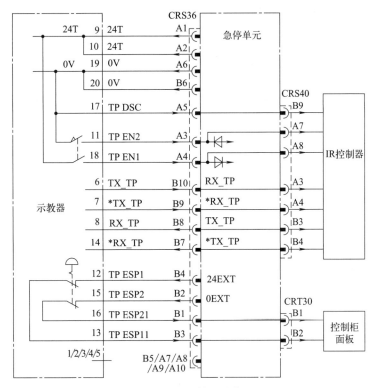

图 4.43　示教器连接

4.4.4　伺服驱动器连接

(1) 伺服控制板连接器

　　伺服驱动器的结构、连接与机器人（驱动器）的规格、型号及驱动器的控制轴数等因素有关，不同机器人的驱动器连接器位置、连接要求差别较大。例如，小规格机器人使用单相AC200V 输入、机器人和控制柜连接的动力电缆和信号电缆连接器合一、大中型机器人使用三相 AC200V 输入、机器人和控制柜连接的动力电缆和信号电缆连接器分离等。此外，3～5 轴机器人或带附加轴的 7、8 轴机器人，则需要减少或增加驱动器控制轴数等。

　　以三相 AC200V 输入、动力电缆和信号电缆连接器分离的大中型 6 轴标准机器人控制系统 R-30iB 为例，驱动器伺服控制板的主要连接器安装如图 4.44 所示。由于伺服驱动器的规格较多，驱动器动力电缆连接器的布置与驱动器规格、控制轴数有关，具体应参见机器人使用说明书或驱动器实物。

(2) 动力电路连接

　　驱动器的动力电路包括驱动器主电

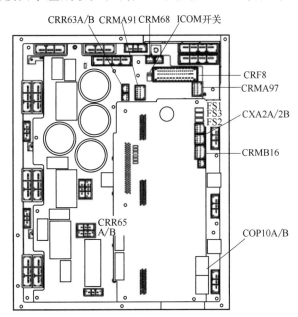

图 4.44　伺服控制板主要连接器布置

源、直流母线、伺服电机电枢、制动器等，6 轴标准系统的动力电路连接如图 4.45 所示，主电路原理可参见原理图 4.28。

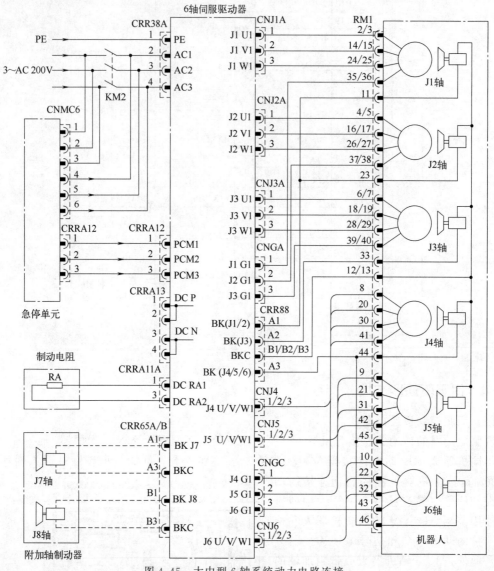

图 4.45　大中型 6 轴系统动力电路连接

6 轴标准 R-30iB 系统的主电源为三相 AC200V 输入，驱动器启动时，主电源首先需要通过急停单元进行预充电；预充电完成后，通过主接触器 KM2 切换为直接输入。主电源线通过驱动器连接器 CRR38A 输入。

安装在机器人上的伺服电机（内置制动器）的电枢、制动器，需要通过动力电缆连接器 RM1 与驱动器连接。大中型 6 轴垂直串联机器人的 J1～J3 轴电机功率通常较大，控制柜与机器人的连接电缆可能较长，因此，动力电缆中的 J1～J3 轴电枢连接线采用 2 根导线并联连接。驱动器的制动器连接器 CRR88 分为 3 组，其中，J1/J2 轴为一组、J3 轴独立、J4～J6 轴为一组；在配置附加轴的机器人上，附加轴 J7、J8 的制动器也需要通过 6 轴驱动器的连接器 CRR65A/B 连接。

6 轴标准 R-30iB 系统动力电路连接器的连接端名称、功能如表 4.16 所示，机器人动力电缆连接器的连接端功能详见后述。

表 4.16　驱动器动力电路连接器连接端名称与功能表

连接器	连接端	名称	功 能	连接说明
CRR38A	1	PE	保护接地	主电源输入
	2/3/4	AC1/2/3	AC200V 电源	
CRRA12	1/2/3	PCM1/2/3	预充电监控电源	预充电输入
CRRA13	1/2	DC P	直流母线＋	直流母线连接端(一般不使用)
	3/4	DC N	直流母线－	
CRRA11A	1	DCR A1	制动电阻连接端 1	连接制动电阻单元
	2	—		
	3	DCR A2	制动电阻连接端 2	
CNJ1/2/3 A	1/2/3	U1/V1/W1	J1、J2、J3 轴伺服电机电枢	连接机器人动力电缆连接器 RM1
CNGA	1/2/3	J1/J2/J3 G1		
CNJ4/5/6	1/2/3	U1/V1/W1	J4、J5、J6 轴伺服电机电枢	
CNGC	1/2/3	J4/J5/J6 G1		
CRR88	A1/B1	BK/BKC(J1、J2)	J1～J4 轴伺服电机制动器	
	A2/B2	BK/BKC(J3)		
	A3/B3	BK/BKC(J4～J6)		
CRR65A/B	A1/A3	BK/BKC(J7)	附加轴 J7、J8 制动器	
	B1/B3	BK/BKC(J8)		
	A2/B2	—		

（3）控制电路连接

6 轴标准 R-30iB 系统的控制电路包括 DC24V 控制电源、驱动器 ON/OFF 控制、驱动器主电源输入设定、制动电阻过热检测、机器人输入/输出（RI/RO）接口电路，以及伺服电机内置编码器串行总线、I/O 扩展模块连接总线等。系统的控制电路连接如图 4.46 所示，驱动器 ON/OFF 电路原理可参见原理图 4.30～图 4.33。

驱动器的 DC24V 控制电源一般从急停单元的 DC24V 电源连接器 CP5A 上引出。主电源输入设定连接器 CRRB14 用于驱动器单相/三相输入转换，单相输入的驱动器需要短接连接器 CRRB14 的 1/2 脚。

用于驱动器 ON/OFF 控制的逆变管 ON（STO_A/B）、制动器松开（BRK DLY）、伺服急停（SV EMG）及逆变检测（STO_FA/FB）、预充电启动（PC ON）、主接触器启动（MC ON）等逻辑电路控制信号，可通过连接器 CRMB16、CRMA91 与急停单元连接；来自机器人的关节轴超程（＊ROT）、手断裂＊HBK（抓手断裂或其他工具损坏信号）的逻辑电路控制信号，可通过信号电缆连接器 RP1 与伺服控制板连接。

除用于驱动器 ON/OFF 控制的逻辑电路输入/输出外，6 轴标准系统的伺服驱动器还集成有 9/8 点通用开关量输入/输出接口，可用于安装在机器人上的气压检测（＊PPABN）、抓手夹紧/松开（Hand Clamp/Unclamp）等机器人开关量输入/输出（RI/RO）信号的连接；机器人输入 RI 可通过驱动器上的输入连接方式转换开关 COM 及 RI 公共连接端，进行源输入/汇点输入方式的转换；机器人输出 RO 的负载驱动电源 24VF IN，在出厂时已和系统 DC24V 电源 24VF 短接。

根据垂直串联机器人的驱动电机安装位置，6 轴标准系统的伺服电机编码器连接分为 J1/J2、J3/J4、J5/J6 三组，在机器人信号连接器 RP1 上，同组编码器的 DC5V 电源并联。

在复杂机器人系统上，伺服驱动器还可根据需要，利用连接器 CXA2A、CRM97、CRM68，连接附加轴伺服驱动器的电源、伺服启动/停止控制信号、超程开关，也可以通过 I/O 总线连接器 CRS23，连接 I/O 扩展模块等附加部件。

6 轴标准 R-30iB 系统控制电路连接器的连接端名称、功能如表 4.17 所示，机器人信号电缆连接器 RP1 的连接端功能详见后述。

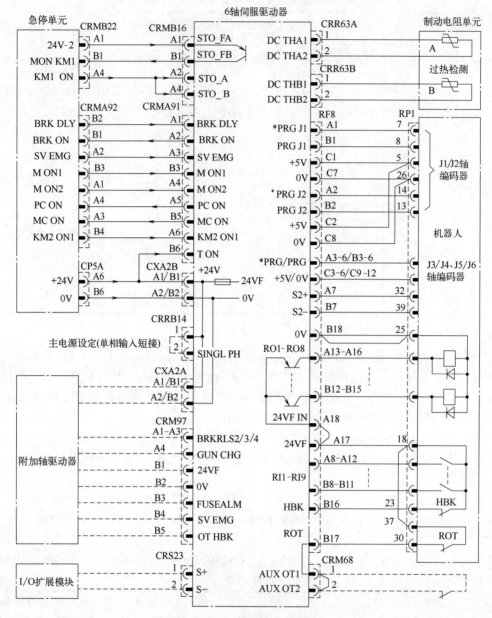

图 4.46　6 轴系统控制电路连接

表 4.17　驱动器控制电路连接器连接端名称与功能表

连接器	连接端	名称	功　　能	连接说明
CXA2B	A1/B1	24V	DC24V 电源输入	DC24V 电源单元
	A2/B2	0V		
	A3/B3/A4/B4	ESP/MIFA	外部急停	一般不使用
CRMB16	A1/B1	STO_FA/FB	逆变管检测	急停单元控制电路
	A2/A4	STO_A/B	逆变 ON(通道 1)	
	2/B4	24V	通道 1 电源(24V)	
	A3/A5	STO_A2/B2	逆变 ON(通道 2)	一般不使用
	B3/B5	0V	通道 2 电源(0V)	
	A6/B6	STO ABNUM/0V	逆变管异常	

续表

连接器	连接端	名　称	功　能	连接说明
CRMA91	A1	BRK DLY	制动松开	急停单元控制电路
	B1	OT HBK	超程、手爪报警	（一般不使用）
	A2	BRK ON	制动器已松开	
	B2	DC PASC	直流母线检测	
	A3	SV EMG	驱动器急停	急停单元控制电路
	B3	M ON1	逆变管 ON 通道 1	
	A4	M ON2	逆变管 ON 通道 2	
	A5	PC ON	预充电 ON	
	B5	MC ON	主接触器 ON	
	A6	KM2 ON1	主接触器已接通	
	B6	T ON	逆变 ON	
CRRB14	1	24V	24V	单相供电时短接
	2	SINGL PH	主电源使用单相供电	
	3	—		—
CRR63A/B	1	DCTH A1/B1	制动电阻过热检测 A/B	制动电阻单元
	2	DCTH A2/B2		
	3	—		
CXA2A	A1/B1	24V	DC24V 控制电源输出	
	A2/B2	0V		
	A3/B3/A4/B4	ESP/MIF	外部急停	
CRM97	A1/A2/A3	BRKRL S2/S3/S4	附加轴制动检测	附加轴驱动器
	A4	GUNCHG	焊钳交换	
	A5	KM3 ON	附加轴驱动器 ON	
	B1	24VF	DC24V 控制电源	
	B2	0V		
	B3	FUSEALM	附加轴驱动器报警	
	B4	SV EMG	附加轴驱动器急停	
	B5	OT HBK	超程、手爪报警	
	A6/B6	—	—	
CRF8	A1～A6	*PRG1～6	J1～J6 轴编码器数据总线	机器人信号电缆
	B1～B6	PRG1～6		
	C1～C6	5V	J1～J6 轴编码器电源	
	C7～C12	0V		
	A7/B7	S2＋/S2－	I/O 总线	
	A8～12/B8～11	RI 1～9	机器人输入 RI	
	A13～16/B12～15	RO1～9	机器人输出 RO	
	B16	HBK	手爪报警输入	
	A17	24VF	DC24V 电源输出	
	B17	ROT	关节轴超程输入	
	A18	24VF IN	DC24V 负载电源输入	
	B18	0V	0V	
CRM68	1	AUX OT1	附加轴超程	
	2	AUX OT2		
	3	—		
CRS23	1/2	S＋/S－	I/O 总线接口	I/O 扩展模块
	3	0V		

4.4.5　机器人连接

(1) 连接器布置

FANUC 机器人的电气连接电缆如图 4.47（a）所示。机器人的关节轴驱动电机（包括内置编码器和制动器）、超程开关，以及利用伺服驱动器 RI/RO 连接的工具损坏（手断裂）检测开关、工具状态检测开关与电磁控制线圈（如气压、抓手松夹等）等部件，通常安装在机器人机身上，这些部件一般可通过机器人生产厂家配套提供的动力电缆、信号电缆（小型机器人两者合一）和控制柜直接连接。焊接、喷涂等机器人需要配套焊机、喷涂等工具控制设备，通常需要增加机器人和工具控制设备连接的工具电缆。

机器人连接器通常安装在机器人基座上，其结构、连接方式与机器人规格、型号有关。例如，小规格机器人的动力电缆和信号电缆合一、伺服电机及编码器和制动器实际使用的连接线与机器人控制轴数相同等。

以 FANUC R-1000i 中型通用机器人为例，机器人连接电缆的连接器如图 4.47 (b) 所示，其中，机器人动力电缆连接器 RM1、信号电缆连接器 RP1 为机器人标准配置，其连接电缆通常由 FANUC 提供。

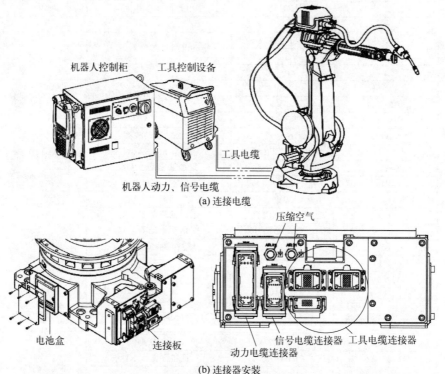

(a) 连接电缆

(b) 连接器安装

图 4.47　机器人连接

机器人作业工具连接器的数量、结构形式与工具的选配有关，工具电缆连接器及压缩气接口为用户选配件。例如，使用伺服焊钳的点焊机器人需要有焊钳驱动电机的动力电缆和信号电缆的连接器，使用气动抓手的搬运机器人需要有气动阀线圈动力电缆和检测开关控制信号电缆连接器等。为了方便用户使用，选配工具连接电缆的 FANUC 机器人的工具控制电缆可从图 4.48 所示的上臂内侧引出，以便和安装在机身上的工具控制部件连接。

工业机器人伺服驱动电机内置编码器的位置检测数据通常需要利用电池保存（亦称绝对编码器），为了防止机器人和控制柜分离、连接电缆断开时的数据丢失，编码器的电池盒一般需要直接安装在机器人基座上。FANUC 垂直串联机器人的电池盒位于机器人基座的右侧（见图 4.47）。

(2) 动力电缆连接

动力电缆用于大中型机器人关节轴伺服电机电枢、制动器连接，连接器 RM1 的连接端布置如表 4.18 所示，连接端名称及功能可参见表 4.16、图 4.44。

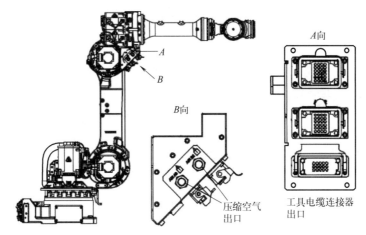

图 4.48　工具连接器安装

表 4.18　机器人动力电缆连接器 RM1 连接端布置表

连接端	1	2	3	4	5	6	7	8	9	10	11	12	13
代号	—	J1U1	J1U1	J2U1	J2U1	J3U1	J3U1	J4U1	J5U1	J6U1	BK1	BKC	BKC
连接端		14	15	16	17	18	19	20	21	22	23		
代号		J1V1	J1V1	J2V1	J2V1	J3V1	J3V1	J4V1	J5V1	J6V1	BK2		
连接端		24	25	26	27	28	29	30	31	32	33		
代号		J1W1	J1W1	J2W1	J2W1	J3W1	J3W1	J4W1	J5W1	J6W1	BK3		
连接端	34	35	36	37	38	39	40	41	42	43	44	45	46
代号	—	J1G1	J1G1	J2G1	J2G1	J3G1	J3G1	J4G1	J5G1	J6G1	BK4	BK5	BK6

　　大中型 6 轴垂直串联机器人的 J1～J3 轴电机功率通常较大，控制柜与机器人的连接电缆可能较长，因此，在动力电缆中，J1～J3 轴电枢连接线采用 2 根导线并联连接。动力电缆中的制动器连接线分为 3 组，其中，J1/J2 轴为一组、J3 轴独立、J4～J6 轴为一组；同组电机的制动器在动力电缆上使用同一连接线连接；然后，在机器人底座上连接器内侧分离，连接到各驱动电机上。

（3）信号电缆连接

　　信号电缆用于大中型机器人的机器人控制电路的信号连接，包括伺服电机内置编码器串行总线、扩展模块连接 I/O 总线及机器人输入/输出（RI/RO）信号等。连接器 RP1 的连接端布置如表 4.19 所示，连接端名称及功能可参见表 4.17、图 4.45。

表 4.19　机器人信号电缆连接器 RP1 连接端布置表

连接端	1	2	3	4	5	6	7
代号	RI 1	RI 7	RO 1	RO 7	+5V J1/2	PRG J1	* PRG J1
连接端	8	9	10	11	12	13	14
代号	RI 2	RI 8	RO 2	RO 8	+5V J3/4	PRG J2	* PRG J2
连接端	15	16	17	18	19	20	21
代号	RI 3	RI 9	RO 3	24VF 1/2	+5V J5/6	PRG J3	* PRG J3
连接端	22	23	24	25	26	27	28
代号	RI 4	HBK	RO 4	0V J1/2	0V J3/4	PRG J4	* PRG J4
连接端	29	30	31	32	33	34	35
代号	RI 5	ROT	RO 5	S2+	0VJ 5/6	PRG J5	* PRG J5
连接端	36	37	38	39	40	41	42
代号	RI 6	24VF 3	RO 6	S2−	0V J7/8	PRG J6	* PRG J6

　　6 轴标准系统的伺服电机编码器连接线根据垂直串联机器人伺服电机的安装位置，分为

J1/J2、J3/J4、J5/J6 三组，在机器人信号电缆连接器 RP1 上，同组编码器的 DC5V 电源并联，然后，在机器人底座上连接器内侧分离，连接到各驱动电机上。机器人出厂时，一般设定 RI 信号的连接方式为 DC24V 源输入，信号电缆连接器 RP1 上的 RI 输入公共端 18，出厂时与控制柜＋24VF 连接。

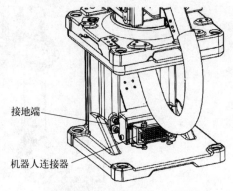

接地端

机器人连接器

图 4.49　R-0iB 机器人连接器

（4）小型机器人连接

小型、轻量机器人的驱动电机功率小、结构紧凑，因此，机器人动力电缆和信号电缆通常使用同一连接器（代号 RMP）连接。以 FANUC 承载能力 3kg 的 R-0iB 机器人为例，机器人的连接器安装位置如图 4.49 所示（带底座结构），连接器的连接端布置如表 4.20 所示。

表 4.20　小型机器人连接器 RMP 连接端布置表

连接端	1	2	3	4	5	6	7	8	9	10	11	12
代号	BK1	J1U1	J1V1	J1W1	J1 G1	ROT	RI 1	RO 1	RI 7	5V J1/2	PRG J1	＊PRGJ1
连接端	13	14	15	16	17	18	19	20	21	22	23	24
代号	BK2	J2 U1	J2 V1	J2 W1	J2 G1	24VF	RI 2	RO 2	RI 8	5V J3/4	PRG J2	＊PRGJ2
连接端	25	26	27	28	29	30	31	32	33	34	35	36
代号	BK3	J3U1	J3V1	J3W1	J3 G1	HBK	RI 3	RO 3	RO 7	5V J5/6	PRG J3	＊PRGJ3
连接端	37	38	39	40	41	42	43	44	45	46	47	48
代号	BK4	—	J4 U1	J4 V1	J4 W1	J4 G1	RI 4	RO 4	RO 8	0V J1/2	PRG J4	＊PRGJ4
连接端	49	50	51	52	53	54	55	56	57	58	59	60
代号	BK5	—	J5 U1	J5 V1	J5 W1	J5 G1	RI 5	RO 5	RI 9	0V J3/4	PRG J5	＊PRGJ5
连接端	61	62	63	64	65	66	67	68	69	70	71	72
代号	BK6	BKC	J6 U1	J6 V1	J6 W1	J6 G1	0V	RI 6	RO 6	0V J5/6	PRG J6	＊PRGJ6

4.5　IR 控制器连接

4.5.1　IR 控制器基本连接

（1）结构与外观

FANUC R-30iB 机器人控制器采用 FANUC-31i 手动数据输入/显示面板/CNC（MDI/LCD/ CNC）一体型数控系统的紧凑型结构，IR 控制器外形如图 4.50 所示。

IR 控制器的 DC24V 风机单元、DC3V 存储器后备电池安装在控制器上方，系统维修时，风机单元、后备电池可从控制器上取下。IR 控制器的主板安装在控制器的底面；控制器的外部连接器布置在主板下部，扩展插槽布置在后板右侧面；控制器的状态指示 LED、数码管显示

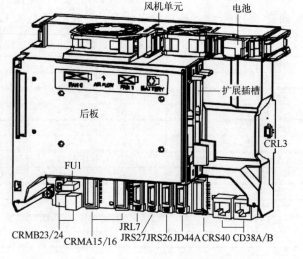

风机单元　　电池

扩展插槽

后板

CRL3

FU1

CRMB23/24　CRMA15/16　JRS27 JRS26 JD44A CRS40 CD38A/B　JRL7

图 4.50　IR 控制器外形

器及电源保护熔断器布置在主板左下方。

IR控制器的主板如图4.51所示。机器人的轴控制电路（简称轴卡）、中央控制器（CPU卡）、存储器（FROM/SRAM卡）以插件的形式安装在主板上；IR控制器的后备电池、风机单元为可分离器件，插在风机板上，风机板与主板利用连接器CA132连接。

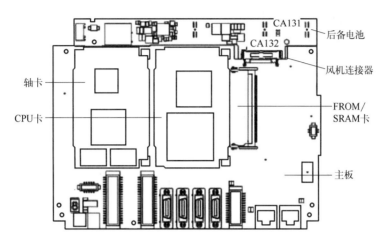

图4.51　IR控制器主板

IR控制器主板的连接包含内部连接与外部连接2部分，前者主要用来连接控制柜面板、急停单元和示教器等基本部件，后者用来连接DI/DO信号和网络设备（参见后述）。主板连接器的代号、功能如表4.21所示。

表4.21　主板连接器名称与功能表

分类	连接器代号	功　　能	连　接　说　明
内部连接	CRMB23	IR控制器电源、控制柜面板接口	连接急停控制板、控制柜面板
	CRMB24		
	CRS40	急停单元接口	示教器、急停单元输入/输出信号连接
	CA131	后备电池连接	连接后备电池
	CA132	风机板连接	连接IR控制器主板与风机板
外部连接	CRMA15	基本DI/DO接口	连接20/8点DI/DO
	CRMA16	基本DI/DO接口	连接8/16点DI/DO
	JRS27	RS232C接口	连接串行通信设备
	JRS26	I/O总线接口（通道1）	连接上级控制器、I/O扩展单元（模块）
	JD44A	I/O总线接口（通道2）	连接扩展安全I/O单元（附加功能）
	CD38A/B	工业以太网接口	工业以太网输入/输出
	CRL3	高速输入接口	连接2点高速DI信号
	JRL7	视觉传感器接口（选配）	连接视觉传感器（附加功能）

（2）电源连接

R-30iB系统IR控制器DC24V电源的连接电路如图4.52所示。

IR控制器DC24V电源的内连接电路如图4.52（a）所示。IR控制器的DC24V电源24V-3由急停控制板的熔断器F5提供短路保护。来自急停控制板的IR控制器电源输入24V-3，可通过后板的DC/DC电源转换电路，转换为IR控制器内部电子电路控制的DC+5V、+3.3V、+2.5V及+15V、−15V控制电源。在主板上，24V-3电源可通过DC24V/12V电源转换电路，转换为视觉传感器（Vision）接口JRL7的DC12V供电电源；以及通过风机板连接器CA132，为风机单元提供DC24V电源。

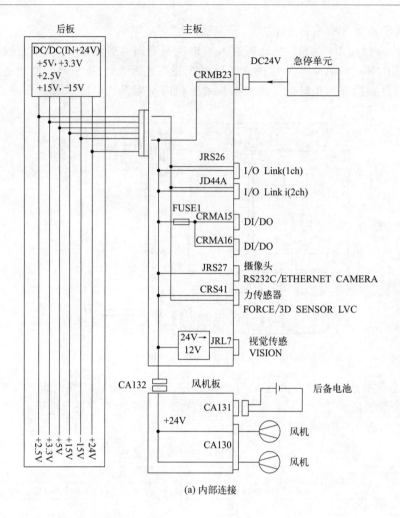

(a) 内部连接

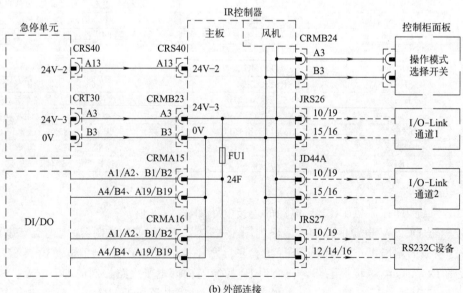

(b) 外部连接

图 4.52 IR 控制器电源连接

IR 控制器 DC24V 电源的外部连接电路如图 4.52（b）所示。IR 控制器 DC24V 电源 24V-

3 通过急停单元连接器 CRT30、IR 控制器连接器 CRMB23 连接。控制柜面板操作模式转换开关、IR 控制器风机单元、外部通信网络设备电源，直接由 24V-3 提供，由急停控制板的熔断器 F5 统一保护（参见 4.3 节电路原理）；IR 控制器主板集成 DI/DO 信号连接器 CRMA15/16 的 DC24V 电源 24F，由 IR 控制器主板上的熔断器 FU1 提供进一步保护。

　　IR 控制器用于急停控制板的控制信号电源 24V-2，通过连接器 CRS40 从急停控制板引入，由急停控制板的熔断器 F4 进行短路保护（参见 4.3 节电路原理）。

（3）控制柜面板连接

　　IR 控制器的连接器 CRMB23/24 用来连接 IR 控制器电源输入 24V-3、控制柜面板按钮/指示灯（FANUC 说明书称为 SI/SO 信号），连接端的名称、功能如表 4.22 所示。

表 4.22　连接器 CRMB23/24 连接端名称与功能表

连接器	连接端	名称	功　能	连接说明
CRMB23	A1	BUSY	循环启动指示灯输出（DO）	连接控制柜面板
	B1	RESET	IR 控制器复位（一般不使用）	
	A2	CYCLE START	循环启动按钮输入（DI）	
	B2	OP EMG3	IR 控制器急停输入（DI）	
	A3	24V-3	IR 控制器电源（DC24V）	连接急停单元
	B3	0V	IR 控制器电源（0V）	
CRMB24	A1	MODE 11	操作模式1，通道1	连接面板操作模式开关
	A2	MODE 12	操作模式1，通道2	
	B1	MODE 21	操作模式2，通道1	
	B2	MODE 22	操作模式2，通道2	
	A3	24V-3	操作模式通道1电源	
	B3	0V	操作模式通道2电源	

（4）急停单元与示教器连接

　　IR 控制器的连接器 CRS40 用来连接急停单元和示教器的基本连接器，连接端的名称、功能如表 4.23 所示。

表 4.23　连接器 CRS40 连接端名称与功能表

连接器	连接端	名称	功　能	连接说明
CRS40	A1/A2	—	备用	备用
	B1/B2	—	备用	备用
	A3/A4	RX_TP/ * RX_TP	示教器 I/O 总线	连接急停单元，参见图 4.43
	B3/B4	TX_TP/ * TX_TP	示教器 I/O 总线	
	A5	MODE 11	AUTO 模式通道1	参见图 4.33，图 4.41
	A6	MODE 21	AUTO 模式通道2	参见图 4.33，图 4.41
	A7	TP DM(EN)1	手握开关通道1	连接急停单元，参见图 4.33，图 4.43
	A8	TP DM(EN)2	手握开关通道1	连接急停单元，参见图 4.33，图 4.43
	A9	EAS 1	外部急停输入通道1	连接急停单元，参见图 4.32，图 4.39
	A10	EAS 2	外部急停输入通道2	连接急停单元，参见图 4.32，图 4.39
	A11	EES 1	防护门关输入通道1	连接急停单元，参见图 4.32，图 4.39
	A12	EES 2	防护门关输入通道2	连接急停单元，参见图 4.32，图 4.39
	A13	24V-2	急停控制板电源（DC24V）	连接急停单元，参见图 4.29
	B5	0V	急停控制板电源（0V）	连接急停单元，参见图 4.29
	B6	MON KM1	逆变管检测	连接急停单元，参见图 4.32
	B7	MON KM2	主接触器检测	
	B8	MON KA	预充电检测	
	B9	TP DSC	示教器连接	连接急停单元，参见图 4.43
	B10	EMG ID	急停单元连接	连接急停单元，参见图 4.32
	B11	SV ON1	伺服启动通道1输出	连接急停单元，参见图 4.31，图 4.32
	B12	SV ON2	伺服启动通道2输出	连接急停单元，参见图 4.31，图 4.32
	B13	ON_OFF	系统电源 ON 输入	连接急停单元，参见图 4.32

4.5.2 DI/DO连接

(1) DI/DO连接器及功能

R-30iB 机器人控制器集成有 28/24 点基本 DI/DO 信号连接接口，可用于机器人程序远程（Remote）运行控制信号及机器人作业工具、辅助控制设备等外部开关量输入/输出控制信号的连接。如果需要，R-30iB 机器人控制器还可以通过连接器 CRL3 连接 2 点高速 DI 输入信号（HDI 信号，需要与附加功能软件配套使用）。

R-30iB 机器人控制器的 DI/DO 信号连接器 CRMA15、CRMA16、CRL3（选配）的连接端名称、功能如表 4.24 所示。系统出厂时，已设定输入端 21~28（DI 121~128）、输出端 21~24（DO 121~124）为机器人程序远程运行常用的输入/输出控制信号（FANUC 说明书称为 UI/UO 信号）。

表 4.24 DI/DO 连接器连接端名称与功能表

连接器	连接端	名称	功 能	连接说明
CRMA15	A1/B1	24F	DC24V 电源输出	DI 源输入电源
	A2/B2			
	A3	SDI COM1	DI 101~108 公共端	源输入接 0V,汇点输入接 24F
	B3	SDI COM2	DI 109~120 公共端	
	A4/B4	0V	0V	DI/DO 电源 0V 端
	A5/B5	DI 101/DI 102	DI 输入端 1/2	DI 输入 1~20,
	...	...	...	
	A14/B14	DI 119/DI 120	DI 输入端 19/20	
	A15/B15	DO 101/DO102	DO 输出端 1/2	DO 输出 1~8
	...	...	...	
	A18/B18	DO 107/DO108	DO 输出端 7/8	
	A19/B19	0V	0V	DI/DO 电源 0V 端
	A20/B20	DOSRC1	DO1~8 负载电源输入	外部 DC24V 电源
CRMA16	A1/B1	24F	DC24V 电源输出	DI 源输入连接电源
	A2/B2			
	A3	SDI COM3	DI 121~128 公共端	同 SDI COM1/2
	B3	—	不使用	不使用
	A4/B4	0V	0V	DI/DO 电源 0V 端
	A5	DI 121(＊HOLD)	DI 输入端 21	标准设定为程序远程运行输入信号(UI),见下述
	B5	DI 122(RESET)	DI 输入端 22	
	A6	DI 123(START)	DI 输入端 23	
	B6	DI 124(ENBL)	DI 输入端 24	
	A7	DI 125(PNS 1)	DI 输入端 25	
	B7	DI 126(PNS 2)	DI 输入端 26	
	A8	DI 127(PNS 3)	DI 输入端 27	
	B8	DI 128(PNS 4)	DI 输入端 28	
	A9/B9	—	不使用	不使用
	A10/B10	DO 109/DO110	DO 输出端 9/10	DO 输出 9~20
	...	...	...	
	A15/B15	DO 119/DO120	DO 输出端 19/20	
	A16	DO 121(CMDENBL)	DO 输出 21	标准设定为程序远程运行输出信号(UO),见下述
	B16	DO 122(FAULT)	DO 输出 22	
	A17	DO 123(BATALM)	DO 输出 23	
	B17	DO 124(PROGRUN)	DO 输出 24	
	A18/B18	—	不使用	不使用
	A19/B19	0V	0V	DI/DO 电源 0V 端
	A20/B20	DOSRC2	DO 9~24 负载电源输入	外部 DC24V 电源
CRL3	1/3	HDI 0	高速输入 1	
	2/4	HDI 1	高速输入 2	

FANUC R-30iB 机器人控制器的 DI 输入接口电路采用双向光耦，用户可根据需要，通过改变接口电路输入公共端 SDI COMn（n 为 1、2、3）和触点公共端的连接方式，选择"源输入（Source Input）"或"汇点输入（Sink Input，亦称漏型输入）"2 种连接方式。IR 控制器的 DO 输出规定为晶体管 PNP 集电极开路输出（源输出），驱动能力为 DC4V/200mA；DC24V 负载驱动电源需要外部提供。

R-30iB 机器人控制器的基本 DI/DO 连接电路分别如下。

(2) DI 连接电路

R-30iB 控制器的 28 点基本 DI 分为 DI 101～108（8 点）、DI 109～DI 120（12 点）和 DI 121～DI 128（8 点）3 组，接口电路输入公共端分别为 SDI COM1、SDI COM2 和 SDI COM3。同组输入的光耦一端，通过图 4.53 所示的 3.3kΩ 输入限流电阻并联在输入公共端上。

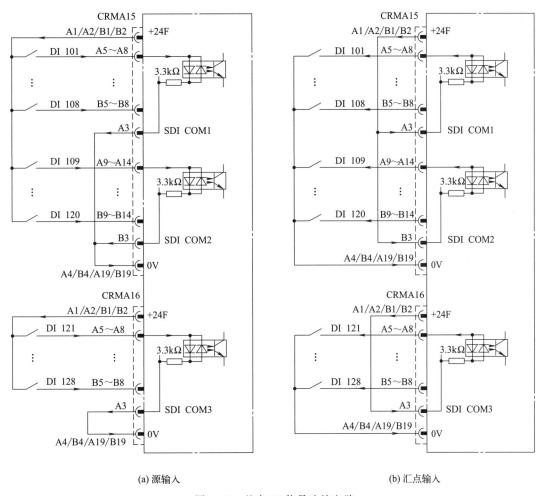

(a) 源输入　　　　　　　　　　　　　(b) 汇点输入

图 4.53　基本 DI 信号连接电路

DI 采用源输入（Source Input）连接方式（推荐）时，光耦的输入驱动电流将从触点流入，此时，应按图 4.53（a）所示，将触点公共端连接到 IR 控制器的 DC24V 输出端＋24F 上，输入接口电路的公共端 SDI COM1、SDI COM2、SDI COM3 与 IR 控制器的 0V 连接，使光耦驱动电流由 IR 控制器的 DC24V 输出端＋24F→触点→光耦→IR 控制器的 0V 端，形成从触点流进 IR 控制器的电流回路。

DI 采用汇点输入（Sink Input）连接方式时，光耦的驱动电流将从触点流出，此时，应按图 4.53（b）所示，将触点公共端连接到 IR 控制器的 0V 端，输入接口电路的公共端 SDI COM1、SDI COM2、SDI COM3 与 IR 控制器的 DC24V 输出端＋24F 连接，使光耦驱动电流由 IR 控制器的 DC24V 输出端＋24F→光耦→触点→IR 控制器的 0V 端，形成回路。

（3）DO 连接电路

R-30iB 控制器的基本 DO 分为 DO 101～108（8 点）、DO109～124（16 点）2 组，输出公共端分别为 DOSRC1、DOSRC2；DC24V 负载驱动电源需要外部提供。

R-30iB 控制器的连接电路如图 4.54 所示。DO 输出形式规定为晶体管 PNP 集电极开路 DC24V 源输出，输出公共端 DOSRC1、DOSRC2 连接负载电源 DC24V 端，负载公共端与 IR 控制器的 0V 连接；感性负载的两端需要并联过电压抑制二极管。

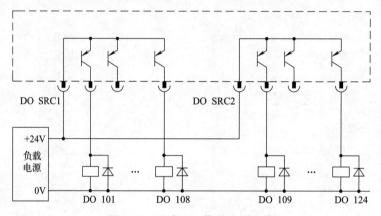

图 4.54　基本 DO 信号连接电路

（4）预定义 DI/DO

为了便于使用，控制系统出厂时，已预定义输入 DI 121～128、输出 DO 121～124 为机器人程序远程运行常用的输入/输出控制信号（FANUC 说明书称为 UI/UO 信号），信号的名称与功能如表 4.25 所示，信号的使用方法可参见 FANUC 使用说明书。

表 4.25　系统出厂预定义 DI/DO 名称与功能表

连接器	连接端	地址	信号名称	预定义功能
CRMA15	A5	DI 121	*HOLD	进给保持。常闭型输入，输入 OFF，程序运行暂停
	B5	DI 122	RESET	故障复位，清除报警、复位系统
	A6	DI 123	START	循环启动。启动程序自动运行，下降沿有效
	B6	DI 124	ENBL	运动使能。信号 ON 时允许执行机器人移动指令
	A7	DI 125	PNS 1	远程自动运行程序号选择
	B7	DI 126	PNS 2	
	A8	DI 127	PNS 3	
	B8	DI 128	PNS 4	
CRMA16	A16	DO 121	CMDENBL	命令使能，程序远程运行允许（控制器准备好）
	B16	DO 122	FAULT	系统报警
	A17	DO 123	BATALM	后备电池报警
	B17	DO 124	PROGRUN	程序远程自动运行中

4.5.3　通信与网络连接

R-30iB 控制器具有 RS232C、以太网通信功能，并且可通过 I/O-Link 总线连接，构建工业自动控制网络。

(1) RS232C 通信连接

RS232C（Recommended Standard 232 C）接口是传统的 EIA 标准串行接口，可用于传输速率 19200 bit/s 以下、传输距离不超过 30m 的打印机、显示器、条码阅读器等低速数据通信设备连接，标准连接器为 9 芯（DB-9）或 25 芯（DB-25）。

R-30iB 机器人控制器的 RS232C 接口（JRS27）的连接端信号名称、功能如表 4.26 所示；R-30iB 的 RS232C 串行接口不使用载波检测（Data Carrier Detect，简称 CD 或 DCD）、呼叫指示（Ringing Indicator，简称 RI）信号，如果外设接口带有 CD（或 DCD）、RI 信号，需要进行短接 CD、悬空 RI 处理（见下述）。此外，标准连接器（DB-9、DB-25）的体积较大，使用的是 20 芯微型连接器（PCR-E20FS）。

表 4.26　RS232C 连接器 JRS27 连接端名称与功能表

连接端	类别	信号名称	功　　能
1	输入	RD(RXD)	数据接收端（Received Data）
3	输入	DR(DSR)	数据接收准备好（Data Set Ready）
5	输入	CS(CTS)	数据发送允许（Clear to Send）
2/4/6	0V	SG(GND)	信号地（Signal Ground）
7/8/9	—	—	不使用
10/19	DC24V	24V-3	IR 控制器 DC24V 输出
11	输出	SD(TXD)	数据发送端（Transmitted Data）
13	输出	ER(DTR)	控制器准备好（Data Terminal Ready）
15	输出	RS(RTS)	数据发送请求（Request to Send）
12/14/16	0V	SG(GND)	信号地（Signal Ground）
17/18/20	—	—	不使用

R-30iB 机器人控制器 RS232C 接口常用的连接方式有图 4.55 所示的 2 种。

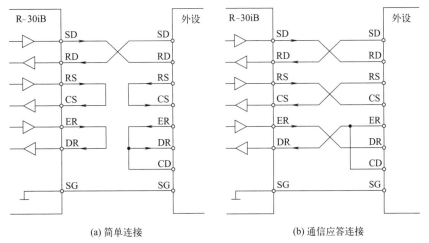

(a) 简单连接　　　　　(b) 通信应答连接

图 4.55　RS232C 接口连接

图 4.55（a）为仅使用数据发送/接收端 SD/RD、信号地 SG 的简单连接方式，这种连接方式可用于不需要回答信号的通信设备，它可以将通信双方都视为数据终端设备，两者的数据发送、接收可在任意时刻进行。使用简单连接时，IR 控制器的数据发送请求 RS、控制器准备好 ER 信号输出端，需要与数据发送允许 CS、数据接收准备好 DR 输入端短接；外设的数据发送请求 RS 输出端需要与数据发送允许 CS 输入端短接，外设的控制器准备好 ER、载波检测 CD 信号输出端需要与数据接收准备好 DR 输入端短接。

图 4.55（b）为使用通信应答的连接方式，这种连接方式需要通过通信应答启动数据发送、接收。

通信应答连接需要在数据发送/接收端 SD/RD、信号地 SG 的基础上，增加通信应答信号

RS、CS、ER、DR。此时，IR 控制器的数据发送请求 RS、控制器准备好 ER 输出信号，应分别与外设的数据发送允许 CS、数据接收准备好 DR 输入端连接；IR 控制器的数据发送允许 CS、数据接收准备好 DR 输入信号，应分别连接外设的数据发送请求 RS、控制器准备好 ER 信号输出；外设的载波检测 CD 信号输出与控制器准备好 ER 信号短接。

(2) 以太网通信连接

R-30iB 控制器的工业以太网接口 CD38A、CD38B（RJ45 接口）可用于计算机、以太网设备的通信，连接方法如图 4.56 所示，CD38A、CD38B（RJ45 接口）的数据发送端 TX+/TX−、接收端 RX+/RX−应和 HUB 或计算机的数据接收端 RX+/RX−、发送端 TX+/TX−连接。

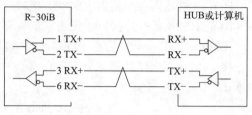

图 4.56　工业以太网连接

R-30iB 机器人控制器的工业以太网传输介质标准为 100BASE-TX，为了提高工业环境下的抗干扰性能，网线最好使用 2 对 5 类屏蔽双绞线（STP 电缆）。100BASE-TX 的传输速率为 100Mbit/s，最大传输距离为 100m，支持全双工工作。

(3) I/O-Link 网络与接口

R-30iB 机器人控制器（IR 控制器）具有 I/O-Link 网络控制功能。I/O-Link 又称 I/O 连接网，这是一种用于工业自动化设备内部控制器、传感器、执行器连接的底层现场总线系统，多用于开关量输入/输出设备的连接。I/O-Link 可通过简单的通信总线传输数据与控制信号，从而省去大量的设备连接线。

在工业自动化网络中，可利用总线通信进行控制的物理设备称为"站（Station）"，如果通信控制设备本身带有可用于通信控制的微处理器（如 CNC、PLC、IR 控制器等），这样的站称为"智能站（Intelligent Station）"。

根据通信控制设备在网络中的功能，"站"分为"主站"和"从站"2 类，用来控制网络数据传输的站称为"主站（Master Station）"，接受主站控制的站称为"从站（Slave Station 或 Slave）"；主站必须为智能站，从站可以是智能站，也可以是其他通信控制设备。由于翻译的原因，在 FANUC 技术资料中，"主站""从站"有时被译为"主控设备""从属设备"。

机器人控制器（IR 控制器）是带有微处理器的智能站，因此，在工业自动化网络中，既可作为主站控制其他网络设备（如 I/O 单元等）的运行，也可以作为从站接受上级控制器（如 CNC、PLC、其他 IR 控制器等）的控制。

R-30iB 机器人控制器（IR 控制器）的 I/O-Link 网络总线可通过 JRS26 接口连接，JRS26 的连接端信号名称、功能如表 4.27 所示；接口中的+5V、24V-3 仅用于 FANUC 光缆适配器等特殊 I/O-Link 单元的连接。

表 4.27　I/O-Link 连接器 JRS26 连接端名称与功能表

连接端	类别	信号名称	功　能
1	输入	RX SLC1(SIN1)	I/O-Link 总线连接端 1,可用于主站或从站连接; IR 控制器作主站时,连接 I/O 扩展模块或单元; IR 控制器从站时,连接上级控制器
2	输入	*RX SLC1(*SIN1)	
3	输出	TX SLC1(SOUT1)	
4	输出	*TX SLC1(*SOUT1)	
5	输入	RX SLC2(SIN2)	I/O-Link 总线连接端 2,IR 控制器作从站时,连接 I/O 扩展模块或单元
6	输入	*RX SLC2(*SIN2)	
7	输出	TX SLC2(SOUT2)	
8	输出	*TX SLC2(*SOUT2)	
9/18/20	输出	+5V	+5V 电源(用于光缆适配器等特殊单元连接)
10/19	输出	24V-3	IR 控制器 DC24V 电源(用于光缆适配器等单元连接)
11~16	输出	0V	0V

作为附加功能，R-30iB 还可根据需要选配双通道 I/O-Link 网络控制功能，第 2 通道一般只用于扩展安全 I/O 模块等 I/O-Link 从站连接，网络总线可通过 JD44A 接口连接，连接端信号名称、功能如表 4.28 所示。

表 4.28　I/O-Link 连接器 ID44A 连接端名称与功能表

连接端	类别	信号名称	功能
1～4	—	—	备用
5	输入	RX SLCS(SIN)	连接扩展安全 I/O 模块等
6	输入	* RX SLCS(* SIN)	
7	输出	TX SLCS(SOUT)	
8	输出	* TX SLCS(* SOUT)	
9/18/20	输出	+5V	+5V 电源(用于光缆适配器等特殊单元连接)
10/19	输出	24V-3	IR 控制器 DC24V 电源(用于光缆适配器等单元连接)
11～16	输出	0V	0V

(4) I/O-Link 总线连接

FANUC 系统的 I/O-Link 网络采用的是"总线型"拓扑结构，所有站为串联连接，总线终端不需要终端连接器。

R-30iB 机器人控制器的 I/O-Link 总线连接与 IR 控制器在网络中的功能有关，其连接方法如下。

① 主站连接。R-30iB 机器人控制器作为主站时，可通过 I/O-Link 总线连接 FANUC I/O 扩展模块或单元，增加 DI/DO 点数。

R-30iB 机器人控制器作网络主站时的网络连接如图 4.57 所示，JRS26 的总线连接端 1 (SLC1) 为 IR 控制器的 I/O-Link 总线输出端，它应与扩展 I/O 模块(单元)的总线输入接口 JD1B 连接；扩展 I/O 模块(单元)的总线输出 JD1A，可连接其他 I/O-Link 设备的总线输入 JD1B。

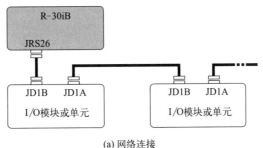

(a) 网络连接

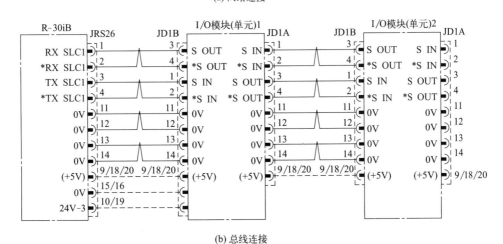

(b) 总线连接

图 4.57　IR 控制器作主站的网络连接

② 从站连接。R-30iB 机器人控制器作从站时，IR 控制器一方面可通过 I/O-Link 总线与上级控制器（如 FANUC CNC 等）或其他上级站（如 CNC 的 I/O 扩展模块或单元）连接，同时，还可连接机器人的 I/O 扩展模块或单元等下级站。

在标准设计的 FANUC I/O 单元、I/O 扩展模块等 I/O-Link 网络设备上，I/O-Link 总线通常都有独立的输入（JD1B）和输出（JD1A）连接器。其中，总线输入连接器 JD1B 用来连接上级控制器或上级从站的 I/O-Link 总线输出，总线输出连接器 JD1A 用来连接下级从站的 I/O-Link 总线输入，从而使各 I/O-Link 设备依次串联，构成典型的总线型拓扑结构。但是，R-30iB 机器人控制器的 I/O-Link 总线输入和输出均使用连接器 JRS26 连接，IR 控制器作为从站时的 I/O-Link 网络连接如图 4.58 所示。

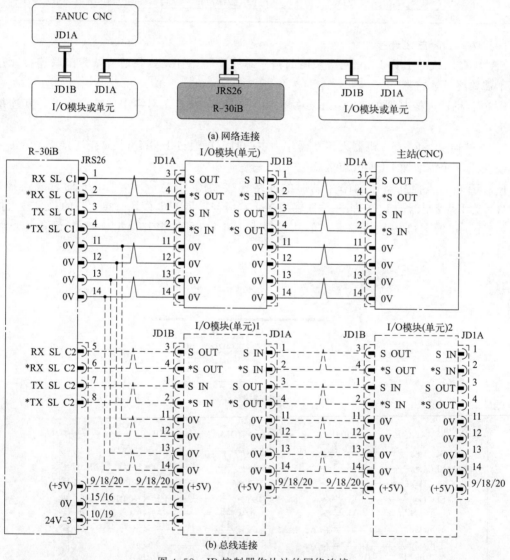

图 4.58 IR 控制器作从站的网络连接

IR 控制器作 I/O-Link 网络从站时，JRS26 的总线连接端 1（SLC1）与上级控制器或上级从站的 I/O-Link 总线输出 JD1A 连接，总线连接端 2（SLC2）与 IR 控制器扩展 I/O 模块或单元等下级从站的总线输入 JD1B 连接，下从站的总线输出 JD1A 可进一步连接其他 I/O-Link 设备的总线输入 JD1B。

第5章

FANUC机器人设定与调整

5.1 机器人基本操作

5.1.1 操作部件说明

(1) 控制柜面板

控制柜面板、示教器是工业机器人的基本操作部件，R-30iB 机器人控制系统的控制柜面板可参见第 4 章。控制柜面板上的急停、循环启动（CYCLE START）按钮用于机器人急停、自动模式的程序本地运行启动；操作模式选择开关用于机器人操作模式选择，R-30iB 系统可选择自动（AUTO）、示教模式 1（T1）、示教模式 2（T2）3 种操作模式。

① 自动模式（AUTO）。自动模式只能用于机器人的程序自动运行作业，可选择本地运行或远程运行 2 种方式。本地运行的程序由示教器选择，程序运行通过控制柜面板的循环启动按钮（CYCLE START）启动；远程运行的程序选择、自动运行启动需要由系统 DI/DO 信号控制。

② 示教模式 1（T1）。示教模式 1 又称测试模式 1，这是一种由示教器控制的常用操作模式，可用于机器人的手动（JOG）操作、示教编程及程序试运行。选择 T1 模式时，机器人TCP 的运动速度总是被限制在 250mm/s 以下。

③ 示教模式 2（T2）。示教模式 2 又称测试模式 2，T2 模式可用于机器人手动操作、示教编程及程序试运行（再现）；机器人手动、示教时，机器人 TCP 速度同样被限制在 250mm/s以下；但试运行（再现）时，可按编程速度运行。

3 种操作模式对机器人安全防护门、示教器 TP 开关（见下述）的要求，以及不同情况下的机器人工作状态如表 5.1 所示。

表 5.1　操作模式与机器人工作状态

操作模式	防护栏	示教器		机器人		程序自动运行	
		TP 开关	手握开关	状态	JOG 速度	启动/停止	TCP 速度
AUTO	打开	ON	ON 或 OFF	急停	—	—	—
		OFF	ON 或 OFF	急停	—	—	—
	关闭	ON	ON 或 OFF	报警停止	—	—	—
		OFF	ON 或 OFF	正常工作	—	控制柜面板或 DI	编程速度

续表

操作模式	防护栏	示教器		机器人		程序自动运行	
		TP开关	手握开关	状态	JOG速度	启动/停止	TCP速度
T1	打开或关闭	OFF	ON或OFF	报警停止	—	—	—
		ON	OFF	急停	—	—	—
			ON	正常工作	<250mm/s	示教器	<250mm/s
T2	打开或关闭	OFF	ON或OFF	报警停止	—	—	—
		ON	OFF	急停	—	—	—
			ON	正常工作	<250mm/s	示教器	编程速度

（2）示教器结构

FANUC 机器人常用的示教器有图 5.1 所示的单色、彩色显示 2 种。单色显示器为 40 字×16 行字符显示，系统工作状态指示采用 LED 指示灯，TP 开关安装在显示器左下方。彩色显示器为 LCD 显示，系统工作状态显示在显示屏的状态显示区，TP 开关安装在显示器右下方。示教器的操作键基本相同。示教器各部分的主要功能如下。

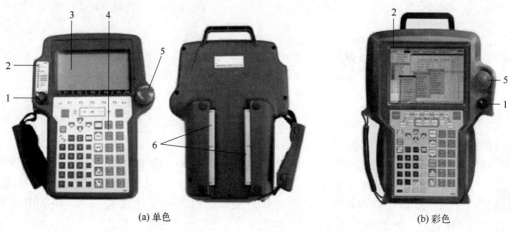

图 5.1　示教器结构

1—TP 开关；2—状态指示；3—显示屏；4—键盘；5—急停按钮；6—手握开关

① TP 开关。机器人示教器操作（TP 操作）生效/无效开关。开关 ON 时，TP 操作生效，操作模式选择示教模式 T1 或 T2 时，可通过示教器控制机器人手动（JOG）、示教、程序自动运行启动/停止等操作。开关 OFF 时，TP 操作无效；操作模式选择自动（AUTO）时，可通过控制柜面板或远程 DI 信号控制程序自动运行（参见表 5.1），但示教器的程序编辑、机器人设定等操作仍可进行。

② 状态指示。控制系统工作状态指示灯（11 个，功能见下述）；彩色示教器无 LED 指示，其工作状态通过显示屏的状态显示区显示。

③ 显示屏。单色显示器为 40 字×16 行字符显示，彩色显示器为 LCD 显示。

④ 键盘。系统操作按键（61 个），用于数据输入、显示操作（见下述）。

⑤ 急停按钮。机器人急停按钮，作用与控制柜面板上的急停按钮同。

⑥ 手握开关。FANUC 称"Deadman 开关"，操作模式选择示教模式 T1 或 T2 时，握住开关可启动伺服，对机器人进行手动（JOG）、程序自动运行等操作。

（3）示教器显示

FANUC 机器人示教器的显示部件如图 5.2 所示。

① 状态指示。单色示教器的系统工作状态指示为 LED 指示灯，彩色显示器的工作状态在

显示屏的状态显示区显示，状态指示灯（状态显示）及功能如下。

FAULT（Fault 显示）：报警。灯亮，表示控制系统存在报警。

PAUSED（Hold 显示）：暂停。灯亮，表示程序自动运行暂停（进给保持 HOLD）。

STEP（Step 显示）：单步。灯亮，表示程序处于单步执行状态。

BUSY（Busy 显示）：通信忙。灯亮，表示控制系统与机器人、外部设备通信进行中。

RUNNING（Run 显示）：运行。灯亮，表示程序处于自动运行状态。

I/O ENBL（I/O）：I/O 使能。灯亮，表示控制系统的输入/输出信号处于有效状态。

PROD MODE：自动运行模式。灯亮，表示操作模式选择了自动（AUTO）模式。

TEST CYCLE：试运行。灯亮，表示程序处于示教模式运行状态。

JOINT：关节坐标系生效。灯亮，表示机器人手动操作选择了关节坐标系（关节轴手动）。

XYZ：直角坐标系生效。灯亮，表示机器人手动操作选择了全局、用户、手动等笛卡儿直角坐标系（机器人 TCP 手动）。

TOOL：工具坐标系生效。灯亮，表示机器人手动操作选择了工具坐标系。

Gun、Weld 显示（彩色）：作业工具（如焊钳、焊枪等）工作状态显示。

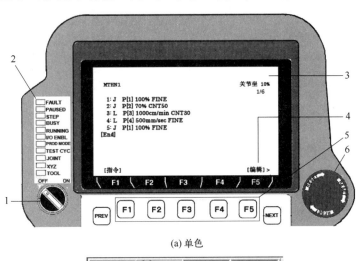

(a) 单色

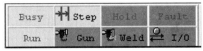

(b) 状态显示(彩色)

图 5.2　示教器显示

1—TP 开关；2—状态指示；3—主屏；4—软功能键指示；5—软功能键；6—急停按钮

② 软功能键。软功能键是按键功能可变的操作键。FANUC 机器人示教器有 5 个软功能键【F1】~【F5】，按键的功能可通过主屏最下方的显示行显示。

为了便于阅读，本书在后述的内容中，将以符号"【】"表示可直接操作的示教器实体键，如【MENU】、【＋X】等；以符号"〖〗"表示软功能键【F1】~【F5】功能，如〖指令〗〖编辑〗等。

③ 主屏显示。主屏的显示内容可通过后述的显示键选择，有关内容详见后述章节。

(4) 示教器按键

FANUC 机器人常用的示教器按键如图 5.3 所示，操作按键的功能主要可分显示键、输入键、复位键、手动与自动操作键、光标调节键、用户键等。电源（POWER）与报警（FAULT）指示灯只在部分示教器上设置。

示教器操作键的功能如下。底色与【SHIFT】相同的按键（如【＋X】键），或者多功能按键上底色与【SHIFT】相同的功能，如【DIAG/HELP】键的 DIAG 功能（诊断显示），通常需要与【SHIFT】键同时操作。

① 显示键。用于示教器显示的选择、切换。相关操作键的功能如下。

【DIAG/HELP】：诊断/帮助键。单独按，示教器可显示帮助文本；与【SHIFT】键同时按，可显示系统的诊断页面。

【DISP/□□】：窗口切换键，仅与彩色显示的示教器配套。单独按，可切换显示窗口；与【SHIFT】键同时按，可切换为多窗口显示。

【PREV】【NEXT】：选页键。按【PREV】，示教器可返回上一页显示；按【NEXT】，示教器可显示下一页。

【FCTN】【MENU】：功能菜单、操作菜单键。按【FCTN】键，示教器可显示操作功能菜单；按【MENU】，示教器可显示操作菜单。

【SELECT】：示教（TEACH）操作的程序选择页面显示键。

【EDIT】：示教（TEACH）操作的程序编辑页面显示键。

【DATA】：示教（TEACH）操作的程序数据页面显示键。

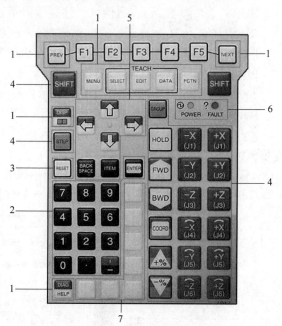

图 5.3　示教器操作键功能
1—显示；2—输入；3—复位；4—手动与自动操作；
5—光标调节；6—指示灯；7—用户

② 输入键。用于手动数据输入操作，按键的功能如下。

【0】～【9】【·】【，/－】：数字、小数点、符号输入键。

【ENTER】：输入确认键。确认输入内容或所选择的操作。

③ 复位键。控制系统故障原因排除后，按【RESET】键，可清除报警、复位系统。

④ 手动与自动操作键。用于示教操作模式下的机器人手动操作、程序调试及自动运行控制，相关按键的功能如下。

【－X/（J1）】～【＋Z/（J3）】：机器人手动键。手动键与【SHIFT】键同时按下，可进行关节轴 J1/J2/J3 手动，或机器人 TCP 的 $X/Y/Z$ 轴手动操作。

【－RX/（J4）】～【＋RZ/（J6）】（R 代表按键的圆箭头）：机器人手动键。手动键与【SHIFT】键同时按下，可进行关节轴 J4/J5/J6 手动，或机器人 TCP 绕 $X/Y/Z$ 轴回转的手动操作。

【COORD】：手动操作坐标系选择键。单独按，可依次进行关节（JOINT）、JOG（JG-FRM）、全局（WORLD）、工具（TOOL）、用户（USER）坐标系的切换；同时按【SHIFT】键，可改变 JOG（JGFRM）、工具（TOOL）、用户（USER）坐标系编号。

【＋％】【－％】：速度倍率调节键。同时按【SHIFT】键，可调节机器人移动速度。

【GROUP】：运动组切换键。在多运动组复杂系统上，同时按【SHIFT】键，可切换运动组。

【STEP】：单步/连续执行键。选择示教模式时，按此键，可进行程序单步/连续执行方式的切换。

【HOLD】：进给保持键。按此键，可暂停程序自动运行。

【FWD】：程序向前执行键。同时按【SHIFT】键，可启动程序自动运行，并由上至下、向前执行程序。

【BWD】：程序后退执行键。同时按【SHIFT】键，可启动程序自动运行，并由下至上、后退执行程序。

⑤ 光标调节键。用于光标移动，相关按键的功能如下。

【↑】【↓】【→】【←】：光标上、下、前、后移动键。

【BACKSPACE】：光标后退并逐一删除字符。

【ITEM】：行检索。按此键后，可直接输入行编号，将光标定位至指定行。

⑥ 用户键。用户键是控制系统为用户预留的按键，用户（机器人生产厂家）可根据需要规定功能，也可不使用。由于 FANUC 既是控制系统生产厂家，又是机器人生产厂家，用户键的功能实际上也由 FANUC 公司规定。用户键根据机器人用途稍有不同，以下为大多数机器人通用的用户键。

【POSN】：位置显示键。用来显示机器人当前位置显示页面。

【I/O】：I/O 显示键。用来显示控制系统的 I/O 显示页面。

【STATUS】：状态显示键，用来显示控制系统的状态显示页面。

【SETUP】：设定显示键，用来显示控制系统的设定页面。

其他用户键一般用于作业工具控制，按键功能与机器人类型（用途）有关。

5.1.2　示教器操作菜单

(1) 菜单与显示

FANUC 机器人目前所使用的示教器为传统的按键＋显示器结构，它需要通过菜单（Menu）操作选择指定的操作。FANUC 示教器的菜单有功能菜单（亦称辅助菜单）和操作菜单 2 类，功能菜单可通过示教器按键【FCTN】显示；操作菜单可通过示教器按键【MENU】显示；操作菜单的内容可通过功能菜单【FCTN】，以快捷（QUICK）菜单或完整（FULL）菜单 2 种形式显示。彩色 LCD 示教器的菜单显示如图 5.4 所示，菜单采用多层结构，可逐层展开、显示及选择。

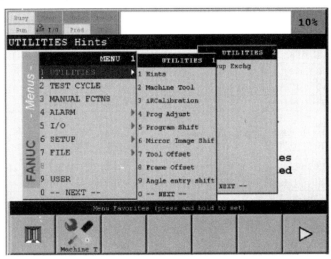

图 5.4　菜单显示（彩色）

示教器的菜单显示内容与机器人用途（类别）、控制系统软件版本、系统附加功能配置等因素有关，不同时期生产、不同软件版本、不同用途的控制系统，菜单的显示内容、形式有所区别。

（2）功能菜单

FANUC 机器人示教器的功能菜单可通过按键【FCTN】显示，菜单一般有 2 页，内容如图 5.5 所示，功能菜单利用光标移动键选定后，按【ENTER】键即可选择；选定 "---NEXT---"，按【ENTER】键则可进行显示页切换。

```
1 ABORT                          1 QUICK/FULL MENUS
2 Disable FWD/BWD                2 SAVE
3 CHANGE GROUP                   3 PRINT SCREEN
4 TOG SUB GROUP                  4 PRINT
5 TOG WRIST JOG                  5
6                                6 UNSIM ALL I/O
7 RELEASE WAIT                   7
8                                8 CYCLE POWER
9                                9 ENABLE HMI MENUS
0 ---NEXT---                     0 ---NEXT---
```

(a) 第一页   (b) 第二页

图 5.5　功能菜单显示

功能菜单用来显示机器人控制系统的功能，并进行相关操作，菜单项的作用如表 5.2 所示，部分菜单只有选配相应的选择功能软件时才能显示；为便于读者对照，示教器的实际中文显示标注在括号内（下同）。

表 5.2　FANUC 示教器功能菜单表

页—序	名称（中文显示）	功　能
1-1	ABORT（程序终止）	强制结束当前执行或暂停的程序
1-2	Disable FWD/BWD（禁止前进/后退）	禁止程序前进/后退（FWD/BWD）
1-3	CHANGE GROUP（改变群组）	切换运动组
1-4	TOG SUB GROUP（切换副群组）	机器人/外部轴操作切换
1-5	TOG WRIST JOG（切换姿态控制操作）	TCP 移动/工具定向操作切换
1-6	—	—
1-7	RELEASE WAIT（解除等待）	结束等待指令
1-8/1-9	—	—
1-0	---NEXT---	切换第 2 页显示
2-1	QUICK/FULL MENUS（简易/全画面切换）	快捷/完整操作菜单切换
2-2	SAVE（备份）	数据保存到软盘中
2-3	PRINT SCREEN（打印当前屏幕）	打印当前屏幕
2-4	PRINT（打印）	数据输出打印
2-5	—	—
2-6	UNSIM ALL I/O（所有 I/O 仿真解除）	删除所有 I/O 信号的仿真设置
2-7	—	—
2-8	CYCLE POWER（请再启动）	系统重启，重启控制系统
2-9	ENABLE HMI MENUS（接口有效菜单）	人机接口（HMI）菜单生效
2-0	---NEXT---	返回第 1 页显示

（3）快捷操作菜单

FANUC 机器人的操作菜单，可利用功能菜单【FCTN】第 2 页的选项 "QUICK/FULL MENUS"，选择快捷（QUICK）、完整（FULL）2 种操作菜单。

选择快捷操作（QUICK）时，按示教器菜单键【MENU】，只能显示系统常用的操作菜单；选择完整操作（FULL）时，按示教器的操作菜单键【MENU】，可显示控制系统的全部操作菜单。

快捷菜单的显示项目与机器人功能、用途有关，在不同的机器人上可能有所不同，常用的快捷菜单如图5.6所示；部分机器人可能有2页、更多菜单项。

操作菜单所包含的内容较多，在主菜单选定后，通过软功能键〖类型（TYPE）〗，进一步显示操作项（子菜单），并选择所需的操作。

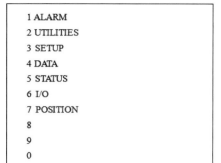

图5.6　常用快捷菜单

FANUC机器人常用快捷操作菜单的作用如表5.3所示，利用光标移动键选定后，按【ENTER】键即可选择，部分菜单需要选配系统附加功能。

表5.3　FANUC示教器快捷操作菜单表

序号	名称（中文显示）	可进行的操作（子菜单）
1	ALARM（异常履历）	报警信息、详情、履历显示
		伺服报警及详情显示
		系统报警及详情显示
		程序出错及详情显示
		报警履历显示
		通信出错及详情显示
2	UTILITIES（共用程序/功能）	系统基本信息和帮助文本显示
		程序点位置、速度变换
		程序点平移与旋转变换
		程序镜像与旋转变换
		工具坐标系变换
		用户坐标系变换
		程序点旋转变换
3	SETUP（设定）	自动运行程序设定
		系统基本设定
		坐标系设定
		宏程序设定
		基准点设定
		伺服软浮动(外力追踪)功能设定
		通信接口设定
		外部速度调节设定
		用户报警设定
		转矩限制功能设定
		J1、E1轴可变极限位设定
		运动组输出设定
		连续回转功能设定
		报警等级设定
		重新启动功能设定
		干涉保护区设定
		主机通信设定
		密码设定
		示教器显示设定
		后台运算功能设定
4	DATA（资料）	数值暂存器显示、设定
		位置暂存器显示、设定

续表

序号	名称(中文显示)	可进行的操作(子菜单)
4	DATA(资料)	码垛暂存器显示、设定
		KAREL 语言程序数据显示、设定
5	STATUS(状态)	关节轴状态显示
		软件版本显示
		程序定时器显示
		系统运行时间显示
		安全信号显示
		选择功能显示
		运行记录显示
		存储器显示
		条件显示
6	I/O(设定输入输出信号)	I/O 单元显示、设定
		DI/DO、RI/RO 状态显示、设定
		UI/UO、SI/SO 状态显示、设定
		GI/GO 状态显示、设定
		AI/AO 状态显示、设定
		DI→DO 连接设定
		I/O-Link 设备配置
		标志 M 状态显示、设定
7	POSITION(现在位置)	机器人当前位置显示

(4) 完整操作菜单

如功能菜单【FCTN】选项"QUICK/FULL MENUS"选择完整(FULL),按示教器菜单键【MENU】,可显示图 5.7 所示的完整菜单;部分示教器(如 iPendant 示教器)的操作菜单可能有 3 页,第 3 页菜单通常用于显示刷新、故障记录等特殊操作,有关内容可参见 FANUC 机器人操作说明书。

```
1 UTILITIES              1 SELECT
2 TEST CYCLE             2 EDIT
3 MANUL FCTNS            3 DATA
4 ALARM                  4 STATUS
5 I/O                    5 POSITION
6 SETUP                  6 SYSTEM
7 FILE                   7 USER2
8 SOFT PANEL             8 BROWSER
9 USER                   9
0 ---NEXT---             0 ---NEXT---
```

(a) 第一页   (b) 第二页

图 5.7 完整操作菜单显示

完整操作菜单可显示控制系统的全部操作功能,其作用如表 5.4 所示。

表 5.4 FANUC 示教器完整操作菜单表

页—序	名称(中文显示)	可进行的操作(子菜单)
1-1	UTILITIES(共用程序/功能)	同快捷操作菜单
1-2	TEST CYCLE(测试运转)	示教模式程序试运行设置
1-3	MANUL FCTNS(手动操作功能)	手动操作宏指令设定
1-4	ALARM(异常履历)	同快捷操作菜单
1-5	I/O(设定输入输出信号)	同快捷操作菜单
1-6	SETUP(设定)	同快捷操作菜单
1-7	FILE(文件)	文件操作、自动备份设定

续表

页—序	名称(中文显示)	可进行的操作(子菜单)
1-8	SOFT PANEL(软面板)	面板显示设置
		创建面板安装向导
1-9	USER(使用者设定画面)	用户显示页面
1-0	---NEXT---	切换第2页显示
2-1	SELECT(程序一览)	程序一览表显示
2-2	EDIT(编辑)	编辑程序
2-3	DATA(资料)	同快捷操作菜单
2-4	STATUS(状态)	同快捷操作菜单
2-5	POSITION(现在位置)	同快捷操作菜单
2-6	SYSTEM(系统设定)	日期时间设定
		系统、伺服参数显示、设定
		机器人零点校准、关节轴行程设定
		手动超程释放
		系统、负载设定
2-7	USER2(使用者设定画面2)	用户显示页面2
2-8	BROWSER(浏览器)	浏览器显示、设定
2-9	—	—
2 0	NEXT	返回第1页显示

5.1.3　冷启动、热启动与重启

工业机器人控制系统比较简单，通常而言，只需接通总电源，机器人控制系统便可自动启动；当程序运行结束、机器人运动停止后，只要松开示教器手握开关，按下急停按钮，关闭电源总开关，便可正常关闭系统。

FANUC机器人的控制系统可根据需要选择冷启动（冷开机）、热启动（热开机）、系统重启以及初始化启动（初始化开机）、控制启动（控制开机）多种方式。其中，冷启动（冷开机）、热启动（热开机）、系统重启用于系统的正常开机操作，初始化启动（初始化开机）、控制启动（控制开机）一般用于系统调试、维修操作。

系统正常开机可通过机器人设定（SETUP）菜单、"基本设定"页面的"停电处理（Power Fail）"功能设定，选择"冷启动""热启动"之一；系统重启可直接通过示教器的功能菜单【FCTN】选择。

控制系统正常开关机的操作步骤如下。

(1) 冷启动

冷启动（冷开机）是最常用的正常开机方式。如机器人设定（SETUP）菜单的设定项"停电处理（Power Fail）"设定为"无效"，电源总开关接通时，系统将直接执行冷启动操作；如"停电处理"功能设定为"有效"，则需要通过后述的控制启动（Controlled start）操作选择系统冷启动。

系统冷启动时，IR控制器将进行如下处理。

① 将系统的全部输出（开关量、模拟量输出）复位成"OFF"或0状态。

② 程序自动运行为"结束"状态，光标定位至程序起始位置。

③ 速度倍率恢复初始值，手动操作坐标系恢复关节坐标系。

④ 机器人锁住（如设置）状态自动解除。

冷启动完成后，示教器将自动显示图5.8所示的第一操作菜单"共用功能（UTILITIES）"的第一显示页（提示与帮助）。

（2）热启动

热启动（热开机）一般用于连续作业机器人的开机启动。如机器人设定（SETUP）菜单的设定项"停电处理（Power Fail）"设定为"有效"，电源总开关接通时，系统将直接执行热启动操作；如果"停电处理"功能设定为"无效"，则需要通过后述的控制启动（Controlled start）操作，选择系统热启动。

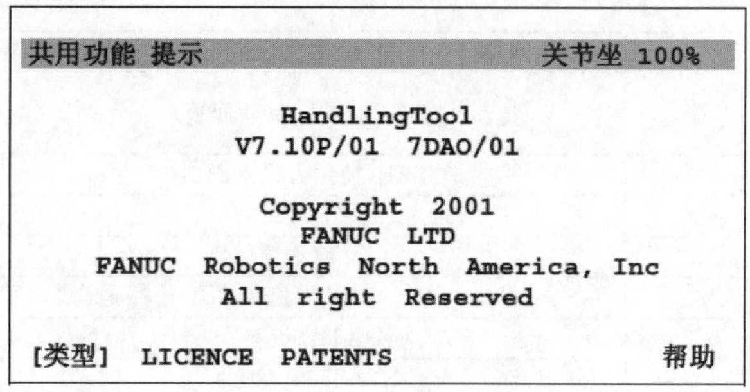

```
┌──────────────────────────────────────┐
│ 共用功能 提示              关节坐 100% │
│                                      │
│          HandlingTool                │
│        V7.10P/01  7DAO/01            │
│                                      │
│         Copyright  2001              │
│            FANUC  LTD                │
│  FANUC  Robotics  North  America, Inc│
│        All  right  Reserved          │
│                                      │
│ [类型]  LICENCE  PATENTS        帮助 │
└──────────────────────────────────────┘
```

图 5.8　冷启动显示

系统热启动时，IR 控制器将进行如下处理。

① 将系统的全部输出（开关量、模拟量输出）恢复为电源断开时刻的状态。但是，系统在断电后如果进行了更换 I/O 模块、改变 I/O 点等软硬件维修操作，系统的全部输出（开关量、模拟量输出）都复位成"OFF"或 0 状态。

② 如电源断开时程序处于自动运行状态，则恢复自动运行，并进入程序自动运行"暂停"状态。

③ 速度倍率、手动操作坐标系、机器人锁住（如设置）等状态都恢复为电源断开时刻的状态。

④ 示教器恢复断电时刻的显示页面。

（3）系统重启

系统重启通常用于生效系统参数、清除故障等场合，处理方式与冷启动相同。FANUC 机器人的系统重启可在总电源开关接通、示教器 TP 开关"ON"时，直接利用功能菜单【FCTN】选择，其操作步骤如下。

① 按功能菜单键【FCTN】，示教器显示功能菜单。

② 光标选定"---NEXT---"，按【ENTER】键，显示功能菜单第 2 页。

③ 光标选定"系统重启（CYCLE POWER）"，按【ENTER】键，示教器可显示系统重启确认页面；光标选择"是"，按【ENTER】键，系统便可执行重启操作。

5.1.4　初始化启动与控制启动

初始化启动（Init start）、控制启动（Controlled start）是 FANUC 机器人控制系统用于调试、维修的特殊操作，操作不当可能导致机器人不能正常使用，因此，原则上只能由专业调试、维修人员进行。

（1）初始化启动

FANUC 机器人的初始化启动（Init start）需要在引导系统操作（BOOT MONITOR）模式下进行。初始化启动时，IR 控制器将格式化存储器、重新安装系统软件、恢复到出厂设定状态；用户所输入与设定的全部数据将被删除，机器人需要重新调试才能恢复工作。

初始化启动可清除由于电源干扰、后备电池失效、控制板松动或脱落或其他不明原因引起的偶发性故障。为了迅速恢复与还原系统，初始化操作原则上应在系统完成备份后才能进行。

FANUC 机器人初始化启动的操作步骤如下。

① 同时按住示教器上的软功能键【F1】【F5】，接通总电源开关，直至示教器显示图 5.9（a）所示的引导系统操作菜单（BMON MENU）。在引导系统操作菜单上，操作者可根据需要，通过按示教器数字键、【ENTER】键，进行如下操作。

Configuration menu：配置菜单，可按示教器数字键【1】选择。

All software installation：全部软件安装，可按示教器数字键【2】选择。

Init start：系统初始化启动，可按示教器数字键【3】选择。

Controller backup/restore：系统备份/恢复，可按示教器数字键【4】选择。

Hardware diagnosis：系统硬件诊断，可按示教器数字键【5】选择。

② 按示教器上的数字键【3】、输入键【ENTER】，选择初始化启动（Init start）选项；示教器将显示图 5.9（b）操作确认信息。

③ 确认需要执行初始化启动时，可按示教器上的数字键【1】（选择 YES），IR 控制器将执行初始化启动操作；如不需要执行初始化启动，可按示教器上的其他键（选择NO），放弃初始化启动操作，返回引导操作页面。

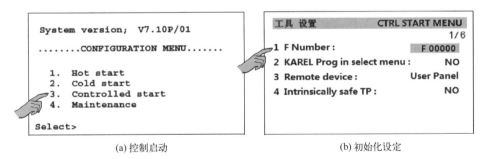

```
***BOOT MONITOR***
Base system version (FRL)
Initializing file device ...done

****** BMON MENU *******
 1. Configuration menu
 2. All software installation
 3. Init start
 4. Controller backup/restore
 5. Hardware diagnosis

Selece:
```

(a) 引导操作

```
CAUTION:INIT start is selected

Are you SURE? [Y=1 / N=else]
```

(b) 确认

图 5.9 初始化启动显示

（2）控制启动

控制启动通常用于机器人调试、维修操作。控制启动时，可进行系统初始化设定、特殊系统参数设定、机器人配置、系统文件读取等特殊操作，但不能进行机器人运动。

FANUC 机器人的控制启动（Controlled start）操作步骤如下。

① 同时按住示教器上的选页键【PREV】【NEXT】，接通总电源开关，直至示教器显示图5.10（a）所示的系统配置菜单（CONFIGURATION MENU）。

```
System version; V7.10P/01

.......CONFIGURATION MENU.......

 1. Hot start
 2. Cold start
 3. Controlled start
 4. Maintenance

Select>
```

(a) 控制启动

```
工具 设置          CTRL START MENU
                          1/6
1 F Number :           F 00000
2 KAREL Prog in select menu :   NO
3 Remote device :      User Panel
4 Intrinsically safe TP :     NO
```

(b) 初始化设定

图 5.10 控制启动操作菜单

在系统配置菜单上，示教器将显示如下操作选项，操作者可根据需要，通过示教器数字键、【ENTER】键，选择相应的操作。

Hot start：系统热启动，可按示教器数字键【1】选择。

Cold start：系统冷启动，可按示教器数字键【2】选择。

Controlled start：系统控制启动，可按示教器数字键【3】选择。

Maintenance：系统维修操作，可按示教器数字键【4】选择。

② 按示教器上的数字键【3】、输入键【ENTER】，选择控制启动（Controlled start）选项；示教器将显示图 5.10（b）所示的初始化设定页面。

FANUC 机器人控制启动后，可通过功能菜单键【FCTN】，选择操作选项"1 冷开机（Cold start）"，执行冷启动操作；或者通过操作菜单键【MENU】，选择如下控制设定操作。

初始化设定：可显示控制启动的初始化设定页面，并进行内部继电器 F 号等系统基本参数的初始化设定。

系统参数设定：可显示、设定所有系统参数，也可进行所有参数的备份/恢复。

文件：可进行应用程序文件、系统文件的保存、加载。

软件版本显示：可显示系统的软件版本。

故障履历显示：显示系统故障履历。

通信接口设定：设定串行接口参数。

暂存器显示：显示系统暂存器状态。

机器人配置：进行机器人、外部轴的配置。

存储器设定（最大数设定）：可更改暂存器、宏指令、用户报警、报警等级变更数量。

③ 根据需要，按【MENU】显示操作菜单，并用光标选定操作选项，按【ENTER】键确认，完成系统的控制设定。

④ 控制设定完成后，按功能菜单键【FCTN】，选择操作选项"1 冷开机（Cold start）"，冷启动控制系统，便可生效控制设定项目，恢复机器人的正常操作。

5.1.5 机器人手动操作

(1) 操作方式与运动模式选择

FANUC 机器人手动操作方式可选择关节轴手动、机器人 TCP 手动、工具手动、外部轴运动 4 种，运动模式有手动连续（JOG）和手动增量（INC）2 种。

① 手动操作方式选择。FANUC 机器人的关节轴手动、机器人 TCP 手动、工具手动操作方式，可通过示教器的手动操作坐标系选择键【COORD】选择。重复按【COORD】键，坐标系将按 JOINT（关节）→JGFRM（手动）→WORLD（全局）→TOOL（工具）→USER（用户）→JOINT（关节）的次序，依次循环切换。选择 JOINT（关节）时，示教器 LED 指示灯"JOINT"亮，关节轴手动方式生效；选择 JGFRM（手动）、WORLD（全局）或 USER（用户）时，示教器 LED 指示灯"XYZ"亮，机器人 TCP 手动方式生效；选择 TOOL（工具）时，示教器 LED 指示灯"TOOL"亮，工具手动方式生效。FANUC 机器人的外部轴手动操作，需要通过 JOG 菜单、功能菜单键【FCTN】选择，有关内容见下述。

② 运动模式选择。FANUC 机器人的手动运动模式，可通过示教器的速度调节键【+％】【-％】选择。速度调节键【+％】【-％】具有手动连续移动（JOG）速度调节、运动模式选择双重功能；并可通过系统参数的设定，生效快速调节模式（SHFTOV）。

单独按速度调节键【+％】【-％】为正常运动模式调节操作。重复按【+％】键，运动模式将按 VFINE（微动增量）→FINE（增量）→1％……→5％……→100％依次变换；重复按【-％】，运动模式将按 100％……→5％……→1％→FINE→VFINE 依次变化；其中，1％～100％用于手动连续进给速度倍率选择，1％～5％范围内的速度倍率以 1％增量增减，5％～100％范围内的速度倍率以 5％增量增减。

同时按【SHIFT】【+％】或【-％】键为快速运动模式调节操作（SHFTOV 调节，需要设定系统参数生效）。重复按【+％】键，运动模式将按 VFINE→FINE→5％→50％→100％快速变化；重复按【-％】，运动模式将按 100％→50％→5％→FINE→VFINE 快速变化；其中，5％、50％、100％用于手动连续进给速度倍率快速选择。

运动模式 VFINE（微动增量）、FINE（增量）为手动增量（INC）移动模式。选择 INC模式时，每次按示教器的运动控制键（【SHIFT】+方向键），关节轴或机器人 TCP 只能在指定方向运动指定的距离；距离到达限位后，机器人自动停止移动；松开运动控制键（【SHIFT】+方向键）后再次按，可继续向指定方向移动指定距离。FINE 增量进给的每次距离，大致为 0.01°（关节轴手动）或 0.1mm（机器人 TCP 或工具手动）；VFINE 微动增给的增量距离，大致为 0.001°（关节轴手动）或 0.01mm（机器人 TCP 或工具手动）。

关节轴手动、机器人 TCP 手动、工具手动的操作步骤如下。

（2）关节轴手动

关节轴手动操作可用于机器人本体、外部轴的关节坐标系手动连续移动（JOG）或增量进给（INC），操作步骤如下。

① 检查机器人、变位器（外部轴）等运动部件均处于安全、可自由运动的位置；接通控制柜的电源总开关，启动控制系统。

② 复位控制面板、示教器及其他操作部件（如操作）上的全部急停按钮；将控制面板的操作模式选择开关置示教模式 1（T1）。

③ 如图 5.11（a）所示，按示教器的手动操作坐标系选择键【COORD】（可能需数次），选定 JOINT（关节）坐标系、生效关节轴手动方式（见前述）；示教器的 LED 指示灯"JOINT"亮，状态行的坐标系显示为"JOINT"。

④ 按示教器用户键【POSN】，或者按操作菜单键【MENU】、选择【POSITION】，使示教器显示图 5.11（b）所示的机器人当前位置页面；当机器人具有外部轴时，位置显示将增加 E1、E2、E3 轴显示。如位置显示为机器人 TCP 位置（直角坐标系 XYZ 位置），可按软功能键〖JNT〗，显示机器人关节坐标位置。

⑤ 利用示教器速度倍率调节键【＋%】【－%】，选定运动模式、手动连续移动速度倍率（见前述）。

⑥ 握住示教器手握开关（Deadman 开关）启动伺服后，将示教器的 TP 开关置图 5.11（c）所示的"ON"位置。TP 开关选择"ON"时，如操作者松开手握开关，控制系统将显示报警；此时，可以重新握住手握开关启动伺服，然后，按示教器的复位键【RESET】，清除报警。

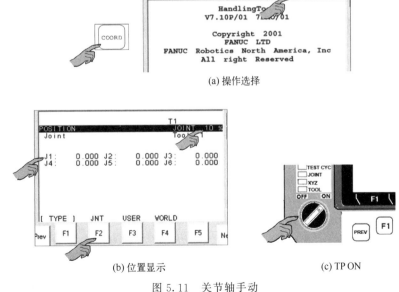

图 5.11　关节轴手动

⑦ 同时按【SHIFT】、方向键【－X(J1)】～【＋RZ/(J6)】（R 代表圆箭头），所选的关节轴、外部轴，即按图 5.12 所示的方向，进行手动连续（JOG）或手动增量（INC）移动。

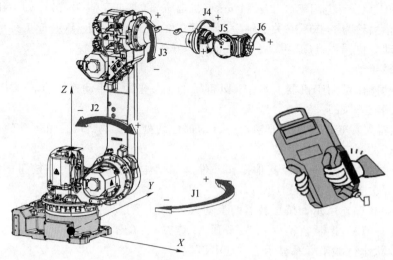

图 5.12 关节轴手动操作

(3) 机器人 TCP 手动

利用机器人 TCP 手动操作，可使机器人的工具控制点（TCP），在所选的笛卡儿直角坐标系全局（WORLD）、手动（JGFRM）或用户（USER）上进行 X、Y、Z 方向的手动移动。如果机器人未设定手动（JGFRM）、用户（USER）坐标系，控制系统将默认手动、用户坐标系与全局坐标系重合。

FANUC 机器人的 TCP 手动操作的步骤如下。

①～② 同关节轴手动操作。

③ 按示教器手动操作坐标系选择键【COORD】，选定全局（WORLD）或手动（JGFRM）、用户（USER）坐标系，示教器上的 LED 指示灯"XYZ"亮。

④ 如机器人已设定了多个用户、手动坐标系，可在坐标系选定后，同时按【SHIFT】键、【COORD】键，打开图 5.13 所示的 JOG 菜单。

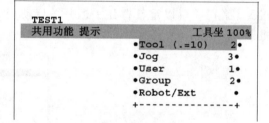

图 5.13 JOG 菜单显示

JOG 菜单显示后，可通过光标移动键、【ENTER】键选定操作项，进行如下设定。

Tool（. =10）：工具坐标系编号输入与选择，编号 10 可利用小数点键【.】输入。

Jog：JOG 坐标系编号输入与选择。

User：用户坐标系编号输入与选择。

Group：运动组编号输入与选择。

Robot/Ext：机器人本体轴/外部轴切换。

操作项选定后，可通过数字键【1】～【9】、小数点键【.】输入坐标系、运动组编号；机器人本体轴/外部轴，可通过光标键【→】【←】切换。

用户、手动坐标系编号选定后，可按【PREV】键，或者同时按【SHIFT】键、【COORD】键关闭 JOG 菜单。

⑤ 按示教器用户键【POSN】，或者操作菜单键【MENU】选择"POSITION（现在位置）"，显示机器人当前位置页面后，可按软功能键〖USER〗（或〖WORLD〗），显示图 5.14 所示的机器人 TCP 的用户（或全局）坐标位置。

⑥ 利用示教器速度倍率调节键【＋％】【－％】，选定运动模式、手动连续移动速度倍率

（见前述）。

⑦ 握住示教器手握开关（Deadman 开关）、启动伺服后，将示教器的 TP 有效开关置"ON"位置。

TP 有效开关选择"ON"时，如操作者松开手握开关，控制系统将显示报警；此时，可以重新握住手握开关、启动伺服，然后按示教器的复位键【RESET】，清除报警。

⑧ 同时按【SHIFT】、方向键【-X(J1)】～【+Z/(J3)】，机器人 TCP 即按所选的坐标系、运动轴方向进行手动连续（JOG）或手动增量（INC）运动。

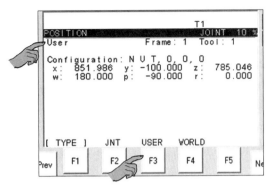

图 5.14 机器人 TCP 位置显示

（4）工具手动

FANUC 机器人的工具手动可选择图 5.15 所示的工具坐标系手动、工具定向 2 种方式。选择机器人 TCP 工具坐标系手动操作（TOOL 操作方式）时，工具的姿态将保持不变，机器人 TCP 可进行如图 5.15（a）所示的工具坐标系手动移动；选择工具定向操作（W/TOOL 操作方式）时，可通过运动控制键"【SHIFT】+方向键【-RX/(J4)】～【+RZ/(J6)】(R 代表按键的圆箭头)"，在工具控制点（TCP）保持不变的前提下，使机器人进行如图 5.15（b）所示的手动工具定向移动。

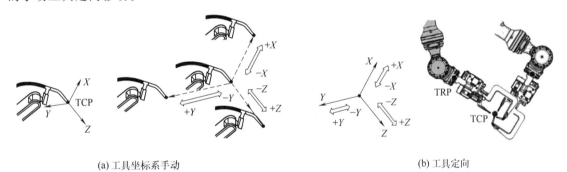

(a) 工具坐标系手动　　　　　　　　　　　　　　　　(b) 工具定向

图 5.15 工具手动操作

FANUC 机器人的工具手动操作的步骤如下。

①～② 同关节轴手动操作。

③ 按示教器的手动操作坐标系选择键【COORD】（可能需数次），选定工具坐标系（TOOL），示教器上的 LED 指示灯"TOOL"亮。

④ 如机器人已设定了多个工具坐标系，可在坐标系选定后，同时按【SHIFT】键、【CO-ORD】键，打开 JOG 菜单（参见图 5.13）、用光标选定"Tool"后，可通过数字键【0】～【9】、小数点键【.】输入工具坐标系编号 1～10；工具坐标系编号选定后，可按【PREV】键，或者同时按【SHIFT】键、【COORD】键关闭 JOG 菜单。

⑤ 按示教器用户键【POSN】，或者操作菜单键【MENU】、选择【POSITION】显示机器人当前位置页面后，可按软功能键，选择所需的位置显示页面。

⑥ 利用示教器速度倍率调节键【+％】【-％】，选定运动模式、手动连续移动速度倍率（见前述）。

⑦ 握住示教器手握开关（Deadman 开关）启动伺服后，将示教器的 TP 有效开关置

"ON"位置。

TP有效开关选择"ON"时，如操作者松开手握开关，控制系统将显示报警；此时，可以重新握住手握开关、启动伺服，然后按示教器的复位键【RESET】，清除报警。

⑧ 同时按【SHIFT】、方向键【－X(J1)】~【＋Z/(J3)】，即可进行机器人TCP工具坐标系手动连续（JOG）或增量（INC）运动。

⑨ 如需要进行手动工具定向，可如图5.16所示，按示教器功能菜单键【FCTN】、显示功能选择菜单；然后，用光标选定"切换姿态控制操作"，按【ENTER】键确认，示教器的坐标系显示栏显示"W/工具"。

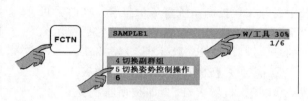

图5.16 手动工具定向选择

手动工具定向操作选定后，如再次用光标选定"切换姿态控制操作"，按【ENTER】键确认，则可返回机器人TCP工具坐标系移动，示教器的坐标系显示栏恢复"工具"。

(5) 外部轴手动

外部轴手动用于由机器人控制系统控制的辅助部件控制轴手动操作，如变位器、伺服焊钳等。外部轴手动总是以关节坐标运动方式运动。

FANUC机器人的外部轴手动操作的步骤如下。

①~③ 同关节轴手动操作。

④ 同时按【SHIFT】键、【COORD】键打开JOG菜单（参见图5.13），用光标选定"Robot/Ext"后，通过光标键【→】【ENTER】键选定"Ext"，切换至外部轴；外部轴选定后，可按【PREV】键，或者同时按【SHIFT】键、【COORD】键，关闭JOG菜单。

⑤ 按示教器用户键【POSN】，或者按操作菜单键【MENU】选择【POSITION】后，按软功能键〖JNT〗，显示机器人关节坐标位置。

⑥ 利用示教器速度倍率调节键【＋％】【－％】，选定运动模式、手动连续移动速度倍率。

⑦ 握住示教器手握开关（Deadman开关）启动伺服后，将示教器的TP有效开关置"ON"位置。TP有效开关选择"ON"时，如操作者松开手握开关，控制系统将显示报警，此时可以重新握住手握开关、启动伺服，然后按示教器的复位键【RESET】清除报警。

⑧ 按功能菜单键【FCTN】使示教器显示功能选择菜单（参见图5.16）；然后，将光标选定"切换副群组"选项，按【ENTER】键确认，便可选定外部轴手动操作。

⑨ 同时按【SHIFT】、方向键【－X(J1)】~【＋Z/(J3)】，外部轴便可进行手动连续（JOG）或手动增量（INC）运动。

5.1.6 程序编辑与管理

(1) 基本操作

程序创建可在机器人控制系统中生成一个新的程序，并完成程序登录、程序标题（属性）设定等基本操作。

FANUC机器人程序可利用示教器的程序管理操作创建，其基本步骤如下。

① 接通控制柜的电源总开关、启动控制系统。

② 将控制面板的操作模式选择开关置示教模式1（T1），并将示教器的TP有效开关置"ON"位置。

③ 按示教器的程序选择键【SELECT】，或者按操作菜单键【MENU】，并在操作菜单中选择"SELECT"操作选项，示教器可显示图5.17所示的程序一览表显示页面及程序创建、

管理软功能键。

〖类型（TYPE）〗：程序类型选择，可选择程序一览表中显示的程序类型（见下述）。

〖新建（CREATE）〗：程序创建，可在控制系统中生成一个新的程序。

〖删除（DELETE）〗：程序删除，可删除控制系统已有的程序。

〖监视（MONITOR）〗：程序监控，可显示、检查程序运行的基本情况和执行信息。

〖属性（ATTR）〗：程序属性显示与修改，可检查程序容量、编制日期等基本信息，设定或撤销编辑保护功能等。

图 5.17　程序一览表页面

〖复制（COPY）〗：利用复制操作，生成一个新程序。

〖细节（DETAIL）〗：程序标题及程序属性的详细显示与设定。

〖载入（LOAD）〗：以文件的形式，将系统 FROM 或存储卡、U 盘中永久保存的程序，安装到系统中。

〖另存为（SAVE）〗：以文件的形式，将系统 RAM 存储器中程序，保存到系统 FROM 或存储卡、U 盘等永久存储器中。

〖打印（PRINT）〗：将程序发送到打印机等外部设备中。

④ 如需要，可按软功能键〖类型（TYPE）〗，示教器可显示图 5.18（a）所示的程序类型选择项；然后，用光标选定程序类型，按【ENTER】键，示教器即可显示图 5.18（b）所示的指定类型程序一览表，类型选择项的显示内容可通过后述的程序过滤器功能设定。

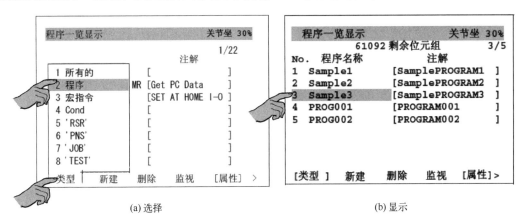

(a) 选择　　　　　　　　　　　　　(b) 显示

图 5.18　程序类型选择

程序类型选项的含义如下。

所有的：全部程序，系统的所有程序均可在程序一览表中显示。

程序：作业程序，程序一览表中仅显示机器人作业程序。

宏指令：用户宏程序，程序一览表中仅显示用户宏程序。

Cond：条件程序，程序一览表中仅显示条件执行程序。

'RSR' 'PNS'：机器人远程自动运行程序。

'JOB' 'TEST' 等：使用控制系统规定名称的指定类程序。

⑤ 在程序一览表显示页面上用光标选定需要编辑的程序，按【ENTER】键便可直接打开指定程序的编辑页面，进行程序编辑、修改等操作，有关内容可参见 FANUC 机器人使用说

明书。如果选择其他软功能键，则可进行后述的程序创建、保存、安装、删除等管理操作。

(2) 程序创建

FANUC机器人作业程序可通过程序管理软功能键〖新建（CREATE）〗，利用示教器输入操作创建；或者，利用软功能键〖复制（COPY）〗，通过现有程序的复制操作创建（见后述）；或者，利用软功能键〖载入（LOAD）〗，从系统FROM或存储卡、U盘中，以文件的形式安装。

利用示教器输入操作创建程序的基本操作步骤如下。

① 在程序一览表显示页面上选定程序类型，按图5.19（a）所示的软功能键〖新建（CREATE）〗，示教器可显示图5.19（b）所示的程序名称输入页面。

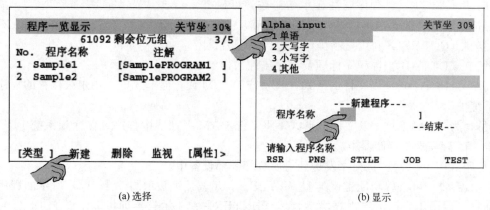

(a) 选择   (b) 显示

图5.19　程序创建操作

FANUC机器人的程序名称最长为26字符（早期软件为8字符），首字符必须为英文字母，程序名称中一般不能使用星号（＊）、@字符；远程自动运行程序的名称必须定义为"RSR＋4位数字"或"PNS＋4位数字"的形式。

FANUC机器人程序名称的定义、输入方式可选择以下几种。

单语（Words）：使用系统预定义（默认）名称，程序名称统一使用"预定义字符＋数字"的形式。预定义字符可通过系统设定操作定义，且可直接利用软功能键输入。FANUC机器人控制系统预定义名称（字符）可以为常用程序名的缩写，如PRG、MAIN、SUB、TEST、Sample等，名称通常可设定5个，每一名称的字符数一般不能超过7个。程序使用系统预定义名称时，不同程序可通过后缀区分。程序名称输入时，只需要在选择软功能键后添加后缀（一般为数字），便可直接完成程序名输入。

大写字/小写字（Upper Case/Lower Case）：使用大小写英文字母、字符、数字定义程序名称，最大为26字符（早期软件为8字符）。

其他（Options）：在现有名称上，利用修改、插入、删除等方法，输入新的程序名称。

② 利用光标键【↓】【↑】选定程序名称的定义、输入方法，按【ENTER】键，示教器即可显示图5.20所示的、所选名称输入操作用软功能键。

选择"单语（Words）"时，软功能键可显示图5.20（a）所示的系统预定义名称；按软功能键输入名称后，可继续输入后缀，完成程序名输入。

选择"大写字/小写字（Upper Case/Lower Case）"时，软功能键可显示图5.20（b）所示的英文字符，按对应的软功能键，第一个英文字母将被输入到名称输入框；此时，可操作光标键【→】【←】，依次改变名称输入框的字母；重复这一操作完成程序名输入。软功能键〖yz_@＊〗中的"@""＊"可用于"程序注释"，但一般不能在程序名称中使用。

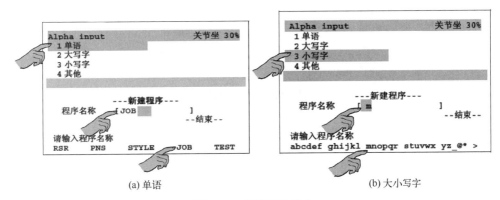

(a) 单语　　　　　　　　　　　(b) 大小写字

图 5.20　程序名称输入

选择"其他（Options）"时，可通过显示的软功能键，对输入框中的程序名称进行替换（重写）、插入、删除等操作。

③ 根据所选的名称输入方式，完成程序名称输入后，按【ENTER】键，便可完成程序的新建操作，一个新的程序将被登录至控制系统，示教器即可显示图 5.21（a）所示的新建程序登录页面及设定、编辑软功能键。

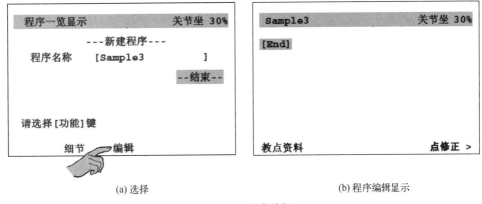

(a) 选择　　　　　　　　　　　(b) 程序编辑显示

图 5.21　程序编辑

④ 按软功能键〖编辑（EDIT）〗，示教器可显示图 5.21（a）所示的程序编辑页面，进行指令输入、程序编辑操作。

⑤ 按软功能键〖细节（DETAIL）〗，可进入程序设定页面，进行程序标题输入、属性设定等操作。

(3) 标题设定

FANUC 机器人程序由程序标题、程序指令组成。程序标题可用来显示程序的基本信息、设定程序的基本属性。程序标题设定操作，可在程序名称输入完成、程序登录后，在示教器显示程序登录页面（见图 5.21）上，按软功能键〖细节〗选择。

程序标题编辑页面的显示如图 5.22 所示，显示页的上部为程序创建时间、创建方式、存储容量等基本信息显示，下方为程序属性定义项。

属性定义设定项含义及定义方法如下。

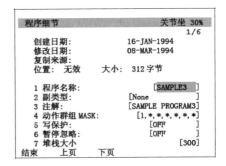

图 5.22　程序标题显示

① 程序名称（Programm Name）：程序名称显示、编辑。名称需要编辑时，可用光标选择程序名称输入框，然后利用上述程序名称输入编辑同样的方法进行修改。

② 副类型（Sub Type）：副类型用来定义程序性质，可根据需要选择如下几类。

None：不规定性质的通用程序。

Macro：宏程序。宏程序可通过宏指令直接调用与执行，宏程序、宏指令需要通过机器人设定操作，进行专门的设定和定义。

Job：工作程序。工作程序可直接用示教器启动并运行，它既可以作主程序使用，也可作为子程序，由程序调用指令调用、执行。工作程序 Job 只有在系统参数 \$JOBPROC _ ENB 设定为"1"时，才能定义。

Process：处理程序，只能由工作程序 Job 调用的程序（子程序）。处理程序 Process 同样只有在系统参数 \$JOBPROC _ ENB 设定为"1"时，才能定义。

定义副类型时，可用光标选择副类型输入框，然后按示教器显示的输入软功能键〖选择（CHOICE）〗，示教便可显示输入选项 None、Macro；如系统参数 \$JOBPROC _ ENB 设定为"1"，还可显示 Job、Process 选项。调节光标、选定副类型后，用【ENTER】键输入。

③ 注解（Comment）：程序注释，通常不超过 16 字符，可使用标点、下划线、＊、@。

④ 动作群组 MASK（Group Mask）：程序运动组（Motion Group）定义，用来规定程序的控制对象（运动组）。

FANUC 控制系统最大可控制 4 个机器人运动组（g1～g4，最大 9 轴）和 1 个外部轴组（g5，最大 4 轴），运动组的定义格式为 [g1，g2，g3，g4，g5]，选定的运动组标记为"1"，未选定的运动组标记为"＊"。对于单机器人简单系统，运动组应定义为 [1，＊，＊，＊，＊]。

程序定义运动组后，表明该程序需要进行伺服驱动轴控制，这样的程序不能在机器人急停（伺服关闭）状态下运行。不含伺服驱动轴运动指令的程序无须指定运动组，运动组可定义为 [＊，＊，＊，＊，＊]；这样的程序在机器人急停（伺服关闭）状态下仍可以运行，并可使用下述的"暂停忽略"功能。

定义运动组时，可用光标选定输入框，然后用示教器显示的软功能键〖1〗或〖＊〗设定运动组。利用机器人示教操作生成的程序，不可以改变示教操作时选定的运动组。

⑤ 写保护（Write Protection）。程序编辑保护功能设定，设定为"ON"的程序不能进行编辑、删除等操作，也不能再对程序标题（名称、副类型等）进行修改。

定义写保护时，可用光标选择写保护输入框，然后用示教器显示的软功能键〖ON〗或〖OFF〗设定写保护输入。写保护修改只有在全部参数设定完成、用软功能键〖结束〗结束设定操作后才能生效。

⑥ 暂停忽略（Ignore Pause）。只能用于未指定运动组的程序。暂停忽略设定为"ON"的程序可用于后台运行，这样的程序在控制系统发生一般故障，或者进行急停、进给保持操作，或者执行条件（TC _ Online）为 OFF 时，仍能够继续执行；但是，如果系统发生重大故障，或者执行程序中断指令 ABORT 时，程序将停止执行。

定义暂停忽略时，可用光标选择暂停忽略输入框，然后用示教器显示的软功能键〖ON〗或〖OFF〗设定暂停忽略输入。

⑦ 堆栈大小（Stack Size）。用于子程序调用堆栈设定。当控制系统出现"INTP-222""INTP-302"等子程序调用出错时，可增加堆栈容量，避免存储器溢出。

需要定义堆栈大小时，可用光标选择堆栈大小输入框，然后利用数字键、【ENTER】键输入。

全部程序标题输入、编辑完成后，按图 5.23 所示的软功能键〖结束〗，示教器将自动转入程序指令输入与编辑页面，继续进行程序指令的输入、编辑操作；有关内容可参见 FANUC 机器人使用说明书。如需要结束程序设定操作，可按住示教器返回键【PREV】，直至示教器退回程序一览表显示。

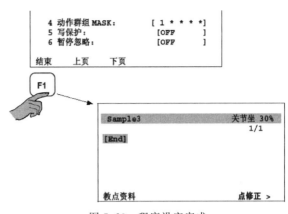

图 5.23　程序设定完成

（4）程序文件保存

利用示教器创建的程序登录后，将被保存在由后备电池支持的控制系统 RAM 中，如后备电池失效或错误拔出，程序将丢失。为避免此类情况发生，FANUC 机器人程序可用程序文件（扩展名为 .TP）的形式，将其保存到不需要后备电池支持的系统永久存储器 FROM 或存储卡（MC）、U 盘（UDI）等存储设备上。

程序文件可通过程序编辑操作、文件操作（FILE）及系统备份等方式保存。利用程序编辑操作保存程序文件的操作步骤如下。如果未安装、选择存储卡、U 盘，系统将默认 FROM 作为程序文件永久保存设备。

① 在程序一览表页面（见图 5.17）上，光标选定需要编辑的程序名称，按【ENTER】键，显示所选程序的管理页面。

② 按示教器的【NEXT】键显示图 5.24（a）所示的扩展软功能键，按扩展软功能键〖另存为（SAVE）〗，示教器可显示图 5.24（b）所示的程序文件名输入页面。

③ 如需要，可利用与程序创建同样的方法，输入程序文件名后按【ENTER】键，即可保存以"输入名称＋扩展名 .TP"命名的程序文件；如直接按【ENTER】键，则以"程序名称＋扩展名 .TP"作为程序文件名保存程序文件。程序文件的扩展名".TP"可由系统自动生成，无须输入。

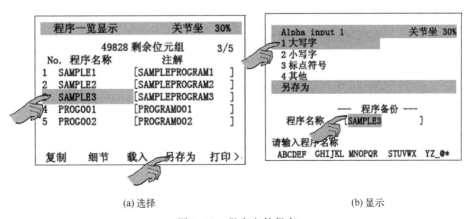

(a) 选择　　　　　　　　　　　　(b) 显示

图 5.24　程序文件保存

利用文件保存操作保存程序文件时，不能覆盖存储器中的同名文件。如果指定的程序文件名称已经存在，示教器将操作提示信息"指定的文件已经存在"；此时，需要重新命名文件或删除同名文件后，再次执行文件保存操作。此外，如果存储器的存储空间不足，示教器将显示提示信息"磁盘已满，请交换"，此时需要删除其他文件或更换存储器（存储卡、U 盘），并再次执行文件保存操作。

(5) 程序删除、复制与属性修改

程序删除操作可删除控制系统中已有程序，FANUC 机器人的程序删除操作步骤如下。

① 在程序一览表页面（参见图 5.17）上，用光标选定需要删除的程序，例如图 5.25 中的
"3   Sample3" 等。

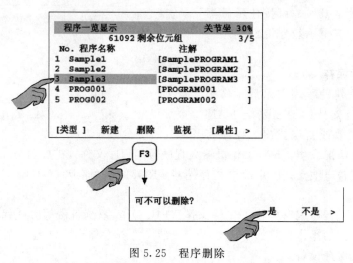

图 5.25   程序删除

② 按软功能键〖删除（DELETE)〗，示教器可显示操作提示信息及操作确认软功能键是
〖（YES)〗〖不是（NO)〗。

③ 按软功能键〖是（YES)〗，所选择的程序将从控制系统中删除；示教器自动返回程序
一览表显示页面。被删除的程序将从程序一览表显示中消失。

程序复制可在已有程序的基础上通过指令编辑创建一个新程序。程序复制的操作步骤如下。

① 在程序一览表页面上，用光标选定需要复制的程序，例如，"3   Sample3" 等。

② 按示教器的【NEXT】键显示程序管理扩展软功能键，然后按软功能键〖复制（COP-
Y)〗，示教器可显示图 5.26 所示的新程序名称输入页面。

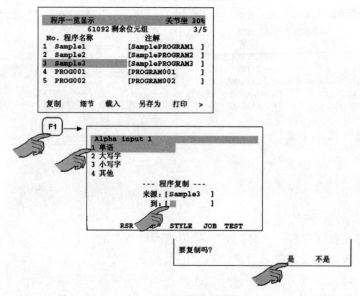

图 5.26   程序复制操作

③ 利用程序名称输入同样的操作，选择程序名称输入方式（单语、大/小写字、其他）并输入新的程序名称；完成后，按【ENTER】键，示教器可显示操作提示信息及操作确认软功能键〖是（YES）〗〖不是（NO）〗。

④ 按软功能键〖是（YES）〗，所选择的程序将被复制到新的程序名称下。示教器自动返回程序一览表显示页面，复制生成的程序将被添加到程序一览表。

程序一览表中显示的程序属性可通过软功能键〖属性（ATTR）〗设定与修改，其操作步骤如下。

① 在程序一览表页面上，用光标选定需要复制的程序，例如"3　Sample3"等。

② 按软功能键〖属性（ATTR）〗，示教器可显示图 5.27 所示的属性显示选择项。

③ 光标键选定需要在一览表中显示的

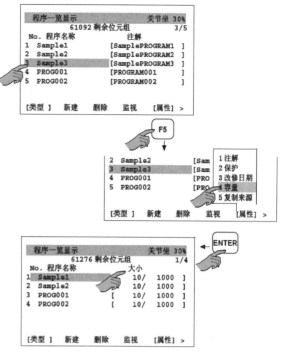

图 5.27　程序属性显示设定操作

程序属性，例如，需要在程序一览表显示页显示程序容量时，可用光标选定"容量"选项，按【ENTER】键确认后，示教器可返回程序一览表显示。属性显示被修改后，程序一览表中的程序属性显示项将由原来的注释显示（注解），变更为程序容量显示（大小）。

5.2　机器人设定

5.2.1　机器人基本设定

(1) 机器人设定与基本操作

虽然目前工业机器人还没有专业生产厂家生产的通用产品，但是对于同一生产厂家的控制系统，其软硬件一般都采用可用于不同规格、不同结构和功能机器人的通用设计，因此对于不同的机器人，需要通过 IR 控制器的参数设定确定系统的软硬件配置以及机器人规格、作业基准点、作业范围、作业坐标系等具体参数，以确保系统运行安全。

FANUC 机器人控制器的参数可通过示教器操作菜单"SETUP（设定）"和"SYSTEM（系统）"选择与设定。由于"SETUP（设定）"参数大多与机器人运动有关，而"SYSTEM（系统）"参数大多与系统控制有关，为了便于区分，在本书中，将"SETUP（设定）"参数设定操作称为"机器人设定"，本节将对此进行介绍；将"SYSTEM（系统）"参数设定操作称为"系统设定"，有关内容将在下节进行介绍。

FANUC 机器人的"机器人设定（SETUP）"参数，可通过操作菜单键【MENU】的"设定（SETUP）"子菜单打开，然后利用软功能键〖类型（TYPE）〗进行分类显示，参数设定的基本操作如下。

① 接通控制柜的电源总开关，启动控制系统。

② 将控制面板的操作模式选择开关置示教模式 1（T1 或 T2），并将示教器的 TP 有效开

关置"ON"位置（通常情况，下同）。

③ 按操作菜单键【MENU】，光标选择"设定（SETUP）"，按【ENTER】键确认，示教器即可显示机器人设定（SETUP）基本页面。

④ 按软功能键〖类型（TYPE）〗，示教器可显示图5.28所示的设定内容选择项；扩展选项可在光标选择"—NEXT—"后，按【ENTER】键显示。

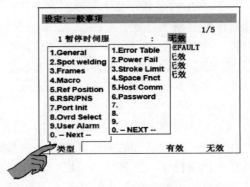

图5.28　机器人设定类型选择

由于控制系统软件版本、选配功能以及机器人用途、作业工具等方面有区别，不同机器人的〖类型（TYPE）〗显示项稍有差别，例如设定项"Spot welding"为点焊机器人的焊接参数设定，对于其他机器人，设定项的名称、内容有所不同。

⑤ 以光标选定所需要的选择项，按【ENTER】键确认，示教器即可显示所需要的机器人设定内容显示、设定页面。

⑥ 在机器人设定内容显示、设定内容页面上，可用光标选定设定项后，利用数字键、【ENTER】键、软功能键（有效、无效等），按要求输入或选择参数，完成设定。

(2) 机器人设定内容

机器人设定的内容可通过操作菜单"SETUP（设定）"页的软功能键〖类型（TYPE）〗打开与选择，由于机器人用途、软件版本、系统功能的区别，不同机器人的设定内容有所不同。以点焊机器人为例，第1页的设定选项通常如下（括号内为中文显示，部分翻译不一定确切）。

"1. General（一般事项）"：机器人一般设定，可进行程序暂停时的伺服驱动器状态、示教器显示语言、程序点偏移生效/撤销等一般项目的设定。

"2. Spot welding（点焊）"：机器人作业设定，设定项名称、设定内容与机器人用途、作业工具等有关。例如，点焊机器人可进行焊接时间、电极行程、焊钳开合参数及控制信号的设定等，有关内容可参见FANUC提供的机器人使用说明书。

"3. Frames（坐标系）"：机器人工具、用户、JOG坐标系设定。

"4. Macro（宏指令）"：宏程序指令、手动执行按键等内容设定。

"5. Ref Position（设定基准点）"：机器人作业基准点位置设定。

"6. RSR/PNS（选择程序）"：操作模式选择"自动（AUTO）"时的机器人RSR、PNS自动运行程序选择与设定。

"7. Port Init（设定通信端口）"：控制系统通信接口（RS232C）波特率、奇偶校验等通信参数设定。

"8. Ovrd Select（选择速度功能）"：外部速度倍率调节信号、倍率值设定。

"9. User Alarm（使用者异常定义）"：用户报警设定。

"0. —NEXT—"：显示第2页选项。

机器人设定的第2页可设定的选项通常如下。

"1. Error Table（设定异常等级）"：机器人错误代码、报警等级设定。

"2. Power Fail（停电处理）"：控制系统关机时的停电处理功能（冷启动/热启动）设定（参见8.2节）。

"3. Stoke Limit（行程极限）"：运动保护附加功能，J1/E1轴可编程运动范围设定。

"4. Space Fnct（防止干涉功能）"：运动保护附加功能，机器人干涉区设定。

"5. Host Comm（主机通信）"：控制系统与主计算机数据传输功能选项设定。

"6. Password（密码）"：操作权限与用户密码设定。

"0.—NEXT—"：返回第1页选项。

在以上机器人设定项目中，第1页的一般设定（1. General）、机器人坐标系（3. Frames）、作业基准点（5. Ref Position）及第2页的 J1、E1 轴行程极限（3. Stoke Limit）、机器人干涉区（4. Space Fnct）、操作权限与用户密码（6. Password）与机器人使用密切相关，本节将对此具体说明，有关机器人设定的其他内容可参见 FANUC 机器人使用说明书。

（3）机器人一般设定

机器人设定（SETUP）的设定项 General（一般事项）可用于程序暂停时的伺服驱动器状态、示教器显示语言、程序点偏移生效/撤销等一般项目的设定，其显示如图 5.29 所示，设定项作用如下。

图 5.29　机器人一般设定

① 暂停时伺服。当程序自动运行中通过示教器进给保持键【HOLD】或外部输入信号＊HOLD 暂停时，可通过此设定项（无效/有效）选择如下驱动器主电源关闭功能。

无效（DISABLED，出厂默认设定）：程序暂停时，控制系统立即封锁指令脉冲、停止机器人运动；运动停止后，伺服系统进入闭环位置控制（伺服锁定）状态，所有运动轴通过驱动系统的闭环位置调节功能保持停止位置不变。驱动系统闭环位置调节时，电机可输出额定（静止）转矩，轴位置无须通过制动器保持，系统也不产生伺服报警。

有效（ENABLED）：程序暂停时，系统将在运动轴停止后切断伺服驱动器主电源。驱动器主电源一旦断开，电机将失去动力，轴位置需要通过制动器保持；同时，系统将产生 SR-VO-030 伺服报警。

② 设定语言。示教器显示语言设定。改变显示语言需要选配、安装相关软件，机器人使用厂家通常只能使用出厂设定的语言，即设定应选择"DEFAULT（默认）"。

③ 忽略位置补偿指令。用于移动附加命令 Offset（程序点偏移）的生效/撤销。设定"无效"时，示教点为程序点偏移后的位置；设定"有效"时，示教点为不考虑程序点偏移的原始位置。

④ 忽略工具坐标补偿指令。移动附加命令 Tool＿Offset（TCP 偏移）的生效/撤销。设定"无效"时，示教点为 TCP 偏移后的位置；设定"有效"时，示教点为不考虑 TCP 偏移的原始位置。

⑤ 有效 VOFFSET。视觉补偿指令有效，用于带视觉补偿功能的机器人。设定"无效"时，移动指令目标位置为不考虑视觉补偿的原始位置；设定"有效"时，移动指令目标位置为视觉补偿后的实际位置。

5.2.2　工具坐标系设定

（1）坐标系设定内容

FANUC 机器人的工具、用户、JOG 等作业坐标系的设定，可通过操作菜单"设定（SETUP）"中类型选项"坐标系（Frames）"选择，其基本显示如图 5.30（a）所示，软功能键作用如下。

〖类型（TYPE）〗：机器人设定内容，按此键可选择其他机器人设定项目。

〖细节（DETAIL）〗：坐标系设定方式选择，按软功能键可进一步显示〖方法（METHOD）〗〖坐标号码（FRAME）〗等软功能键，选择坐标系设定方法、改变坐标系编号。

〖坐标（OTHER）〗：坐标系类别选择，按此键可显示图 5.30（b）所示的坐标系类型选项"Tool Frames（工具坐标系）""JOG Frames（JOG 坐标系）""User Frames（用户坐标系）"，选择需要设定的坐标系类别，并显示对应的坐标系设定页面。

〖清除（CLEAR）〗：清除选定的坐标系数据。

〖设定号码（SETTING）〗：设定当前有效的坐标系编号。

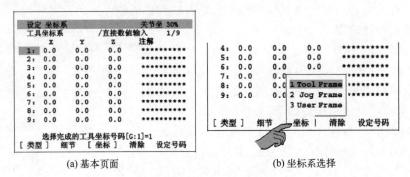

(a) 基本页面　　　　　　　　(b) 坐标系选择

图 5.30　坐标系设定与选择

根据坐标系设定要求及所选择的设定方法，通过示教、手动数据输入等操作，完成坐标系参数设定。

(2) 工具坐标系设定

机器人的工具坐标系（Tool Coordinates）用来定义作业工具的控制点（TCP）位置及工具的安装方向（初始姿态）。机器人手腕基准坐标系是定义工具坐标系的基准，如不设定工具坐标系，控制系统将默认手腕基准坐标系为工具坐标系。

FANUC 机器人最多允许设定 9 个工具坐标系，工具坐标系的设定页面如图 5.31 所示，参数的含义如下。

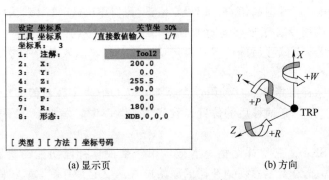

(a) 显示页　　　　　　　　(b) 方向

图 5.31　工具坐标系设定

坐标系：工具坐标系编号显示与设定，允许范围 1～9。

注解：工具坐标系名称显示与设定。

$X/Y/Z$：工具坐标系原点显示与设定。工具坐标系原点就是机器人的工具控制点（TCP）在手腕基准坐标系上的坐标值。

$W/P/R$：工具坐标系方向显示与设定。FANUC 工具坐标系方向以 $X{\rightarrow}Y{\rightarrow}Z$ 旋转次序定义的姿态角 $W/P/R$ 表示（参见 3.1 节），角度正向由右手定则决定。

形态：机器人姿态，该项仅用于显示，无须设定。

显示页的软功能键〖坐标号码（FRAME）〗用于工具坐标系编号设定；〖方法（METHOD）〗用于工具坐标系设定方法选择，FANUC机器人工具坐标系设定可采用3点示教（TCP位置示教设定）、6点示教（TCP位置、方向示教设定）、手动数据输入（直接设定）3种方法，其设定方法分别如下。

(3) 坐标原点3点示教设定

3点示教设定是利用机器人的3个示教点，由控制系统自动计算、设定工具坐标系原点（TCP）的操作。利用3点示教操作，系统可自动计算、设定工具坐标系原点（工具控制点TCP在手腕基准坐标系的$X/Y/Z$坐标值），并默认工具坐标系方向与机器人手腕基准坐标系相同（$W/P/R$为0）。

为保证工具坐标系计算、设定准确，3个示教点应按图5.32所示选择，在3个示教点上，工具控制点（TCP）位置应保持不变，工具方向（姿态）的变化应尽可能大。

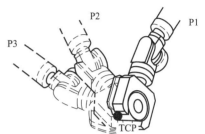

图5.32　工具坐标系3点示教

工具坐标系原点3点示教设定操作步骤如下。

① 利用前述的坐标系设定基本操作，在坐标系设定基本页面上，按软功能键〖坐标（OTHER）〗后，用光标选择"工具坐标系（Tool Frames）"设定项，按【ENTER】键确认，示教器便可显示工具坐标系一览表显示页面（参见图5.30）。

② 移动光标到需要设定的工具坐标系编号上，按软功能键〖细节（DETAIL）〗，示教器可显示图5.31所示的工具坐标系设定页面。

③ 按软功能键〖方法（METHOD）〗，示教器可显示图5.33（a）所示的工具坐标系设定界面，方法选项有"3点记录（Three Points）""6点记录（Six Points）""直接数值输入（Direct Entry）"。

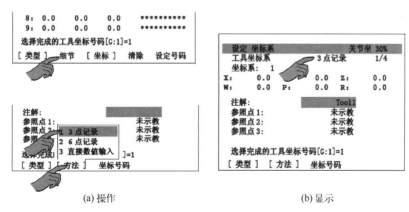

(a) 操作　　　　　　　　　　　　　　(b) 显示

图5.33　工具坐标系3点示教页面

④ 光标选定"3点记录（Three Points）"，按【ENTER】键确认，示教器将显示图5.33（b）所示的工具坐标系3点示教设定页面。

⑤ 光标选定"注解（Comment）"按【ENTER】键确认，示教器可显示工具坐标系名称（注释）输入页面，输入工具坐标系名称（注释），用【ENTER】键确认。

⑥ 光标选定图5.34（a）所示的"参照点1（Approach Point 1）"后，将机器人手动移动到第1示教点的位置；在该位置上，应确保工具的方向（姿态）可自由调节。

⑦ 按住示教器操作面板上的【SHIFT】键，同时按软功能键〖位置记录（RECORD）〗，

当前位置便可记录到系统中；示教器的参照点 1 显示状态成为图 5.34（b）所示的"记录完成（RECORDED）"。

⑧ 保持 TCP 位置不变，利用手动工具定向操作，完成示教点 2、3（Approach Point 2、3）的记录；示教点间的工具姿态变化量越大，TCP 位置的计算精度也越高。

3 点示教完成后，所有示教点的显示将成为图 5.34（c）所示的"设定完成（USED）"状态，并在示教器上显示 TCP 的位置值 $X/Y/Z$。

（4）原点检查、生效与清除

如需要，利用 3 点示教操作设定的工具坐标系，可通过以下操作检查、生效与清除。

① 光标选定状态显示为"记录完成（RECORDED）"或"设定完成（USED）"的示教点；然后，按住示教器操作面板上的【SHIFT】键，同时按软功能键〖位置移动（MOVE_TO）〗，机器人便可自动定位到所选的示教点，检查示教点位置是否准确。

② 用光标选定状态显示为"记录完成（RECORDED）"或"设定完成（USED）"的示教点，按【ENTER】键，示教器便可显示该点的详细位置数据；检查确认后，可按【PREV】键返回 3 点示教设定页面。

③ 在图 5.34（c）所示的 3 点示教设定完成页面上，按【PREV】键可返回工具坐标系一览表显示页面，并显示图 5.35 所示的工具坐标原点（TCP）及名称（注解）。

④ 在工具一览表显示页面上，按软功能键〖设定号码（SETTING）〗，示教器将显示工具坐标系编号输入提示行，用数字键输入所设定的坐标系编号后，按【ENTER】键确认，便可将所设定的工具坐标系定义为当前有效的工具坐标系。

⑤ 按软功能键〖清除（CLEAR）〗，所设定的工具坐标系将被清除。

（5）工具坐标系 6 点示教设定

FANUC 机器人的工具坐标系 6 点示教设定是利用机器人的 6 个示教点，由控制系统自动计算、设定工具坐标系原点及方向的操作。

工具坐标系 6 点示教设定页面的参照点 1/2/3（Approach Point 1/2/3）用来计算 TCP 位置参数 $X/Y/Z$，示教点的作用及选择要求与工具坐标原点（TCP）3 点示教相同；6 点示教设定页面的其他 3 个示教点用来计算、设定工具坐标系方向（姿态角 $W/P/R$），示教点应按图 5.36 所示选择如下。

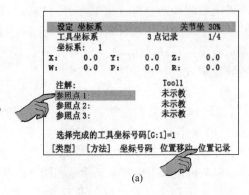

(a)

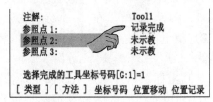

(b)

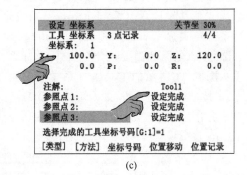

(c)

图 5.34　工具坐标系 3 点示教操作

设定 坐标系			关节坐 30%
工具 坐标系		直接数值输入	1/9

	X	Y	Z	注解
1:	100.0	0.0	120.0	Tool1
2:	0.0	0.0	0.0	**********
3:	0.0	0.0	0.0	**********
4:	0.0	0.0	0.0	**********
5:	0.0	0.0	0.0	**********
6:	0.0	0.0	0.0	**********
7:	0.0	0.0	0.0	**********
8:	0.0	0.0	0.0	**********
9:	0.0	0.0	0.0	**********

选择完成的工具坐标号码[G:1]=1
[类型]　细节　[坐标]　清除　设定号码

图 5.35　工具坐标系一览表显示

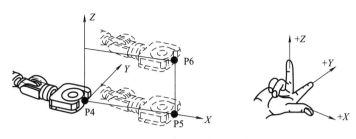

图 5.36　坐标系方向示教点

坐标原点（Orient Origin Point）：坐标原点（P4）用来指定工具坐标系的原点（TCP 位置），它和示教点 P5、P6 共同决定工具坐标系方向。

X 轴方向（X Direct Point）：X 轴方向点（P5）用来确定工具坐标系 X 轴方向，P5 可以是工具坐标系＋X 轴上的任意一点；但是为使坐标系方向设定更加准确，示教点 P5 应尽可能远离原点 P4。

Z 轴方向（Z Direct Point）：Z 轴方向点（P6）用来确定工具坐标系 Z 轴方向，P6 可以是工具坐标系 XZ 平面第 I 象限上的任意一点；P4、P5、P6 所确定的平面上，与＋X 垂直的坐标轴即为工具坐标系的＋Z 轴。同样，为了使得坐标系方向设定更加准确，示教点 P6 应尽可能远离示教点 P4、P5。

工具坐标系的＋X、＋Z 轴一经确定，＋Y 轴便可用右手定则确定。

FANUC 机器人工具坐标系 6 点示教设定的操作步骤如下。

① 利用工具坐标原点 3 点示教同样的操作，在工具坐标系一览表显示页面上，用光标选定需要设定的工具坐标系编号，按软功能键〖细节（DETAIL）〗，然后按软功能键〖方法（METHOD）〗，用光标选定"6 点记录（Six Points）"，按【ENTER】键确认，示教器可显示图 5.37 所示的 6 点示教设定页面。

② 利用原点 3 点示教同样的操作，完成"注解（Comment）"输入，以及"参照点 1/2/3（Approach Point 1/2/3）"的示教、记录。

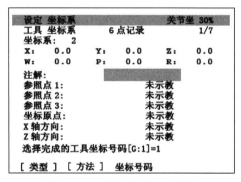

图 5.37　工具坐标系 6 点示教

③ 利用手动操作，将机器人移动到工具坐标原点（示教点 P4）的位置上。如果工具坐标系原点 P4 与参照点 1（或 2、3）重合，可将光标移动到参照点 1（或 2、3）上，然后按住示教器操作面板上的【SHIFT】键，同时按软功能键〖位置移动（MOVE _TO）〗，使机器人自动定位到参照点 1（或 2、3）。

④ 光标移动到"坐标原点（Orient Origin Point）"上，按住示教器操作面板上的【SHIFT】键，同时按软功能键〖位置记录（RECORD）〗，当前位置便可记录到"坐标原点（Orient Origin Point）"中，示教点的状态成为"记录完成（RECORDED）"。

⑤ 按示教器操作面板的坐标选择键【COORD】，将机器人手动操作的坐标系切换成全局坐标系（WORLD）。

⑥ 光标移动到"X 轴方向（X Direct Point）"上，手动操作机器人，将机器人 TCP 移动到工具坐标系＋X 轴的任意一点（P5）上；然后按住【SHIFT】键，同时按软功能键〖位置记录（RECORD）〗；当前位置将记录到"X 轴方向（X Direct Point）"中，示教点的状态成为"记录完成（RECORDED）"。

⑦ 为了保证 XZ 平面示教点的位置正确，可将光标移动到"坐标原点（Orient Origin Point）"上，然后按住示教器操作面板上的【SHIFT】键，同时按软功能键〖位置移动（MOVE _TO）〗，使机器人 TCP 重新定位到坐标原点（P4）上。

⑧ 光标移动到"Z 轴方向（Z Direct Point）"上，手动操作机器人，将机器人 TCP 移动到工具坐标系+Z 轴的任意一点（P6）上；然后按住【SHIFT】键，同时按软功能键〖位置记录（RECORD）〗，当前位置将记录到"Z 轴方向（Z Direct Point）"中，示教点的状态成为"记录完成（RECORDED）"。

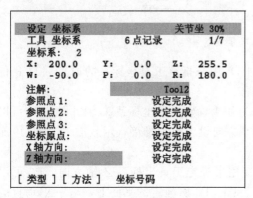

图 5.38　工具坐标系示教完成页面

6 点示教操作完成后，所有示教点的显示将成为图 5.38 所示的"设定完成（USED）"状态，并在示教器上显示工具坐标系原点 X/Y/Z 及方向 W/P/R。

在 6 点示教设定显示页上，如光标选定状态为"记录完成（RECORDED）"或"设定完成（USED）"的示教点，然后按住示教器操作面板上的【SHIFT】键，同时按软功能键〖位置移动（MOVE _TO）〗，机器人便可自动定位到所选的示教点上，检查示教点位置是否准确。如选定示教点后，按【ENTER】键，则可显示该点的详细位置数据；检查完成后，可按【PREV】键返回 6 点示教设定页面。

⑨ 在图 5.38 所示的设定完成页面上，按【PREV】键，可返回工具坐标系一览表（参见图 5.35）显示页，并显示所设定的工具坐标原点（TCP）及坐标系名称（注解）。

⑩ 在工具坐标系一览表显示页面上，按软功能键〖设定号码（SETTING）〗，示教器将显示工具坐标系编号输入提示行，用数字键输入所设定的坐标系编号后，按【ENTER】键确认，便可将所设定的工具坐标系，定义为当前有效的工具坐标系。如按软功能键〖清除（CLEAR）〗，当前设定的工具坐标系数据将被清除。

（6）手动数据输入设定

如作业工具的 TCP 位置、姿态角已知，设定工具坐标系时，只需要利用如下操作便可手动输入工具坐标系数据。

① 在工具坐标系一览表显示页面上，用光标选定需要设定的工具坐标系编号，按软功能键〖细节（DETAIL）〗后，按软功能键〖方法（METH-OD）〗，光标选定"直接数值输入（Direct Entry）"，按【ENTER】键确认，示教器显示图 5.39 所示的工具坐标系数据手动输入设定页面。

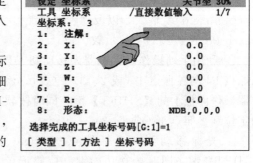

图 5.39　手动数据输入设定

② 光标选定需要输入的工具坐标系参数后，用示教器数字键直接输入原点位置、姿态角，按【ENTER】键确认。

③ 全部数据设定完成后，按【PREV】键，可返回工具坐标系一览表，并显示工具坐标系原点（TCP）、坐标系名称（注解）。

④ 在工具坐标系一览表显示页面上，按软功能键〖设定号码（SETTING）〗，示教器将显示工具坐标系编号输入提示行，用数字键输入所设定的坐标系编号后，按【ENTER】键确认，便可将所设定的工具坐标系定义为当前有效的工具坐标系。如按软功能键〖清除

（CLEAR）〗，当前设定的工具坐标系数据将被清除。

5.2.3　用户坐标系设定

FANUC 机器人的用户坐标系（User Coordinates）是用来定义直线、圆弧插补指令的目标位置（TCP 位置）的虚拟笛卡儿直角坐标系，可作为工件坐标系使用。控制系统最多允许设定 9 个用户坐标系。用户坐标系需要以全局坐标系（World）为基准定义，如不设定用户坐标系，系统将默认全局坐标系为用户坐标系。用户坐标系的设定参数、示教方法与工具坐标系类似，示教设定时可选择 3 点示教、4 点示教、手动数据输入 3 种方法，其操作步骤分别如下。

（1）3 点示教设定

通过用户坐标系的 3 点示教设定操作，控制系统可利用图 5.40 所示的 3 个示教点，自动计算、设定用户坐标系的原点位置及坐标轴方向，示教点选择要求如下。

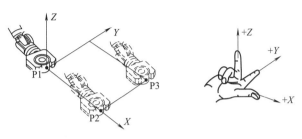

图 5.40　用户坐标系 3 点示教

P1：坐标系原点（Orient Origin Point），用来确定用户坐标系原点，它和示教点 P2、P3，共同决定用户坐标系方向。

P2：X 轴方向（X Direct Point），用来确定用户坐标系 X 轴方向，P2 可以是用户坐标系 $+X$ 轴上的任意一点；但是，为了使得坐标系方向设定更加准确，示教点 P2 应尽可能远离原点 P1。

P3：Y 轴方向（Y Direct Point），用来确定用户坐标系 Y 轴方向，P3 可以是用户坐标系 XY 平面第 Ⅰ 象限上的任意一点；但是，为了使得坐标系方向设定更加准确，示教点 P3 应尽可能远离示教点 P1、P2。

用户坐标系原点及 X、Y 轴方向一旦指定，Z 轴便可通过右手定则决定。

用户坐标系的 3 点示教的操作步骤如下。

① 利用前述的坐标系设定基本操作，在坐标系设定基本页面上按软功能键〖坐标（OTHER）〗，然后用光标选择设定项"User Frames（用户坐标系）"，按【ENTER】键确认，示教器可显示图 5.41 所示的用户坐标系一览表。

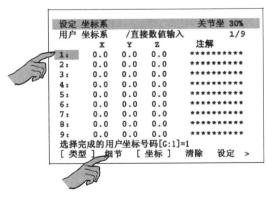

图 5.41　用户坐标系一览表显示

用户坐标系一览表显示页的软功能键作用与工具坐标系相同，可参见前述。在部分机器人上，软功能键〖设定号码（SETTING）〗的中文显示为〖设定〗。

② 移动光标到需要设定的用户坐标系编号上，按软功能键〖细节（DETAIL）〗，示教器将显示图 5.42（a）所示的用户坐标系设定页面及软功能键〖方法（METHOD）〗〖坐标号码（FRAME）〗。

③ 按软功能键〖方法（METHOD）〗，示教器可显示用户坐标系的设定方式选项"3 点记录（Three Points）""4 点记录（Four Points）""直接数值输入（Direct Entry）"。3 点示教设定时，用光标选定"3 点记录（Three Points）"，按【ENTER】键确认，示教器将显示图 5.42（b）所示的用户坐标系原点 3 点示教设定页面。

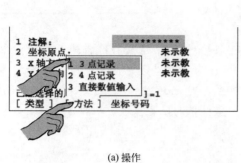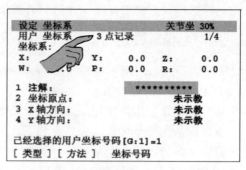

(a) 操作　　　　　　　　　　　(b) 显示

图 5.42　用户坐标系 3 点示教设定

④ 利用工具坐标系示教设定同样的方法，在"注解（Comment）"输入用户坐标系名称；然后，通过机器人手动操作，依次示教、记录坐标系原点（Orient Origin Point），X 轴方向（X Direct Point）、Y 轴方向（Y Direct Point）3 个示教点。

用户坐标系 3 点示教完成后，所有示教点的显示将成为"设定完成（USED）"状态，并在示教器上显示用户坐标系原点 $X/Y/Z$ 及方向 $W/P/R$。

在 3 点示教设定页面上，如用光标选定状态为"记录完成（RECORDED）"或"设定完成（USED）"的示教点；然后按住示教器操作面板上的【SHIFT】键，同时按软功能键〖位置移动（MOVE_TO)〗，机器人便可自动定位到所选的示教点上，以检查示教点位置是否准确。如选定示教点后按【ENTER】键，则可显示该点的详细位置数据；检查完成后，可按【PREV】键返回 3 点示教设定页面。

⑤ 在 3 点示教设定完成页面上，按【PREV】键，可显示用户坐标系一览表，并显示已设定的坐标原点（TCP）、名称（注解）。

⑥ 在用户坐标系一览表显示页面上按软功能键〖设定（SETTING)〗，示教器将显示用户坐标系编号输入提示行，用数字键输入所设定的坐标系编号后，按【ENTER】键确认，便可将该用户坐标系定义为当前有效的用户坐标系。如按软功能键〖清除（CLEAR)〗，当前设定的用户坐标系数据将被清除。

(2) 4 点示教设定

用户坐标系的 4 点示教设定是通过图 5.43 所示的 4 个示教点，由控制系统自动计算、设定用户坐标系原点及坐标轴方向的操作。采用 4 点示教设定时，用户坐标系的坐标轴方向与坐标系原点，可通过不同的示教点进行独立定义。

示教点间距越大，设定的坐标系就越准确。4 点示教的示教点选择要求如下。

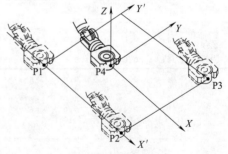

图 5.43　用户坐标系 4 点示教

P1：X 轴始点（X Start Point），用来确定用户坐标系 X 轴方向的第 1 示教点，该点可以不是用户坐标系的坐标原点。

P2：X 轴方向（X Direct Point），用来确定用户坐标系 X 轴方向的第 2 示教点；从 P1 到 P2 的直线，为用户坐标系＋X 轴的平行线。

P3：Y 轴方向（Y Direct Point），用来确定用户坐标系 Y 轴方向的示教点，P2 可以是用户坐标系 XY 平面第 I 象限上的任意一点。

P4：坐标系原点（Orient Origin Point），用来定义用户坐标系原点。

也可以这样认为：利用 4 点示教设定的用户坐标系，相当于利用坐标原点 P4 的示教对 3 点示教设定的用户坐标系 $X'Y'$，进行了平移。

用户坐标系的 4 点示教设定的显示页面如图 5.44 所示。4 点示教设定用户坐标系时，除了需要增加示教点 P4 外，其他的所有操作均与 3 点示教完全相同。

(3) 手动数据输入设定

如机器人的用户坐标系原点、方向均为已知，设定用户坐标系时，只需要利用如下的示教器操作，即可手动输入用户坐标系数据。

① 利用用户坐标系 3 点示教同样的操作，选定"直接数值输入（Direct Entry）"，按【ENTER】键确认，示教器显示图 5.45 所示的用户坐标系数据手动输入页面。

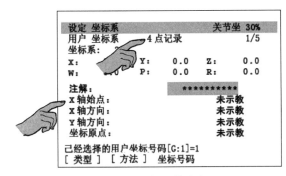

图 5.44　4 点示教设定

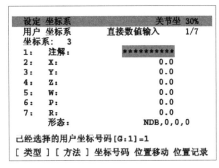

图 5.45　用户坐标系手动数据输入

② 光标选定需要输入的用户坐标系参数，用示教器数字键输入数据，按【ENTER】键确认。

③ 全部数据设定完成后，按【PREV】键，可返回用户坐标系一览表，并显示坐标原点（TCP）、坐标系名称（注解）。

④ 在用户坐标系一览表显示页面上，按软功能键〖设定（SETTING）〗，示教器将显示用户坐标系编号输入提示行，用数字键输入所设定的坐标系编号，按【ENTER】键确认，便可将所设定的用户坐标系设定为当前有效的用户坐标系。如按软功能键〖清除（CLEAR）〗，当前设定的用户坐标系数据将被清除。

(4) 用户坐标系撤销

当机器人不使用用户坐标系时，可通过下述操作，选择用户坐标系 UF0，恢复全局坐标系（World）。

① 选择用户坐标系一览表显示页面（参见图 5.41）。

② 按【NEXT】键，示教器可显示图 5.46 所示的软功能键。

③ 按软功能键〖清除号码〗，可撤销机器人的用户坐标系，示教器显示"已经选择的用户坐标号码 [G：1]＝0"，恢复机器人全局坐标系。

5.2.4　JOG 坐标系设定

JOG 坐标系（JOG Coordinates）是 FANUC 机器人专门用于手动操作（JOG）的临时坐标系。JOG 坐标系设定后，机器人 TCP 的手动操作便可在 JOG 坐标系上进行，其 X、Y、Z 轴的运动方向可不同于全局坐标系，从而方便机器人手动操作。

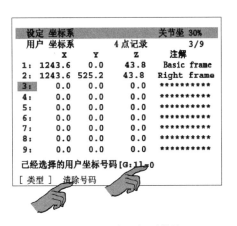

图 5.46　用户坐标系撤销

FANUC 机器人最多允许设定 5 个用户坐标系，全局坐标系（World）是定义 JOG 坐标系的基准，如不设定 JOG 坐标系，系统将默认全局坐标系为 JOG 坐标系。

JOG 坐标系的设定参数、示教方法均与用户坐标系类似，示教设定时可选择 3 点示教、手动数据输入 2 种方法设定，其操作步骤分别如下。

(1) 3 点示教设定

利用手动坐标系的 3 点示教设定操作，控制系统可通过图 5.47 所示 3 个示教点，自动计算、设定 JOG 坐标系原点及坐标轴方向。

示教点间距越大，设定的坐标系就越准确。3 点示教的示教点选择要求如下。

P1：坐标系原点（Orient Origin Point），用来确定 JOG 坐标系原点，它和示教点 P2、P3 共同决定用户坐标系方向。

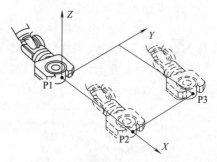

图 5.47　JOG 坐标系 3 点示教

P2：X 轴方向（X Direct Point），用来确定 JOG 坐标系 X 轴方向，P2 可以是 JOG 坐标系＋X 轴上的任意一点。

P3：Y 轴方向（Y Direct Point），用来确定 JOG 坐标系 Y 轴方向，P3 可以是 JOG 坐标系 XY 平面第 I 象限上的任意一点。

JOG 坐标系原点及 X、Y 轴方向一旦指定，Z 轴便可通过右手定则决定。

JOG 坐标系的 3 点示教的操作步骤如下。

① 利用前述的坐标系设定基本操作，在坐标系设定基本页面上，按软功能键〖坐标（OTHER）〗，然后用光标选择设定项"Jog Frames（JOG 坐标系）"，按【EN-TER】键确认，示教器可显示图 5.48 所示的 JOG 坐标系一览表。

JOG 坐标系一览表显示页面的软功能键作用与工具坐标系相同，有关内容可参见前述。

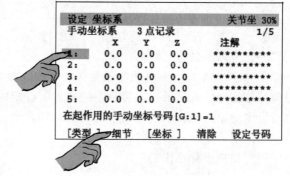

图 5.48　JOG 坐标系一览表显示

② 移动光标到需要设定的 JOG 坐标系编号上，按软功能键〖细节（DETAIL）〗；示教器将显示图 5.49（a）所示的 JOG 坐标系设定方式软功能键〖方法（METHOD）〗〖坐标号码（FRAME）〗。

(a) 操作

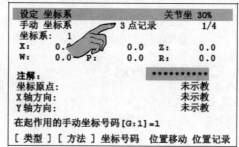

(b) 显示

图 5.49　JOG 坐标系设定

③ 按软功能键〖方法（METHOD）〗，示教器将显示 JOG 坐标系的设定方式选项"3 点记录（Three point）""直接数值输入（Direct Entry）"。光标选定"3 点记录（Three point）"选项，按【ENTER】键确认，示教器将显示图 5.49（b）所示的 JOG 坐标系原点 3 点示教设定页面。

④ 按照工具坐标系示教设定同样的方法，在"注解（Comment）"输入 JOG 坐标系名称；然后通过机器人手动操作，依次示教、记录坐标系原点（Orient Origin Point），X 轴方向（X Direct Point）、Y 轴方向（Y Direct Point）3 个示教点。

⑤ 用户坐标系 3 点示教完成后，所有示教点的显示将成为"设定完成（USED）"状态，并在示教器上显示 JOG 坐标系原点 $X/Y/Z$ 及方向 $W/P/R$。

在 3 点示教设定页面上，如用光标选定状态为"记录完成（RECORDED）"或"设定完成（USED）"的示教点；然后按住示教器操作面板上的【SHIFT】键，同时按软功能键〖位置移动（MOVE _TO）〗，机器人便可自动定位到所选的示教点上，以检查示教点位置是否准确。如选定示教点后按【ENTER】键，则可显示该点的详细位置数据；检查完成后，可按【PREV】键返回 3 点示教设定页面。

⑥ 在 3 点示教设定完成页面上，按【PREV】键，可显示 JOG 坐标系一览表，并显示坐标原点（TCP）、名称（注解）。

⑦ 在 JOG 坐标系一览表显示页面上，按软功能键〖设定号码（SETTING）〗，示教器将显示 JOG 坐标系编号输入提示行，用数字键输入坐标系编号后，按【ENTER】键确认，便可将该 JOG 坐标系设定为当前有效的 JOG 坐标系。如按软功能键〖清除（CLEAR）〗，当前设定的 JOG 坐标系数据将被清除。

（2）手动数据输入设定

如机器人的 JOG 坐标系原点、方向均为已知，设定 JOG 坐标系时，只需要利用如下的示教器操作，即可手动输入 JOG 坐标系数据。

① 利用 JOG 坐标系 3 点示教同样的操作，选定"直接数值输入（Direct Entry）"，按【ENTER】键确认，示教器显示图 5.50 所示的 JOG 坐标系数据手动输入页面。

② 光标选定需要输入的 JOG 坐标系参数后，用示教器数字键输入数据，按【ENTER】键确认。

③ 全部数据设定完成后，按【PREV】键，可返回 JOG 坐标系一览表，并显示坐标原点（TCP）、坐标系名称（注解）。

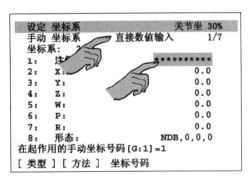

图 5.50　手动数据输入

④ 在 JOG 坐标系一览表显示页面上，按软功能键〖设定号码（SETTING）〗，示教器将显示 JOG 坐标系编号输入提示行，用数字键输入坐标系编号后，按【ENTER】键确认，便可将该 JOG 坐标系设定为当前有效的 JOG 坐标系。如按软功能键〖清除（CLEAR）〗，当前设定的 JOG 坐标系数据将被清除。

5.2.5　作业基准点设定

（1）基准点一览表显示

作业基准点是为机器人执行特定作业所设定的参考位置，它可用于机器人程序自动运行或手动操作。

FANUC 机器人最大可设定 3 个基准点，基准点可通过特定的宏程序自动定位；机器人位于基准点时，可输出基准点到达 DO 信号，以便外部检查、控制。基准点一览表显示与 DO 设定的操作步骤如下。

① 在机器人设定页面上，按软功能键〖类型（TYPE）〗，并选择图 5.51（a）所示的设定项"设定基准点（5 Ref Position）"，按【ENTER】键确认，示教器便可显示图 5.51（b）所示的基准点一览表显示页面。

基准点一览表显示栏的显示、设定内容如下。

NO：基准点编号。FANUC 机器人可设定 3 个基准点，编号依次为 1～3。

有效/无效：该栏用于"基准点到达"信号输出设定，可通过软功能键〖有效（EN-ABLED）〗〖无效（DISABLED）〗选择。设定"有效"时，机器人位于基准点时，可在指定的 DO（或 RO）信号上输出基准点到达信号；设定"无效"时，不能输出"基准点到达"信号。

范围内：基准点位置显示，机器人位于基准点定位区间范围内时，显示"有效"，否则显示"无效"。

注解：基准点注释（名称）显示。

软功能键〖细节（DETAIL）〗用于后述的基准点参数设定。

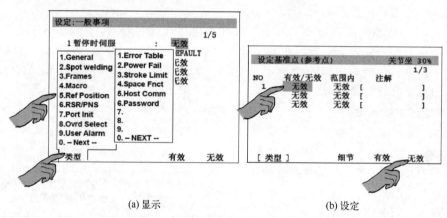

(a) 显示　　　　　　　(b) 设定

图 5.51　基准点一览表显示

② 光标选定基准点编号并定位至该编号所对应的"有效/无效""范围内"栏上，根据机器人的基准点 DO 信号要求，使用软功能键〖有效（ENABLED）〗〖无效（DISABLED）〗完成基准点 DO 信号输出设定。

(2) 基准点设定

FANUC 机器人基准点设定操作步骤如下。

① 选择基准点一览表显示页面，按软功能键〖细节（DETAIL）〗，示教器可显示图 5.52 所示的基准点设定页面。

② 移动光标至"注解"输入框，输入基准点名称（注释），完成后按【ENTER】键确认。基准点注释的输入方法与程序名称输入相同。

③ 移动光标至"信号定义"行的地址上，示教器可显示图 5.53（a）所示的、基准点到达输出信号，按类型选择软功能键〖DO（通用输出）〗〖RO（机器人输出）〗，用数字键输入地址，按【EN-TER】键确认。

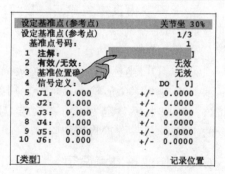

图 5.52　基准点设定显示

④ 移动光标至图 5.53（b）所示的关节轴 J1～J6 的位置输入区，用数字键输入基准点位置及定位区间（＋/－）值，按【ENTER】键确认，逐一完成机器人各关节轴的基准点位置、定位区间的设定。或者，利用机器人手动操作，将光标选定的关节轴移动基准点定位，并按软功能键〖位置记录（RECORD）〗，以示教方式设定基准点位置后，再用数字键输入、【ENTER】键设定基准点定位区间。

⑤ 基准点位置、定位区间设定完成后，按【PREV】键返回基准点一览表显示页。

⑥ 调节光标到"有效/无效""范围内"上，通过软功能键〖有效（ENABLED）〗〖无效（DISABLED）〗设定"基准点到达"信号的输出功能。

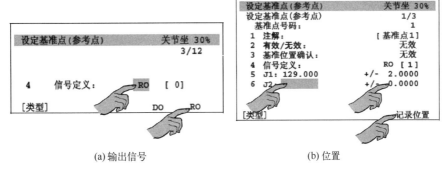

(a) 输出信号　　　　　　　　　　(b) 位置

图 5.53　基准点信号和位置设定

5.2.6　运动保护附加功能设定

(1) 关节轴行程保护措施

工业机器人关节轴行程的基本保护措施通常有机械限位挡块、超程开关（硬件保护）、软件限位（软极限）保护 3 类。

机械限位挡块是利用机械措施强制禁止关节轴运动的最后一道保护措施，用于非 360° 回转的摆动轴或直线运动轴。机械限位保护需要通过改变机械限位挡块的安装位置来调整保护位置，有关内容详见后述。

硬件保护是利用超程检测开关、电气控制线路，通过急停、关闭伺服或直接分断驱动器主回路等措施来防止运动轴超程的一种方法，可用于非 360° 回转的摆动轴或直线运动轴。硬件保护需要在运动轴的正、负行程极限位置安装检测开关（行程开关），故不能用于行程超过 360° 的回转轴。硬件保护的区域（动作位置）通常由机器人生产厂家根据机械结构的要求设置，用户一般不能通过系统参数设定、编程等方式轻易改变。

软件保护通过控制系统对关节轴位置的监控，限制轴运动范围、防止超程和进行运动干涉，可用于所有运动轴。软件保护可规定运动轴的正/负极限位置，故又称软极限；软极限的位置可通过系统参数设定、编程等方式设置，但不能超出硬件保护区的范围。机器人的软极限通常以关节坐标位置的形式设定；机器人的所有运动轴，包括行程超过 360° 的回转轴，均可设定软极限。

机器人出厂设定的软极限，一般就是机器人样本中的工作范围（Working Range）参数，它是在不考虑工具、工件安装时的关节轴极限工作范围。机器人实际作业时，用户可根据实际作业工具、允许作业区间的要求，通过系统设定操作改变软极限位置、限制机器人的运动范围。用户设定的软极限位置原则上不能超越机器人样本中的工作范围，更不允许通过调节硬件保护开关位置、扩大关节轴行程。

FANUC 机器人的软极限设定，一般需要利用控制系统设定操作菜单"系统（SYSTEM）"设定，其设定方法可参见后述。在选配"程序工具箱"软件的机器人上，还通过实用程序编辑操作菜单"共用功能（UTILITIES）"，利用"软体限制设定"设定选项自动读取程序中的所有程序点数据、计算关节轴的运动范围、自动设定机器人的软极限参数，有关内容可参见 FANUC 机器人使用说明书。

机器人软极限、硬件保护开关所建立的运动保护区不能用于行程范围内的运动干涉保护。当机器人安装作业工具、工装、工件时，作业空间内的某些区域可能会成为发生碰撞的干涉区，为此，需要通过关节轴 J1 及外部轴 E1 行程极限、机器人干涉保护区（简称干涉区）设定等附加功能，来进一步保护机器人运动，避免产生碰撞。

(2) J1/E1 轴可编程运动范围设定

在配置选择功能的 FANUC 机器人上，机器人的关节轴 J1 与外部轴 E1 可通过可编程运动范围（FANUC 说明书称为可变轴范围）设定功能限制行程。J1、E1 轴允许设定 3 组不同的运动范围，它们可通过机器人的程序指令" $\$MRR\_GRP[i].\$SLMT\_J1\_NUM=n$ "" $\$PARAM\_GROUP[i].\$SLMT\_J1\_NUM=n$ "生效。

设定 J1、E1 轴可编程运动范围的操作步骤如下。

① 如图 5.54（a）所示，在机器人设定显示页面上，按软功能键〖类型（TYPE）〗，光标选定第 2 页的设定项"行程极限（Stroke Limit）"，按【ENTER】键确认，示教器便可显示图 5.54（b）所示的 J1 轴可编程运动范围设定页面。

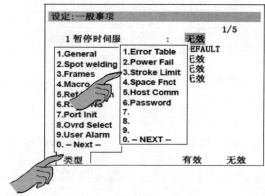

(a) 选择　　　　　　　　　　　(b) 显示

图 5.54　J1 轴可编程运动范围设定

J1、E1 轴最大允许设定 3 组以编号 1～3 区分的可编程运动范围；运动范围的设定值不能超出机器人的关节软极限范围。例如，当 J1 轴的软极限设定为 $-150°\sim150°$ 时，J1 的负向运动范围设定值必须大于 $-150°$、正向运动范围设定值必须小于 $150°$ 等。

显示页的软功能键〖群组♯〗用于运动组选择，按此键可切换机器人运动组；软功能键〖轴♯〗用于轴切换，按此键可切换至 E1 轴工作范围设定页面。

② 光标选定对应的运动范围编号所在行，并用数字键、【ENTER】键，分别在负向（图5.54 中"较低的＞－150"）、正向（图 5.54 中"较高的＜150"）栏输入 J1 轴正、负向极限位置。

③ 如需要，按软功能键〖群组♯〗〖轴♯〗，以同样的方式完成其他运动轴及外部轴 E1 的正、负向运动范围设定。

④ 全部参数设定完成后，断开控制系统电源、重新启动系统，生效工作范围设定参数。

J1、E1 轴运动范围设定后，在机器人程序中，可通过程序指令" $\$MRR\_GRP[i].$

$SLMT_ J1_NUM＝n""$PARAM_ GROUP[i]. $SLMT_J1_NUM＝n"等来生效运动范围限制功能；指令中的"GRP [i]"用来指定运动组（通常为 GRP [1]），"NUM＝n"用来指定运动范围限定参数组，"n"可为1～3。例如，生效J1轴第1、2运动范围限定参数的程序如下。

```
……
$MRR_GRP[1]. $SLMT_J1_NUM ＝1          // 生效运动范围1
$PARAM_GROUP[1]. $SLMT_J1_NUM＝1       // 选择运动范围参数1
……                                    // J1 限定运动范围1
$MRR_GRP[1]. $SLMT_J1_NUM ＝2          // 生效运动范围2
$PARAM_GROUP[1]. $SLMT_J1_NUM＝2       // 选择运动范围参数2
……                                    // J1轴限定运动范围2
```

（3）机器人干涉保护区设定

① 功能说明

机器人的干涉保护区（简称干涉区）设定功能，可用来进一步限制机器人在软极限允许范围内的运动，避免机器人安装了工具、工装、工件后的运动干涉与碰撞。FANUC 机器人最多可设定 3 个干涉区，干涉区形状、设定参数如图 5.55 所示，参数含义如下。

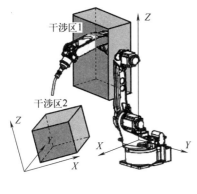

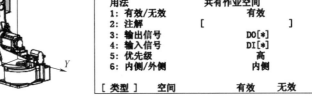

(a) 形状　　　　　　　　　　　　　　(b) 参数设定

图 5.55　干涉区形状与参数设定

空间（SPACE）：干涉区编号显示。干涉区编号可通过操作软功能键〖空间（SPACE）〗切换（见下述）。

群组（GROUP）：运动组显示。

用法（USAGE）：显示为"共有作业空间（Common Space）"时，代表该干涉区对多机器人作业的所有机器人均有效。

有效/无效（Enable/Disable）：干涉区状态（生效、撤销）显示、设定。

注解（Comment）：干涉区名称（注释）显示、设定。

输出信号（Output Signal）：进入干涉区信号输出设定（DO 地址）。FANUC 机器人的进入干涉区信号规定为"常闭"型输出，即机器人 TCP 处于干涉区以外的安全区域时，信号接通（输出 ON）；机器人 TCP 进入干涉区时，信号断开（输出 OFF）。

输入信号（Input Signal）：退出干涉区控制信号设定（DI 地址）。退出干涉区控制信号 OFF 时，只要机器人进入干涉区，控制系统将自动停止机器人运动及程序自动运行；需要手动操作机器人、退出干涉区时，可将退出干涉区控制信号置"ON"状态，机器人便可解除禁止、恢复运动。

优先级（Prionty）：用于双机器人作业系统的干涉区作业优先级设定。当多台机器人的共同作业区间存在只能 1 台机器人作业的区域时，可通过机器人的作业优先级设定（高或低），优先保证"高"优先级的机器人先完成干涉区作业，然后再进行"低"优先级机器人的干涉区作业。如果多台机器人的优先级均设定为"高"或"低"，任意一台机器人进入干涉区，都将直接停止运动。多机器人作业系统发生干涉区报警时，需要利用机器人"急停"操作直接断开驱动器主电源，再通过机器人设定操作取消干涉区保护功能，然后通过手动操作使机器人退出干涉区，再生效干涉区保护功能。

内侧/外侧（Inside/Outside）：定义干涉区边界内侧或外侧为运动干涉（禁止）区。

干涉区边界可在软功能键〖空间（SPACE）〗的显示页面设定。按软功能键〖空间（SPACE）〗，示教器可显示干涉区编号选择及干涉区边界定义参数，干涉区边界可采用"顶点＋边长"或"对角线端点"的方法定义（见下述）。

② 干涉区设定

FANUC 机器人干涉区保护功能设定的操作步骤如下。

a. 如图 5.56（a）所示，在机器人设定显示页面上，按软功能键〖类型（TYPE）〗，光标选定第 2 页的设定项"防干涉功能（Space Fnct）"，按【ENTER】键确认，示教器便可显示图 5.56（b）所示的干涉区一览表页面，并显示干涉区的状态（设定栏）、名称（注解栏）及用法等基本信息。

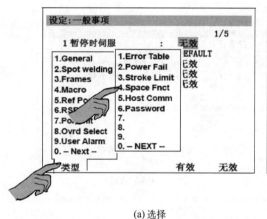
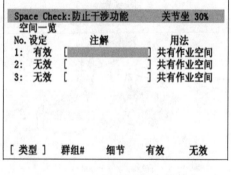

(a) 选择　　　　　　　　　　　　　　　　(b) 显示

图 5.56　干涉区一览表显示

b. 光标选定需要设定的干涉区编号行，按软功能键〖细节（DETAIL）〗，示教器即可显示图 5.55（b）所示的干涉区参数设定页面，在该页面上，可利用软功能键、数字键、【ENTER】键进行行如下设定。

有效/无效：输入框选定后，可按软功能键〖有效（ENABLE）〗〖无效（DISABLE）〗，生效或撤销指定编号的干涉区保护功能。

注解：干涉区名称（注释）设定。干涉区名称（注释）的输入方法与程序名称输入相同。

输出信号、输入信号：光标选定输出信号、输入信号行的输入框，用数字键、【ENTER】键输入进入干涉区信号 DO、退出干涉区信号 DI 的地址。

优先级：输入框选定后，按软功能键设定优先级（高或低）。

内侧/外侧：输入框选定后，按软功能键、设定干涉保护区（边界内侧或外侧）。

c. 按软功能键〖空间（SPACE）〗，示教器可显示图 5.57 所示的干涉区边界设定页面。干涉区边界可利用如下方法，进行手动数据输入或示教操作设定。

手动数据输入：光标定位到需要输入的坐标值上，用数字键、【ENTER】键，直接输入"基准顶点（BASIS VERTEX）"栏的干涉区基准点的 X、Y、Z 坐标值，以及坐标系边长（SIDE LENGTH）栏的干涉区在 X、Y、Z 轴方向的长度值。利用手动数据直接输入设定干涉区边界时，机器人的用户、工具坐标系应正确设定。

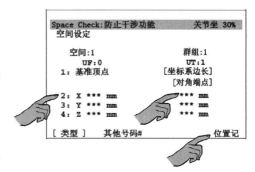

图 5.57　干涉区边界设定

示教输入：手动移动机器人 TCP 到干涉区基准点位置，光标选定"基准顶点（BASIS VERTEX）"；然后按住【SHIFT】键，同时按软功能键〖位置记（RECORD）〗，示教位置便可记录到干涉区的"基准顶点"栏。接着，手动移动机器人 TCP 到干涉区的对角线端点位置，光标选定"对角端点（SECOND VERTEX）"；然后按住【SHIFT】键，同时按软功能键〖位置记（RECORD）〗，示教位置便可记录到干涉区的"对角端点"栏。利用示教操作输入设定干涉区边界时，控制系统可自动选定机器人用户、工具坐标系。

d. 干涉区边界设定完成后，按【PREV】键，可返回干涉区参数设定页面；再次按【PREV】键，可返回干涉区一览表显示页面。

5.2.7　用户密码与操作权限设定

(1) 功能说明

用户密码与操作权限用来保护控制系统数据，防止机器人设定、系统设定、作业程序等重要数据被无关人员修改。FANUC 机器人的用户密码与操作权限需要通过"安装用户"设定操作生效；功能生效后，操作机器人时需要进行用户登录、输入用户名和密码等操作，才能以规定的权限进行操作。

在设定用户密码与操作权限的机器人上，可登录、操作机器人的用户只能为 1 人。登录的用户在完成机器人操作后，可通过"登出"操作注销密码；或者利用控制系统的密码自动注销功能，在到达机器人操作等待时间（使用者超过时间）时自动注销。密码注销后，系统将成为最低操作权限（0 级）。

FANUC 机器人控制器的密码允许 3～12 字，密码保护等级可分 9 级（0～8），0 级最低、8 级最高，具有 8 级操作权限的使用者称为"安装用户"，每一系统只能设定一个。安装用户可进行系统的全部操作，其他各级使用者的用户名、保护等级（操作权限）等，都由安装用户进行分配；如果系统未设定安装用户，机器人的密码保护功能无效。

FANUC 机器人出厂设置的保护等级及名称如表 5.5 所示，等级 3～7 的名称和权限可由安装用户定义。电源接通时，控制系统将自动设置等级 0（操作者）。

表 5.5　系统出厂默认的保护等级表

等级	保护等级	操 作 权 限
0	操作者	基本的系统操作
1	程序师	可进行程序编辑等中级操作
2	设定者	可进行系统设定等高级操作
3～7	等级 3～7	由安装用户定义
8	安装	可进行全部操作，能设定与清除用户、密码、保护等级等参数

不同等级用户可进行的操作权限如表 5.6 所示。

表 5.6　用户操作权限表

操作菜单	操作选项	保护等级			
		安装	设定者	程序师	操作者
UTILITIES (共用程序/功能)	实时位置修改、程序偏移、程序镜像、工具及用户坐标系变换	★	★	○	○
	运动组切换、作业工具设定	★	○	○	○
	提示	○	○	○	○
TEST CYCLE(测试运转)	设置	★	○	○	○
MANUL FCTNS (手动操作功能)	机器人、工具手动	★	★	★	★
ALARM (异常履历)	系统履历、密码、通信日志	★	○	○	○
	系统还原	○	○	○	○
I/O (设定输入输出信号)	接口与网络连接设置、I/O 设定与配置、PMC 连接	★	★	○	○
	PLC-I/O	○	★	○	○
	PMC 显示	○	○	○	○
SETUP(设定)	密码设定	★	★	★	★
	机器人作业设定	★	★	★	○
	Cell(单元)、程序选择、作业参数(焊接装置)、SPOT 基本、一般设定、坐标系、宏指令、参考点、通信接口、速度功能、用户报警、报警等级、后台运算、主站通信	★	★	○	○
	伺服焊钳(GUN)、碰撞检测、示教器彩色显示设置、再启动位置、协调控制、行程极限、动作 DO 输出	★	○	○	○
FILE(文件)	文件、文件存储	★	★	★	○
	自动备份	★	○	○	○
SOFT PANEL(软面板)	软面板显示、设定	★	★	○	○
USER(使用者设定)	用户显示、设定	★	★	★	○
SELECT(程序一览)	程序一览表	★	★	★	○
EDIT(编辑)	程序编辑	★	★	★	○
DATA(资料)	变量运算、位置寄存器、KAREL 参数	★	★	★	○
	作业参数	★	○	○	○
STATUS(状态)	机器人准备	★	★	★	★
	无效报警	★	★	○	○
	轴、执行履历、程序定时器、运行定时器、远程诊断、条件	★	○	○	○
	作业、伺服焊钳(GUN)、软件版本、安全信号、存储器状态、应用状态	○	○	○	○
POSITION(现在位置)	当前位置显示	○	○	○	○
SYSTEM(系统)	系统变量(参数)	★	★	★	○
	手动超程解除	★	★	○	★
	时间、机器人零点调整、轴行程、负载设定、主站设定	★	★	○	○
	工具(焊枪)零点校准	★	○	○	○
USER2(使用者设定 2)	用户 2 设定页面	★	★	★	○
BROWSER(浏览器)	浏览器	○	○	○	○

注："★"代表可显示、设定和修改，"○"代表可显示、不能修改。

(2) 安装用户设定

FANUC 机器人安装用户设定的操作步骤如下。

① 如图 5.58 (a) 所示，在机器人设定显示页面上，按软功能键〖类型（TYPE)〗，光标选定第 2 页的设定项"密码（Password)"，按【ENTER】键确认，示教器便可显示图 5.58 (b) 所示的安装用户设定页面，并显示如下内容。

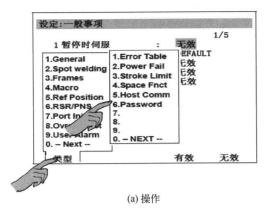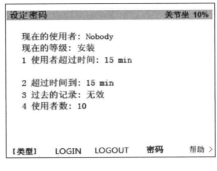

(a) 操作　　　　　　　　　　　　　　(b) 显示

图 5.58　安装用户设定选择

现在的使用者：控制系统出厂设定的初始用户名，如"Nobody"等。

现在的等级：当前保护等级，初始设定为"安装"。

使用者超过时间：操作等待时间，单位 min、设定范围 0～10080min（7 天），初始值一般为 15min。时间设定后，如果登录用户在设定时间内未进行任何操作，系统将自动注销密码、恢复最低操作权限（0 级）；时间设定为 0 时，密码自动注销功能无效。

超过时间到：操作等待倒计时，当前时刻离系统自动注销密码的时间。

过去的记录：可生效/撤销密码日志记录及显示功能。

使用者数：允许使用机器人的用户数量，允许范围为 10～100。

② 按软功能键〖LOGIN（登入）〗，示教器可显示图 5.59（a）所示的安装用户输入页面，保护等级自动选择"安装"。

③ 光标选定"使用者"输入区，用数字键、软功能键（字符）、【ENTER】键，输入安装用户名（如 BOB 等）；完成后，用【ENTER】键确认，示教器可显示图 5.59（b）所示的安装用户密码设定页面。

④ 用数字键、【ENTER】键，输入 3～12 字符的安装用户密码，并再次输入同样的密码确认。密码输入完成后，示教器将显示提示信息"要登入吗?"及软功能键〖YES（是）〗〖NO（不是）〗。

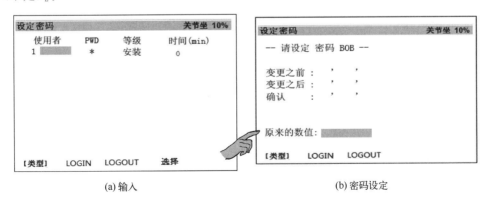

(a) 输入　　　　　　　　　　　　　　(b) 密码设定

图 5.59　安装用户设定

⑤ 按〖YES（是）〗，所设定的安装用户便可登录系统，示教器将显示图 5.60 所示的用户设定、操作权限分配页面，并在安装用户名（如 BOB 等）前，显示登录标记"@"；如不需要进行其他用户设定，可按软功能键〖NO（不是）〗，放弃安装用户登录操作。

安装用户登录后，可继续进行以下用户分配操作。

⑥ 光标选定"使用者"、密码、最大等待时间输入区，用数字键、软功能键、【ENTER】键进行各项设定；设定"等级"时，可按软功能键〖选择〗，在示教器显示的表5.5所示的出厂设定等级上选择、输入。

⑦ 需要删除已设定的用户时，可按示教器的【NEXT】键显示扩展软功能键，然后利用软功能键〖清除〗，删除光标选定的用户；或者，利用软功能键〖全清除〗，删除除安装用户外的全部用户。

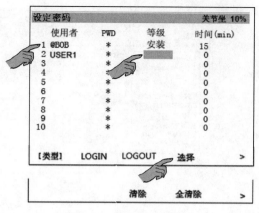

图5.60 用户设定与分配

⑧ 安装用户设定完成后，按软功能键〖LOGOUT（登出）〗可注销安装用户密码、退出安装用户设定操作、返回"操作者"等级；此后，其他操作者便可用指定的用户名、密码，登录系统，并使用相应的操作权限。

7DA4以上版本的机器人控制系统，可使用安装用户U盘自动登录功能。使用这一功能时，应将系统参数（变量）"$PASSWORD. $ENB_PCMPWD"设定为"TRUE"，此时示教器可显示软功能键〖U盘〗。安装用户登录后，只要插入U盘，按软功能键〖U盘〗，示教器便可显示软功能键〖OK〗〖取消〗；选择〖OK〗键，控制系统可格式化U盘、保存密码、创建安装用户登录U盘。安装用户登录U盘创建后，下次安装用户登录时，只需要将U盘插入控制系统，便可实现安装用户的自动登录。

(3) 用户登录、设定与退出

安装用户设定完成后，其他用户便可根据安装用户分配的用户名、密码、等级，登录系统并进行对应的操作。用户登录后，还可根据需要，对自己的密码、最大等待时间、密码日志显示等项目进行设定及修改。

用户登录的操作步骤如下。

① 在图5.61（a）所示的用户一览表页面上，用光标选定自己的用户名（使用者），按软功能键〖登入（LOGIN）〗，示教器可显示图5.61（b）所示的密码输入页面。

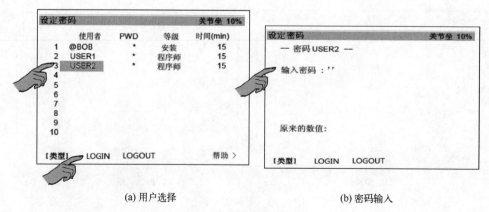

(a) 用户选择　　　　　　　　　　　　　　(b) 密码输入

图5.61 用户登录操作

② 用数字键、【ENTER】键，输入密码后，用户便可登录系统，示教器将显示图5.62所示的登录用户设定页面。

③ 在用户登录页面上，可用光标键、数字键、软功能键、【ENTER】键，选择"使用者超过时间"设定项，更改操作等待时间。不使用系统自动注销时，可将该项设定为"0"。或者选择"过去的记录"设定项，利用软功能键，生效/撤销密码日志记录与显示功能。

需要更改密码时，可按软功能键〖密码（PWD）〗，在示教器显示的所示的密码设定页面上（参见图 5.59），用光标键、数字键、【ENTER】键，依次选定在"变更之前""变更之后""确认"输入区，并输入原密码、新密码、新密码（确认）。

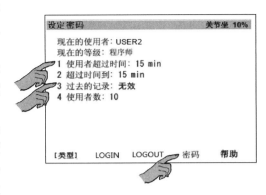

图 5.62　登录用户设定页

FANUC 机器人控制系统只允许有一个登录用户，如登录的用户尚未退出，进行新用户登录操作时示教器将显示提示信息"＊＊＊是登入中，LOGOUT？［不要］"，并显示软功能键〖YES（是）〗〖NO（不是）〗；按〖YES（是）〗，可退出原登录用户并进行新用户登录；按〖NO（不是）〗，可放弃新用户登录操作。

④ 用户完成机器人操作后，可在用户一览表页面按软功能键〖LOGOUT（登出）〗，退出用户登录。用户退出后，系统将自动返回至操作者等级。

(4) 用户数更改与功能撤销

更改用户数量、撤销密码功能需要由具有最高操作权限的安装用户完成，操作步骤如下。

① 通过用户登录操作，以"安装用户"的身份、密码登录系统后，示教器可显示安装用户登录页面、"现在的使用者"项显示"安装"（参见图 5.58）。在安装用户登录页面上，可根据需要进行如下操作。

② 需要改变用户数量时，可用光标选定安装用户登录页面的"使用者数"输入区，然后用数字键、【ENTER】键，输入新的用户数。

用户数量增加时，示教器将显示提示信息"执行 COLD-START 后，改变值有效"；新增用户将在执行控制系统冷启动操作后生效。

用户数量减少时，示教器将显示提示信息"再确认/要删除使用者吗？［不要］"，以及软功能键〖YES（是）〗〖NO（不是）〗。按软功能键〖YES（是）〗，可减少用户数量、删除多余用户，用户数量修改后，需要重启控制系统才能生效；按软功能键〖NO（不是）〗，可放弃用户数量修改操作。

③ 需要撤销密码保护功能时，可在安装用户登录页面上，按示教器【NEXT】键、显示扩展软功能键〖有效（ENABLED）〗〖无效（DISABLED）〗。

按软功能键〖无效（DISABLED）〗，示教器可显示提示信息"使密码无效吗？［不是］"及软功能键〖YES（是）〗〖NO（不是）〗；按〖YES（是）〗将撤销密码功能、清除安装用户，按〖NO（不是）〗可放弃密码功能撤销操作。

④ 需要修改密码日志记录、显示功能时，可用光标选定"过去的记录"输入区，然后，利用软功能键〖有效（ENABLED）〗〖无效（DISABLED）〗，生效、撤销密码日志的记录、显示功能。

密码日志属于系统履历，可由登录用户进行查看。当密码日志的记录、显示功能（过去的记录）设定为"有效"时，按示教器操作菜单键【MENU】，并选择操作选项"ALARM（异常履历）"、类型选项"密码记录"，便可显示图 5.63 所示的密码日志；光标选定履历，按软功能键〖细节〗，可进一步显示该履历记录详细信息。

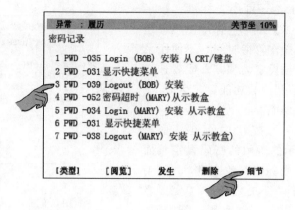

图5.63 密码日志显示

5.3 控制系统设定

5.3.1 系统常用功能设定

(1) 系统设定内容

FANUC机器人控制系统的基本参数、机器人软极限、负载参数等内容，需要操作菜单键【MENU】的扩展子菜单"SYSTEM（系统）"显示与设定。系统设定的内容，可利用"系统（SYSTEM）"显示页的软功能键〖类型（TYPE）〗选择，系统设定的基本操作步骤如下。

① 接通控制柜的电源总开关，启动控制系统。

② 将控制面板的操作模式选择开关置示教模式1（T1或T2），并将示教器的TP有效开关置"ON"位置（通常情况，下同）。

③ 按操作菜单键【MENU】，光标选择"0 —NEXT—"，按【ENTER】键确认，示教器可显示扩展操作菜单；光标选定操作菜单"系统（SYSTEM）"，按【ENTER】键确认，示教器可显示系统设定基本页面。

④ 按软功能键〖类型（TYPE）〗，示教器可显示图5.64所示的设定内容选择项。系统设定内容选项的作用如下（括号内为示教器的中文显示，部分翻译不一定确切）。

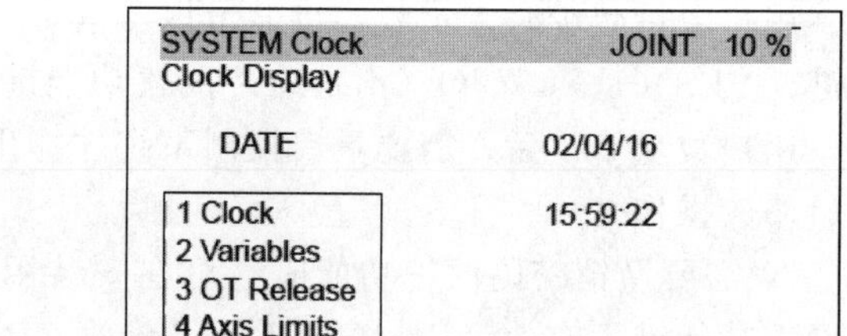

1 Clock（设定时间）：日期、时间设定。

2 Variables（系统参数）：参数设定。

3 OT Release（手动过行程释放）：手动超程解除设定。

4 Axis Limits（轴范围）：机器人软极限设定。

5 Config（主要的设定）：控制系统常用功能设定。

6 Motion（负载设定）：机器人负载设定（详见后述）。

如系统参数（变量）"$MASTER_ENB"设定为"1"或"2"，系统设定还将增加机器人校准设定项"Master/Cal（零度点调整）"的显示（详见后述）。

图5.64 系统设定类型选择

⑤ 光标选定所需要的选择项，按【ENTER】键确认，示教器即可显示所需要的系统设定页面。

⑥ 在系统设定显示页面上，可用光标选定设定项后，利用数字键、【ENTER】键、软功能键，按要求输入或选择参数，完成系统设定后，关闭系统电源，冷启动系统，生效设定。

在系统设定中，系统时间、系统参数、机器人软极限及手动超程解除的设定操作较为简单，一并介绍如下；机器人零点校准、机器人负载设定等操作详见后述。

(2) 系统日期、时间设定

正确设定控制系统的时间，可使控制系统创建的报警履历、操作履历等记录中的时间能与系统发生报警、实施操作的实际时间统一，以准确监控系统及机器人的运行情况。设定系统时间的操作步骤如下。

① 利用系统设定基本操作，选择操作菜单"系统（SYSTEM）"，按【ENTER】键确认，示教器可显示系统设定基本页面。

② 按软功能键〖类型（TYPE）〗，光标选定"设定时间（Clock）"选项，按【ENTER】键确认，示教器可显示图5.65所示的控制系统日期、时间设定页面。

③ 光标选定日期、时间设定区，按软功能键〖调整（ADJUST）〗后，用数字键、【ENTER】键输入日期、时间。

```
设定: 系统时间                关节坐 30%

   时间显示

   日期                        94/09/01
   时间                        10:20:30


   请选择功能

[ 类型 ]                            调整
```

图5.65　系统时间设定

(3) 常用功能设定

FANUC机器人控制系统的常用功能可通过系统设定项"Config（主要的设定）"设定，其操作步骤如下。

① 利用系统设定基本操作，选择操作菜单"系统（SYSTEM）"，按【ENTER】键确认，示教器可显示系统设定基本页面。

② 按软功能键〖类型（TYPE）〗，光标选定"主要的设定（Config）"选项，按【ENTER】键确认，示教器可显示图5.66所示的系统常用功能设定页面。

③ 光标选定常用功能设定项的输入区，根据功能设定的要求，用数字键、软功能键、【ENTER】键输入设定值。

FANUC机器人控制系统的常用功能参数设定要求如表5.7所示，表中的"设定项目"为示教器的中文显示，其中的部分文字翻译、显示可能不甚确切，实际使用时建议参照表中的设定值说明。

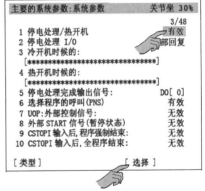

```
主要的系统参数:系统参数              关节坐 30%
                                         3/48
 1 停电处理/热开机                     有效
 2 停电处理 I/O                       部回复
 3 冷开机时候的:
 [****************************]
 4 热开机时候的:
 [****************************]
 5 停电处理完成输出信号:              DO[ 0]
 6 选择程序的呼叫(PNS)                有效
 7 UOP:外部控制信号:                  无效
 8 外部 START 信号(暂停状态)          无效
 9 CSTOPI 输入后,程序强制结束:        无效
10 CSTOPI 输入后,全程序结束:          无效

[ 类型 ]                           [ 选择 ]
```

图5.66　系统常用功能设定

表5.7　FANUC机器人常用功能设定表

设定项目	设定值及说明
停电处理/热开机	有效(TRUE):电源接通时控制系统为热启动方式。 无效(FALSE):电源接通时控制系统为冷启动方式
停电处理I/O	电源接通时的I/O信号、仿真信号状态恢复设定。 全部回复:I/O、仿真信号全部恢复为断电时刻的状态。 不要回复:清除断电时刻的所有I/O、仿真状态。 只有仿真回复:恢复断电时刻的仿真状态、清除I/O状态。 解除仿真:恢复断电时刻的I/O状态,清除仿真状态。 如I/O模块、I/O配置参数被改变,状态恢复功能将成为无效

续表

设定项目	设定值及说明
冷开机时候的	控制系统冷启动、热启动时自动启动的程序名称；自动启动程序将在伺服启动前执行，程序不能有机器人移动指令；此外，如果自动启动程序不能在 15s 内执行完成，系统将强制结束程序
热开机时候的	
停电处理完成输出信号	停电处理完成输出信号的 DO 地址，设定"0"，功能无效
选择程序的呼叫（PNS）	有效（TRUE）：电源接通时自动选择断电时刻的 PNS 自动运行程序。 无效（FALSE）：电源接通时成为自动运行程序未选择状态
UOP：外部控制信号	有效（TRUE）：远程输入信号 UI[1]～ UI[18]有效。 无效（FALSE）：远程输入信号 UI[1]～ UI[18]无效
外部 START 信号 （暂停状态）	有效（TRUE）：远程输入信号 START(UI[6])只能启动当前处于暂停状态的程序。 无效（FALSE）：信号 START 可从示教器光标选定行启动程序自动运行
CSTOPI 输入后程序强制结束	有效（TRUE）：远程输入信号 CSTOPI(UI[4])输入时，立即强制结束程序的自动运行。 无效（FALSE）：信号 CSTOPI 输入时，自动运行在当前程序执行完成后停止
CSTOPI 输入后全 程序结束	有效（TRUE）：远程输入信号 CSTOPI(UI[4])，可强制结束多任务控制系统的全部程序运行。 无效（FALSE）：信号 CSTOPI，只能结束当前任务的程序自动运行
确认信号后执行 PROD_START	有效（TRUE）：远程输入 PROD_START(UI[18])仅用于 PNS 程序启动，信号只有在 PNS 选通信号 PNSTROBE(UI[18])输入 ON 时才有效。 无效（FALSE）：信号 PROD_START 始终有效，可启动示教器选定程序的自动运行（本地运行启动）
复位信号检测	下降沿（FALL）：远程输入信号 FAUL_RESET(UI[5])下降沿有效。 上升沿（RISE）：远程输入信号 FAUL_RESET(UI[5])上升沿有效。 改变设定值需要重启控制系统
空气压异常 （＊PPABN）检测	有效（TRUE）：使用空气压力检测信号＊PPABN（各运动组可独立设定）。 无效（FALSE）：空气压力检测信号＊PPABN 无效。 改变设定值需要重启控制系统
等待指令时间限制	程序等待指令 WAIT 的超时（TIMEOUT）时间，单位 s；默认值 30s
收到指令时间限制	传感器信号接收指令 RCV 的接收等待时间（选配功能）
回到程序的前头来了	有效（TRUE）：程序自动运行结束时，光标返回到程序起始行。 无效（FALSE）：程序自动运行结束时，光标停在程序结束行
原始的程序名称	程序创建时的默认程序名
标准指令设定	按【ENTER】可进入标准功能键设定页，并进行如下设定。 显示名称：使用标准指令功能键可显示 7 字符以内的名称。 行数：使用标准指令功能键可显示 4 条以内的逻辑指令
加减速指令（ACC）上限值	ACC 指令允许编程的最大加减速倍率，默认值 150
加减速指令（ACC）下限值	ACC 指令允许编程的最小加减速倍率，默认值 0
姿态改变时，标准姿态无效	追加：所有直线、圆弧插补指令均自动添加手腕关节控制附加命令 Wjnt。 删除：直线、圆弧插补指令不自动添加手腕关节控制附加命令 Wjnt
异常画面自动显示	有效（TRUE）：系统报警时示教器不能自动切换到报警显示页面； 无效（FALSE）：系统报警时示教器可自动切换为报警显示页面
消息自动显示画面	有效（ENABLE）：执行信息显示指令 MESSAGE，示教器可自动切换到用户报警显示页。 无效（DISABLE）：执行指令 MESSAGE，示教器不能自动切换到用户报警显示页
Chain 异常复位的执行	有效（TRUE）：示教器【RESET】键可用于冗余控制急停回路复位。 无效（FALSE）：【RESET】键对冗余控制急停回路复位无效
AUTO 模式时的信号设定	有效（TRUE）：操作模式选择自动时，允许示教器设定 I/O 信号。 无效（FALSE）：操作模式选择自动时，不能通过示教器设定 I/O 信号
AUTO 模式时的 速度改变	有效（TRUE）：操作模式选择自动时，允许示教器调节速度倍率。 无效（FALSE）：操作模式选择自动时，不能通过示教器调节速度倍率
AUTO 模式信号	自动（AUTO）操作模式的状态输出信号 DO 地址，设定"0"时功能无效。改变设定值需要重启控制系统

续表

设定项目	设定值及说明
T1 模式信号	T1(示教 1)操作模式的状态输出信号 DO 地址,设定"0"时功能无效。改变设定值需要重启控制系统
T2 模式信号	T2(示教 2)操作模式的状态输出信号 DO 地址,设定"0"时功能无效。改变设定值需要重启控制系统
紧急停止信号	系统急停时的状态输出信号 DO 地址,设定"0"时功能无效。 改变设定值需要重启控制系统
仿真状态信号	输入仿真生效时的状态输出信号 DO 地址,设定"0"时功能无效。 改变设定值需要重启控制系统
仿真输出状态信号	输出仿真生效时的状态输出信号 DO 地址,设定"0"时功能无效。 改变设定值需要重启控制系统
仿真输入待延迟时间	跳步信号 SKIP 仿真时的跳步等待时间
在仿真有效的情况下	跳步信号 SKIP 仿真生效时的状态输出信号 DO 地址,设定"0"时功能无效。改变设定值需要重启控制系统
消息窗显示时候的安置	信息已显示的状态输出信号 DO 地址,设定"0"时功能无效
DI 待机监视范围	待机监视启动输入信号的 DI 地址,设定"0"功能无效
待机超时时间	待机超时的监视时间设定
待机超时信号	待机超时输出信号的 DO 地址,设定"0"时功能无效
在 OVERRIDE＝100 信号	速度倍率为 100％的状态输出信号 DO 地址,设定"0"时功能无效。 改变设定值需要重启控制系统
夹爪断裂	有效(TRUE):夹爪断裂 RI 信号＊HBK 有效(各机器人可独立设定)。 无效(FALSE):夹爪断裂检测信号＊HBK 无效。 改变设定值需要重启控制系统
设定控制方式	控制柜操作面板输入信号 SI[2]状态设定(见第 7 章)。 外部控制:远程运行方式,直接设定 SI[2]信号为 ON 状态;机器人可通过 UI/UO 信号控制程序自动运行。 单独运转:本地运行方式,直接设定 SI[2]信号为 OFF 状态;机器人可通过示教器选择程序、用控制柜面板循环启动按钮(SI[6])启动运行。 外部信号:SI[2]连接外部开关,由开关控制 SI[2]状态,但控制柜操作面板不安装此开关,开关地址可通过下一设定项设定
外部信号(ON;遥控)	用于 SI[2]控制的信号地址(DI 或 DO、RI、RO、UI、UO)
UOP(控制信号) 自动定义	远程控制信号 UI/UO 功能定义。 无效:清除全部 UI/UO 信号的功能。 全部:18/20 点 UI/UO 全部用于 I/O-Link 主站控制。 简略:8/4 点 UI/UO 用于 I/O-Link 主站控制。 改变设定值需要重启控制系统
选择复数的程序	有效(TRUE):多任务控制有效。 无效(FALSE):单任务控制

5.3.2　系统参数设定

(1) 系统参数格式

工业机器人的控制器是一种通用控制装置,用于不同机器人控制时,需要通过系统参数的设定来选择控制系统功能、定义机器人的控制要求。控制系统参数与系统功能、机器人用途、规格等有关,改变系统参数可能导致系统功能异常、机器人动作不正确,因此普通操作人员原则上不应进行系统参数设定操作。

FANUC 机器人控制系统参数的基本格式如下:

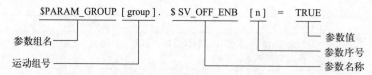

系统参数的格式与参数功能有关，基本参数只有参数名称、参数值，如 "$SEMIOOW-ERFL＝FALSE" "$MASTER_ENB＝1" 等；用于运动组控制的参数，需要在参数名称前添加参数组名称与运动组编号，如 "$PARAM_GROUP[1]. $SV_OFF_ALL＝TRUE" "$PARAM_GROUP[2]. $SV_OFF_ALL＝FALSE" 等；用于关节轴控制、多项目控制的同名参数，需要在参数名称后添加轴序号、项目编号，如 "$PARAM_GROUP[1]. $SV_OFF_TIME[1]＝100" 为 J1 轴的伺服 OFF 时间、"$PARAM_GROUP[1]. $SV_OFF_TIME[2]＝80" 为 J2 轴的伺服 OFF 时间、"$ER_NO_ALM. $ER_CODE[10]＝46"（需要撤销报警代码输出的第 10 个报警类别为 46）等。

不同用途、不同类别的参数，对设定方式、数值格式有规定的要求。参数设定方式分 "RW"（允许读写）、"RO"（只读）、"PU"（系统重启生效）几种，数值格式如下。

BOOLEAN：逻辑状态型参数，"TRUE（真）"代表功能有效，"FALSE（假）"代表功能无效。

ULONG：二进制位型参数，"1"代表功能有效，"0"代表功能无效。

BYTE：字节型参数，以十进制正整数表示的 8 位二进制代码（00～FF），输入范围 0～255。

LONG：长字节型参数，以十进制正整数表示的 9 位二进制代码（000～1FF），输入范围 0～511。

SHORT：1 字长整数型参数，以 16 位二进制格式存储的带符号十进制整数，输入范围 －32768～32767。

INTEGER：整数型参数，以 32 位二进制格式存储的带符号整数，允许输入范围 －999999～999999。

REAL：实数型参数：以 32 位二进制格式存储的带符号指数，允许输入范围 －999999999～999999999。

STRING：字符型参数，以 ASCII 编码表示的字符。

POSITION：位置型参数，以（X，Y，Z，W，P，R）形式表示的机器人 TCP 位置。

(2) 参数设定操作

控制系统参数设定操作原则上需要由专业调试人员进行，其操作步骤如下。

① 选择操作菜单"系统（SYSTEM）"，按【ENTER】键确认，显示系统设定页面。

② 按软功能键〖类型（TYPE）〗，光标选定"系统参数（Variables）"，按【ENTER】键确认，可显示图 5.67 所示的参数（变量）设定页面。

③ 光标选定参数设定区，根据各参数的不同设定要求，用数字键、软功能键、【ENTER】键输入参数值。如果所选定的参数设定项为包含有多个参数的运动组参数、关节轴控制参数、多项目控制参数等，可用光标选定图 5.68（a）所示的输入区后，按【ENTER】键，示教器可进一步显示图 5.68（b）所示的参数设定项所包含的系统参数，然后用数字键、软功能键、【ENTER】键输入参数值。

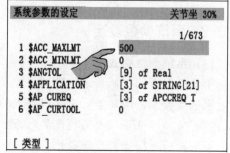

图 5.67　系统参数设定

④ 参数设定完成后，关闭系统电源，冷启动系统，生效设定。

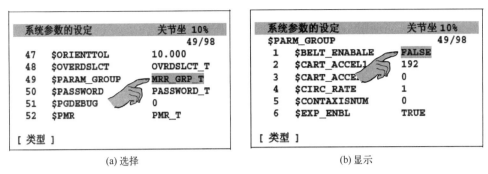

(a) 选择   (b) 显示

图 5.68　多参数的选择与设定

5.3.3　软极限设定与超程解除

(1) 软极限设定

软极限是通过控制系统对机器人关节位置的监控，限制轴运动范围、防止关节轴超程的运动保护功能。软极限所限定的运动区间，通常就是机器人样本中的工作范围（Working Range）参数。

软极限是不考虑作业工具、工件安装的机器人本体运动保护措施，机器人所有运动轴（包括行程超过360°的回转轴），均可通过软极限限定运动范围。但是，在机器人安装工具、工件后，机器人工具控制点 TCP 的位置可能超出软极限范围，同时也可能由于工具、工件的安装使软极限范围内的某些区域发生运动干涉，成为实际不能运动的干涉区。因此，在机器人上，应通过前述的机器人设定操作设定干涉区，进一步限定关节轴的运动范围、防止干涉与碰撞。

FANUC 机器人的软极限一般以关节坐标位置的形式设定。在选配"程序工具箱"软件的机器人上，还通过程序编辑操作菜单"共用功能（UTILITIES）"中的操作选项"软体限制设定"，自动读取作业程序的所有程序点数据、计算机器人各关节轴的运动范围、设定机器人的软极限参数。在选配可调式机械限位功能的机器人上，改变 J1、J2、J3 轴软极限的同时，需要同时调整机械限位挡块的位置，有关内容详见后述。

利用系统设定操作设定机器人软极限的操作步骤如下。

① 利用系统设定基本操作，选择操作菜单"系统（SYSTEM）"，按【ENTER】键确认，示教器可显示系统设定基本页面。

② 按软功能键〖类型（TYPE）〗，光标选定"设定：轴范围（Axis Limits）"选项，示教器可显示图 5.69 所示的机器人软极限设定页面。

软极限设定页面的"轴"栏为关节轴序号显示，群组栏为运动组显示，下限、上限栏可设定关节轴的正/负软极限位置。

③ 光标选定轴序号行的下限、上限输入区，用数字键、【ENTER】键直接输入各关节轴的正/负软极限位置；不使用软极限的轴，可将下限、上限位置均设定为 0。

④ 所有关节轴软极限设定完成后，断开控制系统电源，冷启动系统，生效软极限参数。

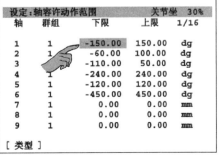

图 5.69　机器人软极限设定

(2) 超程急停与解除

在使用硬件超程开关的机器人上，当关节轴到达硬件极限开关动作的位置时，控制系统将发生超程急停报警（OT报警），机器人将立即停止运动，并关闭驱动器主电源；同时，示教器显示"SRVO-005 Robot over travel（机器人超行程）"报警，报警灯"FAULT"亮。

机器人的硬件超程报警可通过控制系统的手动超程解除（手动过行程释放）；报警解除后，机器人可通过手动操作退出超程位置，恢复正常操作。

利用手动超程解除设定操作、取消机器人超程急停报警的操作步骤如下。

① 利用系统设定基本操作，选择操作菜单"系统（SYSTEM）"，按【ENTER】键确认，显示系统设定基本页面。

② 按软功能键〖类型（TYPE）〗，光标选定"手动过行程释放（OT Release）"选项，示教器可显示图5.70所示的机器人手动超程解除设定页面。

手动超程解除设定页面的"轴（AXIS）"栏为关节轴序号显示；"过行程　负号（OT_MINUS）""过行程　正号（OT_PLUS）"栏分别为负向、正向超程显示；未超程的轴方向显示为"—（或FALSE）"，发生超程的轴方向显示为"OT"。

③ 移动光标到显示为"OT"的位置，按软功能键〖放开（RELEASE）〗，显示将恢复"—（或FALSE）"。此时，如果机器人已进行"零点校准（MASTERING）"操作（见后述），示教器将显示出错信息"无法解除超程（Can't Release OT）"；如利用报警履历显示页的软功能键〖细节（DETAIL）〗检查，可显示类似图5.71所示的操作提示信息。

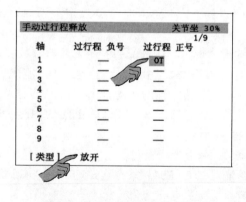

图5.70　手动超程解除设定页面

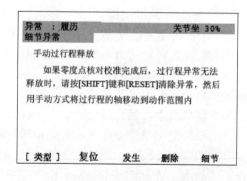

图5.71　超程解除提示信息页面

手动超程解除设定完成后，可在持续按住示教器的【SHIFT】键的前提下，通过以下操作，使机器人超程轴退回正常工作范围；如果在执行下述操作的过程中，【SHIFT】键被意外松开，则需要重新进行以下全部操作。

① 按软功能键〖复位（RESET）〗，重新接通驱动器主电源。

② 确认机器人坐标系已选择"关节（JOINT）"，否则，按示教器【COORD】键，选择关节坐标系（JOINT）。

③ 握住示教器手握开关（Deadman）启动伺服，并确认TP开关为"ON"。

④ 利用机器人手动操作，将超程的关节轴退回到正常工作范围。

⑤ 松开【SHIFT】键，完成超程解除操作。

5.4　机器人校准与机械限位调整

5.4.1　机器人零点设定与校准

(1) 关节位置检测原理

工业机器人关节轴位置通常以伺服电机内置的绝对编码器（Absolute Rotary Encoder）作为位置检测器件，绝对编码器又称 Absolute Pulse Coder，简称 APC。

从本质上说，目前机器人所使用的绝对编码器，实际上只是一种通过后备电池保存位置数据的增量编码器，而不是真正意义上利用物理刻度区分位置的绝对位置编码器。这种编码器的机械结构与普通的增量编码器完全相同，但接口电路安装有存储"零脉冲"计数值和角度计数值的存储器（计数器）。

"零脉冲"计数器又称为"转数计数器（Revolution Counters)"。由于编码器的"零脉冲"为电机每转 1 个，因此，"零脉冲"计数值代表了电机所转过的转数。

角度计数器用来记录、保存编码器零点到当前位置的增量脉冲数。例如，对于 2^{20} P/r（每转输出 2^{20} 脉冲）的编码器，如果当前位置离零点 360°，其计数值就是 1048576（2^{20}）；如果当前位置离零点 90°，其计数值就是 262144。

因此，以编码器脉冲数表示的电机绝对位置，可通过下式计算：

电机绝对位置＝角度计数值＋转数计数值×编码器每转脉冲数

这一电机绝对位置乘以减速比后，便是关节回转的脉冲计数值，由此即可计算出机器人关节的绝对位置（关节坐标值）。

保存绝对编码器的转数、角度计数器的计数值的存储器具有断电保持功能，当机器人控制系统关机时，存储器数据可通过专门的后备电池保持（通常安装在机器人基座上）；控制系统开机时，则可由控制系统自动读入数据。因此，在正常情况下，机器人开机时即使不进行回参考点操作，控制系统同样可能够获得机器人正确的位置，从而起到与物理刻度绝对编码器同样的效果。

但是，如果后备电池失效、电池连接线被断开或者驱动电机、编码器被更换，转数、角度计数存储器的数据将丢失或出错。此外，如安装有编码器的驱动电机与机器人的机械连接件被脱开，或者因碰撞、机械部件更换等原因，使得驱动电机和运动部件连接产生了错位，也将导致转数、角度计数器的计数值与机器人的关节实际位置不符，使机器人关节位置产生错误。所以，一旦出现以上情况，就必须通过工业机器人的零点设定操作，来重新设定准确的编码器转数计数器、角度计数器的计数值。

(2) 零点设定方式

在 FANUC 机器人上，关节位置与编码器计数脉冲的换算关系，可通过控制系统的关节位置计算参数（系统变量）定义。系统参数（变量）"$PARAM_GROUP. $ENCSCALE"用来设定关节轴回转 1°所对应的编码器脉冲数 P_s；系统参数（变量）"$DMR_GRP. $MASTER_COUN"用来设定关节轴位于 0°时的编码器脉冲计数值 P_0；关节任意角度 θ 的理论计数值 P 为：

$$P=P_0+\theta\times P_s$$

在正常情况下，机器人的关节位置计算参数在机器人出厂时准确设定，使用者只有在后备电池失效、连接线断开、更换电机、机器人碰撞、机械部件更换等情况下，才需要重新设定系统参数，或者通过机器人校准操作，由控制系统自动计算、设定参数。

FANUC垂直串联机器人出厂时设定的零点位置及刻度标记通常如图 5.72 所示,零点设定方法有表 5.8 所示的专用工具校准、零点刻度校准、快速校准以及单轴设定、参数设定等多种。

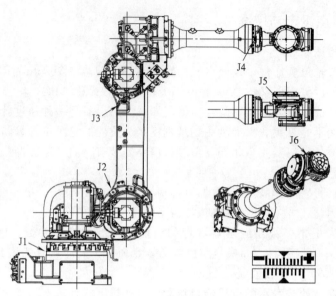

图 5.72　机器人零点位置

表 5.8　FANUC 机器人设定与校准方法

方法	示教器显示(中文)	校准操作及特点
专用工具校准	FIXTURE POSITION MASTER (专用夹具核对方式)	专业调试操作,参数设定准确;需要专门的测试工具检测机器人位置,通常由机器人生产厂家实施
零点刻度校准	ZERO POSITION MASTER (零度点核对方式)	普通维修操作,通过手动操作机器人,使全部关节轴定位到 0° 基准线上,利用观察定位、参数设定误差较大;通常用于机器人碰撞、机械部件更换后的维修
快速校准	QUICK MASTER (快速核对方式)	普通维修操作,利用原有的系统参数,重新设定机器人关节位置,仅限于参数设定准确情况下的关节位置恢复
单轴设定	SINGLE AXIS MASTER (单轴核对方式)	普通维修操作,可对指定的关节轴进行零点、当前位置的设定,通常用于电机、机械部件更换后的关节轴零点设定
参数设定	系统参数	直接设定系统参数 " $PARAM_GROUP. $ENCSCALE" " $DMR_GRP. $MASTER_COUN",重新定义关节轴位置(零点)

(3) 零点校准操作

执行机器人设定与校准操作,控制系统将重新设定关节位置计算参数,错误的操作可能导致机器人运动发生危险,因此,只有在系统参数(变量)" $MASTER_ENB"设定为"1"或"2"时,才能显示系统设定项"零度点调整(Master/Cal)"并进行校准操作;零点设定与校准完成后,系统将自动设定参数 " $MASTER_ENB=0"并隐藏系统设定项。

FANUC 机器人零点设定与校准的方式选择操作如下。

① 利用系统设定(SYSTEM)操作,将系统参数(变量)" $MASTER_ENB"设定为"1"或"2",使机器人校准设定项"零度点调整(Master/Cal)"能够利用"系统(SYSTEM)"显示页的软功能键〖类型(TYPE)〗显示。

② 按操作菜单键【MENU】,光标选择"0 —NEXT—",按【ENTER】键确认,显示扩展操作菜单;光标选定操作菜单"系统(SYSTEM)",按【ENTER】键确认,显示系统设定基本页面。

③ 按软功能键〖类型（TYPE）〗，光标选定"零度点调整（Master/Cal）"选项，按【ENTER】键确认，示教器可显示图5.73所示的机器人零点设定与校准页面，并显示软功能键〖载入（LOAD）〗〖脉冲置零（RES_PCA）〗〖完成（DONE）〗及校准操作选项。

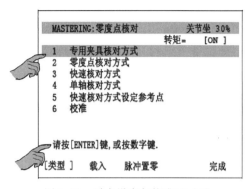

图5.73　零点设定与校准显示页

软功能键〖脉冲置零（RES_PCA）〗，可用于编码器计数出错报警的清除、重置编码器的脉冲计数存储器数据，有关内容见后述。

机器人零点设定与校准操作选项的内容如下。

专用夹具核对方式（FIXTURE POSITION MASTER，有时译作"专用夹具零点标定"）：专用工具校准，需要用专用工具检查、重置机器人位置，可准确恢复机器人零点。

零度点核对方式（ZERO POSITION MASTER，有时译作"全局零点位置标定"）：零点刻度校准，利用机器人的零点刻度，重新设定零点位置，可大致恢复机器人零点位置。

快速核对方式（QUICK MASTER，有时译作"简易零点标定"）：快速校准，通过用户设定的零点，校准基准点重新设定零点位置，可大致恢复机器人零点位置。

单轴核对方式（SINGLE AXIS MASTER，有时译作"单轴零点标定"）：单轴位置设定，可重新设定指定轴的零点位置和当前位置。

快速核对方式设定参考点（SET QUICK MASTER REF，有时译作"设定简易零点位置参考点"）：快速校准基准点设定，用于用户零点校准的基准点设定。

校准（CALIBRATE，有时译作"更新零点标定结果"）：执行机器人校准操作，重新设定机器人零点数据。

④ 光标选定机器人设定与校准页面的操作选项，按【ENTER】键确认，选择机器人零点设定方式，重新设定机器人零点数据。

用户需要重新设定机器人基准点时，需要选择单轴位置设定、系统参数设定操作，有关内容详见后述。机器人出厂设定的零点一般可通过专用工具校准、零点刻度校准、快速校准、快速校准基准点设定等操作校准。

（4）专用工具及零点刻度校准

专用工具校准是利用专用工具精确测量、设定机器人位置的操作，操作步骤如下。

① 利用系统设定操作，将系统参数（变量）"$PARAM_GROUP. $SV_OFF_ALL"及"$PARAM_ GROUP. $SV_OFF_ENB［＊］"设定为"FALSE"，解除伺服关闭时的制动器控制功能，并重启系统、生效参数设定。

② 手动操作机器人到规定位置，并通过专用工具的测试，保证机器人的各关节轴在测试位置准确定位。

③ 光标选定图5.73所示页面的操作选项"1专用夹具核对方式（FIXTURE POSITION MASTER）"，按【ENTER】键确认后，示教器将显示操作提示信息"选择零度点记号核对方式吗？［不是］（Master at zero position？［NO］）"及软功能键〖是（YES）〗〖不是（NO）〗。

按软功能键〖是（YES）〗，示教器可显示图5.74所示的机器人测试位置的J1～J6轴编码器脉冲计数值。

④ 光标选定机器人校准页面的操作选项"6校准（CALIBRATE）"，按【ENTER】键确认，示教器将显示操作提示信息"选择校准吗？［不是］（Calibrate？［NO］）"及软功能键〖是

（YES）〗〖不是（NO）〗。

按软功能键〖是（YES）〗，控制系统执行机器人校准操作，完成后示教器可显示图5.75所示的机器人测试位置的J1~J6轴关节坐标值。

图 5.74　测试位置计数值

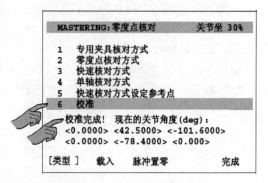

图 5.75　校准完成显示

⑤ 按软功能键〖完成（DONE）〗，控制系统将自动设定 $MASTER\_ENB=0$、隐藏系统设定项"零度点调整（Master/Cal）"。

⑥ 利用系统设定操作，将系统参数（变量）"$PARAM\_GROUP.$SV_OFF_ALL"及"$PARAM\_GROUP.$SV_OFF_ENB[*]"恢复为原设定值，重新生效伺服关闭时的制动器控制功能，并重启系统、生效参数设定。

零点刻度校准是利用机器人生产厂家预先设定的零点刻度线，确定机器人零点位置的操作；由于机器人关节轴的定位位置只能依靠操作者目测确定，其校准精度一般较低。零点刻度校准的操作步骤如下。

① 同专用工具校准操作。

② 手动操作机器人，将各关节轴定位到机器人生产厂家安装的零点刻度线上。

③ 光标选定机器人零点设定与校准页面的操作选项"零度点核对方式（ZERO POSITION MASTER）"，按【ENTER】键确认，示教器将显示图5.76（a）所示的零点校准页面，并显示操作提示信息"选择零度点记号核对方式吗？［不是］（Master at zero position？［NO]）"及软功能键〖是（YES）〗〖不是（NO）〗。按软功能键〖是（YES）〗，示教器可显示机器人零点的J1~J6轴编码器脉冲计数值。

④ 光标选定操作选项"6 校准（CALIBRATE）"，按【ENTER】键确认，示教器将显示操作提示信息"选择校准吗？［不是］（Calibrate？［NO]）"及软功能键〖是（YES）〗〖不是（NO）〗。

按软功能键〖是（YES）〗，控制系统执行机器人零点校准操作，完成后示教器可显示图5.76（b）所示的、机器人零点的J1~J6轴关节坐标值（J1~J6=0°）。

⑤⑥：同专用工具校准操作。

（5）机器人快速校准

快速校准是根据用户设定的基准点重新确定机器人位置的操作。快速校准可用于机器人零点定位比较困难或零点位于运动范围以外的情况。快速校准的原理与零点校准相同，但基准点可由用户设定；校准时的关节轴位置依靠操作者的目测确定、精度较低。

在机器人快速校准前，必须先设定用户基准点，这一操作需要在机器人位置完全正确、正常运行情况下进行。用户基准点设置完成后，如果进行了其他方式的机器人校准操作，需要重新设定用户基准点，才能确保机器人通过快速校准设定准确的位置。

快速校准及基准点设定操作步骤如下。

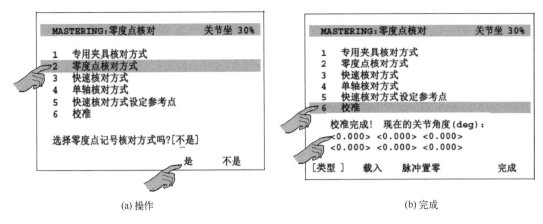

(a) 操作　　　　　　　　　　　　　　　(b) 完成

图5.76　零点刻度校准操作

① 在机器人上选择合适的位置，作为快速校准的基准点，并做好基准点标记。

② 利用系统设定操作，将系统参数（变量）"$MASTER_ENB"设定为"1"或"2"，使机器人校准设定项"零度点调整（Master/Cal）"能在操作菜单"系统（SYSTEM）"〖类型（TYPE）〗显示项目上显示。

③ 手动操作机器人，将各关节轴定位到快速校准基准点上。

④ 光标选定机器人校准页面的操作选项"5 快速核对方式设定参考点（SET QUICK MASTER REF）"，按【ENTER】键确认，示教器将显示操作提示信息"设定快速核对参考点吗？[不是]（Set quick master ref？[NO]）"及软功能键〖是（YES）〗〖不是（NO）〗。

⑤ 按软功能键〖是（YES）〗，控制系统将保存机器人用户基准点的编码器脉冲计数值、关节位置数据。

快速校准基准点设定完成、用户基准点数据保存后，机器人便可通过以下快速校准操作恢复机器人零点。

① 利用系统设定操作，将系统参数（变量）"$PARAM_GROUP. $SV_OFF_ ALL"及"$PARAM_ GROUP. $SV_OFF _ENB[＊]"设定为"FALSE"，解除伺服关闭时的制动器控制功能，并重启系统、生效参数设定。

② 手动操作机器人，将各关节轴定位到用户设定的基准点位置上。

③ 光标选定机器人校准页面的操作选项"3 快速核对方式（QUICK MASTER）"，按【ENTER】键确认，示教器将显示快速校准页面，并显示操作提示信息"选择快速校准方式吗？[不是]（Quick master？[NO]）"及软功能键〖是（YES）〗〖不是（NO）〗。按软功能键〖是（YES）〗，示教器可显示机器人零点的J1～J6轴编码器脉冲计数值。

④ 光标选定操作选项"6 校准（CALIBRATE）"，按【ENTER】键确认，示教器将显示操作提示信息"选择校准吗？[不是]（Calibrate？[NO]）"及软功能键〖是（YES）〗〖不是（NO）〗。按软功能键〖是（YES）〗，控制系统执行机器人快速校准操作，完成后示教器可显示机器人基准点的J1～J6轴关节坐标值。

⑤ 按软功能键〖完成（DONE）〗，控制系统将自动设定"$MASTER_ENB=0"、隐藏系统设定项"零度点调整（Master/Cal）"。

⑥ 利用系统设定操作，将系统参数（变量）"$PARAM_GROUP. $SV_OFF_ALL"及"$PARAM_ GROUP. $SV_OFF_ENB[＊]"恢复为原设定值，重新生效伺服关闭时的制动器控制功能；并重启系统、生效参数设定。

（6）机器人零点设定

当机器人某一关节轴的伺服驱动电机被更换、电机安装位置发生变化或者电机编码器的连接电缆被断开、后备电池出现报警时，关节轴的绝对位置数据将丢失，此时需要对关节轴的零点进行重新设定。FANUC 机器人的关节轴零点可通过系统参数设定、单轴设定操作重新设定。

系统参数设定操作可以直接变更控制系统的关节轴零点数据、重新设定零点，操作步骤如下。

① 在系统设定基本页面上，按软功能键〖类型（TYPE）〗，光标选定"系统参数（Variables）"选项，按【ENTER】键确认，示教器可显示系统参数（变量）设定页面。

② 光标选定系统参数组"$DMR_GRP"，按【ENTER】键选定，示教器可显示图 5.77（a）所示的关节轴位置参数设定显示页面。

③ 光标选定关节轴位置参数"$MASTER_COUN"，按【ENTER】键选定，示教器可显示图 5.77（b）所示的关节轴 0°时的编码器脉冲计数值 P_0 显示页面。

④ 用数字键、软功能键、【ENTER】键输入参数值，设定完成后，按示教器【PREV】键返回图 5.77（a）所示的关节轴位置设定显示页面。

⑤ 光标选定关节轴位置参数"$MASTER_DONE"，按软功能键〖有效〗，将"$MASTER_ DONE"参数设定为"TRUE（有效）"。

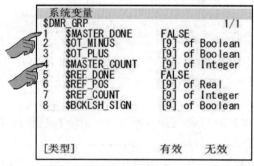

(a) 位置设定

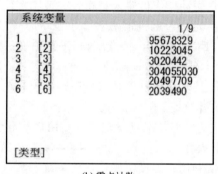

(b) 零点计数

图 5.77　机器人零点设定操作

⑥ 在示教器显示的机器人零点设定与校准页面上，光标选定操作选项"6 校准（CALIBRATE）"，按【ENTER】键确认，示教器将显示操作提示信息"选择校准吗？［不是］（Calibrate？［NO]）"及软功能键〖是（YES)〗〖不是（NO)〗。按软功能键〖是（YES)〗，控制系统将执行机器人零点设定操作，生效零点参数。

⑦ 按软功能键〖完成（DONE)〗，完成零点设定操作。

（7）单轴设定

单轴设定操作可对指定关节轴的零点、当前位置进行重新设定，单轴设定可以在用户指定的关节轴任意基准位置进行，位置设定的操作步骤如下。

① 光标选定机器人零点设定与校准页面的操作选项"单轴核对方式（SINGLE AXIS MASTER）"，按【ENTER】键确认，示教器将显示图 5.78 所示的关节轴位置设定页面，并显示以下内容。

现在位置（ACTUAL POS）：轴当前实际位置。

零刻度点位置（MSTR POS）：轴零点位置。

选择（SEL）：轴位置设定选择，设定"1"时，对应关节轴允许进行位置设定。

状态（ST）：位置设定状态显示，显示"1"或"2"代表位置设定完成。

② 光标选定需要设定零点的关节轴，并将"选择（SEL）"设定为"1"。

③ 手动操作机器人，将关节轴定位到具有确切位置值的基准位置上。

④ 用数字键、【ENTER】键，将基准位置的关节坐标值输入实际位置数据。

⑤ 按软功能键〖执行（EXEC）〗，系统将自动设定零点数据，同时，关节轴位置设定选择项"选择（SEL）"恢复为"0"，"状态（ST）"显示项将显示"2"或"1"。

单轴 零度点核对 (MASTERING)		关节坐 30%

					1/9
	现在位置	(零度点位置)		选择	状态
J1	25.255	(0.000)		(0)	[2]
J2	25.550	(0.000)		(0)	[2]
J3	-50.000	(0.000)		(0)	[2]
J4	12.500	(0.000)		(0)	[2]
J5	31.250	(0.000)		(0)	[0]
J6	43.382	(0.000)		(0)	[0]
E1	0.000	(0.000)		(0)	[2]
E2	0.000	(0.000)		(0)	[2]
E3	0.000	(0.000)		(0)	[2]
				群组	执行

图 5.78　关节轴设定显示

⑥ 设定完成后，按示教器【PREV】键返回机器人零点设定与校准页面。

⑦ 在示教器显示的机器人设定与校准页面上，光标选定操作选项"6 校准（CALIBRATE）"，按【ENTER】键确认；示教器将显示操作提示信息"选择校准吗？［不是］（Calibrate？［NO］）"及软功能键〖是（YES）〗〖不是（NO）〗。

按软功能键〖是（YES）〗，控制系统将执行机器人零点设定操作，生效零点参数。

⑧ 按软功能键〖完成（DONE）〗，完成关节轴位置设定操作。

5.4.2　机器人负载设定与校准

(1) 机器人负载及显示

垂直串联结构机器人各关节的负载重心通常远离回转摆动中心，负载转矩和惯量大、受力条件差，因此，不仅需要考虑作业负载的影响，而且还需要考虑机器人本体构件及安装在机身上的附加部件重力对驱动系统的影响。

机器人控制系统的负载设定功能用来设定负载质量、重心、惯量等参数，以调整伺服驱动系统的控制参数、平衡重力，提高机器人运行稳定性和安全性，改善伺服驱动系统动静态特性，使得机器人碰撞保护、重力补偿等功能的动作更为准确、可靠。

工业机器人的基本负载包括图 5.79 所示的机器人本体负载、附加负载、工具负载 3 类；搬运、装配类机器人作业时，还包含作业负载（物品）。

① 本体负载。本体负载是由机器人本体构件所产生的负载。本体负载在机器人出厂时已由机器人生产厂家设定，正常使用时无须设定。但是，如果机器人更换了驱动电机、减速器或传动轴、轴承等传动部件，维修完成后，需要重新进行本体负载的校准。

机器人的手腕（J5、J6轴）结构复杂、驱动电机的规格小，负载变化对机器人运动特性的影响大，且又是最容易发生碰撞、干涉的部位。为了便于使用与维修，FANUC机器人可通过手腕负载校准操作，重新调整J5、J6轴的本体负载。

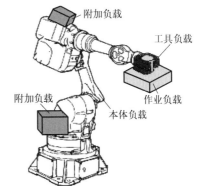

图 5.79　机器人负载

② 工具负载。工具负载是由安装在手腕上的作业工具所产生的负载，对于工具固定、机器人移动工件的作业场合，工具负载就是工件负载。

工具负载参数需要通过控制系统的负载设定操作设定，更换作业工具时，需要选择不同的工具负载参数。FANUC 机器人的工具负载可通过手动数据输入或工具负载自动测定操作设定。

③ 附加负载。附加负载是由安装在机身上的辅助控制部件所产生的负载。例如，搬运机器人的抓手松/夹控制电磁阀、点焊机器人的阻焊变压器等。

附加负载根据机器人所使用工具的不同而不同，在 FANUC 机器人上，附加负载可以通过手动数据输入操作进行设定。

④ 作业负载。作业负载是搬运、装配搬运类机器人作业时，由被搬运物品、部件产生的负载。对于固定对象的搬运、装配作业，作业负载也可连同工具在工具负载上设定；对于无固定作业对象的通用机器人，作业负载一般直接使用机器人生产厂家出厂设定的承载能力参数（最大负载，包含工具负载）。

工业机器人的负载参数可通过控制系统的负载设定操作设定，数据可保存在控制系统中；机器人手动操作或程序自动运行时，可通过示教器操作或程序指令选定。FANUC 机器人最多允许设定 10 种不同负载，负载编号可通过示教器的操作选择，或者利用程序中的负载条件指令 PAYLOAD [i] 选择。

机器人负载可利用系统设定（SYSTEM）基本显示页的软功能键〖类型（TYPE）〗，选择设定项"Motion（负载设定）"显示，负载一览表的显示如图 5.80 所示，内容如下。

No.：负载编号（条件号），FANUC 机器人控制系统最多允许设定 10 种不同负载，负载编号可通过手动操作或负载设定指令 PAYLOAD [i] 中的编号"i"选定。

负载重量（PAYLOAD）：负载质量（kg）。

注解（Comment）：负载名称。

负载一览表显示页的软功能键功能如下。

〖类型（TYPE）〗：控制系统设定项切换键，按此键可选择其他系统操作。

〖群组（GROUP）〗：运动组切换键，按此键可切换机器人运动组。

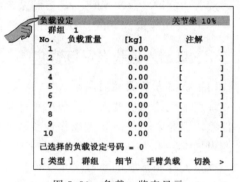

图 5.80　负载一览表显示

〖细节（DETAIL）〗：负载参数显示键，可显示、设定指定编号负载的详细参数。

〖手臂负载（ARMLOAD）〗：机身（手臂）负载显示键，可显示、设定指定编号负载的机身（手臂）负载参数。

〖切换（SETIND）〗：设定参数生效键，部分机器人的显示为"设定号码"。按此键，可输入负载编号、生效负载参数，并将其作为机器人当前负载，应用于机器人手动操作或程序运行。

（2）负载参数的手动数据输入

参数已知的机器人工具负载和附加负载，可直接利用手动数据输入操作设定。

已知工具负载的手动数据输入操作步骤如下。

① 在系统设定（SYSTEM）基本页面上，按软功能键〖类型（TYPE）〗，光标选择设定项"Motion（负载设定）"，按【ENTER】键确认，示教器可显示图 5.80 所示的负载一览表页面。

② 光标选定需要设定的负载编号，按软功能键〖细节（DETAIL）〗，示教器可显示图 5.81 (a) 所示的工具负载设定页面，并显示如下内容。

群组（Group）：运动组显示。

条件 No[i]（Schedule No [i]）：条件号（负载编号）、注解（负载名称）显示与设定。

负载重量（PAYLOAD）：工具负载质量显示与设定，单位 kg。

负载重心位置 $X/Y/Z$（PAYLOAD CENTER $X/Y/Z$）：图 5.81（b）所示的负载重心（cog）在机器人手腕基准坐标系上的 $X/Y/Z$ 坐标值，单位 cm。

负载的惯性 $X/Y/Z$（PAYLOAD INERTIA $X/Y/Z$）：负载绕机器人手腕基准坐标系 $X/Y/Z$ 轴回转的转动惯量，单位 $kgf \cdot cm \cdot s^2$。

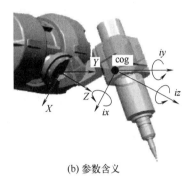

（a）负载设定页面 （b）参数含义

图 5.81 工具负载设定参数及含义

转动惯量的单位可根据牛顿定律 $F = ma$，进行如下换算：

$1kgf = 9.8N = 9.8kg \cdot m/s^2$

$kgf \cdot cm \cdot s^2 = (9.8kg \cdot m/s^2) \cdot cm \cdot s^2 = 980kg \cdot cm^2 = 0.098kg \cdot m^2$

工具负载设定页的软功能键作用如下。

〖群组（GROUP）〗：运动组切换、选择。

〖号码（NUMBER）〗：负载编号切换、选择。

〖默认值（DEFAULT）〗：恢复机器人出厂设定的默认值。

〖帮助（HELP）〗：显示系统负载设定帮助文件。

③ 光标选定设定项输入区，用数字键、软功能键、【ENTER】键输入负载参数，完成后，示教器将显示操作提示信息"路径/循环时间可能变化，要设定吗？"及软功能键〖是（YES）〗〖不是（NO）〗；选择软功能键〖是（YES）〗，便可完成工具负载设定操作。

④ 工具负载设定完成后，按【PREV】键，可返回负载一览表显示页；然后，按软功能键〖切换（SETIND）〗，输入负载编号后，便可生效工具负载参数。

已知附加负载的手动数据输入操作步骤如下，附加负载将直接影响机器人本体的运动特性，需要重新启动控制系统生效。

① 在机器人负载一览表页面上，选定负载编号（条件号），按软功能键〖手臂负载（ARM-LOAD）〗，示教器可显示图 5.82 所示的机身（手臂）附加负载设定页面，并显示如下设定项。

J1 轴上的负载重量（ARM LOAD AXIS#1）：安装在机器人腰上、随 J1 轴回转的附加负载质量，单位 kg。

J3 轴手臂上负载重量（ARM LOAD AXIS#3）：安装在机器人上臂、随 J3 轴摆动的附加负载质量，

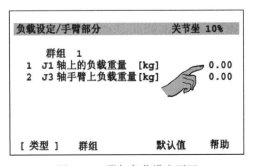

图 5.82 附加负载设定页面

单位 kg。

附加负载显示页的软功能键作用与工具负载设定页面相同。

② 光标选定设定项输入区，用数字键、【ENTER】键输入负载质量后，示教器将显示操作提示信息"路径/循环时间可能变化，要设定吗?"及软功能键〖是（YES）〗〖不是（NO）〗;选择〖是（YES）〗，便可完成附加负载设定操作。

③ 关闭系统电源，冷启动系统，生效负载设定。

(3) 工具负载自动测定

由于机器人工具负载的重心、惯量等参数计算比较烦琐，因此，实际使用时一般可通过选配控制系统的负载自动测定附加功能，自动测试、计算、设定负载参数。

负载自动测定时，机器人 J5、J6 轴需要按照规定步骤，进行图 5.83 所示的测试运动，然后，由系统根据各关节轴伺服驱动电机的输出转矩变化，分析、计算与自动设定负载重心、惯量等负载参数，因此，工具负载自动测定时，应保证机器人处于 J5、J6 轴可自由运动的位置。此外，为提高测定精度，使用工具负载自动测定功能时，工具质量以手动数据输入设定为宜。

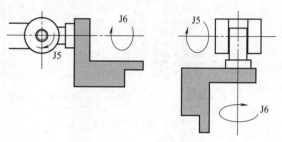

图 5.83 负载测试运动

FANUC 工业机器人的工具质量设定步骤如下。

① 在机器人负载一览表页面上，按【NEXT】键选定扩展软功能键〖估计〗，示教器可显示图 5.84 所示的负载自动测定显示页面。

② 手动操作机器人，将 J5、J6 轴移动至可自由运动的位置，并使 J6 轴回转中心线尽可能接近水平状态。

③ 按软功能键〖号码〗，输入负载编号（条件号），按【ENTER】键确认。

④ 如工具质量为已知，移动光标到"2 质量已经知道"设定行，按【ENTER】键，然后选择软功能键〖是（YES）〗，接着在质量输入区用数字键、【ENTER】键输入工具质量。

FANUC 工业机器人执行工具负载自动测定操作时，需要进行 2 个测试位置（位置 1、2）的定位运动，测试位置的设定、检查方法如下。

① 在图 5.84 所示的负载自动测定设定页面上，按【NEXT】键选定扩展软功能键〖细节（DETAIL）〗，示教器可显示图 5.85 所示的测试位置 1 的设定与检查页面，"估计位置"行将显示"位置 1"。

② 测试位置的 J5、J6 轴位置及"速度""加速度"设定项，原则上应使用出厂默认值;应尽量通过 J1～J4 轴位置的调整，来保证 J5、J6 轴能进行默认位置的测试运动。如机器人 J5、J6 轴的默认测试位置定位确实存在困难，可通过如下方法之一，重新设定测试位置，或者按软功能键〖默认值（DEFAULT）〗恢复机器人出厂默认设定。

手动数据输入：调节光标到 J5、J6 轴显示行，用数字键、【ENTER】键，手动输入测试位置 1 的 J5、J6 轴关节坐标值。

示教设定：手动移动机器人 J5、J6 轴到合适的位置，按住示教器的【SHIFT】键，同时按软功能键〖位置记忆（RECORD）〗，将 J5、J6 轴当前的示教位置，记录到测试位置 1 的 J5、J6 轴设定行上。

③ 光标定位到"1 估计位置"行，按住示教器操作面板上的【SHIFT】键，同时按软功能键〖移动（MOVE_TO）〗，机器人可自动定位到测试位置 1;检查、确认测试位置 1 选择是否合理。

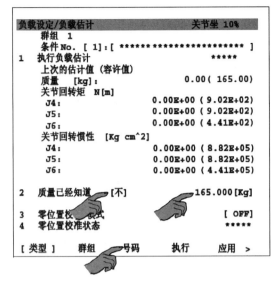

图 5.84 自动测定显示

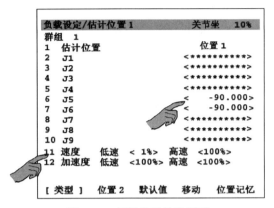

图 5.85 测试位置设定页面

④ 按软功能键〖位置2（POSITION 2）〗，显示测试位置2的设定、检查页面；"估计位置"行显示"位置2"。利用测试位置1（步骤②③）同样的操作设定测试位置2，并检查、确认位置选择是否合理。

测试位置设定、检查完成后，可通过以下操作，完成工具负载的自动测定。

① 完成测试位置1、2的设定与检查操作。

② 按返回键【PREV】，使示教器返回负载自动测定设定页面后，将示教器 TP 开关置"OFF"位置。

③ 按软功能键〖执行〗，示教器将显示操作提示信息"ROBOT 开始动作和估计，准备好吗?"，同时，显示软功能键〖是（YES）〗〖不是（NO）〗。

④ 按软功能键〖是（YES）〗，机器人便可按规定的程序，自动进行 J5、J6 轴的工具负载测定运动；按软功能键〖不是（NO）〗，可停止负载自动测定操作。机器人执行工具负载自动测定时，J5、J6 轴需要进行低速、高速运动，操作者应远离危险区域。

⑤ 负载自动测定完成后，按软功能键〖应用〗，示教器将显示操作提示信息"路径/循环时间可能变化，要设定吗?"，同时显示软功能键〖是（YES）〗〖不是（NO）〗；选择〖是（YES）〗，便可完成负载自动设定操作。

⑥ 如果自动测定获得的负载数据超过了机器人的承载能力，示教器将显示操作提示信息"超过负载! 要设定吗?"，同时显示软功能键〖是（YES）〗〖不是（NO）〗，选择〖是（YES）〗，便可完成负载自动设定操作。

⑦ 关闭系统电源，冷启动系统，生效负载设定。

（4）手腕负载校准

机器人本体负载参数通常需要机器人生产厂家设定，但是，由于垂直串联机器人手腕的结构复杂、电机规格小，又是最容易发生碰撞、干涉的部位，为了便于用户维修，FANUC 机器人的 J5、J6 轴驱动电机、减速器、传动轴、轴承等部件更换后，可直接通过手腕负载校准操作重新设定机器人本体的 J5、J6 轴负载参数。

FANUC 机器人的手腕 J5、J6 轴负载参数保存在系统参数（变量）"$PLCL_GRP[group].$TRQ_MGN[5]""$PLCL_GRP[group].$TRQ_MGN[6]"中，为避免因操作不当而引起的错误

设定，机器人手腕负载校准前，应记录并保存参数的出厂设定值，以便恢复。由于手腕负载校准操作是对机器人本体负载的调整，因此，操作时不能安装任何作业工具，并确认机器人重力补偿参数"$PARAM_GROUP[group].$SV_DMY_LNK[8]"为"FALSE（无效）"。

手腕负载校准操作同样需要进行 J5、J6 轴的测试运动，其测试位置、速度、加速度等参数可直接在工具负载设定页面设定，操作步骤与工具负载测定相同，但 J5、J6 测试位置必须选择出厂默认值、工具质量必须设定为"0"。手腕负载校准对所有工具均有效，故无须指定负载编号。

FANUC 工业机器人手腕负载校准的测试位置设定、检查步骤如下。

① 在机器人负载一览表页面上，光标选定任意负载编号（条件号），按【NEXT】键、选择扩展软功能键〖估计〗，显示负载自动测定页面（参见图 5.84）。

② 手动操作机器人，将其移动至 J5、J6 轴可自由运动的位置，并使 J6 轴回转中心线尽可能接近水平状态。

③ 移动光标到"2 质量已经知道"设定行（参见图 5.84），按【ENTER】键后，选择软功能键〖是（YES）〗；并在质量输入区，用数字键、【ENTER】键将负载质量设定为"0"。

④ 按【NEXT】键选择扩展软功能键〖细节（DETAIL）〗，使示教器显示测试位置 1 的设定、检查页面（"估计位置"行显示"位置 1"）。

⑤ 按软功能键〖默认值（DEFAULT）〗，输入机器人出厂设定的测试位置 1。

⑥ 移动光标到"1 估计位置"行，按住示教器操作面板上的【SHIFT】键，同时按软功能键〖移动（MOVE_TO）〗，使机器人自动定位到测试位置 1，检查测试位置 1 是否合适。如测试位置 1 确实不适合进行 J5、J6 轴测试运动，应通过改变 J1～J4 轴位置，来保证 J5、J6 轴使用出厂默认参数。

⑦ 按软功能键〖位置 2（POSITION 2）〗，示教器可显示测试位置 2 的设定、检查页面；利用测试位置 1 同样的方法，检查或重新设定测试位置 2。

测试位置设定、检查完成后，可通过以下操作进行手腕负载的自动测定、校准。

① 完成测试位置 1、2 的设定、检查，按示教器返回键【PREV】，使示教器返回负载自动测定页面。

② 光标选定"3 零位置校准模式"行的输入区，按【ENTER】键后，选择软功能键〖ON〗，按【ENTER】键确认。

③ 将示教器 TP 开关置于"OFF"位置后，按软功能键〖执行〗，示教器将显示操作提示信息"ROBOT 开始动作和估计，准备好吗?"，同时，显示软功能键〖是（YES）〗〖不是（NO）〗。

④ 按软功能键〖是（YES）〗，机器人便可按照规定的测试程序，自动进行 J5、J6 轴的手腕负载测定运动；按软功能键〖不是（NO）〗，可停止负载自动测定操作。机器人执行手腕负载自动测定时，J5、J6 轴需要进行低速、高速运动，操作者应远离危险区域。

⑤ 手腕负载自动测定完成后，"3 零位置校准模式"行的显示自动成为"OFF"状态；控制系统自动完成机器人本体手腕负载校准参数（系统变量"$PLCL_GRP[group].$TRQ_MGN[axis]"）的设定。

⑥ 关闭系统电源，冷启动系统，生效负载设定。

5.4.3 机械限位安装与调整

(1) 轴运动范围限制
机械限位是利用机械挡块强制禁止关节轴运动的最后保护措施，可用于非 360° 回转的摆动轴或直线运动轴。机械限位保护可在电气控制系统出现重大故障、软件限位和超程开关保护失效或被跨越的情况下，通过机械挡块来强制禁止轴运动，避免机械传动部件损坏。在FANUC垂直串联机器人上，关节轴 J1、J2、J3 可通过选配可调式机械限位挡块改变机械限位位置，但摆动轴 J5 的机械限位挡块原则上不允许用户调整。

　　由于关节轴运动范围根据机器人的不同而有所不同，为了便于说明，本节将以 FANUC常用的 R-1000iA/80F 垂直串联通用机器人为例，对关节轴运动范围及机械限位挡块的调整方法进行具体说明。

　　FANUC R-1000iA/80F 垂直串联机器人出厂定义的关节轴运动范围与限位位置如下。

　　① J1 轴。FANUC R-1000iA/80F 腰回转轴 J1 的正向运动范围如图 5.86 所示，负方向运动距离、行程保护设定位置与正向对称。J1 轴设置有软件限位（软极限）、超程开关（硬件保护）、机械限位挡块 3 道保护措施；软件限位位置为 ±180°，超程开关保护位置为 ±180.5°，机械限位挡块的保护位置为 ±205°。

　　② J2 轴。FANUC R-1000iA/80F 下臂摆动轴 J2 的运动范围如图 5.87 所示，其正向运动范围为 0～155°，负向运动范围为 0～-90°。J2 轴设置有软件限位（软极限）、机械限位挡块 2道保护措施，正向软件限位位置为 155°，机械限位挡块的保护位置为 160°；负向软件限位位置为 -90°，机械限位挡块的保护位置为 -95°。

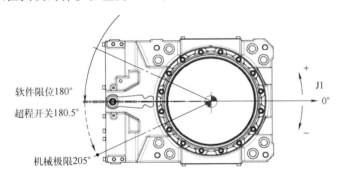

图 5.86　J1 轴运动范围

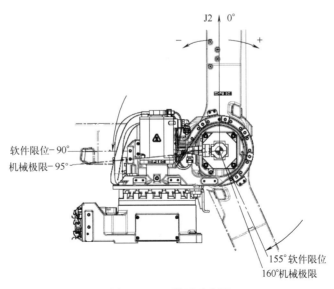

图 5.87　J2 轴运动范围

③ J3 轴。FANUC R-1000iA/80F 上臂摆动轴 J3 的运动范围如图 5.88 所示,其正向运动范围为 0～140°,负向运动范围为 0～−82°。J3 轴设置有软件限位(软极限)、机械限位挡块 2 道保护措施,正向软件限位位置为 140°,机械限位挡块的保护位置为 145°;负向软件限位位置为 −82°,机械限位挡块的保护位置为 −87°。

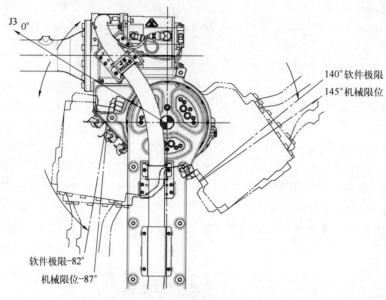

图 5.88　J3 轴运动范围

④ J4 轴。垂直串联机器人的手腕回转轴 J4 通常为 360°回转轴,因此,无法安装超程开关(硬件保护)、机械限位挡块,关节轴的运动范围只能通过软件限位进行限制。FANUC R-1000iA/80F 手腕回转轴 J4 的运动范围如图 5.89(a)所示,其正向软件限位位置为 360°,负向软件限位位置为 −360°。

⑤ J5 轴。FANUC R-1000iA/80F 腕摆动轴 J5 的运动范围如图 5.89(b)所示,其正向运动范围为 0～125°,负向运动范围为 0～ −125°。J5 轴设置有软件限位(软极限)、机械限位挡块 2 道保护措施,正向软件限位位置为 125°,机械限位挡块的保护位置为 127°;负向软件限位位置为 −125°,机械限位挡块的保护位置为 −127°。

⑥ J6 轴。垂直串联机器人的手回转轴 J6 通常为 360°回转轴,因此,无法安装超程开关(硬件保护)、机械限位挡块,关节轴的运动范围只能通过软件限位进行限制。FANUC R-

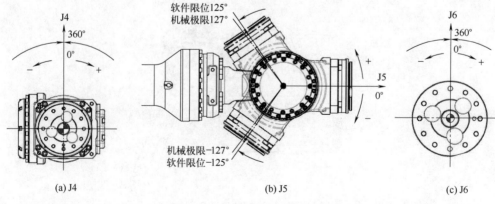

图 5.89　J4/J5/J6 轴运动范围

1000iA/80F 手回转轴 J6 的运动范围如图 5.89（c）所示，其正向软件限位位置为 360°，负向软件限位位置为 −360°。

（2）限位挡块安装

垂直串联机器人的机械限位挡块一般用于非 360° 回转的摆动轴 J1、J2、J3、J5 运动保护。机器人实际使用时，可能由于作业区域限制、作业工具干涉、连接管线长度不足等原因，需要改变机器人出厂设定的关节轴运动范围。在这种情况下，可通过改变机器人软极限设定、调整机械限位挡块位置来改变关节轴运动范围，但是运动范围的改变不能超出样本、说明书规定的工作范围。

机器人的软件限位、机械限位需要配合使用。当改变关节轴软极限位置的同时，需要将机械限位挡块调整到相应的保护位置；反之亦然。如果机器人出厂时设定的关节轴零点位于调整后的软件限位、机械限位挡块保护允许运动范围之外，用户还需要通过快速校准基准点设定操作，在关节轴运动范围内重新设定机器人快速校准的基准点。

FANUC R-1000iA/80F 垂直串联机器人的机械限位挡块安装位置如图 5.90 所示，其中腕摆动轴 J5 的机械限位挡块一般不允许用户调整；其余 J1、J2、J3 轴可通过选配可调式机械限位挡块，将关节轴的实际运动范围限制在规定的范围内。

FANUC 机器人的机械限位挡块为一次性使用器件，挡块一经碰撞，将导致结构变形与机械强度下降，失去原有的保护性能，因此，碰撞后的机械限位挡块应立即更换。

（3）机械挡块调整

在选配可调式机械限位挡块的机器人上，J1/J2/J3 轴的机械限位挡块，可根据实际需要调整安装位置，以 FANUCR-1000iA/80F 垂直串联机器人为例，挡块的调整范围如下。

① J1 轴。FANUCR-1000iA/80F 机器人的 J1 轴机械限位挡块的安装位置和外形如图 5.91 所示。可调式限位挡块的正向安装位置为 −112.5°～+180°（间隔 7.5°）；负向安装位置为 −180°～+112.5°（间隔 7.5°）；正、负向限位挡位间的最小间距（J1 轴运动范围）为 67.5°。但是，如果机器人发生高速碰撞，J1 轴的正负向停止位置最大可能偏离挡块调节位置 25°。

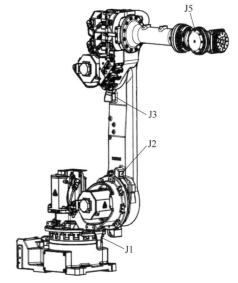

图 5.90 限位挡块安装位置

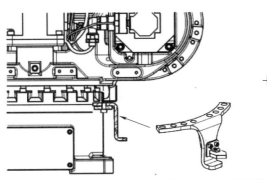
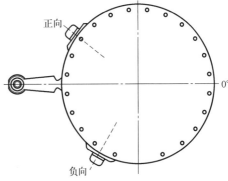

图 5.91 J1 轴挡块安装与调整

② J2 轴。FANUC R-1000iA/80F 机器人的 J2 轴机械限位挡块的安装位置和外形如图 5.92 所示（图中以 −60～75°限位为例）。可调式限位挡块的正向安装位置为 −60°～ +105°（间隔 15°）；负向安装位置为 −75°～ +90°（间隔 15°）；正、负向限位挡块间的最小间距（J2 轴运动范围）为 30°。机器人发生高速碰撞时，J2 轴的正向停止位置最大可能偏离挡块调节位置 20°，负向停止位置最大可能偏离挡块调节位置 −22°。

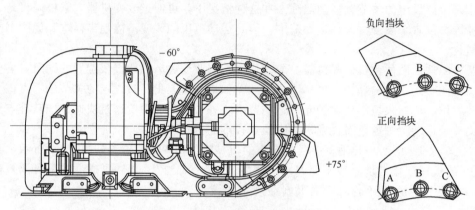

图 5.92　J2 轴挡块安装与调整

③ J3 轴。FANUCR-1000iA/80F 垂直串联机器人的 J3 轴机械限位挡块的安装位置和外形如图 5.93 所示（图中以 0～75°限位为例）。可调式限位挡块的正向安装位置为 0°～ +120°（间隔 15°）；负向安装位置为 −15°～ +105°（间隔 15°）；正、负向限位挡块间的最小间距（J3 轴运动范围）为 30°。机器人发生高速碰撞时，J3 轴的正向停止位置最大可能偏离挡块调节位置 10°、负向停止位置最大可能偏离挡块调节位置 −17°。

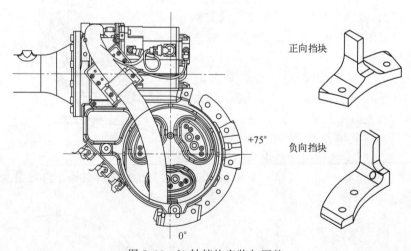

图 5.93　J3 轴挡块安装与调整

5.5　系统数据保存与恢复

5.5.1　文件与存储设备管理

机器人安装调试完成后，一般需要进行系统数据的保存、备份等操作，以便在控制系统发生故障、维修完成后，能够迅速恢复机器人设定、控制系统参数、作业程序等数据，重新运行机器人。

　　FANUC 机器人控制系统的数据以文件的形式，分类保存在系统存储器中。系统数据文件也可以保存到外部存储设备上，通过重新安装恢复。FANUC 机器人控制系统的文件类型及常用的存储设备如下。

　　(1) **文件类型**

　　文件（File）又称文件夹，它是保存在控制系统存储器上的同类数据集合；不同类别的文件以扩展名区分。FANUC 机器人的常用文件主要有程序文件（.TP）、标准指令文件（.DF）、系统文件（.SV）、数据文件（.VR）、I/O 配置文件（.IO）等；在选配 ASCII 程序文件安装附加功能的机器人上，还可使用 ASCII 程序文件（.LS）。

　　FANUC 机器人的常用文件的使用方法如下。

　　① 程序文件。程序文件用来保存机器人的作业程序，扩展名为 ".TP"。程序文件可在程序一览表页面显示，并可进行编辑、重命名、复制、删除等操作。

　　② 标准指令文件。标准指令文件用来保存机器人程序指令的标准格式，扩展名为 ".DF"。利用标准指令文件，操作者可通过对标准指令的选择、修改，生成所需的程序指令，提高编程效率和程序准确性。标准指令文件由控制系统生成厂家编制，操作者只能使用，不能对原文件进行编辑、重命名、复制、删除等操作。

　　③ 系统文件。系统文件用来保存机器人设定（SETUP）、控制系统设定（SYSTEM）数据，扩展名为 ".SV"，常用系统文件的名称、内容如下。

　　SYSVARS.SV：机器人基本参数。用来保存利用机器人设定（SETUP）、控制系统设定（SYSTEM）操作所设定的机器人基准点、软极限等机器人基本参数。

　　SYSFRAME.SV：坐标系设定参数文件。用来保存利用机器人设定操作（SETUP）所设定的机器人用户、工件、工具等坐标系参数。

　　SYSSERVO.SV：伺服设定参数文件。机器人设定（SETUP）、控制系统设定（SYSTEM）操作所设定的伺服控制参数。

　　SYSMAST.SV：机器人零点校准参数设定文件。用来保存利用控制系统设定（SYSTEM）操作所设定的机器人零点校准参数。

　　SYSMACRO.SV：宏指令文件。用来保存利用机器人设定（SETUP）操作所设定的机器系统宏指令参数。

　　④ 应用程序文件（.SV）：应用程序文件用来保存不同用途机器人的系统特殊指令、参数、设定数据，例如点焊机器人为 SYSSPT.SV 等。

　　⑤ 数据文件（.VR）：用来保存程序数据设定（DATA）、机器人设定（SETUP）操作设定的暂存器数据、坐标系原点及注释等数据，数据文件的扩展名为 ".VR"，常用数据文件的名称、内容如下。

　　NUMREG.VR：数值暂存器数据文件。

　　POSREG.VR：位置暂存器数据文件。

　　PALREG.VR：码垛暂存器数据文件。

　　FRAMEVAR.VR：用来保存利用机器人设定操作（SETUP）所设定的机器人用户、工件、工具等坐标系的原点、注释等数据。

　　⑥ 机器人设定文件（.DT）：用来保存由机器人设定（SETUP）、控制系统设定（SYSTEM）操作所设定的其他数据。

　　⑦ I/O 配置文件（.IO）：I/O 配置文件用来保存 I/O 设定操作（I/O）所设定的 I/O 配置数据。FANUC 机器人控制系统的 I/O 配置文件扩展名为 ".IO"，文件名称为 DI-

OCFGSV. IO，文件的打开、使用方法可参见第11章。

（2）存储设备

工业机器人的文件存储设备主要有系统存储设备与外部存储设备两大类。

系统存储设备包括 DRAM、SRAM、FROM 三类。DRAM 用于运行数据的临时存储，数据在断电后将丢失；SRAM 为系统一般存储器，数据可通过后备电池保持较长时间；FROM 是具有断电保持功能的永久性数据存储器。存储器容量可通过系统状态监控操作检查。

外部存储设备包括 RS232C 设备和移动存储器 2 类。RS232C 设备包括 PC 机、打印机等。移动存储器可直接插入系统的通信接口，常用的存储器有图 5.94 所示的存储卡（Memory Card，简称 MC）、USB 存储器（USB Flash Disk，简称 U 盘）等。

① 存储卡（Memory Card）。R-30iA 系统可使用 ATA（AT Attachment）卡、闪存卡（Flash Memory Card）、PC 卡，存储卡需要安装到图 5.94（a）所示的 IR 控制器主板插槽上。

② U 盘（USB Flash Disk）。R-30iA 系统的 U 盘一般安装在图 5.94（b）系统控制柜操作面板的 USB 接口上，彩色显示的示教器也可使用示教器上的 USB 接口安装 U 盘；但 USB 接口一般不支持 U 盘外的其他设备连接。

③ RS232C 设备。RS232C 设备可通过 IR 控制器主板的通信接口 RS232C 连接，文件输入/输出可利用串行数据通信实现，RS232C 设备的通信连接可通过机器人设定操作（SETUP）设定，有关内容可参见 FANUC 使用说明书。

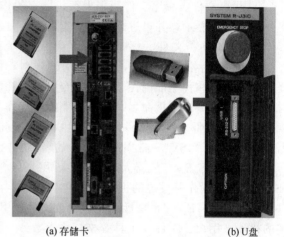

(a) 存储卡　　　　　　(b) U盘

图 5.94　移动存储器安装

（3）存储器选择

FANUC 机器人控制系统的文件输入/输出可用于文件保存、打印、安装及系统备份等，其基本操作步骤如下。

① 接通控制柜的电源总开关、启动控制系统；将控制面板的操作模式选择开关置示教模式 1（T1 或 T2）；并将示教器的 TP 有效开关置"ON"位置（通常情况）。

② 将符合要求的存储卡或 U 盘，插入系统主板插槽或控制柜面板的 USB 接口后，按操作菜单键【MENU】，光标选择图 5.95（a）所示的操作菜单"文件（FILE）"，按【ENTER】键确认，示教器可显示图 5.95（b）所示的文件操作基本显示页面。

③ 按软功能键〖功能（UTIL）〗，示教器可显示图 5.96（a）所示的以下操作选项。

设定装置（Set Device）：存储器选择与设置。

格式化（Format）：存储器格式化。

格式化 FAT32（Format FAT32）：存储器 FAT32 格式化。

制作目录（Make DIR）：创建文件夹。

④ 光标选定"设定装置（Set Device）"，按【ENTER】键确认，示教器可显示图 5.96（b）所示的存储器类型选项。FANUC 机器人常用的存储器类型有以下几类。

FROMDisk（FR:）：系统 FROM 存储器，可永久保存各类文件。

Backup（FRA:）：系统 FROM 存储器的自动备份数据保存区域，用于系统自动备份文件

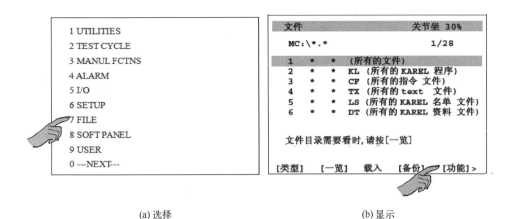

(a) 选择　　　　　　　　　　　　　　　(b) 显示

图 5.95　文件操作基本显示页面

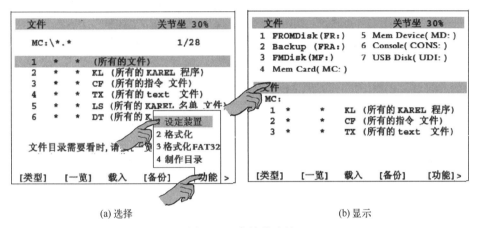

(a) 选择　　　　　　　　　　　　　　　(b) 显示

图 5.96　存储器选择

的永久保存。

FMDisk（MF：）：系统 FROM、RAM 合成存储器，可用于系统备份和 RAM 文件安装。

Mem Card（MC：）：存储卡（Memory Card）。安装在系统主板插槽上的 ATA 卡、闪存卡、PC 卡。

Console（CONS：）：控制系统维修专用存储设备。

USB Disk（UDI：）：安装在控制柜操作面板 USB 接口上的 U 盘。使用彩色显示示教器时，可进一步显示"USB Disk（UTI：）"，选择安装在示教器 USB 接口上的 U 盘。

⑤ 光标选定存储器类型选项，按【ENTER】键，系统可选定该存储设备，并进行格式化、文件夹创建及文件安装、保存等操作。

（4）存储器格式化

存储卡、U 盘等移动存储器用于机器人文件保存时，首先需要进行格式化处理，但是这种格式化处理并不能用于系统自动备份。系统自动备份格式化操作，需要通过专门的自动备份初始化设定页面进行，有关内容详见后述。

系统存储器格式化操作的步骤如下。

① 将符合要求的存储卡或 U 盘插入系统主板插槽或系统控制柜面板的 USB 接口。

② 通过前述的存储器选择操作，选定存储卡"Mem Card（MC：）"或 U 盘"USB Disk（UDI：）"。

③ 按软功能键〖功能（UTIL）〗，在示教器显示的、图 5.96（a）所示的操作选项上，用光标选定"格式化（Format）"，按【ENTER】键确认；示教器将显示图 5.97（a）所示的存储器格式化提示信息及软功能键〖YES（是）〗〖NO（不是）〗。

④ 按软功能键〖YES（是）〗，示教器可显示图 5.97（b）所示的"卷标（volume label）"输入页面。

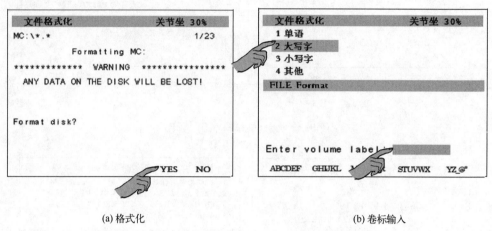

(a) 格式化　　　　　　　　　　　　(b) 卷标输入

图 5.97　储器格式化

⑤ 如果需要输入卷标，可用光标选定卷标（Enter volume label：）的输入区，按【ENTER】键选定后，示教器可显示卷标输入方法选项，然后利用与程序名称输入同样的操作输入卷标名。如果不需要输入卷标，直接按【ENTER】键结束格式化操作。

(5) 文件夹创建

存储卡、U 盘格式化完成后，可进行文件夹（目录）创建操作，其操作步骤如下。

① 将格式化完成的存储卡或 U 盘，插入系统主板插槽或系统控制柜面板的 USB 接口。

② 通过前述的存储器选择操作，选定存储卡"Mem Card（MC：）"或 U 盘"USB Disk（UDI：）"。

③ 按软功能键〖功能（UTIL）〗，在示教器显示的、图 5.96（a）所示的操作选项上，选定"制作目录（Make DIR）"，按【ENTER】键确认，示教器将显示文件夹创建显示页。

④ 光标选定图 5.98（a）所示的目录名称（Directory name：）的输入区，按【ENTER】键选定后，示教器可显示名称输入选项，然后利用程序名称输入同样的操作，输入目录名（如TEST1 等）。

⑤ 目录名称输入完成后，此目录的文件夹将自动成为图 5.98（b）所示的当前路径（如"MC：\TEST1\＊.＊"等）。

⑥ 如需要创建其他同级文件夹，可用光标选定图 5.99（a）所示的上级目录"＜DIR＞（Up one level）"行，按【ENTER】键，系统将返回图 5.99（b）所示的上级目录（如"MC：\＊.＊"等），然后用同样的方法创建其他同级文件夹的目录。

⑦ 如需要继续创建子文件夹，可用光标选定文件夹目录行（如"TEST1　＜DIR＞"等），按【ENTER】键，系统可进入该文件夹，然后用同样的方法创建子文件夹目录。

(6) 文件夹管理

存储卡、U 盘中的文件可进行删除、复制等操作，其操作步骤如下。

① 将保存有文件的存储卡或 U 盘插入系统主板插槽或控制柜面板的 USB 接口。

② 通过前述的存储器选择操作，选定存储卡"Mem Card（MC：）"或 U 盘"USB Disk

（UDI：）"，显示图 5.100（a）所示的存储器内容。

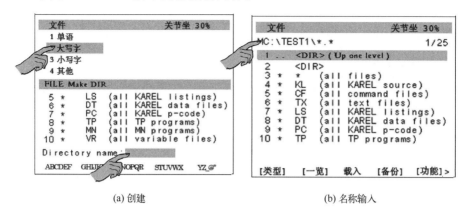

(a) 创建　　　　　　　　　　　(b) 名称输入

图 5.98　文件目录创建

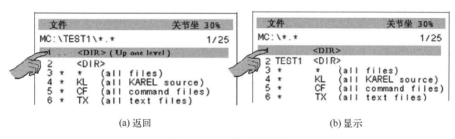

(a) 返回　　　　　　　　　　　(b) 显示

图 5.99　文件目录返回

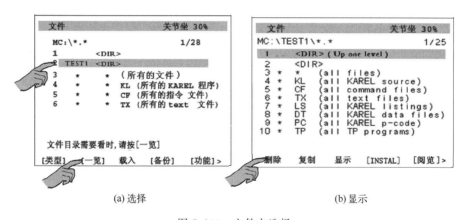

(a) 选择　　　　　　　　　　　(b) 显示

图 5.100　文件夹选择

③ 光标选定需要进行文件删除、复制等操作的文件夹目录，按软功能键〖一览（DIR）〗，示教器可进一步显示指定文件夹的文件、子目录。

④ 光标选定需要进行删除、复制操作的文件或目录，按【NEXT】键，示教器可显示图 5.100（b）所示的扩展软功能键，并进行如下操作。

〖删除（DELETE）〗：文件、目录删除。按软功能键，示教器将显示提示信息"可不可以删除？"及软功能键〖执行（YES）〗〖取消（NO）〗；按〖执行（YES）〗键，便可删除指定的文件、目录。删除目录时，如果该文件夹目录中还含有文件，则需要首先删除文件，然后，再删除目录。

〖复制（COPY）〗：文件、文件夹复制。按软功能键，示教器显示程序复制页面；利用程序名称输入同样的操作，输入新的文件、文件夹名称后，按【ENTER】键，示教器可显示提示信息"要复制吗?"及软功能键〖执行（YES）〗〖取消（NO）〗；按软功能键〖执行（YES）〗，所选择的文件、文件夹将被复制到新的文件、文件夹名称下。

5.5.2 文件保存与安装

文件保存是将控制系统当前的数据文件，保存到存储卡、U盘或系统FROM等永久存储器的操作；文件安装是将保存在存储卡、U盘或系统FROM等永久存储器中的数据文件，安装到控制系统的操作。

FANUC机器人控制系统的文件保存与安装可通过文件保存与安装操作、系统自动备份、系统控制启动、引导系统操作等多种方式实现。文件保存与安装操作的基本方法如下。系统自动备份、系统控制启动、引导系统操作的方法见后述。

(1) 文件保存

FANUC机器人的文件保存亦称文件备份，它可将当前控制系统DRAM、SRAM中保存的指定数据文件或全部文件，保存到存储卡、U盘、系统FROM等永久存储器上。

文件保存的操作步骤如下。

① 将格式化完成的存储卡或U盘插入系统主板插槽或系统控制柜面板的USB接口。

② 通过前述的存储器选择操作，选定存储卡"Mem Card（MC:）"或U盘"USB Disk（UDI:）"、系统FROM（FR:）。

③ 在文件操作基本显示页面上，按软功能键〖备份（BACKUP）〗，示教器可显示图5.101所示的文件选项，文件选项的含义如下。

参 数 文 件 （System Files）：系统文件（.SV），如系统参数、宏程序设定数据、伺服设定数据等。

TP 程 序 （TP Programs）：程序文件（.TP），机器人作业程序文件。程序文件也可通过程序编辑操作，利用程序编辑页面的软功能键〖另存为（SAVE）〗直接保存。

Application（应用）：不同用途机器人的系统特殊指令、参数、设定数据文件，如点焊机器人的SYSSPT.SV文件等。

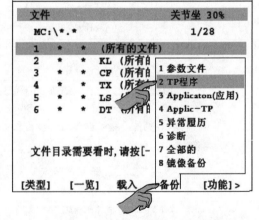

图 5.101 文件保存选择

Applic-TP：TP应用文件，如标准指令文件（.DF）、暂存器设定数据文件（.VR）、I/O配置数据文件（.IO）等。

异常履历（Error Log）：系统日志，如报警履历、操作履历等。

诊断（Diagnostic）：控制系统诊断信息，如伺服诊断数据等。

全部的（All of Above）：全部文件。

镜像备份（Image Backup）：镜像备份用于系统还原，它可进行系统FROM、SRAM数据的全盘复制与安装，还原系统状态。镜像备份一般通过后述的引导系统（BOOT MONITOR）操作实现，但在FANUC R-30iA、R-J3i-iC系统上，也可通过文件保存与安装操作进行。

④ 需要保存指定文件时，可将光标选定需要保存的文件，按【ENTER】键选定后，示教器可显示相应的操作提示信息和软功能键。例如，选择"TP程序"时，示教器可显示图5.102（a）所示的"Save MC:\-BCKEDT-.TP（-BCKEDT-.TP文件要保存吗?）"等。

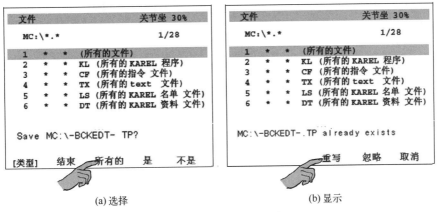

(a) 选择　　　　　　　　　　　(b) 显示

图 5.102　文件保存操作

文件保存操作页面的软功能键作用如下。

〖结束（EXIT）〗：退出备份操作。

〖所有的（ALL）〗：保存所选类型的所有文件。

〖是（YES）〗：保存当前备份文件。

〖不是（NO）〗：不保存当前备份文件，自动选择下一文件备份。

选择〖是（YES）〗进行文件保存操作时，如存储器存在同名文件，示教器将继续显示文件覆盖操作提示信息及对应的软功能键。例如，存储器存在同名 TP 程序文件时，示教器可显示图 5.102（b）所示的操作提示"MC:\-BCKEDT-.TP already exists（-BCKEDT-.TP 文件已经存在）"等。

文件覆盖操作页面的软功能键作用如下。

〖重写（OVERWRITE）〗：文件保存，覆盖存储器中的同名文件。

〖忽略（SKIP）〗：跳过文件，跳过存储器同名文件，继续保存下一文件。

〖取消（CANCEL）〗：取消，放弃文件保存操作。

根据需要，选择对应的软功能键；文件保存后，示教器返回存储器文件显示页面。

⑤ 需要保存系统所有文件时，光标选定图 5.103（a）所示的文件选择项"全部的（All of Above）"，按【ENTER】键选定；此时，示教器将显示图 5.103（b）所示的操作提示信息"删除 MC:\然后备份文件吗（Delete MC:\before backup files）?"及软功能键〖执行（YES）〗〖取消（NO）〗。

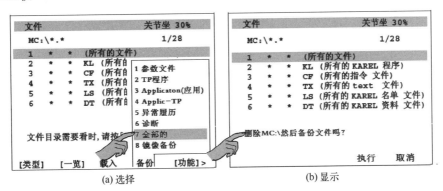

(a) 选择　　　　　　　　　　　(b) 显示

图 5.103　全部文件保存

按软功能键〖执行（YES）〗，示教器将继续显示确认信息"删除 MC:\与备份所有文件吗

(Delete MC:\and backup all files)?"；再次按软功能键〖执行（YES）〗，系统将删除存储卡中的全部数据并保存所有文件。

（2）文件安装

利用文件安装操作，可将保存在存储卡或 U 盘、系统 FROM 等永久存储器上的指定文件或全部文件，装载到控制系统 DRAM、SRAM 中。文件安装操作的步骤如下。

① 将保存有文件的存储卡或 U 盘，插入系统主板插槽或系统控制柜面板的 USB 接口。

② 通过前述的存储器选择操作，选定存储卡"Mem Card(MC:)"或 U 盘"USB Disk (UDI:)"、系统 FROM（FR:）。

③ 在文件操作基本显示页面上，按软功能键〖一览（DIR）〗，示教器可显示图 5.104 （b）所示的、存储器中保存的备份文件目录。

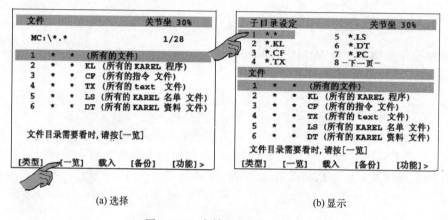

(a)选择　　　　　　　　　　　(b)显示

图 5.104　存储器文件目录显示

④ 光标选定需要安装的文件类别（扩展名），按【ENTER】键，可显示指定类别的文件；如选择"＊.＊"，可显示图 5.105 （a）所示的存储器中保存的全部文件。

⑤ 光标选定需要安装的文件（如程序文件 AGMSMSG.TP），按软功能键〖载入（LOAD）〗，示教器可显示图 5.105 （b）所示的提示信息"AGMSMSG.TP 的文件要载入吗（Load MC:\AGMSMSG.TP)?"及软功能键〖执行（YES）〗〖取消（NO）〗。

⑥ 按软功能键〖执行（YES）〗，指定的文件将被安装到系统中。安装完成后，示教器将显示提示信息"AGMSMSG.TP 载入完成（Load MC:\\AGMSMSG.TP)"。

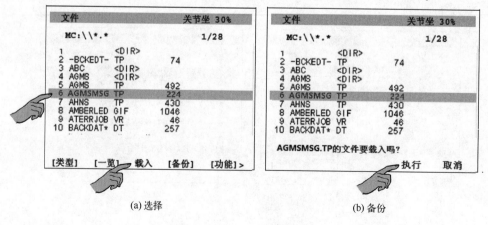

(a)选择　　　　　　　　　　　(b)备份

图 5.105　文件安装

⑦ 如系统已经存在同名文件，示教器将显示操作提示"AGMSMSG．TP 已经存在（MC：\\AGMSMSG．TP already exists）"及如下软功能键。

〖重写（OVERWRITE）〗：文件安装，系统中的同名文件被覆盖。

〖忽略（SKIP）〗：跳过文件，跳过系统中的同名文件，继续安装下一文件。

〖取消（CANCEL）〗：取消，放弃文件安装操作。

根据需要，选择对应的软功能键。文件安装完成后，示教器可返回系统文件操作基本页面显示。

5.5.3 系统备份与恢复

(1) 系统自动备份及操作

控制系统备份是将控制系统 SRAM、DRAM 中存储的数据，以文件的形式一次性保存到存储卡或 U 盘、系统永久性数据存储器 FROM 的操作；系统恢复是将保存在存储卡或 U 盘、系统永久性数据存储器 FROM 中存储的系统备份数据，以文件形式一次性安装到控制系统 SRAM、DRAM 的操作。

FANUC 机器人控制系统的自动备份功能可在指定的条件下，自动生成系统备份文件，并将其保存到指定的存储器上，其性质相当于文件保存选项选择"全部的（All of Above）"时的所有文件保存操作。保存有系统备份文件的存储器，同样可通过后述的系统"控制启动"操作，进行系统恢复。

自动备份可根据需要，在每天指定的时刻（最多允许备份 5 次/天），或者在间隔规定时间后的电源接通时刻，或者在指定 DI 信号输入 ON 时自动进行。自动备份文件一般保存在系统 FROM 存储器的自动备份数据保存区域 Backup（FRA：）或存储卡（MC：）上。备份文件的存储容量大致为"作业程序容量+0.2MB"；在通常情况下，系统 FROM 存储器的自动备份数据保存区或 1 张存储卡可保存系统多次自动备份。

保存系统自动备份数据的存储卡必须事先进行自动备份初始化设定；未经自动备份初始化的存储卡不能用于自动备份，因此当系统插入其他存储卡时，不会因系统自动备份而导致存储卡原数据的丢失。系统 FROM 存储器的自动备份数据保存区域 Backup（FRA：）已在出厂时进行自动备份初始化，无须进行初始化设定。

存储卡自动备份格式化将删除存储卡的全部数据，重新创建系统自动备份文件及目录。存储卡的自动备份格式化操作需要在专门的自动备份初始化设定页面中进行，普通的存储器格式化操作不能用于自动备份。

存储卡自动备份格式化的操作步骤如下。

① 将格式化完成的存储卡插入系统主板插槽，并通过前述的存储器选择操作选定存储卡"Mem Card（MC：）"。

② 在文件操作基本页面，按软功能键〖类型（TYPE）〗，光标选定图 5.106（a）所示的类型选项"自动备份"，按【ENTER】键，示教器可显示图 5.106（b）所示的自动备份存储卡初始化设定页面。

③ 光标选定设定项，按【ENTER】键选定后，用软功能键、数字键、【ENTER】键完成自动备份存储卡初始化设定（设定项及设定要求见下述）。

④ 按软功能键〖设定初值〗，选择存储卡自动备份格式化操作，此时示教器可显示格式化操作提示信息"为自动备份用，记忆装置要设定初值吗？"及软功能键〖是（YES）〗〖不是（NO）〗。

⑤ 按软功能键〖是（YES）〗，示教器将显示"请输入需要保存的备份版本数："输入框，

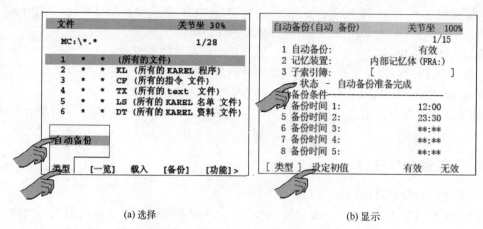

(a) 选择　　　　　　　　　　　　　　(b) 显示

图 5.106　存储卡自动备份格式化

用数字键输入存储卡需要保存的备份次数（1～99）后，按【ENETR】键即可进行存储卡自动备份格式化操作。

⑥ 存储卡自动备份格式化完成后，图 5.106（b）所示的自动备份初始化设定页面第 4 行的显示为"状态-自动备份准备完成"。如果存储卡不正确或格式化未完成，则显示为"状态-装置尚未准备好！！"

(2) 自动备份初始化设定

自动备份存储卡初始化设定的内容如图 5.107 所示，显示内容及设定要求如下。

自动备份：自动备份功能显示与设定。设定"有效"时，系统执行自动备份操作，设定"无效"时，自动备份功能无效。

记忆装置：自动备份数据保存位置。选择"内部记忆体（FRA:）"时，自动备份数据保存在系统 FROM 的自动备份数据保存区域；选择"存储卡（MC:）"时，自动备份数据保存在存储卡上。

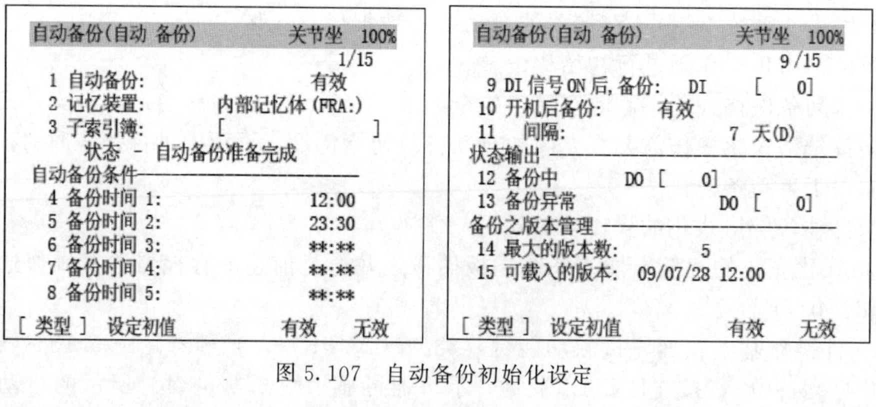

图 5.107　自动备份初始化设定

子索引簿：自动备份数据文件子目录设定（通常不设定）。

状态：存储器状态显示。完成自动备份格式化的存储器显示"自动备份准备完成"，不正确或未进行格式化的存储卡显示为"装置尚未准备好！！"。

备份时间 1～5：为控制系统每天执行自动备份的时间设定，最多为 5 次/天；不需要的时间可通过软功能键〖删除（DELETE）〗清除。

DI 信号 ON 后，备份：系统备份输入启动信号的 DI 地址设定。设定 0 时，系统备份不能通过 DI 信号控制。

开机后备份：系统电源接通时自动备份功能设定。设定"有效"时，系统电源接通时系统可按规定的间隔（见下项）执行自动备份操作；设定"无效"时，系统电源接通时不执行自动备份功能操作。

间隔：系统电源接通时自动备份间隔时间设定，时间单位可选择"D（天）"或"H（小时）""M（分）"。例如，当间隔设定为"7天"时，电源接通时自动备份操作的间隔时间为7天。

备份中：系统"自动备份中"状态输出信号DO地址设定。设定0时，状态输出功能无效。

备份异常：系统自动备份出错输出信号DO地址设定。设定0时，自动备份出错输出功能无效。

最大的版本数：存储器可保存的最大备份文件数（版本数）。当备份存储器选择系统FROM（FAR:\）时，如储存器容量不足，将自动删除最早保存的备份文件；如备份文件容量超过了存储器容量，则显示系统自动备份出错。当备份存储器选择存储卡（MC:\）时，如储存器容量不足，则直接显示系统自动备份出错。

可载入的版本：系统恢复用的备份文件选择。版本不设定时，系统自动选择最后保存的备份文件作为系统恢复文件。需要改变恢复文件版本时，可用光标选定图5.108（a）所示的版本输入区，按软功能键〖选择（CHOICE）〗，示教器可显示图5.108（b）所示的、存储器所保存的全部备份数据版本；光标选定所需的版本后，按【ENTER】键确认。

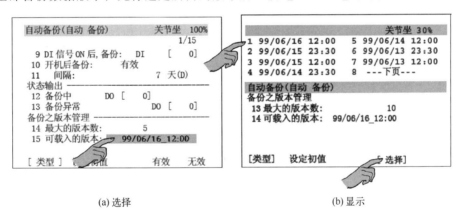

(a) 选择　　　　　　　　　　　　　　　　(b) 显示

图5.108　系统恢复版本选择

(3) 自动备份显示

FANUC机器人的系统自动备份的显示在不同版本的系统上有所不同。早期FANUC机器人的自动备份显示如图5.109所示。

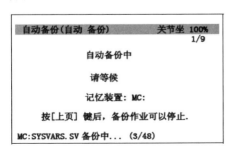

(a) 正常　　　　　　　　　　(b) 出错

图5.109　早期系统自动备份显示

备份正常时，示教器的信息提示行可显示图 5.109 (a) 所示的备份文件名称；自动备份完成后，示教器可恢复原显示页面。

备份出错时，示教器将显示图 5.109 (b) 所示的出错信息，故障处理（如更换存储卡）后，可按软功能键〖备份（BACKUP）〗，重新启动备份，或者按示教器的【PREV】键退出自动备份操作。

后期 FANUC 机器人的自动备份显示如图 5.110 所示。

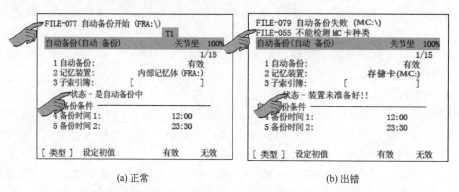

(a) 正常   (b) 出错

图 5.110　后期系统自动备份显示

备份正常时，示教器的状态显示行可显示图 5.110 (a) 所示的 "FILE-077 自动备份开始 (FAR:\)" 信息，并在自动备份初始化设定页面的第 4 行显示 "状态-是自动备份中"；备份完成后，示教器的状态显示行可显示 "FILE-078 自动备份完成" 信息，自动备份初始化设定页面的第 4 行将返回 "状态-自动备份准备完成" 显示。

备份出错时，示教器的状态显示行可显示图 5.110 (b) 所示的 "FILE-079 自动备份失败 (MC:\)、FILE-055 不能检测 MC 卡种类" 出错信息，并在自动备份初始化设定页面的第 4 行显示 "状态-装置未准备好!!"。出错信息将被记录到系统的故障履历中。

如初始化设定项 "备份中 DO" 的 DO 地址设定不为 "0"，系统执行自动备份操作时，还可在指定的 DO 信号上输出 ON 状态；如果初始化设定项 "备份异常 DO" 的 DO 地址设定不为 "0"，自动备份出错时，可在指定的 DO 信号输出 ON 状态。

FANUC 机器人控制系统的自动备份以后台方式执行，因此，无论自动备份是否正常，都不影响程序的自动运行；系统执行自动备份操作时，RSR/PNS 远程运行 UI 信号同样有效。此外，即使备份出错，也不会产生系统报警。

系统自动备份可以并只能通过示教器的【PREV】键强制中断；自动备份中断后，示教器可返回原显示页面。系统自动备份时，示教器的其他操作键均无效。

5.5.4　控制启动备份与恢复

FANUC 机器人控制系统的备份与恢复一般直接通过控制系统的 "控制启动（Controlled start）" 操作进行，其操作方法如下。

(1) 控制启动备份

利用控制启动进行系统备份的操作步骤如下。

① 将存储卡插入系统主板插槽。

② 同时按住示教器的【PREV】【NEXT】键，接通控制柜系统电源，直至示教器显示图 5.111 (a) 所示的系统配置菜单（CONFIGURATION MENU）。

③ 按示教器的数字键【3】，选择 "Controlled start（控制启动）" 后，按【ENTER】键

确认，示教器显示图 5.111 （b） 所示的控制启动菜单 （CTRL START MENU）。

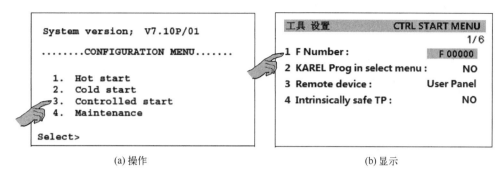

(a) 操作　　　　　　　　　　　　　(b) 显示

图 5.111　控制启动

④ 按示教器操作菜单键【MENU】，光标选定"文件（File）"操作项，按【ENTER】键，示教器可显示图 5.112 所示的、控制启动模式的文件操作页面。

控制启动文件操作页面的显示内容、软功能键以及存储设备选择、文件保存与安装操作等，均与正常的文件操作相同。

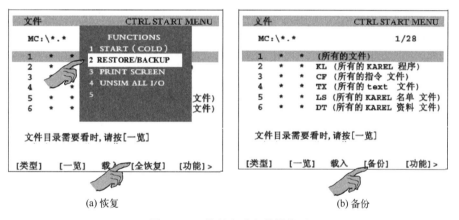

(a) 恢复　　　　　　　　　　　　　(b) 备份

图 5.112　控制启动文件操作页

⑤ 如果软功能键 F4 显示为〖全恢复（RESTORE）〗，可按示教器功能键【FCTN】，光标选定"全部载入/备份（RESTORE/BACKUP）"选项，按【ENTER】键便可使软功能键 F4 在图 5.112 所示的〖全恢复（RESTORE）〗与〖备份（BACKUP）〗间相互切换。

⑥ 按软功能键〖备份（BACKUP）〗选定备份文件后，便可通过前述文件操作备份同样的步骤，进行控制系统备份。

（2）控制启动恢复

利用控制启动进行系统备份的操作步骤如下。

① 将保存有系统备份的存储卡插入系统主板插槽。

② 通过与控制启动系统备份操作步骤②～④同样的操作，使示教器显示图 5.112 所示的控制启动文件操作页面、软功能键 F4 显示〖全恢复（RESTORE）〗。

③ 按软功能键〖全恢复（RESTORE）〗，示教器可显示图 5.113 （a） 所示的系统恢复选项。

④ 光标选定需要恢复的系统文件，按【ENTER】键，示教器可显示图 5.113 （b） 所示的操作提示信息"所有的文件从存储卡载入吗（Restore from Memory card （OVRWRT））?"及软功能键〖执行（YES）〗〖取消（NO）〗。

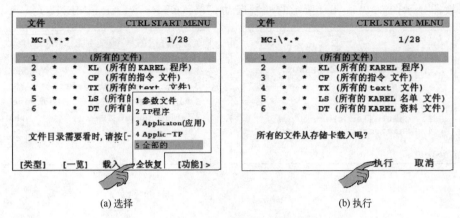

图 5.113 控制系统恢复

⑤ 按软功能键〖执行（YES）〗，执行系统恢复操作。

控制启动模式的系统恢复将覆盖系统现有文件，如果现有文件处于写保护或编辑状态，示教器将显示操作提示信息"Could not load file MC：\＊＊＊"或"MEMO-006 Protection error occurred"及软功能键〖忽略（SKIP）〗〖取消（CANCEL）〗，并在状态行显示出错信息"MEMO-006 Protection error occurred"。按〖忽略（SKIP）〗键，可跳过文件，继续恢复下一文件；按〖取消（CANCEL）〗键，可退出系统恢复操作。

⑥ 系统恢复完成后，按示教器功能键【FCTN】，光标选定控制启动文件操作页的"START（CLOD）"选项（参见图 5.112），按【ENTER】键，系统可进入正常操作模式。

5.5.5 系统备份与还原

(1) 镜像备份

镜像备份（Image Backup）在 FANUC 机器人说明书上有时被译作图像备份，这是一次性保存控制系统 FROM 及 SRAM 全部数据的操作。镜像备份文件重新安装到系统后，系统即被还原为备份时刻的状态。

FANUC 机器人控制系统的镜像备份文件需要保存到系统的存储卡（MC：）或安装有机器人调试软件的计算机（TFTP：）上。在通常情况下，系统的镜像备份一般通过后述的引导系统操作（BOOT MONITOR）进行，但在 FANUC R-30iA、R-J3i-iC 机器人控制系统上，也可直接通过文件操作进行镜像备份与系统还原。

利用文件操作进行镜像备份与系统还原的操作方法分别如下。在系统镜像备份执行期间，切不可进行系统断电、存储卡插拔等操作。

在使用 R-30iA、R-J3i-iC 控制系统的 FANUC 机器人上，利用文件操作进行镜像备份的操作步骤如下。

① 接通控制柜的电源总开关、启动控制系统。利用文件操作进行镜像备份与系统还原操作时，控制系统启动必须选择冷启动或热启动方式，而不能以初始化启动、控制启动等特殊方式启动操作；并且在系统执行备份与还原操作期间，不允许断开系统电源。

② 将控制面板的操作模式选择开关置示教模式 1（T1 或 T2）；并将示教器的 TP 开关置"ON"位置（镜像备份与系统还原操作必需）。

③ 将格式化完成的存储卡插入系统主板插槽。镜像备份与系统还原需要准备一张独立的存储卡，每张存储卡只能保存一台机器人的镜像备份文件；并且，在系统执行备份与还原操作期间，不允许拔出存储卡。

④ 通过前述的存储器选择操作，选定存储卡"Mem Card(MC:)"。

⑤ 在文件操作基本显示页面上，按软功能键〖备份（BACKUP)〗显示文件保存选项后，光标选定图 5.114（a）所示的"镜像备份（Image Backup)"，按【ENTER】键选定。

此时，如果存储卡中已保存有镜像备份文件，示教器将显示提示信息"可以删掉 IMG 文件吗?"及软功能键〖是（YES)〗〖不是（NO)〗。

按〖是（YES)〗，系统将继续显示操作提示信息"再度启动?"及软功能键〖OK〗〖取消（CANCEL)〗。按〖OK〗键，控制系统将自动重启并执行镜像备份操作，将系统 FROM、SRAM 中的数据依次写入到存储卡中，示教器显示图 5.114（b）所示的镜像备份文件写入进程；在系统镜像备份执行期间，切不可进行系统断电、存储卡插拔等操作。

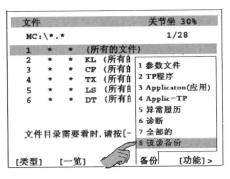

(a) 选择　　　　　　　　　　(b) 显示

图 5.114　镜像备份操作

⑥ 镜像备份正常完成时，示教器将显示操作提示信息"Image 备份正常地结束了"及软功能键〖OK〗；镜像备份出错时，示教器将显示操作提示信息"Image 备份失败"及软功能键〖OK〗，同时在故障履历上记录信息"SYST-223 Image backup 失败（＊＊)"，并在括号内显示出错原因。

⑦ 按〖OK〗键，示教器返回文件操作基本显示页面。

(2) 镜像备份还原

在使用 R-30iA、R-J3i-iC 控制系统的 FANUC 机器人上，利用文件操作进行的镜像备份可用于系统还原，系统还原的操作步骤如下。

① 将保存有镜像备份文件的存储卡插入系统主板插槽。

② 同时按住示教器的软功能键【F1】和【F2】，接通控制系统电源，直到示教器显示图 5.115（a）所示的系统还原存储器选择页面。

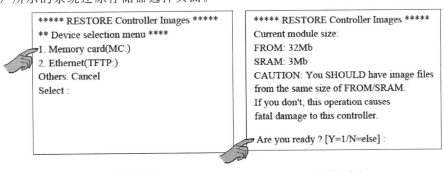

(a) 存储器选择　　　　　　　　　　(b) 操作确认

图 5.115　镜像备份还原操作

③ 按示教器的数字键【1】选定存储卡后，按【ENTER】键，示教器可显示图 5.115 (b) 所示的系统还原确认页面。

④ 按示教器的数字键【1】，启动系统还原操作。

执行系统还原操作时，示教器可显示系统还原进程；在系统还原期间，不可进行系统断电、存储卡插拔等操作。

(3) 引导系统备份与还原

引导系统操作 (BOOT MONITOR) 通常属于专业维修人员使用的高级操作模式，在该操作模式下，可以对控制系统进行初始化、软件安装与卸载、镜像备份与系统还原、系统备份与恢复、硬件诊断等特殊操作。

利用引导系统操作进行镜像备份与系统还原的操作可以用于所有 FANUC 机器人，其步骤如下。

① 将格式化完成的、专门用于镜像备份与系统还原的存储卡插入系统主板插槽。

② 同时按住示教器的软功能键【F1】和【F5】，接通控制系统电源，直到示教器显示图 5.116 (a) 所示的引导系统操作主菜单 (BMON MENU)。

③ 按示教器的数字键【4】选定 "Controller backup/restore（控制系统备份与恢复）" 操作菜单，按【ENTER】确认；示教器可显示图 5.116 (b) 所示的 "BACKUP/RESTORE MENU（系统备份与恢复）" 操作子菜单。

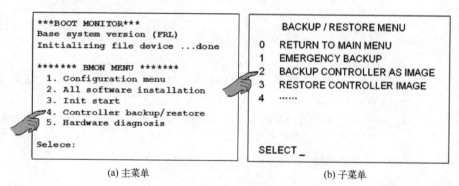

(a) 主菜单 (b) 子菜单

图 5.116　引导系统操作菜单

④ 按示教器的数字键【2】选择 "BACKUP CONTROLLER AS IMAGE（控制系统镜像备份）"，按【ENTER】确认；示教器可显示图 5.117 (a) 所示的镜像备份存储器选择菜单 (Device selection menu)。

⑤ 按示教器的数字键【1】选定存储卡 (Memory card)，按【ENTER】键，示教器可显示 5.117 (b) 所示的系统镜像备份确认页面。

⑥ 按示教器的数字键【1】，系统将启动镜像备份操作，将系统 FROM、SRAM 中的数据依次写入到存储卡中，示教器显示图 5.117 (c) 所示的镜像备份文件写入进程。在系统镜像备份执行期间，不可进行系统断电、存储卡插拔等操作。

⑦ 镜像备份完成后，示教器将显示操作提示信息 "Press ENTER to Return"；按【ENTER】键，示教器将返回引导系统操作主菜单 (BMON MENU)。

⑧ 关闭控制系统电源、重新启动后，系统便可恢复正常操作。

FANUC 机器人利用引导系统操作进行系统还原的步骤如下。

① 将保存有镜像备份文件的存储卡插入系统主板插槽。

② 同时按住示教器的软功能键【F1】和【F5】，接通控制系统电源，直到示教器显示图

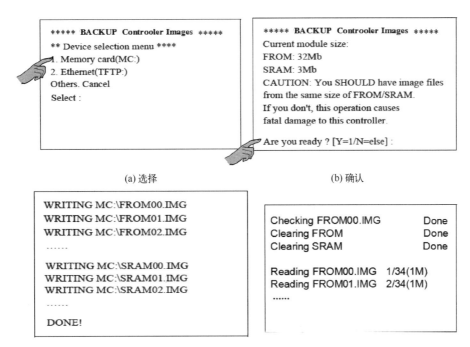

(a) 选择　　　　　　　　　　　　　　　　　　(b) 确认

(c) 备份进程　　　　　　　　　　　　　　　　(d) 还原进程

图5.117　引导备份、还原操作

5.116 (a) 所示的引导系统操作主菜单（BMON MENU）。

③ 按示教器的数字键【4】选定 "Controller backup/restore（控制系统备份与恢复）" 操作菜单，按【ENTER】确认，示教器可显示图 5.116 （b）所示的系统备份与恢复操作子菜单。

④ 按示教器的数字键【3】选择 "RESTORE CONTROLLER IMAGE（控制系统还原）"，按【ENTER】确认，示教器可显示图 5.117 （a）所示的系统还原存储器选择菜单。

⑤ 按示教器的数字键【1】选定存储卡（Memory card），按【ENTER】键，示教器可显示系统还原确认页面。

⑥ 系统还原操作启动后，示教器可显示图 5.117 （d）所示的系统还原进程。系统还原期间，不可进行系统断电、存储卡插拔等操作。

⑦ 系统还原完成后，示教器将显示操作提示信息 "Press ENTER to Return"；按【ENTER】键，示教器将返回引导系统操作主菜单（BMON MENU）。

⑧ 关闭控制系统电源，重新启动后，系统便可恢复正常操作。

第6章

FANUC机器人故障维修

6.1 控制系统状态监控

6.1.1 系统一般状态检查

(1) 状态监控的基本操作

FANUC 机器人控制系统的状态监控功能可用于系统软件版本、存储器状态、程序定时器、安全信号、运行时间、程序执行及伺服运行状态等基本信息的检查。

系统状态监控的基本操作步骤如下。

① 接通控制柜的电源总开关、启动控制系统，操作模式选择开关置示教（T1 或 T2），TP有效开关置 "ON" 位置（通常情况）。

② 如图 6.1 所示，按操作菜单键【MENU】，光标选定扩展菜单的 "状态（STATUS）"，按【ENTER】键确认，示教器即可显示系统监控基本页面。

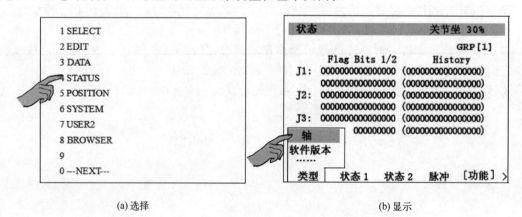

| (a)选择 | (b)显示 |

图 6.1 系统监控显示

③ 按软功能键〖类型（TYPE）〗，示教器可显示如下系统监控选项。

轴：可进行驱动器报警信号、编码器报警信号、系统跟随误差、电机输出转矩（电流）、转矩波动等状态的显示及进行伺服故障诊断等操作。

软件版本：可显示系统软件版本、附加功能配置、伺服电机型号及主要参数、电机与驱动器连接等系统基本软硬件配置参数。

程序计时器：可进行系统程序计时器（Timer）的显示与设定。

运转计时器：可进行系统通电时间、伺服驱动器接通时间、系统工作时间、系统待机时间的显示、设定。

安全信号状态：可显示急停、安全防护门、手握开关、示教器 TP 开关、关节轴超程开关、气压检测开关等安全信号的状态。

执行历史记录：可显示系统自动运行的程序名称、执行方式及当期执行状态等信息。

记忆体：可显示系统存储器种类、容量及已使用容量、剩余容量等基本信息。

④ 光标选定需要监控的类型选项，按【ENTER】键确认，示教器即可显示指定的系统状态监控页面，并进行相关操作。

(2) 系统配置检查

FANUC 机器人控制系统的软硬件配置可通过扩展操作菜单"状态（STATUS）"的〖类型（TYPE）〗选项"软件版本"显示；利用显示页的软功能键，可选择如下显示内容。

〖软件版本〗：可显示图 6.2（a）所示的系统当前软件的名称、序列号、版本号以及控制器、驱动器的 ID 号、机器人型号等基本信息。

〖软件构成〗：可显示图 6.2（b）所示的控制系统附加功能软件名称、订货号。

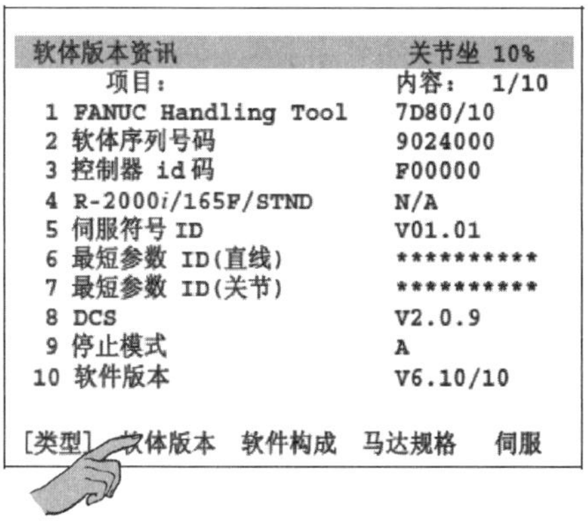

软体版本资讯	关节坐 10%		软体版本资讯	关节坐 10%
项目：	内容： 1/10		功能：	号码：1/128
1 FANUC Handling Tool	7D80/10		1 English Dictionary	H521
2 软体序列号码	9024000		2 Multi Language (KANA)	H530
3 控制器 id 码	F00000		3 FANUC Handling Tool	H542
4 R-2000i/165F/STND	N/A		4 Kernel Software	CORE
5 伺服符号 ID	V01.01		5 Basic Software	H510
6 最短参数 ID(直线)	**********		6 KAREL Run-Time Env	J539
7 最短参数 ID(关节)	**********		7 Robot Servo Code	H930
8 DCS	V2.0.9		8 R-2000i/165F	H740
9 停止模式	A		9 NOBOT	H895
10 软件版本	V6.10/10		10 Analog I/O	H550
[类型] 软体版本 软件构成 马达规格 伺服			[类型] 软体版本 软件构成 马达规格 伺服	

(a) 软件版本 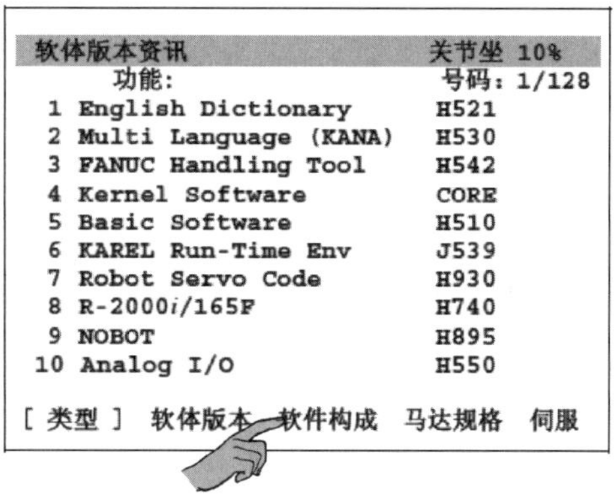　　　　　　　　　　　　　　　(b) 附加功能

图 6.2　系统软件检查

〖马达规格〗：可显示图 6.3（a）所示的关节轴伺服驱动电机型号/额定转速、额定电压（无标记为 AC200V，HV 为 AC400V）、额定电流以及驱动模块安装位置序号（H＊）、电机连接（DSP1-L/M 为第 1 个双轴驱动模块的第 1/2 轴）等状态参数。

〖伺服〗：可显示图 6.3（b）所示的各关节轴伺服驱动器的软件版本。

(3) 存储器状态检查

FANUC 机器人控制系统的存储器状态只能用于检查，用户不能进行存储区分配、容量更改等操作。存储器状态可通过图 6.4 所示的扩展操作菜单"状态（STATUS）"的〖类型（TYPE）〗选项"记忆体状态"显示，内容如下。

① 基本显示。存储器基本显示页的"领域"栏可显示存储器的数据类别，"程序"为机器人作业程序存储区，"恒久"为机器人设定及系统设定数据存储区，"暂时"为系统内存；"总计"栏可显示各存储区的总容量；"可用空间"可显示各存储区的剩余容量。

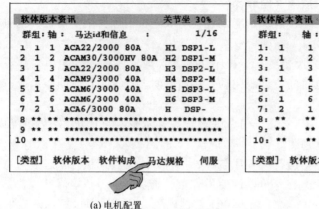

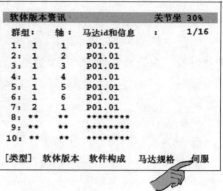

(a) 电机配置   (b) 软件版本

图 6.3 伺服驱动配置检查

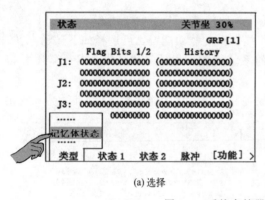

(a) 选择   (b) 显示

图 6.4 系统存储器基本显示

存储器基本显示页的"描述"栏可显示各存储区的数据文件扩展名。

按存储器基本显示页的软功能键〖帮助〗，可显示存储器监控的帮助信息，包括各存储区的简要说明等。显示帮助页面后，可通过示教器的【PREV】键返回存储器基本显示页。

② 细节显示。在存储器基本显示页上，按软功能键〖细节（CHOICE）〗，可进一步显示图 6.5 所示的详细显示页面，并在"硬件"栏显示系统内部存储的类别与容量。

FANUC 机器人控制系统的内部存储设备包括 DRAM、SRAM、FROM 三类。DRAM 相当于计算机内存，用于运行数据的临时存储，数据在断电后将丢失；SRAM 为系统的一般存储器，系统断电时数据可通过后备电池保持较长时间；FROM 是具有断电保持功能的永久性数据存储器，可用来永久保存各类文件。

按详细显示页的软功能键〖基本〗，示教器可返回基本显示页。

（4）程序定时器检查与设定

FANUC 机器人控制系统的程序定时器 TIMER [i]，可用于程序的延时控制、指令执行时间监控、程序块运行时间监控等，程序定时器最大允许设定 10 个，最大计时值为 2^{31} ms

图 6.5 存储器细节显示

（约 597h）。

程序定时器可通过扩展操作菜单"状态（STATUS）"的〖类型（TYPE）〗选项"程序计时器"显示，基本显示页（定时器一览表）的显示内容如图 6.6（a）所示，显示页可显示定时器序号、定时设定值及定时器名称（注释）。光标选定定时器所在行后，按软功能键〖细节（CHOICE）〗，可进一步显示图 6.6（b）所示的所选定的定时器显示与设定页面。

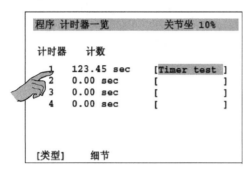
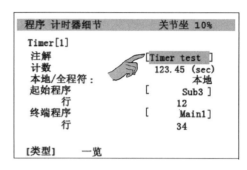

(a) 一览表   (b) 细节

图 6.6　程序定时器显示

光标选定定时器显示与设定页面的设定项后，便可利用数字键、软功能键、【ENTER】键设定如下定时器参数。

注解：定时器名称（注释）显示与设定。定时器名称的输入方法与程序名称输入相同。

计数：定时值设定，单位 s。

本地/全程符：定时器使用范围显示与设定。"本地"为指定程序使用定时器；"全局"为所有程序共用定时器。

起始程序/行：定时器启动指令"TIMER[i]＝START"所在的程序名称、指令行。

终端程序/行：定时器停止指令"TIMER[i]＝STOP"所在的程序名称、指令行。

定时器设定完成后，按显示页的软功能键〖一览〗，可返回程序定时器一览表显示页。

（5）运行时间的显示与设定

系统运行时间是用于机器人故障显示、易损件定期维护等功能的时间信息。运行时间可通过扩展操作菜单"状态（STATUS）"的〖类型（TYPE）〗选项"运行计时器"显示，显示内容如图 6.7 所示。

FANUC 机器人控制系统的运行计时器按运动组分配，每一运动组为 4 个；按软功能键〖群组＃〗，可输入群组号、选择其他运动组的运行定时器显示页面。运行计时器的显示内容如下。

通电时间：控制系统电源接通的总时间。

伺服 ON 时间：伺服驱动器主回路接通总时间。

工作时间：控制系统的程序自动运行时间（不含程序暂停时间）。

图 6.7　运行时间显示

等待时间：程序暂停、等待时间。

运行计时器可通过软功能键〖ON/OFF〗启动/关闭，或通过软功能键〖复位〗清除。

（6）程序执行记录

程序执行记录可显示控制系统当期执行的程序名称、指令行、执行方向及执行状态等程序基本执行情况。程序执行记录可通过扩展操作菜单"状态（STATUS）"的〖类型（TYPE）〗选项"执行历史记录"显示，显示内容如图6.8所示，多任务执行记录可按软功能键〖下页〗，进一步显示。

状态栏显示"执行完成"的程序执行记录，可通过同时按【SHIFT】键、软功能键〖清除〗删除；全部执行记录均显示"执行完成"时，同时按【SHIFT】键、软功能键〖全清除〗，可一次性删除。

6.1.2 伺服运行状态监控

(1) 伺服监控内容

如FANUC机器人的伺服运行状态可通过图6.9所示的扩展操作菜单"状态（STATUS）"的〖类型（TYPE）〗选项"轴"监控，利用显示页面的软功能键，可显示以下内容。

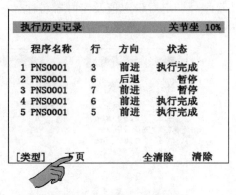

图6.8　程序执行记录显示

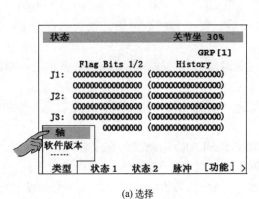

(a) 选择

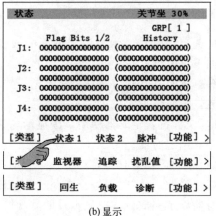

(b) 显示

图6.9　伺服运行监控显示

〖状态1（STATUS 1）〗：伺服驱动器报警监控信号（Flag Bits）显示，显示页面如图6.9 (b) 所示。

〖状态2（STATUS 2）〗：编码器报警监控信号（Alarm Status）显示。

〖脉冲（PULSE）〗：位置脉冲监控。

〖功能（UTIL）〗：运动组切换软功能键。

〖监视器（MONITOR）〗：基本状态监控，电机输出转矩、到位状态、超程、驱动器准备好等信号监控与显示。

〖追踪（TRACKING）〗：软浮动轴（跟随控制轴）状态监控。

〖扰乱值（DISTURB）〗：伺服电机输出转矩波动监控。

在部分机器人控制系统上，有时还可使用以下软功能键。

〖回生〗：驱动器再生制动功率监控。

〖负载〗：伺服电机负载转矩监控。

〖诊断〗：伺服驱动系统诊断（DIAGNOS）信息显示。

伺服运行监控的主要内容如下，伺服诊断显示见后述。

(2) 伺服报警状态 1

伺服报警状态 1 为伺服驱动器报警监控信号显示，报警信号按关节轴分配，不同关节轴的相同信号位 (bit) 含义一致（参见图 6.9）；驱动器发生指定报警时，对应位的状态显示将成为 "1"。

伺服驱动器报警信号为每一关节轴 32 位 (bit)，分 2 行 (Flag Bits 1/2) 显示；信号地址、代号及含义如表 6.1 所示。

表 6.1　伺服报警状态 1 的信号地址、代号及含义

显示行	信号地址	信号代号	含义
Flag Bits 1 （第 1 行）	bit 15	OHAL	伺服驱动器过热
	bit 14	LVAL	驱动器电源电压过低
	bit 13	OVC	驱动器（ALDF 为 0 时）或电机（ALDF 为 1 时）过载
	bit 12	HCAL	驱动器过电流
	bit 11	HVAL	驱动器过电压
	bit 10	DCAL	驱动器放电回路故障
	bit 9	FBAL	编码器计数出错（ALDF 为 0 时）或连接不良（ALDF 为 1 时）
	bit 8	ALDF	报警识别标记，用于 OVC、FBAL 报警识别
	bit 7	MCAL	驱动器主接触器不能正常断开
	bit 6	MOFAL	指令脉冲计数器溢出
	bit 5	EROFL	反馈脉冲计数器溢出
	bit 4	CUER	电流反馈异常，A/D 转换出错
	bit 3	SSTB	驱动器主电源接通，等待伺服 ON 信号
	bit 2	PAWT	驱动器参数被修改
	bit 1	SRDY	驱动器准备好
	bit 0	SCRDY	通信准备好，数据发送完成
Flag Bits 2 （第 2 行）	bit 15	SRCMF	轴校正数据出错
	bit 14	CLALM	轴发生碰撞
	bit 13	FSAL	风机不良
	bit 12	DCLVAL	直流母线电压过低
	bit 11	BRAKE	制动器出错
	bit 10	IPMAL	逆变功率管 (IPM) 故障
	bit 9	SFVEL	转矩控制模式（伺服软浮动）生效
	bit 8	GUNSET	伺服焊钳更换完成
	bit 7	FSSBDC	伺服总线 (FSSB) 连接不良
	bit 6	SVUCAL	伺服总线 (FSSB) 数据接收出错
	bit 5	AMUCAL	伺服总线 (FSSB) 数据发送出错
	bit 4	CHGAL	驱动器直流母线充电回路故障
	bit 3	NOAMF	驱动器连接出错
	bit 2～bit 0	—	系统预留，状态始终为 0

(3) 伺服报警状态 2

伺服报警状态 2 为编码器报警状态显示，显示内容如图 6.10 所示，每一关节轴为 16 位 (bit) 二进制信号；信号地址、代号及含义如表 6.2 所示。

(4) 位置脉冲监控

FANUC 机器人伺服驱动系统各轴的位置脉冲可通过示教器显示与监控，显示内容如图 6.11 所示，位置脉冲按关节轴分配，不同关节轴的含义一致，显示页的内容如下。

Position Error：位置跟随误差。以脉冲形式显示的伺服轴位置跟随误差，即伺服驱动器指令脉冲（指令位置）与电机反馈脉冲（机械位置）之间的差值。

Machine Pulse：机械位置。来自伺服电机编码器的关节轴位置反馈脉冲（绝对位置计数值）。

表 6.2　伺服报警状态 2 的信号地址、代号及含义

显示行	信号地址	信号代号	含义
Alarm Status	bit 15～12	—	系统预留,状态始终为 0
	bit 11	SPHAL	编码器计数信号异常,编码器或反馈连接不良
	bit 10	STBERR	编码器通信异常,停止位出错
	bit 9	CRCERR	编码器通信异常,数据奇偶校验出错
	bit 8	DTERR	编码器通信异常,无应答信号
	bit 7	OHAL	编码器过热
	bit 6	CSAL	编码器通信异常,数据"和校验"出错
	bit 5	BLAL	编码器电池电压过低
	bit 4	PHAL	编码器计数信号不正确,编码器或反馈连接不良
	bit 3	RCAL	编码器速度反馈信号异常,零脉冲信号故障
	bit 2	BZAL	编码器电池电压为 0
	bit 1	CKAL	编码器时钟信号出错
	bit 0	—	系统预留,状态始终为 0

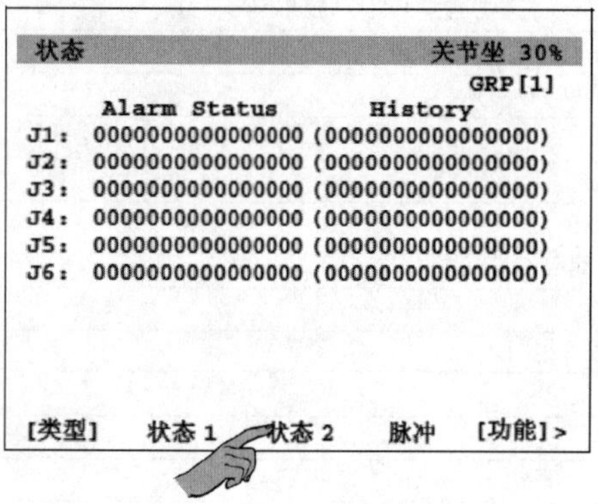

图 6.10　伺服报警状态 2 显示

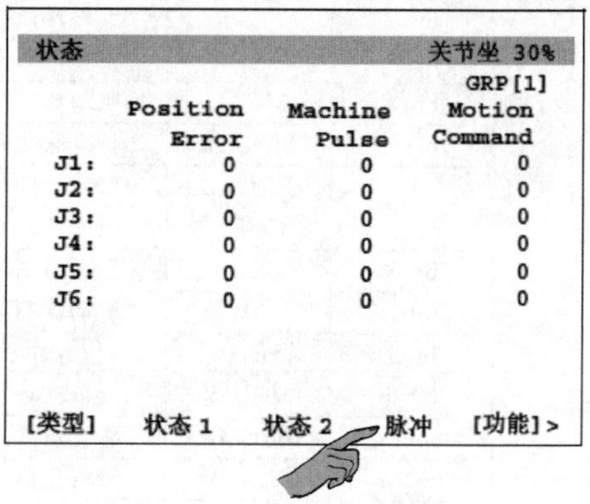

图 6.11　位置脉冲监控

Motion Command：指令位置。以脉冲形式显示的、来自机器人控制器的指令位置。

(5) 基本状态监控

FANUC 机器人的伺服轴基本状态可通过伺服运行监控显示页的扩展软功能键〖监视器(MONITOR)〗显示,显示内容如图 6.12 所示,基本状态按关节轴分配,不同关节轴的含义一致。基本状态的监控显示如下。

Torque Monitor Ave. / Max.：电机输出转矩平均/最大值。

Inpos：驱动器到位信号状态显示。显示"1"表示轴到位(跟随误差小于到位允差值);"0"代表轴运动中或定位超差(跟随误差大于到位允差值)。

OT：轴超程信号状态显示。"1"表示运动轴超程。

VRD：驱动器准备好。"ON"表示驱动器准备好,"OFF"代表驱动器存在报警或伺服 ON 信号未输入。

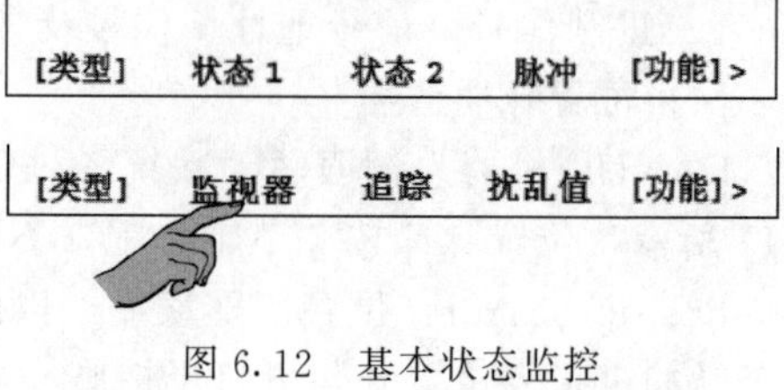

(6) 跟随轴监控

FANUC 机器人的跟随轴监控可通过伺服运行监控显示页的扩展软功能键〖追踪〗显示,显示内容如图 6.13 所示。跟随轴监控同样按关节

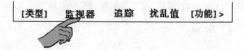

图 6.12　基本状态监控

轴分配，不同关节轴的含义一致，监控显示如下。

Flag Bits 1、Flag Bits 2：伺服驱动器报警（伺服报警状态1），报警信号地址、代号及含义与常规控制轴同，详见表6.1。

Alarm Status：编码器报警（伺服报警状态2），报警信号地址、代号及含义与常规控制轴同，详见表6.2。

Counter Value：跟随轴位置计数值。

(7) 转矩波动监控

FANUC 机器人的转矩（电流）波动监控可通过伺服运行监控显示页的〖扰乱值〗显示与监控，其显示如图6.14所示。转矩（电流）波动监控按关节轴分配，不同关节轴的含义一致，监控显示如下。

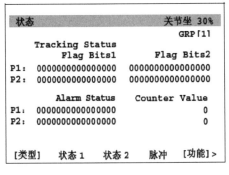

图 6.13　跟随轴监控

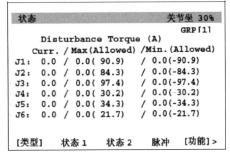

图 6.14　转矩波动监控

Curr.：电机当前输出转矩（实际输出电流）。

Max（Allowed）：电机允许的最大输出转矩（正向最大电流）。

Min.（Allowed）：电机允许的最小输出转矩（反向最大电流）。

6.1.3　伺服诊断与安全监控

(1) 伺服诊断

FANUC 机器人控制系统的伺服诊断通常属于附加功能，在选配诊断功能的机器人控制系统上，可通过以下操作进一步显示伺服诊断页面。

① 伺服运行监控页面上，按示教器的扩展键【NEXT】，使示教器显示软功能键〖诊断〗。

② 按软功能键〖诊断〗，示教器可显示伺服诊断的初始显示页（主机诊断页）及软功能键，按示教器操作键【NEXT】，可进一步显示软功能键。

③ 按不同软功能键，可显示对应的伺服诊断数据。

④ 按示教器操作键【PREV】，可返回伺服运行监控显示页面。

FANUC 机器人控制系统的伺服诊断显示如图6.15所示，软功能键的作用如下。

〖主机〗："主机"通常就是伺服诊断的初始显示页，其显示内容如图6.15 (a) 所示。在"主机"诊断页面上，示教器可集中显示后述所有伺服诊断项目中，运行情况最差、器件老化最严重的全部诊断数据。例如，"减速机"项可显示所有减速器中，寿命最短的减速器剩余使用时间等。

〖减速机〗：可显示图6.15 (b) 所示的减速器使用寿命管理页面，"使用寿命"栏可显示减速器已使用的时间（百分率），"到100％（预测）"栏可显示实际使用寿命计算值（小时）。

〖过热〗：可显示图6.15（c）所示的伺服变压器、各轴伺服电机的热损耗电流（额定电流的百分率）。

〖帮助〗：显示图6.15（d）所示的当前诊断项目的说明文本。

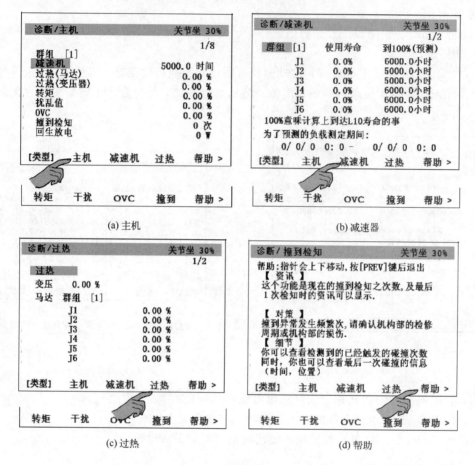

(a) 主机

(b) 减速器

(c) 过热

(d) 帮助

图6.15　伺服诊断显示1

伺服诊断第2页显示如图6.16所示，软功能键的作用如下。

〖转矩〗：可显示图6.16（a）所示的各关节轴伺服电机的当前输出转矩（额定转矩的百分率）。

〖干扰〗：可显示图6.16（b）所示的以额定转矩百分率形式显示的各轴伺服电机的当前输出转矩（现在）、正向最大输出转矩（最大）、反向最大输出转矩（最小）。

〖OVC〗：可显示图6.16（c）所示各轴伺服电机的当前温度（过热报警的百分率）。

〖撞到〗：可显示图6.16（d）所示的最近一次碰撞的输出转矩波动与发生时间，以及各轴伺服电机的累计碰撞次数、最近一次碰撞的位置等信息。

（2）安全信号监控

FANUC机器人控制系统的安全信号包括急停按钮、关节轴超程开关、安全栅栏防护门开关，示教器的手握开关（Deadman开关）、TP开关（示教器有效开关），以及来自机器人的气压报警、抓手（工具）断裂、带断裂等。

FANUC机器人控制系统的安全信号可通过扩展操作菜单"状态（STATUS）"的类型选项"安全信号状态"选择与显示，显示内容如图6.17所示。

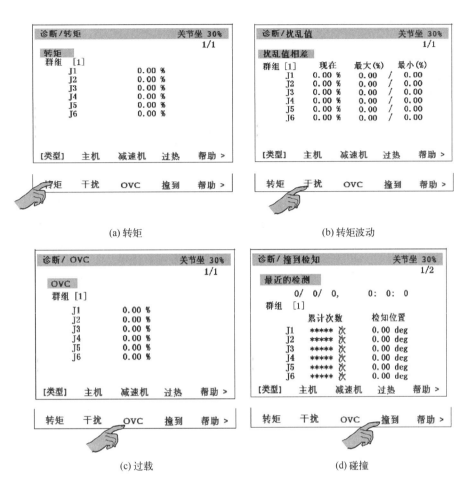

图 6.16　伺服诊断显示 2

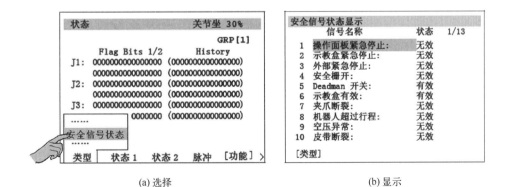

图 6.17　安全信号显示

　　安全信号的监控页面可直接显示安全信号的当前输入状态。信号的实际使用情况与机器人控制系统实际连接有关，例如，部分机器人可能不使用关节轴超程开关、安全栅栏防护门及气压报警、抓手（工具）断裂、带断裂等信号。

6.2 系统一般故障与处理

6.2.1 电源故障与处理

控制系统电源故障是工业机器人的常见故障，输入电源不良、系统连接错误、电线电缆破损、器件故障等均可能引起电源故障。机器人控制系统的各部分电源都安装有短路保护的熔断器，当电源短路时，对应的熔断器将被熔断，相关的控制电路、控制器件不能工作，使得机器人出现示教器无显示或不能正常显示、系统出现驱动器报警等故障。

R-30iB 系统电源故障检查与处理的一般方法如下。

(1) AC200V 主回路检查与故障处理

机器人与系统安装连接完成、外部输入电源正确时，如出现控制柜电源总开关接通后，控制柜风机不转、示教器无显示等现象，故障多与 AC200V 主回路器件及连接有关，应根据第 4 章 4.3 节的主回路原理图 4.28，按以下步骤进行检查与处理。

① 检查控制柜电源总开关输入侧电源，确认输入电压正确。

② 合上电源总开关 QF1，测量开关输出侧，确认电压正确。如总开关输出侧无电压或缺相，应检查总开关连接或更换总开关；如输出正确，继续以下检查。

③ 测量电源滤波器 NE1 输入侧 U1/V1/W1 及输出侧 U2/V2/W2 的电压，确认滤波器 U2/V2/W2 电压正确，否则，更换电源滤波器。

④ 测量图 6.18 所示的急停单元主接触器输入及急停控制板的预充电电源连接器 CNMC6、AC200V 风机电源输入连接器 CP1，确认输入电压正确，否则，检查连接线与连接器，保证连接正确。

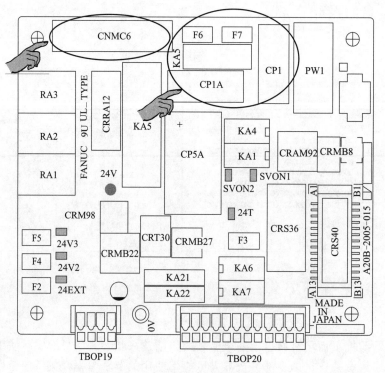

图 6.18 输入电源与风机故障检查

⑤ 确认控制柜风机已正常旋转。风机不能旋转时，应检查图 6.18 所示急停控制板的风机连接器 CP1A 输出电压。如输出电压不正确，继续下一步检查；否则，进入步骤⑦。

⑥ 检查图 6.18 所示急停控制板的熔断器 F6/F7。如熔断器熔断，断开连接器 CP1A 的风机连接电缆，测量连接器 CP1A 的连接端 1/2 是否存在短路，连接端未短路时，更换熔断器，并继续下一步检查；否则，对急停控制板进行维修、更换处理。

⑦ 检查风机连接电缆，确认连接无误时，更换控制柜风机单元。

⑧ 取下急停控制板的驱动器预充电连接器 CNMC6 和伺服驱动器主电源连接器 CRR38A 的连接电缆，利用主接触器的手动操作件接通主接触器的触点，测量连接电缆的 CRR38A 连接端电压。电压不正确时，检查、更换伺服驱动器的主电源连接线或主接触器，保证 CRR38A 连接端电压正确；电压正确时，重新安装 CRR38A、CNMC6 连接电缆，完成 AC200V 主回路检查。

（2）DC24V 电源检查与故障处理

R-30iB 系统的 IR 控制器、示教器及伺服驱动器控制板的电源均为 DC24V，由控制柜的 DC24V 电源单元统一提供，DC24V 电源不良时，系统将出现示教器无显示、显示不能变化、驱动器不能正常启动等故障而无法正常工作。

DC24V 电源不良时，应首先检查 DC24V 电源单元的 DC24V 输出。DC24V 不正确时，应根据第 4 章 4.3 节的主回路原理图 4.28，检查电源单元的 AC200V 输入，如输入正确，则需要更换 DC24V 电源单元。

R-30iB 系统各控制部件的 DC24V 电源，由急停单元的控制板进行分组和短路保护。控制板的 DC24V 电源指示灯、保护熔断器安装如图 6.19 所示，熔断器熔断时，对应的熔断器指示灯将亮。

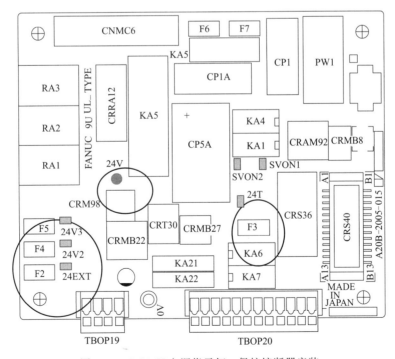

图 6.19　DC24V 电源指示灯、保护熔断器安装

DC24V 电源故障时，可对照第 4 章 4.3 节的 DC24V 电源电路原理图 4.29，进行表 6.3 所示的检查与处理。

表 6.3 DC24V 电源故障的检查与处理

电源	熔断器	指示灯	用途	检查与处理
24V	—	—	DC24V 输入	无 DC24V 时,应检查 DC24V 电源单元输出及控制板 DC24V 电源连接器 CP5A,确认输入正确
24T	F3	24T	示教器电源	指示灯亮,代表示教器 DC24V 电源短路,应首先检查急停控制板连接器 CRS36 及示教器连接电缆,确认连接无误时,更换急停控制板或示教器
24V-3	F5	24V3	IR 控制器电源	指示灯亮,代表 IR 控制器电源短路,应检查急停控制板与 IR 控制器、IR 控制器风机及其他输入/输出部件的连接电缆及连接电路(参见第 4 章图 4.52);确认连接无误时,更换 IR 控制器后板及主板中的不良部件
24V-2	F4	24V2	急停控制板电源	指示灯亮,代表急停控制板电源短路,应检查急停控制板与 IR 控制器、伺服控制板的连接电缆及连接电路(参见第 4 章图 4.32);确认连接无误时,更换急停控制板、IR 控制器主板、伺服控制板中的不良部件
EXT24	F2	24EXT	急停控制板安全电路电源	指示灯亮,代表急停控制板的急停控制电路电源短路,应检查急停控制电路(参见第 4 章图 4.31)及示教器、控制柜面板急停信号连接,急停控制板不良时,更换控制板

6.2.2 示教器显示故障与处理

机器人安装和控制系统连接完成、控制柜电源总开关接通后,如果示教器无显示,或者不能正常显示,故障可能的原因及分析处理方法如下。

(1) 示教器无显示

R-30iB 系统在输入电源电压、连接正确时,如控制柜电源总开关 ON 后,示教器无任何显示,代表示教器未正常工作,大多因示教器电源故障引起,应重点检查示教器电源电路与相关器件。

FANUC 机器人控制系统的示教器电源由控制柜的 DC24V 电源单元经连接器 CP5A 输入到急停控制板后,再通过示教器连接器 CRS36 及电缆,连接到示教器。因此,当系统出现电源总开关 ON 后示教器无任何显示故障时,可按图 6.20 进行如下分析与处理。

① 检查急停控制板的 DC24V 输入电源指示 24V。DC24V 不正确时,代表急停控制板 DC24V 电源输入不良,继续进行下一步检查;24V 正常时,代表 DC24V 电源单元工作正常,进入步骤④。

② 测量连接器 CP5A 的 DC24V 输入连接端。如无 DC24V 输入,继续进行下一步检查;如 DC24V 输入正常,代表急停控制板不良,进入步骤⑥。

③ 测量 DC24V 电源单元输出。如无 DC24V 输出,进行 DC24V 电源检查与故障处理(见前述);如 DC24V 输出正常,检查电源单元与急停控制板的连接。

④ 检查图 6.20 所示的急停控制板上的示教器 DC24V 电源指示灯 24T。指示灯 24T 亮,代表示教器 DC24V 电源保护熔断器 F3 熔断,继续进行下一步检查;指示灯 24T 不亮,代表熔断器 F3 正常,进入步骤⑥。

⑤ 测量、检查急停控制板的示教器连接器 CRS36 及连接电缆,在确认电缆连接正常、DC24V 无短路的前提下,更换熔断器 F3,重复步骤④。

⑥ 确认急停控制板、示教器全部连接无误时,更换急停控制板、示教器。

(2) 示教器只显示开机页面

R-30iB 系统在控制柜电源总开关 ON 后,如示教器只显示、保持开机页面,代表 DC24V 电源单元和示教器正常,但 IR 控制器不能正常工作,故障大多因 IR 控制器软硬件不良引起,应进行以下硬件检查,或利用 IR 控制器状态指示灯确认软件故障原因(见后述)。

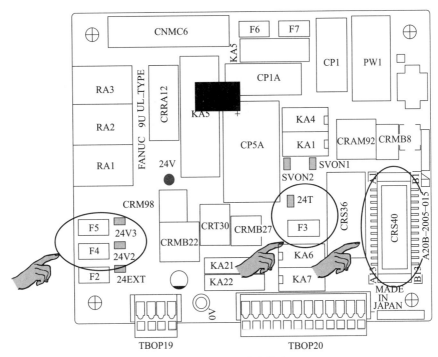

图 6.20　示教器故障检查

IR 控制器电源电路检查的步骤如下。

① 检查图 6.20 所示的急停控制板 DC24V 电源指示灯 24V2。指示灯亮，代表熔断器 F4 熔断，继续下一步检查；指示灯不亮，代表熔断器 F4 正常，进入步骤③。

② 急停电路使用外部电源 24EXT/0EXT 供电时，确认急停单元接线端 TBOP19 外部电源输入端 24EXT/0EXT 与急停控制板电源 24V2 连接端 INT24/INT0 间的短接线已断开；急停单元连接器 CRMB22 连接外部安全监控电路时，确认电路无故障。

③ 检查图 6.20 的急停单元控制板和图 6.21 所示的 IR 控制器示教器连接器 CRS40 及连接电缆，确认连接正确。

④ 检查图 6.21 所示的 IR 控制器状态指示区的指示灯和数码管。如所有指示灯和数码管均不亮，继续进行下一步检查，否则，利用 IR 控制器的状态指示灯和数码管确认软件故障原因（见后述）。

⑤ 检查 IR 控制器电源输入熔断器 FU1（FUSE1），如 FU1 熔断，继续下一步检查，如 FU1 未熔断，进入步骤⑦。

⑥ 检查图 6.21 所示 IR 控制器连接器 CRMA15/16 的 DI/DO 信号连接电路，确认 DI/DO 电源 DC24V（24F）连接正确、I/O 器件及连接线无短路。

⑦ 检查 IR 控制器的控制柜面板、风机及连接，确认连接无误、器件无不良。

⑧ 在使用 I/O-Link 网络设备、RS232C 通信设备及 IR 控制器扩展插槽的系统上，确认网络通信设备、扩展模块无故障。

⑨ 检查确认急停控制板、IR 控制器全部连接正确、外部设备无故障的前提下，更换急停控制板或 IR 控制器主板、背板。

6.2.3　系统软件故障与处理

(1) 状态指示灯安装

在机器人控制系统启动或运行过程中，如出现重大软硬件错误，将导致示教器无法正常显

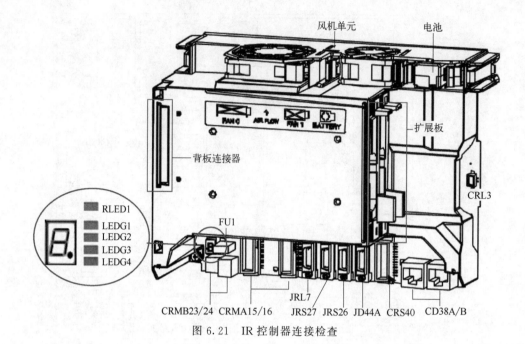

图 6.21 IR 控制器连接检查

示，此时，可利用 IR 控制器主板的状态指示灯和数码管，来大致确定故障部件与原因。

R-30iB 系统主板的指示灯与数码管安装如图 6.22 所示，作用如下。

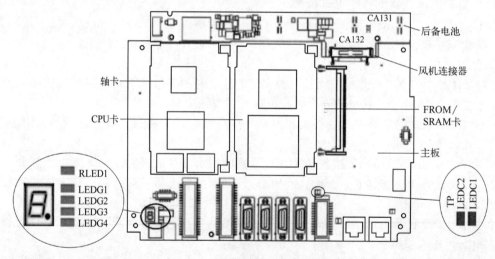

图 6.22 IR 控制器状态指示灯安装

RLED1（红色）：CPU 卡报警，指示灯亮，代表 CPU 卡不良，如 CPU 卡安装无误，一般需要更换新卡。

LEDG1～LEDG4（绿色）：系统软件运行状态指示。IR 控制器电源接通时，4 个指示灯将短时间同时亮，随后进入系统数据存储器初始化、通信处理器数据初始化、系统基本功能软件安装、附加功能软件安装、伺服驱动器启动、DI/DO 状态刷新等操作；启动过程完成、系统正常工作时，指示灯 LEDG1/2 闪烁，LEDG3/4 亮。软件运行状态指示灯的显示及故障处理方法见下述。

数码管：报警显示，用于示教器无法正常显示时的重大故障辅助诊断。数码管报警显示状态指示灯的显示及故障处理方法见下述。

TP/LEDC1（RX/TX，绿色）：示教器 I/O-Link 总线通信指示，示教器正常工作时，指示灯闪烁。

TP/LEDC2（LINK，绿色）：示教器 I/O-Link 总线连接指示，示教器连接正确时，指示灯亮。

(2) 软件运行状态指示

在通常情况下，系统发生软件故障时，IR 控制器将不能完成正常的启动过程，系统软件运行状态指示灯 LEDG1～LEDG4 将停留在已执行完成的状态，无法继续显示后续状态，因此，维修人员可根据指示灯的状态大致判断软件故障的原因，并进行相关处理。

R-30iB 系统的软件启动过程、指示灯状态及故障处理方法如表 6.4 所示。

表 6.4　软件启动过程与故障处理方法

步骤	执行操作	指示灯状态（LED）				故 障 处 理
		G1	G2	G3	G4	
1	电源接通	●	●	●	●	短时全亮,随即进入步骤2;状态不变时,更换CPU卡或主板
2	软件启动	○	○	○	○	短时全暗,随即进入步骤3;状态不变时,更换CPU卡或主板
3	DRAM 初始化完成	○	○	○	●	状态不变时,更换CPU卡或主板
4	通信处理器初始化	○	○	●	○	状态不变时,更换FROM/SRAM卡或CPU卡、主板
5	通信处理器初始化完成	○	○	●	●	
6	基本软件安装完成	○	●	○	○	状态不变时,更换FROM/SRAM卡或主板
7	基本软件开始运行	○	●	○	●	状态不变时,更换FROM/SRAM卡或CPU卡、主板
8	建立示教器通信	○	●	●	○	状态不变时,更换FROM/SRAM卡或主板
9	附加功能软件安装完成	○	●	●	●	状态不变时,更换I/O模块或主板
10	DI/DO 初始化	●	○	○	○	状态不变时,更换FROM/SRAM卡或主板
11	SRAM 初始化完成	●	○	○	●	状态不变时,更换轴卡或伺服驱动器控制板、主板
12	轴卡初始化	●	○	●	○	
13	关节轴位置设定完成	●	○	●	●	
14	伺服驱动器启动	●	●	○	○	状态不变时,更换主板
15	执行系统程序	●	●	○	●	状态不变时,更换I/O模块或主板
16	DI/DO 状态刷新	●	●	●	○	状态不变时,更换主板
17	系统启动结束	●	●	●	●	—
18	软件正常工作	☆	☆	●	●	—

注：●为亮；○为暗；☆为闪烁。

(3) 数码管报警显示

R-30iB 系统 IR 控制器主板安装的数码管可用于故障辅助诊断，当系统运行过程中发生重大软硬件故障，导致示教器无法正常显示时，可利用数码管的报警显示来大致确定故障部件与故障原因。

IR 控制器主板的数码管报警显示及故障处理的一般方法如表 6.5 所示。

表 6.5　数码管报警显示与故障处理

数码管状态	故障原因	故障处理
0.	CPU 卡 DRAM 奇偶报警	更换 CPU 卡或主板
1.	FROM/SRAM 奇偶报警	更换 FROM/SRAM 卡或主板
2.	总线通信出错	更换主板

续表

数码管状态	故障原因	故障处理
3.	通信处理器 DRAM 奇偶报警	更换主板
5.	伺服驱动器启动出错	更换轴卡或主板
6.	系统急停(SYSEMG)报警	更换轴卡、CPU 卡或主板
7.	系统出错(SYSFAIL)	更换轴卡、CPU 卡或主板
8.	主板 DC5V 电源接通、无报警	—

6.3 报警显示与伺服报警分类

6.3.1 系统报警显示

(1) 报警显示

机器人控制系统启动、示教器正常工作时，如果系统运行过程中出现程序、操作错误，或者发生不影响示教器正常显示的软硬件故障时，控制系统将产生报警，示教器的报警指示灯"FAULT"亮，显示器的第 1、2 行自动显示报警名称、报警代码与故障原因。与此同时，系统根据报警重要度，使程序自动运行进入程序暂停、急停或强制结束状态，对驱动器主电源进行相应的通断处理。

R-30iB 系统的报警重要度可通过"报警履历"的细节显示页面查看，操作步骤如下。

① 按示教器操作菜单键【MENU】，光标选择"异常履历（ALARM）"，按【ENTER】确认，示教器可显示图 6.23（a）所示的报警履历选择页面。

② 按软功能键〖履历（HIST）〗，示教器可显示图 6.23（b）所示的报警履历显示页面。

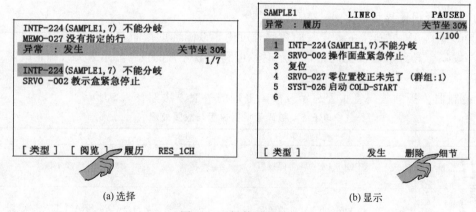

(a) 选择　　　　　　　　　　　　　(b) 显示

图 6.23　报警履历显示

③ 光标选定对应的报警序号，按软功能键〖细节（DETAIL）〗，示教器可显示图 6.24 所示的、指定报警的详细显示页面，并在"细节异常"栏依次显示如下内容。

报警名称：如程序分支出错时，可显示"INTP-224（SAMPLE1，7）不能分歧"等。

报警代码与原因：如程序分支出错时，可显示"MEMO-027 没有指定的行"等。

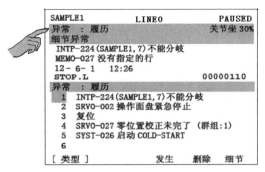

图 6.24　报警细节显示

报警时间：如"12-6-1　12：26"等。

重要度：如"STOP. L　00000110"的重要度为"STOP. L（机器人停止）"等。

显示页的软功能键〖删除（CLEAR）〗，用于报警履历删除操作，按住示教器的【SHIFT】键同时按软功能键〖删除（CLEAR）〗，可删除报警履历；按软功能键〖发生〗，可返回报警履历显示页面。

(2) 报警重要度及处理

FANUC 机器人控制系统的报警重要度分为系统警示 WARN、程序暂停 PAUSE. L（LOCAL，局部）/PAUSE. G（GLOBAL，全局）、程序停止 STOP. L（LOCAL，局部）/STOP. G（GLOBAL，全局）、程序终止 ABORT. L（LOCAL，局部）/ABORT. G（GLOBAL，全局）、伺服报警 SERVO/SERVO2、系统出错 SYSTEM 几类。发生报警时，控制系统将根据重要度，对机器人运动和运行程序进行表 6.6 所示的处理。

表 6.6　报警重要度与系统处理

重要度	系 统 处 理			
	程序运行	轴运动	驱动器主电源	处理对象
WARN	正常执行	正常运动	正常接通	—
PAUSE. L	当前指令执行完成后停止	到位停止	正常接通	发生报警的程序(局部)
PAUSE. G	当前指令执行完成后停止	到位停止	正常接通	所有程序(全局)
STOP. L	立即停止	减速停止	正常接通	发生报警的程序(局部)
STOP. G	立即停止	减速停止	正常接通	所有程序(全局)
ABORT. L	强制结束	减速停止	正常接通	发生报警的程序(局部)
ABORT. G	强制结束	减速停止	正常接通	所有程序(全局)
SERVO	强制结束	急停	断开	所有程序(全局)
SYSTEM	强制结束	急停	断开	所有程序(全局)

系统故障排除、报警清除后，需要根据报警重要度，通过如下不同操作恢复程序自动运行与机器人运动。

WARN：系统警示。警示是控制系统对存在潜在风险的操作进行的提醒，发生"WARN"报警时，程序可继续运行，一般无须进行任何处理。

PAUSE. L/PAUSE. G：程序暂停。程序暂停是影响程序自动运行的一般编程、操作出错，发生"PAUSE"报警时，系统将在当前指令执行完成、机器人到位停止后，使程序运行进入暂停状态；故障排除、报警清除后，可继续执行程序后续指令。在多任务作业的系统上，PAUSE. L 报警仅暂停发生报警的程序，PAUSE. G 报警将暂停所有执行中的程序。

STOP. L/STOP. G：程序停止。程序停止是需要立即停止程序自动运行和机器人运动的编程、操作出错，发生报警时，系统将立即进入程序暂停状态、机器人减速停止，但指令的剩余行程保留。故障排除、报警清除后，可通过程序重启操作，继续原指令及后续指令的执行。在多任务作业的系统上，STOP. L 报警仅停止发生报警的程序，STOP. G 报警将停止所有执行中的程序。

ABORT. L/ABORT. G：程序终止。程序终止是需要立即结束并退出当前程序自动运行的重大出错，发生报警时，控制系统将强制结束程序自动运行，机器人减速停止。故障排除、报警清除后，需要重新选择程序、启动自动运行。在多任务作业的系统上，ABORT.L 报警仅终止发生报警的程序，STOP.G 报警将终止所有执行中的程序。

SERVO：伺服报警。伺服报警是由伺服驱动系统工作不正常引发的重大故障，发生伺服报警时，程序自动运行将强制结束，机器人紧急停止、驱动器主电源断开。故障排除、报警清除后，需要重启伺服、重新选择程序，才能启动自动运行。

SYSTEM：系统报警。系统报警是由系统软硬件工作不正常引发的重大故障，发生系统报警时，程序自动运行将强制结束，机器人紧急停止、驱动器主电源断开。故障排除后，需要通过系统重启清除报警，并重新选择程序、启动程序自动运行。

在机器人实际使用过程中，系统警示 WARN、程序暂停 PAUSE、程序停止 STOP、程序终止 ABORT 报警多与机器人编程、操作有关，在一般情况下，可根据系统报警显示，通过正确的操作、程序的修改予以解决；系统报警 SYSTEM 多与 IR 控制器的模块、系统软件有关，通常需要可利用 IR 控制器主板的状态指示灯和数码管来大致确定故障部件与原因，并通过更换模块、重新安装系统软件解决。限于篇幅，本书将不再对其进行具体说明，报警的具体内容及处理方法可参见 FANUC 机器人使用说明书。

6.3.2 伺服报警分类总表

伺服报警是机器人实际使用过程中最常见的故障，控制系统连接不良、器件损坏及系统调试、机器人使用维护不当等因素，均可能导致系统不能正常工作、机器人位置出错，从而发生伺服报警，机器人维修时，首先需要确定报警类别，然后进行相关处理。

在 FANUC 机器人控制系统上，以"SRVO"起始的报警除了极少数系统警示（WARN）外，其他都为伺服报警。R-30iB 系统的伺服报警大致可分为控制部件异常、驱动器报警、机器人位置出错 3 大类，伺服报警号、示教器显示如表 6.7 所示，报警可能的原因及分析处理方法详见后述的分类说明。表 6.7 中的 i、j、n 等为发生报警的控制轴组（Group 或 G）、轴（Axis 或 A）、冷却风机的序号；部分报警的示教器中文显示、说明书中文解释（表中使用原文）在实际操作中应参照后述的分类处理说明。

表 6.7 R-30iB 系统伺服报警分类总表

报警号	示教器显示		报警分类
	英文	中文	
SRVO-001	Operator panel E-stop	操作面板紧急停止	控制部件异常
SRVO-002	Teach pendant E-stop	示教器紧急停止	控制部件异常
SRVO-003	Deadman switch released	安全开关已释放	控制部件异常
SRVO-004	Fence open	防护栅打开	控制部件异常
SRVO-005	Robot over travel	机器人超行程	控制部件异常
SRVO-006	Hand broken	机械手断裂	控制部件异常
SRVO-007	External emergency stops	外部紧急停止	控制部件异常
SRVO-009	Pneumatic pressure alarm	气压报警	控制部件异常
SRVO-014	Controller FAN abnormal(n),CPU Stop	风扇电机异常(n),CPU 停止	控制部件异常
SRVO-015	System over heat(Group:i Axis:j)	系统过热(G:i A:j)	控制部件异常
SRVO-018	Brake abnormal	制动器异常	驱动器报警
SRVO-021	SRDY OFF (Group:i Axis:j)	SRDY 关闭(G:i A:j)	驱动器报警
SRVO-022	SRDY ON (Group:i Axis:j)	SRDY 开启(G:i A:j)	驱动器报警
SRVO-023	Stop error excess(Group:i Axis:j)	停止时误差过大	机器人位置出错
SRVO-024	Move error excess(Group:i Axis:j)	移动时误差过大	机器人位置出错
SRVO-027	Robot not mastered(Group:i)	机器人未零点标定	机器人位置出错
SRVO-030	Brake on hold(Group:i)	制动器作用停止(G:i)	机器人位置出错
SRVO-033	Robot not calibrated(Group:i)	机器人零点位置未标定	机器人位置出错

续表

报警号	示教器显示		报警分类
	英文	中文	
SRVO-034	Ref pos not set（Group：i）	参考位置未设置	机器人位置出错
SRVO-036	Inpos time over（Group：i Axis：j）	定位超时（G：i A：j）	机器人位置出错
SRVO-037	IMSTP input（Group：i）	IMSTP 输入（G：i）	控制部件异常
SRVO-038	Pulse mismatch（Group：i Axis：j）	脉冲值不匹配（G：i A：j）	机器人位置出错
SRVO-043	DCAL alarm（Group：i Axis：j）	DCAL 报警（G：i A：j）	驱动器报警
SRVO-044	DHVAL alarm（Group：i Axis：j）	DHVAL 报警（G：i A：j）	驱动器报警
SRVO-045	HCAL alarm（Group：i Axis：j）	HCAL 报警（G：i A：j）	驱动器报警
SRVO-046	OVC alarm（Group：i Axis：j）	OVC 报警（G：i A：j）	驱动器报警
SRVO-047	LVAL alarm（Group：i Axis：j）	LVAL 报警（G：i A：j）	驱动器报警
SRVO-050	CLALM alarm（Group：i Axis：j）	碰撞检测报警（G：i A：j）	驱动器报警
SRVO-051	CUER alarm（Group：i Axis：j）	CUER 报警（G：i A：j）	驱动器报警
SRVO-055	FSSB com error 1（Group：i Axis：j）	FSSB 通信错误 1（G：i A：j）	驱动器报警
SRVO-056	FSSB com error 2（Group：i Axis：j）	FSSB 通信错误 2（G：i A：j）	驱动器报警
SRVO-057	FSSB disconnect（Group：i Axis：j）	FSSB 断开报警（G：i A：j）	驱动器报警
SRVO-058	FSSB init error	FSSB 初始化错误	驱动器报警
SRVO-059	Servo amp init error	伺服放大器初始化错误	驱动器报警
SRVO-062	BZAL alarm（Group：i Axis：j）	BZAL 报警（G：i A：j）	驱动器报警
SRVO-064	PHAL alarm（Group：i Axis：j）	PHAL 报警（G：i A：j）	驱动器报警
SRVO-065	BLAL alarm（Group：i Axis：j）	BLAL 报警（G：i A：j）	驱动器报警
SRVO-067	OHAL2 alarm（Group：i Axis：j）	OHAL2 报警（G：i A：j）	驱动器报警
SRVO-068	DTERR alarm（Group：i Axis：j）	DTERR 报警（G：i A：j）	驱动器报警
SRVO-069	CRCERR alarm（Group：i Axis：j）	CRCERR 报警（G：i A：j）	驱动器报警
SRVO-070	STBERR alarm（Group：i Axis：j）	STBERR 报警（G：i A：j）	驱动器报警
SRVO-071	SPHAL alarm（Group：i Axis：j）	SPHAL 报警（G：i A：j）	驱动器报警
SRVO-072	PMAL alarm（Group：i Axis：j）	PMAL 报警（G：i A：j）	驱动器报警
SRVO-073	CMAL alarm（Group：i Axis：j）	CMAL 报警（G：i A：j）	驱动器报警
SRVO-074	LDAL alarm（Group：i Axis：j）	LDAL 报警（G：i A：j）	驱动器报警
SRVO-075	Pulse not established（Group：i Axis：j）	编码器位置未确定（G：i A：j）	驱动器报警
SRVO-076	Tip stick detection（Group：i Axis：j）	粘枪检测（G：i A：j）	机器人位置出错
SRVO-105	Door open or E-stop	门打开或紧急停止	控制部件异常
SRVO-123	Fan motor rev slow down(n)	风机电机的转速过低(n)	控制部件异常
SRVO-134	DCLVAL alarm（Group：i Axis：j）	DCLVAL 报警（G：i A：j）	驱动器报警
SRVO-156	IPMAL alarm（Group：i Axis：j）	IPMAL 报警（G：i A：j）	驱动器报警
SRVO-157	CHGAL alarm（Group：i Axis：j）	CHGAL 报警（G：i A：j）	驱动器报警
SRVO-204	External（SVEMG abnormal）E-stop	外部（SVEMG 异常）紧急停止	控制部件异常
SRVO-205	Fence open（SVEMG abnormal）	防护栅打开（SVEMG 异常）	控制部件异常
SRVO-206	Deadman switch（SVEMG abnormal）	安全开关（SVEMG 异常）	控制部件异常
SRVO-213	E-stop board FUSE2 blown	紧急停止电路板 FUSE2 熔断	控制部件异常
SRVO-214	6ch amplifier fuse blown（机器人：i）	6A 放大器保险丝熔断（机器人：i）	驱动器报警
SRVO-216	OVC（total）（Robot：i）	OVC（总计）（机器人：i）	驱动器报警
SRVO-221	Lack of DSP（Group：i Axis：j）	缺少 DSP（G：i A：j）	驱动器报警
SRVO-223	DSP dry run(a，b)	DSP 空运行(a b)	驱动器报警
SRVO-230	Chain1 abnormal a，b	链 1 异常	控制部件异常
SRVO-231	Chain2 abnormal a，b	链 2 异常	控制部件异常
SRVO-233	TP OFF in T1，T2	T1，T2 模式中示教盘关闭	控制部件异常
SRVO-235	Short team chain abnormal	暂时性链异常	控制部件异常
SRVO-251	DB relay abnormal	DB 继电器异常	驱动器报警
SRVO-252	Current detect abnl（Group：i Axis：j）	电流检测异常（G：i A：j）	驱动器报警
SRVO-253	Amp internal over heat（Group：i Axis：j）	放大器内部过热（G：i A：j）	驱动器报警
SRVO-266	FENCE1 status abnormal a，b	防护栅栏 1 状态异常	控制部件异常

续表

报警号	示教器显示		报警分类
	英文	中文	
SRVO-267	FENCE2 status abnormal a,b	防护栅栏 2 状态异常	控制部件异常
SRVO-270	EXEMG1 status abnormal a,b	EXEMG 1 状态异常	控制部件异常
SRVO-271	EXEMG2 status abnormal a,b	EXEMG 2 状态异常	控制部件异常
SRVO-274	NTED1 status abnormal a,b	NTED 1 状态异常	控制部件异常
SRVO-275	NTED2 status abnormal a,b	NTED 2 状态异常	控制部件异常
SRVO-277	Panel E-STOP(SVEMG)abnormal	面板紧急停止(SVEMG)异常	控制部件异常
SRVO-278	TP E-STOP(SVEMG)abnormal	示教器紧急停止(SVEMG)异常	控制部件异常
SRVO-291	IPM over heat(Group:i Axis:j)	IPM 过热(G:i A:j)	驱动器报警
SRVO-295	APM com error(Group:i Axis:j)	放大器通信错误(G:i A:j)	驱动器报警
SRVO-297	Improper input power(Group:i Axis:j)	异常的输入电源(G:i A:j)	驱动器报警
SRVO-300	Hand broken/HBK disabled	机械手断裂/HBK 禁用	控制部件异常
SRVO-302	Hand broken to ENABLE	夹爪断裂请设定有效	控制部件异常
SRVO-335	DCS OFFCHK alarm a,b	DCS OFFCHK 报警 a,b	控制部件异常
SRVO-348	DCS MCC OFF alarm a,b	DCS MCC 关闭报警 a,b	控制部件异常
SRVO-349	DCS MCC ON alarm a,b	DCS MCC 开启报警 a,b	控制部件异常
SRVO-370	SV ON1 status abnormal a,b	SVON1 状态异常 a,b	控制部件异常
SRVO-371	SV ON2 status abnormal a,b	SVON2 状态异常 a,b	控制部件异常
SRVO-372	OPEMG1 status abnormal	OPEMG1 状态异常	控制部件异常
SRVO-373	OPEMG2 status abnormal	OPEMG2 状态异常	控制部件异常
SRVO-374	MODE11 status abnormal	MODE11 状态异常	控制部件异常
SRVO-375	MODE12 status abnormal	MODE12 状态异常	控制部件异常
SRVO-376	MODE21 status abnormal	MODE21 状态异常	控制部件异常
SRVO-377	MODE22 status abnormal	MODE22 状态异常	控制部件异常
SRVO-450	Drvoff circuit fail(Group:i Axis:j)	Drvoff 回路异常(G:i A:j)	驱动器报警
SRVO-451	Internal S-BUS fail(Group:i Axis:j)	内部 S-BUS 失败(G:i A:j)	驱动器报警
SRVO-452	ROM data failure(Group:i Axis:j)	ROM 数据失败(G:i A:j)	驱动器报警
SRVO-453	Low volt driver(Group:i Axis:j)	驱动器电压过低(G:i A:j)	驱动器报警
SRVO-454	CPU BUS failure(Group:i Axis:j)	CPU 总线失败(G:i A:j)	驱动器报警
SRVO-455	CPU watch dog(Group:i Axis:j)	CPU 看门狗(G:i A:j)	驱动器报警
SRVO-456	Ground fault(Group:i Axis:j)	接地故障(G:i A:j)	驱动器报警
SRVO-459	Excess regeneration 2%s(Group:i Axis:j)	再生电力过大 2%s(G:i A:j)	驱动器报警
SRVO-460	Illegal parameter 2%s(Group:i Axis:j)	错误的参数 2%s(G:i A:j)	驱动器报警
SRVO-461	Hardware error 2%s(Group:i Axis:j)	硬件错误 2%s(G:i A:j)	驱动器报警

6.4 信号与位置出错报警及处理

6.4.1 信号出错报警及处理

  R-30iB 系统的信号出错报警多由线路连接或器件不良引起，产生报警的原因及维修处理的方法如表 6.8 所示，发生报警时的示教器显示可参见前述表 6.7。

表 6.8　信号出错报警的原因及处理表

报警号	报警原因	维 修 处 理
SRVO-001	急停控制电路断开(参见图 4.31)	1. 复位控制柜面板、示教器急停按钮; 2. 确认急停控制板连接器 CRT30 及电缆连接正确(参见图 4.41); 3. 确认急停控制板连接器 CRS36 及电缆连接正确(参见图 4.43); 4. 确认急停按钮动作正常，否则，更换急停按钮; 5. 按钮及电气连接无误时，更换急停控制板

报警号	报警原因	维 修 处 理
SRVO-002	示教器急停按钮断开	1. 复位示教器急停按钮; 2. 确认急停控制板连接器 CRS36 及电缆连接正确(参见图 4.43); 3. 确认急停按钮动作正常,否则,更换急停按钮; 4. 按钮及电气连接无误时,更换示教器
SRVO-003	示教器有效(TP 开关 ON)时,手握开关处于松开或紧握状态(参见图 4.42)	1. 确认示教器手握开关处于握住(中间)位置; 2. 确认机器人操作模式开关位于 T1、T2 位置; 3. 确认示教器有效(TP 开关)为 ON 状态; 4. 确认急停控制板连接器 CRS36 及电缆连接正确(参见图 4.43); 5. 开关位置正确、电气连接无误时,更换示教器
SRVO-004	操作模式为 AUTO(自动),但急停控制板的防护门关闭信号 EAS1、EAS2 断开	1. 确认安全防护门已关闭; 2. 确认急停控制板 TBOP20 的 EAS1、EAS2 信号连接正确(参见图 4.39); 3. 确认防护门开关动作正常,否则,调整或更换门开关; 4. 开关动作正确、电气连接无误时,更换急停控制板
SRVO-005	机器人关节轴超程开关输入信号 ROT 断开	1. 检查机器人关节轴实际位置,关节轴超程时,通过超程解除操作(参见 5.4.3 节),退出超程位置; 2. 检查伺服驱动器熔断器 FS2,熔断器熔断时,按伺服驱动器报警处理的方法,排除熔断器熔断故障(见后述); 3. 检查机器人与伺服驱动器的信号电缆连接器 RP1、RF8(参见图 4.46、图 4.47)的 ROT 信号连接,确认连接正确; 4. 确认伺服驱动器连接器 CRM68(参见图 4.46),确认 AUX OT1/2 信号连接正确(接通或短接); 5. 确认关节轴超程开关动作正常,否则,调整或更换关节轴超程开关; 6. 开关动作正确、电气连接无误时,更换驱动器控制板
SRVO-006	机器人手爪断裂开关输入信号 HBK 断开	1. 检查机器人安全手爪连接器,连接器断裂时予以更换; 2. 检查伺服驱动器熔断器 FS2,熔断器熔断时,按伺服驱动器报警处理的方法,排除熔断器熔断故障(见后述); 3. 检查机器人与伺服驱动器的信号电缆连接器 RP1、RF8(参见图 4.46、图 4.47)的 HBK 信号连接,确认连接正确; 4. 确认手爪断裂开关动作正常,否则,调整或更换手爪断裂开关; 5. 开关动作正确、电气连接无误时,更换驱动器控制板
SRVO-007	急停控制板 TBOP20 上的外部急停信号 EES1、EES2 断开	1. 确认外部急停已解除(急停按钮已复位等); 2. 确认急停控制板 TBOP20 的 EES1、EES2 信号连接正确(参见图 4.39); 3. 确认外部急停按钮、开关动作正常,否则,调整或更换急停按钮、开关; 4. 开关动作正确、电气连接无误时,更换急停控制板
SRVO-009	机器人压缩空气压力检测信号 PPABN 断开	1. 检查机器人输入信号(RI)设定,不使用气压报警信号(PPABN)时予以取消,使用 PPABN 信号时继续以下检查; 2. 检查伺服驱动器熔断器 FS2,熔断器熔断时,按伺服驱动器报警处理的方法,排除熔断器熔断故障(见后述); 3. 根据系统 DI 信号设定,检查机器人与伺服驱动器的信号电缆连接器 RP1、RF8 的 PPABN 信号连接,确认连接正确; 4. 确认气压开关动作正常,否则,调整或更换气压开关; 5. 开关动作正确、电气连接无误时,更换驱动器控制板
SRVO-014	IR 控制器 DC24V 风机故障、CPU 停止工作	1. 检查 IR 控制器风机安装和连接(参见图 4.50、图 4.51); 2. 清理或更换不良风机; 3. 风机工作正常时,更换 IR 控制器主板
SRVO-015	系统控制柜内部温度超过允许值	1. 确认环境温度不超过 45℃,否则,降低环境温度; 2. 检查急停控制板熔断器 F6、F7,熔断器熔断时,排除电源故障(参见 6.2.1 节); 3. 检查控制柜风机安装和连接(参见图 4.18、图 4.28); 4. 清理或更换不良风机; 5. 环境温度、风机工作正常时,更换 IR 控制器主板

报警号	报警原因	维 修 处 理
SRVO-037	IR 控制器远程运行急停信号 IMSTP 断开	1. 检查系统远程运行输入信号(DI)设定,不使用远程急停信号(IMSTP)时予以取消,使用 IMSTP 信号时继续以下检查; 2. 检查 IR 控制器熔断器 FU1,熔断器熔断时,检查 IR 控制器 DI/DO 连接器 CRMA15、CRMA16 连接(参见图 4.52、图 4.53); 3. 根据系统 DI 信号设定,检查 IMSTP 信号连接,确认连接正确; 4. 确认 IMSTP 信号输入正确,否则,改变上级控制器 IMSTP 信号输出或更换 IMSTP 开关; 5. IMSTP 信号输入正确、电气连接无误时,更换 IR 控制器主板
SRVO-105	控制柜门开关电路断开,伺服驱动器急停(参见图 4.31)	1. 检查控制柜门开关安装(参见图 4.38),未安装门开关时,短接急停控制板连接器 CRM98;安装控制柜开关时,确认开关动作正常、电路连接正确; 2. 检查急停控制板连接器 CRMA92、伺服驱动器连接器 CRMA91 的连接(参见图 4.39),确认驱动器 ON/OFF 控制电路连接正确; 3. 控制柜门开关电路连接正确无误时,更换急停控制板、伺服驱动器控制板
SRVO-123	IR 控制器 DC24V 风机转速过低	1. 检查 IR 控制器风机安装和连接(参见图 4.50、图 4.51); 2. 清理或更换不良风机; 3. 风机工作正常时,更换 IR 控制器主板
SRVO-204	外部急停信号 EES1、EES2 引起的驱动器急停	1. 按照 SRVO-007 的处理方法,保证外部急停信号连接、急停控制板无故障; 2. 检查急停控制板、IR 控制器的连接器 CRS40(参见图 4.32、图 4.39),确认 EES1、EES2 信号连接正确; 3. 检查急停控制板连接器 CRMA92、伺服驱动器连接器 CRMA91 的连接(参见图 4.39),确认驱动器 ON/OFF 控制电路连接正确; 4. 电气连接无误时,更换 IR 控制器主板、伺服驱动器控制板
SRVO-205	防护门关闭信号 EAS1、EAS2 引起的驱动器急停	1. 按照 SRVO-004 的处理方法,保证防护门关闭信号连接、急停控制板无故障; 2. 检查急停控制板、IR 控制器的连接器 CRS40(参见图 4.32、图 4.39),确认 EES1、EES2 信号连接正确; 3. 检查急停控制板连接器 CRMA92、伺服驱动器连接器 CRMA91 的连接(参见图 4.39),确认驱动器 ON/OFF 控制电路连接正确; 4. 电气连接无误时,确认急停控制板、IR 控制器主板、伺服驱动器控制板中的不良部件,并予以更换
SRVO-206	手握开关信号 TP EN1、TP EN2 引起的驱动器急停	1. 按照 SRVO-003 的处理方法,保证手握开关信号连接、示教器无故障; 2. 检查急停控制板、IR 控制器的连接器 CRS40(参见图 4.32、图 4.39),确认 TP EN1、TP EN2 信号连接正确; 3. 检查急停控制板连接器 CRMA92、伺服驱动器连接器 CRMA91 的连接(参见图 4.39),确认驱动器 ON/OFF 控制电路连接正确; 4. 电气连接无误时,确认急停控制板、IR 控制器主板、伺服驱动器控制板中的不良部件,并予以更换
SRVO-213	急停控制电路 24EXT 电源故障引起的驱动器急停	1. 检查紧急控制板连接端 TBOP19 的 24EXT 电源连接(参见图 4.29),24EXT 使用外部 DC24V 电源时,确认输入电压正确;不使用外部电源时,确认 24EXT/INT24、0EXT/INT0 短接; 2. 检查急停控制板 24EXT 指示灯,指示灯亮代表急停控制电路电源短路,应检查急停控制电路(参见图 4.31)及示教器、控制柜面板急停信号连接(参见图 4.41、图 4.43),确认急停信号连接正确; 3. 检查急停控制板连接器 CRMA92、伺服驱动器连接器 CRMA91 的连接(参见图 4.39),确认驱动器 ON/OFF 控制电路连接正确; 4. 电气连接无误时,确认控制柜面板急停按钮、示教器、急停控制板、IR 控制器主板、伺服驱动器控制板中的不良部件,并予以更换

报警号	报警原因	维修处理
SRVO-230 SRVO-231	外部急停、防护门关闭信号输入通道1和通道2的状态不一致	1. 检查外部急停、防护门关闭信号的输入状态,确认 EES1/EES2、EAS1/EAS2 的输入符合安全输入要求(参见图4.25); 2. 检查急停控制板的安全输入连接端 TOPB20、IR 控制器连接器 CRS40 及连接电缆,确认连接正确(参见图4.39); 3. 电气连接无误时,确认外部急停输入、防护门开关、急停控制板、IR 控制器主板中的不良部件,并予以更换; 4. 故障排除后,按示教器菜单键【MENU】,选择"报警(ALARM)"显示页,按软功能键 F4 清除报警
SRVO-233	手动操作时(模式 T1、T2),伺服驱动器无法通过示教器操作启动	1. 确认控制柜面板的操作模式选择开关处于 T1 或 T2 位置,示教器 TP 开关处于 ON 位置; 2. 确认急停控制板的控制柜门开关连接正确、SV ON1/SV ON2 信号已接通(参见图4.38); 3. 检查 IR 控制器的面板连接器 CRMB24 及连接电缆(参见图4.41),确认操作模式选择开关连接正确、开关输入状态正常; 4. 检查 IR 控制器、急停控制板的连接器 CRS40 及连接电缆(参见图4.41),确认连接正确; 5. 检查急停控制板连接器 CRMA92、伺服驱动器连接器 CRMA91 的连接(参见图4.39),确认驱动器 ON/OFF 控制电路连接正确; 6. 电气连接无误时,确认操作模式选择开关、急停控制板、IR 控制器主板、伺服驱动器控制板中的不良部件,并予以更换
SRVO-235	示教器安全输入通道1和通道2的状态不一致	1. 检查示教器急停按钮、手握开关的输入状态,确认安全信号 TP ESP1/TP ESP2、TP EN1/TP EN2 的输入符合安全输入要求(参见图4.25); 2. 检查急停控制板连接器 CRS36 及连接电缆,确认示教器连接正确(参见图4.43); 3. 电气连接无误时,确认示教器、急停控制板、伺服驱动器控制板中的不良部件,并予以更换; 4. 故障排除后,按示教器菜单键【MENU】,选择"报警(ALARM)"显示页,按软功能键 F4 清除报警
SRVO-266 SRVO-267	防护门关闭信号输入通道1和通道2的状态不一致	1. 检查防护门关闭信号的输入状态,确认 EAS1/EAS2 的输入符合安全输入要求(参见图4.25); 2. 检查急停控制板的安全输入连接端 TOPB20、IR 控制器连接器 CRS40 及连接电缆,确认连接正确(参见图4.39); 3. 电气连接无误时,确认防护门关闭开关、急停控制板、IR 控制器主板中的不良部件,并予以更换; 4. 故障排除后,按示教器菜单键【MENU】,选择"报警(ALARM)"显示页,按软功能键 F4 清除报警
SRVO-270 SRVO-271	外部急停信号输入通道1和通道2的状态不一致	1. 检查外部急停信号的输入状态,确认 EES1/EES2 的输入符合安全输入要求(参见图4.25); 2. 检查急停控制板的安全输入连接端 TOPB20、IR 控制器连接器 CRS40 及连接电缆,确认连接正确(参见图4.39); 3. 电气连接无误时,确认外部急停输入、急停控制板、IR 控制器主板中的不良部件,并予以更换; 4. 故障排除后,按示教器菜单键【MENU】,选择"报警(ALARM)"显示页,按软功能键 F4 清除报警
SRVO-274 SRVO-275	示教器手握开关输入通道1和通道2的状态不一致	1. 检查示教器手握开关的输入状态,确认 TP EN1/TP EN2 的输入符合安全输入要求(参见图4.25); 2. 检查急停控制板连接器 CRS36 及连接电缆,确认示教器连接正确(参见图4.43); 3. 电气连接无误时,确认示教器、急停控制板、伺服驱动器控制板中的不良部件,并予以更换; 4. 故障排除后,按示教器菜单键【MENU】,选择"报警(ALARM)"显示页,按软功能键 F4 清除报警

续表

报警号	报警原因	维 修 处 理
SRVO-277	控制柜面板急停按钮无法控制驱动器急停	1. 检查控制柜面板、急停控制板、IR控制器主板、伺服驱动器控制板连接，确认连接正确； 2. 电气连接无误时，确认急停控制板、IR控制器主板、伺服驱动器控制板中的不良部件，并予以更换
SRVO-278	示教器急停按钮无法控制驱动器急停	1. 检查示教器、急停控制板、IR控制器主板、伺服驱动器控制板连接，确认连接正确； 2. 电气连接无误时，确认示教器、急停控制板、IR控制器主板、伺服驱动器控制板中的不良部件，并予以更换
SRVO-300 SRVO-302	在手爪断裂信号设定为无效的系统上，输入了手爪断裂信号	1. 检查机器人信号电缆连接器RP1、伺服驱动器连接器RF8，确认HBK信号的连接； 2. 需要使用手爪断裂信号时，将信号设定为有效
SRVO-335	IR控制器安全电路不良	1. 检查IR控制器、急停控制板连接器CRS40及连接电缆； 2. 电气连接无误时，更换IR控制器主板
SRVO-348	IR控制器已断开SV ON1、SV ON2信号，但驱动器主接触器未断开	1. 检查伺服驱动器主接触器动作，主接触器不良时予以更换（参见图4.31）； 2. 检查急停控制板连接器CRMB22、CRMB8及连接电缆（参见图4.38），确认连接正确； 3. 检查急停控制板、IR控制器连接器CRS40及连接电缆，确认连接正确； 4. 电气连接无误时，更换急停控制板
SRVO-349	IR控制器已输出SV ON1、SV ON2信号，但驱动器主接触器未接通	
SRVO-370 SRVO-371	IR控制器SV ON1、SV ON2信号和驱动器工作状态不一致	1. 检查急停控制板、IR控制器主板、伺服驱动器控制板连接，确认连接正确； 2. 电气连接无误时，确认IR控制器主板、伺服驱动器控制板中的不良部件，并予以更换
SRVO-372 SRVO-373	控制柜面板急停信号OP EMG1、OPEMG2出错	1. 检查控制柜面板、急停控制板、示教器、IR控制器主板连接，确认连接正确； 2. 电气连接无误时，确认控制柜面板、急停控制板、示教器、IR控制器主板中的不良部件，并予以更换
SRVO-374 SRVO-375 SRVO-376 SRVO-377	控制柜面板操作模式选择信号出错	1. 检查控制柜面板、急停控制板、IR控制器主板连接，确认连接正确； 2. 电气连接无误时，确认控制柜面板、急停控制板、IR控制器主板中的不良部件，并予以更换

6.4.2 位置出错报警及处理

(1) 机器人位置出错报警的分类

工业机器人的关节轴位置由IR控制器控制，机器人位置出错报警通常包括机器人位置设定错误和位置调节出错2类。

① 位置设定错误。位置设定错误报警大多在系统开机时发生。工业机器人的关节轴位置具有断电记忆功能，位置数据利用断电保持的存储器，分别存储在IR控制器和安装在机器人本体的存储设备上。IR控制器的位置数据一般利用后备电池支持的SRAM来存储，机器人本体的位置数据可通过带后备电池支持SRAM的绝对编码器（如FANUC）或安装有EDS（Electronic Data Storage，电子数据存储）卡的专用编码器接口模块（如KUKA）存储。为了保证机器人安全、可靠工作，控制系统启动时，首先需要读入机器人本体存储器保存的位置数据，并将其与IR控制器的位置数据进行比较，如果两者一致，伺服驱动系统便可正常启动运行，否则，将发生位置设定错误报警，禁止驱动器启动。

② 位置调节出错。位置调节出错报警大多在机器人移动时发生。伺服驱动器启动、系统正常工作时，IR 控制器将通过串行数据总线，以网络通信的形式循环读取编码器的位置数据，对关节轴位置进行闭环调节控制。机器人移动时，关节轴的实际位置和理论位置的误差应保证在允许范围内，否则，将发生位置调节出错报警。

R-30iB 系统的机器人位置出错报警分类及含义如表 6.9 所示，发生报警时的示教器显示可参见前述表 6.7。

表 6.9　R-30iB 机器人位置出错报警类别与含义

报警号	类别	报警含义
SRVO-023	位置调节出错	机器人运动停止时，实际定位位置和理论位置的误差过大
SRVO-024	位置调节出错	机器人移动时，实际运动轨迹与理论轨迹的误差过大
SRVO-027	位置设定错误	执行机器人校准操作时，机器人零点尚未设定
SRVO-030	位置调节出错	机器人位置被伺服电机制动器锁定
SRVO-033	位置设定错误	机器人快速校准操作未完成
SRVO-034	位置设定错误	执行机器人快速校准操作时，校准基准点尚未设定
SRVO-036	位置调节出错	机器人不能在规定的时间内完成定位
SRVO-038	位置设定错误	电源启动时的机器人实际位置和 IR 控制器保存的位置不一致

R-30iB 系统常见的位置设定错误报警有 SRVO-027、SRVO-033、SRVO-034、SRVO-028 等，其中，SRVO-027、SRVO-033、SRVO-034 是因为位置校准操作出错所导致的错误；SRVO-028 通常是因为在系统断电的情况下，强制改变了机器人位置或更换了伺服电机、制动器、编码器、后备电池等所引发的报警。在通常情况下，系统发生位置设定错误报警时，只需要通过机器人零点校准操作，便可重新设定 IR 控制器位置数据、排除故障，机器人零点校准的方法可参见第 5 章 5.5 节。

R-30iB 系统的位置调节出错报警与伺服驱动系统的调节原理有关，说明如下。

（2）伺服调节原理

机器人正常工作时，IR 控制器和伺服驱动器需要对所有关节轴驱动电机的转矩、转速与位置进行闭环控制、实时监控，以保证机器人运动速度、定位位置与操作要求、程序指令一致。机器人运动需要通过关节轴运动合成，因此，从自动控制原理上说，每一关节轴都需要有位置、速度、电流（转矩）3 个闭环调节系统。

关节轴的伺服调节原理如图 6.25 所示，系统采用的是内外环结构，由外向内依次为位置、速度、电流（转矩）环。

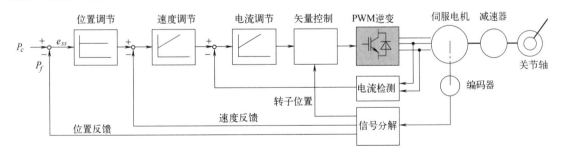

图 6.25　关节轴伺服调节原理

在位置环中，关节轴的位置指令脉冲 P_c 由 IR 控制器通过插补运算生成，位置反馈脉冲 P_f 来自伺服电机内置编码器的输出，位置指令脉冲 P_c 与反馈脉冲 P_f 经过比较器运算可产生位置跟随误差 e_{ss}；位置跟随误差 e_{ss} 经位置调节器放大后的输出为速度指令。

在速度环中，电机速度反馈可通过编码器计数脉冲的频率/速度变换（f/v 变换）得到，速度指令与速度反馈经过比较器运算可产生速度误差，速度误差经速度调节器放大后的输出为电流（转矩）指令。

在电流环中，电流反馈信号通过驱动器的输出电流检测电路得到，电流指令与电流反馈经过比较器运算可产生电流（转矩）误差。电流（转矩）误差经电流调节器放大、矢量控制变换后，便可输出驱动器的 PWM 逆变控制信号控制伺服电机运行。

通常而言，伺服驱动系统的位置调节大多采用比例（P）调节器，速度、电流调节采用比例-积分-微分（PID）调节器，因此，关节轴运动（稳态）时，速度、电流（转矩）指令为无静差输出，但实际位置与指令位置间存在位置跟随误差 e_{ss}；关节轴停止时，由于存在速度到位置的积分变换环节，系统可通过积分作用使位置跟随误差趋近于零。

控制系统正常工作时，伺服电机的位置、速度、电流（转矩）都必须与控制要求一致，一旦误差超过允许范围时，系统将产生位置调节出错、速度超差、电机过载等报警，并停止机器人运动。

R-30iB 系统的速度超差、电机过载等报警多与伺服驱动器有关，伺服驱动异常报警的原因及故障处理方法详见后述；位置调节出错报警除了驱动器原因外，还可能与系统参数设定、工作条件等因素有关，报警原因及故障处理方法如下。

（3）位置调节出错报警及处理

伺服驱动系统的位置跟随误差 e_{ss} 是关节轴实际位置和理论位置的差值，它代表了系统的动态响应性能。e_{ss} 越小，关节轴运动时的机器人实际运动轨迹就越接近理论轨迹。

位置跟随误差 e_{ss} 的数值与位置调节器增益、关节轴运动速度有关。位置调节器增益越大，同样位置跟随误差 e_{ss} 所产生的速度指令值就越大，关节轴的运动速度就越快；如果位置调节器增益固定，关节轴运动速度越快（指令值越大），对应的位置跟随误差 e_{ss} 也就越大。

为了保证机器人的定位精度和位置跟随性能，关节轴停止和运动时的位置跟随误差都有规定的要求，误差超过系统规定值时，R-30iB 系统将发生以下位置调节出错报警。

SRVO-023、SRVO-036、SRVO-023：关节轴停止时，位置跟随误差 e_{ss} 超过系统规定的定位允差值。当机器人停止运动、IR 控制器的位置指令为 0 时，关节轴伺服电机应在规定的时间内到达理论位置并停止，随后，通过闭环位置调节功能保持定位位置；如果伺服电机不能在系统参数"$PARAM_GROUP.$IMPOS_TIME"设定的时间内，到达系统参数"$PARAM_GROUP.$STOPERLIM"（定位允差）设定的误差范围，系统将发生 SRVO-023、SRVO-036 报警。如果在机器人停止时，由于外力作用，使得关节轴位置偏离了定位允差范围，系统将发生 SRVO-023 报警。

SRVO-024：关节轴运动时，位置跟随误差 e_{ss} 超过了系统允许的最大误差值。机器人运动时，IR 控制器将通过插补运算，向伺服系统连续发送位置指令脉冲，关节轴伺服电机应及时跟随指令脉冲运动，以保证运动轨迹的准确。如果关节轴伺服电机不能及时跟随指令脉冲运动，使位置跟随误差超出了系统参数"$PARAM_GROUP.$MOVER_OFFST"设定的允许误差（最大跟随允差），系统将发生 SRVO-024 报警。

SRVO-030：机器人位置被伺服电机制动器锁定。工业机器人的绝大多数关节轴都是受到重力作用的回转、摆动轴，伺服驱动系统正常工作时，其位置可通过闭环位置调节功能保持不变。但是，如果系统断电关机，它们将会因重力作用偏离定位位置，因此需要利用断电锁紧的机械制动器（通常为伺服电机内置式），在系统断电关机时保持位置不变。

机械制动器通常只用于系统断电、紧急停止时的关节轴位置保持，制动器应在伺服驱动器启动、逆变管开通、电机输出转矩后，松开并保持，直至系统关机。如果系统正常工作时机械制动器出现断电锁紧，系统将发生 SRVO-030 报警。

R-30iB 系统位置调节出错报警的常见原因及处理方法如表 6.10 所示。

表 6.10　位置调节出错报警与处理

序号	报 警 原 因	报 警 处 理
1	系统参数设定不当	1. 检查、设定正确的定位允差、跟随允差、定位时间等系统位置调节参数； 2. 检查并确认机器人设定（SETUP）菜单、一般设定（General）中的"暂停时伺服"设定项为"无效"，取消程序暂停时发生 SRVO-030 报警（参见 5.3 节）
2	伺服电机加减速能力不足或负载惯量太大，电机无法提供足够的加减速转矩	1. 调整（增加）加减速时间、改变加减速方式； 2. 提高伺服驱动系统位置调节器增益； 3. 降低关节轴运动速度； 4. 减轻负载
3	机器人碰撞或干涉	检查机器人运动，排除碰撞、干涉因素
4	负载过重	1. 检查机器人负载，改善工作条件； 2. 检查润滑条件，补充润滑脂； 3. 检查机械传动系统，调整、更换不良部件
5	驱动器异常	详见后述

6.5　驱动器报警及处理

6.5.1　状态指示与报警分类

（1）伺服驱动原理

R-30iB 系统伺服驱动器结构与机器人（驱动器）规格型号、控制轴数等因素有关，不同机器人所使用的驱动器外观、连接器布置等差别较大，但其控制原理和电路结构相同。

R-30iB 系统采用的是"交—直—交"逆变、PWM 控制、交流永磁同步电机（Permanent-Magnet Synchronous Motor，简称 PMSM）驱动的交流伺服驱动系统，其电路原理如图 6.26 所示，驱动器主回路包括整流、调压、逆变 3 部分，控制电路集成在伺服控制板上。

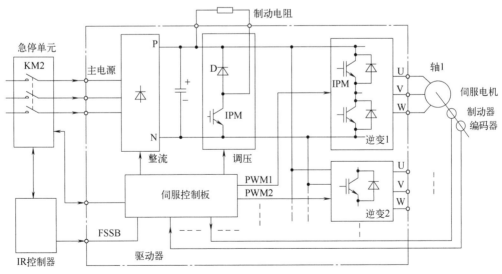

图 6.26　伺服驱动器原理

驱动器的整流、调压主回路用来产生和调节 PWM 逆变主回路的直流母线电压。工业机器人所使用的伺服电机、驱动器功率较小，一般不考虑电机制动能量的回馈，因此，整流电路通常直接使用二极管整流。直流母线电压及电机制动时产生的能量利用大功率开关器件（IPM）控制的制动电阻（FANUC说明书称为再生电阻）以电阻能耗的形式调节。由于机器人所使用的交流伺服电机的额定电压相同、直流母线电压一致，为了减小体积、节约成本，伺服驱动器的整流、调压主回路通常为所有轴共用。

驱动器的逆变主回路是通过PWM技术控制大功率开关器件（IPM）通断，将直流母线电压转换为幅值、频率、相位可变的SPWM波，驱动伺服电机运动的电路，每一伺服轴的电机均有独立的逆变主回路。

驱动器的伺服控制板集成有电源、电压/电流/温度检测、PWM逆变控制、制动器控制、机器人输入/输出接口等控制电路，以及用于FSSB网络通信、位置/速度/转矩调节、电压/电流矢量运算、串行编码器数据转换的微处理器（CPU）、存储器等部件。

伺服驱动器的主电源通断由急停单元、IR控制器的安全电路控制（参见第4章图4.31），系统正常工作时，主接触器（KM2）一般保持接通状态，机器人急停或控制柜门打开时，可通过急停单元、IR控制器，直接断开主接触器、切断驱动器主电源。有关伺服驱动器的启动、停止过程及控制要求详见第4章4.3节。

（2）驱动器状态指示

交流伺服驱动器实际上是一种可用于不同场合的通用控制部件，驱动器具有独立、完整的软硬件，它不仅可通过FSSB通信，利用IR控制器和示教器监控、显示其工作状态和报警信息，而且还安装有自身的电源保护熔断器和状态指示灯，以便在IR控制器、FSSB通信故障时，指示故障原因和部位。

R-30iB系统伺服驱动器的电源保护熔断器、状态指示灯主要安装在伺服控制板上，安装位置如图6.27所示。电源保护熔断器的作用如下（参见第4章图4.30）。

FS1（3.2A）：伺服驱动器控制电源保护熔断器。伺服驱动器的DC24V控制电源需要通过驱动器的DC/DC电源电路，转换为驱动器内部CPU、存储器等IC电路工作所需的DC5V、DC3.3V电源；熔断器FS1安装于DC/DC电源电路的输入侧，可用于DC/DC电源及DC5V、DC3.3V短路、过流保护。

熔断器FS2（3.2A）：机器人I/O接口电路保护熔断器。R-30iB系统的机器人输入/输出信号（RI/RO）及关节轴超程（ROT）、手爪断裂（HBK）等安全信号，需要通过伺服控制板与安装在机器人上的I/O器件连接，I/O接口电路及负载驱动的DC24V电源24VF直接从驱动器的DC24V控制电源上引出，24VF电源安装有独立的短路、过流保护熔断器FS2。

熔断器FS3（3.2A）：驱动器控制电路、制动电阻单元、附加轴驱动器DC24V电源保护熔断器。

伺服控制板的状态指示灯用于驱动器工作状态指示，系统发生伺服驱

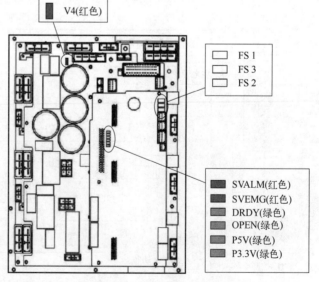

图6.27 驱动器状态指示

动器报警时，可通过状态指示灯进一步分析驱动器故障原因。驱动器状态指示灯的作用及故障可能的原因、一般处理方法如表6.11所示。

表 6.11　驱动器工作状态指示与故障处理

代号	作　用	故障原因	一般处理
V4	直流母线指示 亮:直流母线电压正常; 灭:直流母线电压不正常	驱动器主电源输入、预充电、整流电路不良	1. 检查驱动器与急停单元连接,确认预充电电阻、主接器正常; 2. 检查驱动器直流母线、制动电阻连接,确认制动电阻单元正常; 3. 连接无误时,检查、更换主回路、急停单元、制动电阻单元、伺服驱动器中的不良部件
SVALM	驱动器报警 亮:驱动器报警; 灭:正常	驱动器存在报警	检查其他指示灯状态和系统报警显示,确定故障原因并进行相应处理
SVEMG	驱动器急停 亮:驱动器急停; 灭:正常	1. 输入了急停信号; 2. 驱动器、急停单元连接不良; 3. 伺服控制板不良	1. 检查急停按钮、安全防护门、外部急停的状态,保证安全信号输入正确; 2. 检查驱动器与急停单元连接; 3. 连接无误时,更换急停单元、伺服控制板、IR控制器主板中的不良部件
DRDY	伺服准备好 亮:正常工作; 灭:未准备好	1. 驱动器存在报警; 2. 驱动器急停; 3. 伺服未启动	1. 排除驱动器故障,清除报警; 2. 驱动器急停时,按 SVEMG 报警处理的方法,排除急停故障; 3. 重新启动伺服
OPEN	FSSB 通信指示 亮:通信正常; 灭:通信不良	1. FSSB 连接不良; 2. IR 控制器轴卡、CPU 模块不良; 3. 伺服控制板不良	1. 检查 FSSB 连接; 2. 更换 IR 控制器轴卡、CPU 模块; 3. 更换伺服控制板
P 5V	DC5V 指示 亮:DC5V 正常; 灭:DC5V 故障	1. 驱动器控制电源不良; 2. 伺服控制板不良	1. 检查伺服驱动器、急停单元、电源单元连接; 2. 检查、更换急停单元、电源单元、驱动器控制板
P 3.3V	DC3.3V 指示 亮:DC3.3V 正常; 灭:DC3.3V 故障	1. 驱动器控制电源不良; 2. 伺服控制板不良	1. 检查伺服驱动器、急停单元、电源单元连接; 2. 检查、更换急停单元、电源单元、驱动器控制板

(3) 驱动器报警分类

控制系统正常工作时,伺服驱动器的工作状态和故障信息可通过 IR 控制器,直接利用示教器进行监控和显示。

驱动器报警可能来自外部,如输入电源不良、负载异常、环境温度过高等,也可能是驱动器本身的软硬件故障,为了便于说明,在后述内容中将根据驱动器电路原理,将其分为主回路异常、负载异常、控制回路异常、编码器报警 4 类,R-30iB 系统伺服报警的分类及含义如表 6.12 所示,报警处理方法见后述。

表 6.12　R-30iB 系统伺服报警的分类及含义

报警号	类别	报警含义
SRVO-018	主回路异常	制动器电流超过极限值(HC 报警)
SRVO-021	主回路异常	驱动器启动时主接触器不能正常接通
SRVO-022	主回路异常	驱动器关闭时主接触器不能正常断开
SRVO-043	主回路异常	调压电路故障,直流母线电压过高
SRVO-044	主回路异常	整流电压异常,直流母线电压过高
SRVO-045	主回路异常	驱动器输出电流超过伺服电机极限值(HC 报警)
SRVO-046	负载异常	伺服电机 $I^2 t$ 超过允许值(OVC 报警)
SRVO-047	控制回路异常	DC24V 控制电压过低
SRVO-050	负载异常	伺服电机瞬时输出转矩超过允许值
SRVO-051	负载异常	电流误差超过允许值
SRVO-055	控制回路异常	FSSB 通信错误 1

续表

报警号	类别	报警含义
SRVO-056	控制回路异常	FSSB 通信错误 2
SRVO-057	控制回路异常	FSSB 通信连接不能建立
SRVO-058	控制回路异常	FSSB 初始化出错
SRVO-059	控制回路异常	伺服驱动器初始化错误
SRVO-062	编码器异常	编码器绝对位置数据丢失
SRVO-064	编码器异常	编码器检测信号相位出错
SRVO-065	编码器异常	编码器电压过低
SRVO-067	负载异常	伺服电机温度超过允许值（OH 报警）
SRVO-068	编码器异常	编码器数据无法读出
SRVO-069	编码器异常	编码器数据出错
SRVO-070	编码器异常	编码器数据格式出错
SRVO-071	编码器异常	速度反馈数据出错
SRVO-072	编码器异常	编码器数据出错
SRVO-073	编码器异常	编码器数据出错
SRVO-074	编码器异常	编码器光源不良
SRVO-075	编码器异常	编码器零点出错
SRVO-134	主回路异常	直流母线电压过低
SRVO-156	主回路异常	驱动器输出电流超过 IPM 极限值（HC 报警）
SRVO-157	主回路异常	预充电不能在规定时间内完成
SRVO-214	控制回路异常	熔断器 FS2、FS3 熔断
SRVO-216	负载异常	关节轴 I^2t 总和超过驱动器允许值（OVC 报警）
SRVO-221	控制回路异常	系统控制轴数与轴卡不符
SRVO-223	控制回路异常	轴配置出错
SRVO-251	控制回路异常	动力制动电路故障
SRVO-252	控制回路异常	电流检测电路故障
SRVO-253	控制回路异常	伺服驱动器过热或温度检测电路故障
SRVO-291	负载异常	IPM 温度超过允许值（OH 报警）
SRVO-295	控制回路异常	驱动器内部通信出错
SRVO-297	主回路异常	主电源输入缺相
SRVO-450	控制回路异常	伺服 OFF 电路异常
SRVO-451	控制回路异常	驱动器内部串行通信出错
SRVO-452	控制回路异常	ROM 数据出错
SRVO-453	控制回路异常	驱动器内部电源电压过低
SRVO-454	控制回路异常	驱动器 CPU 总线通信出错
SRVO-455	控制回路异常	CPU 监控出错
SRVO-456	控制回路异常	电流检测数据出错
SRVO-459	控制回路异常	制动单元控制电路故障
SRVO-460	控制回路异常	驱动器参数设定错误
SRVO-461	控制回路异常	驱动器内部电路故障

6.5.2 OVL/OVC/OH/HC 报警说明

伺服驱动系统的主回路需要直接向负载（机器人）提供能量，为了保证系统长时间安全可靠运行，用于主回路控制的电力电子器件及伺服电机、制动器等需要通过系统软硬件，提供必要的运行保护措施。过载（Over Load，简称 OVL）、过流（Over Current，简称 OVC）、过热（Over Heath，简称 OH）和极限电流（High Current，又称高电流、简称 HC）报警是伺服驱动器常用的保护措施，其保护原理与性能分别如下。

（1）OVL 保护

OVL 保护（过载保护）是用来预防电气设备过载运行的保护措施，可用于长时间连续工作电流（额定电流 I_n）已知的电气设备（如电机、变压器等）过载保护。OVL 保护一般需要通过热继电器（机械式或电子式）实现，其保护特性为图 6.28 所示的反时限延时动作曲线。

热继电器的动作特性称为脱扣等级（Trip Class），IEC 60947 标准一般分为 Class 5～40 共 7 级，用于电机的保护热继电器脱扣等级一般为 Class 10，保护触点在 $1.05I_n$ 工作时不动作，$1.5I_n$ 工作的动作延时为 4min，$7.2I_n$ 工作的动作延时为 10s 以内。

OVL 保护特性与绕组温升保护要求非常接近，因此，对持续时间大于 30s、过载电流小于 $2I_n$ 的长时间过载保护非常有效；但是，对于调频运行、频繁启制动的短时间、大电流过载，其保护性能并不理想，也不能用来保护工作电流超过极限值时的电子电力器件（IPM）和伺服电机；此外，也不能对

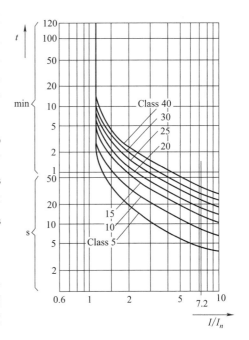

图 6.28　IEC 60947 保护特性

环境温度过高、散热不良等原因引起的电气设备过热提供有效保护。

在伺服驱动系统中，OVL 保护一般作为过流（OVC）、过热（OH）、极限电流（HC）保护的补充，用于大功率、长时间连续工作的伺服电机过载保护；工业机器人的伺服驱动电机功率小、过载能力强、连续运行时间短，因此驱动器通常不使用 OVL 保护。

（2）OVC 保护

OVC 保护（过流保护）是通过软件计算 I^2t 值，预防电气设备过载的保护措施，可用于负载电阻已知的电气设备过载运行保护措施。例如，对于电枢绕组电阻为 R 的电机，如电流为 I、运行时间为 t，绕组产生的热量为 I^2Rt，电流越大、通电时间越长，绕组温升也就越高。因此，当电枢绕组电阻 R 已知时，通过计算电路的 I^2t 值，便可预测绕组温升，为电机过载运行提供保护。

OVC 保护特性为图 6.29 所示的反时限二次理论曲线。利用计算机软件计算 I^2t 值时，可综合考虑电流幅值、频率等因素，因此，它能够弥补 OVL 保护的不足，为调频运行、频繁启制动电气设备的短时间、大电流过载提供准确的保护。

但是，OVC 保护同样是一种基于电流、时间的保护措施，因此，也不能用来保护工作电流超过极限值时的电子电力器件（IPM）直接损坏和伺服电机永久磁铁的消

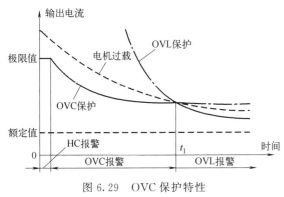

图 6.29　OVC 保护特性

磁，以及由环境温度过高、散热不良等原因引起的电气设备过热。

OVC 保护可为电流大于 $2I_n$、过载时间不超过 30s 的过载运行提供有效保护，但是，对持续时间大于 30s、过载电流小于 $2I_n$ 的长时间过载，其保护动作时间滞后于绕组实际温升，

因此，对于大功率、长时间连续工作的伺服电机，一般需要与 OVL 保护同时使用，以获得图 6.29 所示的 OVC、OVL 联合保护特性。

(3) OH 保护

OH 保护（过热保护）是一种直接检测控制器件实际温度的物理保护措施，通过安装在控制器件上的热敏电阻实现。

用于控制器件过热保护的热敏电阻一般具有正向温度特性（PTC），其额定温度与器件允许的工作温度（如电机绕组的绝缘等级）相匹配。例如，对于绕组绝缘等级为"F"的伺服电机，绕组允许的最高工作温度为 155℃，因此，可使用具有图 6.30 所示检测特性、额定温度为 150℃ 的 PTC100 热敏电阻，它在额定温度 ±5℃ 范围内的阻值将发生大幅度变化，故可较准确地反映绕组温度，避免绕组过热。

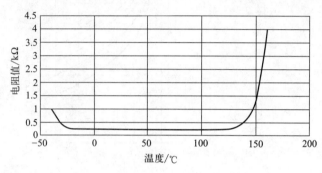

图 6.30　PTC100 检测特性

热敏电阻可直接检测控制器件的实际温度，不但可用于电气设备过载保护，而且还能对由环境温度过高、散热不良等外部原因引起的过热提供可靠保护，其动作可靠、控制方便，因此，在伺服驱动系统上，它不仅用于电机保护，而且还被用于主回路整流、调压、逆变功率器件以及变压器、控制板等部件的过热保护，但是，它也不能用来保护工作电流超过极限值时的电子电力器件（IPM）和伺服电机。

(4) HC 保护

HC 保护（极限电流保护）是用来限制控制器件最大电流的保护措施，通常用于峰值电流敏感的控制器件保护，如伺服驱动器整流、调压、逆变电路的大功率电力电子器件以及交流伺服电机的永久磁铁等。

交流伺服驱动主回路所使用的二极管、晶闸管、IGBT、IPM 等电力电子器件的工作受到最大电流（极限电流）的限制，一旦电流超过极限值，器件将立即损坏；交流伺服电机的转子一般镶嵌有永久磁铁，当电枢绕组电流超过极限值时，电枢磁场将直接导致永久磁铁的消磁。因此，驱动器必须通过 HC 保护来限制电力电子器件、伺服电机的最大电流，防止器件损坏和永久磁铁消磁。

HC 保护一般直接通过电流检测电路实现，其保护动作极为迅速（参见图 6.29），只要器件工作电流超过极限，便立即切断主电源并发出 HC 报警。

6.5.3　主回路与负载报警及处理

机电设备控制系统的主回路是直接为负载提供能量的电路。在工业机器人控制系统中，伺服驱动器的交流主电源输入及驱动器的整流、调压、逆变、伺服电机的电枢及制动器供电回路均属于主回路。主回路发生故障时，系统将无法为驱动电机提供能量，机器人通常需要进入紧急停止状态。

主回路异常不仅包括电路故障，机械传动部件不良、手腕安装的工具（工件）质量或惯量过大、频繁的启制动、运动时的干涉和碰撞等也将引起伺服电机输出转矩的变化，导致主回路及功率器件出现过载、过流、过热等故障。

FANUC R-30iB 系统常见的主回路、负载异常报警及故障分析处理的方法如下。

(1) 主回路报警及处理

R-30iB 系统的主回路报警多与伺服驱动器有关，故障包括主电源输入电压过高/过低、缺相，直流母线电压过高/过低，整流、调压、逆变功率器件过流、过热、电流超过极限值以及制动器电流超过极限值等。R-30iB 系统常见主回路报警的一般原因及分析处理方法如表 6.13 所示。

表 6.13　R-30iB 系统主回路报警及处理

报警号	报警原因	报警处理
SRVO-018	电机制动器电路电流超过极限值	1. 检查驱动器的伺服电机制动器连接器 CRR88、机器人动力电缆连接器 RM1 及连接电缆，确认连接线无短路、对地短路故障(参见图 4.45)； 2. 检查驱动器的附加轴制动器连接器 CRR65A、CRR65B 及连接，确认连接端无短路、对地短路故障(参见图 4.45)； 3. 测量伺服电机上的制动器连接器，确认制动器无短路、对地短路故障； 4. 断开驱动器的伺服电机制动器连接器 CRR88，重新启动驱动器，检查报警是否消除，并进行以下处理： 5. 报警消除时，检查各轴伺服电机制动器的绝缘及动作，维修、更换不良轴的伺服电机； 6. 报警依然发生时，检查、更换伺服驱动器
SRVO-021	IR 控制器已输出 SV ON 信号，但主接触器检测信号为"未接通"状态	1. 检查主电源输入及电源总开关，确认输入电压正常； 2. 确认电网无瞬时断电、缺相故障； 3. 检查急停控制板 CP5A、CRMB22、CRMB92 及驱动器控制板 CRMB91 连接器及电缆连接，确认连接正确； 4. 检查主接触器，确认接触器线圈正常，触点无接触不良、熔焊等现象； 5. 输入电源正常、连接无误时，更换主接触器、急停控制板、伺服控制板中的不良部件
SRVO-022	IR 控制器已断开 SV ON 信号，但主接触器检测信号为"接通"状态	
SRVO-043	制动能量过大、制动电阻过热或制动电阻单元不良，直流母线电压超过允许值	1. 改善工作条件，减小关节轴启制动加速度、降低启制动频率，减轻负载； 2. 检查制动电阻温度，温度过高时，清理风机、散热器、片，降低环境温度，改善散热条件； 3. 检查伺服控制板熔断器 FS3，熔断器熔断时，排除故障原因，更换熔断器； 4. 检查驱动器连接器 CRRA11A 及连接电缆，确认连接端 1/3 间的制动电阻值正确(6.5Ω 左右)，否则，更换制动电阻单元； 5. 检查驱动器连接器 CRR63A、CRR63B 及连接电缆，确认过热检测信号连接正确、连接端 1/2 间的电阻值正确(一般为 100~300Ω)，否则，更换制动电阻单元； 6. 工作条件正常、制动电阻单元无故障时，更换伺服驱动器
SRVO-044	整流输出电压不正确，直流母线电压过高	1. 检查主电源输入，确认电源电压正确； 2. 检查制动电阻单元(同 SRVO-043 报警处理)，确认制动电阻单元工作正常； 3. 改善工作条件，减小关节轴启制动加速度、降低启制动频率，减轻负载； 4. 输入电源正常、制动电阻单元无故障、工作条件符合要求时，更换伺服驱动器
SRVO-045	驱动器输出电流超过伺服电机极限值(HC 报警)	1. 检查驱动器的伺服电机电枢连接器 CN＊＊、机器人动力电缆连接器 RM1 及连接电缆，确认电枢线连接正确，相间无短路、对地短路故障(参见图 4.45)； 2. 测量报警轴伺服电机上的电枢连接器，确认电机绕组无相间短路、对地短路故障； 3. 断开报警轴的伺服电机电枢、制动器连接电缆，重新启动驱动器，检查报警是否消除，并进行以下处理： • 报警消除时，检查伺服电机绝缘，绝缘不良时维修、更换伺服电机； • 报警依然发生时，检查、更换逆变模块或伺服驱动器
SRVO-134	直流母线电压过低	1. 检查主电源输入及电源总开关，确认电源电压正常； 2. 确认电网无瞬时断电、缺相故障； 3. 检查急停单元、驱动器主电源连接及主接触器，确认连接正确，接触器动作正常、接触点接触良好； 4. 连接无误、接触器无故障时，更换整流模块或伺服驱动器

续表

报警号	报警原因	报警处理
SRVO-156	驱动器输出电流超过IPM极限值	进行 SRVO-045 同样的检查与处理
SRVO-157	预充电不能在规定时间内完成	1. 检查主电源输入及电源总开关,确认电源电压正确; 2. 检查急停单元、驱动器连接器 CNMC6、CRR38A、CRRA12 及连接电缆,确认连接正确(参见图 4.45); 3. 主电源输入正确、线路连接无误时,更换急停控制板、伺服驱动器中的不良部件
SRVO-297	主电源输入缺相	1. 检查主电源输入及电源总开关,确认电源电压正确; 2. 确认电网无瞬时断电、缺相故障; 3. 检查急停单元、驱动器主电源连接及主接触器,确认连接正确,接触器动作正常、接触点接触良好; 4. 连接无误、接触器无故障时,更换伺服驱动器

(2) 负载异常报警及处理

伺服驱动器的负载异常报警是由外部原因引起的伺服电机、主回路功率器件过载、过流、过热等故障,如机械传动部件不良、手腕安装的工具(工件)质量或惯量过大、频繁的启制动、运动时的干涉和碰撞等。R-30iB 系统常见负载异常报警的一般原因及分析处理方法如表 6.14 所示。

表 6.14 R-30iB 系统负载异常报警及处理

报警号	报警原因	报警处理
SRVO-046	伺服电机过电流(OVC)报警,I^2t 超过允许值	1. 改善工作条件,减小关节轴启制动加速度、降低启制动频率、减轻负载; 2. 检查机械传动系统,调整、更换不良部件,补充、更换润滑脂; 3. 检查驱动器主电源输入,确认电源电压在正常范围; 4. 检查伺服电机电枢、制动器连接,确认连接可靠; 5. 检查电机制动器,确认制动器能够完全松开; 6. 以上检查无误时,更换伺服驱动器
SRVO-050	伺服电机瞬时输出转矩超过允许值	1. 检查机器人运动,确认运动无干涉、碰撞; 2. 检查机械传动系统,确认传动部件无破损; 3. 检查驱动器主电源输入,确认电源电压在正常范围; 4. 检查伺服电机电枢、制动器连接,确认连接可靠; 5. 检查电机制动器,确认制动器能够完全松开; 6. 以上检查无误时,更换伺服驱动器
SRVO-051	电流误差超过允许值	1. 检查驱动器内部连接,确认伺服控制板、逆变模块连接可靠; 2. 连接无误时,更换伺服驱动器
SRVO-067	伺服电机温度超过允许值(OH 报警)	1. 检查伺服电机实际温度,实际温度过高时,参照 SRVO-046 报警进行处理;电机温度正常时,进行以下检查、处理; 2. 检查伺服电机编码器、机器人信号电缆连接,确认连接可靠; 3. 电机温度正常、编码器连接无误时,更换伺服电机
SRVO-216	关节轴 I^2t 总和超过驱动器允许值(OVC 报警)	对机器人的全部关节轴,进行 SRVO-046 报警同样的检查、处理
SRVO-291	IPM 温度超过允许值(OH 报警)	1. 检查环境温度及控制柜、驱动器风机,确认环境温度符合要求、控制柜、驱动器散热良好; 2. 参照 SRVO-046 报警进行检查与处理

6.5.4　控制回路与编码器报警及处理

（1）控制回路报警及处理

伺服驱动器的控制回路报警包括电路故障、通信出错、系统参数设定及软件出错等，R-30iB 系统常见控制回路报警的一般原因及分析处理方法如表 6.15 所示。

表 6.15　R-30iB 系统控制回路报警及处理

报警号	报警原因	报警处理
SRVO-047	伺服驱动器 DC24V 控制电源电压低于允许值	1. 检查急停单元连接器 CP5A、伺服驱动器连接器 CXA2B 及连接电缆（参见图 4.46），确认驱动器 DC24V 控制电源输入正确； 2. 驱动器 DC24V 控制电源输入正确时，更换伺服驱动器
SRVO-055	IR 控制器和伺服驱动器的 FSSB 通信出错	1. 检查 IR 控制器和伺服驱动器的 FSSB（光缆）连接，确认连接正确； 2. 连接正确时，更换光缆、IR 控制器轴卡、伺服控制板中的不良部件
SRVO-056		
SRVO-057	FSSB 通信连接不能建立	1. 检查 IR 控制器和伺服驱动器的 FSSB（光缆）连接，确认连接正确； 2. 检查机器人信号电缆连接，确认编码器连接正确； 3. 连接正确时，更换光缆、IR 控制器主板及轴卡、伺服控制板中的不良部件
SRVO-058	FSSB 初始化出错	
SRVO-059	伺服驱动器初始化错误	
SRVO-214	熔断器 FS2、FS3 熔断	1. 检查机器人 DI/DO 连接电路（参见图 4.46），确认驱动器 DI/DO 电源无短路； 2. 检查制动电阻单元、附加轴驱动器连接，确认驱动器 DC24V 电源无短路； 3. 线路无短路时，更换熔断器 FS2、FS3
SRVO-221	系统控制轴数与轴卡不符	1. 检查系统参数，确认控制轴数设定正确； 2. 检查、更换 IR 控制器轴卡
SRVO-223	轴配置出错	1. 检查系统参数，确认控制轴数设定正确； 2. 检查 IR 控制器和伺服驱动器的 FSSB（光缆）连接，确认连接正确； 3. 检查机器人信号电缆连接，确认编码器连接正确； 4. 参数设定、连接正确时，更换光缆、IR 控制器主板及轴卡、伺服控制板中的不良部件
SRVO-251	动力制动电路故障	1. 检查急停单元、伺服驱动器控制信号连接（参见图 4.46）； 2. 连接正确时，更换急停单元、伺服驱动器中的不良部件
SRVO-252	电流检测电路故障	检查驱动器内部连接，连接无误时，更换伺服驱动器
SRVO-253	伺服驱动器过热或温度检测电路故障	1. 检查环境温度及控制柜、驱动器风机，确认环境温度符合要求，控制柜、驱动器散热良好； 2. 参照 SRVO-046 报警进行检查与处理
SRVO-295	驱动器内部通信出错	检查驱动器内部连接，连接无误时，更换伺服驱动器
SRVO-450	伺服 OFF 电路不良	检查驱动器与 IR 控制器连接，连接无误时，更换伺服驱动器
SRVO-451	驱动器内部串行通信出错	检查驱动器内部连接，连接无误时，更换伺服驱动器
SRVO-452	ROM 数据出错	重启控制系统，故障不变时，更换伺服驱动器
SRVO-453	驱动器内部电源电压过低	检查 DC24V 控制电源输入，输入电压正确时，更换伺服驱动器
SRVO-454	驱动器 CPU 总线通信出错	检查驱动器内部连接，连接无误时，更换伺服驱动器
SRVO-455	CPU 监控出错	重启控制系统，故障不变时，更换伺服驱动器
SRVO-456	电流检测数据出错	检查驱动器内部连接，连接无误时，更换伺服驱动器
SRVO-459	制动单元控制电路故障	检查驱动器内部连接，连接无误时，检查、更换制动单元或伺服驱动器
SRVO-460	驱动器参数设定错误	重启控制系统，故障不变时，更换伺服驱动器
SRVO-461	驱动器内部电路故障	检查驱动器内部连接，连接无误时，更换伺服驱动器

(2) 编码器报警及处理

目前，伺服驱动系统一般都使用伺服电机内置、串行通信连接的高精度绝对编码器（Absolute Rotary Encoder）作为位置/速度检测元件。绝对编码器的零脉冲计数值、增量计数值等位置数据能够断电保持，并在系统开机时自动读入，因此，可替代物理编码的绝对值编码器（Absolute-value Rotary Encoder），作为机电设备的绝对位置检测器件使用。

工业机器人控制系统的编码器位置数据利用断电保持的存储器，分别存储在 IR 控制器和安装在机器人本体的存储设备上。IR 控制器的位置数据一般利用后备电池支持的 SRAM 来存储，机器人本体的位置数据可通过后备电池支持的绝对编码器 SRAM 或带 EDS 存储卡的编码器接口模块存储。控制系统启动时，首先需要读入机器人本体存储器保存的位置数据，并将其与 IR 控制器的位置数据进行比较，如果两者一致，伺服驱动系统便可正常启动运行，否则，将发生位置设定错误报警，禁止驱动器启动。控制系统正常工作后，IR 控制器将通过串行数据总线，以网络通信的形式循环读取编码器的位置数据，并通过闭环位置调节，将关节轴实际位置和理论位置的误差控制在允许范围内，位置误差超过允许值时，系统将发生位置调节出错报警。

关节轴位置设定错误、位置调节出错报警的原因较多，位置控制参数设定不当、伺服电机加减速能力不足、机器人运动时的碰撞和干涉、负载质量或惯量过大等，均可能导致系统发生位置设定错误、位置调节出错报警，有关内容可参见本章前述。此外，当编码器出现后备电池不良、光源不良，以及串行数据通信故障、数据出错等情况时，同样会导致系统发生位置设定错误、位置调节出错报警；R-30iB 系统编码器报警的一般原因及分析处理方法如表 6.16 所示。

表 6.16　R-30iB 系统控制回路报警及处理

报警号	报警原因	报警处理
SRVO-062	编码器绝对位置数据丢失	1. 检查报警轴伺服电机的编码器连接电缆，确认电缆连接正确； 2. 检查报警轴编码器的后备电池连接电缆，确认连接正确； 3. 检查机器人基座的编码器后备电池（参见图 4.47），确认后备电池电压正常（一般应大于 3V），电压过低时，启动系统进行充电； 4. 电池失效、无法充电时，更换后备电池； 5. 编码器连接正确、后备电池正常时，更换报警轴编码器，并重新校准零点
SRVO-064	编码器检测信号相位出错	1. 同时发生串行数据通信出错报警 SRVO-068 或 RVO-069、SRVO-070 时，参照 SRVO-068/069/070 报警处理； 2. 更换报警轴编码器，并重新校准零点
SRVO-065	编码器电压过低	1. 检查机器人基座的编码器后备电池（参见图 4.47），电池电压过低时，可启动系统进行充电； 2. 电池失效、无法充电时，在系统通电状态下更换后备电池
SRVO-068	编码器数据无法读出	1. 检查伺服驱动器、机器人的动力电缆、信号电缆连接器 RM1、CRF8/RP1 及连接电缆，确认连接正确、屏蔽线接地良好； 2. 检查报警轴伺服电机的电枢、编码器连接电缆，确认连接正确、屏蔽线接地良好； 3. 电缆连接正确、屏蔽线接地良好时，检查、更换伺服控制板、编码器中的不良部件； 4. 重新校准机器人零点
SRVO-069	编码器数据出错	
SRVO-070	编码器数据格式出错	
SRVO-071	速度反馈数据出错	
SRVO-072	编码器数据出错	
SRVO-073	编码器数据出错	
SRVO-074	编码器光源不良	
SRVO-075	编码器零点出错	重新校准机器人零点

6.6　部件更换与日常维护

6.6.1　控制柜部件更换

控制部件完好是机器人控制系统正常工作的前提条件，控制部件一旦损坏，系统将无法继续工作，示教器通常可显示相应的报警，系统需要更换控制部件才能恢复工作。

除后备电池外，机器人控制系统的其他部件更换都必须在系统断电的情况下，按照规定的步骤进行，并遵守电气控制系统部件更换的一般规定。例如，伺服驱动器更换时，需要确认直流母线电压已降至安全电压以下；拆卸印制电路板，应尽量避免用手触摸 IC 器件；更换制动电阻、伺服电机等可能存在高温的部件时，应准备好耐热手套等防护器具；更换计算机控制部件时，需要提前做好系统参数、机器人设定数据、用户程序的备份；拆卸连接电缆时，应做好相应的标记等。

FANUC R-30iB 系统控制柜的一般部件更换方法如下，IR 控制器及部件更换的方法详见后述。

（1）控制柜风机与热交换器更换

控制柜风机、热交换器不良时，将导致控制柜散热不良、控制柜温升过高，从而引发整流、逆变、调压电力电子器件及制动电阻过热报警。

R-30iB 系统的控制柜风机及热交换器安装在前门上，更换热交换器时，需要先拆下风机，风机与热交换器更换的步骤如下。

① 风机更换。R-30iB 系统的控制柜风机安装在图 6.31（a）所示的前门正面。更换风机时，首先需要取下前门正面的风机安装螺钉，然后取下风机与热交换器的连接电缆。安装风机时，应先连接风机电缆，并使电缆远离风叶，然后再固定安装螺钉。

② 热交换器更换。R-30iB 系统的热交换安装在图 6.31（b）所示的控制柜前门背面。更换热交换器时，需要先拆下风机，然后取下热交换器电源电缆、拆下前门背面的安装螺钉，取出热交换器。安装热交换器时，应先固定安装螺钉、连接电源电缆，然后重新安装柜门正面的风机。

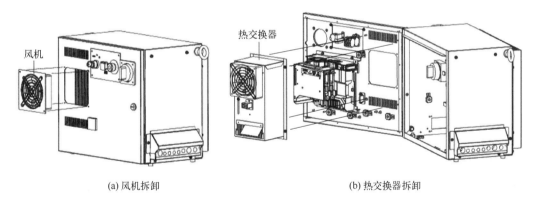

(a) 风机拆卸　　　　　　　　　　　(b) 热交换器拆卸

图 6.31　控制柜风机与热交换更换

③ 附加风机更换。大中型 R-30iB 控制系统的背面安装有图 6.32 所示的制动电阻散热辅助风机。更换辅助风机时，首先需要取下后门的风机安装螺钉，然后取下风机连接电缆。安装风机时，应先连接风机电缆，并使电缆远离风叶，然后再固定安装螺钉。

（2）制动电阻更换

伺服驱动器的制动电阻用于消耗电机制动能量、调节直流母线电压，制动电阻不良时，将导致直流母线电压过高，从而引发直流母线

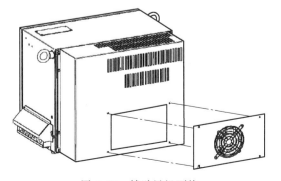

图 6.32　辅助风机更换

过电压报警。

R-30iB 系统伺服驱动器的制动电阻安装在图 6.33 所示的控制柜后盖板内侧。更换制动电阻时，需要先拆下后盖板固定螺钉、取下控制柜后盖板，然后取下制动电阻与驱动器连接电缆 CRR63、CRR11，再拆下制动电阻固定螺钉、取出制动电阻。制动电阻更换后，应先固定制动电阻螺钉、连接驱动器连接电缆，最后固定控制柜背板。

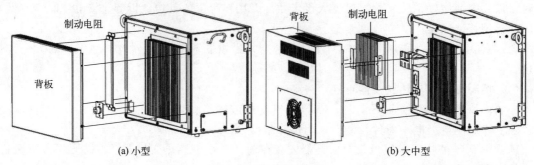

(a) 小型   (b) 大中型

图 6.33 制动电阻更换

(3) 急停单元更换

R-30iB 系统的急停单元用于系统控制部件的连接和伺服驱动器主电源 ON/OFF 控制，单元故障时，系统将产生示教器不能正常显示、控制部件异常、驱动器主回路不良等报警。

R-30iB 系统的急停单元安装在图 6.34 所示的控制柜右下方，单元的控制板（急停控制板）和主接触器可分离。如果只需要更换急停控制板，只需要取下控制板上的控制电缆连接器，然后，松开图 6.34（a）所示急停单元上用来固定控制板的尼龙插销，便可取下控制板。需要整体更换急停单元时，则需要取下主电源连接器和控制电缆连接器，然后拆下图 6.34（b）所示、控制柜上用来固定急停单元的安装螺钉，便可取出急停单元。

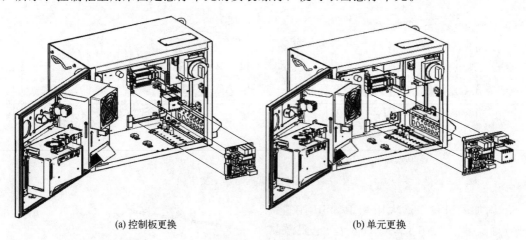

(a) 控制板更换   (b) 单元更换

图 6.34 急停单元更换

(4) 电源单元更换

R-30iB 系统的电源单元用来产生系统的 DC24V 控制电源，电源单元故障时，系统将产生示教器不能正常显示、控制部件异常、驱动器控制回路不良等报警。

R-30iB 系统的电源单元安装在图 6.35 所示的控制柜右上方，更换电源时，需要先取下单元的 AC200V 输入及 DC24V 输出连接电缆、拆下图 6.35（a）所示的电源单元固定螺钉，然后按图 6.35（b）所示取出电源单元。

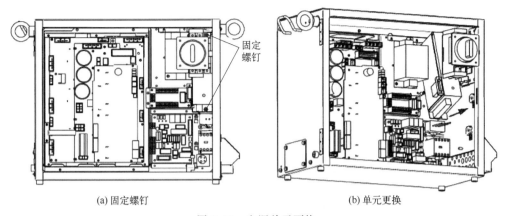

(a) 固定螺钉　　　　　　　　　　　　(b) 单元更换

图 6.35　电源单元更换

(5) 伺服驱动器更换

R-30iB 系统的伺服驱动器用来控制关节轴伺服电机运动，驱动器故障时，系统将产生机器人位置出错、系统控制部件异常、伺服驱动器异常等报警。

R-30iB 系统的伺服驱动器安装在图 6.36 所示的控制柜左侧，更换驱动器时，首先需要确认驱动器的直流母线已充分放电、指示灯 V4 已熄灭（参见图 6.27），然后，取下所有连接电缆，拆下图 6.36（a）所示的驱动器上方固定螺钉，再按图 6.36（b）所示方向取出驱动器。

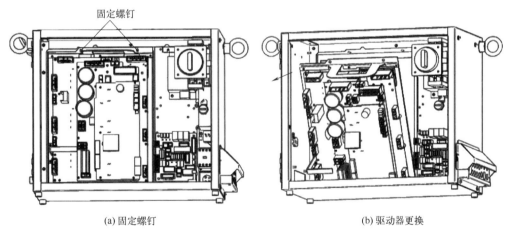

(a) 固定螺钉　　　　　　　　　　　　(b) 驱动器更换

图 6.36　伺服驱动器更换

6.6.2　IR 控制器部件更换

IR 控制器是机器人控制系统的核心部件，控制器软硬件一旦发生故障，系统将无法正常工作。IR 控制器故障及部件的更换通常会导致系统参数、机器人设定数据、用户程序的丢失，因此，机器人正常使用时，必须及时备份 IR 控制器数据，以便维修完成后能够迅速恢复系统、还原数据。

R-30iB 系统的 IR 控制器由主板、后板、风机、电池等部件组成，控制部件更换的基本方法如下。

(1) 后备电池与风机更换

R-30iB 系统的 IR 控制器的风机、后备电池安装在控制器后盖板的上方，系统发生 IR 控制器风机、后备电池报警时，可在不打开 IR 控制器后盖的情况下，直接从风机板上取出、安装风机、后备电池。

① 风机更换。IR 控制器的后盖上方安装有控制器散热的 DC24V 风机单元，风机单元故障（停转或转速过低）时，CPU 将停止工作。

风机的维修、更换应在系统断电的情况下进行。风机需要维修、更换时，可松开 IR 控制器后盖上的风机卡扣，抓住图 6.37（a）所示的卡爪，便可将其从 IR 控制器风机板上整体拉出；风机单元维修、更换后，可从卡爪部位将其整体插入风机板。

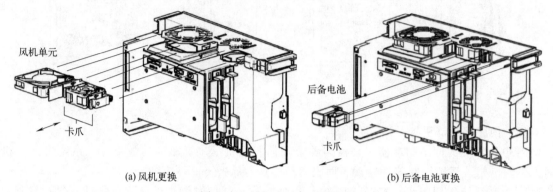

(a) 风机更换   (b) 后备电池更换

图 6.37　风机及后备电池更换

② 后备电池更换。IR 控制器的后备电池用于 SRAM 数据保存，电池（DC3V）电压过低或失效时，将导致系统 SRAM 数据的丢失。

后备电池的更换一般应在系统通电的情况下进行。更换后备电池时，可抓住图 6.37（b）所示的电池卡爪，将后备电池从 IR 控制器风机板上拉出；电池更换后，可从卡爪部位将其整体插入 IR 控制器风机板。

（2）后板更换

IR 控制器后板安装在后盖上，后板上安装有 IR 控制器电源、扩展模块插槽等部件；后板不良时，系统可能发生示教器无显示、软硬件异常等故障。

后板更换、维修时的步骤如下。

① 后板安装有扩展模块时，先取下扩展模块的连接电缆。

② 取出图 6.38 所示后盖下部的固定螺钉 1 和 2。

③ 松开上方的锁紧卡爪 3 和 4。

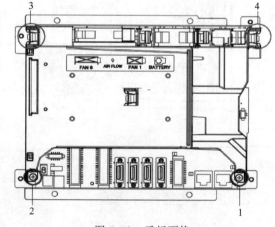

④ 将后盖连同后板、风机单元、电池整体从安装有主板、风机板的底板上取下。

图 6.38　后板更换

后板维修、更换完成后，将其连同后盖整体插入主板，并固定、锁紧后盖。

（3）主板更换

IR 控制器主板安装在底板上，主板安装有轴卡、CPU 卡、FROM/SRAM 卡及输入/输出与通信接口等部件，主板不良时，系统将无法正常工作。

主板更换、维修时的步骤如下。

① 按后板更换同样的方法取出 IR 控制器后盖。

② 取下图 6.39 所示的主板固定螺钉 1～3。

③ 向下移动主板、拔出风机板连接器 4
后，便可将主板从底板中取下。

主板维修、更换完成后，插入风机板连接
器 4、安装固定螺钉 1～3 和后盖。

（4）卡更换

IR 控制器的轴卡、CPU 卡安装在主板上
（参见图 6.39），轴卡、CPU 卡不良时，系统将产
生软硬件出错、驱动器控制回路异常等报警。

轴卡、CPU 卡的更换方法如图 6.40 所示。
卡更换时，应先松开图 6.40（a）所示的卡爪，
然后按图 6.40（b）所示，从连接器侧将卡从
主板上拔出。卡更换后，再将新卡插入主板、
锁紧卡爪。

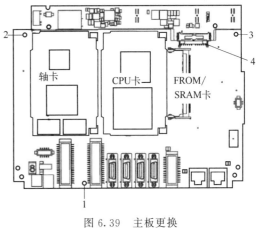

图 6.39　主板更换

IR 控制器的存储卡（FROM/SRAM 卡）安装在 CPU 右侧（参见图 6.39）。存储卡更换
时，应先将图 6.41 所示的卡爪推向外侧，然后，提起卡外侧至 30°左右位置，再将卡从主板上
拔出；卡更换后，插入主板、锁紧卡爪。

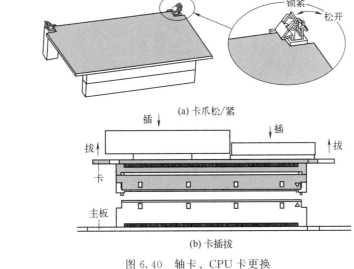

图 6.40　轴卡、CPU 卡更换

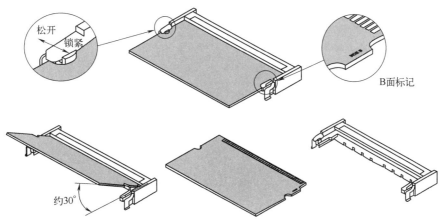

图 6.41　存储卡更换

(5) 编码器电池更换

工业机器人关节轴位置通常以伺服电机内置的绝对编码器（又称 APC）作为位置检测器件。从本质上说，这种编码器实际上只是一种通过后备电池保存位置数据的增量编码器，而不是利用物理刻度区分位置、真正意义上的绝对位置编码器。编码器的转数、角度计数值需要通过后备电池保持，后备电池一旦失效，转数、角度计数存储器的数据将丢失或出错，因此需要定期更换电池、预防机器人位置出错。

必须注意的是：编码器电池的更换必须在控制系统电源接通时进行，系统断电时对后备电池的任何操作都可能导致存储器数据的出错、造成系统报警和机器人故障。

FANUC 垂直串联机器人的编码器后备电池通常安装在机器人基座上，电池盒内安装有 4 节 1.5V 电池（1 号碱性电池），电池的更换方法如图 6.42 所示，操作步骤如下。

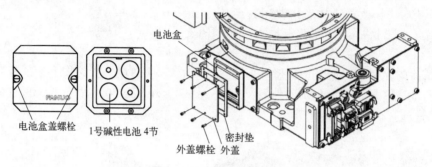

图 6.42　后备电池更换

① 接通系统电源并按下系统急停按钮，使机器人处于急停状态。
② 取下外盖螺栓、外盖及密封垫。
③ 松开电池盒盖螺栓、打开电池盒。
④ 取出、更换电池。

安川篇

第**7**章

安川系统与连接

7.1 机器人产品与性能

7.1.1 垂直串联机器人

安川垂直串联工业机器人分通用型和涂装专用型 2 类。通用型垂直串联机器人以 6 轴标准结构为主，机器人可通过安装不同工具，用于加工、装配、搬运、包装等各类作业。根据机器人承载能力，通用型机器人一般分为小型（Small Payload，小于 20kg）、中型（Medium Payload，20～100kg）、大型（High Payload，100～300kg）、重型（Heavy Payload，大于 300kg）4 类。涂装专用机器人为 6 轴小型结构（承载能力不超过 20kg）。

安川工业机器人所对应的产品如下。

(1) 小型通用机器人

安川目前常用的小型垂直串联通用工业机器人主要产品如图 7.1 所示。

MH、MA、HP、GP 系列机器人采用的是 6 轴垂直串联标准结构，其规格较多。标准结构产品的作业半径（X）一般在 2m 以内，作业高度（Y）通常在 3.5m 以下；加长型的 MA3100 的作业半径可达 3.1m、作业高度可达 5.6m，但其定位精度将相应降低。机器人的定位精度与工作范围有关，作业半径小于 1m 时，重复定位精度一般不超过 ±0.03mm；作业半径在 1～2m 时，重复定位精度一般为 ±(0.06～0.08)mm；作业半径 3.1m 的 MA3100，其重复定位精度为 ±0.15mm。

VA 系列为带下臂回转轴 LR 的 7 轴垂直串联变形结构产品，多用于弧焊作业，以避让干涉区、增加灵活性。7 轴 VA 系列 20kg 以下的小型机器人目前只有 VA1400 一个规格，产品的承载能力为 3kg、作业半径约为 1.4m、作业高度约为 2.5m，重复定位精度为 ±0.08mm。

MPK 系列为无上臂回转轴 R 的 5 轴垂直串联变形结构产品，产品多用于包装、码垛等平面搬运作业。5 轴 MPK 系列小型机器人目前只有 2kg、5kg 两个规格，产品作业半径为 0.9m、作业高度在 1.6m 左右，重复定位精度为 ±0.5mm。

以上产品的主要技术参数如表 7.1 所示，工作范围 X、Y 的含义如图 7.1（h）所示。

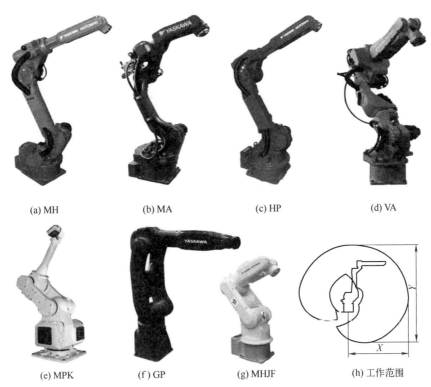

(a) MH   (b) MA   (c) HP   (d) VA

(e) MPK   (f) GP   (g) MHJF   (h) 工作范围

图 7.1 安川小型工业机器人

表 7.1 安川小型通用机器人主要技术参数表

系列	型号	承载能力/ kg	工作范围/mm		重复定位精度/ mm	控制轴数
			X	Y		
MH	JF	1	545	909	±0.03	6
	3F、3BM	3	532	804	±0.03	6
	5S、5F	5	706	1193	±0.02	6
	5LS、5LF	5	895	1560	±0.03	6
	6	6	1422	2486	±0.08	6
	6S	6	997	1597	±0.08	6
	6-10	10	1422	2486	±0.08	6
MA	1400	3	1434	2511	±0.08	6
	1800	15	1807	3243	±0.08	6
	1900	3	1904	3437	±0.08	6
	3100	3	3121	5615	±0.15	6
HP	20	20	1717	3063	±0.06	6
	20RD	20	2017	3134	±0.06	6
	20D-6	6	1915	3459	±0.06	6
	20D-A80	20	1717	3063	±0.06	6
GP	7	7	927	1693	±0.03	6
	8	8	727	1312	±0.02	6
	12	12	1440	2511	±0.08	6
VA	1400	3	1434	2475	±0.08	7
MPK	2F	2	900	1625	±0.5	5
	2F-5	5	900	1551	±0.5	5

(2) 中型通用机器人

安川公司目前常用的中型垂直串联通用工业机器人主要产品如图 7.2 所示。

　　MH、MC、MS、DX、MCL 系列机器人采用的是 6 轴垂直串联标准结构，MH 系列的规格较多，其他系列均只有 1 个规格；其中，DX 系列机器人可壁挂式安装。标准结构产品的作业半径（X）一般在 2.5m 以内，作业高度（Y）通常在 4m 以下；加长型 MH50 机器人的作业半径可达 3.1m、作业高度为 5.6m，但其承载能力、定位精度需要相应降低。机器人的定位精度与工作范围有关，作业半径小于 2.5m 时，重复定位精度一般为 ±0.07mm；作业半径为 3.1m 的特殊机器人，重复定位精度为 ±0.15mm。

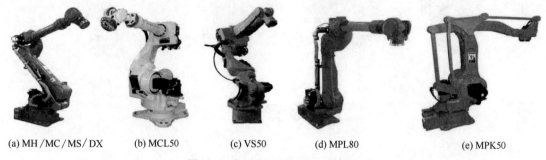

(a) MH／MC／MS／DX　　(b) MCL50　　(c) VS50　　(d) MPL80　　(e) MPK50

图 7.2　安川中型通用工业机器人

　　VS 系列为带下臂回转轴 LR 的 7 轴垂直串联变形结构产品，多用于点焊作业，以避让干涉区、增加灵活性。7 轴 VS 系列中型机器人目前只有 VS50 一个规格，产品的承载能力为 50kg、作业半径约为 1.6m、作业高度约为 2.6m，重复定位精度为 ±0.1mm。

　　MPL80 采用无手腕回转轴 R 的 5 轴垂直串联变形结构，它与 MPL 系列其他大型机器人产品的结构不同。5 轴 MPL 系列中型机器人目前只有 80kg 一个规格，产品作业半径约 2m、作业高度约 3.3m，重复定位精度为 ±0.07mm。

　　MPK50 为平行四边形连杆驱动的 4 轴垂直串联机器人，它无手腕回转轴 R、摆动轴 B，产品多用于包装、码垛的平面搬运作业。4 轴 MPK 系列中型机器人目前只有 50kg 一个规格，产品作业半径为 1.9m、作业高度在 1.7m 左右，重复定位精度为 ±0.5mm。

　　以上产品的主要技术参数如表 7.2 所示，工作范围 X、Y 的含义如图 7.1（h）所示。

表 7.2　安川中型通用机器人主要技术参数表

系列	型号	承载能力/ kg	工作范围/mm		重复定位精度/ mm	控制轴数
			X	Y		
MH	50	50	2061	3578	±0.07	6
	50-20	20	3106	5585	±0.15	6
	50-35	35	2538	4448	±0.07	6
	80	80	2061	3578	±0.07	6
	80W	80	2236	3751	±0.07	6
MC	2000	50	2038	3164	±0.07	6
MS	80W	80	2236	3751	±0.07	6
DX	1350D	35	1355	2201	±0.06	6
MCL	50	50	2046	2441	±0.07	6
VS	50	50	1630	2597	±0.1	7
MPL	80	80	2061	3291	±0.07	5
MPK	50	50	1893	1668	±0.5	4

（3）大型通用机器人

　　安川公司目前常用的大型垂直串联通用工业机器人主要产品如图 7.3 所示。

　　MH、MCL、MS 系列以及 EPH130D、ES165/200/280D 机器人，采用的是 6 轴垂直串联标准结构，其作业半径（X）一般在 3m 以内，作业高度（Y）通常在 4m 以下，重复定位精

(a) MH/MCL/MS、EPH-D、ES-D　　　(b) EPH-RLD、EPH/EP、ES-RD　　　(c) MPL

图 7.3　安川大型通用工业机器人

度为 ±0.2mm。

EPH130RLD、EPH/EP4000、ES165/200RD 机器人，采用的是 6 轴垂直串联框架安装结构，其作业半径（X）为 3～4m，作业高度（Y）可达 5m 左右，加长型 ES200RD 可达 6.5m，重复定位精度为 ±(0.2～0.5)mm。

MPL 为平行四边形连杆驱动的 4 轴垂直串联机器人，它无手腕回转轴 R、摆动轴 B，产品多用于包装、码垛的平面搬运作业。4 轴 MPL 系列大型机器人有 100kg、160kg 两个规格，产品作业半径、作业高度为 3m 左右，重复定位精度为 ±0.5mm。

安川大型工业机器人的主要技术参数如表 7.3 所示，工作范围 X、Y 的含义如图 7.1（h）所示。

表 7.3　安川大型通用机器人主要技术参数表

系列	型号	承载能力/kg	工作范围/mm		重复定位精度/mm	控制轴数
			X	Y		
MH	165	165	2651	3372	±0.2	6
	165-100	100	3010	4091	±0.2	6
	215	215	2912	3894	±0.2	6
	250	250	2710	3490	±0.2	6
MCL	130	130	2650	3130	±0.2	6
	165-100	100	3001	3480	±0.3	6
	165	165	2650	3130	±0.2	6
MS	120	120	1623	2163	±0.2	6
ES	165D	165	2651	3372	±0.2	6
	200D	200	2651	3372	±0.2	6
	280D	280	2446	2962	±0.2	6
	280D-230	230	2651	3372	±0.2	6
	165RD	165	3140	4782	±0.2	6
	200RD	200	3140	4782	±0.2	6
	200RD-120	120	4004	6512	±0.2	6
EPH	130D	130	2651	3372	±0.2	6
	130RLD	130	3474	4151	±0.3	6
	4000D	200	3505	2629	±0.5	6
EP	4000D	200	3505	2614	±0.5	6
MPL	100	100	3159	3024	±0.5	4
	160	160	3159	3024	±0.5	4

（4）重型通用机器人

安川公司目前常用的重型垂直串联通用工业机器人主要产品如图 7.4 所示。

HP、UP 系列采用的是 6 轴垂直串联标准结构，UP 系列可框架式安装。HP 系列的作业半径（X）一般在 3m 以内，作业高度（Y）通常在 3.5m 以下；UP 系列的作业半径（X）为 3.5m 左右、作业高度（Y）接近 5m；两系列产品的重复定位精度均为 ±0.5mm。

MPL 为平行四边形连杆驱动的 4 轴垂直串联机器人，它无手腕回转轴 R、摆动轴 B，产品多用于包装、码垛的平面搬运作业。4 轴 MPL 系列重型机器人的最大承载能力为 800kg，产品作业半径、作业高度均为 3m 左右，重复定位精度为 ±0.5mm。

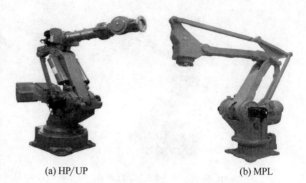

(a) HP/UP　　　　　(b) MPL

图 7.4　安川重型通用工业机器人

安川重型工业机器人的主要技术参数如表 7.4 所示，表中工作范围参数 X、Y 的含义同前。

表 7.4　安川重型通用机器人主要技术参数表

系列	型号	承载能力/ kg	工作范围/mm		重复定位精度/ mm	控制轴数
			X	Y		
HP	350D	350	2542	2761	±0.5	6
	350D-200	200	3036	3506	±0.5	6
	500D	500	2542	2761	±0.5	6
	600D	600	2542	2761	±0.5	6
UP	400RD	400	3518	4908	±0.5	6
MPL	300	300	3159	3024	±0.5	4
	500	500	3159	3024	±0.5	4
	800	800	3159	3024	±0.5	4

(5) 涂装专用机器人

用于油漆、喷涂等涂装作业的工业机器人，需要在充满易燃、易爆气雾的环境作业，它对机器人的机械结构，特别是手腕结构，以及电气安装与连接、产品防护等方面都有特殊要求，因此，需要选用专用工业机器人。

安川公司目前常用的垂直串联涂装专用工业机器人的主要产品如图 7.5 所示。

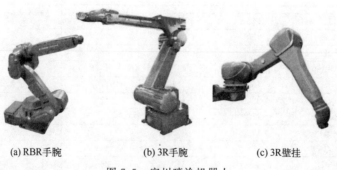

(a) RBR手腕　　　　(b) 3R手腕　　　　(c) 3R壁挂

图 7.5　安川喷涂机器人

EXP1250 涂装机器人采用 6 轴垂直串联、RBR 手腕标准结构，承载能力为 5kg，作业半径为 1.25m、作业高度为 1.85m，重复定位精度为 ±0.15mm。

EXP 系列的其他产品均采用 6 轴垂直串联、3R 手腕结构；其中，EXP2050、EXP2700 为实心手腕；其他产品均为中空手腕；EXP2700 为壁挂安装、2800R 为框架安装。系列产品的承载能力为 10～20kg、作业半径为 2～3m、作业高度 3～5m，重复定位精度一般为 ±0.5mm。

安川 EXP 系列涂装机器人产品的主要技术参数如表 7.5 所示，表中工作范围参数 X、Y 的含义同前。

表 7.5 安川涂装机器人主要技术参数表

型号	结构特征	承载能力/ kg	工作范围/mm		重复定位精度/ mm	控制轴数
			X	Y		
EXP1250	RBR 手腕	5	1256	1852	±0.15	6
EXP 2050	3R 手腕	10	2035	2767	±0.5	6
EXP 2050	3R 中空手腕	15	2054	2806	±0.5	6
EXP 2750	3R 手腕	10	2729	3758	±0.5	6
EXP 2700	3R 手腕、壁挂	15	2700	5147	±0.15	6
EXP 2800	3R 中空手腕	20	2778	4582	±0.5	6
EXP 2800R	3R 中空手腕、框架	15	2778	4582	±0.5	6
EXP 2900	3R 中空手腕	20	2900	4410	±0.5	6

7.1.2 其他结构机器人

(1) SCARA 机器人

水平串联 SCARA 结构的机器人结构简单、运动速度快，特别适合于 3C 行、药品、食品等行业的平面搬运、装卸作业。

安川水平串联、SCARA 结构机器人的常用产品如图 7.6 所示。

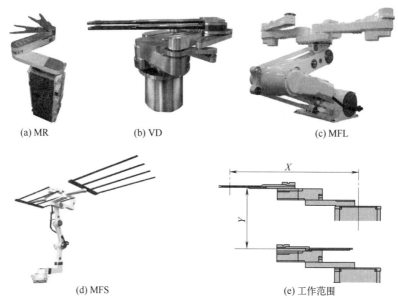

(a) MR 　　(b) VD 　　(c) MFL

(d) MFS 　　(e) 工作范围

图 7.6 安川水平串联机器人

MR124、VD95 机器人采用水平串联、SCARA 标准结构。MR124 为小型机器人产品，其承载能力为 5.8kg、作业半径为 1215mm、作业高度为 480mm、重复定位精度为 ±0.1mm。VD95 为大型 SCARA 机器人，其承载能力为 95kg、作业半径为 2300mm、作业高度为 150、重复定位精度为 ±0.2mm。

MFL、MFS 系列机器人采用水平串联、SCARA 变形结构；产品承载能力为 50～80kg、作业半径为 1.6～2.3m、作业高度为 1.8～4m、重复定位精度为 ±0.2mm。

安川 SCARA 结构工业机器人的主要技术参数如表 7.6 所示，表中工作范围参数 X、Y 的含义见图 7.6（e）。

表 7.6　安川水平串联机器人主要技术参数表

系列	型号	承载能力/kg	工作范围/mm		重复定位精度/mm	控制轴数
			X(半径)	Y		
MR	124	5.8	1215	480	±0.1	5
VD	95	95	2300	150	±0.3	4
MFL	2200D-1840	50	1675	1840	±0.2	4
	2200D-2440	50	1675	2440	±0.2	4
	2200D-2650	50	1675	2650	±0.2	4
	2400D-1800	80	2240	1800	±0.2	4
	2400D-2400	80	2240	2400	±0.2	4
MFS	2500D-4000	60	2300	4000	±0.2	4

(2) Delta 机器人

并联 Delta 结构的工业机器人多用于输送线物品的拾取与移动（分拣），它在食品、药品、3C 行业的使用较为广泛。

3C 部件、食品、药品的重量较轻，运动以空间三维直线移动为主，但物品在输送线上的运动速度较快，因此，它对机器人承载能力、工作范围、动作灵活性的要求相对较低，但对快速性的要求较高。此外，由于输送线多为敞开式结构，故而采用顶挂式安装的并联 Delta 结构机器人是较为理想的选择。

安川并联 Delta 结构机器人目前只有图 7.7 所示的 4 轴（3 摆臂＋手腕回转轴 T）MPP3S、MPP3H 两个产品。MPP3S 机器人承载能力为 3kg、作业直径（X）为 800mm、作业高度（Y）为 300mm、重复定位精度为 ±0.1mm；MPP3S 机器人承载能力为 3kg、作业直径（X）为 1300mm、作业高度（Y）为 601mm、重复定位精度为 ±0.1mm。

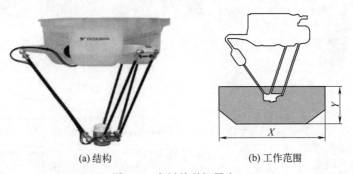

(a) 结构　　　　　　　　　(b) 工作范围

图 7.7　安川并联机器人

(3) 手臂型机器人

安川手臂型机器人属于第二代协作型机器人（Collaborative Robot）产品，可用于人机协同安全作业，工业机器人采用了 7 轴垂直串联类人结构，其运动灵活、几乎不存在作业死区；机器人配套触觉传感器后，可感知人体接触并安全停止，以实现人机协同作业；产品多用于 3C、食品、药品等行业的装配、搬运作业。

安川手臂型机器人有图 7.8 所示的 7 轴单臂（Single-arm）SIA 系列、15 轴（2×7＋基座回转）双臂（Dual-arm）SDA 系列两类产品，机器人可用于 3C、食品、药品等行业的人机协同作业。

SIA 系列单臂机器人的承载能力 5～50kg、作业半径在 2m 以内、作业高度在 2.6m 以下、重复定位精度一般为 ±0.1mm。

SDA 系列双臂机器人的单臂承载能力 5～20kg、单臂作业半径在 1m 以内、作业高度在 2m 以下、重复定位精度一般为 ±0.1mm。

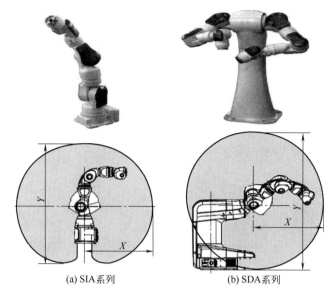

(a) SIA系列　　　　　(b) SDA系列

图7.8　安川手臂型机器人

以上产品的主要技术参数如表7.7所示，表中工作范围参数 X、Y 的含义见图7.8。

表7.7　安川手臂型机器人主要技术参数表

系列	型号	承载能力/kg	工作范围/mm		重复定位精度/mm	控制轴数
			X(半径)	Y		
SIA	5D	5	559	1007	±0.06	7
	10D	10	720	1203	±0.1	7
	20D	20	910	1498	±0.1	7
	30D	30	1485	2597	±0.1	7
	50D	50	1630	2597	±0.1	7
SDA	5D	5(每臂)	845(每臂)	1118	±0.06	15
	10D	10(每臂)	720(每臂)	1440	±0.1	15
	20D	20(每臂)	910(每臂)	1820	±0.1	15

7.1.3　变位器

安川公司与工业机器人配套的变位器产品主要有工件变位器、机器人变位器两大类，前者可用于工件交换、工件回转与摆动控制；后者可用于机器人的整体位置移动。变位器均采用伺服电机驱动，并可通过机器人控制器的外部轴控制功能直接控制。

（1）单轴工件变位器

安川单轴工件变位器以回转变位为主。从功能与用途上说，可分为工件交换、工件回转两类；从结构上说，主要有立式（回转轴线垂直水平面）、卧式（回转轴线平行水平面）两种。安川常用的单轴工件回转变位器如图7.9所示。

工件交换变位器可通过180°回转，交换机器人作业区和装卸区，使工件装卸和加工可同时进行，提高作业效率。安川工件180°回转交换变位器有立式 MSR 系列、卧式 MRM2-250STN 两类；立式 MSR 系列主要用于箱体、框架类零件的180°水平回转交换；卧式 MRM2-250STN 主要用于轴、梁等细长零件的180°垂直回转交换。

工件回转变位器用于工件回转作业，通过改变工件作业面方向扩大机器人作业范围。安川工件回转变位器以卧式为主，常用的有 MH、MHTH 两个系列产品；如需要，还可选配相应

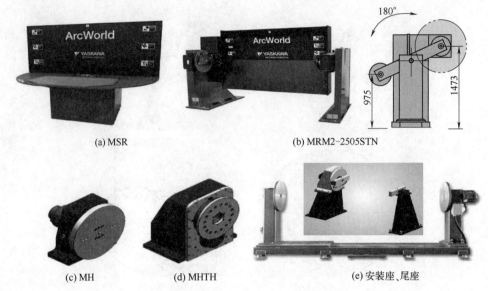

(a) MSR   (b) MRM2-2505STN

(c) MH   (d) MHTH   (e) 安装座、尾座

图 7.9　安川单轴工件变位器

的安装座、尾座等附件。

安川单轴工件变位器的主要技术参数如表 7.8 所示。

表 7.8　安川单轴工件变位器主要技术参数表

系列	型号	承载能力/kg	主要尺寸/mm	最高转速/(r/min)	180°交换时间/s
MSR	205	200	回转直径 φ1524	—	4
	500	500	回转直径 φ1524	—	2
	1000	1000	回转直径 φ1524	—	5
MRM2	250STN	250	最大工件 φ1170×2600	—	4
MH	95	95	工件额定直径 φ304	23.8	—
	185	185	工件额定直径 φ304	12.4	—
	505	505	工件额定直径 φ304	9.8	—
	1605	1605	工件额定直径 φ304	10.8	—
	3105	3105	工件额定直径 φ304	6.7	—
MHTH	305	305	工件额定直径 φ304	33.3	—
	605	605	工件额定直径 φ304	18.8	—
	905	905	工件额定直径 φ304	12.4	—

（2）双轴工件变位器

双轴工件变位器可同时实现工件的回转与摆动，使工件除安装底面外的其他位置均可成为机器人作业面。

双轴工件回转变位器通常采用立卧复合结构，卧式轴用于工件摆动、立式轴用于工件回转。安川常用的双轴工件回转变位器有图 7.10 所示 4 类，主要技术参数如表 7.9 所示。

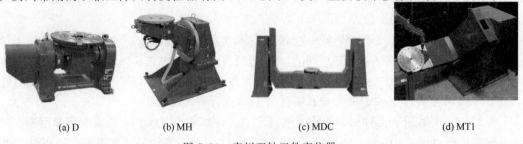

(a) D   (b) MH   (c) MDC   (d) MT1

图 7.10　安川双轴工件变位器

表7.9　安川双轴工件变位器主要技术参数表

系列	D		MH1605	MDC	MT1		
型号	250	500	505TR	2300	1500	3000	5000
承载能力/kg	250	500	505	2300	1500	3000	5000
台面直径/mm	$\phi500$	$\phi500$	$\phi400$	—	—	—	—
最大回转直径	—	—	—	$\phi3000$	$\phi2390$	$\phi3600$	$\phi2600$
台面至摆动中心距离/mm	150	150	352	150	650	1041	800
摆动范围/°	±135	±135	±135	±135	±135	±135	±135
台面回转速度/(r/min)	30	26.7	9.8	7.4	6.9	2.7	2.7
摆动速度/(r/min)	20	13.3	10.8	4.7	4.5	1.9	1.9

（3）3轴工件变位器

3轴工件变位器可同时实现工件回转和180°回转交换控制；工件180°回转交换的形式有立式回转、卧式回转2种；工件的回转作业通常以卧式为主。

安川3轴工件回转变位器的常用产品有图7.11所示的两类，产品主要技术参数如表7.10所示。

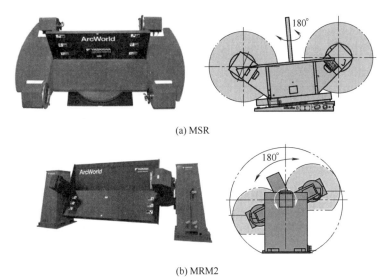

(a) MSR

(b) MRM2

图7.11　安川3轴工件变位器

表7.10　安川3轴工件变位器主要技术参数表

系列	MSR2S		MRM2			
型号	500	750	250M3XSL	750M3XSL	1005M3X	1205M3X
控制轴数	3	3	3	3	3	3
承载能力/kg	500	750	255	755	1005	1205
工件最大直径/mm	$\phi1300$	$\phi1300$	$\phi1300$	$\phi1300$	$\phi1525$	$\phi1300$
工件最大长度/mm	2000	3000	2920	2920	2920	2920
180°回转交换时间/s	3.7	5	1.5	2.25	2.95	2.95

（4）5轴工件变位器

5轴工件变位器可用于工件的180°回转交换和工件回转、工件摆动作业控制；工件180°回转交换形式有立式回转、卧式回转两种；工件回转、摆动作业形式可为立式或卧式。

安川5轴工件回转变位器的常用产品有图7.12所示的两类，产品主要技术参数如表7.11所示。

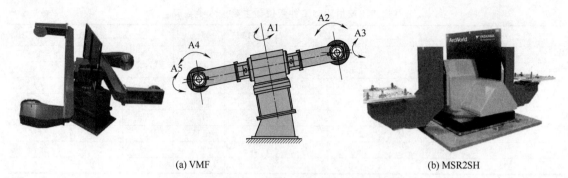

(a) VMF   (b) MSR2SH

图 7.12　安川 5 轴工件变位器

表 7.11　安川 5 轴变位器主要技术参数表

系列	VMF		MSR2SH
型号	500	750	900
控制轴数	5	5	5
承载能力/kg	500	750	900
工件最大直径/mm	$\phi1500$	$\phi1500$	$\phi1760$
工件最大长度/mm	3300	3200	1000
工件回转轴 A2、A4 最高转速/(r/min)	16.8	8.4	12.4
工件摆动轴 A3、A5 最高转速/(r/min)	5.2	5.2	12.9
A1 轴 180°回转交换时间/s	6	6～8	7

(5) 机器人变位器

机器人变位器用于机器人的整体大范围移动控制，安川公司配套的机器人变位器主要有图 7.13 所示的几类。

FLOORTRACK 系列为单轴轨道式变位器，它可用于机器人的大范围直线运动，变位器采用的是齿轮/齿条传动，齿条可根据需要接长，运动行程理论上不受限制。

GANTRY 系列为龙门式 3 轴直线变位器，可用于 MA1400/1900、MH6、HP20D 等小型、倒置式安装的机器人三维空间变位。机器人的 X/Y 方向的最大移动速度为 16.9m/min，Z 方向的最大升降速度为 8.7m/mim，龙门及悬梁尺寸可根据用户需要定制。

MOTORAIL7 系列为单轴横梁式变位器，可用于 MA1900/3100、HP20D、MH50 等中小型、倒置式安装的机器人空间直线变位。横梁的最大长度可达 31m，机器人的最大移动速度可达 150m/min，重复定位精度可达±0.1mm。

MOTOSWEEP-O、MOTOSWEEP-OHD 为摇臂式双轴变位器，可用于 MA1400/1900/3100、HP20D、MH50 等中小型、倒置式安装的机器人平面变位；摇臂的直线运动距离为 2～3.1m，回转范围为±180°，重复定位精度为±0.1mm。

7.1.4　机器人坐标系

(1) 基本说明

安川机器人控制系统的坐标系实际上有关节、机器人基座、手腕基准、大地、工具、用户 6 类坐标系，但坐标系名称、使用方法与其他机器人有所不同。在安川机器人使用说明书上，手腕基准坐标系称为手腕法兰坐标系（Wrist Flange Coordinates），机器人基座坐标系称为机器人坐标系（Robot Coordinates），大地坐标系称为基座坐标系（Base Coordinates）。

手腕基准（法兰）坐标系是用来建立运动控制模型、由安川定义的系统控制坐标系，通常只用于控制系统的工具坐标系参数设定，用户既不能改变其设定，也不能在该坐标系上进行其

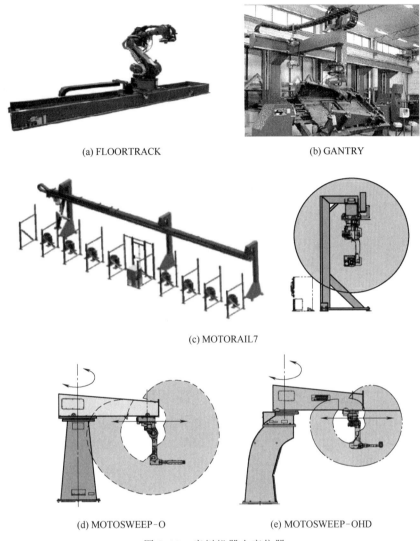

(a) FLOORTRACK　　　　　　　　　　　(b) GANTRY

(c) MOTORAIL7

(d) MOTOSWEEP-O　　　　　　　　(e) MOTOSWEEP-OHD

图 7.13　安川机器人变位器

他操作，因此，机器人使用说明书一般不对其进行介绍；其他坐标系均可供用户操作、编程使用。

安川机器人示教器的坐标系显示为中文"关节坐标系""机器人坐标系""基座坐标系""直角坐标系""圆柱坐标系""工具坐标系""用户坐标系"，其中，直角坐标系、圆柱坐标系仅供机器人手动操作使用，其功能如下。

直角坐标系：用于机器人基座坐标系的手动操作。选择直角坐标系时，机器人可以笛卡儿直角坐标系的形式控制 TCP 在机器人坐标系上的手动运动，因此，直角坐标系实际上就是通常意义上的手动操作机器人坐标系。

圆柱坐标系：圆柱坐标系是安川公司为方便机器人坐标系手动操作而设置的坐标系。选择圆柱坐标系进行手动操作时，可以用图 7.14 所示的极坐标 ρ、θ，直接控制 TCP 进行机器人坐标系 XY 平面的径向、回转运动。

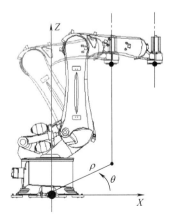

图 7.14　圆柱坐标系

为了与安川说明书统一，本书后述的内容中也将安川机器人的大地坐标系称为基座坐标系，将机器人基座坐标系称为机器人坐标系，将手腕基准坐标系称为手腕法兰坐标系。

安川机器人的坐标系定义如下。

(2) 机器人基本坐标系

关节、机器人、手腕法兰坐标系是安川机器人的基本坐标系，必须由安川公司定义，用户不得改变。关节、机器人、手腕法兰坐标系的原点位置、方向规定如下。

① 关节坐标系。安川 6 轴垂直串联机器人的腰回转、下臂摆动、上臂摆动、手腕回转、手腕弯曲、手回转关节轴的名称依次为 S、L、U、R、B、T；关节轴运动方向、零点定义通常如图 7.15 所示。

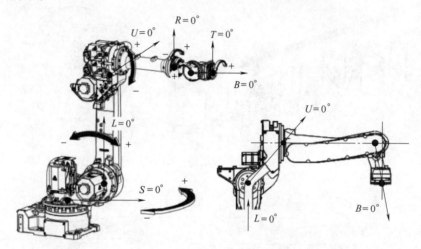

图 7.15　安川机器人关节坐标系

安川机器人关节轴方向以及 S、L、U、R、T 轴的零点与 FANUC 机器人基本相同，但 B 轴零点有图 7.15 所示的两种情况：部分机器人以 S、L、U、$R=0°$ 时，手回转中心线与基座安装底面平行的位置为 B 轴零点；部分机器人则以 S、L、U、$R=0°$ 时，手回转中心线与基座安装底面垂直的位置为 B 轴零点。

② 机器人、手腕法兰坐标系。安川机器人的机器人、手腕法兰坐标系原点和方向定义如图 7.16 所示。机器人坐标系原点位于机器人安装底平面；手腕法兰坐标系的 $+Z$ 方向为垂直手腕工具安装法兰面向外，$+X$ 方向为 $R=0°$ 时的手腕向上（或向外）弯曲切线方向。

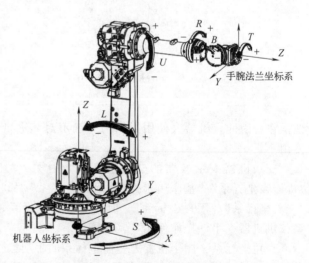

图 7.16　安川基本笛卡儿坐标系

(3) 基座、工具、用户坐标系

安川机器人控制系统的作业坐标系有基座坐标系、工具坐标系、用户坐标系 3 类，用户坐标系可通过程序指令进行平移、旋转等变换，作为工件坐标系使用。基座坐标系只能设定 1 个；工具、用户坐标系的数量与控制系统型号规格功能有关，常用的机器人一般最大可设定

64 个工具坐标系、63 个用户坐标系。

安川机器人的基座坐标系就是大地坐标系，它是机器人坐标系、用户坐标系的设定基准，其设定必须唯一；在利用变位器移动或倾斜、倒置安装的机器人上，机器人坐标系、用户坐标系的位置和方向需要通过基座坐标系确定。机器人出厂时默认基座坐标系和机器人坐标系重合，因此，对于绝大多数地面固定安装的机器人，基座坐标系就是机器人坐标系。机器人需要使用变位器移动或倾斜、倒置安装时（附加功能），机器人坐标系在大地坐标系上的位置和方向，可通过控制系统的机器人变位器配置参数、由控制系统自动计算确定。

安川机器人控制系统的工具坐标系参数需要以手腕法兰坐标系为基准设定，如不设定工具坐标系，系统默认工具坐标系和手腕法兰坐标系重合；控制系统的用户坐标系参数需要以基座坐标系为基准设定，如不设定用户坐标系，系统默认用户坐标系和基座坐标系重合。工具、用户坐标系方向以基准坐标系按 $X \rightarrow Y \rightarrow Z$ 次序旋转的姿态角 $Rx/Ry/Rz$ 表示。

（4）常用工具的坐标系定义

工具、用户坐标系的方向与工具类型、结构以及机器人实际作业方式有关，在安川机器人上，常用工具以及工件的坐标系方向一般如下。

① 工具方向。工具移动作业系统的工具方向利用控制系统的工具坐标系定义，工件移动作业系统的工具方向利用控制系统的用户坐标系定义。常用工具在安川机器人上的坐标系方向一般按图 7.17 定义如下。

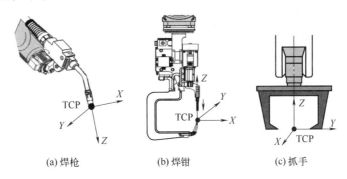

(a) 焊枪　　　　　(b) 焊钳　　　　　(c) 抓手

图 7.17　安川机器人的常用工具方向

弧焊机器人焊枪：枪膛中心线向下方向为工具（或用户）坐标系 $+Z$ 向，$+X$ 向通常与基准坐标系的 $+X$ 方向相同，$+Y$ 方向用右手定则决定。

点焊机器人焊钳：焊钳进入工件方向为工具（或用户）坐标系 $+X$ 向；焊钳松开时的移动电极运动方向为 $+Z$ 向；$+Y$ 方向用右手定则决定。

抓手：抓手一般只用于物品搬运、码垛等工具移动作业系统，工具坐标系的 $+Z$ 方向一般与手腕基准坐标系相反（垂直手腕法兰向内），$+X$ 向与手腕基准坐标系的 $+X$ 方向相同，$+Y$ 方向用右手定则决定。

② 工件方向。工具移动作业系统的工件安装在地面或工装上，工件方向需要利用控制系统的用户坐标系参数定义，用户坐标系的 $+Z$ 方向一般为工件安装平面的法线方向，$+X$ 向通常与机器人坐标系的 $+X$ 方向相反，$+Y$ 方向用右手定则决定。工件移动作业系统的工件夹持在机器人手腕上，工件方向需要利用控制系统的工具坐标系参数定义，工具坐标系的 $+Z$ 方向一般与手腕法兰坐标系相反（垂直手腕法兰向内），$+X$ 向与手腕法兰坐标系的 $+X$ 方向相同，$+Y$ 方向用右手定则决定。

7.2 系统组成与连接总图

7.2.1 系统组成与部件安装

(1) 系统组成

安川机器人常用的控制系统主要有 DX100、DX200、DXM100、FS100 等，其中，DX100 为基本型产品，其他系统的功能、控制部件类似。

安川 DX100 控制系统为柜式结构，控制柜外观如图 7.18 所示。控制柜门的左上方为电源总开关，右上方为急停按钮，示教器悬挂在门上，控制柜内部安装有系统控制部件。

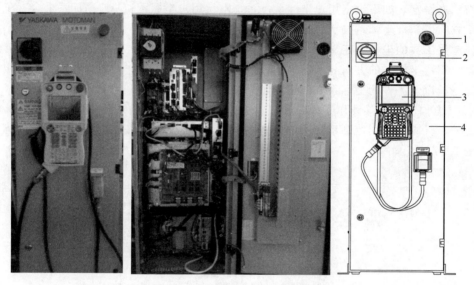

图 7.18　安川 DX100 控制柜外观
1—急停按钮；2—电源总开关；3—示教器；4—控制柜

(2) 控制部件安装

DX100 系统的控制部件为单元（模块）结构，部件安装如图 7.19 所示。ON/OFF 单元 4、安全单元 3 安装在电气安装板上部，伺服驱动器的电源模块 6、驱动器 8、制动单元 7、I/O 单元 15 安装在电气安装板中部，电气安装板下方为电源单元（CPS 单元）9、IR 控制器 10，控制柜风机 13、驱动器制动电阻 14 安装在控制电气安装板背面。

DX100 系统的基本配置及控制部件名称、型号如表 7.12 所示。

表 7.12　DX100 控制系统部件规格与型号

部 件 名 称		型　　号	数量	部件简称
	手持操作单元(示教器)	JZRCR-YPP01-1	1	YPP
ON/OFF 单元	接触器单元	JZRCR-YPU01-1	1	YPU
	控制板	JZRCR-YPC01-1	1	YPC
	安全单元	JZNC-YSU01-1E	1	YSU
	电源单元	JZNC-YPS01-1	1	CPS 或 YPS
IR 控制器	机架	JANCD-YBB01	1	YBB
	CPU 模块	JANCD-YCP01-E	1	YCP
	接口模块(通信处理器)	JANCD-YIF01-1E	1	I/F 模块或 YIF
	I/O 单元	JZNC-YIU01-E	1	YIU

续表

部　件　名　称		型　　　号	数量	部件简称
制动单元		JANCD-YBK01-1E	1	YBK
风机	正面	4715MS-22T-B50-B00	1	—
	背面	4715MS-22T-B50-B00	2	—
伺服驱动器	电源模块	SRDA-COA＊＊A01A-E	1	COA
	伺服控制板	SRDA-EAXA01A-E	1	EXEA
	S/L/U 轴逆变(驱动)模块	SRDA-SDA＊＊A01A-E	3	SDA
	R/B/T 轴逆变(驱动)模块	SRDA-SDA＊＊A01A-E	3	SDA

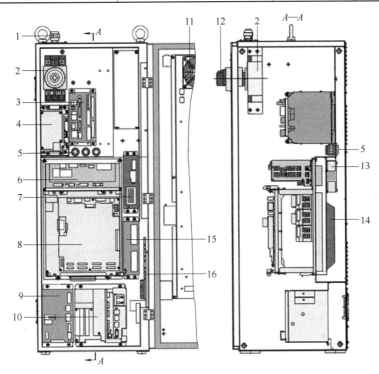

图 7.19　DX100 控制部件安装

1—进线；2—总开关；3—安全单元；4—ON/OFF 单元；5—插头；6—驱动器电源模块；7—制动单元；8—驱动器；
9—电源单元；10—IR 控制器；11,13—风机；12—手柄；14—制动电阻；15—I/O 单元；16—接线端

7.2.2　系统连接总图

(1)　电源连接总图

DX100 系统的输入电源为三相 AC200V，由柜门上的电源总开关 QF1 控制通断。在控制系统内部，三相 AC200V 输入通过 ON/OFF 单元分为以下几路。

① 三相 AC200V 伺服驱动器主电源。驱动器主电源主要用来产生驱动器 PWM 逆变主回路用的直流母线电压，三相 AC200V 输入经驱动器电源模块的三相整流，转换为 PWM 逆变主回路的直流母线电压（约 DC310V）。

驱动器主电源通断由 ON/OFF 单元、安全单元控制，通断驱动器主电源的主接触器安装在 ON/OFF 单元上，控制主接触器线圈通断的信号来自安全单元。控制系统正常启动时，主接触器可通过示教器手握开关、伺服 ON 按键控制通断；机器人急停或系统发生严重故障时，主接触器可通过安全单元紧急分断，直接断开驱动器主电源。

伺服驱动器的电源模块有集成型和分离型两种结构。容量小于 2kVA、用于小型机器人控

制的系统，采用的是电源模块和伺服（逆变）模块集成结构；容量大于 4kVA、用于中大型机器人控制的系统，采用的是电源模块和伺服（逆变）模块分离结构。

② 单相 AC200V 风机电源。风机电源用于控制柜冷却风机供电。风机电源直接从 ON/OFF 单元的三相 AC200V 上引出，风机在电源总开关 QF1 合上后便可启动，AC200V 风机电源由安装在 ON/OFF 单元控制板上的熔断器 3FU/4FU（2.5A），提供独立的短路保护。

③ 单相 AC200V 控制电源。单相 AC200V 控制电源用于主接触器线圈控制回路、驱动器电源模块监控电路、电源单元（CPS 单元）的供电。AC200V 控制电源直接从 ON/OFF 单元的三相 AC200V 上引出，由安装在 ON/OFF 单元控制板上的 AC200V 进线熔断器 1FU/2FU（10A）统一保护。

DX100 系统的 IR 控制器基本电源、伺服驱动器控制电源以及安全单元、I/O 单元、制动单元的输入电源均为 DC24V；其中，IR 控制器基架还需要外部提供 DC5V 电子电路工作电源。系统的 DC24/5V 直流控制电源由 AC200V/DC24_5V 电源单元（CPS 单元）统一提供。

DX100 控制系统的电源连接总图如图 7.20 所示。

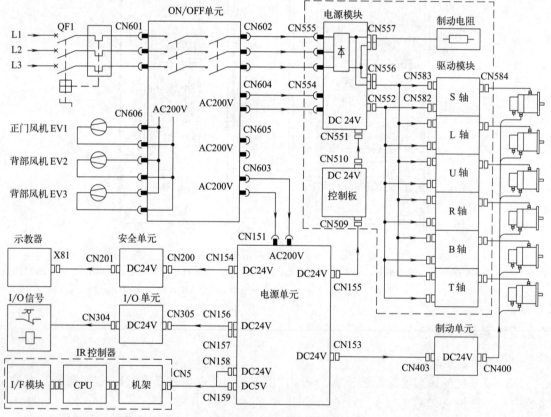

图 7.20　DX100 电源连接总图

（2）信号连接总图

安川机器控制系统的控制信号主要有安全输入、开关量输入/输出（DI/DO）及总线通信信号 3 类。

① 安全输入。安全输入信号用于系统急停、驱动器主接触器紧急分断控制，信号来自急停按钮、示教器手握开关、机器人超程开关、防护门联锁开关等急停控制器件；安全输入信号必须为双触点冗余输入，并由安全单元专门控制。

②　开关量输入/输出（DI/DO）。DI信号用来连接机器人、执行器控制装置的检测开关、传感器；DO信号用来控制机器人、执行器的电磁器件或指示灯的通断控制，DI/DO信号可通过I/O单元连接，并可利用IR控制器的逻辑控制程序（PLC程序）、机器人程序的输入/输出指令控制通断。

③　总线通信信号。DX100系统的控制部件采用总线连接。系统内部的伺服总线（Drive总线）、I/O总线通过IR控制器接口模块（通信处理器）连接，系统外部设备可以直接通过IR控制器CPU模块的以太网（Ethernet）接口、USB接口、RS232C串行接口连接。

DX100控制系统的信号连接总图如图7.21所示。

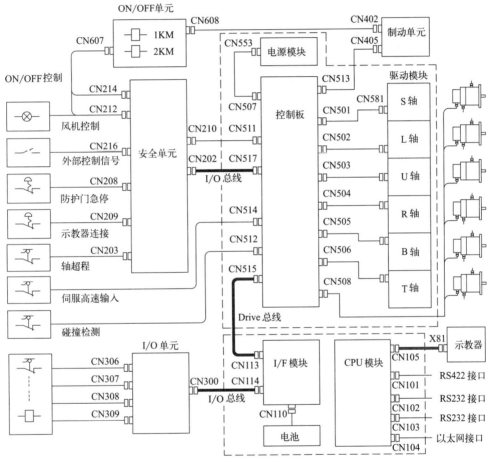

图7.21　DX100信号连接总图

7.3　部件连接及电路原理

7.3.1　ON/OFF单元

(1) 结构

DX100控制系统的ON/OFF单元（JZRCR-YPU01）用于驱动器主电源的通断控制和系统AC200V控制电源的保护、滤波。

ON/OFF单元由接触器模块（基架）和控制板组成，单元外观和连接器布置如图7.22所示。驱动器主电源通断控制的主接触器 1KM、2KM 及 AC200V 控制电源的滤波器 LF1 等大功率器件安装在接触器模块（基架）上；AC200V 保护熔断器 1FU～4FU 及继电器 1RY、2RY 等小型控制器件安装在控制板上；基架和控制板间通过内部连接器 CN609、CN610、CN611、CN612 连接。ON/OFF 单元的连接器功能如表 7.13 所示。

(a) 外观

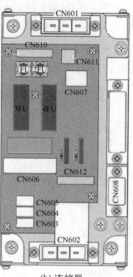
(b) 连接器

图 7.22　ON/OFF 单元

表 7.13　ON/OFF 单元连接器功能表

连接器编号	功　能	连接对象
CN601	三相 AC200/220V 主电源输入	电源总开关 QF1（二次侧）
CN602	三相 AC200/220V 驱动器主电源输出	伺服驱动器电源模块 CN555
CN603	AC200V 控制电源输出 1	电源单元（CPS 单元）CN151
CN604	AC200V 控制电源输出 2	伺服驱动器电源模块 CN554
CN605	AC200V 控制电源输出 3	备用，用于其他控制装置供电
CN606	AC200V 风机电源	控制柜风机
CN607	主接触器通断控制信号输入	安全单元 CN214
CN608	伺服电机制动器控制信号输出	制动单元 CN402
CN609～CN612	单元内部连接器	控制板与基架连接

(2) 电路原理

ON/OFF 单元的主电源输入连接器 CN601 直接与电源总开关 QF1 的二次侧连接，QF1 的一次侧为 DX100 系统的总电源输入。总开关 QF1 用于 DX100 与电网的隔离，并兼有主回路短路保护功能。QF1 为通用型设备保护断路器，其操作手柄安装在控制柜的正门上，当控制柜门关闭后，可进行正常的总电源通断操作。

ON/OFF 单元的电路原理如图 7.23 所示。

① 驱动器主电源。来自电源总开关 QF1 的三相 AC200V 输入电源，直接连接至 ON/OFF 单元的连接器 CN601 上，当主接触器 1KM、2KM 同时接通时，三相 AC200V 主电源可通过连接器 CN602，输出至伺服驱动器电源模块。驱动器电源模块的主电源短路保护功能，由电源总开关 QF1 承担。

DX100 系统的驱动器主电源采用了安全冗余控制电路，主接触器 1KM、2KM 的主触点串联后，构成了主电源分断安全电路。主接触器的通断由单元内部的继电器 1RY、2RY 控制；

1RY、2RY 控制信号来自安全单元输出、由连接器 CN607 上输入。当驱动器主电源接通后，ON/OFF 单元可通过连接器 CN608，输出伺服电机制动器松开控制信号；该信号被连接至制动单元上。

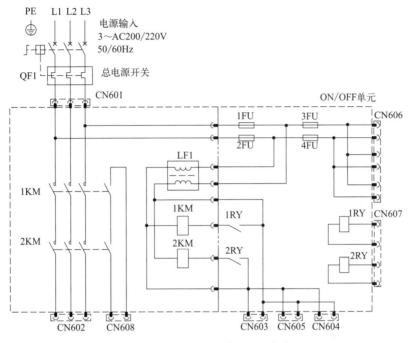

图 7.23　ON/OFF 单元原理电路

② AC200V 控制电源。DX100 系统的 AC200V 控制电源（单相），从三相 AC200V 上引出，并安装有保护熔断器 1FU/2FU（250V/10A）。在单元内部，AC200V 控制电源分为风机电源和控制装置电源两部分。

安装在控制柜正门的冷却风机和背部的 2 个冷却风机电源，均从连接器 CN606 上输出，风机电源安装有独立的短路保护熔断器 3FU/4FU（200V/2.5A）。

系统的控制装置电源经滤波器 LF1 的滤波后，从连接器 CN603～CN605 上输出。一般而言，CN603 用于系统电源单元（CPS 单元）供电；CN604 作为驱动器电源模块监控电源；CN605 则可用于其他控制装置的 AC200V 供电（备用）。

7.3.2　安全单元

(1) 单元功能

DX100 系统的安全单元（JZNC-YSU01）是一个可以连接现场总线、具有网络通信功能的多通道安全控制组合部件，在 DX100 系统上，用于伺服驱动器主电源的通断控制。

安全单元内部集成有多通道安全输入接口、I/O 总线通信接口、安全控制电路等电路，单元采用 DC24V 电源输入，并安装有 2 个 250V/3.15A 的短路保护快速熔断器 F1/F2。单元外观及连接器布置如图 7.24、表 7.14 所示。

表 7.14　安全单元连接器功能表

连接器	功　　能	连接对象
CN200	DC24V 电源输入	电源单元（CPS 单元）CN155
CN201	DC24V 电源输出	示教器 DC24V 电源 X81
CN202	I/O 总线接口	伺服控制板 CN517

续表

连接器	功 能	连 接 对 象
CN203	超程开关输入	机器人关节轴超程开关
CN205	安全单元互连接口(输出)	其他安全单元 CN206(一般不使用)
CN206	安全单元互连接口(输入)	其他安全单元 CN205(一般不使用)
CN207	安全单元互连接口	其他安全单元 CN207(一般不使用)
CN208	防护门急停输入	安全防护门开关
CN209	示教器急停输入	示教器急停按钮
CN210	伺服安全控制信号输出	伺服控制板 CN511
引脚排 CN211	外部安全信号连接器	伺服使能、超程保护开关输入连接端
CN212	风机控制、指示灯输出	指示灯、风机(一般不使用)
CN213	主接触器控制输出 2	一般不使用
CN214	主接触器控制输出 1	ON/OFF 单元 CN607
CN215	系统扩展接口	一般不使用
CN216(引脚排 MXT)	外部安全信号连接器	外部安全信号(见下述)

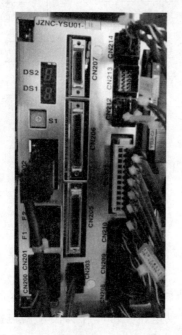
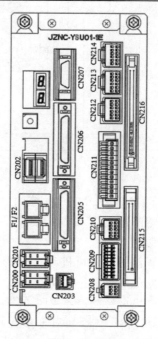

(a) 外观　　　　　　　　　　(b) 连接器

图 7.24　安全单元外观与连接器布置

(2) 安全信号连接

安全单元主要用于系统内部的示教器急停 (CN209)、机器人关节轴超程 (CN203)、安全防护门 (CN208) 等基本安全输入信号连接;如需要,也可连接外部轴超程、外部手握开关、外部伺服使能、高速/低速测试、自动运行安全保护等附加安全输入信号,以及外部伺服 ON、进给保持、低速测试等普通输入信号。示教器急停、机器人超程、安全防护门等基本安全信号的连接已在系统出厂时完成;外部安全输入信号及普通输入信号可通过引脚排 CN211、连接器 CN216 (引脚排 XMT) 连接,信号连接要求如下。

① CN211。接线端 CN211 用于外部伺服使能信号 ON EN 和外部轴程开关信号 OT2 的连接,信号必须使用双通道冗余触点输入。

ON EN、OT2 信号输入端在出厂时已被短接 (不使用),需要使用 ON EN/OT2 信号时,应去掉出厂短接端,按图 7.25 所示连接。

② CN216。连接器 CN216 为外部安全信号及普通信号输入连接器，在 DX100 控制柜内，CN216 已通过引脚转换器转换为接线引脚排 MXT（安装在控制柜右侧）。MXT（CN216）的信号连接要求如图 7.26 所示，部分连接端在出厂时被短接（信号不使用），需要使用时，应去掉出厂短接端并连接相关控制信号。

CN216（MXT）的信号连接及功能如表 7.15 所示。

安全单元的自动运行安全输入 SAF F、外部急停输入 EX ESP 一般用于机器人工作现场的安全防护门控制。EX ESP 输入的功能与示教器、控制柜门的急停按钮相同，可在任何情况下切断驱动器主电源、紧急停止机器人运动；SAF F 输

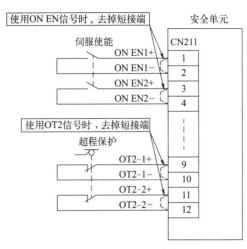

图 7.25　CN211 连接

入的功能与安全门开关相同，机器人自动运行时（AUTO 模式），断开触点可立即切断驱动器主电源、紧急停止机器人运动；但对机器人的示教操作（TEACH）无效。

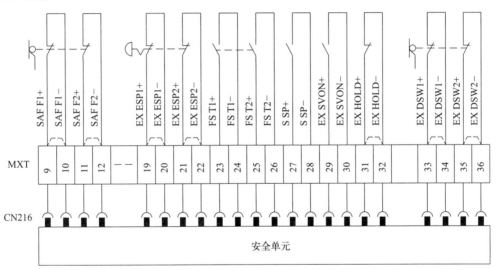

图 7.26　CN216 连接

表 7.15　CN216 信号连接及功能表

引脚	信号代号	功能	典型应用	备注
9/10	SAF F1	自动运行安全保护信号、双触点冗余输入	附加安全门开关	自动运行安全输入信号,对示教方式无效,出厂时短接
11/12	SAF F2			
19/20	EX ESP1	外部急停信号、双触点冗余输入	外部急停按钮	出厂时短接
21/22	EX ESP2			
23/24	FS T1	全速测试信号、双触点冗余输入	全速测试按钮	ON:100%示教速度测试;OFF:低速测试
25/26	FS T2			
27/28	S SP	低速测试速度选择信号	速度选择按钮	ON:16%;OFF:2%
29/30	EX SVON	外部伺服 ON 信号	伺服 ON 输入	使用方法见下
31/32	EX HOLD	外部进给保持信号	进给保持输入	出厂时短接
33/34	EX DSW1	外部手握开关、双触点冗余输入	手握开关等	出厂时短接
35/36	EX DSW2			

安全单元的外部手握开关输入 EX DSW 作用与示教器手握开关相同，机器人示教操作时如果断开输入（松开或紧握开关），将切断驱动器主电源、紧急停止机器人运动。

安全单元的 FS T（全速测试）输入用于程序自动运行时的机器人高速（100%）运动控制，由于高速运动存在一定的危险，因此，FS T 需要使用双触点冗余安全输入。

安全单元的普通输入信号可用于自动运行控制。EX SVON（伺服 ON）、EX HOLD（进给保持）输入的功能与示教器的伺服 ON 按键、进给保持按钮相同；S SP（低速测试）用于程序自动运行时的慢速移动速度（2%、16%）选择。

(3) 外部伺服控制

安全单元的外部伺服 ON（EX SVON）、外部急停（EX ESP）可用来实现伺服驱动器的外部启动及主电源通断控制。

DX100 系统的驱动器主电源控制要求如图 7.27（a）所示，伺服 ON 信号的接通时间应大于主接触器动作延时（约 100ms）。使用外部伺服 ON（EX SVON）、外部急停（EX ESP）控制驱动器的机器人，推荐采用图 7.27（b）所示的控制电路，并按图 7.27（c）所示连接 DX100 控制系统的输入/输出，伺服启动过程如下。

① 按下伺服 ON 按钮 S2，图 7.27（b）上的继电器 K1 接通并自锁。K1 接通后，可接通安全单元的外部伺服 ON 信号 EX SVON，此时，如系统无急停信号输入，驱动器的主接触器 1KM、2KM 便可接通、驱动器主电源加入；伺服启动后，I/O 单元的 SV ON 信号输出"1"，继电器 K3 被接通。

② 继电器 K3 接通后，图 7.27（b）的继电器 K2 被接通。K2 接通后，可断开继电器 K1、撤销外部伺服 ON 信号（EX SVON），完成启动过程。

由于 K1 的自锁，安全单元的外部伺服 ON 信号可一直保持至 I/O 单元的 SV ON 信号输出，使系统可靠地完成伺服启动过程。伺服启动后，图 7.27（b）上的继电器 K2 一直保持接通，可阻止伺服启动 S2 的重复操作，并用于指示灯控制。

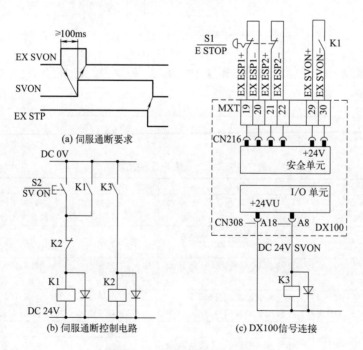

图 7.27　外部伺服通断控制

7.3.3 I/O单元

(1) 功能与外观

DX100 系统的 I/O 单元（JZNC-YIU01）实际上就是 IR 控制器的 DI/DO 模块，它可将机器人或其他装置上的开关量输入信号（DI）转换为 IR 控制器的可编程逻辑信号；将 IR 控制器的可编程逻辑状态转换为控制外部执行元件通断的开关量输出信号（DO）；单元和 IR 控制器间通过 I/O 总线连接。

I/O 单元的外观和接口电路原理如图 7.28 所示，连接器功能表 7.16 所示。

表 7.16 I/O 单元连接器功能表

连接器	功能	连接对象
CN300	I/O 总线接口	IR 控制器接口模块 CN114
CN301	面板 I/O 接口	一般不使用
CN302	通用输入接口	一般不使用
CN303 接线端	DC24V 电源连接/切换端	外部 DC24V 电源
CN304	DC24V 电源输出	其他单元供电(一般不使用)
CN305	DC24V 电源输入	电源单元(CPS)CN156
CN306	DI/DO 连接器	机器人开关量输入/输出
CN307	DI/DO 连接器	机器人开关量输入/输出
CN308	DI/DO 连接器	机器人开关量输入/输出
CN309	DI/DO 连接器	机器人开关量输入/输出

(2) 电源连接

I/O 单元的 DC24V 基本工作电源由 DX100 系统的电源单元（CPS）提供；用于 DI/DO 接口电路的 DC24V 电源安装有 250V/3.15A 短路保护快速熔断器 F1/F2，电源可采用以下 2 种方式供给。

① 使用电源单元（CPS）DC 24V2。DI/DO 接口电路使用电源单元供电时，I/O 单元上的外部电源输入连接端 CN303-1/2 应和 CN303-3/4 短接（出厂设置）。使用电源单元（CPS）供电时应注意：由于容量的限制，I/O 单元的输入/输出额定电流（连续工作总电流）不能超过 1A，瞬间最大电流不得超过 1.5A。

② 使用外部 DC 24V 电源。DI/DO 接口电路使用外部电源供电时，应断开连接 CN303-1/2 和 CN303-3/4 的短接线，将外部 DC24V 电源连接至 I/O 单元的连接端 CN303-1/2。

外部 DC 24V 电源容量应根据系统可能同时接通的 DI/DO 点数及 DO 负载容量选择，每一 DI 点的正常工作电流为 DC24V/8mA、每一光耦输出 DO 点的最大负载电流为 DC24V/50mA；继电器触点输出的 DO 点容量与实际负载有关，每点的极限输出为 DC24V/500mA。

(3) DI/DO 连接

I/O 单元最大可连接 40/40 点 DI/DO 信号，其中，16/16 点的功能已由机器人生产厂家定义，剩余的 24/24 点为通用 DI/DO（IN01～IN24/OUT01～OUT24），功能可由用户定义。通用 DI/DO 可通过 PLC 程序转换为系统通用 DI/DO 信号，以便利用作业程序中的 I/O 指令进行编程与控制。

DX100 的 DI 信号采用"汇点输入（Sink）"连接方式，输入光耦的驱动电源由 I/O 单元提供。DI 信号的输入接口电路原理如图 7.28（b）所示，输入触点 ON 时，IR 控制器的内部信号为"1"，光耦的工作电流大约为 DC24V/8mA。

DX100 的 DO 信号分 NPN 达林顿光耦晶体管输出（32 点）和继电器触点输出（8 点，CN307 连接）2 类。光耦输出接口电路原理如图 7.28（b）所示，输出驱动能力为 DC24V/50mA。连接器 CN307 上的 8 点继电器输出为独立触点，驱动能力为 DC24V/500mA。

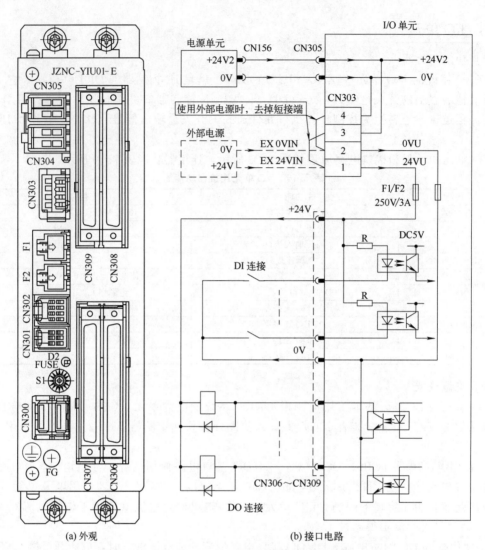

(a) 外观　　　　　(b) 接口电路

图 7.28　I/O 单元外观与接口电路原理

I/O 单元的连接器 CN306～309 为 40 芯微型连接器，为了便于接线，实际使用时可通过选配图 7.29 所示的引脚转换器与电缆，将连接器转换为引脚连接。

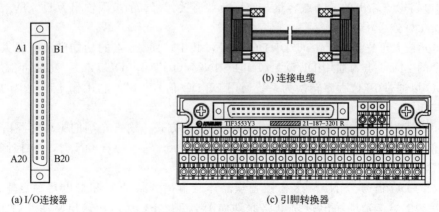

(a) I/O 连接器　　　　　(c) 引脚转换器

图 7.29　DI/DO 信号连接

(4) DI/DO 地址及功能

在 DX100 系统上，CN306～309 的 DI/DO 信号编程地址已由安川分配，部分 DI/DO 的功能也已规定。对于不同的应用，连接器 CN306～309 的 DI/DO 信号编程地址及信号功能，分别如表 7.17～表 7.20 所示。

表 7.17 CN306 信号编程地址和功能表

类别	脚号	编程地址	功　能	应用			
				通用	搬运	点焊	弧焊
输入信号 DI	B1	20040	通用输入 IN09（点焊为 IN17）	○	○	○	○
	A1	20041	通用输入 IN10（点焊为 IN18）	○	○	○	○
	B2	20042	通用输入 IN11（点焊为 IN19）	○	○	○	○
	A2	20043	通用输入 IN12（点焊为 IN20）	○	○	○	○
	B3	20044	通用输入 IN13（点焊为 IN21）	○	○	○	○
	A3	20045	通用输入 IN14（点焊为 IN22）	○	○	○	○
	B4	20046	通用输入 IN15（点焊为 IN23）	○	○	○	○
	A4	20047	通用输入 IN16（点焊为 IN24）	○	○	○	○
	B5/A5	—	—	—	—	—	—
	B6/A6	—	—	—	—	—	—
	B7/A7	—	DC 0V 公共端 0VU	●	●	●	●
输出信号 DO	B8	30040	通用输出 OUT09（点焊为 OUT17）	○	○	○	○
	A8	30041	通用输出 OUT10（点焊为 OUT18）	○	○	○	○
	B9	30042	通用输出 OUT11（点焊为 OUT19）	○	○	○	○
	A9	30043	通用输出 OUT12（点焊为 OUT20）	○	○	○	○
	B10	30044	通用输出 OUT13（点焊为 OUT21）	○	○	○	○
	A10	30045	通用输出 OUT14（点焊为 OUT22）	○	○	○	○
	B11	30046	通用输出 OUT15（点焊为 OUT23）	○	○	○	○
	A11	30047	通用输出 OUT16（点焊为 OUT24）	○	○	○	○
	B12～15/A12～15	—	—	—	—	—	—
电源	B16			●	●	●	●
	...	...	同 CN308	●	●	●	●
	A20			●	●	●	●

表 7.18 CN307 信号编程地址和功能表

类别	脚号	编程地址	功　能	应用			
				通用	搬运	点焊	弧焊
输入信号 DI	B1	20050	通用输入 IN17、冷却异常 1（点焊）	○	○	●	○
	A1	20051	通用输入 IN18、冷却异常 2（点焊）	○	○	●	○
	B2	20052	通用输入 IN19、变压器过热（点焊）	○	○	●	○
	A2	20053	通用输入 IN20、水压低（点焊）	○	○	●	○
	B3	20054	通用输入 IN21（点焊为 IN13）	○	○	○	○
	A3	20055	通用输入 IN22（点焊为 IN14）	○	○	○	○
	B4	20056	通用输入 IN23（点焊为 IN15）	○	○	○	○
	A4	20057	通用输入 IN24（点焊为 IN16）	○	○	○	○
	B5/A5	—	—	—	—	—	—
	B6/A6	—	—	—	—	—	—
	B7/A7	—	DC 0V 公共端 0VU	●	●	●	●
输出信号 DO	B8/A8	30050	通用继电器输出 OUT17、焊接通断	○	○	●	○
	B9/A9	30051	通用继电器输出 OUT18、焊接复位	○	○	●	○
	B10/A10	30052	通用继电器输出 OUT19、焊接条件 1	○	○	●	○
	B11/A11	30053	通用继电器输出 OUT20、焊接条件 2	○	○	●	○
	B12/A12	30054	通用继电器输出 OUT21、焊接条件 3	○	○	●	○
	B13/A13	30055	通用继电器输出 OUT22、焊接条件 4	○	○	●	○
	B14/A14	30056	通用继电器输出 OUT23、焊接条件 5	○	○	●	○
	B15/A15	30057	通用继电器输出 OUT24、电极更换	○	○	●	○

续表

类别	脚号	编程地址	功 能	应用			
				通用	搬运	点焊	弧焊
电源	B16			●	●	●	●
	...	...	同 CN308	●	●	●	●
	A20			●	●	●	●

表 7.19　CN308 信号编程地址和功能表

类别	脚号	编程地址	功 能	应用			
				通用	搬运	点焊	弧焊
输入信号 DI	B1	20010	外部启动,远程(REMOTE)模式的启动信号	●	●	●	●
	A1	20011	—	—	—	—	—
	B2	20012	主程序调用	●	●	●	●
	A2	20013	报警清除	●	●	●	●
	B3	20014	—	—	—	—	—
	A3	20015	操作方式选择:再现	●	●	●	●
	B4	20016	操作方式选择:示教	●	●	●	●
	A4	20017	—	—	—	—	—
	B5	20020	干涉区 1 禁止	●	●	●	●
	A5	20021	干涉区 2 禁止	●	●	●	●
	B6	20022	执行器禁止(工具、焊接、引弧)	●	●	●	●
	A6	20023	焊接关闭(点焊)、引弧确认(弧焊)	—	—	●	●
	B7/A7	—	DC 0V 公共端 0VU	●	●	●	●
输出信号 DO	B8	30010	循环启动	●	●	●	●
	A8	30011	伺服 ON	●	●	●	●
	B9	30012	主程序选定	●	●	●	●
	A9	30013	报警	●	●	●	●
	B10	30014	电池报警	●	●	●	●
	A10	30015	远程操作模式	●	●	●	●
	B11	30016	再现操作模式	●	●	●	●
	A11	30017	示教操作模式	●	●	●	●
	B12	30020	加工区 1	●	●	●	●
	A12	30021	加工区 2	●	●	●	●
	B13	30022	作业原点	●	●	●	●
	A13	30023	程序运行	●	●	●	●
	B14/A14	—	—	—	—	—	—
	B15/A15	—	—	—	—	—	—
电源	B16/A16	—	DC 0V 公共端 0VU	●	●	●	●
	B17/A17	—	DC 0V 公共端 0VU	●	●	●	●
	B18/A18	—	DC 24V 公共端 24VU	●	●	●	●
	B19/A19	—	DC 24V 公共端 24VU	●	●	●	●
	B20	—	屏蔽地 FG	●	●	●	●
	A20	—	不使用	—	—	—	—

注:"●"代表已使用,"○"代表可根据情况使用,"—"代表不能使用(其他表同)。

表 7.20　CN309 信号编程地址和功能表

类别	脚号	编程地址	功 能	应用			
				通用	搬运	点焊	弧焊
输入信号 DI	B1	20024	干涉区 3 禁止	●	—	●	—
	A1	20025	干涉区 4 禁止	●	—	●	—
	B2	20026	碰撞检测(搬运)、禁止摆弧(弧焊)	—	●	—	●
	A2	20027	气压不足(搬运)、弧焊检测关闭(弧焊)	—	●	—	●
	B3	20030	通用输入 IN01	○	○	○	○
	A3	20031	通用输入 IN02	○	○	○	○
	B4	20032	通用输入 IN03	○	○	○	○

类别	脚号	编程地址	功　　能	应用			
				通用	搬运	点焊	弧焊
输入信号 DI	A4	20033	通用输入 IN04	○	○	○	○
	B5	20034	通用输入 IN05	○	○	○	○
	A5	20035	通用输入 IN06	○	○	○	○
	B6	20036	通用输入 IN07	○	○	○	○
	A6	20037	通用输入 IN08	○	○	○	○
	B7/A7	—	DC 0V 公共端 0VU	●	●	●	●
输出信号 DO	B8	30024	加工区 3(通用)、断气监控	●	—	●	●
	A8	30025	加工区 4(通用)、断丝监控	●	—	●	●
	B9	30026	粘丝监控	—	—	—	●
	A9	30027	断弧监控	—	—	—	●
	B10	30030	通用输出 OUT01	○	○	○	○
	A10	30031	通用输出 OUT02	○	○	○	○
	B11	30032	通用输出 OUT03	○	○	○	○
	A11	30033	通用输出 OUT04	○	○	○	○
	B12	30034	通用输出 OUT05	○	○	○	○
	A12	30035	通用输出 OUT06	○	○	○	○
	B13	30036	通用输出 OUT07	○	○	○	○
	A13	30037	通用输出 OUT08	○	○	○	○
	B14/A14	—	—	—	—	—	—
	B15/A15	—	—	—	—	—	—
电源	B16	—	同 CN308	●	●	●	●
	…	…		●	●	●	●
	A20	—		●	●	●	●

7.3.4　电源单元及 IR 控制器

(1) 功能与外观

DX100 系统的电源单元（CPS 单元，JZNC-YPS01）是一个 AC200V 输入、DC24/5V 输出的直流稳压电源。DC24V 用于 IR 控制器、示教器、安全单元、I/O 单元、驱动器控制板、制动单元等部件的供电，DC5V 用于 IR 控制器电子电路的供电。

DX100 控制系统的 IR 控制器（JZNC-YRK01）是控制工业机器人坐标轴位置和轨迹、输出插补脉冲、进行 I/O 信号逻辑运算及通信处理的装置，功能与数控系统的数控装置（CNC）类似。IR 控制器由基架（JZNC-YBB01）、接口模块（I/F 模块，JZNC-YIF01）、CPU 模块（JZNC-YCP01）组成。CPU 模块是用于运动轴插补运算、DI/DO 逻辑处理、标准通信控制的中央控制器，模块安装有连接示教器和外部设备的 RS232C、Ethernet（LAN）、USB 接口。通信接口模块（I/F 模块）是系统内部的通信处理器，主要用于 I/O 单元连接总线（I/O 总线）、高速伺服总线（Drive 总线）的通信控制。

DX100 控制系统的电源单元（CPS）和 IR 控制器的结构、安装方式相同，两者通常并列安装，组成类似于模块式 PLC 的控制单元。电源单元和 IR 控制器的外观如图 7.30 所示，连接器功能如表 7.21 所示。

(2) 电源单元连接

电源单元（CPS）的输入为 AC200～240V/2.8～3.4A、来自 ON/OFF 单元。DC24V 输出分为 24V1、24V2、24V3 三组，24V1/24V2 用于安全单元、I/O 单元、伺服控制板等控制部件供电；24V3 用于制动单元及伺服电机制动器供电。系统出厂时，电源单元输入/输出已利用标准电缆连接。

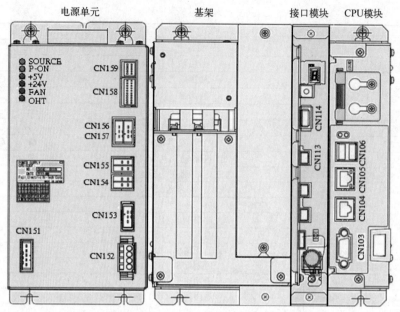

图 7.30　电源单元（CPS）和 IR 控制器

表 7.21　电源单元、IR 控制器连接器功能表

部件	连接器	功能	连接对象
电源单元	CN151	AC200～240V 电源输入（2.8～3.4A）	ON/OFF 单元 CN603
	CN152 接线端	外部（REMOTE）ON 信号连接端	外部 ON 控制信号
	CN153	DC24V3 制动器电源输出（最大 3A）	制动单元 CN403
	CN154	DC24V1/DC24V2 电源输出	安全单元 CN200
	CN155	DC24V1/DC24V2 电源输出	伺服控制板 CN509
	CN156	DC24V2 电源输出（最大 1.5A）	I/O 单元 CN305
	CN157	DC24V2 电源输出（最大 1.5A）	—
	CN158	DC5V 控制总线接口	IR 控制器基架 CN5
	CN159	DC24V 控制总线接口	IR 控制器基架 CN5
IR 控制器	CN113	Drive 总线接口	伺服控制板 CN515
	CN114	I/O 总线接口	I/O 单元 CN300
	CN103	RS232C 通信接口	外设
	CN104	Ethernet 通信接口	外设
	CN105	示教器通信接口	示教器
	CN106	USB 接口	外设

在 DX100 标准型系统上，电源单元的启动/停止直接由 ON/OFF 单元控制，如需要，也可通过接线端 CN152 上的外部 ON 控制信号（亦称远程控制信号，REMOTE），控制电源单元的启动。

电源单元的外部 ON 控制信号 POWER ON，需要按图 7.31 所示，连接到 CN152 的连接端 CN152-1（R-IN）和 CN152-1（R-INCOM）上，同时，应取下连接端 CN152-1/2 上安装的短接线。

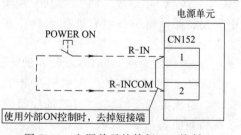

图 7.31　电源单元的外部 ON 控制

(3) IR 控制器连接

IR 控制器机架控制总线 CN5 和电源单元（CPS）连接器 CN158/CN159 的连接，在系统出厂时已完成；CPU 模块、接口模块（I/F 模块）与基架直接通过基架总线连接。CPU 模块和示教器通过标准网络电缆连接；CPU 模块与外设间的通信接口 USB、RS232C、LAN 为计算机通用接口，可直接使用标准通信电缆。

接口模块（I/F 模块）的 Drive 总线接口 CN113，需要通过驱动器总线电缆和伺服控制板连接；I/O 总线接口 CN114，需要通过 I/O 总线电缆和 I/O 单元连接。

7.4　驱动器连接及电路原理

7.4.1　电源模块

(1)　连接要求

DX100 系统的基本控制轴数为 6 轴，为了缩小调节、降低成本，系统采用了图 7.32 所示的 6 轴驱动器集成型结构，伺服驱动器由电源模块、6 轴集成一体的控制板和各轴独立的逆变模块等部件组成。

驱动器电源模块主要用来产生 6 轴逆变的公共直流母线电压及驱动器内部其他控制电压。电源模块有分离型和集成型两种结构形式。用于小型机器人的小功率（1～2kVA）电源模块与伺服控制板、6 轴逆变模块集成一体；用于中大型机器人的大功率（4～5kVA）电源模块采用分离型结构，电源模块为独立组件。集成型和分离型电源模块只是体积、安装方式上有区别，模块的作用、原理及连接器布置、连接要求一致。

DX100 系统电源模块的连接器布置及功能分别如图 7.33、表 7.22 所示。

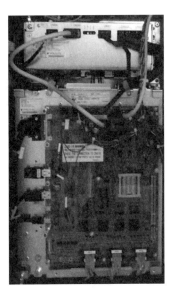

图 7.32　驱动器外观

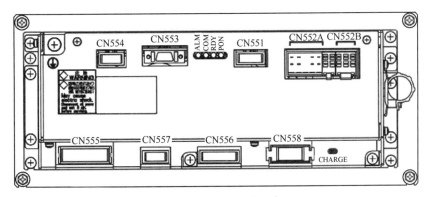

图 7.33　电源模块连接器布置

表 7.22　驱动器电源模块连接器功能表

连接器	功　能	连接对象
CN551	DC24V 电源输入	伺服控制板 CN510
CN552	逆变控制电源输出	6 轴逆变模块 CN582
CN553	整流控制信号输入	伺服控制板 CN501
CN554	AC200V 控制电源输入	ON/OFF 单元 CN604
CN555	三相 AC200V 主电源输入	ON/OFF 单元 CN602
CN556	直流母线输出	6 轴逆变模块 CN583
CN557	制动电阻连接	制动电阻
CN558	附加轴直流母线输出	附加轴逆变模块（一般不使用）

(2) 电路原理

电源模块的电路原理如图 7.34 所示。电源模块的三相 200V 主电源输入和 AC200V 控制电源，均安装有过电压保护器件；模块内部还设计有电压检测、控制和故障指示电路。

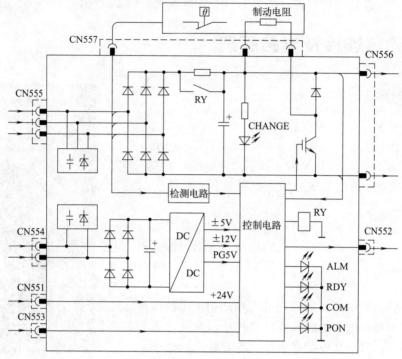

图 7.34　电源模块原理

在电源模块上，来自 ON/OFF 单元的三相 200V 主电源与连接器 CN555 连接，输入主电源通过模块内部的三相桥式整流电路，转换成 DC270~300V 的直流母线电压后，通过连接器 CN556 与 6 轴 PWM 逆变模块连接。继电器 RY 用于直流母线预充电控制，以防止电源模块启动阶段由于直流母线大容量平波电容充电引起的过电流。电源模块正常工作时，直流母线电压可通过 IPM（功率集成电路）、制动电阻自动调节直流母线电压，避免电机制动能量回馈、电源电压波动引起的直流母线电压波动。

CN554 输入的 AC200V 电源模块监控电源，可通过整流电路与直流调压电路，转换为电源模块的 ±5V、±12V 和 PG5V 监控电源。模块的 DC24V 基本控制电源通过连接器 CN551 从伺服控制板输入。

7.4.2　伺服控制板

(1) 连接要求

驱动器伺服控制板主要用于关节轴位置、速度和转矩的闭环控制，生成逆变功率管的 PWM 控制信号。DX100 控制系统的伺服控制板采用 6 轴集成型结构，控制板安装在逆变模块的上方，其外形及连接器功能分别如图 7.35、表 7.23 所示。

表 7.23　伺服控制板连接器功能表

连接器	功　　能	连接对象
CN501~CN506	第 1~6 轴 PWM 控制及检测信号连接	各轴逆变模块 CN581
CN507	整流控制信号输出	电源模块 CN553
CN508	第 1~6 轴编码器信号输入	S/L/U/R/B/T 轴伺服电机编码器

续表

连接器	功　能	连接对象
CN509	DC24V 电源输入	电源单元（CPS）CN155
CN510	DC24V 电源输出	电源模块 CN551
CN511	伺服安全控制信号输入	安全单元 CN210
CN512	碰撞开关输入及编码器电源单元供电	机器人碰撞开关及编码器电源单元
CN513	电机制动器控制信号输出	制动单元 CN405
CN514	驱动器直接输入信号	外部检测开关
CN515	Drive 并行总线接口（输入）	I/R 控制器接口模块 CN113
CN516	Drive 并行总线接口（输出）	其他伺服控制板（一般不使用）
CN517	I/O 总线接口（输入）	安全单元 CN202
CN518	I/O 总线接口（输出）	终端电阻

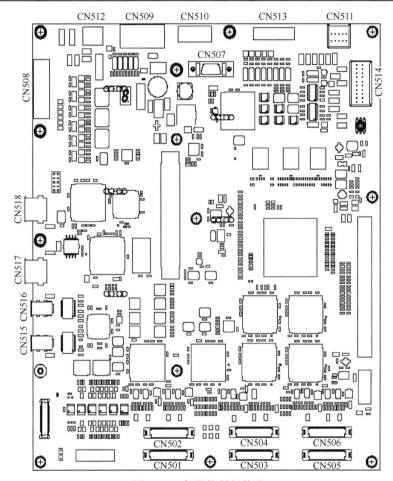

图 7.35　伺服控制板外形

(2) 电路原理

伺服控制板的电路原理如图 7.36 所示，控制板安装有统一的伺服处理器、6 轴独立的位置控制处理器以及相关的接口电路。

伺服 CPU 主要用于并行 Drive 总线、串行 I/O 总线通信处理，电源模块整流、伺服电机制动等公共控制，发送各伺服轴的位置控制命令等。如果需要，控制板还可利用连接器 CN512、CN514，连接碰撞开关、测量开关等高速 DI 信号；伺服高速 DI 信号可不通过 IR 控制器，直接控制驱动器中断。

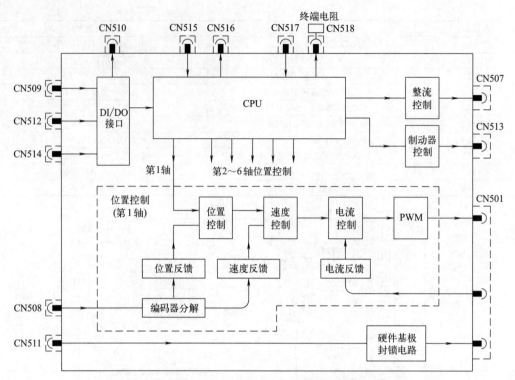

图 7.36　伺服控制板的原理框图

各轴独立的位置控制器用于伺服轴的位置控制，控制器包含有位置、速度、电流（转矩）3 闭环控制的软硬件以及 PWM 脉冲生成、编码器分解、硬件基极封锁等逻辑电路。

位置控制器的位置、速度反馈信号来自伺服电机内置编码器输出，信号通过连接器 CN508 输入，编码器输入信号可通过编码器分解电路转换为位置、速度检测信号。

位置控制器的电流（转矩）反馈信号来自逆变模块的伺服电机电枢检测输入（见后述的逆变模块连接）；逆变管的硬件基极封锁信号来自安全单元输出，硬件基极封锁信号可在电机紧急制动时，直接封锁逆变管、断开电机电枢输出。

（3）DI 信号连接

伺服控制板和 IR 控制器、电源模块、逆变模块、安全单元、电源单元的连接，在系统出厂时已经完成；伺服控制板的 DI 信号，可根据实际需要，连接机器人碰撞检测开关、驱动器直接输入信号。

机器人碰撞开关是驱动器所有轴共用的高速中断 DI 信号，信号的连接要求如图 7.37 所示。

使用机器人碰撞开关时，需要断开连接器 CN512 连接端 3/4 上的短接插头，然后将碰撞检测开关的常闭触点连接至 CN512 连接端 3/4。碰撞检测开关的输入驱动电源直接使用机器人 DI 信号电源时，无须连接 CN512 的连接端 3。

除碰撞开关外，驱动器的每一轴可连接 1 个独立的高速中断 DI 输入信号 AX DI，AX DI 信号的连接要求如图 7.38 所示。

AX DI N1～6 的输入接口采用双向光耦，信号可使用汇点输入或源输入 2 种连接方式。采用汇点输入连接时，应将 CN514 连接端 A1/A3 短接，以 CN514-A1 的 DC24V 作为光耦公共驱动电源，同时需要将 AX DI N1～6 输入触点公共端连接至控制板 CN514 的 0V 连接端 B1。

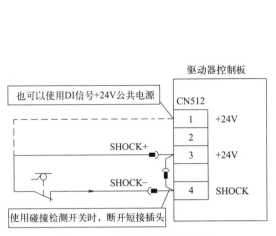

图 7.37 碰撞检测开关的连接

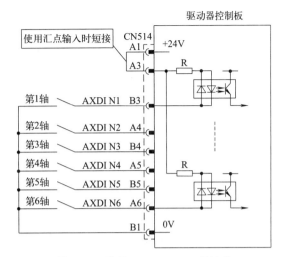

图 7.38 信号 AXDI N1～6 的连接

7.4.3 逆变模块

(1) 连接要求

驱动器的逆变模块是进行 PWM 信号功率放大的器件，每一轴都有独立的逆变模块。逆变模块安装在伺服驱动器控制板下方的基架上。

驱动器的逆变模块安装有三相逆变主回路的功能集成器件（IPM）以及 IPM 的基极控制、电流检测、动态制动（Dynamic Braking，简称 DB 制动）等控制电路。逆变模块的器件安装及连接器功能如图 7.39、表 7.24 所示。

表 7.24 逆变模块连接器功能表

连接器	功 能	连接对象
CN581	PWM 控制及检测信号连接	伺服控制板 CN501～CN506
CN582	逆变控制电源输入	驱动器电源模块 CN552
CN583	直流母线输入	驱动器电源模块 CN556
CN584	伺服电机电枢输出	伺服电机电枢

(2) 电路原理

逆变模块的电路原理如图 7.40 所示，模块主要包括功能集成器件（IPM）、控制电路、电流检测、DB 制动等部分。

DX100 伺服驱动器的逆变模块使用了第四代电力电子器件 IPM。IPM 是一种以 IGBT 为功能器件，集成有过压、过流、过热等故障监测电路的复合型电力电子器件，具有体积小、可靠性高、使用方便等优点，是目前交流伺服驱动器最为常用的电力电子器件。

IPM 的容量与驱动电机的功率有关，不同容量的 IPM 外形、体积稍有区别，但连接方式相同。IPM 的直流母线电源来自驱动器电源模块输出，它们通过连接器 CN583 连接；IPM 的三相逆变输出可通过连接器 CN584，连接到各自的伺服电机电枢；IPM 的基极由伺服控制板的 PWM 输出信号控制。

逆变模块的电流检测信号用于伺服控制板的闭环电流控制，信号通过连接器 CN581 反馈至伺服控制板。动态制动电路用于机器人（伺服电机）急停，DB 制动时，电机的三相绕组将直接通入直流、利用静止的磁场控制电机快速停止。

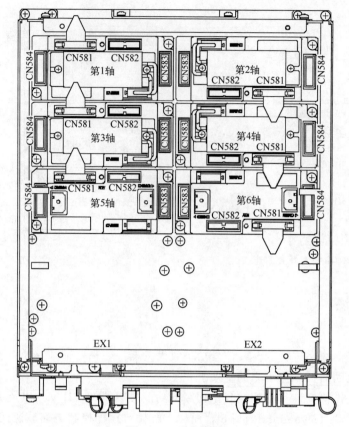

图 7.39　逆变模块

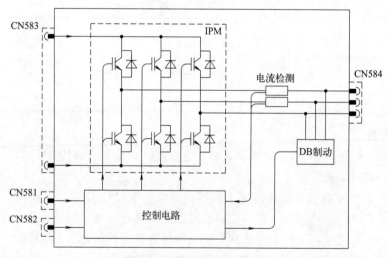

图 7.40　逆变模块原理框图

7.4.4　制动单元

(1) 连接要求

　　工业机器人的关节轴通常都受重力作用，为了防止关节轴在控制系统电源关闭、失去闭环位置调节功能时能保持正确的位置，同时也能在机器人紧急停止时减少制动行程，工业机器人的所有关节轴都安装有机械制动器。

为了缩小体积、方便安装和调试，工业机器人一般使用带内置机械制动器的伺服电机，制动器直接安装在伺服电机内部（内置）。

在 DX100 系统上，伺服电机的制动器由图7.41 所示的制动单元（JANCD-YBK01）进行控制，制动单元的连接器功能如表 7.25 所示。

表 7.25 制动单元连接器功能表

连接器	功能	连接对象
CN400	制动器输出	第 1～6 轴伺服电机
CN402	主接触器互锁信号	ON/OFF 单元 CN608
CN403	制动器电源输入 1	电源单元 CN153
CN404	制动器电源输入 2	一般不使用
CN405	制动器控制信号	伺服控制板 CN513

(2) 电路原理

制动单元的内部电路原理如图 7.42 所示。DX100 系统的伺服电机采用 DC24V 制动器，输入电源通过连接器 CN403 或 CN404 连接。

在标准产品上，DC24V 制动器电源直接通过连接器 CN403，由电源单元的 DC24V3 输出提供。但是对于大型机器人，由于制动器规格较大，从安全、可靠的角度考虑，最好使用外部

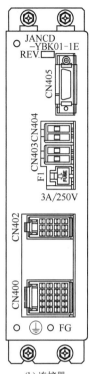

(a) 外观   (b) 连接器

图 7.41 制动单元

DC24V 电源供电。采用外部电源供电时，必须断开电源单元连接器 CN403、由连接器 CN404连接外部 DC24V 输入。

伺服电机制动器由 ON/OFF 单元的驱动器主接触器 1KM、2KM 辅助触点统一控制，1KM、2KM 触点从连接器 CN402 引入；驱动器主接触断开时，全部关节轴的制动器（BK1～BK6）将同时断电、立即进行制动。

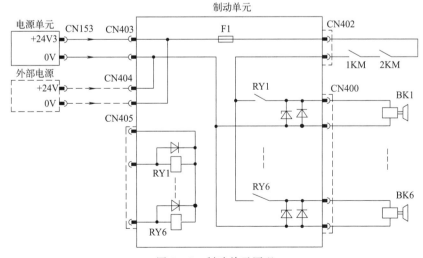

图 7.42 制动单元原理

伺服驱动器正常工作时，伺服电机制动器由伺服控制板上的伺服 ON 信号控制。当伺服

ON 时，伺服控制板在开放逆变模块 IPM、电机电枢通电的同时，将输出伺服电机制动器松开信号、接通制动单元继电器 RYn、松开电机制动器 BKn；伺服 OFF 时，经规定的延时后，撤销制动器松开信号、制动电机制动器。

7.5　机器人连接

7.5.1　电气件安装与连接

(1) 电气件安装

工业机器人属于简单机电一体化设备，机器人本体上一般只有伺服电机及少量的行程开关。机器人的电气件安装连接与机器人型号、用途、功能等有关，在不同机器人上有所不同，以下将以安川常用的 MH6 通用机器人为例，介绍机器人电气连接的基本要求。

安川 MH6 通用机器人的基本电气件安装如图 7.43 所示。标准配置的 MH6 机器人只有 6 轴伺服电机、编码器电源单元及相关连接电缆，$S/L/U$ 轴超程开关为选配件。

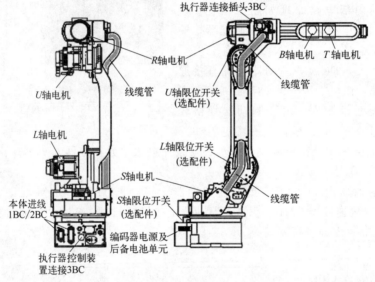

图 7.43　MH6 机器人的电气件安装

机器人本体和 DX100 系统通过安装在底座上的连接器 1BC、2BC 连接，考虑到末端执行器（工具）控制的需要，MH6 机器人出厂时已预设有 14 芯工具连接电缆 3BC（安川说明书称为装备电缆）及压缩空气管。装备电缆和末端执行器（工具）控制装置连接的电缆连接器 3BC 安装在机器人底座接线板上；电缆穿过机器人的底座、腰、下臂后，从机器人上臂后端的连接器 3BC 上引出。

为了连接机器人上的伺服电机及开关，机器人本体内部安装有较多的分线插头，MH6 机器人的分线插头编号、安装位置及作用如表 7.26 所示。

表 7.26　MH6 机器人本体分线插头一览表

插头编号	用　途	安装位置
1BC	信号电缆连接器,连接系统控制柜	底座接线板
2BC	动力电缆连接器,连接系统控制柜	底座接线板
3BC(进)	工具控制装置连接器,连接外部工具控制装置	底座接线板
3BC(出)	工具控制装置连接器,连接工具及控制部件	上臂接线板

续表

插头编号	用 途	安装位置
1CN	B 轴编码器（电机内置）	前臂内
2CN	B 轴编码器 DC5V 电源	前臂内
3CN	T 轴编码器（电机内置）	前臂内
4CN	T 轴编码器 DC5V 电源	前臂内
5CN	B 轴伺服电机电枢	前臂内
6CN	B 轴制动器（电机内置）	前臂内
7CN	T 轴伺服电机电枢	前臂内
8CN	T 轴制动器（电机内置）	前臂内
9CN	R 轴编码器（电机内置）	上臂分线盒内
10CN	R 轴编码器 DC5V 电源	上臂分线盒内
11CN	R 轴伺服电机电枢	上臂分线盒内
12CN	R 轴制动器（电机内置）	上臂分线盒内
13CN	B/T 轴编码器中间连接器	上臂分线盒内
14CN	B/T 轴电枢中间连接器	上臂分线盒内
15CN	B/T 轴制动器中间连接器	上臂分线盒内
16CN	U 轴编码器（电机内置，含 DC5V 电源）	上臂分线盒内
17CN	U 轴电机,动力线（含制动器）	上臂分线盒内
18CN	S 轴编码器（电机内置，含 DC5V 电源）	腰内
19CN	L 轴编码器（电机内置，含 DC5V 电源）	腰内
20CN	S 轴电机动力线（含制动器）	腰内
21CN	L 轴电机动力线（含制动器）	腰内
22CN	S 轴编码器中间连接器	腰内
23CN	L 轴编码器中间连接器	腰内
X1	电池单元 DC24V 输入	底座内
X2	电池单元后备电池连接器 1	底座内
X3	电池单元后备电池连接器 2	底座内
X4	编码器电源输出	底座内

注：编号 X1～X4 为编著者加。

(2) 控制柜连接

MH6 机器人和 DX100 系统控制柜通过如图 7.44 所示的信号电缆 1BC 和动力电缆 2BC 互连。

40 芯信号电缆 1BC 用来连接机器人上的伺服电机编码器、行程开关等控制器件，连接电缆由安川公司配套提供；信号电缆在 DX100 控制柜侧的连接器编号为 X11，在机器人底座侧的连接器编号为 1BC。

36 芯动力电缆 2BC 用来连接机器人上的伺服电机电枢和内置制动器，连接电缆由安川公司配套提供；动力电缆在 DX100 控制柜侧的连接器编号为 X21，在机器人底座侧的连接器编号为 2BC。

在机器人底座内部，连接器 1BC、2BC 有较多的分线插头，用来连接各关节轴伺服电机的电枢、制动器、编码器及后备电池单元、行程开关等控制器件。1BC、2BC 的内部连接在机器人出厂时已完成，用户无须改变（见后述）。

(3) 末端执行器连接

除机器人本体外，不同用途的工业机器人需要安装不同的末端执行器（工具）。末端执行器（工具）同样需要有相应的控制装置和执行部件，如焊接机器人的焊机、阻焊变压器或搬运机器人的手爪控制装置、电磁阀等。

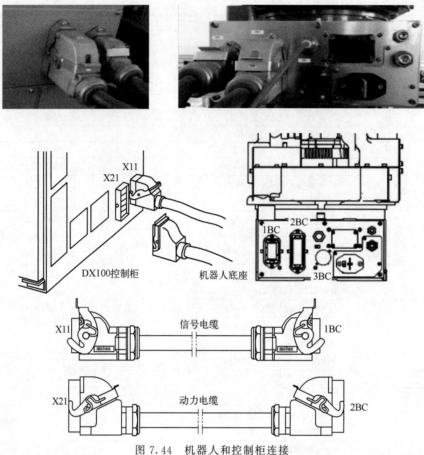

图 7.44　机器人和控制柜连接

由于机器人末端执行器（工具）安装在手腕上，部分控制部件（如阻焊变压器、电磁阀等）安装在机器人上臂上。为了保证机器人外观整洁，避免机器人外部管线拖曳，末端执行器控制电缆、压缩空气管应穿越机器人底座、腰、下臂，从上臂后端引出。

由于机器人内部管线布置比较困难，为了便于用户使用，MH6 等通用机器人产品出厂时，安川公司已预设了装备电缆 3BC 和压缩空气管 A、B，用户使用时可根据实际控制需要按照图 7.45（a）所示连接末端执行器（工具）。

装备电缆 3BC 和气管 A、B 的进线插头和进气口安装在图 7.45（b）所示的底座连接板上，它可用来连接执行器控制装置和压缩空气源；电缆出线插头和出气口安装在上臂后端接线盒上，它可用来连接末端执行器上的电磁阀、气缸等执行器件。MH6 等机器人预设的气管 A、B 的内径分别为 8mm、6mm，允许的最大压缩空气压力为 490kPa。

机器人上预设的装备电缆 3BC 为 $8 \times 0.2 mm^2 + 2 \times 0.75 mm^2 + 4 \times 1.25 mm^2$ 的 14 芯屏蔽线，其引脚布置、连接线规格如表 7.27 所示。

根据连接导线的截面积，用户可参考 IEC 60204 标准确定导线的载流容量（见表 7.27），但 3BC 电缆全部导线的正常工作总载流应在 40A 以下。

7.5.2　机器人动力电缆连接

（1）进线连接器 2BC

机器人的动力电缆 2BC 为 36 芯（6×6）屏蔽线，它用来连接机器人上的伺服电机电枢和

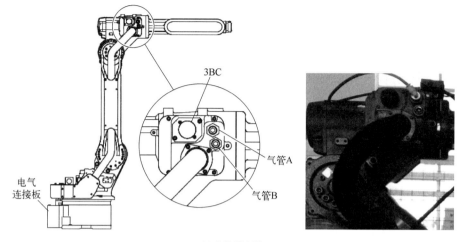

(a) 上臂引出端

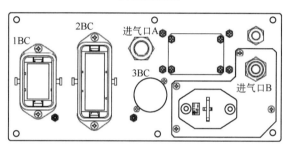

(b) 底座进线端

图 7.45 末端执行器连接

表 7.27 装备电缆引脚功能与连接线规格表

引脚布置	引脚	导线规格	载流容量	说 明
	1~6	$0.2mm^2$	≤3A	用户自由使用
	7	—		上臂连接碰撞开关+24V,底座为空脚
	8			上臂连接碰撞开关输入,底座为空脚
	9~10	$0.2mm^2$	≤3A	用户自由使用
	11、12	$0.75mm^2$	≤8.5A	用户自由使用
	13~16	$1.25mm^2$	≤12A	用户自由使用
	PE	接地线		

制动器。动力电缆在 DX100 控制柜侧的连接器编号为 X21,在机器人侧的连接器编号为 2BC,X21/2BC 的引脚分配如表 7.28 所示。

表 7.28 动力电缆 2BC 连接表

引脚组	X21/2BC 脚号	代号	功能说明
CN1	CN1-1/2	ME1/2	第 1/2 轴(S/L 轴)伺服电机保护接地线 PE
	CN1-3	ME2	附加轴伺服电机保护接地线 PE(一般不使用)
	CN1-4/5/6	MU1/V1/W1	第 1 轴(S 轴)伺服电机电枢 U/V/W
CN2	CN2-1/2/3	MU2/V2/W2	第 2 轴(L 轴)伺服电机电枢 U/V/W
	CN2-4/5/6	MU2/V2/W2	附加轴伺服电机电枢 U/V/W(一般不使用)
CN3	CN3-1/2/3	MU3/V3/W3	第 3 轴(U 轴)伺服电机电枢 U/V/W
	CN3-4/5/6	MU4/V4/W4	第 4 轴(R 轴)伺服电机电枢 U/V/W

引脚组	X21/2BC 脚号	代号	功能说明
CN4	CN4-1/2/3	MU5/V5/W5	第 5 轴（B 轴）伺服电机电枢 U/V/W
	CN4-4/5/6	MU6/V6/W6	第 6 轴（T 轴）伺服电机电枢 U/V/W
CN5	CN5-1～4	ME3～6	第 3～6 轴（U、R、B、T 轴）伺服电机保护接地线 PE
	CN5-5	BA1	第 1 轴（S 轴）伺服电机制动器（+24V）
	CN5-6	BB1	第 1/2/3 轴（$S/L/U$ 轴）伺服电机制动器（0V）
CN6	CN6-1	BA2	第 2 轴（L 轴）伺服电机制动器（+24V）
	CN6-2	BA3	第 3 轴（U 轴）伺服电机制动器（+24V）
	CN6-3	BA4	第 4 轴（R 轴）伺服电机制动器（+24V）
	CN6-4	BB4	第 4/5/6 轴（$R/B/T$ 轴）伺服电机制动器（0V）
	CN6-5	BA5	第 5 轴（B 轴）伺服电机制动器（+24V）
	CN6-6	BA6	第 6 轴（T 轴）伺服电机制动器（+24V）

(2) 内部连接

从底座连接器 2BC 引入的动力电缆，在机器人内部需要分别连接到各轴伺服电机上，MH6 机器人的动力电缆连接总图如图 7.46 所示。

① S/L 轴电机连接。S 轴和 L 轴伺服电机均安装在机器人的腰部。在 S/L 轴伺服电机上，电枢线 U/V/W/PE 和制动器连接线 BA/BB，分别通过 6 芯插头 20CN、21CN 连接；2只伺服电机的动力线，直接通过 12 芯屏蔽电缆，连接到底座的进线连接器 2BC 上；其中，制动器的 0V 连接线 BB 使用公共线 BB1，它们用中间插接端短接后，再连接到 2BC 的 CN5-6（BB1）引脚上。

② U/R 轴电机连接。U 轴和 R 轴伺服电机均安装在机器人的上臂回转关节处。U/R 轴电机动力线和 B/T 轴伺服电机的动力线一起，通过 21 芯屏蔽电缆，从线缆管引至底座后，连接到连接器 2BC 上。

U 轴伺服电机的电枢线 U/V/W/PE 和制动器连接线 BA/BB，采用的是 6 芯插头 17CN 连接；U 轴制动器的 0V 连接线 BB，在底座侧通过中间插接端短接后，连接到 2BC 的 CN5-6（BB1）脚。

R 轴伺服电机的电枢线和制动器连接线分离，电枢线 U/V/W/PE 采用的是 4 芯插头 11CN 连接、制动器线 BA/BB 采用的是 2 芯插头 12CN 连接。R 轴制动器的 0V 连接线 BB 在上臂接线盒内，通过中间插接端短接后，连接到 2BC 的 CN6-4（BB4）脚上。

③ B/T 轴电机连接。腕摆动的 B 轴伺服电机和手回转的 T 轴伺服电机均安装在机器人的手腕回转臂（前臂）内，电机的电枢线和制动器连接线分离，电枢线 U/V/W/PE 用 4 芯插头、制动器线 BA/BB 用 2 芯插头连接。B/T 轴电机的动力线通过各自的 6 芯屏蔽电缆，连接到上臂回转关节处后，通过转接插头 14CN、15CN 和来自线缆管的 21 芯电缆连接。

转接插头 14CN 用于 B/T 轴电机电枢线连接，两电机的保护接地线连接端在 14CN 上短接。转接插头 14CN 用于 B/T 轴制动器连接，制动器的 0V 连接线 BB，在上臂接线盒内，通过中间插接端和 R 轴制动器的 BB4 短接。

7.5.3 机器人信号电缆连接

(1) 进线连接器 1BC

机器人的信号电缆 1BC 为 40 芯（10×4）屏蔽线，它用来连接机器人上的超程开关和伺服电机编码器。信号电缆在 DX100 控制柜侧的连接器编号为 X11，在机器人侧的连接器编号为 1BC，X11/1BC 的引脚分配如表 7.29 所示。

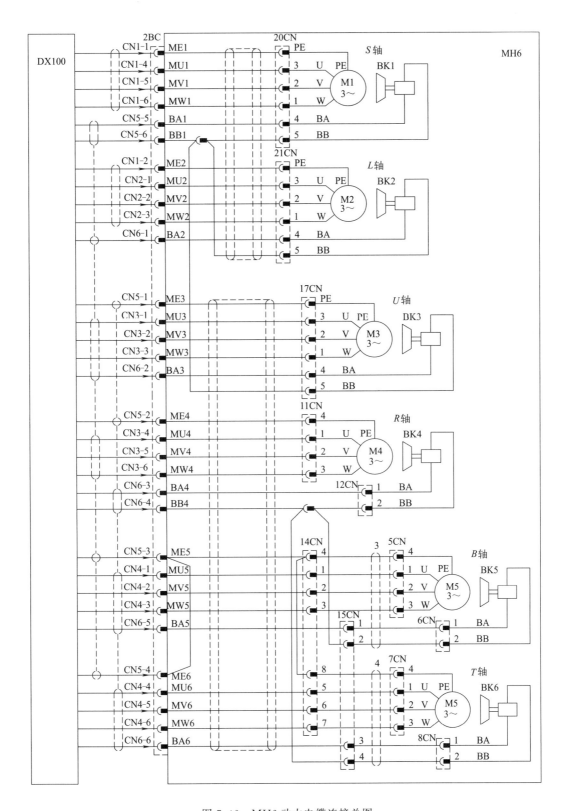

图 7.46　MH6 动力电缆连接总图

表 7.29　信号电缆 1BC 连接表

引脚组	X11/1BC 脚号	代号	功 能 说 明
CN1	CN1-1	SPG+1	第 1 轴(S 轴)编码器串行数据总线 DATA+
	CN1-2	SPG-1	第 1 轴(S 轴)编码器串行数据总线 DATA-
	CN1-3	FG1	第 1 轴(S 轴)编码器串行数据总线屏蔽线
	CN1-4	0V	编码器电源单元 0V 输入 1
	CN1-5	+24V	编码器电源单元+24V 输入 1
	CN1-6	SPG+2	第 2 轴(L 轴)编码器串行数据总线 DATA+
	CN1-7	SPG-2	第 2 轴(L 轴)编码器串行数据总线 DATA-
	CN1-8	FG2	第 2 轴(L 轴)编码器串行数据总线屏蔽线
	CN1-9	0V	编码器电源单元 0V 输入 2
	CN1-10	+24V	编码器电源单元+24V 输入 2
CN2	CN2-1	SPG+3	第 3 轴(U 轴)编码器串行数据总线 DATA+
	CN2-2	SPG-3	第 3 轴(U 轴)编码器串行数据总线 DATA-
	CN2-3	FG3	第 3 轴(U 轴)编码器串行数据总线屏蔽线
	CN2-4	SPG+7	附加轴编码器串行数据总线 DATA+(一般不使用)
	CN2-5	SPG-7	附加轴编码器串行数据总线 DATA-(一般不使用)
	CN2-6	SPG+4	第 4 轴(R 轴)编码器串行数据总线 DATA+
	CN2-7	SPG-4	第 4 轴(R 轴)编码器串行数据总线 DATA-
	CN2-8	FG4	第 4 轴(R 轴)编码器串行数据总线屏蔽线
	CN2-9	FG7	附加轴编码器串行数据总线屏蔽线(一般不使用)
	CN2-10	+24V	超程开关(选配件)冗余输入连接端 LA1(DC24V)
CN3	CN3-1	SPG+5	第 5 轴(B 轴)编码器串行数据总线 DATA+
	CN3-2	SPG-5	第 5 轴(B 轴)编码器串行数据总线 DATA-
	CN3-3	FG5	第 5 轴(B 轴)编码器串行数据总线屏蔽线
	CN3-4/5	0V/5V	(一般不使用)
	CN3-6	SPG+6	第 6 轴(T 轴)编码器串行数据总线 DATA+
	CN3-7	SPG-6	第 6 轴(T 轴)编码器串行数据总线 DATA-
	CN3-8	FG6	第 6 轴(T 轴)编码器串行数据总线屏蔽线
	CN3-9/10	0V/5V	(一般不使用)
CN4	CN4-1	+24V	指示灯和碰撞检测开关(选配件)DC24V 电源
	CN4-2	SS2	碰撞检测开关(选配件)输入 DI
	CN4-3	BC2	指示灯(选配件)输出 DO
	CN4-4	+24V	超程开关(选配件)冗余输入连接端 LC1(DC24V)
	CN4-5	LD1	超程开关(选配件)冗余输入连接端 LD1
	CN4-6	LB1	超程开关(选配件)冗余输入连接端 LB1
	CN4-7	AL1	报警信号连接(一般不使用)
	CN4-8	AL2	报警信号连接(一般不使用)
	CN4-9	FG8	超程开关屏蔽线
	CN4-10	0V	编码器电源单元 0V 输入 3

(2) 电池单元连接

工业机器人的运动轴和三维空间内的笛卡儿坐标系无对应关系，X、Y、Z 轴的直线运动需要多个关节的摆动合成；因此，它不能像数控机床那样通过坐标轴回参考点操作来建立和确定笛卡儿坐标系的原点。

为了能够记忆关机后的运动轴位置，工业机器人所使用的伺服电机内置编码器一般都安装有后备电池支持的存储器芯片，来保存系统断电后的位置数据。系统开机时，通过 IR 控制器的初始化操作，自动读入存储器中的位置数据，重新设定关节轴位置。

保存编码器数据的后备电池一般采用外置式安装。由于机器人的控制系统和本体一般不能采用一体化安装，为了能在本体和控制系统分离时（如安装、运输时）保存数据，后备电池通常安装在机器人上。安川机器人的编码器后备电池单元通常安装在底座接线盒内（参见图7.43），单元包括了机器人正常工作时的 DC24V 输入/DC5V 输出编码器电源单元、断电时保存编码器数据后备电池两部分，内部连接如图7.47所示。

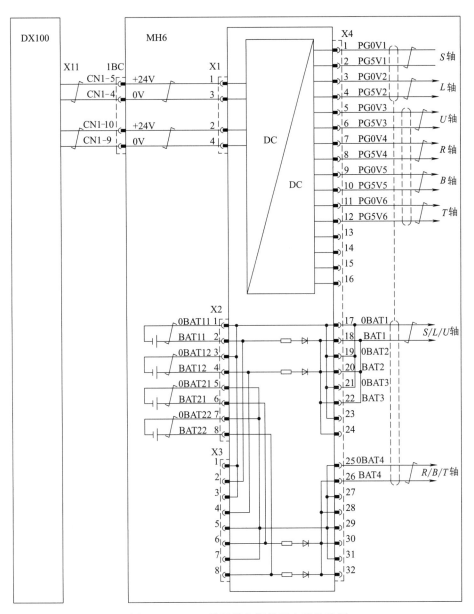

图 7.47　MH6 编码器电源单元内部连接图

图 7.47 的上部为机器人正常工作时的编码器 DC5V 电源单元，最大可连接 8 轴编码器；下部为编码器后备电池单元。电源单元输入为 DC24V，来自 DX100 控制系统的伺服控制板 CN512 连接器，输出为 DC5V。电池单元安装有 4 只并联的 DC3.6V 锂电池，并设计有 2 个同样的连接器 X2 和 X3。电池更换时，应先将新电池安装到空余连接器上，然后再取下旧电池，以保证电池更换时的编码器连续供电。

（3）编码器连接

DX100 系统的编码器均为伺服电机内置，其连接总图如图 7.48 所示，连接方法如下。

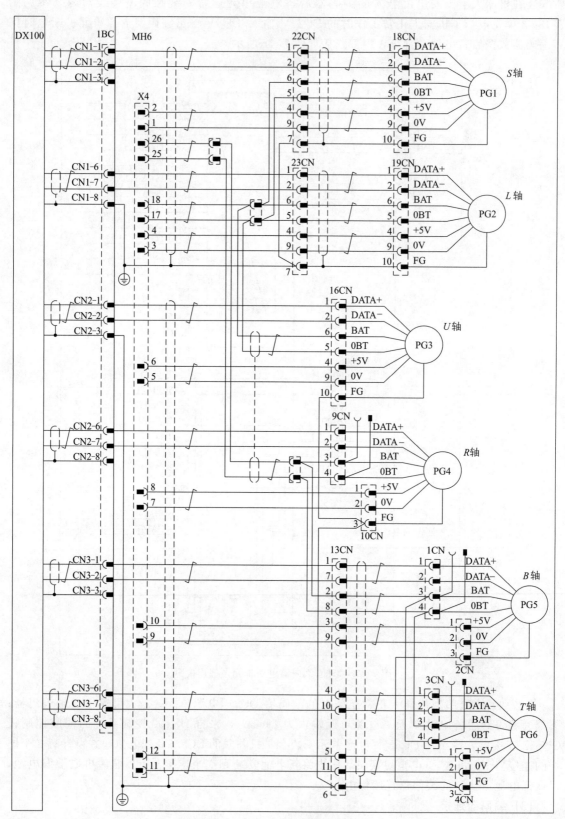

图 7.48　编码器连接总图

① S/L 轴编码器连接。腰回转的 S 轴伺服电机和下臂摆动的 L 轴伺服电机安装在机器人的腰部，电机内置编码器的输出为独立的连接器 18CN、19CN，它们分别与腰部的中间连接器 22CN、23CN 连接。

中间连接器 22CN、23CN 通过 16 芯双绞屏蔽电缆，连接到底座系统信号电缆连接器 1BC，编码器电源单元输出连接器 X4 上。其中，S/L 轴的串行数据线 DATA＋/DATA－，分别与连接器 1BC 上的第 1/2 轴串行数据线 SPG＋/SPG－连接，作为伺服控制板的位置反馈信号；编码器的 DC5V/0V 工作电源线，分别与编码器电源单元的输出连接器上的第 1/2 轴 PG5V/PG0V 电源线连接；后备电池连接线 BAT/0BT 通过中间连接器合并后，再连接到编码器电源单元输出连接器 X4 的第 1～3 轴电池线 BAT1/0BAT1 上。

16 芯双绞线中的其他 3 对连接线，分别用于第 4～6 轴电池线 BAT4/0BAT4，以及超程开关的冗余输入线 LA1/LB1、LC1/LD1 的连接，有关内容详见后述。

② U/R 轴编码器连接。上臂摆动的 U 轴伺服电机和手腕回转的 R 轴伺服电机均安装在机器人的上臂回转关节处。U 轴编码器的输出为独立的连接器 16CN；R 轴编码器有 9CN、10CN 两个连接插头和一个后备电池引出端。R 轴编码器的后备电池引出端，用于机器人维修时的电机装拆；当电机从机器人上取下时，可先在后备电池引出端上安装独立的后备电池，然后断开连接器 9CN 和 10CN、取下电机，这样即使电机从机器人上取下后，也可保存编码器上的位置数据。

U/R 轴编码器的连接器安装在上臂接线盒内，上臂接线盒和底座间通过 16 芯双绞屏蔽电缆连接；上臂接线盒和腰部通过 4 芯双绞屏蔽电缆连接；电缆从线缆管引至底座和腰部。

连接器 16CN、9CN 的串行数据线，以及 16CN、10CN 上的 DC5V/0V 工作电源线，通过 16 芯双绞屏蔽电缆，分别和底座上的系统信号电缆连接器 1BC、编码器电源单元输出连接器 X4 连接。其中，U/R 轴的串行数据线 DATA＋/DATA－，分别连接至 1BC 的第 3/4 轴串行数据线 SPG＋/SPG-上，作为伺服控制板的位置反馈信号；编码器的 DC5V/0V 工作电源线，分别与编码器电源单元输出连接器上的第 3/4 轴 PG5V/PG0V 电源线连接。16 芯双绞屏蔽电缆的其他 4 对连接线，用于 B/T 轴编码器的连接，它们通过上臂接线盒内的中间连接器 13CN 连接到前臂。

U/R 轴编码器的后备电池连接线 BAT/0BT，利用 4 芯双绞屏蔽电缆和腰部的中间短接插头连接。其中，U 轴编码器后备电池线，在中间插头上和 S/L 轴合并后，连接到编码器电源单元输出连接器 X4 的第 1～3 轴电池线 BAT1/0BAT1 上；R 轴编码器后备电池线通过中间插头连接到编码器电源单元输出连接器 X4 的第 4～6 轴电池线 BAT4/0BAT4 上。

③ B/T 轴编码器连接。腕摆动的 B 轴伺服电机和手回转的 T 轴伺服电机均安装在机器人的手腕回转臂（前臂）内，编码器均有 2 个连接插头和 1 对后备电池引出端。编码器的后备电池引出端，同样用于机器人维修时的电机装拆；当 B/T 轴电机从前臂取下时，需要先在后备电池引出端上安装独立的后备电池，然后断开连接器 1～4CN、取下电机，以保证电机从机器人上取下后，仍然可保存编码器上的位置数据。

B/T 轴编码器通过 10 芯双绞屏蔽电缆，连接到上臂接线盒的中间连接器 13CN 上。13CN 上的串行数据线 DATA＋/DATA－，通过 16 芯双绞屏蔽电缆分别连接至底座 1BC 的第 5/6 轴串行数据线 SPG＋/SPG－上，作为伺服控制板的位置反馈信号；13CN 上的编码器 DC5V/0V 工作电源线，通过 16 芯双绞屏蔽电缆，分别与编码器电源单元输出连接器 X4 上的第 5/6 轴 PG5V/PG0V 电源线连接；13CN 上的后备电池线通过中间连接器和 R 轴合并后，利用 4 芯双绞屏蔽电缆连接至腰部的中间连接器上；然后，再通过腰部连接电缆，连接至编码器电源单元输出连接器 X4 的第 4～6 轴电池线 BAT4/0BAT4 上。

(4) 超程开关连接

在安川 MH6 等工业机器人上，超程开关属于选配件，但连接线已在机器人内部布置。根据超程开关的不同配置情况，其连接有如下 4 种情况。

① 无超程开关。当机器人上不安装超程开关时，可按照图 7.49 (a)，将底座接线盒内的超程开关冗余输入信号连接线接头 LB1、LD1，直接和 DC24V 电源连接线接头 LA1、LC1 短接，取消超程安全保护功能。

② 仅 S 轴安装超程开关。当机器人的 S 轴安装超程开关时，可按照图 7.49 (b)，将 S 轴超程开关的 2 对输入触点，分别串联接入到接头 LA1/LB1 和 LC1/LD1 上，作为控制系统的超程保护安全信号的冗余输入。

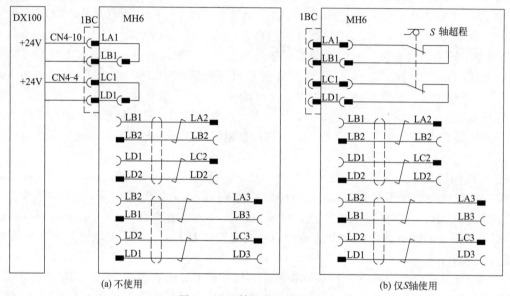

图 7.49 S 轴超程开关的连接

③ S、L 轴安装超程开关。当机器人的 S 轴和 L 轴同时安装超程开关时，需要将 2 个超程开关的触点串联作为控制系统的超程安全保护信号，其连接方法如图 7.50 所示。这时，应将 L 轴超程开关的 2 对输入触点，分别串联到腰部连接电缆接头 LA2/LB2 和 LC2/LD2 上。在底座接线盒内，S 轴超程开关的 2 对冗余输入触点的一端与 DC24V 电源连接线接头 LA1、LC1 连接，另一端分别与腰部连接电缆的接头 LB1、LD1 连接，腰部连接电缆的另一接头 LD2、LB2 则连接到 1BC 的超程开关冗余输入连接线接头 LB1、LD1 上，这样就可使得 S 轴和 L 轴的超程开关触点串联后，作为控制系统的超程保护安全信号输入。

④ S、L、U 轴安装超程开关。当机器人的 S、L、U 轴均安装超程开关时，需要将 3 个超程开关的触点串联后，作为控制系统的超程安全保护信号，其连接方法如图 7.51 所示。这时，S、L 轴超程开关按照上述方法串联，但腰部连接电缆的接头 LD2、LB2 应与上臂连接电缆的 LD2、LB2 连接，然后将 L 轴超程开关的 2 对输入触点，串联到上臂连接电缆的 LA3/LB3、LC3/LD3 上，上臂连接电缆的 LB1、LD1 端，则和信号电缆连接器 1BC 的 LB1、LD1 连接。这样，控制系统的超程保护安全信号便成了 S、L、U 轴 3 个超程开关串联的冗余输入信号。

7.5.4 附加部件连接

(1) 连接总图

除了机器人本体用的动力电缆和信号电缆外，MH6 机器人还可根据需要，选配指示灯、碰

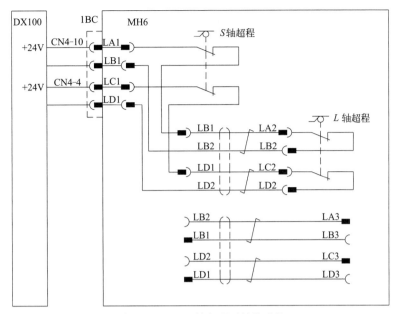

图 7.50 S、L 轴超程开关的连接

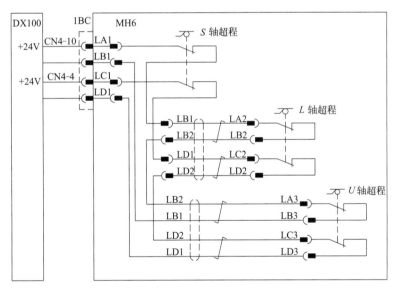

图 7.51 S、L、U 轴超程开关的连接

撞开关；此外，机器人本体内还预设有装备电缆 3BC，它可用来连接末端执行器及执行器控制装置。指示灯、碰撞开关及装备电缆的内部连接总图如图 7.52 所示。

(2) 内部连接

指示灯、碰撞开关及装备电缆的输入连接端和连接器均安装在机器人底座上，输出连接端和连接器安装在上臂接线盒上；输入和输出间通过 1 根 $16\times0.2\text{mm}^2$ 双绞屏蔽信号电缆和 1 根 $(2\times0.75\text{mm}^2+4\times1.25\text{mm}^2)$ 6 芯屏蔽动力电缆连接。6 芯屏蔽动力电缆用于末端执行器的动力线连接，它是底座和上臂接线盒连接器 3BC 的直连线，3BC 的引脚布置及允许的载流容量可参见前述的表 7.26。

$16\times0.2\text{mm}^2$ 双绞屏蔽信号电缆中的 2 对（LA3/LB3、LC3/LD3），用于前述的 U 轴超程开关冗余输入信号连接，1 对（U/V）用来连接指示灯；这 3 对连接线在上臂接线盒内的连接接

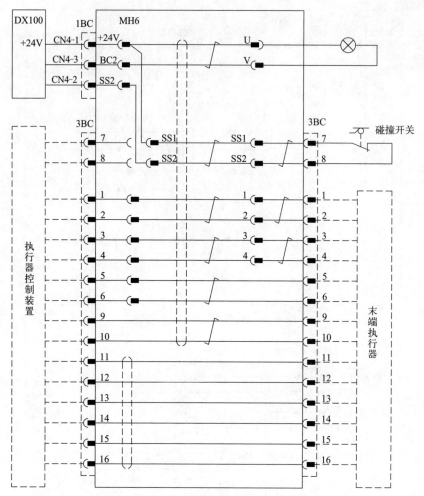

图 7.52 指示灯、碰撞开关及装备电缆连接总图

头，可用来连接 U 轴超程开关和指示灯，在底座侧的连接接头可与 DX100 系统信号电缆连接器 1BC 的对应端连接。16 芯屏蔽电缆中的其余 5 对双绞线，都引出到上臂接线盒的装备电缆连接器 3BC 上，可用来连接碰撞开关和末端执行器。

在上臂接线盒连接器 3BC 上引出的 5 对双绞线中，其中 1 对（9/10）为底座和上臂接线盒连接器 3BC 的直连线，1 对（5/6）为底座侧可转接的 3BC 连接线，另外 3 对（1/2、3/4、SS1/SS2）为底座和上臂接线盒内均可转接的 3BC 连接线。用户可根据不同的要求，连接末端执行器或其他控制信号。

3BC 转接线 SS1/SS2 是用于碰撞开关和末端执行器连接的公用连接线。如果机器人不使用碰撞检测开关，底座侧的 SS1/SS2 可直接和装备电缆连接器 3BC-7/8 连接，上臂接线盒上的输出 3BC-7/8 连接末端执行器信号。如果机器人使用碰撞检测开关，3BC 转接线 SS1/SS2 用于碰撞开关的连接；此时，在底座侧应断开 SS1/SS2 和装备电缆连接器 3BC-7/8 的连接，并将其连接到 DX100 系统信号电缆连接器 1BC 的 +24V/SS2 上；碰撞开关常闭触点应串联到上臂接线盒的装备电缆连接器 3BC-7/8 上。

由于不同机器人的末端执行器差别较大，装备电缆的连接情况难以一一说明，用户使用时应根据实际要求进行检查与连接。

第8章

安川机器人设定与调整

8.1 机器人基本操作

8.1.1 示教器操作说明

(1) 示教器外观

安川机器人示教器为按键式结构,外观如图8.1所示。示教器上方为开关按钮,中间为显示器,显示器右侧为CF卡插槽;示教器下部为操作按键,从上至下分为显示操作键、手动操作键、数据输入与运行控制键3个区域;示教器背面为USB接口、手握开关。

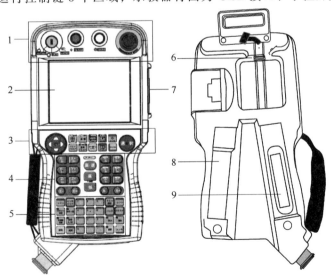

图8.1 安川示教器外观

1—按钮开关;2—显示器;3—显示键;4—手动键;5—数据输入与运行控制键;
6—USB接口;7—CF卡插槽;8、9—手握开关

(2) 按钮开关

安川示教器上方的开关按钮从左到右依次为操作模式选择开关(3位)、程序启动按钮

（START，带指示灯）、程序暂停按钮（HOLD，带指示灯）、急停按钮（EMERGENCY STOP）；手握开关安装在示教器背面下方，左右侧均可操作。开关按钮的功能如表 8.1 所示。

表 8.1　示教器开关按钮功能表

操作按钮	名称与功能	备　注
REMOTE　PLAY　TEACH	操作模式转换开关 1. TEACH：示教，可进行手动、示教编程操作； 2. PLAY：再现，程序自动（再现）运行； 3. REMOTE：远程操作；可通过 DI 信号选择操作模式、启动程序运行	远程操作模式的控制信号来自 DI，操作功能可通过系统参数 S2C230 设定选择
◇ START	程序启动按钮及指示灯 按钮：启动程序自动（再现）运行； 指示灯：亮，程序运行中；灭，程序停止或暂停运行	指示灯也用于远程操作模式的程序启动
◎ HOLD	程序暂停按钮及指示灯 按钮：程序暂停； 指示灯：亮，程序暂停	程序暂停操作对任何模式均有效
EMERGENCY STOP	急停按钮： 紧急停止机器人运动；分断伺服驱动器主电源	所有急停按钮、外部急停信号功能相同
	手握开关： 选择示教模式时，轻握开关可启动伺服、松开或用力握开关可关闭伺服	示教模式必须握住开关，才能启动伺服、移动机器人

（3）显示键操作

示教器显示内容可通过按下示教器的"显示键"改变，显示键的设置如图 8.2 所示，按键功能如表 8.2 所示。同时按【主菜单】键和光标【向上】/【向下】移动键，可调整显示器亮度；同时按【区域】键和【转换】键，可切换显示语言。

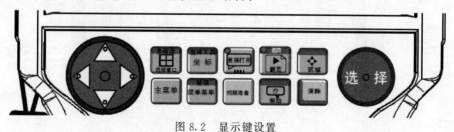

图 8.2　显示键设置

为了便于说明，在本书后述内容中，示教器操作面板的按键将以【 * * 】形式表示，如【选择】【主菜单】等；示教器显示区所显示的操作按钮将以［ * * ］形式表示，如［程序内容］［编辑］［执行］［取消］等。

表 8.2　显示操作键功能表

按键	名称与功能	说　　明
	光标移动键。移动显示器上的光标位置	多用途键,详见下述。 同时按【转换】键,可滚动页面或改变设定;同时按【主菜单】键和上/下移动键,可调整显示器亮度
选○择	选择键。选定光标所在的项目	多用途键,详见下述
多画面 选择窗口	多画面显示键。多画面显示时,可切换活动画面	同时按【多画面】键和【转换】键,可进行单画面和多画面的显示切换
工具选择 坐标	坐标系或工具选择键。可进行坐标系或工具切换	同时按【转换】键,可变更工具、用户坐标系序号
直接打开	直接打开键。切换到当前命令的详细显示页。直接打开有效时,按键指示灯亮,再次按该键可返回至原显示页	直接打开的内容可为 CALL 命令调用程序、光标行命令的详细内容、I/O 命令的信号状态、作业命令的作业文件等
返回 ▶ 翻页	选页键。按键指示灯亮时,按该键可显示下一页面	同时按【翻页】键和【转换】键,可逐一显示上一页面
✦ 区域	区域选择键。按该键,可使光标在菜单区、通用显示区、信息显示区、主菜单区移动	同时按【区域】键和【转换】键,可切换语言。同时按【区域】键和光标上下键,可进行通用显示区/操作按钮区切换
主菜单	主菜单选择键。选择或关闭主菜单	同时按【主菜单】和光标上下键,可改变显示器亮度
登录 简单菜单	简单菜单选择。选择或关闭简单菜单	简单菜单显示时,主菜单显示区隐藏、通用显示区扩大至满屏
伺服准备	伺服准备键。接通驱动器主电源。用于开机、急停或超程后的伺服主电源接通	示教模式:可直接接通伺服主电源。 再现模式:在安全单元输入 SAF F 信号 ON 时,可接通伺服主电源
!? 帮助	帮助键。显示当前页面的帮助操作菜单	同时按【转换】键,可显示转换操作功能一览表。同时按【联锁】键,可显示联锁操作功能一览表
清除	清除键。撤销当前操作,清除系统一般报警和操作错误	撤销子菜单、清除数据输入、多行信息显示和系统一般报警

光标移动键和【区域】【选择】键是最常用的键,功能如下。

① 操作选择。当操作者需要选择显示区（详见后述）操作时，可先用示教器按键【区域】将光标移动到所需的显示区，然后将光标定位到指定的操作按钮上，按【选择】键，便可选定该操作菜单。

例如，用【区域】键将光标定位到图 8.3（a）所示的主菜单区后，选定操作按钮［程序内容］，按【选择】键，便可打开［程序内容］子菜单；光标定位到子菜单［新建程序］上按【选择】键，便可显示新建程序的编辑页面。再如，在图 8.3（b）上，当新建程序的程序名称输入完成后，可用【区域】键移动光标到操作按钮［执行］上，按【选择】键便可完成新建程序的程序名称输入操作。

(a) 菜单选择　　　　　　　　　　　　　　　　　　(b) 程序名称输入

图 8.3　操作菜单选择

② 数据输入。进行数据输入操作时，可将光标定位到需要输入的项目上，然后按示教器按键【选择】，该显示项便可成为输入状态。

如所选择的项目为数值或字符输入项，例如，图 8.4（a）所示进入"安全模式"的口令输入等，显示区将变为数据输入框，此时便可用数字、字符输入软键盘（见后述）输入数据，完成后，用示教器按键【回车】确认。如所选择的项目是系统预定义的选项，例如进入"安全模式"后的操作选择等，按【选择】键后，示教器可自动显示图 8.4（b）所示的系统预定义选项；此时，用光标选定所需要的选项（如"管理模式"）后，按【选择】键就可选定该选项。

(a) 直接输入　　　　　　　　　　　　　　　　　　(b) 系统选项

图 8.4　数据输入操作

③ 显示页面选择。当所选内容有多个显示页时，可通过示教器按键【翻页】，逐页显示其他内容；或者用光标和【选择】键，选定图 8.5（a）所示的操作按钮［进入指定页］后，示教器可显示图 8.5（b）所示的页面输入框，在输入框内可直接输入所需要的页面序号，按【回车】键即可切换到指定页面。

（4）手动操作键

示教器面板手动（点动）操作键用于机器人手动移动，按键的设置如图 8.6 所示，功能如表 8.3 所示；运动轴名称及方向的规定可参见第 7 章 7.1 节。

(a) 进入指定页　　　　　　　　　　　(b) 页面输入框

图 8.5　显示页面选择

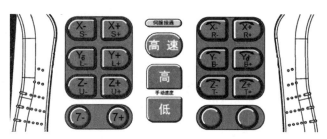

图 8.6　面板手动操作键设置

表 8.3　面板手动操作键功能表

操作按键	名称与功能	备　注
伺服接通	伺服 ON 指示灯 亮:驱动器主电源接通、伺服启动; 闪烁:主电源接通、伺服未启动	指示灯闪烁时,可通过示教器背面的示教器手握开关启动伺服
高 手动速度 低	手动(点动)速度调节键 选择微动(增量进给)、低/中/高速点动 2 种方式、3 种速度	增量进给距离、点动速度可通过系统参数设定
高速	手动快速键 同时按轴运动方向键,可选择手动快速运动	手动快速速度通过系统参数设定
X- S- X+ S+ Y- L- Y+ L+ Z- U- Z+ U+ E- E+	机器人运动键 选择机器人运动的坐标轴和运动方向;可同时选择 2 轴进行点动运动。 在 6 轴机器人上,【E-】【E+】用于辅助轴点动操作;在 7 轴机器人上,【E-】【E+】用于第 7 轴定向	运动速度由手动速度调节键选择;同时按【高速】键,选择手动快速运动

续表

操作按键	名称与功能	备 注
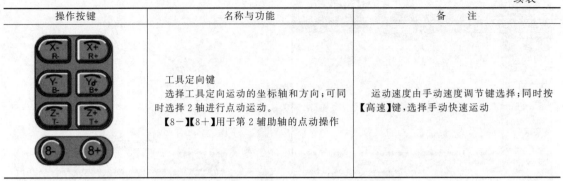	工具定向键 选择工具定向运动的坐标轴和方向;可同时选择 2 轴进行点动运动。 【8-】【8+】用于第 2 辅助轴的点动操作	运动速度由手动速度调节键选择;同时按【高速】键,选择手动快速运动

(5) 数据输入与运行控制键

数据输入与运行控制键可用于机器人程序及参数的输入与编辑、显示页与语言切换、程序试运行及前进/后退控制。安川示教器的数据输入与程序运行控制设置如图 8.7 所示,按键功能如表 8.4 所示。部分按键还可能定义有专门功能,如弧焊机器人为焊接通/断、引弧、息弧、送丝、退丝控制或焊接电压、电流调整等。

图 8.7 数据输入与程序运行控制键设置

表 8.4 数据输入与程序运行控制键功能表

操作按键	名称与主要功能	备 注
转换	和其他键同时操作,可以切换示教器的控制轴组、显示页面、语言等	同时按【帮助】键,可显示转换操作功能一览表
联锁	和【前进】键同时操作,可执行机器人的非移动命令	同时按【帮助】键,可显示联锁操作功能一览表
命令一览	命令显示键,程序编辑时可显示控制命令菜单	
机器人切换 外部轴切换	控制轴组切换键,可选定机器人、外部轴组轴	仅用于多机器人系统,或带辅助轴的复杂系统
辅助	辅助键	用于移动命令的恢复等操作
插补方式	插补方式选择键,可进行 MOVJ、MOVL、MOVC、MOVS 的切换	同时按【转换】键,可切换插补方式

续表

操作按键	名称与主要功能	备 注
试运行	同时按【联锁】键,可连续运动;松开【试运行】键,运动停止	可选择连续、单循环、单步 3 种循环方式运行
前进 后退	可使机器人沿示教轨迹向前(正向)、向后(逆向)运动	前进时可同时按【联锁】键执行其他命令,后退时只能执行移动命令
删除 插入 修改	删除、插入、修改命令或数据	灯亮时,按【回车】键,完成删除、插入、修改操作
回车	回车键,确认所选的操作	
7 8 9 4 5 6 1 2 3 0	数字键,数字 0~9 及小数点、负号输入键	部分数字键可能定义有专门的功能与用途,可以直接用来输入作业命令

8.1.2 示教器显示说明

安川机器人示教器为 6.5 英寸、640×480 像素彩色液晶显示,显示内容如图 8.8 所示。

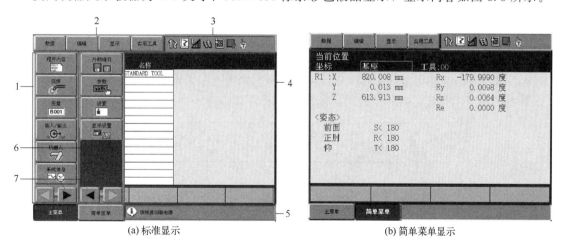

(a) 标准显示   (b) 简单菜单显示

图 8.8 示教器显示内容

1—主菜单;2—菜单;3—状态;4—通用显示区;5—信息;6—扩展菜单;7—菜单扩展/隐藏键

示教器的标准显示图 8.8(a)中,显示区分主菜单、菜单、状态、通用显示和信息显示 5 个基本区域,显示区可通过【区域】键选定。选择[简单菜单],可将显示内容切换为简单显示模式，如图 8.8（b）所示。选择［主菜单］，可将显示内容切换为标准显示模式。

显示器的窗口布局以及操作功能键、字符尺寸、字体，可通过系统的"显示设置"改变，有关内容可参见后述。由于系统软件版本、系统设定有所不同，示教器的显示在不同机器人上可能存在区别，但其操作方法基本相同。

(1) 主菜单、下拉菜单显示

主菜单显示区位于显示器左侧，它可通过示教器【主菜单】键选定。主菜单选定后，可通过扩展/隐藏键［▶］/［◀］，显示或隐藏扩展主菜单（图 8.8 中的 7 区）。

主菜单的显示与示教器的安全模式选择有关，部分项目只能在"编辑模式"或"管理模式"下显示或编辑；常用的示教模式主要主菜单及功能如表 8.5 所示。

表 8.5　常用主菜单功能一览表

主菜单键	显示与编辑的内容（子菜单）
［程序内容］或［程序］	程序选择、程序编辑、新建程序、程序容量、作业预约状态等
［弧焊］	本项目用于工具状态显示与控制，与机器人的用途有关，子菜单随之改变
［变量］	字节型、整数型、双整数（双精度）型、实数型、位置型变量等
［输入/输出］	DI/DO 信号状态、梯形图程序、I/O 报警、I/O 信息等
［机器人］	机器人当前位置、命令位置、偏移量、作业原点、干涉区等
［系统信息］	版本、安全模式、监视时间、报警履历、I/O 信息记录等
［外部储存］	安装、保存、系统恢复、对象装置等
［设置］	示教条件、预约程序、用户口令、轴操作键分配等
［显示设置］	字体、按钮、初始化、窗口格式等

下拉菜单位于显示器左上方，4 个菜单键功能与所选择的操作有关，常用示教操作的主要功能如表 8.6 所示。

表 8.6　菜单功能一览表

菜单键	显示与编辑的内容（子菜单）
［程序］或［数据］	与主菜单、子菜单选择有关，下拉菜单［程序］包含程序选择、主程序调用、新建程序、程序重命名、复制程序、删除程序等；下拉菜单［数据］包含［清除数据］等
［编辑］	程序检索、复制、剪切、粘贴、速度修改等
［显示］	循环周期、程序堆栈、程序点编号等
［实用工具］	校验、重心位置测量等

(2) 状态显示

状态显示区位于显示器右上方，显示内容与所选操作有关，示教操作通常有图 8.9 所示的 10 个状态图标显示位置，不同位置可显示的图标及含义如表 8.7 所示。

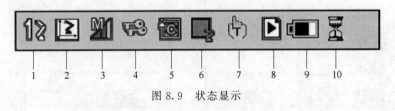

图 8.9　状态显示

表 8.7　状态显示及图标含义表

位置	显示内容	状态图标及含义		
1	现行控制轴组	机器人 1~8	基座轴 1~8	工装轴 1~24

续表

位置	显示内容	状态图标及含义				
2	当前坐标系	关节坐标系	直角坐标系	圆柱坐标系	工具坐标系	用户坐标系
3	点动速度选择	微动	低速	中速	高速	
4	安全模式选择	操作模式	编辑模式	管理模式		
5	当前动作循环	单步	单循环	连续循环		
6	机器人状态	停止	暂停	急停	报警	运动
7	操作模式选择	示教	再现			
8	页面显示模式	可切换页面	多画面显示			
9	存储器电池	电池剩余电量显示				
10	数据保存	正在进行数据保存				

（3）通用显示与信息显示

通用显示区分图 8.10 所示的显示区、输入行、操作按钮 3 个区域。同时按【区域】键和光标键，可进行显示区与操作按钮区的切换。

通用显示区可显示所选择的程序、参数、文件等内容。在程序编辑时，按操作面板的【命令一览】键，可在显示区的右侧显示相关的编辑命令键；显示区所选择或需要输入的内容可在输入行显示和编辑。

操作按钮显示与所选的操作有关，常用操作按钮及功能如表 8.8 所示。操作按钮通过光标左右移动键选定后，按【选择】键便可执行指定操作。

表 8.8　操作按钮功能一览表

操作按钮	操作按钮功能
［执行］	执行当前显示区所选择的操作
［取消］	放弃当前显示区所选择的操作
［结束］	结束当前显示区所选择的操作
［中断］	中断外部存储器安装、保持、校验等操作
［解除］	解除超程、碰撞等报警功能
［清除］或［复位］	清除报警
［页面］	对于多页面显示,可输入页面号,按【回车】键,直接显示指定页面

信息显示区位于显示器的右下方,可用来显示操作、报警提示信息。在进行正确的操作或排除故障后,可通过操作面板上的【清除】键清除操作、报警提示信息。

当系统有多条信息显示时,可用【区域】键选定信息显示区,然后按【选择】键显示多行提示信息及详细内容。

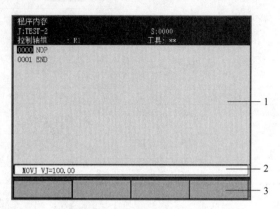

图 8.10　通用显示区
1—显示区；2—输入行；3—操作按钮

8.1.3　开/关机及安全模式设定

(1) 开/关机操作

系统开机前应确认系统电源进线（L1/L2/L3/PE）、控制柜与示教器及机器人的连接电缆均已正确连接,输入电源符合系统使用要求,控制柜门已关闭,机器人运动范围内无操作人员及可能影响机器人正常运动的其他无关器件。然后,按以下步骤完成开机操作。

① 将控制柜门上的电源总开关旋转到图 8.11（a）所示的 ON 位置,接通控制系统控制电源后,示教器可显示图 8.11（b）所示的开机画面,系统进行初始化和诊断操作。

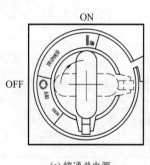

(a) 接通总电源

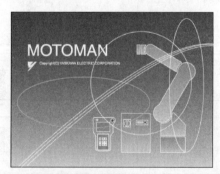

(b) 开机画面

图 8.11　系统开机

② 系统完成初始化和诊断操作后,示教器将显示图 8.12 所示的开机初始页面,信息显示区显示操作提示信息"请接通伺服电源"。

控制系统设置、参数设定等操作,可在伺服主电源关闭的情况下进行,无须启动伺服。但机器人手动、示教、程序运行等操作,必须在伺服主电源接通后才能进行,此时需要继续如下操作。

① 复位控制柜门、示教器及辅助操作台等控制部件上的全部急停按钮；操作模式选择

"再现（PLAY）"时，还应关闭安全栅栏的防护门。

② 按示教器操作面板的【伺服准备】键，接通伺服驱动器主电源。如操作模式选择"示教（TEACH）"，还需要握住示教器手握开关（轻握），才能接通驱动器主电源。

伺服启动完成后，示教器上的【伺服接通】指示灯亮，机器人成为可运动状态。

在图8.12所示的初始页面上，如选择主菜单［系统信息］，示教器可显示图8.13（a）所示的系统信息显示子菜单。选择子菜单［版本］，可进一步显示图8.13（b）所示的基本信息显示页面。

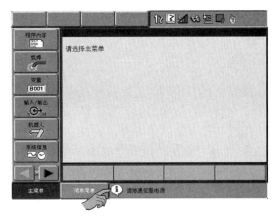

图8.12　初始显示页面

系统基本信息显示页面可显示控制系统软件版本、机器人型号与用途、示教器显示语言以及机器人控制器的CPU模块（YCP01-E）、示教器（YPP01）、驱动器（EAXA＊#0）的版本等基本信息。如需要，还可选择主菜单［机器人］、子菜单［机器人轴配置］，进一步确认机器人的控制轴数。

系统关机时，应确认机器人的程序运行已结束、运动已完全停止，然后按"急停"按钮关闭驱动器主电源；如操作模式为"示教（TEACH）"，也可用力握手握开关、关闭伺服主电源。主电源关闭后，将控制柜门上的电源总开关旋转到OFF位置，关闭系统电源。

(a) 子菜单

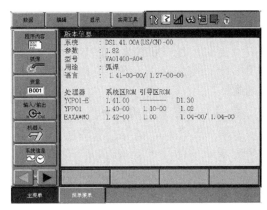

(b) 信息显示

图8.13　系统信息显示

(2) 安全模式设定

安全模式是安川机器人控制系统为了保证安全运行、防止误操作，而对操作者权限所进行的规定。

安川DX100系统有"操作模式""编辑模式"和"管理模式"3种基本安全模式；如按住示教器【主菜单】键接通系统电源，可进入更高一级的管理模式（称维护模式，见后述）。DX200控制系统增加了"安全模式""一次管理模式"2种模式，可分别用于安全机能和文件编辑、功能参数定义与数据批量传送等操作。基本安全模式的功能如下。

操作模式：操作模式在任何情况下都可进入。选择操作模式时，操作者只能进行程序选择、程序自动运行启动/停止、机器人位置及输入/输出信号显示等最基本的操作。

编辑模式：编辑模式可进行示教编程以及变量、DO信号、作业原点、用户坐标系设定等操作。进入编辑模式需要输入正确的口令，安川机器人出厂时设定的编辑模式初始口令一般为"00000000"。

管理模式：管理模式可进行系统的全部操作，进入管理模式需要操作者输入更高一级的口令，安川机器人出厂时设定的管理模式初始口令一般为"99999999"。

安全模式将直接影响机器人操作功能，并改变示教器主菜单、子菜单显示，有关内容可参见安川公司技术资料。安全模式设定的操作步骤如下。

① 选择［系统信息］主菜单、选定［安全模式］子菜单，示教器可显示安全模式设定框。

② 光标定位于安全模式输入框，按【选择】键，输入框可显示图8.14（a）所示的系统预定义的安全模式选择页面。

③ 安全模式选择"编辑模式""管理模式"时，示教器将显示图8.14（b）所示的"用户口令"输入页面。

④ 在用户口令输入页面，根据所选的安全模式，输入正确的用户口令，用【回车】键确认。安川机器人出厂设置的编辑模式初始口令为"00000000"，管理模式初始口令为"99999999"，口令正确时，系统即可进入所选的安全模式。

(a) 模式选择

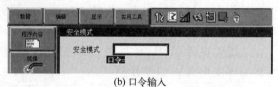
(b) 口令输入

图 8.14　安全模式选择

(3) 口令更改

为了保护程序和参数、防止误操作，调试维修人员可对安全模式口令进行重新设定。用户口令设定可在主菜单［设置］下进行，其操作步骤如下。

① 用主菜单扩展键［▶］显示扩展主菜单［设置］并选定，示教器可显示图8.15所示的设置子菜单。

② 光标选定子菜单［用户口令］，可显示图8.16（a）所示的用户口令设定页面；光标移动键选定需要修改口令的安全模式，信息显示框将显示"输入当前口令（4到8位）"。

③ 输入安全模式原口令后，按【回车】键。如口令输入准确，示教器将显示图8.16

图 8.15　设置子菜单

（b）所示的新口令设定页面，信息显示框将显示"输入新口令（4到8位）"；输入安全模式新的口令，按【回车】键确认后，新用户口令将生效。

(a) 口令设定

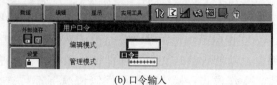
(b) 口令输入

图 8.16　用户新口令输入页面

8.1.4　机器人手动操作

(1)　位置显示与手动操作键

安川机器人的当前位置可通过图 8.17（a）所示的主菜单［机器人］、子菜单［当前位置］显示。

(a) 菜单选择

(b) 坐标系选择

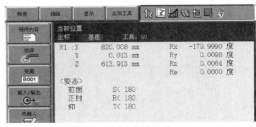

(c) 位置显示

图 8.17　机器人当前位置显示

光标选定"坐标"选择框，按【选择】键，便可通过图 8.17（b）所示的系统预定义选项选择位置显示坐标系；坐标系选定后，示教器便可显示图 8.17（c）所示的机器人当前位置值。

机器人位置可通过手动操作改变。手动操作亦称点动，安川机器人示教器的点动键布置如图 8.18 所示。

键盘左侧的 6 个方向键【X－/S－】～【Z＋/U＋】，用于机器人机身定位控制

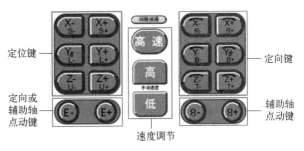

图 8.18　点动操作键

（定位键）；右侧的 6 个方向键【X－/R－】～【Z＋/T＋】，用于机器人手腕工具定向控制（定向键）。6 轴机器人的【E－】/【E＋】、【8－】/【8＋】可用于基座轴或工装轴点动操作；7 轴机器人的【E－】/【E＋】键，用于下臂回转轴点动。

键盘中间的【高速】【高】【低】键用于进给方式和速度选择。重复按【高】或【低】键，可进行"微动（增量进给）""低速点动""中速点动""高速点动"的切换。选择微动（增量进给）时，按一次方向键，可使指定的轴在指定方向移动指定的距离；选择点动时，按住方向键，指定的坐标轴便可在指定的方向上连续移动，松开方向键即停止。增量进给距离及各级点

动速度可通过系统参数设定。

(2) 控制轴组与坐标系选择

在复杂机器人系统上，机器人手动操作时，实现需要利用"控制轴组"来选定手动操作对象。安川机器人控制系统的控制轴组分"机器人""基座轴""工装轴" 3 类，基座轴、工装轴统称外部轴。

机器人轴组用于多机器人系统的机器人运动选择，DX100 系统最大允许控制 8 个机器人（机器人 R1～R8），单机器人系统可选择"机器人 R1"。基座轴用来选定机器人变位器运动，最大允许 8 轴（基座轴 B1～B8）。工装轴用来选定工件变位器运动，最大允许 24 轴（工装轴 S1～S24），点焊机器人的伺服焊钳属于工装轴。

图 8.19　控制轴组显示

所选定的控制轴组可以图 8.19 所示的状态图标的形式在示教器上显示。同时按示教器的【转换】+【外部轴切换】键，可选定基座轴 B1～B8、工装轴 S1～S24；同时按【转换】+【机器人切换】键，可选定机器人 R1～R8。

安川机器人的手动操作可使用图 8.20 所示的 5 种坐标系，坐标系的含义可参见第 7 章，机器人基座坐标系的手动操作可选择直角坐标系或圆柱坐标系 2 种运动方式。

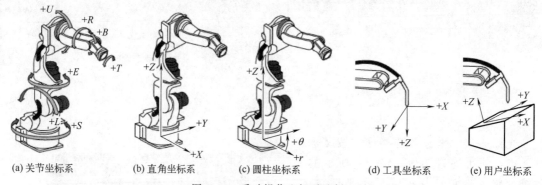

(a) 关节坐标系　　(b) 直角坐标系　　(c) 圆柱坐标系　　(d) 工具坐标系　　(e) 用户坐标系

图 8.20　手动操作坐标系选择

手动操作坐标系的显示如图 8.21 所示，坐标系选择的操作步骤如下。

图 8.21　坐标系的选择操作

① 操作模式选择"示教（TEACH）"。

② 在多机器人或带外部轴的系统上，可同时按【转换】+【机器人切换】或【外部轴切换】键，选定控制轴组。

③ 重复按【选择工具/坐标】键，可进行图 8.21 所示的关节坐标系→直角坐标系→圆柱坐标系→工具坐标系→用户坐标系→关节坐标系→……的循环变换。根据操作需要，选择所需的坐标系，并通过状态栏图标确认。

④ 使用多工具时，工具坐标系选定后，可同时按【转换】+【选择工具/坐标】键，显示工具选择页面、选定工具号。工具号选定后，可同时按【转换】+【选择工具/坐标】键，返回原显示页面。手动操作时的工具坐标系切换也可通过系统参数禁止。

⑤ 使用多个用户坐标系的机器人，在选定用户坐标系后，可同时按操作面板上的【转换】+【选择工具/坐标】键，显示用户坐标系选择页面、选定用户坐标号。用户坐标号选定后，可同时按【转换】+【选择工具/坐标】键，返回原显示页面。手动操作时的用户坐标系切换可通过系统参数禁止。

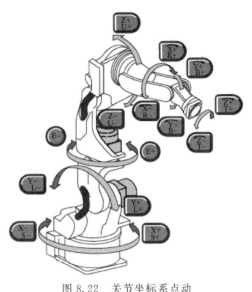

（3）机器人关节轴点动

机器人关节轴点动是对机器人关节进行的直接操作，无须考虑机器人定位、工具定向运动。安川机器人本体的关节轴及运动方向规定如图8.22所示，点动操作的步骤如下。

① 操作模式选择"示教（TEACH）"。

② 同时按【转换】+【机器人切换】键，选定控制轴组。

③ 按【选择工具/坐标】键，选择关节坐标系。

图 8.22　关节坐标系点动

④ 按【高】或【低】键，选定关节轴运动速度。

⑤ 确认关节轴运动范围内无操作人员及可能影响机器人运动的其他器件。

⑥ 按【伺服准备】键，接通伺服驱动器电源；电源接通后，【伺服接通】指示灯闪烁。

⑦ 轻握示教器手握开关并保持、启动伺服，【伺服接通】指示灯亮。

⑧ 按方向键，所选的坐标轴即可进行指定方向的运动。如不同关节轴的方向键被同时按下，所选关节轴可同时运动。

⑨ 按速度调节键可改变关节轴运动速度；如同时按方向键、【高速】键，关节轴将以系统参数设定快速运动。

（4）外部轴点动

外部轴点动是对机器人变位器、工具变位运动轴的手动操作，示教器点动键与外部轴的对应关系如图8.23所示。

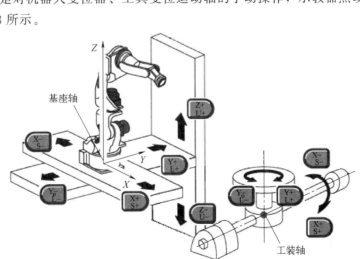

图 8.23　外部轴点动

外部轴点动操作需要利用【转换】+【外部轴切换】键选定控制轴组（基座轴、工装轴），控制轴组选定后，便可利用机器人关节轴点动同样的操作，控制外部轴运动；外部轴超过 6 轴时，第 7、8 轴的点动，可由【+E】/【−E】、【+8】/【−8】键控制。

(5) 机器人 TCP 点动

机器人 TCP 点动是手动控制工具控制点（TCP）在指定笛卡儿直角坐标系、圆柱坐标系运动的操作。机器人 TCP 点动同样可选择增量进给（微动）、点动 2 种方式；点动操作时，应利用【选择工具/坐标】键选定坐标系，其他操作步骤与机器人关节轴点动相同。

机器人 TCP 点动的方向键【X−/S−】~【Z+/U+】规定如图 8.24 所示。选择"直角坐标系"时，机器人 TCP 可在机器人基座坐标系上进行图 8.24（a）所示的三维直线运动；选择"圆柱坐标系"时，机器人 TCP 可在机器人基座坐标系的 XY 平面上，进行图 8.24（b）所示的极坐标运动；选择"工具坐标系""用户坐标系"时，机器人 TCP 的运动方向由用户定义的工具、用户坐标系决定。

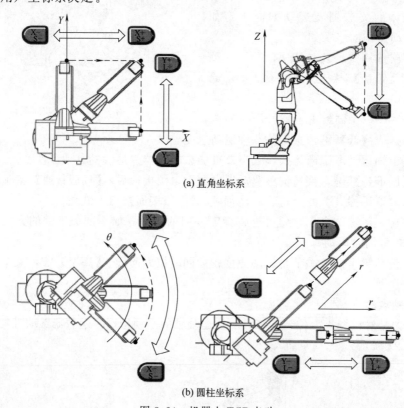

(a) 直角坐标系

(b) 圆柱坐标系

图 8.24 机器人 TCP 点动

(6) 工具定向点动

工具定向点动是用来改变工具姿态（方向）的点动操作，机器人的运动通常如图 8.25 所示。工具定向点动时，工具控制点（TCP）位置保持不变，工具中心线可回绕笛卡儿直角坐标系的 X、Y、Z 轴回转，以调整工具姿态。

工具定向点动的操作步骤和机器人 TCP 点动相同，点动操作可通过键盘右侧的 6 个方向键【X−/R−】~【Z+/T+】实现。工具定向点动的坐标系可选择机器人基座坐标系（直角坐标系或圆柱坐标系）、工具坐标系、用户坐标系，工具回转方向

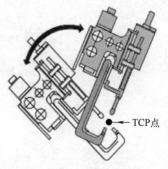

图 8.25 工具定向点动

由右手定则决定，选择不同坐标系时，点动键所对应的工具回转方向如图 8.26 所示。

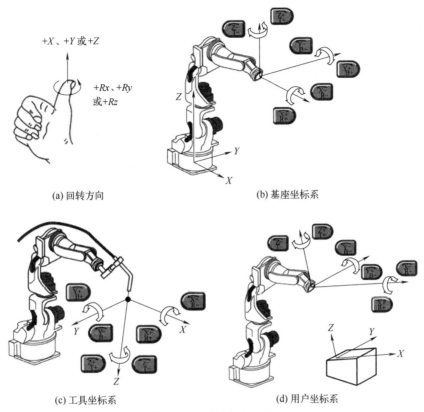

图 8.26　工具定向点动

8.1.5　程序编辑与管理

(1)　程序创建

程序创建可在机器人控制系统中生成一个新的程序，并完成程序登录、程序名输入、控制轴组设定等基本操作。

安川机器人程序创建的操作步骤如下。

① 机器人操作模式选择"示教【TEACH】"，安全模式设定为"编辑模式"或"管理模式"。

② 按【主菜单】键，选择主菜单［程序内容］，按【选择】键选定后，示教器可显示图 8.27（a）所示的子菜单。

③ 光标定位到子菜单［新建程序］上，按【选择】键选定后，示教器将显示图 8.27（b）所示的程序登录页面。

④ 光标选定对应的输入区，按【选择】键选定后，即可进行程序名称、注释、控制轴组的设定。

程序登录时，程序名、注释中的数字可直接利用示教器键盘输入；英文字母、字符的输入，需要利用示教器显示的"字符软键盘"输入，其操作步骤如下。

⑤ 输入区选定后，按【返回/翻页】键，使示教器显示图 8.28（a）所示的字符输入软键盘。

⑥ 按【区域】键，使光标定位到软键盘的输入区，便可用光标选定需要输入的字符，选

(a) 菜单选择

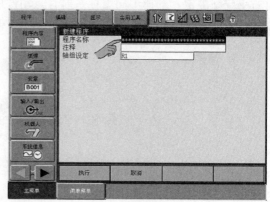
(b) 程序名输入

图 8.27　程序登录

(a) 大写输入

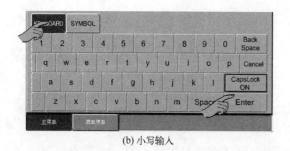
(b) 小写输入

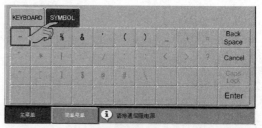
(c) 符号输入

图 8.28　字符输入软键盘显示

择［Enter］键输入。例如，输入程序名 "TEST"，可在图 8.28（a）所示的英文大写输入软键盘上依次选定字母 T、［Enter］→字母 E、［Enter］→……，完成输入。软键盘的英文字母/符号输入可通过［KEYBOARD］键切换；大/小写可利用［CapsLook ON］键切换。

⑦ 软键盘输入的字符可在［Result］栏显示，按［Cancel］可逐一删除输入字符，按示教器的【清除】键，可删除全部输入；再次按【清除】键，可关闭字符输入软键盘，返回程序登录页面。

⑧ 程序名、注释、控制轴组设定完成后，按【回车】键，完成程序登录。

⑨ 程序登录后，光标选定图 8.27（b）的［执行］按钮，按【选择】键，示教器即可显示图 8.29 所示的登录程序编辑页面。

程序编辑页面的开始命令"0000 NOP"和结束标记"0001 END"由系统自动生成,在该页面上,操作者可通过命令输入、编辑及示教操作完成程序输入,有关内容可参见安川公司技术资料。

(2)程序复制

工业机器人进行同类作业的程序类似,为加快编程速度,可利用系统已有程序复制、编辑的方法,快速创建新程序。利用程序复制创建新程序的步骤如下。

① 将系统安全模式设定至"编辑模式"或"管理模式";机器人操作模式选择"示教(TEACH)"。

② 选择主菜单[程序内容],示教器可显示当前有效的程序(如 TEST-1)。

③ 选择下拉菜单[程序],示教器可显示图 8.30 所示的程序管理子菜单。

图 8.29 程序编辑页面

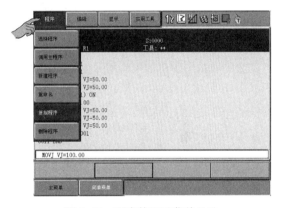
图 8.30 程序管理子菜单显示

④ 需要复制当前程序时,可直接选择程序管理子菜单[复制程序],便可将当前程序复制到粘贴板中。需要复制系统存储的其他程序时,可选择程序管理子菜单[选择程序],使示教器显示图 8.31 所示的程序一览表,用光标选定需要复制的源程序名(如"TEST-1")后,再选择下拉菜单[程序]、程序管理子菜单[复制程序],将所选程序复制到粘贴板中。

图 8.31 程序一览表显示

⑤ 程序复制到粘贴板后,示教器将自动显示图 8.28 所示的字符输入软键盘,输入复制目标程序名,如"JOBA"等。

⑥ 程序名输入完成后,按【回车】键,示教器将显示图 8.32 所示的程序复制确认对话框。选择对话框中的[是],程序即被复制,示教器将显示目标程序页面;选择对话框中的[否],可放弃程序复制操作,回到源程序显示页面。

(3)程序删除与重命名

利用程序删除操作,可将指定程序或全部程序从系统存储器中删除。程序删除操作的基本步骤如下。

① 通过程序复制同样的操作,利用程序

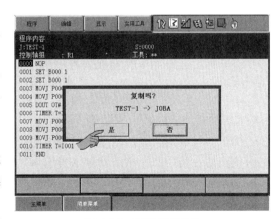
图 8.32 程序复制确认

管理子菜单［选择程序］，在示教器显示的程序一览表中选定需要删除的程序名；直接删除当前程序时，可以省略本步操作。如需要将系统存储器中的所有程序一次性删除，可选择下拉菜单［编辑］、子菜单［选择全部］，一次性选定全部程序。

② 选择下拉菜单［程序］，在程序管理子菜单上选择［删除程序］，示教器可显示程序删除确认对话框。选择对话框中的［是］，所选定的程序即被删除；选择对话框中的［否］，可放弃程序删除操作，回到原显示页面。

程序重命名操作可更改指定程序的名称，操作步骤如下。

① 利用程序复制同样的操作，选定需要重命名的程序；然后，在下拉菜单［程序］中选择程序管理子菜单［重命名］，示教器便可自动显示字符输入软键盘，输入新的程序名。

② 新程序名输入后，按示教器操作面板上的【回车】键，便可显示程序重命名确认对话框。选择对话框中的［是］，所选定的程序即更名；如选择对话框中的［否］，可放弃程序重命名操作，回到原显示页面。

（4）属性设定

安川机器人程序的属性可通过标题栏编辑设定，操作步骤如下。

① 将系统安全模式设定至"编辑模式"或"管理模式"；机器人操作模式选择"示教（TEACH）"。

② 选择主菜单［程序内容］，显示当前程序（如 TEST）显示页面。

③ 选择下拉菜单［显示］、子菜单［程序标题］，示教器可显示图 8.33 所示的程序标题栏编辑页面。程序标题栏编辑页面各显示栏的含义如下。

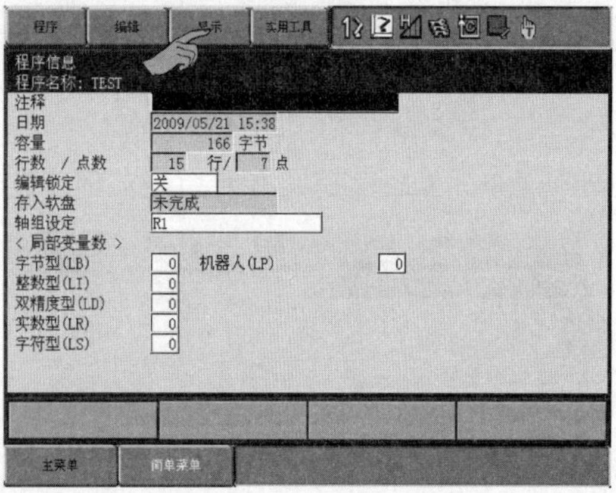

图 8.33　标题栏编辑页面

程序名称：当前程序名显示（不可编辑）。

注释：程序注释显示（可编辑）。

日期：最近一次编辑和保存的日期和时间显示（不可编辑）。

容量：程序的实际长度（字节数）显示（不可编辑）。

行数/点数：程序包含的命令行数及全部移动命令中的程序点总数显示（不可编辑）。

编辑锁定：程序编辑禁止功能设定（可编辑），"关"为程序编辑允许，"开"为程序编辑禁止。程序编辑被禁止后，就不能对程序进行命令插入、修改、删除或程序删除等编辑操作，但移动命令的定位点（程序点）修改可通过示教条件设定中的"禁止编辑的程序程序点修改"选项或系统参数的设定，予以生效或禁止。

存入软盘：存储保存显示（不可编辑），如果程序已通过相关操作保存到外部存储器上，显示"完成"；否则，均显示"未完成"。

轴组设定：控制轴组显示（可编辑）。控制轴组可选择 R1～R8（机器人 1～8）、B1～B8（基座轴 1～8）、S1～S24（工装轴 1～24）。

<局部变量数>：当示教条件设定中的［语言等级］设定为"扩展"时，可显示和设定程序中所使用的各类局部变量的数量（可编辑）。

需要编辑的程序一旦选定，以上显示栏中的"程序名称""日期""容量""行数/点数""存入软盘"等栏目的内容将由系统自动生成；"注释""编辑锁定""轴组设定"栏可以根据需要进行输入、修改等编辑。

④ 光标选定"可编辑"项的输入框，按示教器键盘的【选择】键，便可进行对应设定项的输入与编辑。再次选择下拉菜单［显示］，并选择子菜单［程序内容］，示教器可返回程序内容显示页面。

8.2 机器人基本设定

8.2.1 绝对原点设定

(1) 功能与使用

安川工业机器人的关节轴位置通过电机内置编码器的脉冲计数生成，编码器的计数零位就是关节轴的绝对原点。编码器脉冲计数值利用后备电池保存，在正常情况下，即使关闭系统电源也不会消失。

绝对原点是机器人所有坐标系的设定基准，改变绝对原点将直接改变机器人作业范围、软件保护区等参数，因此，绝对原点的设定一般只能用于以下场合。

① 机器人的首次调试。

② 电池耗尽或连接线被意外断开时。

③ 伺服电机或编码器更换后。

④ 控制系统或主板、存储器板被更换后。

⑤ 减速器等直接影响位置的机械传动部件被更换或重新安装后。

绝对原点通常由机器人生产厂设定，其位置与机器人的结构形式有关。安川垂直串联机器人的绝对原点通常位于图 8.34 所示机身向前、下臂直立、上臂水平、手腕向下（或前伸）的位置（见第 7 章 7.1 节）。

安川机器人绝对原点设定属于高级应用功能，安川机器人只能在安全模式选择"管理模式"时才能设定。绝对原点设定可利用示教操作、手动数据输入2 种方式设定，其方法如下。

(2) 示教设定

绝对原点示教设定可对机器人的全部关节轴（安川称全轴登录）或指定关节轴（安川称单独登录）进行。

全轴登录可一次性完成全部关节轴的绝对原点设定，操作步骤如下。

① 在确保安全的前提下，接通系统电源，启动伺服。

② 操 作 模 式 选 择【示 教（TEACH）】，安全模式设定为"管理模式"。

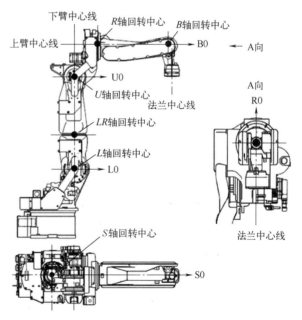

图 8.34　垂直串联机器人绝对原点

③ 通过手动操作，将机器人的所有关节轴均准确定位到绝对原点上。

④ 选择主菜单【机器人】，示教器显示图 8.35（a）所示的子菜单显示页面。选择子菜单［原点位置］，示教器将显示图 8.35（b）所示的绝对原点设定页面。

在多机器人或使用外部轴的系统上，可通过图 8.35（c）所示的下拉菜单［显示］中的选项，选择需要设定的控制轴组（机器人或工装轴）；或者，通过示教器操作面板上的【翻页】键，或者利用图 8.35（d）所示的显示页的操作提示键［进入指定页］，选定需要设定的控制轴组（机器人或工装轴），显示其他控制轴组的原点设定页面。

⑤ 光标定位到图 8.36（a）所示的"选择轴"栏，并选择下拉菜单［编辑］的子菜单［选择全部轴］，绝对原点设定页面的"选择轴"栏将全部成为"●"（选定）状态，同时，示教器将显示图 8.36（b）所示的"创建原点位置吗？"操作确认对话框。

⑥ 选择对话框中的［是］，机器人的当前位置将被设定为绝对原点；选择［否］，则可放弃原点设置操作。

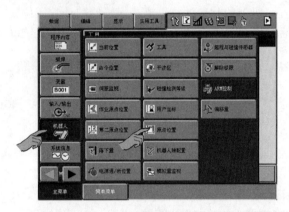

(a) 子菜单选择

(b) 绝对原点设定

(c) 机器人选择1

(d) 机器人选择2

图 8.35 绝对原点设定

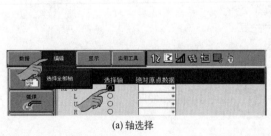

(a) 轴选择

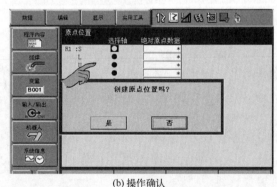

(b) 操作确认

图 8.36 全轴原点设定

单独登录通常用于机器人某一轴的电池连接线被意外断开或伺服电机、编码器、机械传动系统更换、维修后的原点恢复。

单独登录的操作步骤与全局登录基本相同，但步骤③的绝对原点定位只需对所设定的轴进行，步骤⑤只需要调节光标到所设定轴（如 S 轴）的"选择轴"栏，然后按操作面板【选择】

键，使其显示为"●"（选定）状态。

（3）手动数据输入设定

绝对原点位置也可通过手动数据输入操作直接设定、修改或清除，其操作步骤如下。

①～④ 同全局登录。

⑤ 在图 8.36（a）所示的绝对原点设定页面，调节光标到指定轴（如 L 轴）的"绝对原点数据"栏输入框上，按操作面板的【选择】键选定后，输入框将成为图 8.27（a）所示的数据输入状态。

⑥ 利用操作面板的数字键输入原点位置数据，并用【回车】键确认，便可完成原点位置数据的输入及修改。

如果在图 8.36（a）所示的绝对原点设定页面，选择下拉菜单［数据］并选定图 8.37（b）所示的子菜单［清除全部数据］，示教器将显示图 8.37（c）所示的"清除数据吗？"操作确认对话框。选择对话框中的［是］，可清除全部绝对原点数据；选择［否］，则可以放弃原点数据清除操作。

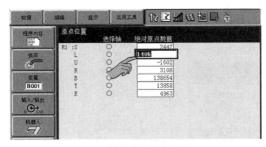

(a) 数据输入与修改

(b) 数据清除

(c) 清除确认

图 8.37　绝对原点的手动设定与清除

8.2.2　第二原点设定

（1）功能与使用

安川机器人的第二原点通常用于关节轴绝对原点的检查和校准，例如，用于手动数据输入设定的绝对原点位置确认等。

机器人第二原点检查、设定的要点如下。

① 控制系统发生"绝对编码器数据异常报警"时，一般需要利用第二原点检查操作，重新确认机器人绝对原点，但是也可通过系统参数的设定，取消第二原点检查操作。

② 执行第二原点检查时，如系统无报警，机器人一般可恢复正常工作；如系统再次发生报警，则需要执行绝对原点设定操作，重新设定机器人关节轴绝对原点。

③ 安川机器人出厂设定的第二原点通常与绝对原点重合；为了方便检查，用户也可以通

过下述的第二原点设定操作，改变第二原点的位置。

(2) 第二原点示教设定

安川机器人的第二原点可以在"编辑模式"下，通过示教操作设定，其操作步骤如下。

① 在确保安全的前提下，接通系统电源，启动伺服。

② 操作模式选择【示教（TEACH）】，安全模式设定为"编辑模式"。

③ 选择图 8.38（a）所示的主菜单【机器人】、子菜单［第二原点位置］，示教器可显示图 8.38（b）所示的"第二原点位置"设定页面。

第二原点设定页面各栏的含义如下。

第二原点：显示机器人当前有效的第二原点位置。

当前位置：显示机器人实际位置。

位置差值：在进行第二原点确认时，可显示第二原点的误差值。

信息提示栏：显示允许的操作，如"能够运动或修改第二原点"。

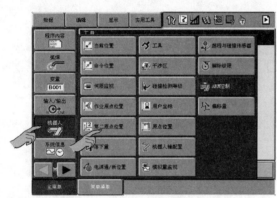
(a) 子菜单选择

(b) 设定页面

图 8.38　第二原点设定

④ 在多机器人或使用外部轴的系统上，可通过绝对原点设定同样的操作，利用下拉菜单［显示］，或利用操作面板上的【翻页】键，或通过显示页的操作提示键［进入指定页］与控制轴组输入框的选择，选定需要设定的控制轴组（机器人或工装轴）。

⑤ 通过手动操作，将机器人准确定位到需要设定为第二原点的位置上。

⑥ 按操作面板的【修改】【回车】键，机器人当前位置被自动设定成第二原点。

(3) 第二原点确认

第二原点确认操作通常用于"绝对编码器数据异常"报警的处理，其操作步骤如下。

① 按操作面板的【清除】键，清除系统报警。

② 在确保安全的情况下，重新启动伺服。

③ 确认操作模式为【示教（TEACH）】、安全模式为"编辑模式"。

④ 按主菜单【机器人】、子菜单［第二原点位置］，显示前述图 8.38（b）所示的第二原点设定页面。

⑤ 在多机器人或使用外部轴的系统上，可通过绝对原点设定同样的操作，利用下拉菜单［显示］，或利用操作面板上的【翻页】键，或通过显示页的操作提示键［进入指定页］与控制轴组输入框的选择，选定需要设定的控制轴组（机器人或工装轴）。

⑥ 按操作面板的【前进】键，机器人将以手动速度自动定位到第二原点。

⑦ 选择下拉菜单［数据］、子菜单［位置确认］，第二原点设定页面的"位置差值"栏将

自动显示第二原点的位置误差值；信息提示栏显示"已经进行位置确认操作"。

⑧ 系统自动检查"位置差值"栏的误差值，如误差没有超过系统规定的范围，机器人便可恢复正常操作；如误差超过了规定的范围，系统将再次发生数据异常报警，操作者需要在确认故障已排除的情况下，进行绝对原点的重新设定。

8.2.3 作业原点设定

(1) 功能与使用

作业原点有时称为机器人 HOME 点，它是为了方便机器人操作、编程而设定的基准位置，通常作为作业程序自动运行的起始位置使用。在该点上，可重复机器人作业程序或进行工具检查、更换等操作。

机器人程序自动运行启动时，关节轴可能位于作业范围内的任意位置，而机器人移动命令都是以机器人当前位置为起点、以命令目标位置为终点，因此，如起始位置不统一，作业程序第一条移动命令的运动轨迹将无法预测。为了避免出现这一情况，参数化编程的作业程序通常需要以 HOME 点定位命令起始，以保证作业开始时，机器人都能从 HOME 点进入作业；同样，在作业程序的结束处，一般也需要编制 HOME 点定位命令，使机器人返回到 HOME 点。

安川 DX100 系统可设定一个作业原点，作业原点可进行自动定位、自动检测、定位允差设定等操作。机器人作业原点的使用方法如下。

① 原点设定与手动定位。机器人操作模式选择【示教（TEACH）】时，可通过选择主菜单［机器人］、子菜单［作业原点位置］，使示教器显示作业原点显示和设定页面，检查、设定作业原点；作业原点显示和设定页面选择后，如按操作面板上的【前进】键，机器人可按手动速度，自动定位到作业原点。

② 远程运行控制。机器人操作模式选择【再现（PLAY）】、进行程序远程自动运行时，可通过上级控制器发送的"回作业原点"信号（系统 DI 信号），直接启动机器人回作业原点操作，将机器人自动定位到作业原点。机器人完成作业原点定位后，如果定位位置位于作业原点到位允差范围，控制系统可输出"作业原点"到达信号（系统 DO 信号）。

③ 到位允差设定。作业原点的到位允差以笛卡儿坐标系的形式设定，$X/Y/Z$ 轴的到位允差值统一，机器人到位区间为图 8.39 所示的正方体。当系统设定的作业原点为 P、到位允差为 a（μm）时，只要机器人定位点位于（$P \pm a/2$）范围内，系统就认为作业原点到达。

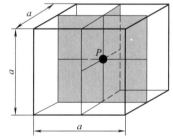

④ 原点检测。控制系统的"作业原点"到达信号，可通过系统参数的设定，选择命令值或实际位置 2 种方式进行检测。采用命令值检测时，只要移动命令的目标位置为作业原点，命令执行完成后，就可输出作业原点到达信号；利用实际位置检测时，系统需要检查机器人 TCP 的实际位置，只有TCP 到达作业原点允差范围，才输出作业原点到达信号。

图 8.39 原点到位区间设定

(2) 作业原点设定

机器人的作业原点可通过示教操作设定，其操作步骤如下。

① 接通系统电源并启动伺服。

② 操作模式选择【示教（TEACH）】、安全模式设定为"编辑模式"。

③ 按图 8.40（a）所示的主菜单【机器人】、选择子菜单［作业原点位置］，示教器可显示图 8.40（b）所示的"作业原点位置"设定页面，并显示操作提示信息"能够移动或修改作业原点"。

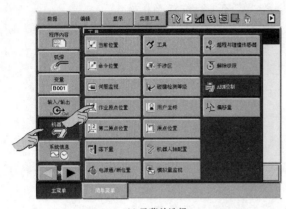
(a) 子菜单选择

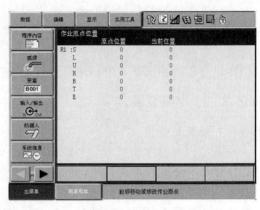
(b) 显示

图 8.40　作业原点设定

④ 在多机器人或使用外部轴的系统上，可通过操作面板上的【翻页】键或显示页的操作提示键［进入指定页］与控制轴组输入框的选择，选定需要设定的控制轴组（机器人或工装轴）。

⑤ 通过手动操作，将机器人准确定位到作业原点的位置上。

⑥ 按操作面板【修改】【回车】键，机器人当前位置将被自动设定成作业原点。

⑦ 如需要，可通过操作面板的【前进】键，进行作业原点位置的确认。

8.2.4　工具数据设定

(1) 工具文件编辑

安川工业机器人的工具 TCP 位置与工具安装方向（工具坐标系）、工具重量/重心/惯量等参数，需要以工具文件的形式定义。工具文件最大为 64 个，不同工具参数以工具文件号（0～63）进行区分。在通常情况下，一个作业程序原则上只能使用一个工具文件，但是，如果需要，也可通过系统参数的设定，生效工具文件扩展功能，在作业程序中使用多个工具文件。

安川机器人工具文件显示与编辑的操作步骤如下。

① 操作模式选择【示教（TEACH）】，安全模式设定为"编辑模式"。

② 按图 8.41（a）所示的主菜单【机器人】、选择［工具］子菜单，示教器可显示图 8.41（b）所示的工具文件一览表页面。

③ 调节光标到需要设定的工具文件号（序号）上，按操作面板的【选择】键选定工具文件号；工具文件较多时，可通过操作面板的【翻页】键，显示更多的工具文件号。

④ 工具文件一览表显示时，如打开图 8.41（c）所示的下拉菜单［显示］并选择［坐标数据］，示教器便可显示工具数据设定页面。

工具数据设定页面显示时，如打开图 8.41（d）所示的下拉菜单［显示］并选择［列表］，示教器便可返回到工具一览表显示页面。

工具数据设定页面如图 8.42 所示，工具参数作用和含义如下。

工具序号/名称：显示工具文件编号/工具名称。

$X/Y/Z$：工具控制点 TCP 位置，即工具坐标系原点在手腕基准坐标系的坐标值。

$Rx/Ry/Rz$：工具安装方向，即工具坐标系的初始方向，$Rx/Ry/Rz$ 为工具坐标系以 $X{\rightarrow}Y{\rightarrow}Z$ 次序绕手腕基准坐标系原始轴旋转的姿态角（参见第 3 章）。

W：工具重量。

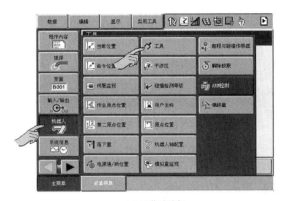

(a) 子菜单选择

(b) 文件一览表

(c) 切换设定页

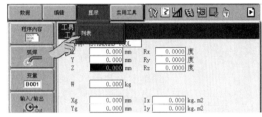

(d) 切换一览表

图 8.41　工具文件显示

$Xg/Yg/Zg$：工具重心位置。

$Ix/Iy/Iz$：工具惯量。

工具数据设定页面显示后，可调节光标到需要设定的参数输入框，按操作面板【选择】键选定后，便可输入、修改参数值。如果在伺服启动的情况下，进行了工具重量、重心、惯量等参数的高级设定操作，控制系统将自动关闭伺服，并显示"由于修改数据伺服断开"提示信息。

(2) 工具坐标系示教设定

机器人作业工具结构复杂、形状不规范，工具坐标系的测量、计算较为麻烦，实际使用时，一般都通过示教操作进行设定，安川机器人称之为"工具校准"。

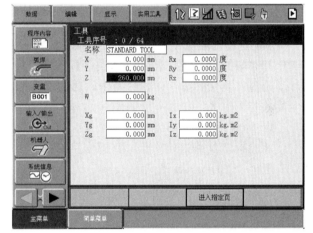

图 8.42　工具数据设定

安川机器人的工具校准可通过系统参数 S2C432 设定，选择如下 3 种方法。

S2C432＝0：系统可自动计算、设定工具坐标系原点（TCP 位置），工具坐标系方向（工具安装方向）$Rx/Ry/Rz$ 将被全部清除。

S2C432＝1：仅设定工具坐标系方向，系统可将第 1 个校准点的工具姿态作为工具安装方向写入 $Rx/Ry/Rz$ 中，工具坐标系原点（TCP 位置）不变。

S2C432＝2：系统可自动计算、设定工具坐标系原点和工具安装方向。

利用工具校准操作设定工具坐标系时，需要选择图 8.43 所示的 5 个具有不同姿态的校准点，校准点选择需要注意以下问题。

① 校准点 TC1。第 1 个校准点 TC1 是系统计算、设定工具坐标系方向（工具安装方向）的基准点。在该点上，工具应为图 8.43（a）所示的基准状态，工具中心线与基座、机器人（大地）坐标系的 Z 轴平行，Z 轴方向 Z_T 一般与基座、机器人（大地）坐标系的 Z 轴相反，X 轴方向 X_T 则与机器人坐标系的 X 轴同向，Y 轴方向通过右手定则确定。

② 校准点 TC2~TC5。第 2~5 个校准点主要用来计算工具坐标系原点（TCP 位置），为了保证计算准确，TC2~TC5 的工具姿态变化应尽可能大。

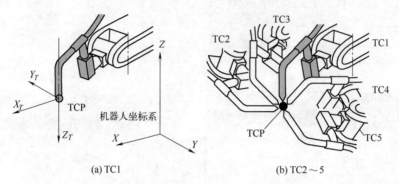

图 8.43　工具校准点选择

③ 如 TC1~TC5 的工具姿态调整无法在同一 TCP 位置实现时，可先设定 S2C432＝0，选择一个可进行工具姿态自由变化的位置，首先通过 5 点示教计算确定 TCP 位置，然后再设定 S2C432＝1，选择一个可进行 TC1 准确定位的位置，再次进行工具姿态相近的 5 点示教，单独设定工具坐标系方向。

利用工具校准操作设定工具坐标系的步骤如下。

① 操作模式选择【示教（TEACH）】，安全模式设定为"编辑模式"，并启动伺服。

② 通过工具文件显示同样的操作，选定工具，使示教器上显示工具数据设定页面。

③ 选择图 8.44（a）所示的下拉菜单［实用工具］、子菜单［校验］，示教器可显示图 8.44（b）所示的工具校准示教操作页面。

④ 将光标定位到工具校准示教操作页面的"位置"输入框，按操作面板【选择】键，选定需要进行示教的工具校准点。

⑤ 手动操作机器人，将工具定位到所需的工具校准点上。

⑥ 按示教器操作面板的【修改】【回车】键，工具校准点数据将被读入，校准点的状态显示由"○"变为"●"。

⑦ 重复步骤⑤~⑥，完成所有工具校准点的示教。

⑧ 工具校准点位置可通过机器人自动定位确认。确认校准点位置时，只需要将光标定位到"位置"输入框，并用操作面板【选择】键、光标键选定工具校准点，然后，按操作面板的【前进】键，机器人可自动定位到选定的校准点上。如果机器人定位位置和校准点设定不一致，状态显示将成为"○"。

⑨ 全部校准点示教完成后，按图 8.44（c）显示页中的操作提示键［完成］，结束工具校准示教操作。此时，系统将自动计算工具坐标系原点（TCP）、方向（工具安装方向）数据，并自动写入工具文件。

⑩ 如需要，可选择图 8.44（c）所示的下拉菜单［数据］、子菜单［清除数据］，并在系统弹出的"清除数据吗?"操作提示框中选择［是］，可清除工具坐标系数据，重新进行工具校准操作。

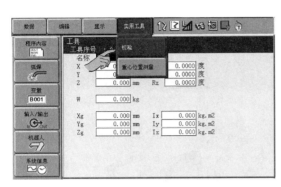
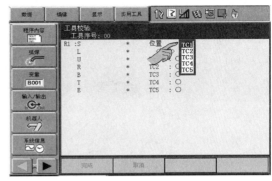

(a) 操作选择　　　　　　　　　　　　(b) 校准点选择

(c) 完成

图 8.44　工具校准操作

(3) 工具坐标系确认

工具坐标系设定完成后，一般通常需要通过坐标系确认操作，检查参数的正确性。进行工具坐标系确认操作时，需要注意以下几点。

① 进行工具坐标系确认操作时，不能改变工具号；在工具定向时，需要保持 TCP 不变，进行"控制点保持不变"的定向运动。

② 进行工具坐标系确认定向操作时，手动操作的坐标系不能选择关节坐标系。

③ 工具坐标系确认操作，只能利用工具定向键或 7 轴机器人的按键【7－】【7＋】（或【E－】【E＋】）改变工具姿态，不能用机器人定位键改变 TCP 位置，可用于工具定向。

④ 如果工具定向完成后，TCP 出现偏离，需要再次进行工具校准操作、重新设定工具坐标系。

安川机器人的工具坐标系确认操作步骤如下。

① 操作模式选择【示教（TEACH）】，安全模式设定为"编辑模式"，并启动伺服。

② 在多机器人或带有外部轴的系统上，如控制轴组未选定，轴组 R1 的显示为 "＊＊"，此时可将光标调节到该位置，按操作面板的【选择】选定，然后在输入选项上选定需要设定的控制轴组（机器人 R1 或机器人 R2）。

③ 通过操作面板的【转换】+【坐标】键，选择机器人、工具或用户坐标系（不能为关节坐标系），并在示教器的状态显示栏确认。

④ 利用工具数据设定同样的方法，选定需要进行工具坐标系确认的工具。

⑤ 利用示教器操作面板上的工具定向键，改变工具姿态。

⑥ 如工具坐标系设定正确，改变工具姿态时，TCP 将保持图 8.45（a）所示的位置不变；如改变工具姿态时 TCP 位置出现图 8.45（b）所示的偏差，则应重新进行工具校准操作、设定工具坐标系，并再次通过工具坐标系确认操作，检查参数的正确性，直至改变工具姿态时 TCP 位置保持不变。

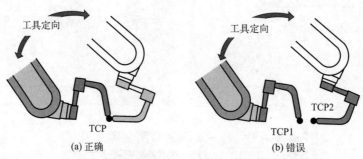

图 8.45　工具坐标系确认

（4）工具参数自动测定

安川机器人工具文件中的工具重量 W、重心位置 $Xg/Yg/Zg$、惯量 $Ix/Iy/Iz$ 等参数的计算较为复杂，为了便于普通操作编程人员使用，水平安装的机器人可直接使用控制系统的工具自动测定功能，自动测量、计算、设定工具重量、重心、惯量。

执行工具自动测定操作需要注意以下问题。

① 工具自动测定是一种简单、快捷的操作，其测量、计算结果只是工具的大致参数；为了尽可能提高测量精度，原则上应拆除工具上的连接电缆和管线。

② 工具自动测定不能用于倾斜、壁挂、倒置安装的机器人。

③ 工具自动测定时，机器人需要进行基准点定位运动。测量基准点通常就是机器人绝对原点。

④ 工具自动测定时，控制系统需要分析、计算上臂摆动轴 U、手腕摆动轴 B 及手回转轴 T 的静、动态驱动转矩（电流）；在测量阶段，机器人将自动以手动中速进行如下运动。

U 轴：基准点定位→$-4.5°$→$+4.5°$。

B 轴：基准点定位→$+4.5°$→$-4.5°$。

T 轴：进行 2 次运动，第 1 次（T1）为基准定位→$+4.5°$→$-4.5°$，第 2 次（T2）为基准定位→$+60°$→$+4.5°$→$-4.5°$。

安川机器人的工具自动测定操作步骤如下。

① 操作模式选择【示教（TEACH）】，安全模式设定为"编辑模式"，并启动伺服。

② 通过工具文件显示同样的操作，选定工具并在示教器上显示工具数据设定页面。

③ 如图 8.46（a）所示，选择下拉菜单［实用工具］，选择子菜单［重心位置测量］，示教器便可显示图 8.46（b）所示的测量页面。

④ 在多机器人或带外部轴的系统上，如控制轴组未选定，轴组 R1 的显示为"＊＊"，此时可将光标调节到该位置，按操作面板的【选择】选定，然后在输入选项上，选定需要设定的控制轴组（机器人 R1 或机器人 R2）。

⑤ 按住操作面板的【前进】键，机器人以中速、自动定位到基准位置（原点）上，定位完成后，<状态>栏的"原点"状态将由"○"变为"●"。

⑥ 再次按住【前进】键，机器人以中速，依次进行 U、B、T 轴的自动测定运动。正在进行自动测定运动的轴，其<状态>栏的显示为"●"闪烁；测定完成的轴，<状态>栏的显示将由"○"变为"●"；未进行测定运动的轴，<状态>栏的显示为"○"。

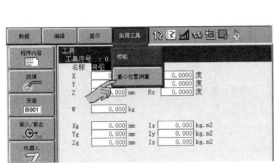
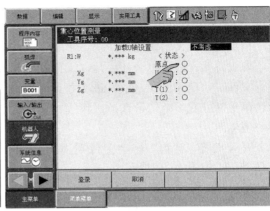

(a) 选择	(b) 显示

图 8.46 工具自动测定

如果在自动测定的运动过程中，松开了【前进】键，需要从基准点开始，重新进行自动测定运动。

⑦ 自动重心测定结束，＜状态＞栏的"原点"、U、B、T（1）、T（2）的全部显示均成为完成状态"●"后，如选择显示页面的操作提示键［登录］，系统将自动计算、设定工具重量、重心、惯量参数；如选择操作提示键［取消］，系统将放弃本次测定数据，返回工具数据设定页面。

(5) 工具参数手动输入

利用手动数据输入方式设定工具参数时，需要以机器人手腕基准坐标系为基准，根据工具的具体形状，计算工具重量、重心、惯量参数，直接在工具数据设定页面手动输入。

由于工具惯量的工程计算较为复杂，为了简化计算，对于重量较轻（10kg 以下）、体积较小（外形尺寸小于手腕法兰中心到工具重心的 2 倍）的工具，也可仅设定工具重量和重心、将惯量直接设定为 0，此时需要将工具重量设定为略大于工具实际重量的值。

例如，对于图 8.47 所示实际质量为 6.5kg、直径小于 200mm、长度小于 140mm 的工具，手动数据输入时，可将工具数据设定为：

工具重量 W：7kg（实际重量＋0.5kg）。

重心位置：$Xg=100$mm、$Yg=0$、$Zg=70$mm。

惯量参数：$Ix=0$、$Iy=0$、$Iz=0$。

在安川机器人上，当重心位置 $Xg/Yg/Zg$ 或工具重量 W 设定值均为 0 时，系统将自动以机器人出厂默认的参数设定工具数据。出厂默认值与机器人规格、型号有关，具体如下。

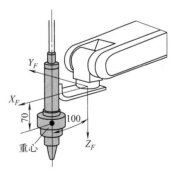

工具重量 W：默认值为机器人允许安装的最大工具重量（承载能力）。

图 8.47 工具数据设定

重心位置 $Xg/Yg/Zg$：默认值为 $Xg=0$、$Yg=0$，Zg 取与承载能力对应的 Z 轴位置。

惯量 $Ix/Iy/Iz$：默认值为 0。

工具参数（重量、重心、惯量）的手动输入属于机器人高级安装（Advanced Robot Motion，简称 ARM，详见后述）设定操作，需要在"管理模式"下进行。工具数据的输入操作步骤与工具文件编辑相同，如果在伺服启动的情况下修改了工具参数，系统将自动关闭伺服，并显示"由于修改数据伺服断开"提示信息。

8.2.5 用户坐标系设定

(1) 坐标系设定说明

安川机器人的用户坐标系是以工件基准点为原点的作业坐标系，用户坐标系数据以"用户坐标文件"的形式保存，系统最大可设定 63 个用户坐标系（编号 1～63），机器人手动操作、示教编程时可通过坐标系选择操作选择所需的用户坐标系。

安川机器人用户坐标文件的显示如图 8.48 所示，参数含义如下。

用户坐标序号：用户坐标系编号。

$X/Y/Z$：用户坐标原点位置。原点位置是用户坐标原点在基座、机器人（大地）坐标系上的坐标值。

$Rx/Ry/Rz$：用户坐标系方向。$Rx/Ry/Rz$ 为用户坐标系以 $X \rightarrow Y \rightarrow Z$ 次序绕基座、机器人（大地）坐标系原始轴旋转的姿态角（参见第 3 章）。

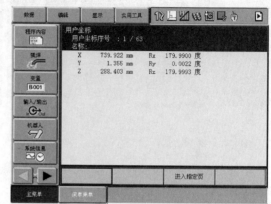

图 8.48 用户坐标文件显示

用户坐标系可通过示教操作或用户程序中的 MFRAME 命令定义，坐标原点与方向可通过图 8.49 所示的程序点（示教点）ORG、XX、XY 确定，程序点的选择要求如下。

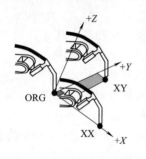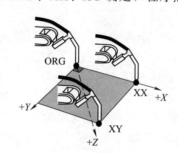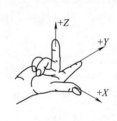

图 8.49 用户坐标系定义

ORG 点：用户坐标系原点。

XX 点：用户坐标系 $+X$ 轴上的任意一点（除原点外）。

XY 点：用户坐标系 XY 平面第 I 象限上的任意一点（除原点外）。

用户坐标系的坐标轴及方向可由右手定则决定，因此，当 X、Y 轴方向通过 ORG、XX、XY 点确定后，坐标系的原点与轴方向也就被定义（参见图 8.49）。

利用 MFRAME 命令定义用户坐标系时，程序点 ORG、XX、XY 需要以位置变量的形式在系统中事先设定；利用示教操作定义用户坐标系时，ORG、XX、XY 可直接通过以下示教操作设定。

(2) 用户坐标系示教

利用示教操作定义用户坐标系的方法如下。

① 操作模式选择【示教（TEACH）】，安全模式设定为"编辑模式"，启动伺服。

② 按主菜单【机器人】、选择子菜单［用户坐标］，示教器将显示图 8.50 所示的用户坐标文件一览表页面。

③ 利用操作面板的光标移动、【翻页】键，将光标定位到需要设定的用户坐标文件号（序

号）上，按操作面板的【选择】键选定文件号。

用户坐标文件号选定后，如打开下拉菜单［显示］，选择［坐标数据］，示教器便可显示所选的用户坐标文件（参见图 8.48）；用户坐标文件显示时，如打开下拉菜单［显示］，选择［列表］，可返回到图 8.50 所示的用户坐标文件一览表页面。

④ 选择下拉菜单［实用工具］、子菜单［设定］，示教器便可显示图 8.51 所示的用户坐标文件示教设定页面。

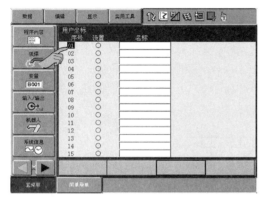 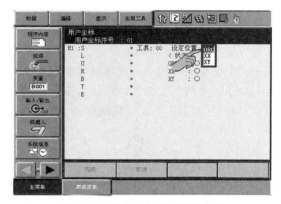

图 8.50 用户坐标文件一览表显示　　　　图 8.51 用户坐标系示教设定页

⑤ 在多机器人或带外部轴的系统上，如控制轴组未选定，轴组 R1 的显示将为"＊＊"，此时，可将光标调节到轴组显示位置，按操作面板的【选择】选定后，在输入选项上选定需要进行用户坐标系设定的控制轴组（机器人 R1 或机器人 R2）。

⑥ 选择下拉菜单［数据］、子菜单［清除数据］，并在弹出的操作提示框"清除数据吗？"中选择［是］，可清除用户坐标文件中的全部参数。

⑦ 将光标定位到"设定位置"输入框，按操作面板【选择】键，在输入选项上选定示教点 ORG（或 XX、XY）。

⑧ 手动操作机器人，将机器人定位到所选的示教点 ORG（或 XX、XY）上后，按示教器操作面板的【修改】键、【回车键】，机器人的当前位置将作为用户坐标系定义点读入系统，示教点的＜状态＞栏显示由"○"变为"●"。

⑨ 重复步骤⑦⑧，完成程序点 ORG、XX、XY 的示教操作。

⑩ 全部程序点示教完成后，按图 8.51 显示页中的操作按钮［完成］，结束用户坐标系示教操作；此时，系统将自动计算用户坐标系的原点和方向，并写入到用户坐标文件显示页面（参见图 8.48）。

程序点示教完成后，如再次将光标定位到"设定位置"输入框，并用操作面板【选择】键选定示教点后，按操作面板的【前进】键，机器人便可自动运动到指定的示教点上，进行示教点确认。如机器人定位位置和示教点设定不一致，＜状态＞栏的显示将呈"●"闪烁状态，此时应重新进行程序点示教操作。

8.3 机器人安装保护设定

8.3.1 机器人高级安装设定

安川机器人的高级安装（Advanced Robot Motion，简称 ARM）设定是一种根据工具、机身、附件的安装方式及重量，自动调整伺服驱动系统参数，以平衡重力、提高运动稳定性、定位精度的高级应用功能，其操作需要在"管理模式"下进行。

ARM 设定包括工具参数（重量/重心/惯量）设定、机器人安装方式定义、附加载荷设定等内容；工具参数的设定方法参见前述，机器人安装方式、附加载荷的设定方法如下。

(1) 机器人安装方式

垂直串联型机器人的安装方式主要有水平、倾斜、壁挂和倒置几种，它可通过高级安装设定（ARM 设定）中的"对地安装角度"参数设定。

机器人的安装角度是基座坐标系 Y 轴与水平面平行时，X 轴和水平面的夹角，设定范围为 $-180°\sim180°$。如基座坐标系的 X 轴与水平面平行、Y 轴倾斜，机器人安装参数需要由机器人生产厂家设定，用户不能利用常规的 ARM 设定操作，设定机器人安装角度。

对于常见的安装方式，机器人安装角度如图 8.52 所示，"上仰"式安装的机器人安装角度为 $0°\sim180°$；"下俯"式安装的机器人安装角度为 $-180°\sim0°$。

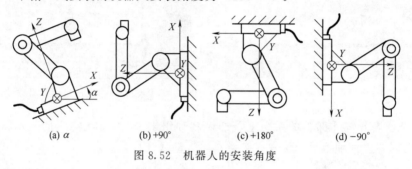

(a) α (b) +90°   (c) +180°   (d) -90°

图 8.52 机器人的安装角度

(2) 机器人附加载荷设定

机器人伺服驱动系统的基本负载，包括机器人本体构件、安装在机器人机身上的附件、工具 3 部分；搬运机器人的负载还包括物品。

机器人本体构件载荷与机器人结构有关，搬运机器人的物品载荷是代表机器人的承载能力，它们需要由机器人生产厂家设定，用户不能进行更改；工具载荷可通过前述的工具参数自动测定操作，由系统自动计算。因此，设定机器人载荷时，实际上只需要设定安装在机器人机身上的附件载荷。

安川机器人附件通常安装于图 8.53 所示的机器人上臂或随 R 轴回转的上臂延伸段上，载

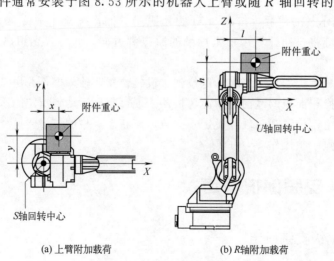

(a) 上臂附加载荷   (b) R 轴附加载荷

图 8.53 机器人载荷参数

荷参数可通过上臂附加载荷、R 轴附加载荷参数进行设定。

① 上臂附加载荷。上臂附加载荷是由安装在机器人上臂上的附加部件产生的载荷，它主要影响机器人腰回转轴惯量，因此，在安川机器人上称为 "S 旋转头上的搭载负载"，其设定方法如图 8.53（a）所示。

上臂附加载荷需要设定附加部件重量、重心位置参数。重心位置（参数 x、y）是下臂直立、上臂水平时，附件重心在基座坐标系上的 X、Y 坐标值；数值可以为正，也可为负。

② R 轴附加载荷。R 轴附加载荷是由安装在随 R 轴回转的上臂延伸段上的附加部件产生的载荷，安川机器人称为 "U 臂上搭载负载"，设定方法如图 8.53（b）所示。

R 轴附加载荷同样需要设定附件重量、重心位置参数。重心位置 l、h 是下臂直立、上臂水平时，附件重心与上臂摆动轴 U 轴回转中心在基座坐标系上的 X、Z 向距离，数值可以为正，也可为负。

（3）参数设定操作

安川机器人安装方式及附加载荷设定的操作步骤如下

① 操作模式选择【示教（TEACH）】，安全模式设定为 "管理模式"。

② 按主菜单【机器人】，选择子菜单［ARM 控制］，示教器显示图 8.54 所示的 "ARM 控制" 设定页面。

ARM 控制设定页面各设定项的含义如下。

控制轴组：显示当前生效的控制轴组（机器人 1 或机器人 2）。

对地安装角度：可显示和设定机器人的安装角度。

S 旋转头上的搭载负载：可显示和设定安装在机器人上臂上的附加部件重量、重心，其中，X 轴坐标位置、Y 轴坐标位置就是前述附件重心位置的 x、y 值。

U 臂上搭载负载：可显示和设定安装

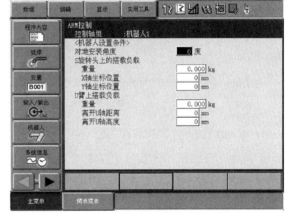

图 8.54　ARM 参数设定页面

在机器人 R 轴回转的上臂延伸段上的附加部件的重量和重心，其中，离开 U 轴距离、离开 U 轴高度就是前述附件重心位置的 l、h 值。

③ 在多机器人或带有外部轴的系统上，如控制轴组未选定，控制轴组的显示为 "＊＊"，此时，可将光标调节到该位置，按操作面板的【选择】，然后在输入选项上，选定需要设定的控制轴组（机器人 R1 或机器人 R2）。

④ 调节光标到对应的输入框，按【选择】键选定后，输入框将成为数据输入状态。

⑤ 利用操作面板输入 ARM 设定参数后，用【回车】键确认，便可完成机器人安装及载荷参数的输入。

8.3.2　软极限及硬件保护设定

（1）软极限与作业空间

软极限又称软件限位，这是一种通过机器人控制系统软件检查机器人位置、限制坐标轴运动范围、防止坐标轴超程的保护功能。

机器人的软极限可用图 8.55 所示的关节坐标系或机器人坐标系描述。由于关节坐标系位置以编码器脉冲计数的形式表示，机器人坐标系以三维空间 XYZ 的形式表示，故在安川机器

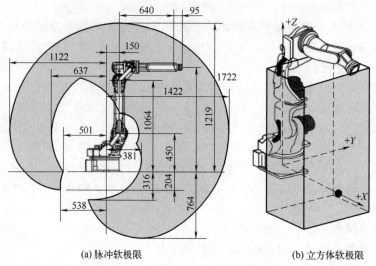

(a) 脉冲软极限   (b) 立方体软极限

图 8.55 机器人软极限的设定

人上，将前者称为"脉冲软极限"，后者称"立方体软极限"。

① 脉冲软极限。脉冲软极限是通过检查关节轴位置检测编码器反馈脉冲数，判定机器人位置、限制关节轴运动范围的软件限位功能，每一关节轴可独立设定，与机器人运动方式、坐标系无关。

机器人样本中的工作范围（Working Range）参数，实际上就是以回转角度（区间或最大转角）表示的脉冲软极限；由各关节轴工作范围所构成的空间，就是图 8.55（a）所示的机器人作业空间。

② 立方体软极限。立方体软极限是建立在基座、机器人（大地）坐标系上的软件限位保护功能，软极限的保护区在机器人作业空间上截取，不能超越脉冲软极限所规定的运动范围（机器人工作范围）。

立方体软极限可使机器人操作、编程更简单直观，但不能全面反映机器人的作业空间，因此，只能作为机器人附加保护措施。只要不超越脉冲软极限，在立方体软极限以外的区域，机器人实际上也可正常运动。

（2）软极限设定与解除

脉冲软极限与机器人结构密切相关，它需要由机器人生产厂家在系统参数上设定，用户一般不能对其进行修改。出于安全考虑，机器人可在脉冲软极限的基础上，增加超程开关、碰撞传感器等硬件保护装置，对机器人运动进行进一步保护。

安川机器人的软极限的设定方法如下。

① 脉冲软极限。脉冲软极限可通过系统参数设定，每一机器人最大可使用 8 轴，每轴可设定最大值、最小值 2 个参数。

脉冲软极限一旦设定，在任何情况下，只要移动命令程序点或机器人实际位置超出软极限，系统将发生"报警 4416：脉冲极限超值 MIN/MAX"报警，并进入停止状态。

② 立方体软极限。使用立方体软极限保护功能时，首先需要通过系统参数生效立方体软极限保护功能，然后利用系统参数设定 X/Y/Z 轴的正向极限、负向限位位置。

立方体软极限功能设定后，在任何情况下，只要移动命令程序点或机器人实际位置超出软极限，系统将发生"报警 4418：立方体极限超值 MIN/MAX"报警，并进入停止状态。

当机器人发生软极限超程报警时，所有轴都将无条件停止运动，也不能通过手动操作退出限位位置。为了恢复机器人运动、退出软极限，可暂时解除软极限保护功能，然后，通过反方向运动，退出软极限。

解除安川机器人软极限保护功能的操作步骤如下。

① 操作模式选择【示教（TEACH）】，安全模式设定为"管理模式"。

② 按主菜单【机器人】，选择子菜单［解除极限］，示教器将显示图8.56所示的软极限解除页面。

③ 光标调节到"解除软极限"输入框上，按操作面板的【选择】键，可进行输入选项"无效""有效"的切换。选定"有效"，系统可解除软件限保护功能，并在操作提示信息上显示图8.56所示的"软极限已被解除"信息。

④ 利用手动操作，使机器人退出软极限保护区。

⑤ 将图8.56中的"解除软极限"选项恢复为"无效"，重新生效软极限保护功能。

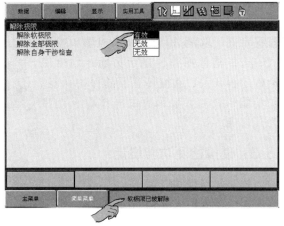

图8.56　软极限解除页面

在软极限解除的情况下，如果将示教器的操作模式切换到【再现（PLAY）】，"解除软极限"选项将自动成为"无效"状态。

软极限解除也可通过将图8.56中的"解除全部极限"选项选择"有效"的方式解除，此时，不仅可解除软极限保护，而且，还可同时控制系统的硬件超程保护、干涉区保护等全部保护功能，使机器人的关节轴成为完全自由状态。

图8.56中的"解除自身干涉检查"用来撤销后述的作业干涉区保护功能，选择"有效"时，机器人可恢复作业干涉区内的运动，功能可用于干涉保护区的退出。

(3) 硬件保护设定

机器人的软极限、干涉区、碰撞检测等软件保护功能，只有在系统绝对原点、行程极限参数准确设定时才能生效。为了确保机器人运行安全，在系统参数设定错误时，仍能对机器人进行有效保护，对于可能导致机器人结构部件损坏的超程、碰撞等故障，需要增加超程开关、碰撞传感器等硬件保护措施。

安川机器人的硬件超程开关直接与控制系统的安全单元连接，碰撞检测传感器直接与驱动器控制板连接。硬件保护的优先级高于软件保护，硬件保护动作时，驱动器电源将紧急分断、系统进入急停状态。

安川机器人的硬件保护功能可通过如下操作生效或撤销。由于硬件保护直接影响机器人的安全运行，用户一般不能随意解除。

① 操作模式选择【示教（TEACH）】，安全模式设定为"编辑模式"。

② 按主菜单【机器人】，选择子菜单［超程与碰撞传感器］，示教器可显示图8.57所示的硬件保护设定页面。

③ 光标调节到"碰撞传感器停止命令"的输入框，按操作面板的【选择】键，可进行输入选项"急停""暂停"的切换，选择机器人碰撞时的系统停止方式。

选择"急停"时，如碰撞传感器动作，机器人将立即停止运动，并断开伺服驱动器主电源、进入急停状态；选择"暂停"时，机器人将减速停止，驱动器主电源保持接通、系统进入暂停状态。硬件超程保护动作时，系统自动选择"急停"。

④ 如果选择显示页的操作提示键［解除］，可暂时撤销硬件超程开关、碰撞传感器的保护功能；保护功能撤销后，显示页的操作提示键将成为［取消］。

⑤ 在保护功能撤销时，选择显示页的操作提示键［取消］，或者切换机器人操作模式、选择其他操作、显示页面，均可恢复硬件超程开关、碰撞传感器的保护功能；保护功能生效后，显示页的操作提示键将成为［解除］。

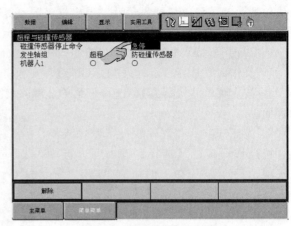

图 8.57　硬件保护设定页面

8.3.3　碰撞检测功能设定

(1) 功能与使用

安川机器人的碰撞检测可通过安装传感器或软件监控实现。碰撞检测传感器需要与伺服驱动器控制板连接，其功能的设定和解除方法可参见前述。

利用软件监控进行的碰撞保护实际上是一种伺服电机过载保护功能。因为，当机器人运动过程中发生碰撞时，关节轴驱动电机的输出转矩（电流）必将激增，因此，控制系统可通过监控驱动电机的输出转矩（电流）来生效碰撞保护功能。

安川机器人碰撞检测功能的使用要求如下。

① 利用软件监控进行的碰撞保护可用来降低碰撞风险、避免机械部件损伤，但不能预防碰撞的发生。预防机器人碰撞需要通过后述的干涉保护区设定实现。

② 碰撞检测属于系统的高级应用功能，需要在系统的"管理模式"下设定或修改。

③ 机器人出厂时，各关节轴驱动电机的过载保护特性按机器人最大承载、最高移动速度设定，为了保护轻载、低速时的碰撞，需要重新设定电机过载保护参数。但是，为了保证机器人正常运行时的加减速、避免误报警，碰撞检测的动作阈值（检测等级）一般不应小于额定输出转矩的 120%。

④ 安川机器人的碰撞检测功能需要通过系统的"碰撞等级条件文件"定义，控制系统最多可设定 9 个不同的碰撞等级条件文件。

安川机器人的碰撞等级条件文件的文件号为 SSL♯（1）～SSL♯（9），文件的功能规定如下。

SSL♯（1）～SSL♯（7）：用于机器人再现运行的特定碰撞保护文件，可根据机器人的实际作业要求设定不同的检测参数；碰撞保护功能需要通过程序命令"SHCKSET/SHCKRST"生效或撤销。

SSL♯（8）：再现运行的基本碰撞保护文件，如未指定特定碰撞保护文件，机器人再现运行时将按照该文件的参数进行碰撞保护。

SSL♯（9）：手动及示教操作的碰撞保护文件，机器人进行手动及示教操作时将根据该文件的参数进行碰撞保护。

(2) 功能设定

安川机器人的碰撞检测功能设定操作步骤如下。

① 操作模式选择【示教（TEACH）】、安全模式设定为"管理模式"。

② 按主菜单【机器人】、选择图 8.58（a）所示的子菜单［碰撞检测等级］，示教器可显示图 8.58（b）所示的碰撞检测功能设定页面，并进行以下设定。

条件序号：碰撞等级条件文件号。

功能：碰撞检测功能的生效或撤销。

最大干扰力：关节轴驱动电机正常工作时允许的最大过载转矩。

检测等级：系统发生关节轴碰撞报警的检测阈值，以额定输出的百分率形式设定，允许设定范围为 $1\sim500$（％）。

(a) 菜单选择　　　　　　　　　　　　　　(b) 显示

图 8.58　碰撞检测功能设定

③ 按操作面板的【翻页】键，或者选择显示页上的操作提示键［进入指定页］并在弹出的条件号输入对话框内输入碰撞等级条件文件序号，按【回车】键，可显示需要设定的条件文件。

④ 调节光标到控制轴组选择框，按操作面板的【选择】键，选定控制轴组（机器人 R1、R2 等）。

⑤ 调节光标到功能选择框，按操作面板的【选择】键，可进行输入选项"有效""无效"的切换，生效或撤销当前的碰撞等级条件文件所对应的碰撞检测功能。

⑥ 光标选定"最大干扰力"栏或"检测等级"的输入框，按操作面板的【选择】键选定后，输入框将成为数据输入状态。

⑦ 根据实际需要，在选定的"最大干扰力"栏的输入框上，输入各关节轴正常工作时允许的最大过载转矩；在"检测等级"的输入框上，输入各关节轴的碰撞报警动作阈值（额定输出转矩的百分率）。

⑧ 按操作面板的【回车】键确认，完成碰撞检测参数的设定。

⑨ 如果需要，可通过选择下拉菜单［数据］、子菜单［清除数据］，在弹出的数据清除确认提示框中选择［是］，清除当前文件的全部设定参数。

（3）碰撞报警与解除

控制系统的碰撞检测功能生效后，如果机器人工作时的驱动电机输出转矩超过了"检测等级"栏所设定的动作阈值，系统将立即停止机器人运动，显示图 8.59 所示的碰撞检测报警页面（报警号 4315），并提示发生碰撞的关节轴。

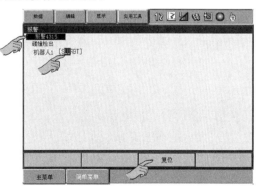

图 8.59　碰撞报警显示

在大多数情况下，机器人碰撞只是一种瞬间过载故障，只要机器人停止运动，驱动电机负载便可恢复正常。对于此类报警，操作者可直接用光标选定碰撞检测报警页面的操作按钮［复位］，按操作面板的【选择】键，便可清除碰撞报警、恢复机器人正常运动。

如果碰撞发生后，由于存在外力作用，关节轴驱动电机仍处于过载状态，此时为了恢复机器人运动，需要先将图 8.58（b）所示碰撞检测功能设定页的"功能"选择框设定为"无效"，在碰撞检测功能撤销后，再用光标选定碰撞检测报警页面的操作按钮［复位］，按操作面板的【选择】键，清除报警。

8.3.4 干涉保护区设定

(1) 功能与使用

软极限、硬件保护开关所建立的运动保护区是由机器人的本体结构参数限制的机器人手腕中心点（WCP）位置，没有考虑安装作业工具后可能带来的运动干涉，因此，其只能用于无工具的机器人本体运动保护。

如果机器人安装了作业工具，或者作业区间上存在其他部件时，机器人作业空间内的某些区域将成为不能运动的干涉区，为此，需要通过干涉保护区（简称干涉区）设定来限制机器人运动、预防碰撞和干涉。

安川机器人的作业干涉区可通过图 8.60 所示的两种方法进行定义。图 8.60（a）是利用基座、机器人（大地）、用户等笛卡儿坐标系定义的干涉区，它是一个边界与坐标轴平行的三维立方体，因此，安川机器人称之为"立方体干涉区"。图 8.60（b）是以关节坐标系定义的关节轴运动干涉区，安川机器人称之为"轴干涉区"。

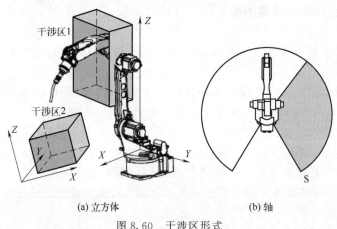

(a) 立方体 (b) 轴

图 8.60 干涉区形式

干涉区范围有"最大值/最小值"和"中心位置"2 种定义方式。采用最大值/最小值定义时，"轴干涉区"的设定值为干涉区的关节轴角度范围；"立方体干涉区"为图 8.61（a）所示的干涉区终点（$Xmax$，$Ymax$，$Zmax$）和起点（$Xmin$，$Ymin$，$Zmin$）的笛卡儿坐标值。采用"中心位置"定义时，"轴干涉区"为干涉区的关节轴中点和宽度角度；"立方体干涉区"为图 8.61（b）所示的干涉区中心点 P 和宽度的 $X/Y/Z$ 坐标值。

作业干涉区可根据实际作业情况，由操作编程人员设定，干涉区设定的基本要求如下。

① 机器人可使用多种工具，因此，需要针对不同的工具设定多个干涉区。安川机器人最大允许设定的干涉区的总数为 64 个（立方体或轴干涉区），其中一个区域用于作业原点到位检测，故实际可用的干涉保护区为 63 个。

② 干涉区的定义对象可为机器人本体轴，也为基座轴、工装轴。

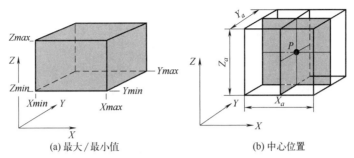

图 8.61 立方体干涉区定义

③ 安川机器人可通过 4 个系统专用 DI 信号（干涉区禁止 1～4）控制机器人运动；干涉区禁止信号 ON 时，如移动命令终点或机器人实际位置处于干涉区，系统将发生"报警 4422：机械干涉 MIN/MAX"报警，并减速停止。机器人处于干涉区时，系统可输出 4 个系统专用DO 信号（进入干涉区 1～4），作为机器人状态检测信号。

④ 控制系统判断机器人是否进入干涉区的方法有两种：一是命令值检查，只要移动命令程序点位于干涉区，系统就发生干涉报警；二是实际位置检查，只有机器人实际位于干涉区时，才发生干涉报警。

⑤ 干涉区保护功能可通过前述的"解除极限"操作解除。

⑥ 作业干涉区的保护对象、检查方法、干涉区范围等参数，既可利用系统参数设定，也可通过示教操作设定。其中，示教操作设定的操作简单、快捷，是常用的设定方式，其设定方法如下。

(2) 干涉保护参数设定

利用示教操作设定干涉保护参数的操作步骤如下。

① 操作模式选择【示教（TEACH）】、安全模式设定为"编辑模式"。

② 按主菜单【机器人】，选择图 8.62（a）所示的子菜单［干涉区］，示教器将显示图8.62（b）所示的干涉保护参数设定页面。

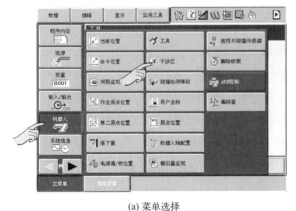

(a) 菜单选择

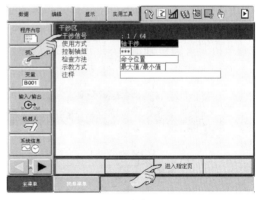

(b) 显示

图 8.62 干涉保护参数设定

干涉保护参数的含义如下。

干涉信号：干涉区编号，显示值 1/64、2/64、……，代表干涉区 1、干涉区 2 等。

使用方式：干涉区定义方法，可通过输入选项选择"立方体干涉"或"轴干涉"。

控制轴组：干涉区定义对象，可通过输入选项选择"机器人 1""机器人 2"等。

检查方法：干涉区检查方法，可通过输入选项选择"命令位置"或"反馈位置"。

参考坐标：在"使用方式"选项为"立方体干涉"时显示，可通过输入选项选择"基座""机器人"或"用户"，选择建立干涉区的基准坐标系。

示教方式：干涉区间参数的设定方法，可通过输入选项选择"最大值/最小值"或"中心位置"，两种设定法的参数输入要求见后述。

注释：干涉区注释，可用示教器的字符输入软键盘编辑。

③ 选定干涉区编号。干涉区编号可用操作面板的【翻页】键选择，也可通过显示页的操作提示键［进入指定页］，直接在图 8.63（a）所示的"干涉信号序号"输入框内输入编号后按【回车】键选定。

④ 光标调节到"使用方式""控制轴组"等输入框上，按操作面板的【选择】键选定后，通过图 8.63（b）～图 8.63（d）所示的输入选项选择，完成干涉区形式、保护对象、检查方式等干涉区保护参数的设定。

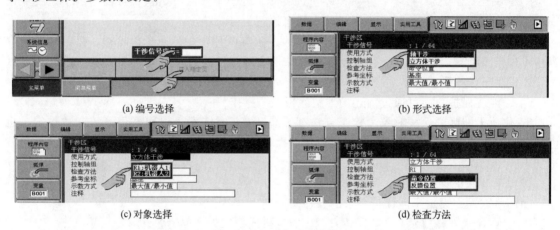

(a) 编号选择　　　　　　　　　　　　(b) 形式选择

(c) 对象选择　　　　　　　　　　　　(d) 检查方法

图 8.63　干涉保护参数设定

(3) 干涉区定义与删除

使用方式选择"轴干涉"时，示教器可显示图 8.64（a）所示的关节轴干涉区"最大值/最小值"定义页面，或图 8.64（b）所示的关节轴干涉区"中心位置"定义页面；操作者可通过调节机器人关节轴（S、L、U、R、T）、外部轴 E 的角度，定义干涉区间。

使用方式选择"立方体干涉"时，示教器可显示图 8.65（a）所示的"参考坐标"设定

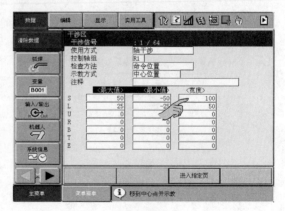

(a) 最大/最小值　　　　　　　　　　(b) 中心位置

图 8.64　轴干涉区定义

栏，按操作面板的【选择】键选定后，可选择基座、机器人（大地）、用户坐标系作为干涉区的定义基准。然后根据所选的使用方式，显示图 8.65（a）所示的"最大值/最小值"定义页面，或图 8.65（b）所示的"中心位置"定义页面，并在所选的笛卡儿坐标系上，定义 X、Y、Z 轴的干涉区间。

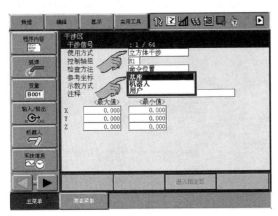
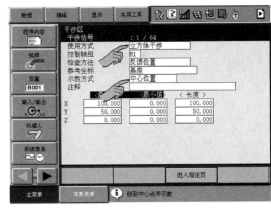

(a) 最大/最小值　　　　　　　　　　　　　　　(b) 中心位置

图 8.65　立方体干涉区定义

干涉区位置的输入方法有手动数据直接输入和示教设定 2 种。采用手动数据直接输入时，通常只需要以"最大值/最小值"方式定义干涉区，其操作步骤如下。

① 将光标调节到"示教方式"的输入框，按操作面板的【选择】键，在输入选项中选定"最大值/最小值"定义方式。

② 调节光标到关节轴或笛卡儿坐标轴的＜最小值＞＜最大值＞输入框，按操作面板的【选择】键选定，使输入框成为数据输入状态。如光标无法定位到＜最大值＞或＜最小值＞上，可按示教器操作面板的【清除】键，使光标成为自由状态后再进行选定。

③ 手动输入干涉区的起点、终点数据，输入完成后用【回车】键确认。

采用示教设定时，可以使用"最大值/最小值""中心位置" 2 种方式定义干涉区。利用"最大值/最小值"定义干涉区的示教操作步骤如下。

① 将光标调节到"示教方式"的输入框，按操作面板的【选择】键，在输入选项中选定"最大值/最小值"定义方式。

② 调节光标到关节轴或笛卡儿坐标轴的＜最小值＞＜最大值＞输入框，按操作面板的【选择】键选定，使输入框将成为数据输入状态。如光标无法定位到＜最大值＞或＜最小值＞上，可按示教器操作面板的【清除】键，使光标成为自由状态后，再进行选定。

③ 按示教器操作面板的【修改】键，可显示提示信息"示教最大值/最小值位置"。

④ 根据光标位置，将机器人手动移动到对应轴的干涉区起点或终点位置，按操作面板的【回车】键，系统便可读入当前位置，将其设定为干涉区的起点或终点。

利用"中心位置"定义干涉区的示教操作步骤如下。

① 将光标调节到"示教方式"的输入框，按操作面板的【选择】键，在输入选项中选定"中心位置"定义方式。

② 调节光标到关节轴或笛卡儿坐标轴的＜长度＞输入框，按操作面板的【选择】键选定后，输入干涉区的宽度，用【回车】键确认。

③ 调节光标到关节轴或笛卡儿坐标轴的＜最小值＞＜最大值＞输入框，按操作面板的【选择】键选定，使输入框将成为数据输入状态。如光标无法定位到＜最大值＞或＜最小值＞

上，可按示教器操作面板的【清除】键，使光标成为自由状态后，再进行选定。

④ 按示教器操作面板的【修改】键，可显示提示信息"示教最大值/最小值位置"。

⑤ 将机器人手动移动到干涉区中心点，按操作面板的【回车】键，系统便可读入当前位置，将其设定为干涉区的中心点。

当机器人作业工具、作业任务变更时，可通过以下操作删除干涉区设定数据。

① 通过前述干涉保护参数设定同样的操作，选定需要删除的干涉区设定页面。

② 选择图 8.66（a）所示的下拉菜单［数据］、子菜单［清除数据］，示教器将显示图 8.66（b）所示的数据清除确认提示框。

③ 选择数据清除确认提示框中的［是］，所选定的干涉区数据将被全部删除；选择［否］，可返回干涉区数据设定页面。

(a) 清除数据

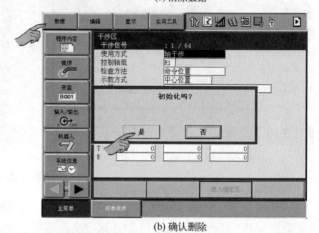

(b) 确认删除

图 8.66　干涉区删除

8.4　控制系统设置

8.4.1　示教器显示设置

(1) 功能与使用

示教器是控制系统的人机界面，为适应不同的使用要求，用户可根据自己的喜好通过示教器设置操作更改部分界面，以满足用户的个性化需求。

安川机器人的示教器设置分一般应用设置、高级应用设置 2 种。高级应用设置包括日历与时间、再现速度、用户键定义等，设置将变更控制系统控制数据，需要在"管理模式"下进行，有关内容参见后述。

示教器的一般应用设置用于字体、图标、窗口格式等外观设置，可在其他操作模式下通过选择图 8.67 所示的［显示设置］主菜单下的子菜单进行。

安川机器人的显示设置子菜单功能如下。

① 更改字体。用来改变示教器通用显示区的字符尺寸及字体。字符尺寸有"特大""大号""标准""小号"4 种；字体有"标准""粗体"2 种。小尺寸、标准字体可使示教器的每一页显示更多的内容；大

图 8.67　显示设置子菜单

尺寸粗体，可使显示更醒目。

② 更改按钮。用来改变示教器主菜单、下拉菜单、命令菜单的菜单键尺寸、字体。菜单键尺寸分"大号""标准""小号"3种，字体分"标准""粗体"2种。

③ 改变窗口格式。用来分割通用显示区窗口、同时显示多个画面。通用显示窗最多可显示4种不同内容画面，画面可选择上下、左右分割布局。

④ 设置初始化。可清除用户设置、恢复控制系统生产厂家出厂设定。

更改示教器显示设置的操作步骤如下，设置操作通常选择【示教（TEACH）】模式。控制系统生效显示设置需要一定的处理时间，操作未完成时不能关闭系统电源。

(2) 字体及操作按钮更改

改变示教器通用显示区的字符尺寸、字体的操作步骤如下。

① 选择主菜单扩展键［▶］，选择扩展主菜单［显示设置］，显示图8.67所示的"显示设置"子菜单。

② 选择子菜单［更改字体］，示教器可显示图8.68（a）所示的字体更改页面。显示页的复选框"粗体"选择后可将字体切换为粗体；尺寸选择键"ABC/ABC/ABC/ABC"，可选择"特大""大号""标准""小号"字符。

③ 字体选定后，选择操作按钮［OK］，将执行字体更改操作；如选择［取消］，可放弃字体更改操作。

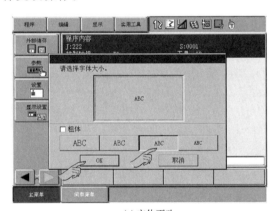 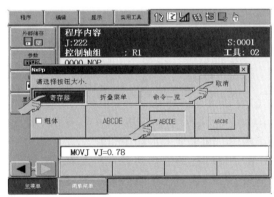

(a) 字体更改　　　　　　　　　　　　(b) 操作按钮更改

图8.68　字体及操作按钮更改

改变示教器主菜单、下拉菜单、命令显示菜单操作按钮尺寸、字体的操作步骤如下。

① 在图8.67所示的"显示设置"子菜单上，选择子菜单［更改按钮］，示教器可显示图8.68（b）所示的字体更改页面，并进行以下选项的设定。

寄存器、折叠菜单、命令一览：分别用于显示器左侧的主菜单操作按钮尺寸、上方的下拉菜单操作按钮尺寸、右侧的命令菜单操作按钮尺寸更改。

粗体、ABCDE/ABCDE/ABCDE：操作按钮文字的字符尺寸、字体设置，含义与字体更改相同。

② 根据需要选定所需的选项后，选择操作关闭按钮（✕），即可退出设定页、执行按钮更改操作；如选择操作键［取消］，可放弃按钮更改操作。

(3) 窗口格式及布局更改

窗口格式更改可用来分割示教器通用显示区的窗口、生效多画面同时显示功能，其操作步骤如下。

① 在图 8.67 所示的"显示设置"子菜单上，选择子菜单 [改变窗口格式]，示教器可显示图 8.69（a）所示的窗口布局更改页面。

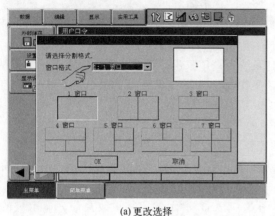
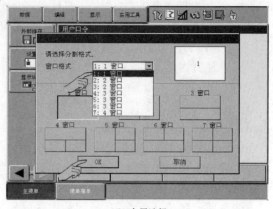

(a) 更改选择   (b) 布局选择

图 8.69　窗口格式更改

② 光标定位到"窗口格式"输入框，按操作面板的【选择】键，示教器可显示图 8.69（b）所示的多画面显示输入选项。

③ 对照输入框下方的窗口格式，用光标键、【选择】键选定所需的输入选项，或者直接用光标选定输入框下方的窗口布局格式键、选定窗口格式。

④ 根据需要选定窗口布局后，如选择操作键 [OK]，系统将执行窗口布局更改操作；如选择操作提示键 [取消]，则可放弃窗口布局更改操作。

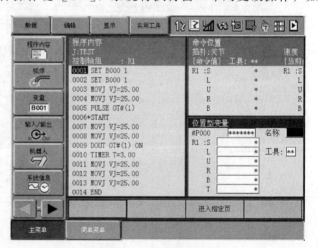

图 8.70　多个画面同时显示

多画面显示一经设定，示教器的通用显示区便可同时显示图 8.70 所示的多个画面，并增加如下操作功能。

① 单画面/多画面切换。可直接通过示教器操作面板上的【多画面】+【转换】键，进行单画面/多画面间的显示切换。

② 活动画面/非活动画面切换。选择多画面显示时，显示区中的一个画面可进行数据输入与编辑操作，该画面的标题栏显示深蓝色，称为"活动画面"，例如，图 8.70 中的"位置型变量"画面；其他画面只能显示而不能进行输入与编辑操作，其标题栏显示浅蓝色，称为"非活动画面"，例如图 8.70 中的"程序内容""命令位置"画面。

活动画面/非活动画面的切换操作，可直接通过操作面板上的【多画面】按键进行，或者将光标调节到所需的画面，按【选择】使之成为活动画面。

③ 控制轴组切换。如果不同控制轴组的画面被同时显示，控制系统将自动生效活动画面的控制轴组；改变活动画面，控制轴组也将随之改变。

为防止因控制轴组改变产生误操作，安川机器人可通过系统参数的设定，显示"由于活动画面转换，轴操作的对象组改变"操作提示信息，或者显示弹出对话框"轴操作的对象组变更，是否进行活动画面切换？"及操作提示键 [是]/[否]；或者不显示任何信息，直接变更控制轴组。

(4) 设置初始化操作

清除用户显示设置、恢复为系统生产厂家出厂显示界面的操作步骤如下。

① 在图 8.67 所示的"显示设置"子菜单上，选择子菜单 [设置初始化]，示教器可显示图 8.71 所示的初始化确认页面，弹出对话框"屏幕设置已更改为标准尺寸"。

② 选择操作按钮 [OK]，系统将执行设置初始化操作，恢复为系统生产厂家出厂显示界面；如选择操作按钮 [取消]，则可放弃设置初始化操作。

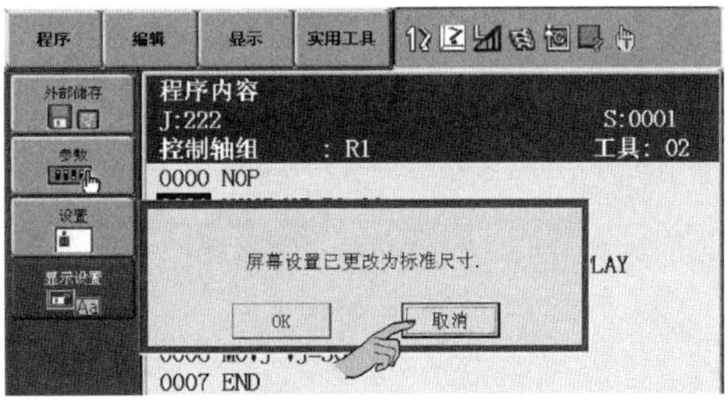

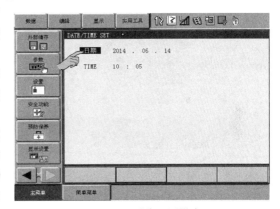

图 8.71　显示设置初始化

8.4.2　示教器高级设置

(1) 日历设定

机器人控制系统的日历（日期/时间）可用来显示程序运行、机器人移动、故障发生等时间，并对系统易损件进行寿命监控。系统发生电池失效、存储器出错故障或更换主板、重装软件后，需要重新设定系统日历。系统日历需要在"管理模式"下，通过主菜单 [设置]、子菜单 [日期/时间] 进行设置，其操作步骤如下。

① 机器人操作模式选择【示教（TEACH）】，安全模式设定为"管理模式"。

② 选择主菜单 [设置]、子菜单 [日期/时间]，示教器可显示图 8.72 所示的日历设定页面。

③ 光标定位到需设定的显示框，按操作面板上的【选择】键，使显示框成为数据输入框。

④ 利用操作面板的数字键输入当前的实际日期与时间，日期的年、月、日以及时间的时、分之间需要用小数点分隔。例如"2019年 4 月 10 日 12 时 30 分"即在日期输入框内输入"2019.04.10"、在时间（TIME）输入框输入"12：30"。

图 8.72　系统日历设定

⑤ 输入完成后，按操作面板的【回车】键完成设定操作，系统随即更新日历。

(2) 管理时间清除

管理时间包括控制系统、驱动器实际运行时间（控制/伺服电源接通时间）、程序自动运行时间（再现时间）、机器人移动时间（移动时间）、工具作业时间（操作时间）等。

系统管理时间由控制系统自动生成，操作者一般不能更改，但可将其清除。清除系统管理时间的操作步骤如下。

① 操作模式选择【示教（TEACH）】，安全模式设定为"管理模式"。

② 选择主菜单 [设置]、子菜单 [监视时间]，示教器可显示图 8.73（a）所示的系统管理时间综合显示页面；此时，可通过操作面板的【翻页】键或操作按钮 [进入指定页] 逐页、逐项显示图 8.73（b）所示的指定控制轴组的管理时间。

③ 调节光标到需要清除的显示框（单项或综合），按操作面板上的【选择】键，示教器可

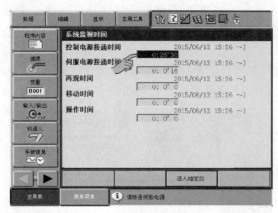

(a) 综合显示　　　　　　　　　　　　　　　　　(b) 指定时间显示

图 8.73　系统管理时间设定

显示图 8.74 所示的数据清除确认对话框。选择对话框中的［是］，系统将清除选定的监视时间；选择［否］，则可放弃监视时间清除操作。

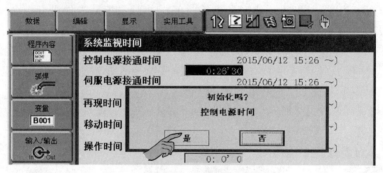

图 8.74　监控时间清除确认对话框

8.4.3　快捷操作键定义

(1) 功能与使用

安川机器人示教器的数字键，可定义为既具有数值输入功能，又有特殊用途的用户快捷操作键。快捷键定义属于安川机器人的高级应用设置，它需要在管理模式下进行，快捷键定义的方法如下。

① 按键用途。示教器操作面板上的数字键可定义为快捷操作键，也可定义为 DO、AO 信号输出控制键。快捷操作键可单独操作，称为"单独键"；DO、AO 信号输出控制键需要与【联锁】键同时操作，称为"同时按键"。

② 按键功能。根据按键用途（单独键或同时按键），按键功能可进行如下定义。

"单独键"可选择"厂商""命令""程序调用""显示"4 种功能。选择厂商时，所有用户设定功能都将无效；其他 3 种功能如下。

命令：可将按键定义为快捷命令选择键，按下按键便可直接调用指定的命令。

程序调用：可将按键定义为程序调用命令 CALL 的快捷输入键，按下按键便可直接输入指定程序的调用命令，需要调用的程序应已作为预约程序登录。

显示：可将按键定义为快捷显示页面选择键，按下按键便可直接显示指定的页面。

"同时按键"可选择"厂商""交替输出""瞬时输出""脉冲输出""4 位组输出""8 位组

输出""模拟输出""模拟增量输出"8种功能。选择厂商时，所有用户设定功能都将无效；其他7种功能如下。

交替输出：同时按指定键和【联锁】键，如原DO输出状态为OFF，则转换成ON；如原DO输出状态为ON，则转换成OFF。

瞬时输出：同时按住按键和【联锁】键，DO输出ON；任何一个键松开，DO输出OFF。

脉冲输出：同时按指定键和【联锁】键，可输出一个指定宽度的脉冲；脉冲宽度与按键保持时间无关。

4位/8位组输出：同时按指定键和【联锁】键，可使4或8个DO组信号同时通断。

模拟输出：同时按指定键和【联锁】键，可在AO信号上输出指定的电压值。

模拟增量输出：同时按指定键和【联锁】键，可使AO信号增加指定的电压值。

（2）单独键功能设定

安川机器人的"单独键"功能设定操作步骤如下。

① 操作模式选择【示教（TEACH）】、安全模式选择"管理模式"。

② 选择主菜单［设置］、子菜单［键定义］，可显示图8.75（a）所示的快捷键显示页面。

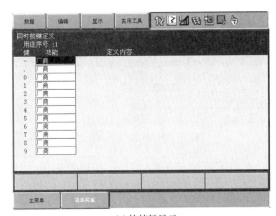

(a) 快捷键显示

(b) 显示切换

图8.75 快捷键设定

"单独键""同时按键"可通过图8.75（b）所示下拉菜单［显示］中的子菜单［单独键定义］［同时按键定义］切换。

显示页的第1列为需要设定的示教器按键（数字0～9、及小数点、负号键），第2列为功能定义输入框。

③ 用光标选定功能定义输入框（如"-"键），便可显示图8.76所示的单独键功能选项，不同功能需要进行如下不同操作。

命令键：选择"命令"时，"定义内容"栏将会显示图8.77（a）所示的命令输入框；选择输入框，可显示图8.77（b）所示的命令

图8.76 单独键功能选择

菜单；选定菜单、子菜单的命令后，按【回车】键，示教编程时便可直接用该键（如"-"键）选择对应的命令。

程序调用键：选择"程序调用"时，"定义内容"栏将会显示图8.78所示的预约程序的登录序号，选择输入框并输入已登录的预约程序，按【回车】键，示教编程时便可直接用该键来输入预约程序的调用命令CALL。

(a) 键设定　　　　　　　　　　　　(b) 命令设定

图 8.77　快捷命令键设定

显示键：当按键（如数字 0 键）功能选择"显示"时，"定义内容"栏将会显示图 8.79 所示的显示页名称输入框，然后进行以下操作。

定义显示页名称。用光标选定显示页名称输入框，给指定的显示页定义一个名称，如"CURRENT"等，名称输入完成后，按操作面板的【回车】键结束。

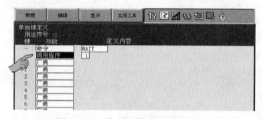　　

图 8.78　快捷程序调用键设定　　　　图 8.79　快捷显示键设定

通过主菜单、子菜单的选择操作，使示教器显示需要快捷显示的页面，如机器人的位置显示页面等；然后，同时按"【联锁】+快捷键（如数字 0 键）"，该页面就被选定为可通过指定键（如数字 0 键）快捷显示的页面。

(3) 同时按键功能设定

安川机器人的"同时按键"用于系统的快捷输出控制，其控制对象（DO、AO 信号地址）可以相同，也就是说，如有需要，控制系统的同一 DO、AO 信号可通过不同的快捷键来输出不同的状态。同时按键的功能设定操作步骤如下：

① 操作模式选择【示教（TEACH）】，安全模式选择"管理模式"。

② 选择主菜单［设置］、子菜单［键定义］，示教器可显示图 8.80 所示的"同时按键"功能设定页面；"单独键""同时按键"可通过下拉菜单［显示］中的子菜单［单独键定义］［同时按键定义］切换。

显示页的第 1 列同样为需要设定的示教器按键（数字 0~9、小数点、负号），第 2 列为功能定义输入框。

③ 用光标选定功能定义输入框（如"-"键），便可显示图 8.80 所示的同时按键的功能选项，不同功能需要进行如下不同操作。

交替输出键：选择"交替输出"时，"定义内容"栏将会显示图 8.81（a）所示的 DO 信号地址（序号）输入框，选择输入框并输入

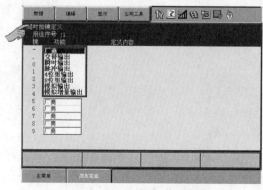

图 8.80　同时按键设定页面

DO 信号地址后，按【回车】键确认。

瞬时输出键：瞬时输出键的定义方法与交替输出相同。

脉冲输出键：选择脉冲输出时，其"定义内容"栏将同时显示图 8.81（c）所示的 DO 信号地址（序号）、脉冲宽度（时间）2 个输入框，分别用于 DO 信号地址和脉冲宽度的输入。输入完成后按【回车】键确认。

(a) 交替输出键

(b) 瞬时输出键

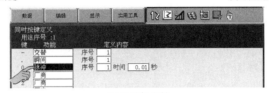
(c) 脉冲输出键

图 8.81　交替/瞬时/脉冲输出键定义

4 位/8 位组输出键：选择"4 位组输出"或"8 位组输出"时，其"定义内容"栏将显示图 8.82 所示的 DO 信号起始地址（序号）、输出状态（输出）2 个输入框，分别用于 DO 组信号起始地址、输出状态设定；输入完成后按【回车】键确认。

模拟输出/模拟增量键：选择"模拟输出"或"模拟增量输出"时，其"定义内容"栏将显示图 8.83 所示的 AO 信号地址（序号）、输出电压（输出）或增量电压（增量）2 个输入框，分别用于模拟量输出通道号、输出电压或增量电压的设定；输出电压或增量电压的允许输入范围为-14.00~14.00V，输入完成后按【回车】键确认。

图 8.82　DO 组输出键定义

图 8.83　模拟量输出键定义

8.4.4　系统参数设定

(1) 参数分类

工业机器人控制器是一种通用装置，它可用于不同用途的机器人控制；不同规格的机器人通常只有伺服驱动器、电机的区别。为使控制器能用于不同机器人控制，就需要通过修改系统参数来定义机器人功能、动作等。

机器人的系统参数众多，为了便于显示、设定和管理，安川机器人的系统参数用以下方法分类表示：

类组号：用来区分参数功能。分为基本参数 S、应用参数 A、通信参数 RS、编码器参数 S＊E 等四种。其中，基本参数 S、应用参数 A 是允许调试、维修人员设定、修改的参数；通信参数 RS、编码器参数 S＊E 与控制系统总线通信有关，用户一般不能改变。

机器人号：用来区分多机器人系统的机器人 1～8。在参数说明时，一般用"x"来代替机器人号。

参数号：参数序号。基本参数用 G＊＊表示，应用参数用 P＊＊表示。

基本参数 S 与机器人用途无关，在不同机器人上，参数的功能、设定方法相同，参数功能如下。

S1C 组：机器人本体速度、位置控制参数。包括插补速度、空运行速度、限速运行速度、检查运行速度，以及增量进给距离、定位等级、软极限、运动方向等。

S2C 组：机器人功能设定参数。包括示教条件、再现条件，以及示教器按键功能、风机控制等。

S3C 组：机器人调整参数。包括运动干涉区、程序点调整（PAM）、AO 滤波时间等。

S4C 组：DI/DO 控制参数。参数与控制系统硬件、软件有关，用户一般不能设定。

应用参数 A 用于作业工具、作业文件设定，它与机器人用途有关，在不同用途的机器人上，参数的输入、功能、作用各不相同。

（2）参数显示与设定

系统参数设定是针对调试、维修人员的高级应用，它需要在管理模式下进行；作为一般的操作者，原则上不应进行系统参数的设定操作。

安川机器人的参数显示、设定的基本操作步骤如下。

① 操作模式选择【示教（TEACH）】，安全模式设定为"管理模式"。

② 选择主菜单［参数］，示教器可显示参数类组选择子菜单［S1CxG］［S2C］等。

③ 选择所需的参数类组子菜单，示教器便可显示图 8.84（a）所示的系统参数显示页面；以二进制格式设定的功能参数，可同时显示二进制、十进制 2 种格式的值。

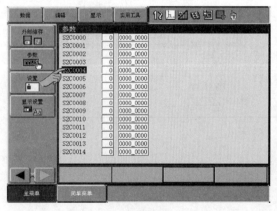
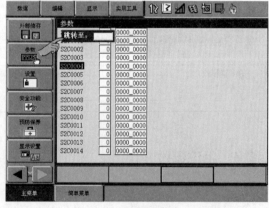

(a) 参数显示	(b) 参数选择

图 8.84　参数的显示与选择

④ 光标选定参数号，或者将光标定位到任一参数号上，按操作面板的【选择】键，在示教器弹出的图 8.84（b）所示的"跳转至"对话框中，用数字键输入参数号，再按【回车】键，可将光标定位到所需的参数号上。

⑤ 光标定位到数值显示栏，按操作面板的【选择】键，参数值将成为图 8.85（a）所示的十进制数值输入框或图 8.85（b）所示的二进制状态输入框。

⑥ 选择十进制输入时，可直接用操作面板的数字键输入数值，按【回车】键确认。选择二进制输入时，先用光标移动键选择数据位，然后按操作面板的【选择】键切换状态 0/1，全部位设定完成后按【回车】键输入。

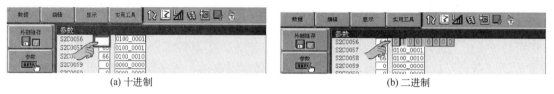

(a) 十进制　　　　　　　　　　　　　　　(b) 二进制

图 8.85　参数输入

8.5　系统备份、恢复及初始化

8.5.1　存储器安装与文件管理

(1) 存储器及使用

利用系统备份操作，可将系统参数、作业程序、作业文件等数据，保存到外部存储设备上，以便发生误操作或存储器、主板更换后迅速恢复系统数据。

安川机器人备份数据可通过 U 盘、CF 卡保存。U 盘、CF 卡的安装位置如图 8.86 所示，CF 卡可安装在示教器内，故可作为系统扩展存储器，U 盘一般只在系统备份、恢复时临时使用。U 盘、CF 卡的容量应在 1GB 以上，使用时应进行 FAT16 或 FAT32 格式化。

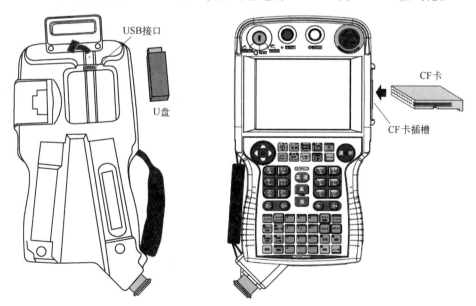

图 8.86　U 盘与 CF 卡的安装

利用 U 盘、CF 卡，可实现控制系统的如下功能。

① 文件保存与安装。可在示教操作模式下，通过选择主菜单［外部存储］及相应的子菜单，分类保存或安装用户数据文件。

安川机器人的文件格式为 ∗.DAT、∗.CND。文件可以保存或安装作业程序、作业文件、系统参数与设定、系统信息等用户数据文件；但是，由系统自动生成的状态文件，如报警历史、I/O 状态信息等，只能保存、不能安装。用户数据文件的保存操作可在所有安全模式下进行，文件的安装只能在规定的安全模式下实施。

控制系统的配置文件不能以配套文件的格式保存与安装。但是，如果文件保存时选择了全部数据保存（称系统总括）选项，包括系统配置文件在内的全部 CMOS 数据都将以 ALCMS * *.HEX 文件的形式保存到存储器上。ALCMS * *.HEX 文件的安装，需要由系统生产厂家利用特殊操作实现，用户通常无法安装。

② 系统备份与恢复操作。可将控制系统的全部应用数据，统一以 CMOS.BIN 文件的形式保存或安装。备份与恢复操作需要在系统高级管理模式（维护模式）下进行。

③ 自动备份与恢复。安川机器人控制系统具有数据的自动保存功能，它可根据需要，自动备份系统数据。自动备份数据以 CMOSBK * *.BIN 文件的形式存储。保存系统自动备份数据的存储器，需要始终安装在示教器上，因此通常使用 CF 卡。

通过管理模式设定，系统数据的自动备份可在指定条件下进行，自动备份可以保存不同时间、不同状态的多个备份文件。但是，系统的恢复操作需要在系统的高级管理模式（维护模式）下进行。

(2) 存储器操作

U 盘、CF 卡的数据保存与安装操作，可通过图 8.87 所示的系统主菜单 [外部存储] 及相应的子菜单进行，子菜单的功能如下。

[安装]：可将 U 盘、CF 卡中的 *.DAT、*.CND 等用户数据文件或 CMOS.BIN 系统备份文件读入系统、完成系统安装操作。

[保存]：可将系统的用户数据文件或系统备份数据，保存到 U 盘、CF 卡中。

[系统恢复]：用于系统自动备份文件的安装，自动备份生成的 CMOSBK * *.BIN 文件有多个，因此需要利用系统恢复操作选定其中之一进行系统恢复。

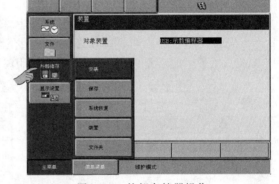

图 8.87　外部存储器操作

[装置]：存储设备选择，如 USB、CF 卡等；存储设备一旦选定，系统重新启动后仍保持有效。

[文件夹]：用于 CF 卡的文件夹管理。文件夹可以在系统的管理模式下，进行选择、创建、删除及设定操作。

(3) 文件管理操作

文件保存与安装时，控制系统的数据可用文件夹的形式进行管理。安川机器人的文件夹选择、创建与删除操作步骤如下。

① 操作模式选择【示教】、安全模式设定为"管理模式"。

② 选择扩展主菜单 [外部存储]，示教器显示图 8.87 所示的存储器操作子菜单。

③ 选择子菜单 [文件夹]，示教器可显示图 8.88 所示的文件夹一览表。在该页面可根据需要进行如下操作。

选择：光标定位到"[…]"位置，按操

图 8.88　文件管理操作

作面板的【选择】键，示教器可返回到上一层文件夹。

创建：选定文件夹层后，选择图 8.88 所示的下拉菜单［数据］、子菜单［新建文件夹］，示教器可显示文件夹名称输入框。文件夹名称最大可输入 8 个字符，利用数字键或字符输入软键盘输入名称后，按操作面板的【回车】键，便可创建新的文件夹。

删除：选定文件夹层、文件夹后，选择图 8.88 所示的下拉菜单［数据］、子菜单［删除文件夹］，指定的文件夹连同数据都将被删除。

（4）根文件夹设定

安川机器人的文件夹层数较多时，为了简化操作，可将指定的文件夹设定成系统默认的"根文件夹"。根文件夹可在文件保存、安装时，作为当前文件夹直接打开。设定根文件夹的操作步骤如下。

(a) 选择

① 通过与上述文件夹选择同样的操作选定需要的文件夹。

② 选择图 8.89（a）所示的下拉菜单［显示］、子菜单［根文件夹］，示教器可显示图 8.89（b）所示的根文件夹设定页面，并显示以下设定项。

自动改变：选择"开"，根文件夹可作为文件保存、安装时的当前文件夹直接打开；选择"关"，根文件夹直接打开功能无效。

当前文件夹/根文件夹：显示当前文件夹所在的层与当前设定的根文件夹。

③ 选择图 8.90（a）所示的下拉菜单［编辑］、子菜单［设定文件夹］，生效根文件夹设定功能。

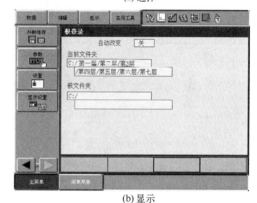

(b) 显示

图 8.89　根文件夹显示

④ 调节光标到"自动改变"输入框，选定输入选项"开"，当前文件夹将自动设定成系统的根文件夹，并在图 8.90（b）所示的"根文件夹"显示栏上显示。

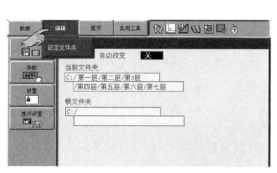

(a) 操作选择

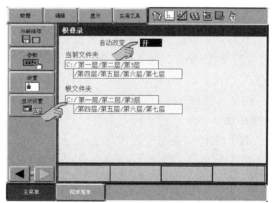

(b) 设定

图 8.90　根文件夹设定

8.5.2　文件保存与安装

(1) 功能与使用

用户数据文件的保存操作可在任何安全模式下进行，但是文件安装操作只能在规定的安全模式下进行；此外，由控制系统自动生成的报警履历、I/O 状态信息等文件，只能保存，不能安装。

图 8.91　用户数据文件显示

需要保存与安装的文件，可在选定主菜单［外部存储］后，利用图 8.91 所示的用户数据文件（文件夹）选择。

安川机器人的用户数据文件在不同机器人上有所不同，图 8.91 中的文件名称以及安装时的安全模式要求如表 8.9 所示。

表 8.9　用户数据文件的分类及安装要求

文件夹	文件类别及扩展名	安全模式（安装）		
		操作	编辑	管理
程序	单独程序文件 .JBI、关联程序文件 .JBR	—	●	●
条件文件/通用数据	条件文件 .CND / 数据文件 .DAT	—	●	●
用户内存总括	JOB＊＊.HEX	—	●	●
参数	参数类名 .PRM、ALL.PRM（所有参数）	—	—	●
系统数据	系统设定数据 .DAT	—	—	●
	系统信息 SYSTEM.SYS、报警履历 ALM-HIST.DAT、I/O 信息履历 ALMHIST.DAT	—	—	—
I/O 数据	并行 IO 程序 CIOPRG.LST、IO 名称 IONAME.DAT、虚拟输入信号 PSEUD-OIN.DAT	—	—	●
CMOS 数据	CMOS 数据文件 CMOS＊＊.HEX	—	—	●
系统总括	系统全部数据文件 ALCMS＊＊.HEX	—	—	—

选择"用户内存总括"选项，可将控制系统的作业程序 .JBI/.JBR、作业条件文件 .CND、通用数据文件 .DAT 一次性保存，文件的安装可在编辑模式、管理模式下进行。

选择"CMOS 数据"选项，可将系统配置文件以外的其他所有文件，统一以 CMOS＊＊.HEX 文件的形式保存；CMOS＊＊.HEX 文件的安装需要在管理模式下进行。

选择"系统总括"选项，可将控制系统的全部数据（包括系统配置文件、CMOS＊＊.HEX 文件）统一以 ALCMS＊＊.HEX 文件的形式保存；ALCMS＊＊.HEX 文件的安装需要由系统生产厂家进行，选择［安装］子菜单时，"系统总括"的显示标记为"■"。

选择"用户内存总括""CMOS 数据""系统总括"选项，将直接覆盖存储器的同名文件；选择其他选项保存时，应在新建文件夹上或删除存储器同名文件后保存。

(2) 文件保存与安装操作

安川机器人的用户数据文件保存与安装操作步骤如下。

① 操作模式选择【示教】；需要安装文件时，将安全模式设定为"管理模式"。

② 如图 8.92 所示，选择扩展主菜单［外部存储］、子菜单［装置］，示教器可显示存储器选择页面。

③ 光标定位到"对象装置"输入框，选定外部存储器接口（USB 或 CF 卡）。

④ 再次选择［外部存储］主菜单，并根据操作需要选择子菜单［保存］或［安装］，示教

器可显示图 8.91 所示的用户数据文件（文件夹）显示页面。

⑤ 选定需要保存或安装的用户数据文件（文件夹），可进一步显示图 8.93 所示的文件一览表。

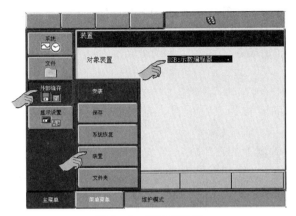

图 8.92 存储器选择

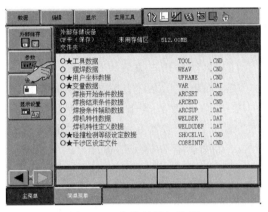

图 8.93 文件显示与选择

⑥ 光标选择需要保存或安装的用户数据文件，所选定的文件可显示"★"标记。

⑦ 如果需要，可打开下拉菜单［编辑］，利用图 8.94 所示的批量操作子菜单［选择全部］或［选择标记（＊）］［解除选择］，进行如下的编辑操作。

［选择全部］：一次性选定用户数据文件的全部内容。

［选择标记（＊）］：保存用户数据文件时，可一次性选定系统存储器中全部可保存的内容；安装用户数据文件时，一次性选定外部存储器中全部可安装的内容。

［解除选择］：撤销选择的内容。

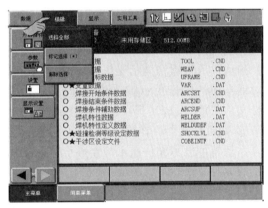

图 8.94 文件的批量选择

⑧ 全部文件选定后，按操作面板的【回车】键，示教器可显示对应的操作确认对话框；选择对话框中的操作提示键［是］或［否］，可执行或放弃文件的保存或安装操作。

8.5.3 系统备份与恢复

(1) 功能与使用

安川机器人的系统备份操作，可将控制系统的全部应用数据统一以 ＊＊＊.BIN 文件的形式保存到外部存储器上；＊＊＊.BIN 文件包含了全部用户数据文件和系统配置文件，可直接用于系统的恢复（还原）。

① 系统备份。安川机器人的系统备份可通过示教器操作或系统自动备份设置实现。示教器操作需要在系统高级管理模式（维护模式）下进行，生成的备份文件为 CMOS.BIN。系统自动备份可由控制系统自动进行，它可定期进行或在操作模式切换、开机等特定状态下进行。系统自动备份生成的备份文件为 CMOSBK＊＊.BIN，备份文件同样包含全部用户数据文件和系统配置文件，并直接用于系统恢复（还原）。自动备份需要多次保存数据，因此，CF 卡、U盘应有足够的存储容量。

② 系统恢复。系统恢复可将外部存储器上的备份文件 CMOS. BIN 或 CMOSBK＊＊. BIN 重新安装到系统、恢复系统数据，系统恢复需要在系统高级管理模式（维护模式）下进行。利用示教器操作备份生成的 CMOS. BIN 文件，可直接通过主菜单［外部存储］、子菜单［安装］恢复；但系统的管理时间信息不能通过 CMOS. BIN 文件恢复。由系统自动备份生成的 CMOSBK＊＊. BIN 有多个，系统恢复时需要通过子菜单［系统恢复］选择备份文件、执行恢复操作；CMOSBK＊＊. BIN 可恢复系统管理时间信息。

(2) 系统备份与恢复操作

安川机器人的系统备份操作步骤如下。

① 按住示教器操作面板上的【主菜单】键同时接通系统电源，系统进入高级管理模式（维护模式），示教器显示维护模式主页。

② 将外部存储器（U 盘或 CF 卡）插入到示教器上。

③ 选择主菜单［外部存储］、子菜单［装置］，在外部存储器选择页面的"对象装置"的输入框中选定外部存储器（USB 或 CF 卡，参见图 8.92）。

④ 选择主菜单［外部存储］、子菜单［保存］，示教器可显示图 8.95 所示的系统备份文件选择页面。

⑤ 同时选定用户数据文件选项"CMOS""系统配置文件"选项，按操作面板上的【回车】确认，示教器将显示操作确认对话框，选择对话框中的操作提示键［是］，即可将系统备份文件 CMOS. BIN 保存到外部存储器上。

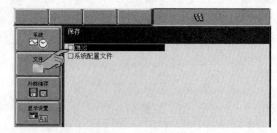

图 8.95　系统备份文件选择

⑥ 如果存储器存在同名的 CMOS. BIN 文件，示教器可显示文件覆盖操作确认对话框，选择对话框中的操作提示键［是］，即可覆盖存储器的原有文件。

安川机器人的系统恢复操作步骤如下。

①～③ 同系统备份操作。

④ 选择主菜单［外部存储］、子菜单［安装］，示教器可显示系统恢复文件选择页面（参见图 8.94）。

⑤ 同时选定用户数据文件选项"CMOS""系统配置文件"选项，按操作面板上的【回车】确认后，示教器将显示操作确认对话框，选择对话框中的操作提示键［是］，即可系统备份文件 CMOS. BIN，安装到系统上后控制系统恢复到备份时的状态。

(3) 自动备份设置

安川机器人的自动备份功能设定，需要在管理模式下才能进行，其操作步骤如下。

① 将 CF 卡（或 U 盘）安装到示教器上，操作模式选择【示教】、安全管理模式设定为管理模式。

② 选择主菜单［设置］、子菜单［自动备份设定］，示教器可显示图 8.96 所示的自动备份设定页面。

③ 选择显示页的操作按钮［文件整理］，系统可自动更新"保存文件设置""备份文件""最近备份的文件"项目的显示。

④ 根据需要，完成图 8.96 中的自动备份设定项的设定，全部项目设定完成后，按操作面板上的【回车】键确认。

图 8.96 中的自动备份设定项含义及设定方法如下。

指定时间备份：周期备份功能设定。选择"有效"/"无效"，可生效/撤销系统的周期自动备份功能。周期备份生效时，如操作模式为【示教】，可间隔规定的时间，周期性地保存系统备份文件；但为了防止出现不确定的数据和状态，程序再现运行时，系统不能执行自动备份操作。

基准时间：周期备份的基准时间设定，设定范围为 0～23：59。

备份周期：周期备份的 2 次备份间隔时间设定，设定范围为 10～9999min。

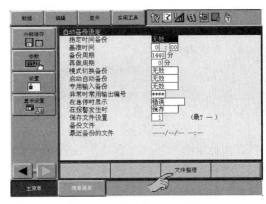

图 8.96 自动备份设定显示

再做周期：如周期备份时间到达时，系统正处于存储器数据读写状态，可延时本设定时间后，进行系统自动备份。例如，当基准时间设定为 12：00、备份周期设定为 240min（4h）、重做时间设定为 10min 时，系统将在每天的 8：00、12：00、16：00 进行自动备份；如在 8：00，机器人正好处于示教编程的存储器数据读写状态，则备份延时至 8：10 执行。

模式切换备份：选择"有效"/"无效"，可生效/撤销系统操作模式由【示教】切换至【再现】时的自动备份功能。功能生效时，如操作模式由【示教】切换到【再现】并保持 2s 以上时，系统自动执行备份操作。

启动自动备份：选择"有效"/"无效"，可生效/撤销系统电源接通时的自动备份功能。功能生效时，只要接通电源，系统便可自动执行备份操作。

专用输入备份：选择"有效"/"无效"，可生效/撤销系统专用输入（地址＃40560）的备份功能。

异常时常用（通用）输出编号：设定自动备份异常中断时的系统 DO 信号地址，"＊＊＊"为无信号输出。控制系统的自动备份启动与中断处理如表 8.10 所示。

表 8.10 自动备份执行情况及中断

启动方式	操作模式	系统状态	CF 卡正常	CF 卡未安装或容量不足
周期备份、启动时间到达	示教	存储器读写中	延时备份	延时报警
		其他情况	执行	报警
	再现或远程	程序执行中	不执行	不执行
		程序停止	执行	报警
专用输入备份、输入信号出现上升沿	示教	存储器读写中	报警	报警
		其他情况	执行	报警
	再现或远程	程序执行中	不执行	不执行
		程序停止	执行	报警
模式切换	示教切换再现	—	执行	报警
系统启动	接通系统电源	—	执行	报警

在急停时显示：选择"错误"/"报警"，可在系统自动备份过程中出现机器人急停时，使系统发生操作出错/系统报警。

在报警发生时：选择"保存"/"不保存"，可在系统自动备份过程中出现系统报警时，继续/中断自动备份文件保存操作。

保存文件设置：存储器允许保留的最大备份文件数量，以及 CF 卡可保存的最大备份文件数量显示。

备份文件：外部存储器中现有的备份文件数显示。

最近备份的文件：外部存储器中最新的备份文件保存日期和时间显示。

(4) 系统恢复

通过自动备份文件 CMOSBK＊＊.BIN，恢复系统的操作步骤如下。

① 按住示教器操作面板上的【主菜单】键同时接通系统电源，系统进入高级管理模式，示教器显示维护模式主页。

② 安装保存有 CMOSBK＊＊.BIN 文件的 CF 卡。

③ 选择主菜单［外部存储］、子菜单［装置］，选定存储器（CF 卡）。

④ 选择主菜单［外部存储］、子菜单［系统恢复］，示教器可显示图 8.97 所示的自动备份文件选择页面。

⑤ 选定需要的备份文件，按操作面板上的【回车】键，示教器将显示系统管理时间恢复确认对话框。选择对话框中的操作提示键［是］/［否］，可恢复/不恢复系统管理时间。

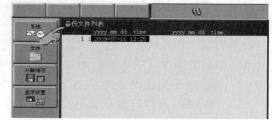

图 8.97　系统自动备份选择

⑥ 系统管理时间恢复确认对话框选定后，示教器将显示系统备份确认对话框，选择对话框中的操作提示键［是］，可执行系统恢复操作；CF 卡上的系统备份文件 CMOSBK＊＊.BIN 重新写入到系统中，使系统恢复到自动备份时的状态。

8.5.4　系统初始化

(1) 功能与使用

系统初始化操作可将作业程序、作业文件、系统参数、I/O 设定等全部数据恢复至出厂设定。系统初始化操作需要在高级管理模式（维护模式）下进行。

系统初始化将清除由用户编制、设定的程序、作业文件、系统设定等全部数据，因此，初始化前应通过数据保存、系统备份等操作，准备好系统恢复的备份文件。

系统初始化时，可根据需要选择下述的初始化选项中的部分或全部数据进行初始化操作。例如，选择"程序"数据恢复选项时，将清除系统的全部用户坐标设定、工具校准等参数，并将再现运行程序与操作条件、特殊运行条件等设定数据恢复至出厂设定值；选择"参数"恢复选项时，则可选择类组，进行部分或全部参数的恢复等。

(2) 系统初始化操作

安川机器人的初始化操作步骤如下。

① 按住示教器操作面板上的【主菜单】键同时接通系统电源，系统进入高级管理模式，示教器显示维护模式主页。

② 选择主菜单【文件】、子菜单［初始化］，可显示图 8.98 所示的初始化页面。

③ 根据需要，用光标选择初始化选项后，进行如下操作。

程序：选择选项"程序"时，系统将显示图 8.99 所示的系统初始化确认对话框，如选择［是］，系统将清除全部用户坐标、机器人

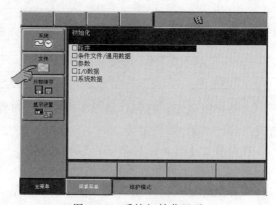

图 8.98　系统初始化显示

工具校准、作业监控参数，并使再现运行程序、操作条件、特殊运行条件设定数据以及系统内部管理、定义等与程序运行相关的系统参数全部恢复至出厂默认值。

条件文件/通用数据、参数、I/O 数据、系统数据：选择这 4 个选项时，系统将显示对应的文件。

例如，选择"条件文件/通用数据"时，可显示图 8.100 所示的文件和数据选项。此时，可用光标、【选择】键选定需要初始化的文件，被选定的文件数据将显示标记"★"；如果该文件数据无法进行初始化，将显示标记"■"（下同）。

选项选择完成后，按【回车】键，示教器可显示图 8.99 同样的系统初始化确认对话框，如选择［是］，系统将对所选的文件及数据进行初始化操作。

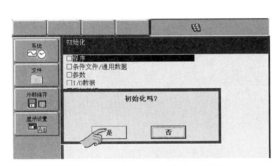

图 8.99　程序初始化确认对话框

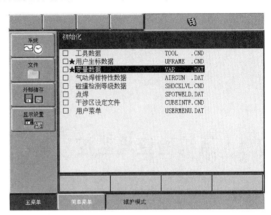

图 8.100　初始化文件选择

第**9**章

安川机器人故障维修

9.1 系统检查与监控

9.1.1 位置检查与伺服监控

(1) 当前位置显示

机器人当前位置显示与机器人操作模式、安全模式无关，只要控制系统启动、基本软硬件正常工作，便可随时通过以下操作显示与检查。

① 选择图 9.1（a）所示的主菜单 [机器人]、子菜单 [当前位置]，示教器即可显示图 9.1（b）所示的关节轴位置值。

② 光标选定"坐标"选择框，按示教器的【选择】键，便可通过图 9.1（b）所示的坐标系输入选项。

③ 坐标系选择"基座"或"机器人""用户"，示教器便可显示图 9.1（c）所示的机器人 TCP 在所选笛卡儿坐标系的当前位置值。

(2) 伺服监控

伺服监控可利用示教器检查机器人关节轴伺服驱动系统实际运行状态，其主要用于机器人的调试与维修。安川机器人的伺服监控只能在管理模式下进行，其操作步骤如下。

① 机器人操作模式选择【示教】、安全模式设定为"管理模式"。

② 选择主菜单 [机器人]、子菜单 [伺服监视]，示教器可显示图 9.2（a）所示的伺服监控显示页面。伺服监控参数以关节轴的形式显示，参数值由控制系统自动生成，只能供操作维修人员检查，不能进行修改。

③ 伺服监控的每一显示页面可显示 2 项（2 列）监控参数，打开图 9.2（b）所示的下拉菜单 [显示]，选择子菜单"监视项目1>"或"监视项目2>"，可进一步打开图 9.3（a）所示的监控参数选择页面，分别选择显示页第 1 或第 2 项（列）的监控参数。

例如，当子菜单"监视项目1>"选择"反馈脉冲"、"监视项目2>"选择"误差脉冲"时，示教器便可显示图 9.2（a）所示的伺服监控页面。

图 9.3（a）中的伺服监控参数含义如下。

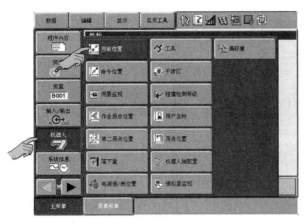

(a) 操作

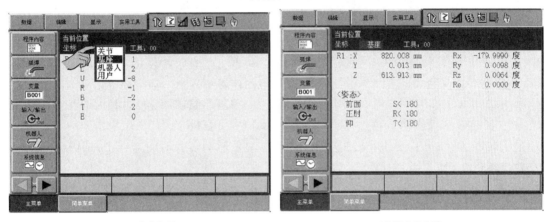

(b) 关节位置　　　　　　　　　　(c) 笛卡儿位置

图 9.1　机器人当前位置检查

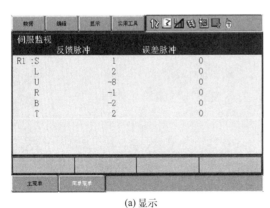

(a) 显示　　　　　　　　　　(b) 内容选择

图 9.2　伺服监控显示

反馈脉冲：来自伺服电机编码器的实际位置反馈脉冲数。

误差脉冲：来自 IR 控制器的指令脉冲与编码器反馈脉冲的差值。误差脉冲反映了关节轴实际位置（转角）和系统指令值之间的误差。

速度偏差：机器人运动时，可显示伺服电机实际转速和系统指令转速间的差值。

速度命令：机器人运动时，可显示驱动器内部位置调节器输出的伺服电机转速指令值。

反馈速度：机器人运动时，可显示来自伺服电机编码器的实际转速反馈值。

(a) 参数选择

(b) 最大转矩清除

图 9.3 伺服监控参数选择与清除

给定转矩：可显示驱动器内部速度调节器输出的指令转矩值。

最大转矩：可显示当前采样周期内，来自伺服驱动器转矩（电流）反馈的最大输出转矩（电流）瞬时采样值，显示值可通过图 9.3（a）所示的下拉菜单［数据］、子菜单［清除最大转矩］清除。

编码器转数、在 1 转位置：显示伺服电机反馈的绝对位置脉冲数。"编码器转数"是电机自绝对零点所转过的转数，"在 1 转位置"是电机当前位置离绝对零点的增量距离（脉冲数），关节轴绝对位置的计算式如下：

绝对位置（脉冲数）＝编码器每转脉冲数×"编码器转数"＋"在 1 转位置"

电机绝对原点数据：显示机器人关节轴零点的绝对位置值（通常调整为 0）。

编码器温度：显示电机内部温度，温度检测信号可直接从编码器上输出。

最大转矩（CONST）、最小转矩（CONST）：显示驱动器长时间连续工作时允许的最大、最小输出转矩值。

9.1.2 示教器操作条件检查

(1) 示教条件检查

示教器是工业机器人基本的操作、编程装置，安川机器人示教器的部分功能需要通过控制系统的"示教条件"设定生效。当控制系统正常工作，但示教器出现部分命令不能输入与编辑、程序点无法修改、工具号无法切换、被删除的程序无法恢复等一般操作故障时，首先需要检查示教条件设定，生效示教器功能。

示教条件的检查与设定操作步骤如下。

① 机器人操作模式选择"示教【TEACH】"，安全模式选择编辑或管理模式。

② 按【主菜单】键，选择图 9.4（a）所示的扩展键主菜单［设置］、子菜单［示教条件设

(a) 选择   (b) 显示

图 9.4 示教条件检查

定〕子菜单，示教器可显示图9.4（b）所示的示教条件设定页面。

③ 检查示教条件设定（见下述），需要修改时，可将光标定位至设定项输入框，按【选择】键，并在显示的输入选项中选择、生效示教器的操作功能。

（2）示教条件设定

安川机器人控制系统的示教条件设定直接影响示教器显示、命令输入及程序编辑功能，图9.4（b）中的示教条件设定项作用如下。

① 语言等级。用于示教器的命令显示功能设定，可选择"子集""标准""扩展"。

子集：示教器只能用于简单程序编辑，命令一览表仅显示常用命令。

标准：可显示、编辑系统的全部命令，但不能进行系统局部变量的编辑操作。

扩展：可显示、编辑全部命令和变量。

语言等级的设定只影响示教器的程序输入和编辑操作，不会影响程序的正常运行，也就是说，程序中不能通过示教器输入与编辑的命令仍可以正常执行。

② 命令输入学习功能。用于命令添加项记忆功能设定，可选择"有效""无效"。

有效：添加项记忆功能生效，命令添加项输入后，下次输入同一命令时，可在输入行显示相同的添加项。

无效：添加项记忆功能无效，添加项需要通过命令的"详细编辑"页面编辑。

③ 移动命令登录位置指定。选项用于移动命令插入的位置选择，可选择"下一行""下一程序点前"。

下一行：移动命令直接在光标选定行之后插入。

下一程序点前：移动命令自动插入到光标行之后的下一条移动命令之前。

例如，对于图9.5（a）所示的程序，当光标位于命令行0006时，输入移动命令"MOVL V=558"，如设定为"下一行"，"MOVL V=558"可插入在图9.5（b）所示的位置，行号为0007；设定为"下一程序点前"时，"MOVL V=558"被自动插入到图9.5（c）所示的移动命令"0009 MOVJ VJ=100.0"之前，行号变为0009。

(a) 光标定位　　　　　　　　　　(b) 下一行　　　　　　　　　　(c) 下一程序点前

图9.5　移动命令登录位置选择

④ 位置示教时的提示音。选择输入选项"考虑""不考虑"，可打开、关闭位置示教操作时的提示音。

⑤ 禁止编辑的程序程序点修改。当程序编辑功能通过标题栏的"编辑锁定"设定禁止时，如设定为"允许"，程序中的程序点位置仍可修改；如设定为"禁止"，可同时禁止程序点位置修改操作。

⑥ 直角/圆柱坐标选择。用于基座坐标系形式选择，选择"直角""圆柱"，可将机器人基座坐标系设定为直角、圆柱坐标系。

⑦ 工具号码切换。工具号码修改功能设定，选择"允许""禁止"可生效、撤销程序编辑时的工具号码修改功能。

⑧ 切换工具号时程序点登录。工具号修改后的程序点自动修改功能设定，选择"允许""禁止"可生效、撤销工具号修改后的程序点自动修改功能。

⑨ 只修改操作对象组的示教位置。除操作对象外的其他轴位置示教功能设定，选择"允许""禁止"可生效、撤销其他轴位置示教功能。

⑩ 删除程序的还原功能。已删除程序的恢复（UNDO）功能设定，选择"有效""无效"可生效、撤销已删除程序的 UNDO 功能。

9.1.3 程序运行条件检查

(1) 操作条件检查

安川机器人的程序自动运行（再现）的部分功能，需要通过控制系统的"操作条件"设定生效。当控制系统正常工作，但程序自动运行时出现机器人移动速度不正确、程序执行方式不正确、作业命令无法正常执行等一般操作故障时，首先需要检查操作条件设定，生效程序自动运行功能。

在安川机器人上，操作条件属于控制系统高级应用设定，需要在"管理模式"下设定与检查。管理模式选定后，主菜单［设置］将增加［操作条件设定］［日期/时间设定］［速度设置］等子菜单，可以对控制系统的更多参数进行设定与检查。

程序自动运行（再现）操作条件的设定与检查步骤如下。

① 系统安全模式设定为"管理模式"。

② 选择主菜单［设置］、子菜单［操作条件设定］，示教器可显示图 9.6 所示的操作条件设定页面。

③ 操作条件需要更改时，可用光标选择相应设定栏的输入框，按示教器【选择】键，在输入选项中选择所需的设定项。

(2) 操作条件设定

安川机器人程序自动运行（再现）操作条件设定项的含义如下。

① 速度数据输入格式。直线、圆弧插补命令的移动速度单位设定，选择"mm/秒""cm/分"，程序中的直线、圆弧插补速度单位将成为 mm/s 或 cm/min。

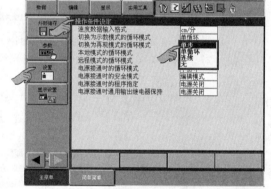

图 9.6　操作条件检查与设定

② 切换为示教模式的循环模式。示教模式默认的程序执行方式。当机器人操作模式由【再现（PLAY）】切换到【示教（TEACH）】时，控制系统将自动选择本项设定的程序执行方式，可选择的输入选项如下。

单步：切换为示教模式时，程序自动运行以单步方式执行。

连续：切换为示教模式时，程序自动运行可连续执行程序命令。

单循环：切换为示教模式时，程序自动运行可执行全部命令一次。

无：切换为示教模式时，保持上一操作模式（如再现）所选定的执行方式不变。

③ 切换为再现模式的循环模式。再现模式默认的程序执行方式。当机器人操作模式由【示教（TEACH）】切换为【再现（PLAY）】时，系统自动选择的程序执行方式，可选择的输入选项同②。

④ 本地模式的循环模式。本地操作默认的程序执行方式。当机器人操作模式由【远程（REMOTE）】切换到本地（示教、再现）时，系统自动选择的程序执行方式，可选择的输入选项同②。

⑤ 远程模式的循环模式。远程操作默认的程序执行方式。当机器人操作模式由本地（示

教、再现）切换为【远程（REMOTE）】时，系统自动选择的程序执行方式，可选择的输入选项同②。

⑥ 电源接通时的循环模式。系统电源接通时默认的程序执行方式，可选择的输入选项同②。

⑦ 电源接通时的安全模式。系统电源接通时默认的安全模式。可选择"操作模式""编程模式""管理模式"之一，新系统可增加"安全模式""一次管理模式"选项。

⑧ 电源接通时的程序指定。系统电源接通时默认的程序。选择"电源关闭"可自动打开电源关闭时生效的程序。

⑨ 电源接通时通用输出继电器保持。系统电源接通时的 DO 信号 OUT01～24 状态输出，选择"电源关闭"可保持电源关闭时的 DO 信号状态不变。

(3) 特殊运行方式设定与检查

安川机器人的程序再现运行，除了可正常运行程序外，还能根据需要选择低速启动、限速运行、空运行、机械锁定运行、检查运行等特殊运行方式，特殊运行方式的设定将直接影响机器人运动速度。系统特殊运行方式的设定、检查方法如下。

① 选定再现程序，选择主菜单［程序内容］，使示教器显示再现基本显示页面。

② 选择下拉菜单［实用工具］，示教器显示图 9.7（a）所示的再现设定子菜单。

③ 选择［设定特殊运行］子菜单，示教器显示图 9.7（b）所示的特殊运行设定页面，并进行以下特殊运行方式的设定，设定项的含义见下述。

④ 如果要求调节光标到对应的设定栏，按示教器【选择】键，并选择输入选项"有效""无效"，可对特殊运行功能进行重新设定。特殊运行方式的不同选项可同时选择。设定完成后，选择操作显示区的［完成］按钮，系统可完成特殊运行方式设定操作，示教器返回显示再现程序显示页面。

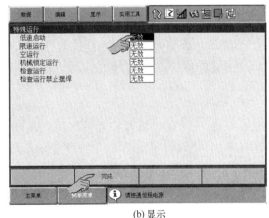

(a) 操作　　　　　　　　　　　　　　(b) 显示

图 9.7　特殊运行设定与检查

安川机器人特殊运行方式设定项的功能如下。

低速启动：低速启动是一种程序启动的安全保护功能，它只对程序中的首条机器人移动命令有效。低速启动有效时，按【START】按钮将启动程序运行，但是系统在执行第一条移动命令、向第一个程序点运动时，其移动速度被自动限制在"低速"；完成第一个程序点定位后，无论何种程序执行方式，机器人都将停止运动。如再次按【START】按钮，将自动取消速度限制、生效程序执行方式，机器人便可按程序规定的速度、所选的程序执行方式，正常执行后续的全部命令。

限速运行：程序再现运行时，如移动命令所定义的机器人 TCP 运动速度，超过了系统参数（限速运行最高速度）的设定值，运动速度自动成为参数设定的速度；速度小于参数设定的移动命令，可按照程序规定的速度正常运行。

空运行：程序运行时，全部移动命令均以系统参数（空运行速度）设定的速度运动。对于低速作业频繁的程序试运行检查，采用"空运行"方式可加快程序检查速度，但需要确保速度提高后的运行安全。

机械锁定运行：程序运行时，机器人不能移动，但其他命令可正常执行。机械锁定运行方式一旦选定，即使转换操作模式，仍保持有效。机器人进行机械锁定运行后，系统位置和机器人实际位置可能存在不同，易导致机器人的误动作，因此机械锁定运行必须通过下述的"解除全部设定"操作关闭系统电源解除。

检查运行：程序运行时，系统将不执行机器人作业命令，但机器人可以正常移动；检查运行多用于机器人运动轨迹的确认。

检查运行禁止摆焊：在具有摆焊功能的焊接机器人控制系统上，利用该设定可用来禁止检查焊接机器人的摆焊动作。

如果需要，特殊运行方式可通过以下操作予以一次性解除。

① 机器人操作模式选择【再现（PLAY）】。

② 选定再现程序，选择主菜单［程序内容］，示教器显示再现运行显示页面。

③ 选择下拉菜单［编辑］→子菜单［解除全部设定］，示教器显示操作提示信息"所有特殊功能的设定被取消"后，关闭系统电源，取消全部设定。

9.1.4　I/O 状态检查

(1) I/O 信号说明

安川机器人控制系统的 I/O 信号种类较多，从信号连接上说，总体可分为系统内部信号和外部输入/输出信号 2 类，简要说明如下。

① 系统内部信号。系统内部控制信号是机器人程序、系统软件运行过程中自动产生的状态信号，这些信号无输入/输出物理器件，因此不能直接通过物理器件改变状态，但可在机器人作业程序、PLC 程序中编程，并利用示教器进行监控。安川机器人的内部信号主要有系统通用 DI/DO、系统专用 DI/DO 及内部继电器 3 类。

系统通用 DI/DO 信号功能可由用户定义，且可进行状态检查、输出强制等操作。系统通用 DI/DO 在作业程序中的地址为 IN♯(1)～IN♯(24)/OUT♯(1)～OUT♯(24)；在 PLC 程序中的编程地址为 0＊＊＊＊/1＊＊＊＊。

系统专用 DI/DO 是系统自动生成的内部信号，地址及功能由系统生产厂家规定，其状态可利用图 9.8 所示的专用输入/输出页面检查，但不能进行输出强制操作。系统专用 DI/DO 在作业程序中的编程地址为 SIN♯(＊)/SOUT♯(＊)；PLC 程序编程地址为 4＊＊＊＊/5＊＊＊＊。

内部继电器用于 PLC 程序状态暂存，其状态由 PLC 程序生成，在 PLC 程序中的编程地址为 7＊＊＊＊。

② 外部输入/输出信号。外部输入/输出信号是通过 I/O 单元、伺服驱动器控制板、弧焊控制板、网络接口等控制部件连接的系统输入/输出信号，信号通常只用于 PLC 程序。

I/O 单元最大可连接 40/40 点 DI/DO 信号，其中，16/16 点的功能已由机器人生产厂家定义，剩余的 24/24 点为通用 DI/DO（IN01～IN24/OUT01～OUT24），I/O 单元的信号名称、PLC 编程地址及连接要求可参见第 7 章 7.3 节，状态可利用外部输入/输出页面检查。为了便于机器人作业程序控制，在 PLC 程序中，通常将 I/O 单元的 24/24 点通用 DI/DO 定义为

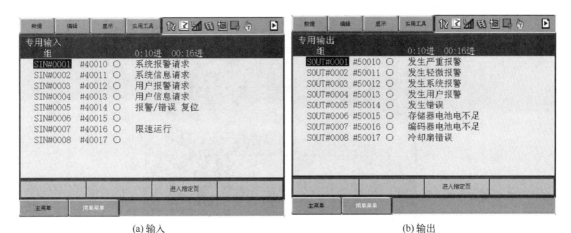

(a) 输入   (b) 输出

图 9.8　系统专用 DI/DO 监控

内部系统通用 DI/DO 信号。

伺服驱动器控制板输入信号一般用于碰撞检测传感器连接，每 1 关节轴可连接一个碰撞检测传感器，信号状态可通过图 9.9 所示的 RIN 信号监控页面检查。

弧焊控制板通常可连接 4/6 点专用 DI/DO 和 2/2 通道模拟量输入/输出，DI 信号用于断气、断弧、断丝等检测，DO 信号用于送气、送丝、起弧、粘丝等控制；模拟量输入/输出用于焊接电流、电压检测/调节。弧焊控制板信号的功能由机器人生产厂家规定，信号可通过程序中的作业命令 ARCON/ARCOF、TOOLON/TOOLOF 等进行控制。

网络输入/输出信号用于机器人控制器与网络设备的通信控制，信号名称及功能由系统生产厂家定义，如果需要，也可以通过示教器进行显示和监控。

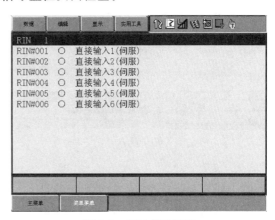

图 9.9　RIN 信号监控

(2) I/O 信号监控

安川机器人控制系统的 I/O 信号状态可通过选择图 9.10 (a) 所示的主菜单［输入/输出］及相应的子菜单，在示教器上显示。

I/O 信号可选择图 9.10 (b) 和图 9.10 (c) 所示的简单 2 种显示方式，可通过下拉菜单［显示］下的子菜单［详细］［简单］进行切换。

I/O 信号详细显示时，不仅可在标题栏上显示指定 I/O 组（IG♯、OG♯）的 10 进制、16 进制状态，而且还可在内容栏依次显示 I/O 信号的代号（如 IN♯0001、SOUT♯0001 等）、PLC 地址（安川说明书称继电器号，如♯00010、♯50010 等）、二进制逻辑状态（○或●）及信号说明（如"存储器电池电不足"等），对于输出信号，还可进行输出"强制"操作。简单显示只能以字节的形式显示二进制逻辑状态。

在详细显示页面，选择图 9.11 (a) 所示的下拉菜单［编辑］、子菜单［搜索信号号码］或［搜索继电器号］，或者将光标定位到任一信号代号（IN♯0001、SOUT♯0001 等）或 PLC 编程地址（继电器号）上，按操作面板上的【选择】键，示教器可显示图 9.11 (b) 所示的数值输入框；在输入框内输入需检索信号代号或 PLC 地址（继电器号），按操作面板上的【回

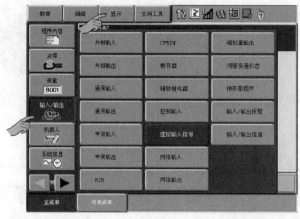

(a) 操作

图 9.10 I/O 状态显示

(b) 详细显示

(c) 简单显示

图 9.10 I/O 状态显示

车】键，便可直接将光标定位到指定信号上。

（3）系统通用 DI/DO 名称定义与输出强制

在安川机器人控制系统中，系统通用 DI/DO 信号是可以由用户定义名称、进行输出强制操作的控制信号，定义系统通用 DI/DO 信号名称的操作步骤如下。

① 操作模式选择【示教】，安全模式设定为"编辑模式"。

② 选择主菜单［输入/输出］、子菜单［通用输入］或［通用输出］，并选择信号详细显示页（参见图 9.10）。

③ 通过 I/O 信号检索操作，将光标定位到需要定义名称的 DI/DO 信号上。

④ 选择图 9.11（a）所示的下拉菜单［编辑］、子菜单［更名］，或者移动光标到图

(a) 菜单选择

(b) 地址输入

图 9.11 I/O 信号检索

9.12 所示的信号名称输入框，按操作面板的【选择】键，示教器便可显示字符输入软键盘。

⑤ 利用与程序名称输入同样的方法输入信号名称后，按操作面板上的【回车】键，便可

完成名称编辑。

安川机器人的系统通用输出 DO 的状态可强制 ON/OFF，其操作步骤如下。

① 操作模式选择【示教】，安全模式设定为"编辑模式"。

② 选择主菜单［输入/输出］、子菜单［通用输出］，并选择信号的详细显示页面（参见图 9.10）。

③ 通过 I/O 信号检索操作，将光标定位到需要输出强制的 DO 信号上。

④ 移动光标到图 9.13 所示的输出状态设定框，同时按操作面板的【联锁】+【选择】键，便可使通用输出信号的状态从 ON（●）强制变为 OFF（○），或反之。

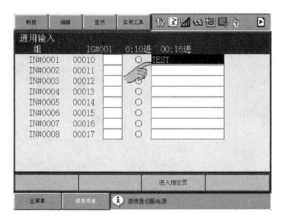

图 9.12　系统通用 I/O 名称定义

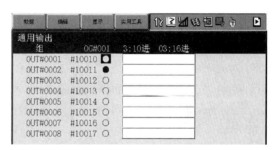

图 9.13　系统通用 DO 的输出强制

⑤ 如果需要，可选择图 9.11（a）所示的下拉菜单［编辑］、子菜单［强制全部选择］，使当前显示组的全部信号同时执行输出强制操作；选择子菜单［强制全部解除］，则可撤销显示组的全部输出强制操作。

9.2　系统一般故障与处理

9.2.1　电源检查与故障处理

(1) AC200V 电源连接

安川机器人控制系统的输入电源为三相 AC200/220V、50/60Hz，输入电压允许范围 AC170～242V，输入频率允许范围 48～62Hz。在系统内部，三相 AC200/220V 输入电源通过 ON/OFF 单元，被分为三相 AC200/220V 伺服驱动器主电源以及单相 AC200/220V 电源单元输入电源、驱动器电源模块监控电源、控制柜风机电源几部分，单相 AC200/220V 控制电源在电源总开关接通后便可提供，驱动器的三相 AC200/220V 主电源必须在伺服驱动器启动时通过安全单元控制的主接触器接通。

安川系统的 ON/OFF 单元控制板的熔断器、连接器布置如图 9.14 所示，AC200/220V 电源连接电路可参见第 7 章图 7.23。

ON/OFF 单元的三相 AC200/220V 输入电源连接器 CN601 直接与总开关输出连接。在单元内部，CN601 与控制板下方的主接触器输入端连接，伺服启动、主接触器接通后，可从连接器 CN602 输出到驱动器电源模块的主电源连接器 CN555 上。

单相 AC200/220V 电源通过内部连接器 CN610，连接至单元控制板的熔断器 1FU/2FU（250V/10A）上。1FU/2FU 的输出分为两路，一路经风机保护熔断器 3FU/4FU（250V/

2.5A），从连接器 CN606 上输出，连接到控制柜风机上；另一路通过内部连接器与单元下方的滤波器连接后，再返回到控制板的 AC200V 控制电源连接器 CN603-CN605 上，与驱动器电源模块监控、电源单元 AC200V 电源输入端连接。系统正常启动时，只要三相 AC200/220V 输入正常、控制柜总电源开关（QF1）接通，控制柜风机可正常工作，电源单元、驱动器电源模块监控电源便可加入。

（2）AC200V 风机电源检查

当三相 AC200/220V 输入正常、控制柜总电源开关（QF1）接通后，如果控制柜风机不转，可按以下步骤检查与处理。

① 关闭系统总电源，取下 ON/OFF 单元的风机连接器 CN606，测量插头上每一风机连接线间的电阻（共 3 对），如电阻为 0 或无穷大，表明风机连接线短路或断线，应首先检查风机连接线或更换风机，确保风机连接线无短路、绕组不断线。电柜风机的安装位置如图 9.15 所示。

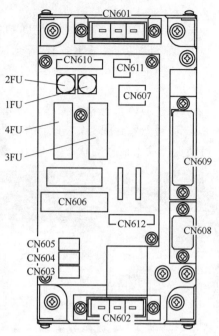

图 9.14　ON/OFF 单元控制板

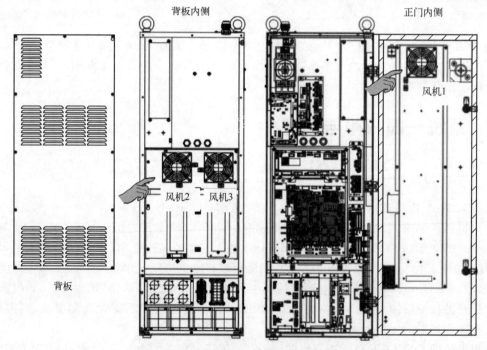

图 9.15　控制柜风机安装

② 检查 ON/OFF 单元熔断器 3FU/4FU，熔断器熔断时，予以更换。

③ 检查 ON/OFF 单元熔断器 1FU/2FU，熔断器正常时，进行下一步；熔断器熔断时，应进行电源单元、伺服驱动器电源检查（见下述）。

④ 检查 ON/OFF 单元电源连接器 CN601 及内部连接器，确认连接可靠。

⑤ 合上电源总开关，依次测量 ON/OFF 单元 CN601 的输入电源和 CN606 的风机输出电

源，CN601 无电源输入时，检查 CN601 和电源总开关连接；CN601 输入正常、CN606 无输出时，检查 ON/OFF 单元内部连接或更换 ON/OFF 单元。

⑥ CN606 电源正常时，关闭总开关，插入风机连接器，重新开机。

(3) 电源单元 AC200V 输入检查

当三相 AC200/220V 输入正常、控制柜总电源开关（QF1）接通后，控制柜风机正常旋转，但电源单元上的所有指示灯均不亮（见图 9.16），代表 AC200V 电源输入故障，可按以下步骤检查与处理。

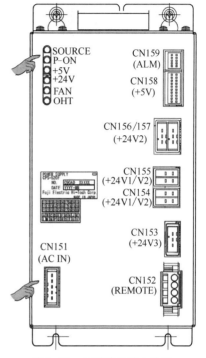

图 9.16 电源单元输入检查

① 关闭系统总电源，取 ON/OFF 单元的连接器 CN603 和电源单元的 AC200V 输入连接器 CN151，测量电源连接线，连接线短路或断线时，予以更换。

② 测量电源单元的电源连接器 CN151 的 AC200V 输入脚，如电阻为 0 或无穷大，表明电源单元内部存在短路或断线，需要维修、更换电源单元。

③ 检查 ON/OFF 单元熔断器 1FU/2FU，熔断器熔断时，应排除故障原因、更换熔断器。

④ 检查 ON/OFF 单元电源连接器 CN601 及内部连接器，确认连接可靠。

⑤ 测量 ON/OFF 熔断器 1FU/2FU 和电源单元输出连接器 CN603 间的 AC200V 连接线；AC200V 连接线短路或断线时，应维修或更换 ON/OFF 单元。

⑥ 合上电源总开关，依次测量 ON/OFF 单元 CN601 输入电源和 CN603 输出电源。CN601 无输入时，检查 CN601 和电源总开关连接；CN601 输入正常、CN603 无输出时，检查 ON/OFF 单元内部连接或更换 ON/OFF 单元。

⑦ CN603 电源正常时，关闭总开关、插入电源单元 AC200V 输入连接器 CN151，重新开机。

(4) 驱动器监控电源检查

驱动器电源模块的 AC200V 监控电源用于主回路对地短路等监控，电源输入故障可按以下步骤检查与处理。

① 关闭系统总电源、确认电源模块上的直流母线充电指示灯 CHARGE 已熄灭（参见图 9.17），取 ON/OFF 单元的连接器 CN604 和驱动器电源模块的 AC200V 电源连接器 CN554，测量控制电源连接线。连接线短路或断线时，应予以更换。

② 测量电源模块的 AC200V 输入电源连接器 CN554 的输入脚，如电阻为 0 或无穷大，表明电源模块内部短路或断线，应维修、更换电源模块。

③ 检查 ON/OFF 单元熔断器 1FU/2FU，熔断器熔断时，予以更换。

④ 检查 ON/OFF 单元电源连接器 CN601 及内部连接器，确认连接可靠。

⑤ 测量 ON/OFF 熔断器 1FU/2FU 和电源单元输出连接器 CN604 间的 AC200V 连接线，AC200V 连接线短路或断线时，维修或更换 ON/OFF 单元。

⑥ 合上电源总开关，依次测量 ON/OFF 单元 CN601 的输入电源和 CN604 输出电源，CN601 无电源输入时，检查 CN601 和电源总开关连接；CN601 输入正常、CN604 无输出时，检查 ON/OFF 单元内部连接或更换 ON/OFF 单元。

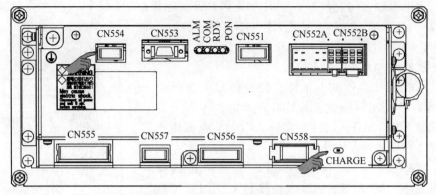

图 9.17　电源模块监控电源检查

⑦ CN604 电源正常时，关闭总开关、插入驱动器电源模块 AC200V 输入连接器 CN554，重新开机。

(5) 驱动器主电源检查

当驱动器控制电源正常、系统无其他报警时，如握下手握开关至伺服启动位置，驱动器主电源不能正常接通，可按以下步骤检查与处理。

① 确认示教器工作正常，图 9.18 上的驱动器伺服控制板上的七段数码管和小数点显示为"d."（闪烁）、驱动器已准备好，等待伺服启动。

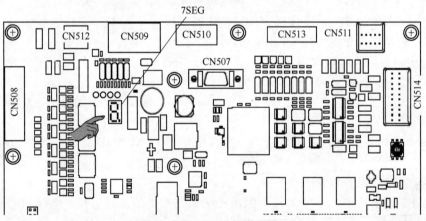

图 9.18　伺服控制板状态显示

② 关闭系统总电源，等待电源模块上的直流母线充电指示灯 CHARGE 熄灭。

③ 取 ON/OFF 单元的连接器 CN602 和驱动器电源模块的 AC200V 主电源连接器 CN555，测量主电源连接线，连接线短路或断线时，予以更换。

④ 检查 ON/OFF 单元电源连接器 CN601 与总开关连接，确认连接正确。

⑤ 确认安全单元工作正常，ON/OFF 单元连接器 CN607 和安全单元连接正确。

⑥ 确认 ON/OFF 单元内部连接器 CN609、CN610、CN611 连接正确。

⑦ 取下 ON/OFF 单元控制板，测量主接触器线圈连接端，确认线圈无断线；接着，手动按下主接触器 1KM、2KM，测量连接器 CN601 和 CN602 的对应脚能够正常接通；主接触器线圈断线或触点不能正常接通时，更换主接触器或 ON/OFF 单元。

⑧ 主接触器线圈正常、触点手动可正常接通时，更换 ON/OFF 单元控制板。

⑨ 驱动器主电源线路连接正确、ON/OFF 单元无故障时，更换安全单元。

9.2.2 指示灯检查与故障处理

(1) 电源单元状态检查

安川机器人控制系统各部件的 DC24V、DC5V 控制电源由电源单元统一提供，电源单元故障时，系统所有部件将无法工作，示教器无显示。

电源单元设置有 6 个状态指示灯（见图 9.16），指示灯亮代表的含义如下。

SOURCE（绿色）：AC200/220V 输入电源正常。

P-ON（绿色）：电源模块已启动。

+5V（红色）：DC5V 电源报警。

+24V（红色）：DC24V 电源报警。

FAN（红色）：电源单元风机报警。

OHT（红色）：电源单元过热报警。

电源单元正常工作时，指示灯 SOURCE（绿色）、P-ON（绿色）亮，其他指示灯暗。模块指示灯状态不正确时，应根据不同情况，进行如下处理。

① SOURCE 不亮：AC200V 输入电源故障。电源单元 CN151（AC IN）的输入电压允许范围为 AC170～242V，输入频率允许范围 48～62Hz；AC200V 输入不正确时，可按前述的电源单元检查与处理方法检查、处理。

② SOURCE 亮、P-ON 不亮：模块未启动，应检查电源单元外部启动信号连接器 CN152（REMOTE），确认外部电源启动信号（R-IN）已输入、连接端 1/2 接通；不使用外部电源启动时，应确认 CN152 连接端 1/2 已短接；外部电源启动信号连接正确时，更换电源单元。

③ +5V（红色）报警灯亮：DC5V 故障。电源模块的 DC5V 主要用于 IR 控制器电子电路供电，DC5V 故障时可关闭总电源、取下 IR 控制器 DC5V 电源连接器 CN158 后重新开机，如取下 CN158 后故障依旧，通常需要更换电源单元；如故障消失，则应检查 CN158 连接，连接正确时，应检查、更换 IR 控制器。

④ +24V（红色）报警灯亮：DC24V 电源故障。安川机器人控制系统组成部件（模块、单元）及伺服电机制动器的电源均为 DC24V，由电源单元统一提供，电源连接如下，连接器安装位置见图 9.16。

CN153（+24V3）：伺服电机制动器电源。

CN154（+24V1/V2）：安全单元基本电源（24V1）与 I/O 接口电源（24V2）。

CN155（+24V1/V2）：伺服驱动器基本电源（24V1）与 I/O 接口电源（24V2）。

CN156（+24V2）：I/O 单元电源。

CN157（+24V2）：I/O 扩展单元电源（24V2）。

DC24V 电源报警时，可关闭总电源、取下模块上的全部 DC24V 电源输出连接器重新开机，如故障依旧，通常需要更换电源模块；如故障消失，可逐一安装连接器 CN153～157、确定故障部件，并检查故障部件的电源连接电路；连接正确时，应检查、更换对应部件。

⑤ FAN（红色）报警灯亮：电源单元风机不良。检查风机连接，清理、更换风机。

⑥ OHT（红色）报警灯亮：电源单元过热。检查电源单元风机、控制柜风机，必要时清理、更换风机，保证风机工作正常；检查环境温度，采取必要的措施降低环境温度；全部风机工作、环境温度正常时，更换电源单元。

(2) 驱动器状态检查

安川机器人采用的是多轴集成驱动器，驱动器控制板为多轴共用。驱动器控制板上安装有 4 个指示灯和 1 个 7 段数码管（见图 9.18），可用来指示伺服驱动器的工作状态。指示灯的作用如下。

　　PON（绿色）：电源指示，灯亮表示驱动器已正常启动。

　　RDY（绿色）：驱动器准备好，灯亮表示驱动器工作正常。

　　COM（绿色）：通信指示，灯闪烁表示驱动总线通信进行中。

　　ALM（红色）：驱动器报警，灯亮表示驱动器发生报警。

7 段数码管与小数点用来指示驱动器的工作状态，驱动器启动时，数码管的状态显示次序如下。

　　① 电源接通：数码管显示"8"、小数点亮（全亮）。

　　② 驱动器初始化：按照以下步骤，完成模块初始化操作。

　　0：驱动器初始化，存储器（ROM/RAM/寄存器）奇偶校验；

　　1：驱动器初始化完成，引导系统启动；

　　2：数据接收准备好；

　　3：等待 IR 控制器通信；

　　4：硬件初始化启动；

　　5：硬件初始化完成，操作系统启动；

　　6：CMOS 数据传送开始；

　　7：CMOS 数据校验；

　　8：伺服启动，参数初始化；

　　9：参数初始化完成，等待通信处理器（接口模块 I/F）同步；

　　d：驱动器启动完成，等待伺服启动。

　　d.（闪烁）：驱动器正常工作。

　　③ 当伺服驱动器和接口模块通信出错时，数码管和小数点的显示状态将以规定的次序重复变化，指示错误原因（报警代码）。例如，当驱动器发生"0030"报警时，7 段数码管和小数点将以"F"→"0"→"0"→"3"→"0"→"."的次序连续、重复显示。

　　④ 当驱动器检测到重大故障时，数码管和小数点的显示状态将以规定的次序重复变化，指示错误原因（报警代码）和故障部位。例如，当驱动器发生"0200"报警时，7 段数码管和小数点将按照以下次序连续、重复显示："-"→"0"→"2"→"0"→"0"（显示报警代码 0200）→"."→"-"→"0"→"0"→"0"→"0"→"F"→"F"→"0"→"4"（显示故障地址 0000 FF04）。

　　⑤ 当驱动器出现其他一般错误时，7 段数码管和小数点将闪烁显示"E ."。

驱动器控制板出现报警时，首先应检查驱动器的模块安装和连接（内部和外部），确认无误后，可尝试重启系统清除偶发性故障；故障无法排除时，原则上应更换驱动器控制板。

　　(3) IR 控制器状态检查

IR 控制器的 CPU 模块和接口模块（I/F 模块）上安装有图 9.19 所示的指示灯及状态显示数码管，可指示 IR 控制器的当前工作状态。

CPU 模块（JZNC-YCP01）是用于系统控制、插补运算、示教器输入/显示控制的中央处理器，模块安装有 2 个基本工作状态指示灯 LED1、LED2，可显示的模块工作状态如下。

　　① LED1、LED2 均不亮：DC5V 电源未加入、IR 控制器硬件不良或硬件检测进行中。

　　② LED1 暗、LED2 闪烁：网络连接检测、BIOS 初始化进行中。

　　③ LED1 亮、LED2 闪烁：BIOS 初始化完成，操作系统正常工作。

接口模块（JZNC-YIF01）是用于系统伺服驱动总线（Drive）、I/O 总线通信控制的通信处理器，模块安装有 1 个 LED 和 1 只带小数点的 7 段数码管，可用来指示后备电池及 Drive 总线、I/O 总线的工作状态。

接口模块的 LED 为后备电池报警指示；指示灯亮，代表后备电池电压过低，需要充电或予以更换。

接口模块的 7 段数码管和小数点用来指示接口模块的工作状态。系统启动时，模块的状态显示次序如下。

① 电源接通：数码管显示 "8"、小数点亮（全亮）。

② 模块初始化：按照以下步骤，完成模块初始化操作。

0：模块引导程序启动；

1：模块初始化；

2：驱动器、I/O 模块硬件检测；

3：操作系统安装；

4：操作系统启动；

5：驱动器、I/O 模块启动确认；

6：接收驱动器、I/O 模块启动信息；

7：CMOS 数据装载；

8：发送驱动器数据装载请求；

9：等待驱动器同步；

b：发送系统启动请求；

c：系统启动；

d：初始化完成，允许伺服启动；

d.（闪烁）：I/F 模块正常工作。

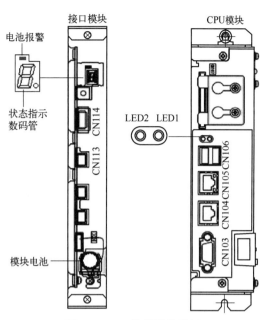

图 9.19　IR 控制器指示灯

③ 接口模块出现故障或示教器进行特殊操作时，数码管显示如下状态。

E：系统安装出错；

F：进入系统高级维护模式；

P：示教器通信出错；

U：系统软件版本升级中。

④ 接口模块检测到重大故障时，数码管和小数点的显示状态将以规定的次序重复变化，指示错误原因（报警代码）和故障部位（参见驱动器数码管显示）。

⑤ 当伺服驱动器和接口模块通信出错、驱动器发生一般错误时，接口模块数码管和小数点同样为 "d.（闪烁）" 的正常状态，此时，需要通过驱动器控制板的 7 段数码管检查故障原因。

IR 控制器的 CPU 模块不能正常工作、接口模块出现报警时，首先应检查 IR 控制器的模块安装和连接（内部和外部），确认无误后，可尝试重启系统清除偶发性故障；故障无法排除时，原则上应更换 CPU 模块、接口模块。

9.3　系统报警与处理

9.3.1　系统报警显示及分类

(1) 报警显示

控制系统报警时，表明系统或机器人存在无法继续运行的故障，机器人将立即停止运动，示教器自动显示报警信息。系统报警时，示教器只能进行显示、操作模式切换、急停解除等操作。

安川机器人的报警显示如图 9.20 所示。如果系统同时发生了一个显示页无法完全显示的多个报警，可同时按示教器的【转换】键和光标【↑】/【↓】键，显示其他报警显示页面。

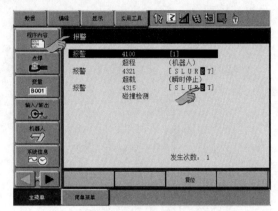

控制系统的报警一般分两行显示，第 1 行为报警号码显示，如 "4100 [1]" 等；第 2 行为报警信息显示，如 "超程（机器人）"等。

报警号码显示包括报警号（如 "4100"）和子代码（如 "[1]"）两部分。报警号用来指示报警性质及故障原因，报警号的千位数字（一般为 0~9）代表故障性质，报警号的后 3 位数字用来指示故障原因。例如，报警号 "4100"表示系统发生了一般故障（4 * * *），故障原因为机器人关节轴超程（* 100）；而报

图 9.20　系统报警显示

警号 "4321"则表示系统发生了一般故障，原因为机器人关节轴出现了导致机器人紧急停止的过载报警（* 321）；等等。报警子代码可用来指示故障发生的具体部位，含义见后述。

(2) 报警分类

根据故障性质，安川机器人控制系统的报警分为严重故障（报警号 0000~0999）、重故障（报警号 1000~3999）、一般故障（报警号 4000~8999）、轻微故障（报警号 9000~9999）4 类，系统的基本处理方法如下。

严重故障、重故障是直接导致系统停止运行的软硬件故障，例如，系统基本软件出错，IR 控制器、驱动器、I/O 单元不良，系统伺服总线、I/O 总线、以太网通信停止，等等。发生严重故障、重故障时，系统将立即终止程序自动运行、切断伺服驱动器主电源、紧急停止机器人运动（IEC 60204-1 停止类别 STOP-0），机器人急停时的运动轨迹将偏离编程轨迹。严重故障、重故障报警必须在故障排除后，重新启动控制系统才能清除，伺服启动器需要重新启动，自动运行的程序一般需要从起始位置重新启动。

一般故障多为机器人运行过程中出现的一般异常，例如，关节轴超程、碰撞，系统设定、系统参数、作业文件、作业程序出错，等等。发生一般故障时，系统将中断程序自动运行、机器人减速停止，然后断开驱动器主电源（IEC 60204-1 停止类别 STOP-1）。一般故障报警所引起的机器人停止过程可控，停止轨迹可保持与编程轨迹一致，报警可在故障排除后通过系统复位（如报警显示页的操作按钮 [复位] 或 I/O 单元连接的外部 "报警清除"信号等）清除；故障清除后，机器人运动可通过伺服重启恢复，自动运动的程序通常可利用程序重启操作、从中断位置继续。

轻微故障一般为操作不当引起的系统暂停。发生轻微故障时，系统将暂停程序自动运行、机器人减速停止，但驱动器主电源保持接通（IEC 60204-1 停止类别 STOP-2）；机器人停止时的运动轨迹与编程轨迹一致。轻微故障可在故障排除后，通过系统复位（如报警显示页的操作按钮 [复位] 或 I/O 单元连接的外部 "报警清除"信号等）清除；故障清除后，可直接恢复机器人运动。自动运动的程序可通过程序启动按钮重新启动并继续。

安川 DX100 机器人控制系统报警的大致分类、故障原因及系统处理如表 9.1 所示。

表9.1 系统报警分类、主要原因及处理方法

等级/性质	报警号	类别	故障原因	系统处理
0/严重	0000～0999	关键软硬件不良	系统关键软硬件不良	1. 断开驱动器主电源； 2. 机器人紧急停止，程序终止，停止轨迹不可控
1～3/重	1000～1199	基本软件出错	系统基本软件或数据出错	
	1200～1999	基本部件不良	系统部件不能正常工作	
	2000～3999	系统预留	DX100一般不使用	
4～8/一般	4000～4076	应用文件出错	机器人设定、作业设定、控制设定等应用文件出错	1. 机器人减速停止后，断开驱动器主电源； 2. 程序中断，机器人停止轨迹可控
	4099～4999	控制部件工作异常	系统软硬件一般故障	
	5000～8999	系统预留	DX100一般不使用	
9/轻微	9000～9999	系统预留	DX100一般不使用	程序暂停

（3）报警子代码

安川机器人的报警子代码一般用来指示故障发生的具体部位，对于不同的故障，故障部位一般有如下几种显示方式。

① 数值。用来指示故障部件、数据类别、网络节点、作业文件号、参数文件号等。部分报警还可能显示负值或二进制数值。例如，发生"4203"位置出错等报警时，"-1"表示位置数据溢出；"2"表示控制轴数为0；发生"1204"等通信报警时，可通过二进制数值（如0000 0011等），指示通信故障的网络地址等。

② 控制轴组。用来指示发生故障的控制轴组。控制轴组以轴组名称［R1 R2 S1 S2 S3］的反色显示。例如，［ R1 R2 S1 S2 S3］代表机器人R1报警，［R1 R2 S1 S2 S3］代表基座轴组S1报警等。

③ 轴名称。指示发生故障的运动轴。机器人关节轴以轴名称［S L U R B T］的反色显示，基座轴和工装轴以附加轴序号［1 2 3］的反色显示。例如，［S L U R B T］代表手腕回转轴R报警，［1 2 3］代表附加轴1报警等。

④ 笛卡儿位置。指示出错的位置数据，XYZ位置以坐标轴名称［X Y Z］的反色显示，含工具姿态的方位数据以［X Y Z T_X T_Y T_Z］的反色显示。例如，［X Y Z］代表Y轴位置出错，［X Y Z T_X T_Y T_Z］代表工具姿态Rx出错等。

⑤ 驱动器序号。使用多伺服驱动器的复杂系统，以伺服驱动器序号SV♯1、SV♯2……指示发生报警的驱动器序号。

⑥ 任务号。多任务复杂系统以TASK♯0代表主任务程序出错，TASK♯1、TASK♯2……指示出错的子任务号。

（4）报警履历

报警履历是系统自动记录、供操作维修人员查阅的报警历史记载。报警履历可在任何安全模式下，利用主菜单［系统信息］、子菜单［报警历史］查看，显示如图9.21所示。

安川机器人的报警履历被分"严重报警""轻微报警""用户报警（系统）""用户报警（用户）""离线报警"5类，其中，轻微报警、用户报警（系统）、用户报警（用户）履历可在管理模式下删除（见下述）；选择显示页的［进入指定页］操作按钮，可选择、切换报警

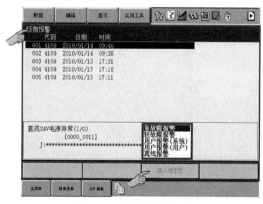

图9.21 报警履历显示

履历类别显示页面。

报警履历以向前追溯的方式排序，最近一次发生的报警在履历的第1行显示。履历显示的基本内容为报警号（代码）、发生日期（日期）和时间（时间）；报警选定后，信息显示区可显示报警的详细内容。

轻微报警、用户报警（系统）、用户报警（用户）履历可在安全模式选择"管理模式"后，利用以下操作删除。

① 将安全模式设定为"管理模式"。

② 显示需要删除的履历显示页面［轻微报警或用户报警（系统）、用户报警（用户）］。

③ 打开图 9.22（a）所示的履历显示页上方的下拉菜单［数据］，并选择子菜单［清除记录］，示教器可显示图 9.22（b）所示的操作提示框。

④ 选择对话框中的操作按钮［是］，当前显示的故障履历即被删除。

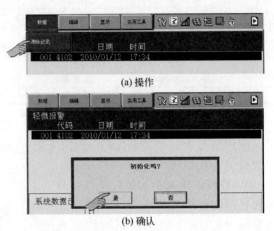

(a) 操作

(b) 确认

图 9.22　报警履历删除

9.3.2　严重故障、重故障及处理

严重故障、重故障是直接导致系统停止运行的软硬件故障，发生严重故障、重故障时，系统将立即终止程序自动运行、切断驱动器主电源、紧急停止机器人运动；严重故障、重故障必须在故障排除后，重启控制系统才能清除，自动运行程序需要重新选择和启动。

系统严重故障、重故障的一般处理方法如下。

(1) 系统严重故障及处理

安川机器人控制系统 000～999 报警是由关键软硬件不良引起的导致系统无法正常运行的严重故障，故障发生时，一般应通过系统重启排除因外部干扰等因素引起的偶发性报警，如重启系统后报警仍然存在，则应进行相关维修处理。

安川机器人控制系统严重故障报警的一般原因及处理方法如表 9.2 所示。

表 9.2　系统严重故障报警及处理表

报警号	报警内容	故障原因	故障处理
0020	CPU 通信异常	1. IR 控制器、伺服控制板安装与连接不良； 2. 伺服控制板网络地址设定错误	1. 检查 IR 控制器、伺服控制板安装与连接； 2. 检查伺服控制板网络地址设定；
0021	伺服总线通信异常	3. 系统软件出错； 4. IR 控制器、伺服控制板不良	3. 重启控制系统清除偶发故障； 4. 更换 IR 控制器、伺服控制板
0030	ROM 出错	1. IR 控制器、伺服驱动器软件出错； 2. IR 控制器、伺服控制板不良	1. 重启控制系统清除偶发故障； 2. 更换 IR 控制器、伺服控制板
0060	I/O 总线通信异常	1. IR 控制器、I/O 单元（模块）安装与连接不良； 2. I/O 单元（模块）地址设定错误； 3. 系统软件出错； 4. IR 控制器、I/O 单元（模块）不良	1. 检查 IR 控制器、I/O 单元（模块）安装与连接； 2. 检查 I/O 单元（模块）网络地址设定； 3. 重启控制系统清除偶发故障； 4. 更换 IR 控制器、I/O 单元（模块）
0100～0107	伺服总线通信异常	多驱动器复杂系统报警，故障原因同 0021 报警	同 0021 报警

报警号	报警内容	故 障 原 因	故 障 处 理
0200～0290	RAM 出错	1. 系统软件出错； 2. IR 控制器不良	1. 重启控制系统清除偶发故障； 2. 更换 IR 控制器
0300～0399	CMOS 出错	1. 系统软件出错； 2. IR 控制器、I/O（模块）不良； 3. 焊接控制板等附加控制板不良	1. 重启控制系统清除偶发故障； 2. 更换 IR 控制器、I/O（模块）； 3. 更换焊接控制板等附加控制板
0400	伺服参数传送出错	1. IR 控制器、伺服控制板安装与连接不良； 2. 伺服控制板网络地址设定错误； 3. 系统软件出错； 4. IR 控制器、伺服控制板不良	1. 检查 IR 控制器、伺服控制板安装与连接； 2. 检查伺服控制板网络地址设定； 3. 重启控制系统清除偶发故障； 4. 更换 IR 控制器、伺服控制板
0410	伺服启动出错		
0420	Device 通信出错	1. Device 总线地址设定错误； 2. CPU 模块、Device 设备不良	1. 检查 Device 总线地址设定； 2. 检查 IR 控制器、Device 设备安装连接； 3. 更换 CPU 模块、Device 设备
0500	系统初始化出错	1. 系统软件出错； 2. IR 控制器不良	1. 重启控制系统清除偶发故障； 2. 更换 IR 控制器
0510	软件版本出错	1. 系统软件出错； 2. IR 控制器不良	1. 重启控制系统清除偶发故障； 2. 更换 IR 控制器
0520	轴组控制出错	1. 系统软件出错； 2. IR 控制器不良	1. 重启控制系统清除偶发故障； 2. 更换 IR 控制器
0600～0610	焊接控制出错	1. 焊接控制板安装与连接不良； 2. 焊接控制板不良	1. 检查焊接控制板安装与连接； 2. 更换焊接控制板
0710、0720	梯形图程序出错	1. 系统软件出错； 2. IR 控制器不良	1. 重启控制系统清除偶发故障； 2. 更换 IR 控制器
0800～0810	文件备份、安装出错	1. 文件存储设备不良； 2. IR 控制器不良	1. 检查存储设备安装与连接； 2. 更换文件存储设备； 3. 更换 IR 控制器
0900～0908	时钟监控出错	1. IR 控制器安装与连接不良； 2. IR 控制器不良	1. 检查 IR 控制器安装与连接； 2. 更换 IR 控制器
0910～0920	IR 控制器 CPU 出错	1. CPU 模块安装与连接不良； 2. CPU 模块不良	1. 检查 CPU 模块安装与连接； 2. 重启控制系统清除偶发故障； 3. 更换 CPU 模块
0950～0957	伺服 CPU 出错	1. 伺服控制板安装与连接不良； 2. 伺服控制板不良； 3. IR 控制器不良	1. 检查伺服控制板安装与连接； 2. 更换伺服控制板； 3. 更换 IR 控制器

（2）系统基本软件出错故障及处理

安川机器人控制系统基本软件出错报警 1000～1199 属于重故障，它将导致系统运行停止、机器人急停并切断驱动器主电源。系统基本软件出错报警处理的一般方法如下。

① 重启控制系统清除偶发故障。

② 检查 IR 控制器及相关控制部件（如驱动器、I/O 模块、网络通信设备）的安装连接、通信地址设定，部件不良时予以更换。

③ 重新安装发生错误的系统软件。

系统基本软件出错报警的一般原因及通常的检查、维修部位如表 9.3 所示。

（3）基本部件不良故障及处理

安川机器人控制系统基本部件不良是直接导致系统运行停止、需要切断伺服主电源、紧急停止机器人的重故障，报警的一般原因及处理方法如表 9.4 所示。

表 9.3 系统基本软件出错报警及处理表

报警号	报警内容	故障原因	检查、维修部位
1000	IR 控制器 ROM 数据出错	系统基本软件出错	IR 控制器 CPU 模块
1001	伺服驱动器 ROM 数据出错	伺服驱动软件出错	驱动器伺服控制板
1030	系统参数文件出错	系统参数文件不正确	IR 控制器 CPU 模块
1031	作业参数文件出错	作业参数文件不正确	IR 控制器 CPU 模块
1050	系统基本处理出错	系统文件出错	IR 控制器 CPU 模块
1051	系统作业处理出错	作业文件出错	IR 控制器 CPU 模块
1053	系统注释处理出错	系统软件异常	IR 控制器 CPU 模块
1101	机器人控制出错	机器人控制软件异常	IR 控制器 CPU 模块
1102	作业控制出错	作业控制软件异常	IR 控制器 CPU 模块
1103	注释控制出错	注释控制软件异常	IR 控制器 CPU 模块
1104	I/O 控制出错	I/O 控制异常	I/O 单元、CPU 模块、接口模块
1105	伺服控制出错	伺服控制异常	伺服控制板、CPU 模块、接口模块
1109	数据传送控制出错	数据传送控制异常	通信设备、CPU 模块

表 9.4 系统基本控制部件不良报警及处理表

报警号	报警内容	故障原因	故障处理
1200	控制柜过热	控制柜温度过高或温度传感器不良	1. 检查、改善工作环境； 2. 检查、清理、更换风机； 3. 检查电源模块与 IR 控制器基架连接； 4. 更换电源单元
1204	I/O 总线通信错误	I/O 总线通信停止工作	1. 检查 I/O 单元、IR 控制器安装连接； 2. 确认 I/O 单元、接口模块工作状态； 3. 更换 I/O 单元、接口模块、IR 控制器
1209～1219	安全单元通信错误	安全单元通信停止工作	1. 检查安全单元、IR 控制器安装连接； 2. 确认安全单元、接口模块工作状态； 3. 更换安全单元、接口模块、IR 控制器
1220～1222	以太网通信错误	以太网通信停止工作	1. 检查以太网连接； 2. 检查以太网地址设定； 3. 更换 CPU 模块、IR 控制器
1300～1302	伺服通信错误	伺服总线通信停止工作	1. 检查伺服控制板、接口模块安装连接； 2. 检查驱动器控制板地址设定； 3. 更换伺服控制板、接口模块、IR 控制器
1303	伺服运算错误	伺服调节参数出错	1. 检查工具文件的负载设定参数； 2. 确认工具负载正常
1304	外部轴连接错误	外部轴控制出错	1. 确认外部轴安装连接 2. 检查外部轴参数设定； 3. 更换伺服控制板
1306	驱动器不正确	系统配置错误	1. 检查驱动器安装连接； 2. 检查系统配置参数设定； 3. 更换伺服控制板、驱动器
1307	编码器不正确		
1308	整流模块不正确		
1309～1312	驱动器整流异常	驱动器电源模块整流电流故障	1. 检查系统输入电源； 2. 检查驱动器电源模块安装连接； 3. 更换驱动器电源模块
1313～1318	伺服控制异常	伺服控制板故障	1. 检查伺服控制板安装连接； 2. 更换伺服控制板
1319、1320	编码器异常	编码器故障	1. 检查编码器、伺服控制板安装连接； 2. 检查编码器后备电池； 3. 更换编码器、伺服控制板
1321、1322	制动模块异常	制动模块不良	1. 检查制动模块安装连接； 2. 更换制动模块

续表

报警号	报警内容	故障原因	故障处理
1325～1329	编码器数据异常	编码器故障	同 1319、1322 报警
1331	直流母线充电异常	直流母线电压不正确	同 1309～1312 报警
1332～1339	编码器数据出错	编码器故障	同 1319、1320 报警
1341	关节轴硬件超程	关节轴位置不正确	1. 检查关节轴位置,退出超程; 2. 检查超程开关、伺服控制板、ON/OFF 单元连接,更换不良部件
1343	驱动器电源模块异常	驱动器电源模块不良	1. 检查驱动器电源模块、伺服控制板连接; 2. 更换驱动器电源模块、伺服控制板
1345	安全输入异常	安全信号输入不正确	检查安全信号连接
1349	直流母线欠压	主电源电压过低	检查主电源输入
1350	ON/OFF 单元异常	系统配置错误	检查 ON/OFF 单元规格及安装连接
1352、1355	编码器位置出错	编码器不良	同 1319、1320 报警
1356～1432	附加轴异常	附加轴软硬件不良	1. 检查附加轴设定参数; 2. 检查附加轴安装连接
1500～1511	伺服 I/O 信号异常	ON/OFF 单元、伺服控制板不良	1. 检查 ON/OFF 单元、伺服控制板安装连接; 2. 更换 ON/OFF 单元、伺服控制板
1512	电源单元风机异常	电源单元风机不良	1. 检查电源单元风机连接,清理、更换风机; 2. 更换电源单元
1513	电源单元过热	电源单元温度过高或温度传感器不良	1. 检查、改善工作环境,清理、更换风机; 2. 检查电源模块与 IR 控制器基架连接; 3. 更换电源单元
1514	驱动器过热	驱动器温度过高或温度传感器不良	1. 检查、改善工作环境,清理、更换风机; 2. 检查驱动器安装连接; 3. 更换伺服控制板
1515、1516	伺服 I/O 信号异常	ON/OFF 单元、伺服控制板不良	同报警 1500～1511
1530	绝对位置数据出错	伺服控制板、编码器不良	同 1319、1320 报警
1531、1532	伺服门阵列异常	伺服控制板不良	1. 检查伺服控制板安装连接; 2. 更换伺服控制板
1533	编码器异常	伺服控制板、编码器不良	同 1319、1320 报警
1534	驱动器主回路对地短路	伺服电源模块、逆变模块、电机不良	1. 检查驱动器、主电源、电机安装连接; 2. 更换驱动器电源模块、逆变模块、电机
1535	驱动器时钟监控出错	伺服控制板不良	同 1531、1532 报警
1536、1537	驱动器 U、V 相电流反馈异常	伺服控制板不良	同 1531、1532 报警
1538	编码器计数脉冲出错	伺服控制板、编码器不良	同 1319、1320 报警
1539	伺服 ON 指令出错	伺服控制板不良	同 1531、1532 报警
1540	伺服振动检测	负载设定错误	检查负载设定
1541～1546	编码器串行数据出错	伺服控制板、编码器不良	同 1319、1320 报警
1547	驱动器主回路过流	伺服电源模块、逆变模块、电机不良	同 1534 报警
1550～1553	驱动器设定错误	伺服控制板不良	同 1531、1532 报警
1554	驱动器输出过流	逆变模块、电机、负载不良	1. 检查伺服电机电枢连接; 2. 检查机器人负载; 3. 检查逆变模块安装连接; 4. 更换伺服电机、逆变模块
1555～1569	编码器数据出错	伺服控制板、编码器不良	同 1319、1320 报警
1570～1577	伺服通信出错	伺服控制板不良	同 1531、1532 报警

续表

报警号	报警内容	故障原因	故障处理
1578、1579	电机电枢连接断线	逆变模块、电机不良	1. 检查伺服电机电枢连接； 2. 检查逆变模块安装连接； 3. 更换伺服电机、逆变模块
1580、1581	伺服通信出错	伺服控制板不良	同 1531、1532 报警
1582	驱动器输出过流	逆变模块、电机不良	同 1554 报警
1583、1584	转子位置出错	编码器、伺服控制板不良	同 1319、1320 报警
1585、1586	机器人位置出错	机械传动系统、伺服控制板不良	1. 检查伺服控制板安装连接； 2. 检查机械传动系统连接； 3. 更换伺服控制板
1590	驱动器主回路连接不良	驱动器主电源、直流母线连接不良	1. 检查电源连接； 2. 检查制动电阻连接； 3. 更换伺服控制板
1679	制动模块熔断器熔断	制动器、电机不良	1. 检查制动器连接线路； 2. 更换制动器模块熔断器； 3. 更换制动器模块、电机
1680	驱动器 I/O 电路保护熔断器断	信号连接、伺服控制板不良	1. 检查伺服控制板信号连接； 2. 更换伺服控制板
1681、1682	制动器电源异常	制动模块连接不良、模块不良	1. 检查制动模块连接； 2. 更换制动模块
1684、1685	驱动器瞬时断电	外部断电、主电源连接或电源模块不良	1. 检查驱动器主电源及连接； 2. 更换驱动器电源模块
1686	位置跟随超差	1. 机器人负载过重、机器人碰撞、机械传动系统不良； 2. 加速度过大或加减速过于频繁； 3. 伺服电机相序及驱动器、制动器、电机、编码器连接错误； 4. 伺服控制板、制动器、电机、编码器不良	1. 检查机器人工作条件，避免运动干涉，确认机械传动系统正常； 2. 减小运动速度，降低加减速频率； 3. 检查伺服电机相序及驱动器、制动器、电机、编码器连接； 4. 更换不良部件
1800～1821	安全单元异常	安全单元、伺服控制板不良	1. 检查安全单元、伺服控制板连接； 2. 更换不良部件

9.3.3 系统一般故障及处理

安川机器人一般故障报警属于机器人运行时发生的一般问题。发生故障时，控制系统基本软硬件保持工作，机器人以正常停止方式减速停止后，断开驱动器主电源。一般故障可在故障排除后通过系统复位操作清除，机器人运动可通过重启伺服恢复。

系统一般故障的分类及参考处理方法如下。

(1) 应用文件出错故障及处理

安川机器人控制系统的应用文件包括机器人参数设定文件、工具及作业参数设定文件、系统附加功能及参数设定文件等。应用文件出错报警可以通过系统复位清除，故障处理的基本方法如下。

① 重启控制系统，清除偶发故障。

② 对出错的应用文件进行初始化操作。

③ 重新安装出错的应用文件。

应用文件出错的报警内容及故障原因如表 9.5 所示。

表 9.5　应用文件出错报警内容及可能的原因表

报警号	报 警 内 容	故 障 原 因
4000	工具文件出错	工具数据设定不正确
4001	用户坐标文件出错	用户坐标系设定不正确
4002	伺服监控文件出错	伺服监控信号设定不正确
4003	摆焊条件文件出错	摆焊参数设定不正确
4004	绝对原点文件出错	机器人原点设定不正确
4005	第 2 原点文件出错	第 2 原点设定不正确
4006	焊接特性文件出错	焊接特性参数设定不正确
4007	引弧条件文件出错	引弧条件参数设定不正确
4008	熄弧条件文件出错	熄弧条件参数设定不正确
4009	摆焊辅助条件文件出错	摆焊辅助条件设定不正确
4010	弧焊管理文件出错	弧焊管理参数设定不正确
4012	关节轴软浮动条件文件出错	关节轴软浮动参数设定不正确
4013	直线轴软浮动条件文件出错	直线轴软浮动参数设定不正确
4017	用户定义焊机特性文件出错	用户定义焊机特性参数设定不正确
4018	梯形图程序文件出错	梯形图程序文件安装不正确
4019	切割条件文件出错	切割参数设定不正确
4020	作业原点文件出错	作业原点设定不正确
4021	传送带特性文件出错	传送带特性参数设定不正确
4022	涂覆特性文件出错	涂覆特性参数设定不正确
4023	喷涂特性文件出错	喷涂特性参数设定不正确
4024	手腕摆动特性文件出错	手腕摆动参数设定不正确
4025	中断程序文件出错	程序中断参数设定不正确
4028	传感器监视文件出错	传感器监视参数设定不正确
4030	冲压特性文件出错	冲压参数设定不正确
4031	焊钳特性文件出错	焊钳参数设定不正确
4032	焊机特性文件出错	焊机参数设定不正确
4033	焊钳加压文件出错	焊钳加压参数设定不正确
4034	预约启动 DO 输出文件出错	预约启动 DO 信号设定不正确
4035	预约启动 GO 输出文件出错	预约启动 GO 组信号设定不正确
4036	电极磨损文件出错	电极磨损参数设定不正确
4037	焊钳开合文件出错	焊钳开合参数设定不正确
4038	空打加压文件出错	空打加压参数设定不正确
4039	形状切割文件出错	形状切割参数设定不正确
4040	碰撞检测等级文件出错	碰撞检测等级参数设定不正确
4041	点焊输入/输出定义文件出错	点焊输入/输出定义参数设定不正确
4042	视觉条件文件出错	视觉参数设定不正确
4043	视觉校准文件出错	视觉校准参数设定不正确
4044	焊接脉冲条件文件出错	焊接脉冲参数设定不正确
4045	焊接脉冲选择值文件出错	焊接脉冲选择值设定不正确
4046	传送带校准文件出错	传送带校准参数设定不正确
4048	胶枪特性文件出错	胶枪特性参数设定不正确
4049	喷涂补偿条件文件出错	喷涂补偿参数设定不正确
4050	轴动作 I/O 分配文件出错	轴动作 I/O 信号设定不正确
4051	焊钳特性辅助条件文件出错	焊钳特性辅助条件参数设定不正确
4052	工具干涉文件出错	工具干涉参数设定不正确
4053	喷涂系统设定文件出错	喷涂系统参数设定不正确
4054	喷涂设备特性文件出错	喷涂设备特性参数设定不正确
4055	喷涂文件出错	喷涂参数设定不正确
4056	喷涂填充文件出错	喷涂填充参数设定不正确
4057	喷枪特性文件出错	喷枪特性参数设定不正确

续表

报警号	报警内容	故障原因
4058	喷枪涡轮特性文件出错	喷枪涡轮特性参数设定不正确
4059	油漆特性文件出错	油漆特性参数设定不正确
4060	连续点焊(间隙)文件出错	连续点焊(间隙)参数设定不正确
4061	测量传感器特性文件出错	测量传感器特性参数设定不正确
4062	光栅尺特性文件出错	光栅尺特性参数设定不正确
4063	传送带辅助特性文件出错	传送带辅助特性参数设定不正确
4064	同步摆动焊接条件文件出错	同步摆动焊接参数设定不正确
4065	快捷键定义文件出错	快捷键定义参数设定不正确
4069	码垛条件文件出错	码垛参数设定不正确
4070	激光跟踪焊接开始文件出错	激光跟踪焊接开始参数设定不正确
4071	激光跟踪焊接结束文件出错	激光跟踪焊接结束参数设定不正确
4072	激光跟踪开始文件出错	激光跟踪开始参数设定不正确
4073	激光跟踪设置文件出错	激光跟踪参数设定不正确
4074	激光跟踪轨迹设置文件出错	激光跟踪轨迹参数设定不正确
4075	激光跟踪条件文件出错	激光跟踪参数设定不正确
4076	激光跟踪存储文件出错	激光跟踪存储参数设定不正确

(2) 控制部件工作异常故障及处理

安川机器人控制系统控制部件工作异常报警的内容与控制部件不良类似,但故障严重程度或故障时的机器人工作状态有所不同,因此,发生部件工作异常故障时,通常不需要立即停止系统运行、紧急停止机器人运动。控制部件工作异常报警与控制部件不良报警也可能同时发生,此时,系统将视为系统重故障并进行相关处理。

伺服报警是控制部件工作异常报警的主要内容,安川机器人发生伺服报警的具体原因及故障检测原理与 FANUC 机器人相同,有关说明可参见第 6 章。

安川机器人控制部件工作异常报警的一般原因及处理方法如表 9.6 所示。

表 9.6 控制部件工作异常报警及处理表

报警号	报警内容	故障原因	故障处理
4099	DC24V 异常	DC24V 电源不良	检查电源单元指示灯并进行相关处理(见前述)
4100	机器人超程	机器人关节轴超程	1. 检查关节轴位置、退出超程;
4101	外部轴超程	机器人、工件变位器控制轴超程	2. 检查超程开关、伺服控制板、ON/OFF 单元连接; 3. 更换不良部件
4102	系统数据变更	系统数据被更改	系统重启
4103	独立轴启动异常	1. 机器人状态不正确; 2. 命令参数不正确	1. 检测机器人、驱动器工作状态; 2. 检查独立轴启动命令
4104	文件安装异常	数据传输出错	检查通信参数设定
4105	文件保存异常	数据传输出错	检查通信参数设定
4106	文件删除异常	数据传输出错	检查通信参数设定
4107	绝对位置数据溢出	原点设定不正确	重新设定机器人原点
4109	外部停止信号异常	1. I/O 单元电路保护熔断器断; 2. 外部 DC24V 电源不良; 3. 机器人超程; 4. 电源单元不良	1. 检查 I/O 单元熔断器及连接; 2. 检查外部 DC24V 电源及连接; 3. 检查机器人位置; 4. 检查电源单元指示灯并进行相关处理(见前述)
4110	碰撞传感器异常	1. 机器人碰撞; 2. 传感器连接不良; 3. ON/OFF 单元、伺服控制板不良	1. 检查机器人位置; 2. 检测碰撞传感器连接; 3. 更换不良部件

续表

报警号	报警内容	故障原因	故障处理
4112~4116	数据通信异常	1. 通信设定不正确; 2. 通信连接不良; 3. 通信设备故障	1. 检查通信设定; 2. 检查通信连接; 3. 确认通信设备正常
4118~4123	风机异常	1. 风机连接不良; 2. 风机故障	1. 检查风机连接; 2. 清理、更换风机
4124	视觉命令异常	1. 视觉参数设定错误; 2. 视觉传感器不良; 3. 视觉控制出错	1. 检查视觉传感器参数设定; 2. 检查传感器连接、更换传感器; 3. 安装视觉控制软件
4125	焊接脉冲条件通信异常	1. 参数设定错误; 2. 通信连接不良	1. 检查参数设定; 2. 检查通信连接
4126	程序变换异常	1. 程序编辑被禁止; 2. 源程序不存在或正在执行中; 3. 存储器容量不足	执行正确的操作
4128	监视器异常	1. 监视命令不正确; 2. 监视器设定错误	1. 检查监视器命令; 2. 设定正确的参数
4129	同步启动位置异常	主从驱动电机不同步	通过手动操作,同步主从电机
4130~4132	Ethernet 网络通信异常	1. Ethernet 参数不正确; 2. Ethernet 连接不良; 3. Ethernet 设备不良	1. 设定正确的参数; 2. 检查 Ethernet 连接; 3. 检查 Ethernet 设备
4135、4136	光洋 PUC 通信异常	1. 光洋 PUC 未运行; 2. 远程控制设定错误	1. 运行光洋 PUC; 2. 检查远程控制设定
4137	用户报警出错	用户报警设定不正确	设定正确的用户报警参数
4138	伺服 ON 信号异常	1. 外部伺服 ON 连接错误; 2. 伺服 ON 条件设定错误	1. 检查安全单元 EXT SVON 信号连接,不使用时短接输入端; 2. 检查伺服 ON 条件设定
4139~4141	通信异常	1. 通信参数设定不正确; 2. 通信连接不良	1. 设定正确的参数; 2. 检查通信连接
4200	系统数据文件出错	系统数据文件不正确	1. 进行文件初始化; 2. 重新安装系统文件
4201	系统程序文件出错	1. 系统软件不良; 2. CPU 模块、接口模块不良	1. 重新安装系统文件; 2. 更换 CPU 模块、接口模块
4202	程序文件操作出错	程序编辑操作不正确	进行正确的操作
4203	系统位置数据出错	1. 编辑软件不良; 2. CPU 模块、接口模块不良	1. 重新安装系统文件; 2. 更换 CPU 模块、接口模块
4204	位置数据操作出错	位置数据设定不正确	进行正确的设定
4206	数据传送出错	系统软件出错	重新安装系统文件
4207	运动命令出错	移动命令不正确	检查、修改移动命令
4208	运算命令出错	运算命令不正确	检查、修改运算命令
4209	离线程序出错	离线程序不正确	检查、修改离线程序
4210	变量出错	变量设定不正确	检查、修改变量
4220、4221	伺服未启动	程序启动时启动伺服	进行正确的操作
4224	程序再现文件出错	系统软件出错	重新安装系统文件
4225	移动速度异常	1. 负载过重; 2. 电机、编码器连接不良; 3. 伺服电机、编码器不良	1. 检查负载; 2. 检查电机、编码器连接; 3. 更换电机、编码器
4226	串行通信异常	串行接口设定不正确	设定正确的串行接口参数
4228	通信数据出错	系统软件出错	重新安装系统文件
4229	Ethernet 通信出错	1. IP 地址设定不正确; 2. Ethernet 连接或设备不良; 3. CPU 模块不良	1. 检查 IP 地址设定; 2. 检查 Ethernet 设备及连接; 3. 更换 CPU 模块
4300	伺服参数出错	伺服参数设定不正确	设定正确的伺服参数

续表

报警号	报警内容	故障原因	故障处理
4301	主接触器动作出错	1. 主接触器不良； 2. 安全单元、ON/OFF 单元、伺服控制板不良	1. 检查驱动器主电源（参见前述）； 2. 更换不良部件
4302	制动器控制出错	1. 制动单元连接不良； 2. 制动单元、伺服控制板不良	1. 检查制动单元连接； 2. 更换制动单元、伺服控制板
4303	整流电路出错	1. 驱动器连接不良； 2. ON/OFF 单元、驱动器电源模块、伺服控制板不良	1. 检测驱动器连接； 2. 更换不良部件
4304	驱动器主电源异常	1. 主接触器不良； 2. 安全单元、ON/OFF 单元、伺服控制板不良	1. 检查驱动器主电源（见前述）； 2. 更换不良部件
4305	直流母线电压异常	1. 驱动器电源模块不良； 2. 驱动器制动电阻不良	1. 检查驱动器连接； 2. 更换不良部件
4306	驱动器未准备好	1. 驱动器连接不良； 2. 驱动器电源模块、伺服控制板、逆变模块不良	1. 检测驱动器连接； 2. 更换不良部件
4307	伺服启动时轴运动	1. 驱动器、电机连接不良； 2. 电机制动器不良； 3. 制动单元、驱动器伺服控制板不良	1. 检测驱动器连接； 2. 更换不良部件
4308	直流母线电压过低	1. 伺服主电源输入电压过低； 2. 驱动器电源模块、伺服控制板不良	1. 检查驱动器主电源； 2. 更换不良部件
4309	编码器数据异常	1. 编码器连接不良； 2. 编码器、伺服控制板不良	1. 检查编码器连接； 2. 更换不良部件
4310	编码器过热	1. 电机温升过高； 2. 编码器连接不良； 3. 温度检测传感器不良； 4. 伺服控制板不良	1. 检查电机温升，过高时，改善工作条件； 2. 温升正常时，检查编码器连接、更换不良部件
4311	编码器备份异常	1. 编码器连接不良； 2. 后备电池失效； 3. 编码器、伺服控制板不良	1. 检查编码器连接； 2. 更换不良部件
4312	编码器电池异常		
4315	碰撞检测信号异常	1. 机器人发生碰撞； 2. 机械传动系统不良； 3. 碰撞检测、速度、加速度、负载参数设定不正确； 4. 电机、制动器、驱动器连接不良； 5. 电机、制动器、驱动器不良	1. 检查机器人工作状态； 2. 检查机械传动系统； 3. 检查碰撞检测、速度、加速度、负载参数设定； 4. 检查电机、制动器、驱动器连接； 5. 更换不良部件
4316	焊钳电极压力过大	焊钳电极压力设定不正确	检查焊钳加压、空打加压参数设定
4317	电极预加载异常	焊钳开合位置设定错误	检测焊钳开合位置设定
4318	编码器补偿出错	1. 编码器连接不良； 2. 编码器、伺服控制板不良	1. 检查编码器连接； 2. 更换不良部件
4320	电机过载（连续）	1. 环境温度过高； 2. 控制柜风机不良； 3. 机械传动系统不良； 4. 伺服参数设定不正确； 5. 加速度过大或加减速过于频繁； 6. 伺服电机相序错误； 7. 电枢绕组绝缘不良或局部短路； 8. 驱动器、制动器、电机连接不良； 9. 伺服控制板、电源模块、制动器、电机不良	1. 检查机器人负载、避免运动干涉； 2. 检查机械传动系统； 3. 检查伺服参数设定； 4. 减小减速度，降低加减速频率； 5. 检查伺服电机相序； 6. 检查驱动器、制动器、电机、编码器连接； 7. 更换不良部件
4321	电机过载（瞬间）		
4322	驱动器过载（连续）		
4323	驱动器过载（瞬间）		
4324	直流母线过载		
4326	电机速度异常		
4327	电机回转异常		
4328	跟随误差过大		

续表

报警号	报警内容	故障原因	故障处理
4329	位置数据异常	1. 编码器反馈电缆屏蔽不良； 2. 编码器、伺服控制板连接不良； 3. 编码器、伺服控制板不良	1. 检查编码器反馈电缆屏蔽连接； 2. 检查编码器、伺服控制板连接； 3. 更换不良部件
4330	速度反馈断线		
4331	速度监控异常		
4332	串行数据异常		
4334	直流母线电压过高	1. 机器人负载过重； 2. 加速度过大或加减速过于频繁； 3. 驱动器输入电源电压过高； 4. 驱动器电源模块、制动电阻、伺服控制板连接不良； 5. 驱动器电源模块、制动电阻、伺服控制板不良	1. 检查机器人负载； 2. 减小减速度，降低加减速频率； 3. 检查驱动器输入电源电压； 4. 检查驱动器电源模块、制动电阻、伺服控制板连接； 5. 更换不良部件
4335	主回路对地短路	1. 主回路连接线破损； 2. 电机绕组对地短路； 3. 驱动器整流、制动电阻、逆变模块、伺服控制板不良	1. 检查主回路连接线； 2. 检查电机绕组； 3. 更换不良部件
4336	输入缺相	1. 主回路连接不良； 2. 输入电源缺相； 3. ON/OFF 单元、驱动器整流模块、伺服控制板不良	1. 检查主回路连接； 2. 检查输入电源； 3. 更换不良部件
4337	驱动器过流	参见 4320～4328 报警	参见 4320～4328 报警
4338	直流母线制动异常	1. 驱动器连接不良； 2. 电源模块、制动电阻、伺服控制板不良	1. 检查驱动器连接； 2. 更换不良部件
4339	主电源电压过高	1. 驱动器输入电源电压过高； 2. 驱动器电源模块、制动电阻、伺服控制板连接不良	1. 检查驱动器输入电源电压； 2. 检查驱动器电源模块、制动电阻、伺服控制板连接； 3. 更换不良部件
4340	驱动器过热	参见 4320～4328 报警	参见 4320～4328 报警
4344～4352	伺服浮动控制异常	1. 伺服参数设定不正确； 2. 程序命令不正确； 3. 机械连接不良或负载过重	1. 设定正确的伺服参数； 2. 检查程序命令； 3. 检查机械传动系统、负载情况
4353	连续回转控制异常	1. 伺服参数设定不正确； 2. 伺服控制板不良	1. 设定正确的伺服参数； 2. 更换伺服控制板
4354	碰撞文件异常	程序命令不正确	使用正确的碰撞检测等级文件
4355～4357	特殊功能控制异常	1. 伺服参数设定不正确； 2. 程序命令不正确	1. 设定正确的伺服参数； 2. 检查程序命令
4358	焊钳加压出错	焊钳加压操作不正确	执行正确的操作
4359	伺服电源模块异常	1. 驱动器连接不良； 2. 电源模块、伺服控制板不良	1. 检查驱动器连接； 2. 更换不良部件
4362	主电源未准备好		
4363	PWM 信号异常		
4364、4365	焊钳超程	1. 电极位置不正确； 2. 焊钳原点设定错误	1. 检查电极位置； 2. 检查焊钳原点设定
4366	焊钳补偿出错	电极补偿参数不正确	设定正确的电极补偿参数
4367	机器人姿态出错	程序命令不正确	检查程序命令
4371、4372	制动器控制出错	1. 制动器连接不良； 2. 伺服参数设定不正确	1. 检查制动单元、制动器连接； 2. 设定正确的参数
4373、4374	转子位置出错	1. 编码器连接不良； 2. 编码器、伺服控制板不良	1. 检查编码器连接； 2. 更换不良部件

续表

报警号	报警内容	故 障 原 因	故 障 处 理
4380~4395	安全单元异常	1. 安全信号时序不正确； 2. 安全信号连接不良； 3. 安全单元不良	1. 检查安全信号时序； 2. 检查安全信号连接； 3. 更换安全单元
4400~4673	程序命令执行异常	1. 程序命令不正确； 2. 系统软件出错	1. 检查程序命令； 2. 重新安装系统软件
4676	控制柜风机熔断器熔断	1. 控制柜风机连接不良； 2. 风机不良	1. 检查风机连接； 2. 更换风机
4800	编码器监控出错	同 4329~4332 报警	同 4329~4332 报警
4850~4977	附加驱动器出错	同 4320~4328 报警	同 4320~4328 报警
4980~4984	目标位置出错	目标位置已超程或位于干涉区	移动命令不正确

9.3.4　操作错误与处理

(1) 操作错误显示

操作错误是控制系统对操作者的警示，提醒操作者当前进行的操作不正确或无法执行。发生操作错误时，系统可在图 9.23（a）所示的示教器信息显示行显示错误信息，并自动阻止当前操作，但不会停止机器人的运动或程序的自动运行。

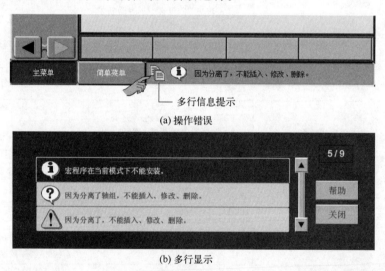

图 9.23　操作错误显示

多个操作错误同时发生时，信息显示行左侧将显示多行信息提示符，此时，可用示教器的【区域】键，将光标定位到信息显示区后，按【选择】键，便可打开图 9.23（b）所示的多行操作错误显示框，并通过显示框的操作按钮进行如下操作。

[▲]/[▼]：显示行上/下移动键。当信息显示区无法一次显示全部操作错误时，可通过该操作键，查看其他操作错误。

[帮助]：可显示操作错误的详细内容。

[关闭]：关闭多行信息显示功能。

(2) 错误分类

安川机器人控制系统的操作错误大致可分为一般操作出错、程序编辑出错、数据输入错误、外部存储器出错、梯形图出错、维护模式出错几类，错误号及操作出错的大致原因如表 9.7 所示。

表 9.7 操作错误分类及原因表

错误号	类 别	出 错 原 因
0000～0999	一般操作错误	1. 示教器操作模式、示教编程操作不正确； 2. 伺服驱动器状态不正确； 3. 控制轴组、坐标系、工具选择错误； 4. 使用了被系统设定禁止的操作； 5. 作业文件选择错误等
1000～1999	程序编辑错误	1. 程序编辑被禁止； 2. 口令错误； 3. 日期/时间输入错误等
2000～2999	数据输入错误	1. 输入了不允许的字符； 2. 所进行的输入、修改等操作不允许； 3. 命令格式错误； 4. 程序登录、名称出错； 5. 不能进行的复制、粘贴等
3000～3999	外部存储设备出错	1. 存储卡被写保护； 2. 存储卡未格式化、数据不正确等
4000～4999	梯形图程序出错	1. 梯形图格式、指令不正确； 2. 无梯形图程序或程序长度超过； 3. 使用了重复线圈
8000～8999	维护模式出错	1. 系统配置参数设定错误； 2. 存储器出错等

在通常情况下，一般操作错误、程序编辑错误、数据输入错误可直接通过示教器的【清除】键或外部输入的"报警清除"信号清除。外部存储设备出错时，错误清除后，还需要检查、更换存储设备或进行存储器格式化操作；梯形图程序出错、维护模式出错时，则需要重新编辑梯形图或重新设定系统配置参数。

由于操作错误众多，且可通过［帮助］键直接显示出错原因，故本书不再对此进行细述，有关内容可参见安川机器人控制系统维修手册。

[1] 龚仲华，龚晓雯. 工业机器人完全应用手册 ［M］. 北京：人民邮电出版社，2017.

[2] 龚仲华. 安川工业机器人从入门到精通 ［M］. 北京：化学工业出版社，2020.

[3] 龚仲华. FANUC 工业机器人从入门到精通 ［M］. 北京：化学工业出版社，2021.

[4] 龚仲华. FANUC 工业机器人应用技术全集 ［M］. 北京：人民邮电出版社，2021.